光盘界面

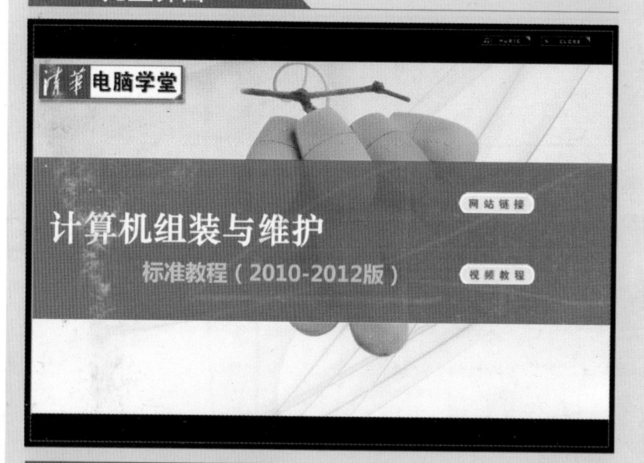

案例欣赏

视频文件

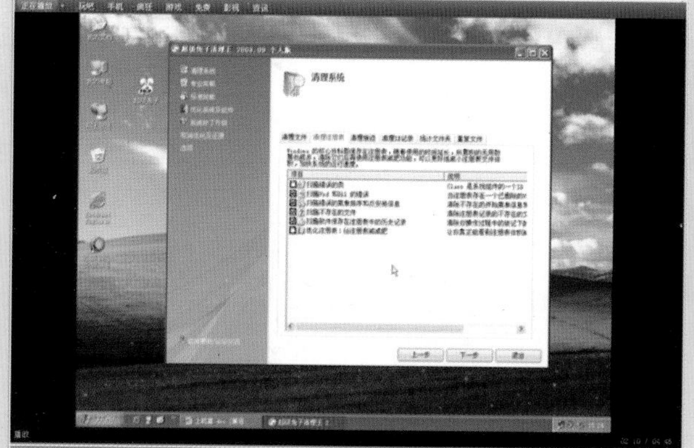

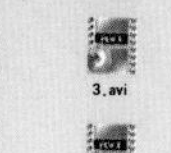

1.avi 2.avi 3.avi 4.avi 5.avi 6.avi 7.avi 8.avi 9.avi 10.avi 11.avi 12.avi

素材下载

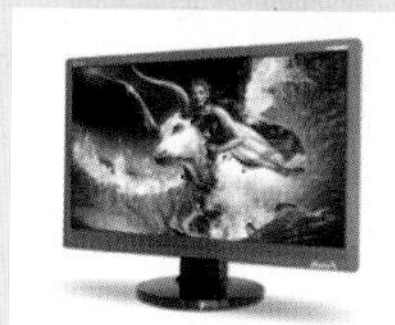

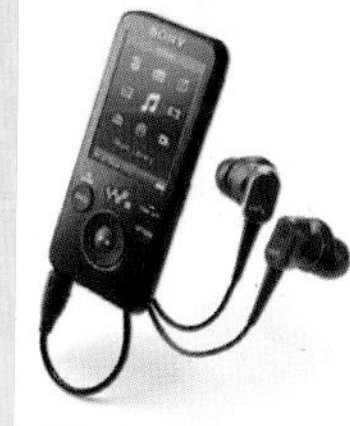

认识主板

主板在整个计算机主机中就好比人的“神经中枢”，起着协调工作的作用，任何一个配件要发挥自己的作用都必须依赖主板，主板是主机中最重要的配件之一。

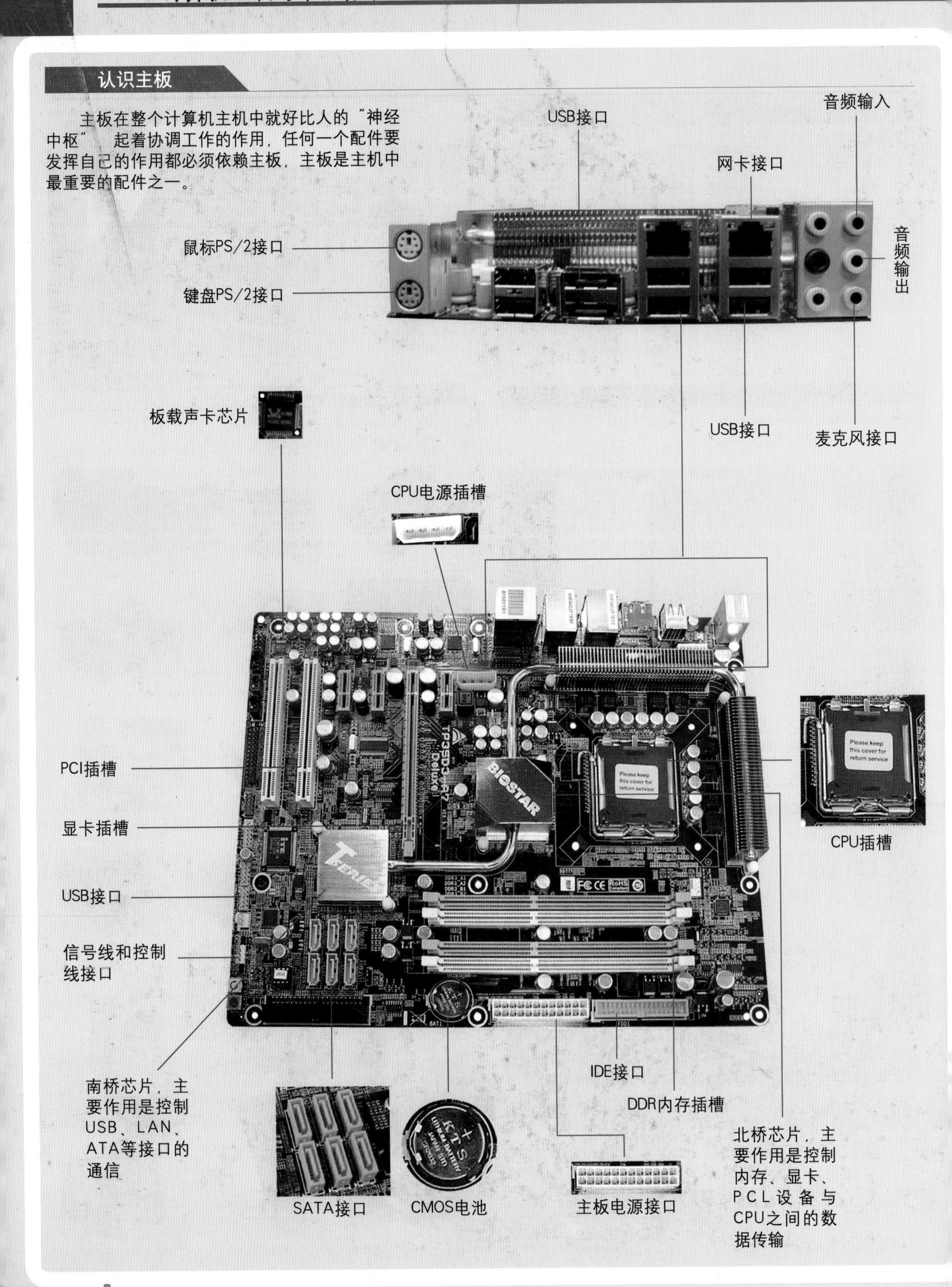

安装CPU和CPU风扇

CPU插槽

CPU正面

CPU反面

将CPU插座上的拉杆拉开

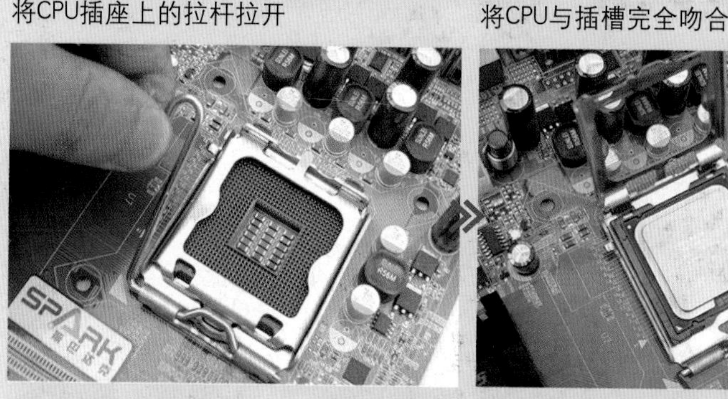

将CPU与插槽完全吻合

轻轻按下拉杆

必须将硅脂涂抹均匀

涂抹硅脂

将拉杆卡入到CPU插座

将散热器的定位柱对准主板上的定位孔进行放置

轻压定位柱上的金属片

将风扇电源接头插到主板上的CPU FAN位置

安装内存

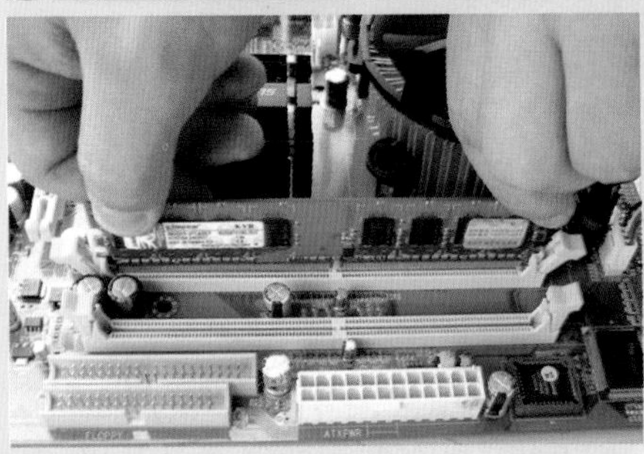

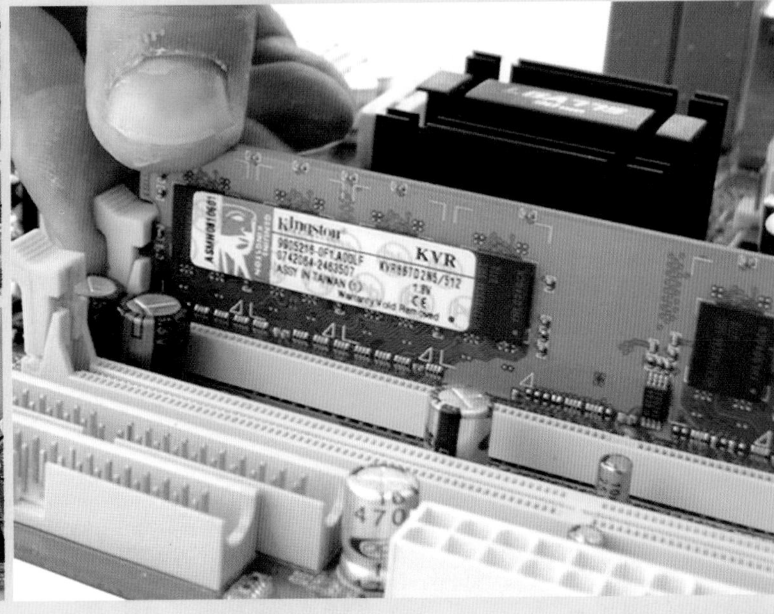

连接CPU和主板电源线

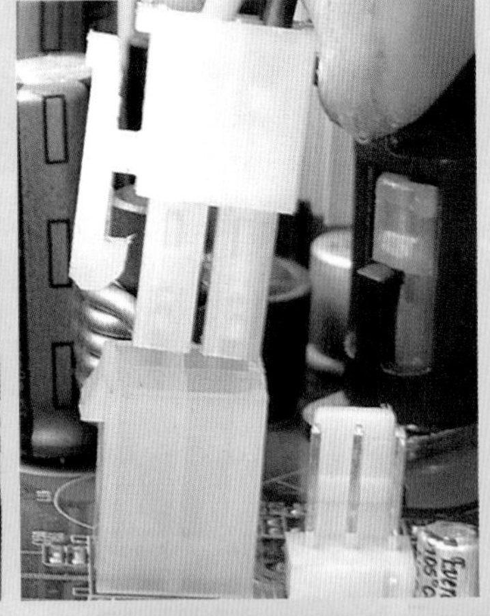

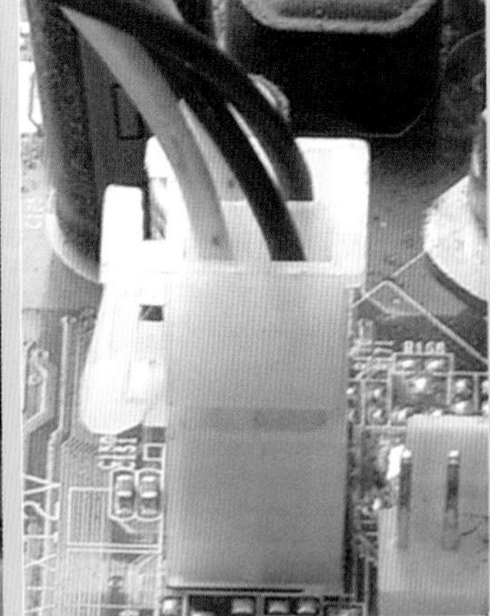

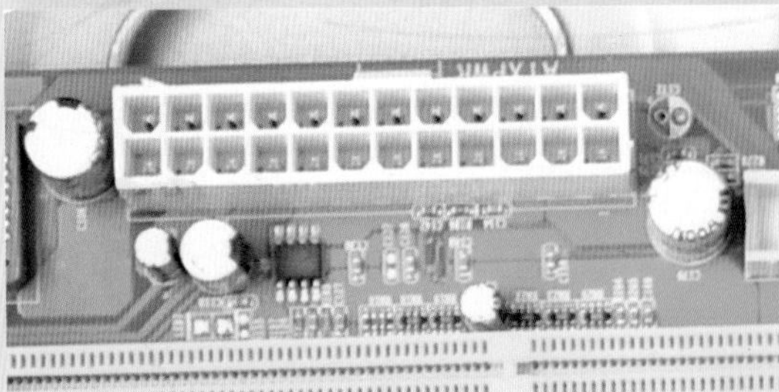

将电源插头插入到主板电源插座

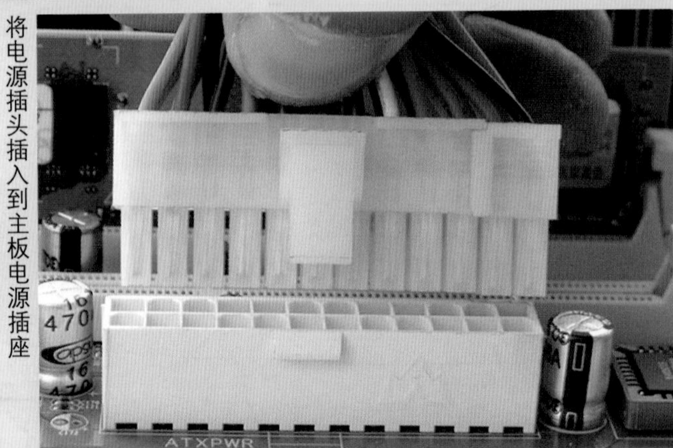

制作网线

将网线外皮剪开

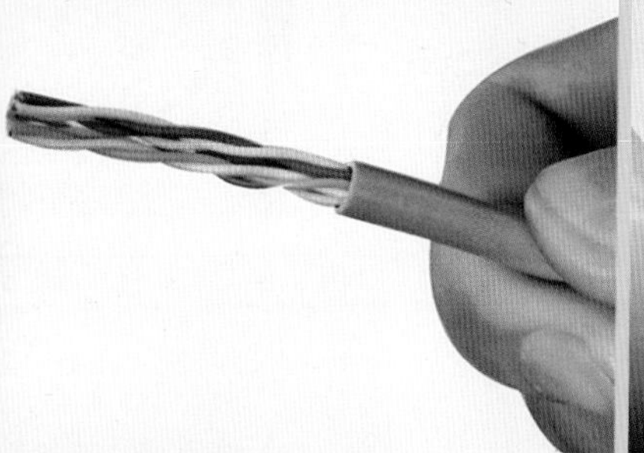
剥去外皮的网线

将双绞线按一定的顺序排列

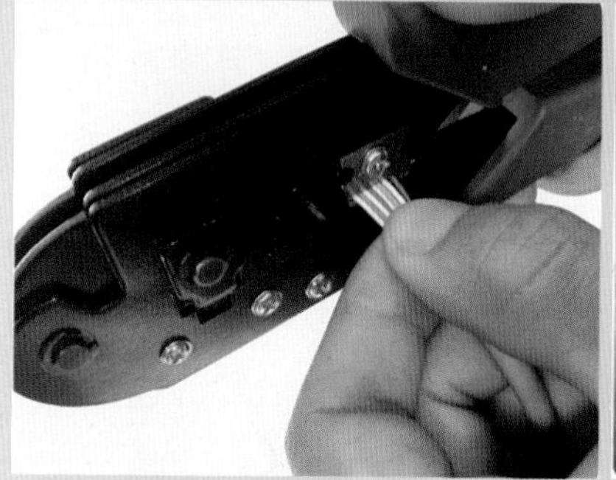
剪齐双绞线

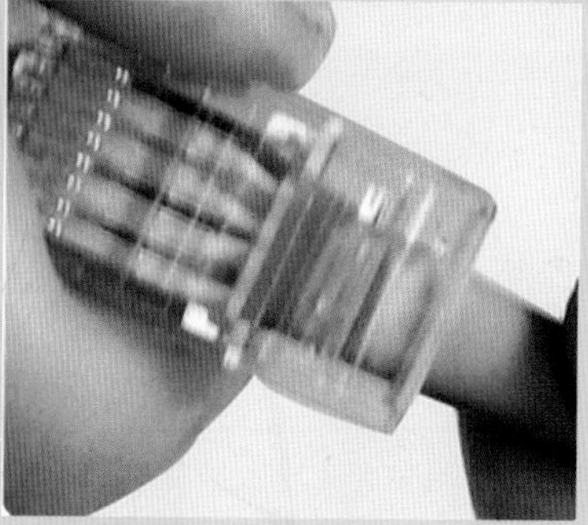
把双绞线插入水晶头内

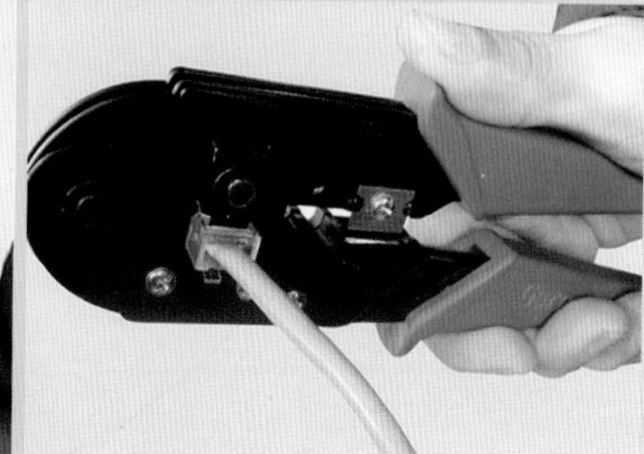
用网钳将水晶头压紧

安装显卡

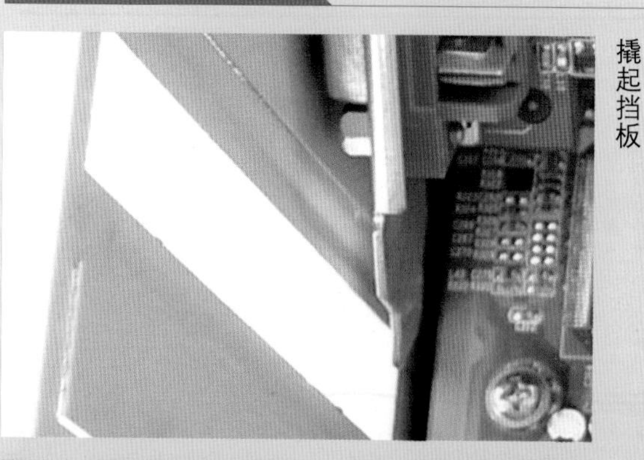
撬起挡板

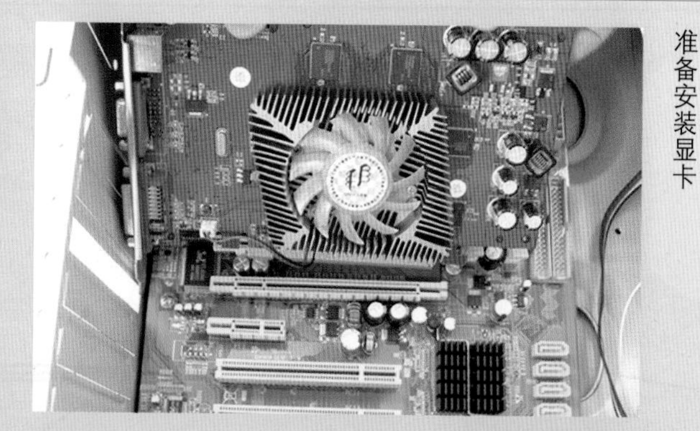
准备安装显卡

安装螺丝固定显卡

将显卡上的缺口对准插槽上的凸起

连接主机线

显示器数据线插头

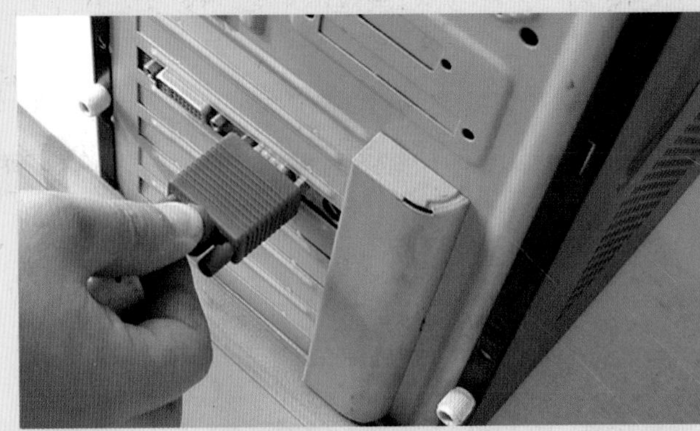

将一端插头插入到显示器VGA接口，另一端插头插入到主机VGA接口。

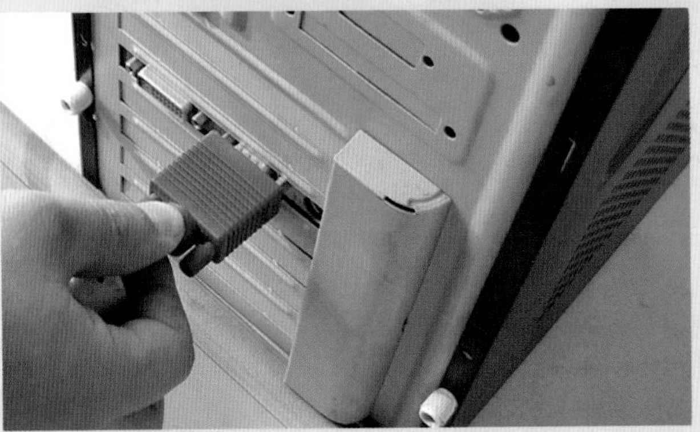

在连接鼠标和键盘插头时，应将键盘和鼠标插头内的针脚与主机鼠标和键盘接口相吻合。

插入主机电源线

安装打印机

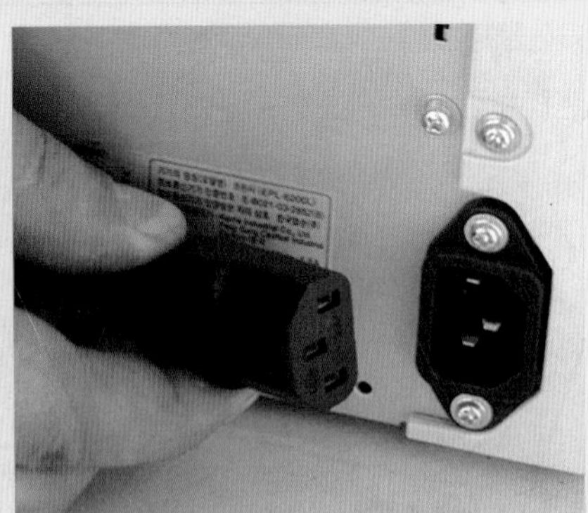

插入打印机数据线，另一端插入电脑USB插口

连接打印机数据线

插入打印机电源线

连接信号线和控制线

USB连接线插头

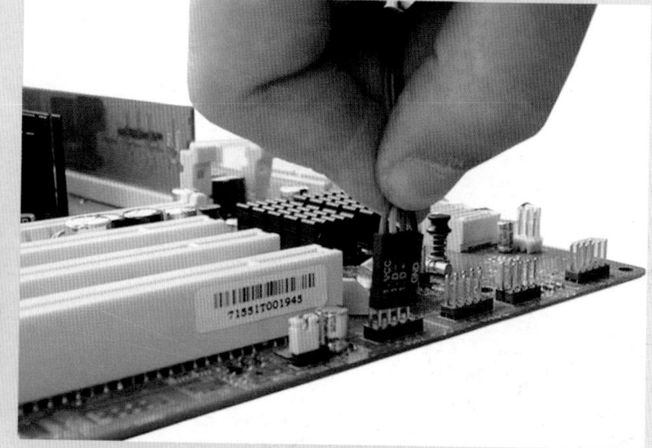
将USB连接线插头插入到主板相应针脚

机箱喇叭连接线插头

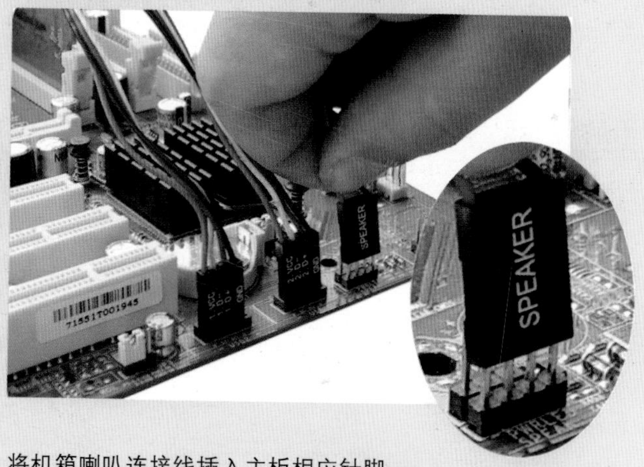

将机箱喇叭连接线插入主板相应针脚

硬盘指示灯连接线插头

复位键连接线插头

电源键连接线插头

电源指示灯连接线插头

分别将POWER SW'H.D.D LED等插头插入到主板相应针脚

连接光驱数据线

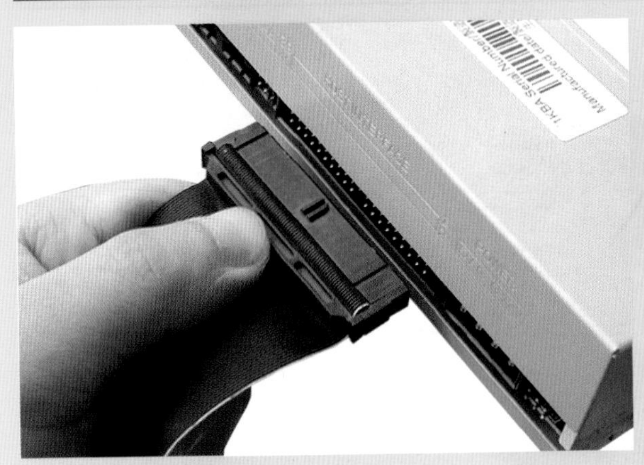

将IDE数据线连接到光驱

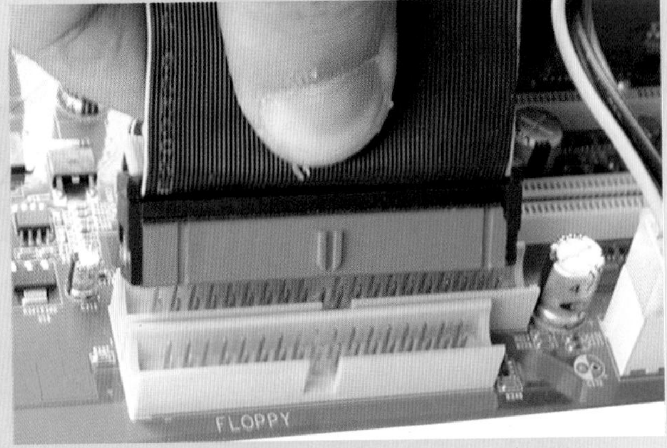

将IDE数据线连接到主板

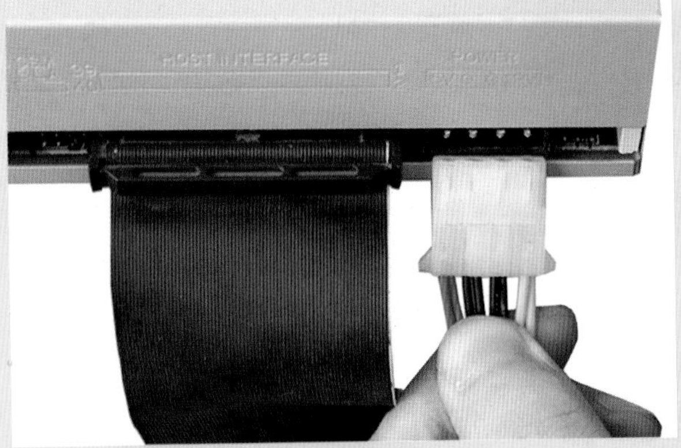

安装好的光驱

将电源线连接到光驱

连接硬盘数据线

连接电源线

将SATA数据线连接到硬盘

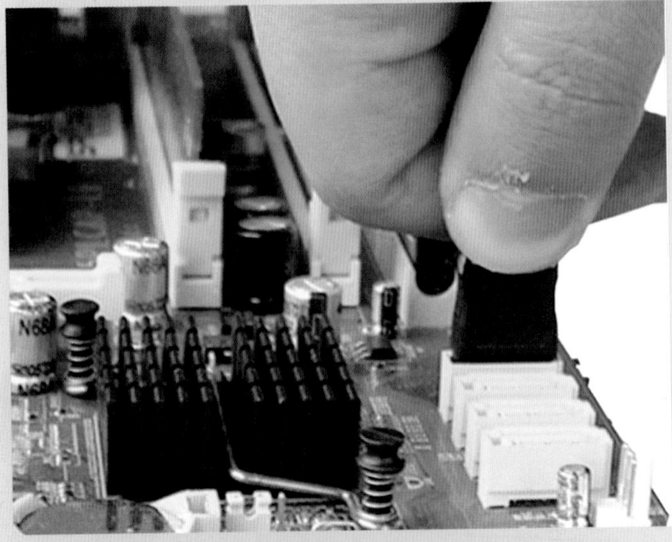

将SATA的另一头连接到主板

超值多媒体光盘
大容量、高品质多媒体教程
组装过程全视频演示讲解

- ✓ 总结了作者丰富的科研经验和教学心得
- ✓ 系统讲解了计算机组装与维护的要点和难点
- ✓ 提供丰富的实验指导和课后习题
- ✓ 提供精美彩插，逼真展示组装过程和技术细节
- ✓ 附赠大容量、高品质多媒体语音视频教程光盘

计算机组装与维护
标准教程(2010-2012版)

■ 宋素萍 崔群法 等编著

清华大学出版社
北 京

内 容 简 介

本书详细介绍了计算机组装与维护的原理和技术。全书包括14章，内容涉及各种硬件设备的工作原理和性能指标，包括主板、CPU、内存、显卡、外设、机箱、电源等，还全面讲解了计算机硬件选购、组装、维护保养以及BIOS设置、系统性能优化的方法，以及计算机网络相关知识，计算机故障诊断和排除方法。本书还介绍了各种计算机组件的主流产品，使用户能够及时、准确掌握计算机硬件发展的最新知识。书中各章安排了丰富的实验指导，提高读者的动手能力。彩色插图逼真地展示了计算机硬件和组装过程，配书光盘提供了多媒体语音视频教程。

本书适合作为本科和高职高专院校教材，也可以作为社会培训教材和家庭电脑用户自学读物。

图书在版编目（CIP）数据

计算机组装与维护标准教程：2010—2012版/宋素萍等编著. —北京：清华大学出版社，2010.2

ISBN 978-7-302-21878-4

Ⅰ. ①计…　Ⅱ. ①宋…　Ⅲ. ①电子计算机-组装-教材②电子计算机-维修-教材
Ⅳ. ①TP30

中国版本图书馆CIP数据核字（2010）第011441号

责任编辑：冯志强
责任校对：徐俊伟
责任印制：孟凡玉
出版发行：清华大学出版社　　**地　　址**：北京清华大学学研大厦A座
http://www.tup.com.cn　　**邮　　编**：100084
社　总　机：010-62770175　　**邮　　购**：010-62786544
投稿与读者服务：010-62776969，c-service@tup.tsinghua.edu.cn
质　量　反　馈：010-62772015，zhiliang@tup.tsinghua.edu.cn
印 刷 者：北京四季青印刷厂
装 订 者：北京市密云县京文制本装订厂
经　　销：全国新华书店
开　　本：185×260　**印　张**：23　**插　页**：4　**字　数**：570千字
附光盘1张
版　　次：2010年2月第1版　　**印　　次**：2010年2月第1次印刷
印　　数：1～5000
定　　价：39.80元

本书如存在文字不清、漏印、缺页、倒页、脱页等印装质量问题，请与清华大学出版社出版部联系调换。联系电话：(010)62770177转3103　　产品编号：033986-01

前　言

本书详细介绍了计算机内各种硬件设备的工作原理、分类、性能指标，主要包括主板、CPU、内存、显卡、外设、机箱、电源等。全面讲解了计算机的硬件选购、组装、维护保养以及 BIOS 设置、系统性能优化的方法。此外，还讲解了计算机网络方面的相关知识，以及计算机故障的诊断和排除方法。本书根据 IT 技术的发展，介绍了计算机内各个组件的主流产品，使用户能够及时、准确掌握计算机硬件发展的最新知识。

1. 本书主要内容

本书内容丰富，实用性强，全书共 14 章，各章的主要内容如下。

第 1 章介绍计算机基础知识，包括计算机的发展简介、计算机工作原理、计算机的组成、计算机常用术语等。

第 2 章介绍计算机主机方面的知识，包括 CPU、主板、内存、机箱、电源等硬件的分类、工作原理、性能指标、主流技术、选购方法等。

第 3 章介绍计算机外部存储器方面的知识，包括硬盘、光盘驱动器、移动存储器等外部存储设备的结构、工作原理、技术指标等。

第 4 章介绍计算机输入设备，包括键盘、鼠标、扫描仪、手写板等设备的分类、工作原理以及选购方法等。

第 5 章介绍计算机输出设备，包括显卡、显示器、声卡、音箱、打印机等设备的分类、组成结构、技术指标、工作原理等方面的知识。

第 6 章介绍有关计算机网络设备方面的知识，内容包括网卡、双绞线、交换机、宽带路由器、ADSL Modem 和无线网络设备的类型、工作原理及选购方法等。

第 7 章介绍数码产品的知识，包括数码随身听、麦克风、摄像头、视频卡等数码产品的组成结构、性能指标、工作原理和选购方法。

第 8 章介绍笔记本计算机的相关知识，包括笔记本计算机的类型，以及笔记本计算机的 CPU、主板、内存、显示系统和存储系统的相关技术。最后，还对笔记本计算机的选购方法和注意事项进行了介绍。

第 9 章介绍计算机组装的方法，包括 DIY 攒机知识、组装计算机的准备工作、主机的硬件安装，以及主机与其他设备的连接方法等。

第 10 章介绍 BIOS 设置方面的知识，包括 BIOS 概述，以及 BIOS 的设置、升级和升级失败后的处理方法。

第 11 章介绍安装操作系统的方法，包括硬盘分区和格式化，安装 Windows Vista 操作系统，以及安装驱动程序等。

第 12 章介绍备份和恢复操作系统的各种方法，包括使用 Ghost 进行备份和恢复的操作方法，以及数据文件和驱动程序的备份与恢复方法等。

第 13 章讲解计算机系统维护与优化方面的知识，包括计算机安全操作注意事项、

Windows 注册表、优化软件的使用方法等。

第 14 章介绍排除计算机故障的方法，包括计算机故障的类型，以及各类型常见故障的分析与排除方法等。

2. 本书主要特色

本书结合办公用户的需求，详细介绍计算机硬件与组装的应用知识，具有以下特色。

- **实例丰富** 本书每章以实例形式演示计算机硬件的外观和原理解剖图，便于读者深入理解计算机硬件的原理，同时方便教师组织授课。
- **彩色插图** 本书提供了大量精美的实例，在彩色插图中读者可以感受逼真的计算机硬件和组装过程，从而迅速掌握计算机硬件和组装的操作知识。
- **思考与练习** 扩展练习测试读者对本章所介绍内容的掌握程度；上机练习理论结合实际，引导学生提高上机操作能力。
- **配书光盘** 本书精心制作了功能完善的配书光盘。在光盘中用 DV 形式提供了计算机硬件以及组装的流程，便于读者学习使用。

3. 本书读者对象

本书定位于各大中专院校、职业院校和各类培训学校讲授计算机硬件和组装课程的教材，并适用作为不同层次的办公文秘和各行各业电脑用户的自学参考书。

参与本书编写的除了封面署名人员之外，还有王海峰、马玉仲、席宏伟、祁凯、徐恺、王泽波、王磊、张仕禹、夏小军、赵振江、李振山、李文才、吴越胜、李海庆、王树兴、何永国、李海峰、倪宝童、安征、张巍屹、王咏梅、康显丽、辛爱军、王蕾、王曙光、牛小平、贾栓稳、王立新、苏静、赵元庆、郭磊、何方、徐铭、李大庆等。由于时间仓促，水平有限，疏漏之处在所难免，敬请读者朋友批评指正。

编 者

2009 年 10 月

目　录

第1章

认识计算机

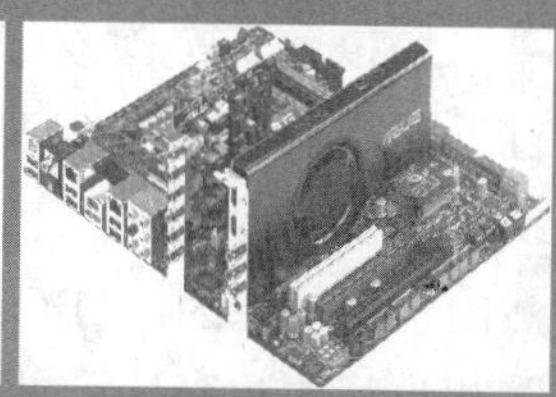

计算机的出现最初是为了满足了人们对于海量计算工具的需求，使原本需要花费大量人力和时间才能完成的计算任务在极短时间内得以解决。不过，由于计算机能够按照人们事先编写的指令对信息进行自动加工和处理，因此该特点成为计算机与传统工具之间的最大区别。

早期的计算机功能单一、体积庞大，但随着计算机技术的不断发展与用户需求的提高，计算机对信息处理和分析的能力得到增强，且逐渐在众多社会领域内得到普及。现如今，计算机已经被广泛应用于科学计算、工程设计、经营管理、过程控制以及人工智能等多个领域，从而极大地提高了人们在这些领域内的工作效率。

为了让用户更好地认识计算机，本章将对计算机的发展状况，以及计算机的结构和工作原理进行讲解。此外，还将对用户在购买计算机时可能遇到的部分问题进行解答，从而使用户能够在最短时间内熟悉和掌握选购计算机的方法。

本章学习要点：

- 计算机概述
- 计算机的类型
- 计算机的组成结构
- 计算机的工作原理
- 计算机的选购方法

1.1 计算机概述

科学家设计和制造计算机的最初目的是为了增强人们的计算能力，此外由于计算机擅长执行快速计算、大型表格分类和大型数据库检索等任务，并且能够完成很多智能任务，因此又被称为“智力工具”。在本节中，将对计算机的发展历程和类型，以及计算机的应用领域等内容进行讲解，以便用户更好地学习和掌握计算机知识。

1.1.1 计算机发展简介

人们所使用计算机的全称为“电子计算机”，前身为早期的电动计算机。与其他新生事物的发展轨迹相类似，计算机也经历了一个不断变革与完善的过程。根据不同时期计算机构成设备的不同，可以将计算机的发展分为以下几个阶段。

1. 第一代电子管计算机（1939～1955 年）

1939 年，美国爱荷华州立大学副教授约翰·阿塔纳索夫（John. V. Atanasoff）在经过近两年的反复研究试验后，与当时的物理系硕士研究生克利夫·贝瑞（Clifford. E. Berry）共同研制出一台阿塔纳索夫-贝瑞计算机（Atanasoff-Berry Computer，ABC）。虽然由于种种原因，ABC 计算机最终并未研制完成，但其采用电子管研制数字计算机的思路却为其他数字计算机研发人员指明了发展方向。

随后，美国宾夕法尼亚大学的研究人员在借鉴 ABC 计算机的部分设计方法后，于 1946 年推出了 ENIAC（Electronic Numerical Integrator And Computer，电子积分计算机），标志着世界上第一台电子计算机的成功问世。该计算机使用了 18000 个电子管和 70000 个电阻器，占地 170 平方米，拥有 30 个操作台，耗电量达到了惊人的 140～160 千瓦，计算能力则为每秒 5000 次加法运算或 400 次乘法运算。在揭幕仪式上，ENIAC 的精彩表现让来宾们喝彩不已，因为它的速度是当时最快继电器计算机的 1000 多倍，是人们手工计算的 20 万倍。

在工作时，虽然 ENIAC 能够通过更改不同部分间的连线进行编程，但由于程序仍然是外加式的，且存储容量较小，因此尚未完全具备现代计算机的主要特征。随后，数学家冯·诺依曼领导的设计小组按照存储程序原理，于 1949 年 5 月在英国研制成功了第一台真正实现内存储程序的计算机——EDSAC，从而成为计算机发展史上的又一次重大突破。

提 示

存储程序原理，即程序由指令组成，并和数据一起存放于存储器中。当计算机开始工作时，便会按照程序指令的逻辑顺序，将指令从存储器中逐条读出并执行，从而自动完成由程序所描述的处理任务。

第一代计算机的特点是操作指令为特定任务而编制，且每种计算机采用的都是不同的机器语言，因此功能受到限制，且速度也较慢。

2. 第二代晶体管计算机（1956～1963 年）

1948 年，晶体管的发明使得电子设备的体积开始减小。当 1956 年晶体管真正用于计算机时，标志了第二代计算机的产生。这一时期的计算机开始具备现代计算机的一些部件，例如磁盘、内存等。这些改进不但提高了计算机的运算速度，而且使得计算机更加可靠，其应用范围也扩展至众多方面的数据处理与工业控制。

与第一代计算机相比，第二代计算机的特点是体积小、速度快、功耗低，且稳定性也得到了增强。

3. 第三代集成电路计算机（1964～1971 年）

1958 年，德州仪器工程师 Jack Kilby 发明了集成电路（IC）技术，该技术成功地将多个电子元件集成在一块小小的半导体材料上。随后，集成电路技术迅速应用于计算机的设计与制造，计算机内部原本数量众多的元件被分类集成到一个个的半导体芯片上。这样一来，计算机的体积变得更小、功耗更低，且速度变得更快。

提 示

在第三代集成电路计算机的产生和发展期间，还出现了真正意义上的操作系统，这使得计算机能够在中心程序的控制下同时运行多个不同程序，从而极大地提高了计算机的利用率。

4. 第四代大规模和超大规模集成电路计算机（1972～至今）

随着集成电路技术的发展，计算机内的集成电路从中小规模逐渐发展至大规模、超大规模的水平。利用超大规模的集成电路技术，数以百万计的元器件被集成至硬币大小的芯片上，计算机的体积变得更小，而性能和可靠性则得到了进一步的增强。

随后，人们又利用超大规模集成电路技术成功研制出了微处理器，从而标志了微型计算机的诞生，如图 1-1 所示。

1.1.2 计算机的类型及特点

计算机发展至今，根据应用需求与技术的不同而出现了多种不同的类型，各类型计算机的特点自然也都各不相同。到目前为止，计算机主要分为图 1-2 所示的几种类型，接下来便将对其分别进行介绍。

图 1-1 微处理器中的超大规模集成电路

1. 根据计算机的构成器件划分

在计算机的发展过程中，人们尝试用不同的方法和器件来制造计算机。在这一过程中，陆续出现了机械计算机、机电计算机，以及现在正在使用的电子计算机，还有正在研究的光计算机、量子计算机等。

□ 电子计算机

事实上，日常人们所使用、所讲的“计算机”都是电子计算机，其特点是运算速度快、精度高、自动化和通用性较强，如图1-3所示。通过编制不同的程序，电子计算机几乎可以胜任所有任务。

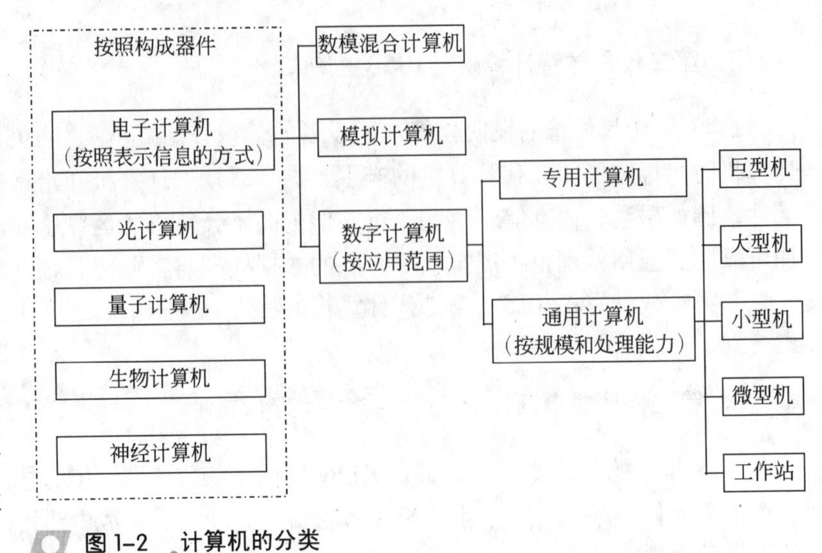

图1-2　计算机的分类

提　示

机械计算机和机电计算机都是电子计算机的前身，随着电子计算机的不断发展，机械计算机和机电计算机已经逐渐退出历史舞台。

图1-3　电子计算机

□ 光计算机

光计算机是由光代替电子或电流，实现高速处理大容量信息的计算机，其基础部件是空间光调制器。由于采用了光内连技术，而且在运算部分与存储部分之间采用的是光连接，因此运算部分可直接对存储部分进行并行存取。

光计算机的特点是运算速度极高、耗电极低，但目前仍然处于研制阶段。

□ 量子计算机

当某个物理装置在遵循量子力学规律的基础上，使用量子算法来处理和计算量子信息时，人们便将其称之为量子计算机，如图1-4所示。

图1-4　量子计算机

量子计算机的最大特点便是计算能力超强，例如一个需要由1024位电子计算机运算数十年的问题，只需40位的量子计算机运行极短时间即可得到解决。究其原因，便在于量子不像半导体只能记录0与1，而是可以在一次运算中处理多种不同的状况。

注　意

由于技术上的原因，迄今为止世界上还没有真正意义上的量子计算机。这是因为除了量子操控困难这一因素外，耗电量太大、发热量过高，以及寿命极短也是困扰量子计算机研究者们所面临的难题。

❑ 生物计算机

生物计算机概念的诞生最初源于科学家对于生物组织体的研究，而起因则是科学家们发现部分有机物中的蛋白质分子具有“开”与“关”的功能。为此，人们利用遗传工程技术仿制出了这种蛋白质分子，并以此作为元件来制造计算机。

生物计算机有很多优点，主要表现在以下几个方面。

首先，生物计算机的体积小、功效高，譬如在一平方毫米的面积上便可容纳几亿个电路。

其次，生物计算机具有自我修复功能，当其内部芯片出现故障时，无须人工维修便可自我复原。因此，生物计算机具有永久性和很高的可靠性。

再者，生物计算机对能源的消耗较小，且不会在工作一段时间后出现机体发热的状况，更不会在多个生物电路间出现信号干扰的情况。

❑ 神经计算机

神经计算机（neural computer）又称第六代计算机，其特点是能够模仿人类大脑的判断能力和适应能力。与已往不同的是，神经计算机还可同时并行处理实时变化的大量数据，并在得出结论后自动采取相应的行动。

2．从表示和处理数据的方式进行划分

根据不同计算机在表示及处理数据时所采用的方式来看，可以将计算机分为数字计算机、模拟计算机和混合计算机 3 种类型。

❑ 模拟计算机

模拟计算机的问世时间较早，其内部所有数据信号都是在模拟自然界实际信号的基础上，利用电流、电压等连续变化的物理量直接进行处理和显示。模拟计算机的基本运算部件是由运算放大器构成的各种模拟电路，其特点是电路结构复杂、抗干扰能力差，进行数值运算时的精度较低，但运算速度较快，因此主要用于过程控制和模拟仿真。

❑ 数字计算机

数字计算机是当今人们所应用计算机中的主流类型，工作时通过电信号的有无来表示数据，并利用算术和逻辑运算法则进行计算，具有运算速度快、精度高、灵活性强和便于存储数据等优点。数字计算机的特点是结构简单，且由于计算精度优于模拟计算机的原因，因此主要应用于科学计算、信息处理、实时控制和人工智能等领域。

❑ 混合计算机

这是一种将模拟计算机与数字计算机联合在一起应用于系统仿真的计算机系统，由模拟计算机、数字计算机以及连接系统所组成，因此既能接收、输出和处理模拟信号，又能接收、输出和处理数字信号。并且，混合计算机同时具有数字计算机和模拟计算机的特点，例如运算速度快、计算精度高、逻辑和存储能力强，以及仿真能力强等。

3．根据用途划分

现如今，计算机已经广泛应用于社会的各行各业。在实际应用中，虽然不同行业在使用计算机时的用途会有所差异，但总体看来仍可将其分为以下两大类型。

❑ 通用计算机

通用计算机是指适用范围较广的计算机，特点是功能多、配置全、用途广、通用性

强。例如，人们在日常办公和家庭中用到的计算机都属于通用计算机，如图 1-5 所示。

❑ 专用计算机

专用计算机是为了解决某种问题而专门设计制造的产品，特点是功能单一、针对性强，有些甚至属于专机专用的类型。在设计制造过程中，由于专用计算机在增强专用功能的同时削弱或去除了次要功能，因此能够更快速、更高效地解决特定问题，图 1-6 所示即为超市内专用于收款的 POS 机。

图 1-5 适用于普通家庭的通用计算机

4．按照计算机规模进行划分

在通用计算机中，按照其规模、速度和功能可以分为巨型机、大型主机、中型计算机、小型计算机、微型计算机和工作站计算机多种类型。不同类型间的差别主要体现在体积大小、结构复杂程度、功率消耗、性能指标、数据存储容量、指令系统和设备及软件配置等方面。

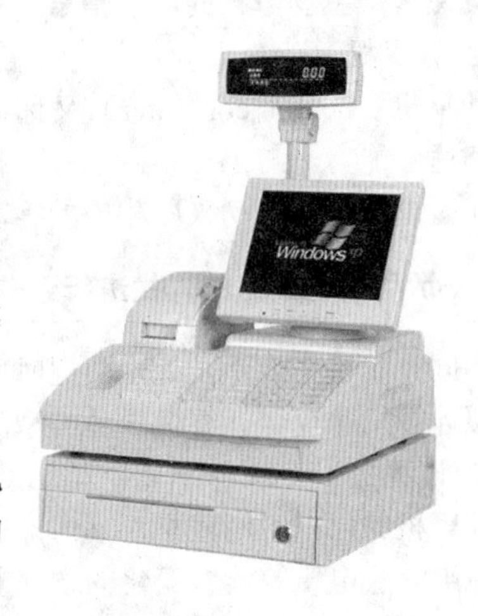

图 1-6 收款专用 POS 机

❑ 巨型计算机

人们通常把最大、最快、最昂贵的计算机称为巨型机（超级计算机），由于拥有超高的运算速度和海量存储能力，因此主要应用于国防、空间技术、石油勘探、长期天气预报，以及社会模拟等尖端科学领域。现阶段，巨型计算机的运算速度都在万亿次/秒以上，图 1-7 所示便是我国自行研制、运算速度达到 10 万亿次/秒的“曙光 4000A”巨型计算机。

图 1-7 曙光 4000A 巨型计算机

❑ 大型机

大型机包括大型主机和中型计算机，特点表现为通用性较好、综合处理能力强等，但运算速度要慢于巨型机。通常情况下，大型机都会配备许多其他的外部设备和数量众多的终端，从而组成一个计算机中心。因此，只有大中型企业、银行、政府部门和社会管理机构等单位才会使用，这也是大型机被称为“企业级”计算机的原因之一。

❑ 小型计算机

小型机是价格较低且规模小于大型机的高性能计算机，特点是结构简单、可靠性高，对运行环境要求较低，并且易于操作和维护等，如图 1-8 所示。因此，小型机常用于中小规模的企事业单位或大专院校，例如高等院校的计算机中心只需将一台小型机作为主机后，配以几十台甚至上百台终端机，便可满足大量学生学习程序设计课程的需求。

此外，在工业自动控制、大型分析仪器、测量仪器、医疗设备中的数据采集、分析计算等领域，也能看到小型机的身影。

图 1-8　可安装于机柜内的小型机

❑ 微型计算机

所谓微型计算机，是指以微处理器为基础，配以内部存储器、输入输出（I/O）接口电路，以及相应辅助电路等部件组合而成的计算机，特点是体积小、结构紧凑、价格便宜且使用方便。不过，根据使用需求与组成形式的不同，微型计算机又分为几种不同的类型。

例如，当以微型计算机为核心，并为其配以鼠标、键盘、显示器等外部设备和控制计算机工作的软件后，便可以构成一套常见的微型计算机系统，此时的微型计算机又被称为个人计算机（PC）。如果再根据使用方式的不同，则可将个人计算机再划分为台式计算机和笔记本计算机两种类型，如图 1-9 所示。

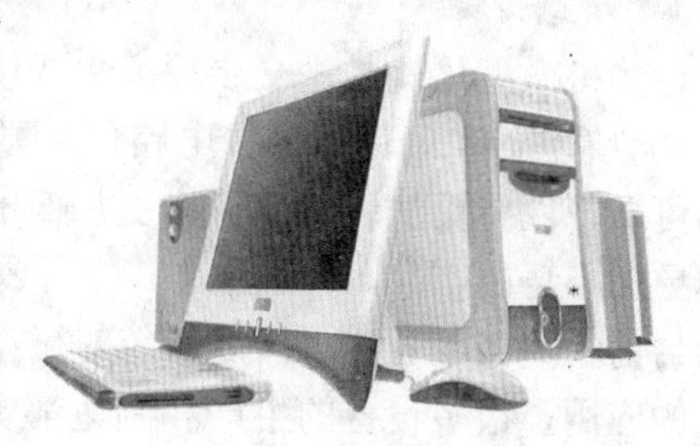

台式计算机

笔记本计算机

图 1-9　两种不同形式的个人计算机

当采用印刷电路板（PCB）作为主体，将组成微型计算机的部件集成在一个芯片上时，所构成的便是单片式微型计算机（Single Chip Microcomputer，单片机）。此类计算机的设计初衷是让计算机变得更小，以便更容易集成至结构复杂且对体积要求严格的控制设备当中，如图 1-10 所示。

与个人计算机相比，单片机的特点是体积小、成本低，且随着单片机在嵌入式设备中的应用，逐渐与个人计算机形成微型计算机的两个不同发展方向。

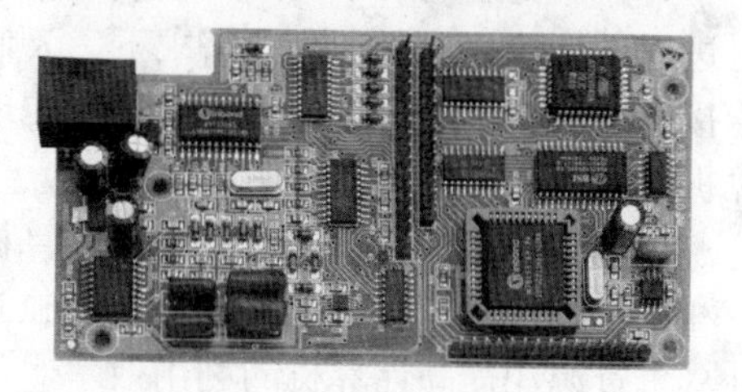

图 1-10　单片机

❑ 工作站计算机

工作站计算机是一种介于个人计算机和小型计算机之间的高档微机系统，特点是既具有较高的运算速度和多任务、多用户的处理能力，又兼具微型计算机的操作方便、界面友好等优势。与普通的微型计算机相比，工作站计算机的独到之处在于拥有较强的图形性能和图形交互处理能力，因此特别适用于计算机辅助工程类人员的使用，尤其是在计算机辅助设计（CAD）领域得到了广泛的运用。

1.1.3 计算机的发展趋势

随着计算机应用的深入发展，人们又对计算机技术有了更高的要求，并提出了巨型化、微型化、网络化和智能化 4 个不同的发展方向。

1. 巨型化

巨型化是指发展高速度、大存储量和拥有超强运算能力的超大型计算机。目前，人们正在研制的巨型计算机已经达到了每秒数千万亿次的运算速度，以满足尖端科学研究的需要（如天文、气象、地质、核反应堆等）。图 1-11 所示即为代号为“走鹃”的千万亿次超级计算机。

图 1-11 千万亿次超级计算机

2. 微型化

计算机微型化就是进一步提高集成度，利用高性能的超大规模集成电路研制质量更加可靠、性能更加优良、价格更加低廉、整体更加小巧的产品。

目前，随着工业生产控制系统对微型计算机的应用，很多设备的生产和制造都实现了自动化。随着微电子技术的进一步发展，相信将来的笔记本型、掌上型微型计算机产品必将以更强劲的性能和更优秀的易用性受到人们的欢迎，如图 1-12 所示。

图 1-12 体积小巧、支持手写输入的 Tablet PC

提 示

亚当•奥斯本（Adam Osborne）推出的便携式计算机，掀起了计算机微型化的浪潮，加速了计算机向家庭普及的速度。因此，亚当•奥斯本被人们称为“便携式计算机之父”。

3. 网络化

计算机诞生之后不久，人们便开始寻求一种能够让多台计算机相互传递信息，并随时进行通信的方法。在这一需求下，人们将各自独立的计算机通过通信设备和通信介质连接起来，并在通信技术的帮助下，实现了互连计算机间的相互通信和资源共享等，计算机网络由此诞生。

计算机网络是现代通信技术与计算机技术相结合的必然产物，也是计算机在不断普及和应用过程中的必然发展趋势。与独立运行计算机的方式相比，网络化能够充分利用计算机资源，提高计算机的利用效率，从而为用户提供更为方便、及时、可靠和灵活的信息服务，如图 1-13 所示。

4. 智能化

计算机人工智能的研究是建立在现代科学的基础之上，其目的是让计算机能够模拟人的感觉和思维能力，从而使计算机具有自行解决问题和逻辑推理、知识处理和知识库管理等功能，是计算机发展过程中的一个重要方向。在新一代的智能计算机中，人与计算机间的联系将不再使用传统设备，而是用文字、声音、图像等信息直接与计算机进行对话，智能计算机也相应地通过模拟人类的感觉行为和思维过程完成“看”、“听”、“说”、“想”、“做”等任务，并将任务经验记录下来，达到不断学习的目的。

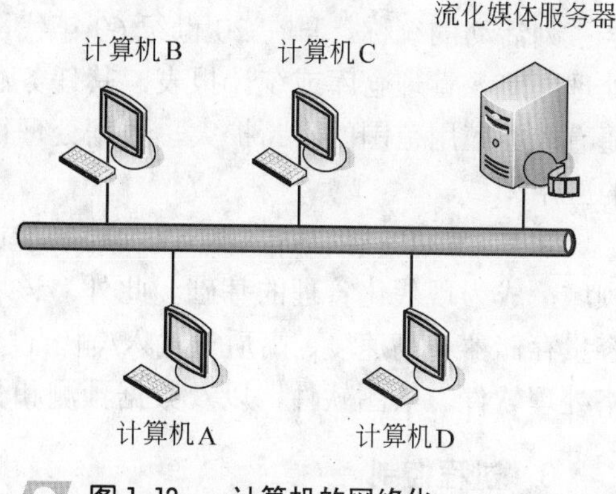

图 1–13 计算机的网络化

1.1.4 计算机的应用领域

现如今，计算机已经全面普及至工业、农业、财政金融、交通运输、文化教育、国防安全等众多行业，并在家庭娱乐方面为人们增添了许多新的色彩。总体概括起来，计算机的应用领域可分为以下几个方面，如图 1-14 所示。

1. 科学计算

与人工计算相比，计算机不仅运算速度快，而且精度高。在应对现代科学中的海量复杂计算时，计算机的高速运算和连续计算能力可以实现很多人工难以解决或根本无法解决的问题。例如，在预测天气情况时，如果采用人工计算的方式，仅仅预报一天的天气情况就需要计算几个星期。在借助计算机后，既使预报未来 10 天内的天气情况也只需要计算几分钟，这使得中、长期天气预报成为可能。

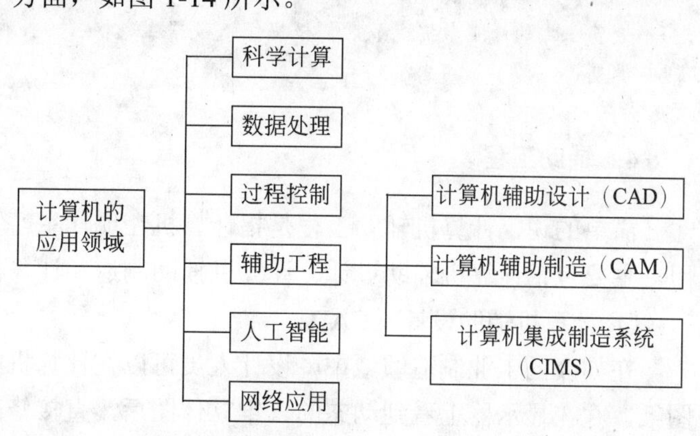

图 1–14 计算机的应用领域

随着计算机应用范围的不断扩大，虽然科学计算在整个计算机应用领域内的比重呈下降趋势，但在天文、地质、生物、数学等基础学科，以及空间技术、新材料研制、原子能研究等高、新技术领域中，计算机仍然占有极其重要的地位。并且在某些应用领域中，复杂的运算需求还对计算机的运算速度和精度提出了更高的要求，这也在一程度上促进了巨型计算机的不断发展。

2. 数据处理

数据处理是对各种数据进行收集、存储、整理、分类、统计、加工、利用、传播等一系列活动的统称。早在20世纪60年代，很多大型的企事业单位便开始使用计算机来处理账册、管理仓库或统计报表，其任务涵盖了数据的收集、存储、整理和检索统计。随着此类应用范围的不断扩大，数据处理很快便超过了科学计算，成为现代计算机最大的应用领域。

现如今，数据处理已经不仅仅局限于日常事务的处理，还被应用于企业管理与决策领域，成为现代化管理的基础。此外，该项应用领域的不断扩大，也在硬件上刺激了大容量存储器和高速度、高质量输入/输出设备的不断发展；同时也推动了数据库管理、表格处理软件、绘图软件，以及数据预测和分析类软件的开发。

3. 过程控制

计算机不仅具有高速运算能力，还具有逻辑判断能力，这一能力使得计算机能够代替人们对产品的生产工艺流程进行不间断的监控。例如，在冶金、机械、电力、石油化工等产业中，使用计算机监控生产工艺流程后不但可以提高生产的安全性和自动化水平，还可以提高产品质量，并降低生产成本，减轻人们的劳动强度。

提　示

计算机在完成实时控制时的工作流程如下。

首先，由传感器采集现场受控对象的各项数据，包括受控对象的自身数据与影响生产的关键数据。然后，利用实时数据与设定数据进行对比，在得出数据偏差后，由计算机按照控制模型求得能够使生产恢复正常的修正数据。最后，根据修正数据生成相应的控制信号，以驱动伺服装置对受控对象进行调整。

4. 辅助工程

简单的说，计算机辅助工程是指计算机在现代生产领域，特别是生产制造业中的应用，主要包括计算机辅助设计、计算机辅助制造和计算机集成制造系统等内容。

❑ **计算机辅助设计（CAD）**

在如今的工业制造领域中，设计人员可以在计算机的帮助下绘制出各种类型的工程图纸，并在显示器上看到动态的三维立体图后，直接修改设计图稿，因此极大地提高了绘图质量和效率。此外，设计人员还可通过工程分析与模拟测试等方法，利用计算机进行逻辑模拟，从而代替产品的测试模型（样机），从而降低了产品试制成本，缩短了产品设计周期。

目前，CAD技术已经广泛应用于机械、电子、航空、船舶、汽车、纺织、服装、化工以及建筑等行业，成为现代计算机应用中最为活跃的领域之一。

❑ **计算机辅助制造（CAM）**

这是一种利用计算机控制设备完成产品制造的技术，例如，20世纪50年代出现的数控机床便是在CAM技术的指导下，将专用计算机和机床相结合后的产物。

借助CAM技术，人们在生产零件时只需使用编程语言对工件的形状和设备的运行进行描述后，使可以通过计算机生成包含了加工参数（如走刀速度和切削深度）的“数控加工程序”，并以此来代替人工控制机床的操作。这样一来，不仅提高了产品质量和效率，还降低了生产难度，在批量小、品种多、零件形状复杂的飞机、轮船等制造业中倍受欢迎。

❑ **计算机集成制造系统（CIMS）**

CIMS 是集设计、制造、管理三大功能于一体的现代化工厂生产系统，具有生产效率高、生产周期短等特点，是 20 世纪制造工业的主要生产模式。在现代化的企业管理中，CIMS 的目标是将企业内部所有环节和各个层次的人员全都用计算机网络组织起来，形成一个能够协调、统一和高速运行的制造系统。

5. 人工智能

人工智能（Artificial Intelligence）也称“智能模拟”，其目标是让计算机模拟出人类的感知、判断、理解、学习、问题求解和图像识别等能力。

目前，人工智能的研究已取得不少成果，有些已开始走向实用阶段。例如，能模拟高水平医学专家进行疾病诊疗的专家系统，以及具有一定思维能力的智能机器人等。

6. 网络应用

现如今，随着计算机网络的不断发展壮大，金融、贸易、通信、娱乐、教育等领域的众多功能和服务项目已经可以借助计算机网络来实现。这些事件，不仅标志着计算机网络在实际应用方面得到了拓展，还为人们的生活、工作和学习带来了极大的好处。

1.2 计算机硬件基础

一个完整的计算机系统由硬件系统和软件系统两大部分组成，两者既相互依存，又互为补充。其中，硬件是计算机系统中看得见、摸得着的物理部分，其性能决定了计算机的运行速度、显示效果等；软件是计算机程序的集合，其功能决定了计算机可以进行的工作。如果说硬件是计算机系统的躯体，那么软件便是计算机的头脑和灵魂，只有将这两者有效地结合起来，才能发挥出计算机的功能，使其真正地为人们服务。

1.2.1 硬件系统的组成

计算机发展至今，不同类型计算机的组成部件虽然有所差异，但硬件系统的设计思路全都采用了冯•诺依曼体系结构，即计算机硬件系统由运算器、控制器、存储器、输入设备和输出设备这 5 大功能部件所组成。本节便将对其分别进行介绍。

1. 中央处理器

中央处理器（Central Processing Unit，CPU）由运算器和控制器组成，是现代计算机系统的核心组成部件。随着大规模和超大规模集成电路技术的发展，微型计算机内的 CPU 已经集成为一个被称为微处理器（MPU）的芯片。

❑ **CPU 的功能** 在现阶段，计算机内的所有硬件都由 CPU 负责指挥，其功能主要体现在以下4个方面。

- **指令控制** 计算机之所以能够自动、连续地工作全都依赖于人们事先编制好的程序，而这也是计算机能够完成各项任务最为重要的因素。只不过在实际运行过程中，这些指令的执行顺序和相互关系是不能任意颠倒的，而 CPU 的功能之一便是控制计算机内的各个部件，使其按照预先设定的指令顺序协调地进行工作，以便实现预期的效果。
- **操作控制** 在计算机内部，即使是最为简单的一条指令，往往也需要将若干个操作信号组合在一起后才能实现相应的功能。因此，CPU 在按照指令控制各个部件运作的时候，还需要为每条指令生成相应的操作信号，并将这些操作信号送往相应部件，从而驱动这些部件按照指令要求进行工作。
- **时间控制** 作为一种精密的电子设备，计算机内部的任何操作信号均要受到时间的控制，因为只有这样计算机才能够有条不紊地自动工作。在这一过程中，CPU 的作用便是严格控制各操作信号的完成和实施时间。
- **数据处理** 数据处理的本质是对数据进行算术运算或逻辑运算，从而完成加工和整理信息的任务，而这也是 CPU 的根本任务。这是因为，任何原始数据都必须在经过加工处理后，才能成为对人们有用的信息。

❑ **CPU 的构成** 作为计算机的核心部件，中央处理器的重要性好比人的心脏，但由于它要负责处理和运算数据，因此其作用更像人的大脑。从逻辑构造来看，CPU 主要由运算器、控制器、寄存器和内部总线构成，如图 1-15 所示。

- **运算器** 该部件的功能是执行各种算术和逻辑运算，如四则运算（加、减、乘、除）、逻辑对比（与、或、非、异或等操作），以及移位、传送等操作，因此也称为算术逻辑部件（ALU）。

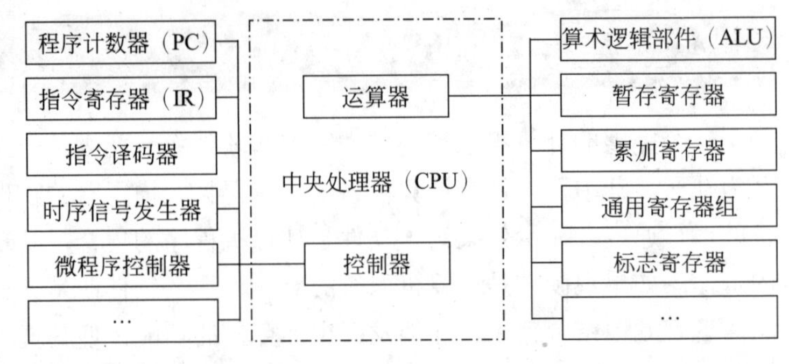

图 1-15 CPU 的组成结构

- **控制器** 控制器负责控制程序指令的执行顺序，并给出执行指令时计算机各部件所需要的操作控制命令，是向计算机发布命令的神经中枢。
- **寄存器** 寄存器是一种存储容量有限的高速存储部件，能够用于暂存指令、数据和地址信息。在中央处理器中，控制器和运算器内部都包含有多个不同功能、不同类型的寄存器。
- **内部总线** 所谓总线，是指将数据从一个或多个源部件传送到其他部件的一组传输线路，是计算机内部传输信息的公共通道。根据不同总线功能间的差异，CPU 内部的总线分为数据总线（DB）、地址总线（AB）和控制总线（CB）3种类型，如表 1-1 所示。

表 1-1 总线类型及其功能

总线名称	功能
数据总线（Data Bus，DB）	用于传输数据信息，属于双向总线，CPU 既可通过 DB 从内在或输入设备读入数据，又可通过 DB 将内部数据送至内在或输出设备
地址总线（Address Bus，AB）	用于传送 CPU 发出的地址信息，属于单向总线。作用是标明与 CPU 交换信息的内存单元与 I/O 设备
控制总线（Control Bus，CB）	用于传送控制信号、时序信号和状态信息等

2．存储器

存储器是计算机专门用于存储数据的装置，计算机内的所有数据（包括刚刚输入的原始数据、经过初步加工的中间数据，以及最后处理完成的有用数据）都要记录在存储器中。在现代计算机中，存储器分为内部存储器（主存储器）和外部存储器（辅助存储器）两大类型，两者都由地址译码器、存储矩阵、逻辑控制和三态双向缓冲器等部件组成。

❑ 内部存储器

内部存储器分为两种类型，一种是其内部信息只能读取，而不能修改或写入新信息的只读存储器（Read Only Memory，ROM）；另一类则是内部信息可随时修改、写入或读取的随机存储器（Random Access Memory，RAM），如图 1-16 所示。

ROM 的特点是保存的信息在断电后也不会丢失，因此其内部存储的都是系统引导程序、自检程序，以及输入/输出驱动程序等重要程序。相比之下，RAM 内的信息则会随着电力供应的中断而消失，因此只能用于存放临时信息。

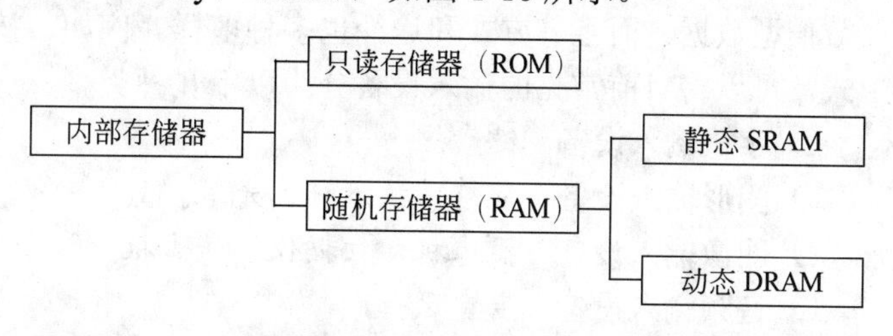

图 1-16 内部存储器的类型

在计算机所使用的 RAM 中，根据工作方式的不同可以将其分为静态 SRAM 和动态 DRAM 两种类型。两者间的差别在于，DRAM 需要不断地刷新电路，否则便会丢失其内部的数据，因此速度稍慢；SRAM 无须刷新电路即可持续保存内部存储的数据，因此速度相对较快。

事实上，SRAM 便是 CPU 内部高速缓冲存储器（Cache）的主要构成部分，而 DRAM 则是主存（通常所说的内存便是指主存，其物理部件俗称为"内存条"）的主要构成部分。在计算机的运作过程中，Cache 是 CPU 与主存之间的"数据中转站"，其功能是将 CPU 下一步要使用的数据预先从速度较慢的主存中读取出来并加以保存。这样一来，CPU 便可以直接从速度较快的 Cache 内获取所需数据，从而通过提高数据交互速度来充分发挥 CPU 的数据处理能力。

提 示

目前，多数 CPU 内的 Cache 分为两个级别，一个是容量小、速度快的 L1 Cache（一级缓存），另一个则是容量稍大、速度稍慢的 L2 Cache（二级缓存），部分高端 CPU 还拥有容量最大，但速度较慢（比主存要快）的 L3 Cache（三级缓存）。在 CPU 读取数据的过程中，会依次从 L1 Cache、L2 Cache、L3 Cache 和主存内进行读取。

- **外部存储器**

外部存储器的作用是长期保存计算机内的各种数据，特点是存储容量大，但存储速度较慢。目前，计算机上的常用外部存储器主要有硬盘、光盘和优盘等，如图 1-17 所示。

3. 输入/输出部分

输入/输出设备（Input/Output，I/O）是用户和计算机系统之间进行信息交换的重要设备，也是用户与计算机通信的桥梁。

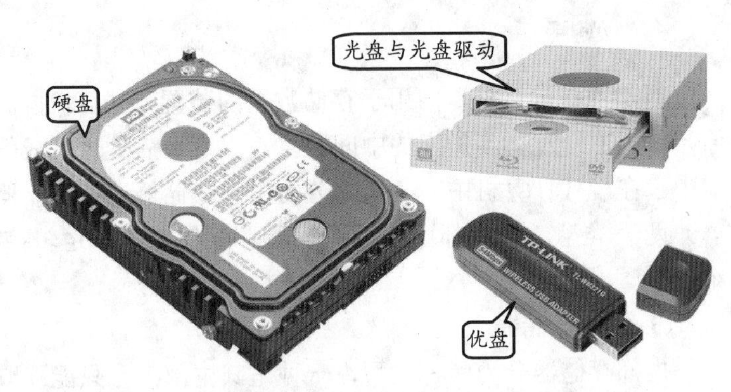

图 1-17 各种类型的外部存储器

到目前为止，计算机能够接收、存储、处理和输出的既可以是数值型数据，也可以是图形、图像、声音等非数值型数据，而且其方式和途径也多种多样。例如，按照输入设备的功能和数据输入形式，可以将目前常见的输入设备分为以下几种类型。

- **字符输入设备** 键盘。
- **图形输入设备** 鼠标、操纵杆、光笔。
- **图像输入设备** 摄像机、扫描仪、传真机。
- **音频输入设备** 麦克风。

在数据输出方面，计算机上任何输出设备的主要功能都是将计算机内的数据处理结果以字符、图形、图像、声音等人们所能够接收的媒体信息展现给用户。根据输出形式的不同，可以将目前常见的输出设备分为以下几种类型。

- **影像输出设备** 显示器、投影仪。
- **打印输出设备** 打印机、绘图仪。
- **音频输出设备** 耳机、音箱。

1.2.2 软件系统概述

软件系统是计算机所运行各类程序及其相关文档的集合，计算机进行的任何工作都依赖于软件的运行。离开软件系统后，计算机硬件系统将变得毫无意义，这是因为只有配备了软件系统的计算机才能成为完整的计算机系统。目前，计算机软件系统可分为系统软件和应用软件两大类，它们和计算机硬件及用户之间的关系如图 1-18 所示。

1. 程序与软件的概念

通过上面的学习，我们已经知道 CPU 是计算机运行的核心部件。那么，CPU 又是由谁控制，计算机又是如何从低级到高级逐步实现各种复杂功能的呢？事实上，所有这些都是通过程序来完成的，而程序则是人们事先为完成某一特定功能而事先编写的一组有序指令集合。因此，程序具有如下一些特征。

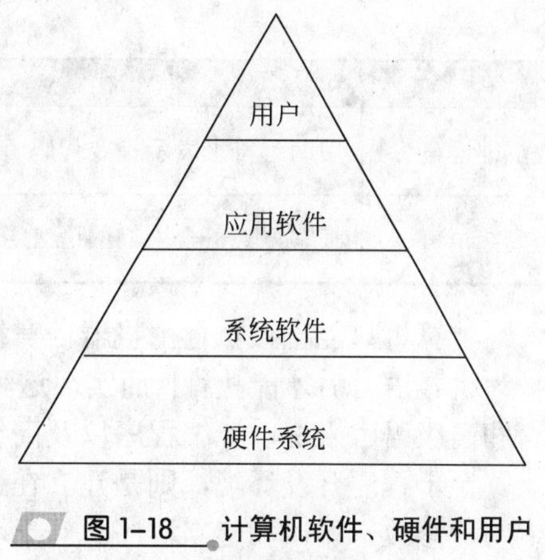

图 1-18 计算机软件、硬件和用户关系示意图

- **目的性** 一个程序必须有一个明确的目的，即需要解决的问题或者完成的工作。
- **有序性** 在执行过程中，需要有顺序地执行相应的指令。
- **有限性** 一个程序解决的问题是明确的、有限的，不可能无穷无尽。

提 示

程序通常都是由某种计算机语言来编写的，由于其过程往往很复杂，因此由专门从事这项工作的人员来完成，而编写程序的工作即被称为程序设计。

软件是程序、数据，以及在编写程序过程中所有规划设计文档的统称。相对于硬件而言，软件是计算机内的无形部分，计算机内部保存的所有信息都属于软件范畴。

2. 系统软件

为了使计算机能够正常、高效地进行工作，每台计算机都需要配备各种管理、监控和维护计算机软、硬件资源的程序，而这些程序便被称为系统软件。目前，常见的系统软件主要有操作系统、语言处理与开发环境、数据库管理系统，以及其他服务类程序等。

- **操作系统**

操作系统是系统软件中最基础的部分，是用户与硬件之间的接口，其作用是让用户能够更为方便地使用计算机，从而提高计算机的利用率。此外，计算机中的所有其他软件都必须运行在操作系统所构建的软件平台之上。

目前，个人计算机上最为常见的操作系统主要有微软公司的 Windows 视窗操作系统、派生于 UNIX 的 Linux 操作系统和应用于苹果计算机上的 Mac OS 操作系统等。

- **程序设计语言与程序开发环境**

程序设计语言是用来编写计算机程序的语言，是用户指挥计算机进行工作的工具。在计算机的整个发展历程中，程序设计语言起着极其重要的作用，而现阶段的程序设计语言则可分为机器语言、汇编语言和高级语言 3 种类型，如表 1-2 所示。

表 1-2 不同类型的程序设计语言

类 型	特 点	优 点	缺 点
机器语言	由二进制数来表示，计算机可直接执行	运行速度最快	程序设计困难，且不通用

续表

类　型	特　点	优　点	缺　点
汇编语言	用助记符来表示指令代码	运行速度较快	依赖具体机型，通用性较差
高级语言	编写方式符合人们的语言习惯	程序设计简单，且通用性好	运行速度较慢，效率相对较低

计算机只能直接执行由机器语言编写的程序，因此由其他语言编写的程序都必须转换为机器语言后才能执行，而实现这种转换的程序便称为"语言处理程序"。对于汇编语言和高级语言来说，汇编程序以及高级语言的编译程序都属于语言处理程序。

至于程序开发环境，则是建立在语言处理程序之上的一种程序，其功能是帮助用户编写、修改、调试和建立程序。对于不同的语言，根据开发商的不同会有不同的开发环境。例如，对于 Basic 语言，相应的开发环境有 Turbo Basic、Quick Basic 和 Visual Basic 等；而对于 C/C++语言来说，相应的开发环境则有 Turbo C/C++、Borland C/C++、Visual C/C++等。

❑ **其他服务性程序**

这类软件主要用于计算机的调试、故障检查或诊断等操作，是用户在解决计算机问题时用到的辅助软件。

3. 应用软件

应有软件是为解决用户实际问题而设计的软件，包括各种专用软件和用户自己编写的实用程序等。计算机的作用之所以如此强大，其最根本原因便在于计算机能够运行各种各样解决各类问题的应用软件。可以说，应用软件质量的好坏直接关系到计算机的应用范围和实际效益。

目前，按照应用软件用途的不同，大致可以将其分为以下几种类型。

- ❑ **图形图像处理软件**　针对各种形式的图形、图像进行图像修补、色彩调整、变形等，如 Photoshop、Fireworks、FreeHand、Illustrator 等。
- ❑ **电子表格软件**　进行简单的数据表格处理，绘制各种数据图表，如 Excel 等。
- ❑ **字处理软件**　进行文字格式设置、编辑，如 Word、WPS 等。
- ❑ **排版软件**　完成复杂的文字和图形的版式编排工作，如 QuarkXPress、InDesign 等。
- ❑ **三维动画软件**　目前很多动画片都是利用三维动画软件完成的，这类软件包括 3ds Max、Maya 等。
- ❑ **计算机辅助制作软件**　完成建筑、模型的计算机效果生成，例如 AutoCAD、天正 CAD 等。
- ❑ **计算机安全类软件**　监测、监控计算机，并防范或消除病毒、恶意程序等破坏性软件，如诺顿杀毒、瑞星杀毒、Windows 清理助手等。

1.2.3 计算机的工作原理

计算机是如何实现程序的存储和自动执行的呢？整个计算机系统又是如何进行工作的呢？在了解这些内容之前，需要先来了解一下计算机指令。

指令是计算机控制其组成部件进行各种具体操作的命令，由操作码和地址码两部分，本质上是一组二进制数。

- ❑ **操作码** 用于指示计算机下一步需要进行的动作，计算机会根据操作码产生相应的操作控制信息。
- ❑ **地址码** 用于指出参与操作的数据或该数据的保存地址。此外，地址码还会在操作结束后，指出结果数据的保存地址或者下一条指令的地址。

提 示

根据情况的不同，地址码所给出的地址可以是存储器的地址，也可以是运算器内的寄存器编号，还可以是外部设备的地址。

清楚什么是计算机指令后，再来了解一下计算机系统的工作原理。

计算机程序是人们为了完成某项任务，而将众多计算机指令按照一定顺序排列在一起的指令集合。当计算机运行时，会先将指令送至指令译码器，从而根据指令内容产生相应的控制信号，然后在控制器的指挥下将这些信号发送至计算机的各个部分，并控制各部分协调工作，其原理如图1-19所示。

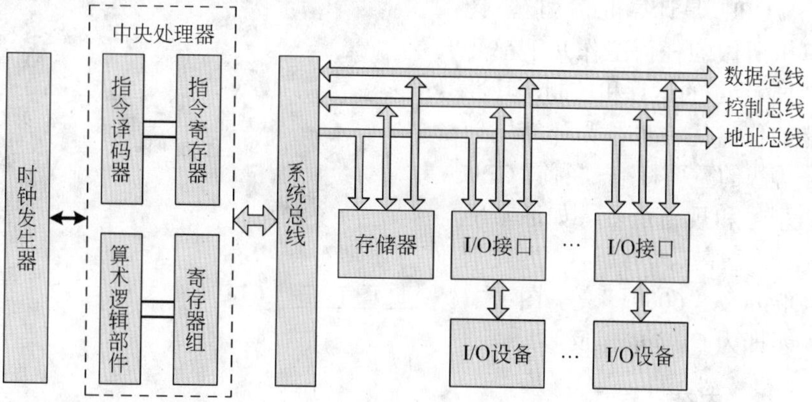

图1-19 计算机的基本工作原理

计算机工作时的详细流程如下。

首先，控制器将当前所要执行指令的地址放至地址总线，并在通过数据总线将指令从存储器相应地址内取出后，由译码器对指令进行译码。

然后，控制器根据译码后得到的控制信号，指挥计算机内的各部分按要求完成规定操作，并向整个系统提供表示系统状态信息的标志信号、控制信号和定时信号。

最后，控制器在接收到指令执行结束的信号后取出下一条指令，并通过重复上述过程达到自动执行的目的。

1.3 计算机组成结构

在如今的工作、生活中计算机已经极其常见，在普通用户眼中它们可能只是一台配有显示器、鼠标和键盘的矩形铁箱而已，实际上计算机的组成结构远不是这么简单。本节将介绍计算机的组成结构。

1.3.1 主机

平常人们所看到的主机只是机箱外壳，其内部则包含CPU、主板、内存等众多计算机配件。在计算机的运转过程中，用户执行的每项操作都要由主机内的多个配件，或与主机外的其他配件共同完成，范围涉及数据运算、存储等方面，因此主机是计算机的重要组成部分。

图 1-20　主板

1．主板

主板是一块拥有各种设备接口、插槽的矩形电路板，是计算机的必备配件之一，作用是为连接在主板上的其他配件提供电力供应和数据通信等服务，如图 1-20 所示。

2．CPU

CPU 是计算机的大脑，计算机所做的任何工作几乎都要经过 CPU 的运算和控制，其性能的优劣往往也是为计算机划分等级的重要标准。目前，CPU 的型号和规格众多，如通常所说的“酷睿”、“奔腾”、“羿龙”、“Q9400”、“6000+”等，图 1-21 所示即为 CPU 的正反两面。

图 1-21　CPU

3．内存

内存（内部存储器，也称主存）是计算机硬件的必要组成部分之一，其容量与性能是决定计算机整体性能的一个决定性因素。由于目前的内存都以条形配件的形式出现，因此又被称为“内存条”，如图 1-22 所示。

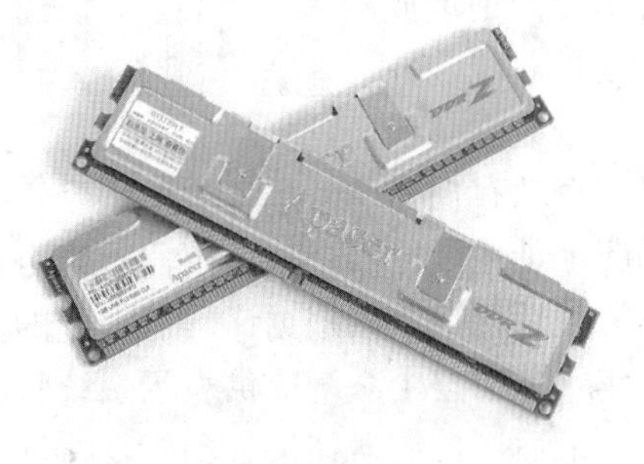

图 1-22　内存条

4．显卡

显卡是用来控制显示器所显内容及颜色等信息的设备，也就是说计算机之所以能够显示出色彩绚丽的画面，完全是由于显卡向显示器输出视频信号的原因，图 1-23 所示即为一块显卡。

图 1-23　显卡

5．硬盘

硬盘是计算机的外部存储设备，也是计算机长期保存数据时必不可少的设备，特点是容量大，但存取速度较慢。目前，常见硬盘的容量大都为

160GB、250GB、500GB、1TB甚至2TB，如图1-24所示。

图1-24 硬盘

6. 光盘驱动器

光盘驱动器（简称光驱）是多媒体计算机不可或缺的硬件设备，需要与光盘配合使用。光驱的种类很多，但从外形上看差别不大，图1-25所示即为一款市场上常见的DVD光盘驱动器。

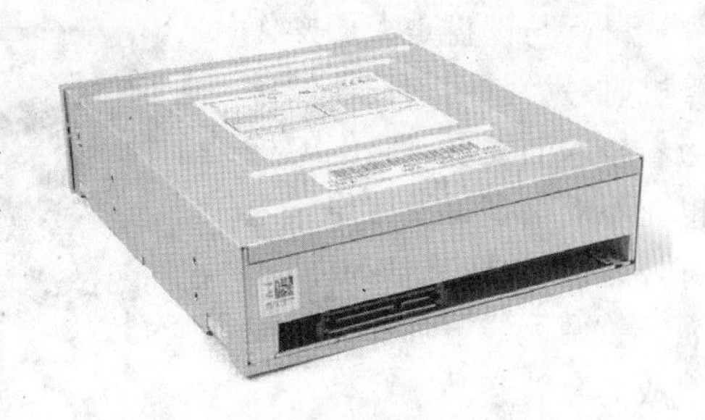

图1-25 DVD光盘驱动器

7. 声卡

声卡的作用是采集和输出声音，在利用声卡上的接口与其他音频播放设备相连接后，便可以欣赏计算机中的数字音乐；或者以数字形式将其他介质内的歌曲保存至计算机，图1-26所示。

8. 网卡

网卡是计算机接入网络的重要设备之一，功能是在接收到网络上的信息后，将其传送至计算机；或者，按照指令将计算机中的信息发送至网络，如图1-27所示。

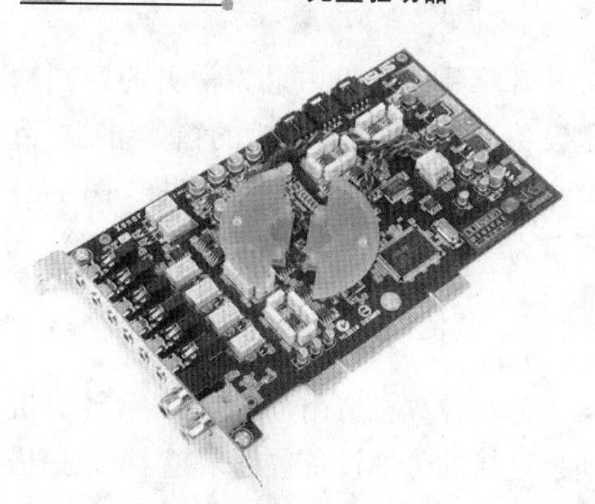

图1-26 声卡

9. 机箱和电源

机箱和电源也是计算机中十分重要的部件。机箱是主机的保护壳，而电源负责为计算机内的各种设备提供稳定的电流。常见的机箱和电源的外形如图1-28所示。

1.3.2 外部设备

对于计算机来说，任何主机外的设备都可以称之为外部设备。常用的外部设备包括显示器、键盘和鼠标、音箱等。本节将对常见的外部设备进行介绍。

1. 显示器

显示器是计算机必不可少的输出设备，其作用是将计算机内的数据和经过处理的信息

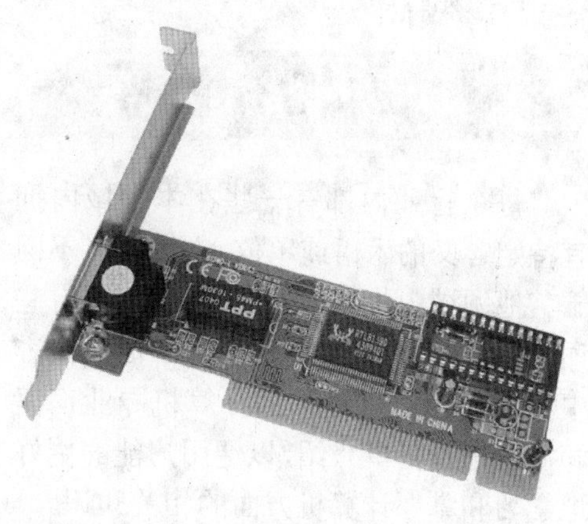

图1-27 网卡

以字符或图形的形式显现在屏幕上。如今，显示器的种类和外观越来越多，如超薄的液晶显示器和体积硕大的CRT显示器等，如图1-29所示。

提 示

目前，随着液晶生产技术的不断成熟，液晶显示器的价格越来越低，从而在家用计算机市场内淘汰了CRT显示器。

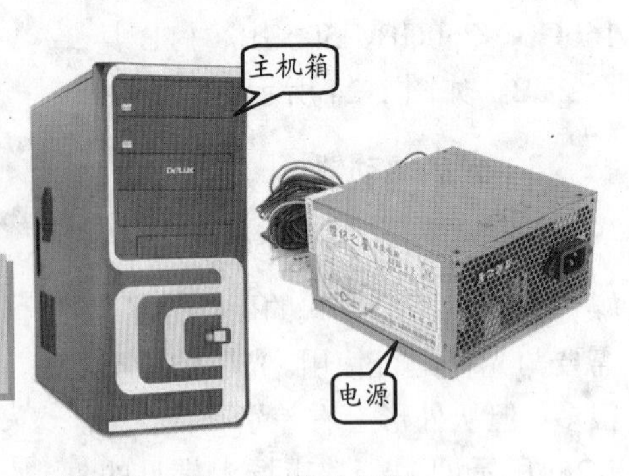

图1-28 机箱和电源

2. 鼠标和键盘

鼠标与键盘是人们操作计算机时最为常用的输入设备。随着技术的发展，它们的种类也在不断增多，设计也越来越符合人体特性。图1-30所示即为一款由无线鼠标和无线键盘组成的套装产品。

图1-29 显示器

3. 音箱

音箱是计算机中最为常见的音频输出设备，由多个带有喇叭的箱体组成。目前，音箱的种类和外型多种多样，图1-31所示为一款市场上常见的多媒体音箱。

图1-30 鼠标与键盘

4. 其他硬件设备

随着计算机应用范围的扩展，计算机所能连接的外部设备也越来越多，如扫描仪、打印机或摄像头等。图1-32所示即为一台激光打印机。

1.4 计算机常用术语

每个行业内都有一些在本领域内拥有特定含义的术语或单位，它们大多不同于其他领域内相同词汇的含义，甚至有些词语只存在于特定行业内。在下面的内容中将对使用相对频繁的计算机专业词语和单位进行简单介绍，以便用户能够更好地学习和掌握计算机方面的相关知识。

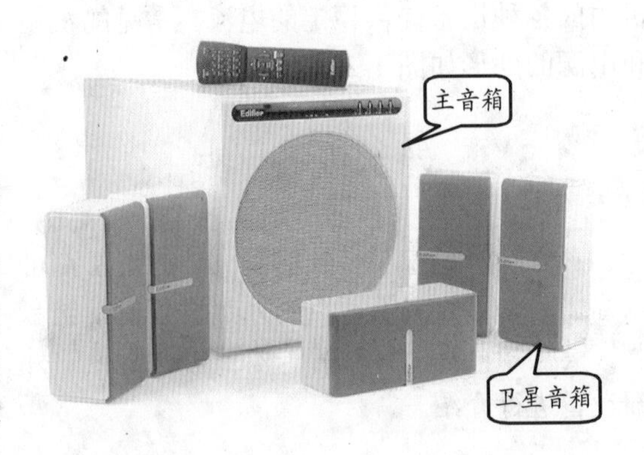

图1-31 音箱

1.4.1 专业用语

图 1-32 激光打印机

熟悉并掌握计算机行业内的专业用语有助于人们更快地了解计算机专业知识，下面介绍一些与计算机硬件有关的常见专业术语。

1. 指令集

所谓指令集，就是 CPU 用来计算和控制计算机系统的指令集合，而每一种 CPU 在设计之初时就规定了一系列与其他硬件电路相配合的指令系统。从现阶段的主流体系结构来看，指令集可分为复杂指令集（CISC）和精简指令集（RISC）两部分；从具体应用来看，在早期 CPU 指令集已经不能满足需求的情况下，Intel 公司推出的 MMX、SSE、SSE2 和 AMD 公司的 3DNow!都属于 CPU 的扩展指令集，其目的是增强 CPU 在多媒体、图形图像和 Internet 等方面的处理能力。

提 示

RISC 精简指令集的运用

随着计算机的性能日益增强，指令集也日趋复杂。过于冗杂的指令会严重影响计算机的工作效率，而在实际应用中，80%的程序只用到了指令集内 20%的指令。基于这一发现，RISC 精简指令集被提了出来，其基本思路是解决 CISC 复杂指令集内的指令种类过多、指令格式不规范、寻址方式过多等问题，方便处理器内部的并行处理，从而大幅度地提高处理器的性能。

2. 缓存（Cache Memory）

缓存是计算机行业中出现频率较高的一个词汇，例如人们经常提起的 CPU 缓存便是其中的一个典型代表。除此之外，硬盘、刻录机、打印机等硬件设备都具有一定容量的缓存。

其实，无论是什么样的缓存，其原理都是通过预先读取接下来可能需要使用的数据，从而缓解高速设备与低速设备间的速率不匹配问题。仍旧以 CPU 缓存为例，当 CPU 需要读取某个数据时，会首先在缓存内进行查找，并在找到后立即送给 CPU 进行处理；如果没有找到，便用相对较慢的速度从内存中读取并送给 CPU 处理，同时把这个数据所在的数据块调入缓存中，以便随后可以从缓存内直接读取该数据块，而不必再调用内存。

通过上面的介绍可以看出，当缓存内没有 CPU 所需的数据时，CPU 只能通过读取内存中的数据来完成工作，在这种状态下 CPU 的实际工作效率其实比没有缓存的时候还要低。不过，如今多数 CPU 在读取缓存时的命中率已经可以达到 90%左右，只有大约 10%的数据需要从内存中读取，因此 CPU 在采用先缓存后内存的数据读取顺序后，其工作效率仍然会有所提高。

提 示

硬盘缓存的工作方式与 CPU 缓存极为类似，而刻录机和打印机的缓存却与前两者有所不同。刻录机与打印机都属于输出设备，它们的缓存内保存的都是即将输出的数据，因此不存在命中率的问题，但其存在目的却与其他缓存没什么不同。

3. SCSI

SCSI（Small Computer System Interface，小型计算机系统接口）原本是一种为小型机而研发的接口技术。随着计算机技术的发展，SCSI 已经被移植到了普通的个人计算机中。由于 SCSI 比其他类型数据传输接口的速率要快，因此常在高端计算机上用来作为硬盘及其他储存装置的接口。

除此之外，SCSI 还具有以下几项优点。

- **适应面广** 做为一种通用接口，SCSI 的适用范围极其广泛，其能够连接的外部设备包括磁盘、CD-ROM、可擦写光盘驱动器、打印机、扫描仪和通信设备等多各类型。
- **多任务** SCSI 具有母线仲裁功能，一条 SCSI 母线上最多允许 15 个外设同时工作。
- **高性能** SCSI 设备的 CPU 占用率较低，这样便减少了 CPU 在管理 SCSI 设备时的资源消耗，降低了 SCSI 设备对 CPU 性能的影响。
- **支持热插拔** SCSI 设备支持热插拔功能，该功能可以极大地简化大型存储系统的维修与升级过程。

4. 带宽

带宽又叫频宽，是一项用来标识传输管道数据传输能力的概念。简单的说，带宽就是传输速率，即每秒所能传输的最大字节数。在数字设备中，带宽通常以 bps（bit per second）表示，即每秒可传输数据的位数；在模拟设备中，带宽通常以 Hz 来表示，即每秒传送周期的次数。

1.4.2 常用单位

作为一种复杂的电子设备，计算机内不同配件所使用的单位标识也都不尽相同。下面将对其中一些常用单位及其含义进行简单讲解。

1. bit 与 Byte

由于半导体电子元件在工作时只有“开”和“关”两种状态（分别表示 0 和 1），因此计算机采用了二进制作为数据的表现形式，其特点是“逢二进一”。也就是说，在单一数位上的最大数值为 1，最小为 0，而当数值大于或等于 2 时就进位。

目前，计算机内用于表示数据长度的单位主要有以下几种。

- **位（bit）** 二进制数中的一个数据位，是计算机中的最小数据单位，简写为 b。
- **字节（Byte）** 8 位二进制数称为一个字节，通常也是用来表示存储空间大小的容量单位，简写为 B。
- **字（Word）** 是计算机进行数据处理和数据存储的一组二进制数据，由若干个字节组成。
- **其他单位** 在表示数据长度或存储容量时，除了会用到位或字节外，常见的单位还有千字节（KB）、兆字节（MB）、吉字节（GB）和太字节（TB），其换算方式如下所示。

```
1B=8b
1KB=1024B=2^10B
1MB=1024KB=2^10KB
1GB=1024MB=2^10MB
1TB=1024GB=2^10GB
```

2. Hz

在计算机中，工作速度是衡量其性能的一项重要指标，常常使用频率单位和时间单位两种表示方法。

其中，频率用于表示计算机在单位时间内执行某项操作的次数，用赫兹（Hz）表示。例如，常说 CPU 的工作频率为 2.8GHz，指的便是 CPU 在 1 秒内能够执行算术运算的次数为 2.8GHz=2800MHz=2800000kHz=2800000000Hz=28 亿次。

此外，计算机中还往往使用时间单位来表示设备的工作周期，即该设备完整执行某项操作且能够马上进行下一次相同操作所花费的时间。例如，在内存的性能指标中，便有一项单位为纳秒（ns）的工作速度参数；而在购买液晶显示器时，也常常能够看到使用毫秒（ms）为单位的响应时间参数。

3. Mops

Mops 是一项用于标识超级计算机性能的单位，其含义为百万亿次计算/秒（Million Operations Per Second）。目前，随着超级计算机性能的不断提高，很多时候人们已经不再使用 Mops 来标识超级计算机的浮点运算能力，而是采用数量级更大的 PFlops（Floating Point Operations Per Second，每秒千万亿次计算）进行标识。

1.5 选购计算机指南

随着计算机的普及与价格的不断下降，越来越多的用户开始准备购买一台属于自己的计算机。然而，由于不熟悉计算机选购方法，很多用户在购买时都会感到特别的迷茫。为此，下面将对购买计算机时所要遇到的一些问题进行解答，以便用户能够以低廉的价格购买到适合自己的计算机。

1.5.1 明确购买用途

在购买计算机前，必须首先明确购买计算机的用途。因为只有用途明确，才能建立正确的选购思路。下面将根据以下几种不同的计算机应用领域来介绍相应的购机方案。

1. 家用上网型

在普通家庭中，计算机的主要作用是上网浏览新闻、简单的文字处理、看影碟或玩一些对 3D 性能要求不是很高的游戏。此类用户不必苛求高性能的计算机，选择一台中、低端配置的计算机即可胜任。因为对于上述应用来说，高性能计算机与普通性能计算机间的运算反应差别不大。在不运行较大型的软件时，甚至感觉不到两者间速度的差异。

2. 商务办公型

办公型计算机的主要作用集中在上网收发 Email、处理文档资料或制表等方面，其关键在于稳定性。计算机能够长时间稳定运行对商务办公来说最为关键，否则便会影响正常工作。

3. 图形设计型

图形设计对计算机性能的要求较高，因此需要选择一台运算速度快、整体配置较高的计算机。例如，在选择高性能 CPU 与显卡的同时，为计算机配置较大容量、运行速度较快的内存。

4. 游戏娱乐型

目前，多数游戏都采用了大量三维立体及动画效果技术，所以对计算机的整体性能要求比一般的计算机都要高。特别对内存容量、CPU 性能、显卡技术等都需要达到高端水平。

1.5.2 购买品牌机还是兼容机

市场上的计算机主要分为两大类，即“品牌机”与“兼容机”。两种类型的计算机分别针对不同的消费人群，下面将对这两类计算机进行简单介绍，以便用户在购买计算机时能够有所参考。

1. 认识品牌机和兼容机

由具有一定规模和技术实力的计算机厂商进行生产，并标有注册商标，拥有独立品牌的计算机称为“品牌机”。品牌机的特点是品质有保证、售后可靠，如联想、戴尔等都是目前知名品牌。

“兼容机”则是计算机配件销售商根据用户的消费需求与购买意图，将各种计算机配件当场组合在一起的计算机。与品牌机相比，兼容机的特点是整体配置较为灵活、升级方便等。

2. 品牌机与兼容机的区别

从本质上来看，品牌机和兼容机一样，都是由众多配件拼装在一起而组成的。然而，它们之间的区别决不仅仅在于是否贴有注册商标，而主要体现在以下几个方面。

- ❑ 稳定性

每个型号的品牌机在出厂前都要经过严格的性能测试，力争系统运行稳定。对于配置较为灵活的兼容机而言，由于计算机配件是随意挑选出来的原因，系统运行时的稳定性也无法得到保证。

- ❑ 易用性

品牌机大都会使用一些专用配件，因此能够提供一些额外的便捷功能。尤其是一些人性化设计的品牌计算机，操作起来更易上手。

❑ 售后服务

优秀的售后服务体系是品牌机与兼容机的最大差别之一。因为相对于品牌机来说，兼容机的售后服务水平只能依赖于计算机配件销售商的技术实力，而且不同配件销售商旗下维修人员的技术水平也都参差不齐。

❑ 性价比

简单的说，在价位相同的情况下，品牌机的性能要略逊于兼容机。或者说，在性能相同的情况下，品牌机的价格要高于兼容机。

3．哪些用户需要购买品牌机

如果用户是一个计算机初学者，掌握的计算机知识有限，身边也没有可以随时请教的老师，那么购买品牌机不失为一个较为合适的选择，这是因为品牌机完善的售后服务几乎能够帮助用户解决一切问题。

然而，当用户已经掌握了一定的计算机知识，并且希望计算机可以随时根据需要进行升级时，兼容机则是更好的选择。

注 意

品牌机通常都不会允许用户自行打开主机箱，否则便会停止对用户提供免费的维修、维护服务，因此品牌机用户在质保期内无法自行对计算机进行升级操作。

1.6 实验指导：了解主机结构

计算机主机不仅担负着数据的运算和存储任务，还为外部设备提供了各种各样的接口，是计算机的核心组成部分之一。那么，主机的内部到底是什么样子的？主机又是由哪些配件所组成的呢？接下来将拆卸一台计算机，并在打开主机箱后了解一下主机的内部构造。

1．实验目的

❑ 了解主机构成
❑ 熟悉各部分的功能
❑ 了解配件的拆卸方法

2．实验步骤

1 关闭计算机后，断开一切与计算机相连的电源，并将电源插座上的电源接头拔下。

2 拆卸下主机背面的各种接头，以断开主机与外部设备之间的连接，并将主机从办公桌内取出，如图 1–33 所示。

3 拧下固定机箱面板的螺丝钉后，卸下机箱右侧面板，即可打开主机查看机箱内部的各种配件，如图 1–34 所示。

图 1–33 拆除主机与其他设备的连接

4 内存通常位于 CPU 风扇的右侧，在掰开两侧的卡扣后，即可向上拔出内存条，如图 1–35 所示。

图 1-34 查看主机内部结构

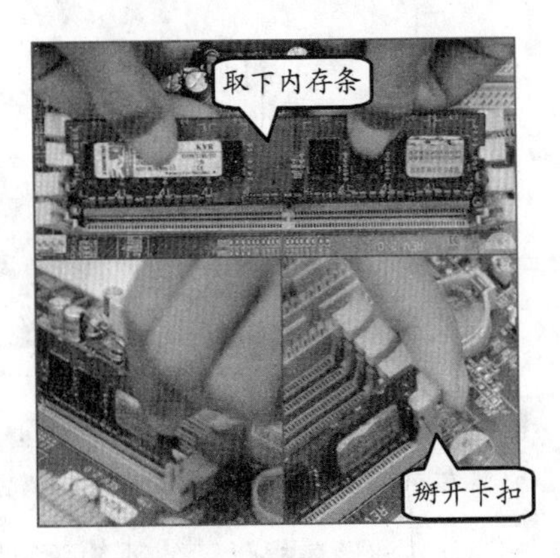

图 1-35 取下内存条

5 解开CPU风扇上的扣具后，卸下CPU风扇。然后，拉起 CPU 插座上的压力杆，即可取出 CPU，如图 1-36 所示。

6 接下来，卸下显卡上的固定螺丝后，将显卡从主机内取出，如图 1-37 所示。

7 使用相同方法，依次卸下主机内的硬盘、光驱及其他板卡后，即可拧开固定主板的多个螺丝，并将主板从主机箱内取出，如图 1-38 所示。

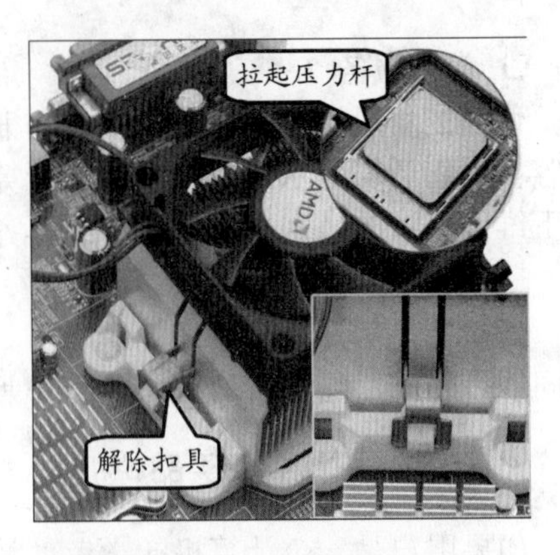

图 1-36 取下 CPU

图 1-37 拆卸显卡

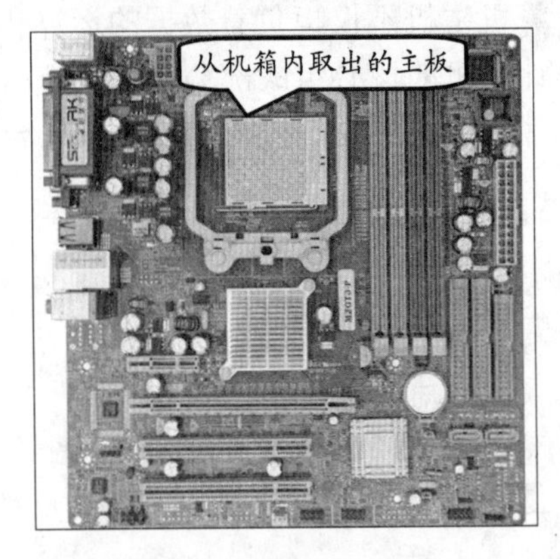

图 1-38 取下主板

1.7 思考与练习

一、填空题

1. 电子计算机从诞生发展至现在的几十年里，依次经历了________、晶体管、集成电路（IC）、大规模与超大规模集成电路 4 个阶段的发展。

2. 目前，计算机以巨型化、微型化、网络化和________4 个方向为主要的发展趋势。

3. 计算机巨型化是指发展________、大存储量和拥有极强运算能力的超大型计算机。

4. 目前，计算机已经广泛应用于________、数据处理、过程控制、辅助工程、人工智能和网络应用等多个领域。

5. 中央处理器由________和控制器两部分组成。

6. 在计算机中，________个二进制数称为一个字节。

二、选择题

1. ________计算机开始具备现代计算机内的一些部件，如打印机、磁盘、内存等。

A. 第一代　　B. 第二代
C. 第三代　　D. 第四代

2. 在计算机的4个发展趋势中，________能够充分利用计算机的各种资源，为用户提供方便、及时、可靠、广泛、灵活的信息服务。

A. 巨型化　　B. 微型化
C. 网络化　　D. 智能化

3. 计算机网络是________与通信技术的结合，在它的基础上，用户可以共享其他计算机中的软、硬件资源，为人们的生活、工作和学习带来了很大的好处。

A. 计算机硬件系统　　B. 网络技术
C. 计算机软件系统　　D. 计算机技术

4. 完整的计算机系统由硬件系统和软件系统两部分组成，其中软件系统又可以分为系统软件和________两大类。

A. 工具软件　　B. 辅助软件
C. 应用软件　　D. 支持软件

5. 计算机之所以能自动地、连续地工作，主要是依靠________的运行。

A. 主机　　B. 硬件
C. CPU　　D. 程序

6. 在计算机中，由CPU插座、扩展槽、芯片组和各种设备接口组成的电路板称为________。

A. 主板　　B. 系统板
C. 主机　　D. 集成板

7. 外存储器通常是指________，它的容量越大，可存储的信息就越多，可安装的应用软件就越丰富。

A. 软盘　　B. 硬盘
C. 主存储器　　D. 辅助存储器

8. 计算机中使用的最小数据单位是________。

A. 位　　B. 字节
C. 赫兹　　D. 纳米

三、简答题

1. 计算机的发展趋势是什么？
2. 计算机硬件系统都由哪些部分所组成？
3. 简述计算机系统的工作原理。
4. 计算机中的常用单位有哪些？

四、上机练习

1. 制订装机清单

通过对以上内容的学习，相信用户现在已经对计算机不是那么陌生了。对于部分用户来说，甚至还可以解决计算机出现的一些小问题。接下来，根据自己对计算机的了解来填写下列表单。

计算机配置清单		
硬件名称	描述	品牌/型号
显示器	显示器能够将计算机内的各种信息显示在屏幕之上	
CPU	CPU（中央处理器）是计算机的核心部件	
主板	主板就像“血管和神经”一样，将计算机内的其他配件组织在一起	
内存	内存相当于“数据中转站”，负责CPU和外部数据的读/写操作	
硬盘	硬盘属于外部存储器，专门用来存储海量数据	
显卡	显卡是计算机与显示器的接口，负责将视频信号传输到显示器	
声卡	声卡能够将计算机内的数字信号转换为模拟信号，并将其传输至音箱	
网卡	网卡是计算机接入网络时的必配设备	
光驱	光驱（光盘驱动器）是读取光盘信息的设备	
机箱	机箱是计算机的外衣，能够起到保护主机内各硬件设备的作用	
键盘	输入设备	
鼠标	输入设备	
音箱	输出音频信息的设备	
外部设备	外部设备包括很多，用户可以根据需求自行填写	

第2章

计算机主机

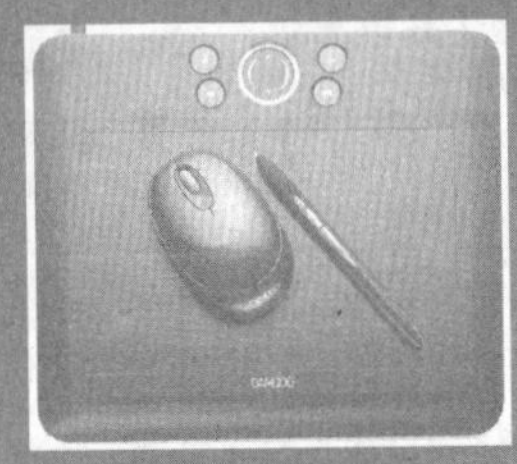

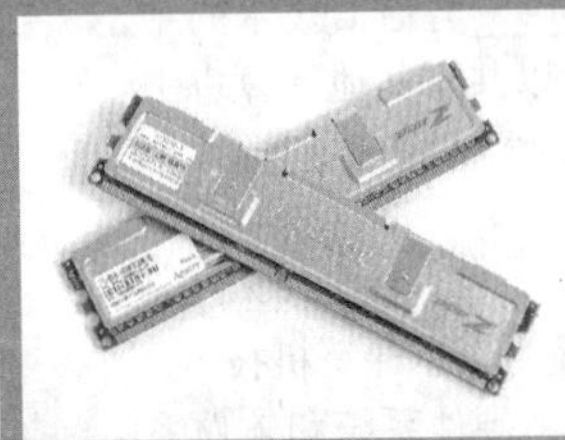

从外观上看，计算机主机只能看到一个机箱（一个单独的铁箱），看不到其内部的配件，因为这些主要配件易于损坏，所以需要得以保护。

而在整个计算机硬件组成中，计算机主机是整个计算机的核心部分。它包括构成整个计算机的众多主要配件，如CPU、主板、内存等。除此之外，还包括在后面章节详细介绍的硬盘和显卡等。

本章学习要点：

- 了解CPU发展过程
- 了解主流CPU
- 了解主板类型
- 认识主板结构
- 了解内存技术
- 机箱的功能及作用
- 电源的性能指标

2.1 CPU

在计算机系统中，CPU 担负着对各种指令、数据进行分析和运算的重任。很多人将 CPU 比拟为人类的大脑，以说明它在计算机中的重要性。

2.1.1 CPU 概述及发展历程

目前，CPU 运算速度已经以 GHz 单位来衡量，并且按照其处理信息的字长，经历了 4 位微处理器、8 位微处理器、16 位微处理器、32 位微处理器以及现在的 64 位微处理器，可以说个人计算机的发展是随着 CPU 的发展而前进的。

1. CPU 概述

CPU（Central Processing Unit，中央处理器）主要由运算器和控制器组成，是计算机核心的部分。微型计算机的 CPU 采用大规模集成电路技术把近亿个晶体管集成到一块硅片上，所以也称 CPU 为微处理器（Micro Processing Unit），如图 2-1 所示。

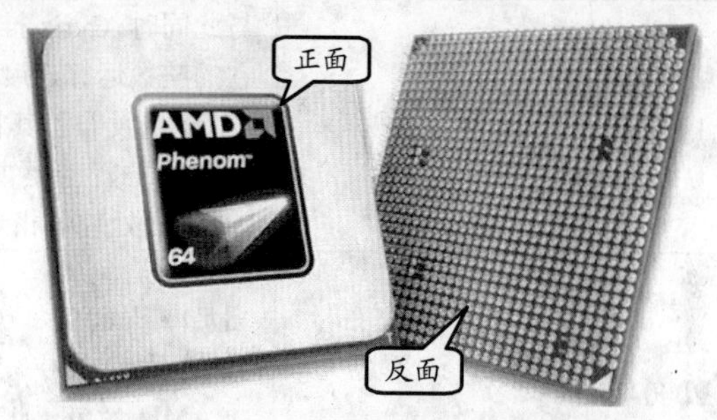

图 2-1　CPU（四核 Phenom 9900）

CPU 的内部结构分为算术逻辑单元 ALU（Arithmetic Logic Unit）、寄存器组 RS（Register Set 或 Registers）和控制单元（Control Unit）三部分，图 2-2 所示为 CPU 详细的内部结构。当数据发送请求时，CPU 调入指令，经过控制单元的调度分配，再送入运算逻辑单元进行处理，处理后的数据放进寄存器单元中，最后由应用程序使用。

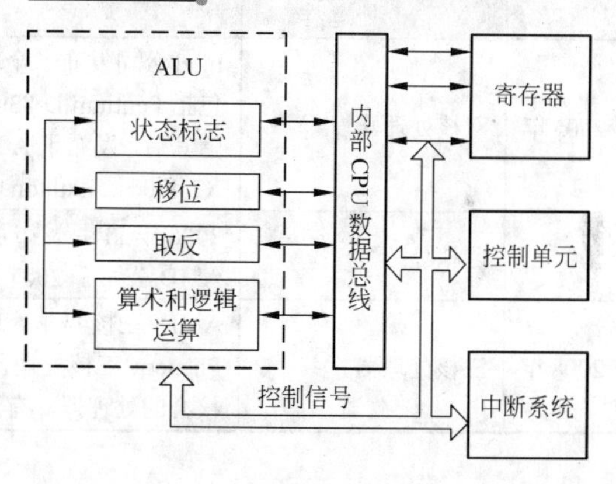

图 2-2　CPU 内部结构

2. CPU 发展过程

从世界上第一款微处理器 4004 的诞生到现在，有将近 40 年的发展史，它一直按照业界无人不知的"摩尔定律"以惊人的速度在发展。下面通过表 2-1 来介绍 CPU 发展的简要过程。

表 2-1　CPU 发展过程

年　代	名　　称	要　　点
1971 年	4004 微处理器	4 位结构，含有 2300 个晶体管，功能有限且速度非常慢
1978 年	i8086 处理器	它与 i8087 具有相互兼容的指令集，并且在 i8087 指令集中增加了一些用于对数、指数和三角函数等数学计算指令。人们也把这些指令集统一称之为 X86 指令集

续表

年代	名称	要点
1982年	80286处理器	它是16位结构，但是在CPU的内部含有13.4万个晶体管，时钟频率由最初的6MHz逐步提高到20MHz。CPU的工作方式也演变出两种来：实模式和保护模式
1985年	80386处理器	首款32位结构的80386处理器。为了缓解内存的数据传输瓶颈，Intel公司在80386内设计了高速缓冲存储器
1989年	80486处理器	它集成了120万个晶体管，时钟频率从25MHz逐步提高到33MHz、50MHz。并且在80X86系列中采用了RISC（精简指令集）技术，可以在一个时钟周期内执行一条指令
1993年	Pentium（奔腾）	时钟频率由最初推出的60MHz和66MHz，后提高到200MHz
1997年	Pentium MMX（多能奔腾）	与此同时，Cyrix推出了一款能够与Pentium相媲美的6X86处理器，它的整数运算速度甚至超过了同频率的Pentium级处理器。同期，AMD也发布了其自行设计生产的Pentium级处理器——K5，该款处理器的浮点运算能力、兼容性、功耗和稳定性都与同频率的Pentium处理器相当
2000年	Intel：Pentium 4处理器 AMD：Athlon XP处理器	它是继Pentium Pro（高能奔腾）之后采用全新的NetBurst架构的处理器，随后为争夺低端市场Intel公司又发布了Celeron 4处理器。而AMD公司在此时推出了采用Thunderbird（雷鸟）内核的Athlon处理器和采用Spitfire内核的Duron（毒龙）处理器
2005年	双核处理器	Intel公司发布了全球首款Pentium DXX系列桌面双核处理器产品，包括Pentium D 830处理器和Pentium D 840处理器。AMD公司紧随其后，发布了Athlon 64 X2系列双核桌面处理器，包括Athlon 64 X2 4200+、Athlon 64 X2 4400+、Athlon 64 X2 4600+等
2006年	四核处理器	2006年11月发布了Core2 Extreme QX6700系列的四核处理器。而AMD公司于2007年发布代号为“巴塞罗那”的四核服务器处理器
2008年	三核处理器	AMD三核羿龙处理器Phenom 8000系列，主要应用于台式机。Phenom三核处理器是目前世界首款在单个硅片上集成了3个计算核心的处理器，有测试显示其性能比双核要高出40%～50%

2.1.2 CPU性能指标

CPU的性能指标十分重要，反映了所配置计算机的性能。下面简单介绍一些CPU主要的性能指标，使用户能够对CPU有更深入的了解。

1. 主频、外频和倍频

主频（CPU Clock Speed）也叫做时钟频率，表示在CPU内数字脉冲信号震荡的速度。主频越高，CPU在一个时钟周期里所能完成的指令数也就越多，CPU的运算速度也就越快。CPU主频的高低与CPU的外频和倍频有关，其计算公式为主频=外频×倍频。

外频是CPU与主板之间同步运行的速度，而且目前绝大部分计算机系统中，外频也是与主板之间同步运行的速度，在这种方式下，可以理解为CPU的外频直接影响访问的速度，外频速度越高，CPU 就可以同时接收更多的来自外围设备的数据，从而使整个系统的速度进一步提高。

倍频是指 CPU 的运行频率与整个系统外频之间的倍数，在相同的外频下，倍频越高，CPU 的频率也越高。实际上，在相同外频的前提下，高倍频的 CPU 本身意义并不大，单纯地一味追求高倍频而得到高主频的 CPU 就会出现明显的“瓶颈”效应。

注 意

瓶颈是指 CPU 从系统中得到数据的极限速度不能够满足 CPU 运算的速度。

从有关计算可以得知，CPU 的外频在 5～8 倍的时候，其性能能够得到比较充分的发挥，如果超出这个数值，都不是很完善。偏低还好说，不过是 CPU 本身运算速度慢而已，高了以后就会出现显著的“瓶颈”效应，系统与 CPU 之间进行数据交换的速度跟不上 CPU 的运算速度，从而浪费 CPU 的计算能力。

2. 制造工艺

在生产 CPU 的过程中，要加工各种电路和电子元件，制造导线连接各个元器件。其生产的精度以微米（μm）来表示（有时也用纳米（nm）表示，1μm=1000nm），精度越高，制造工艺越先进。

在 1965 年推出的 10 微米（μm）处理器后，经历了 6 微米、3 微米、1 微米、0.5 微米、0.35 微米、0.25 微米、0.18 微米、0.13 微米、0.09 微米、0.065 微米，而 0.045 微米的制造工艺是目前 CPU 的最高工艺。

3. 扩展总线速度

扩展总线速度（Expansion-Bus Speed）是指计算机局部总线的速度，如 PCI 或 AGP 总线速度。在主板中，一些用于插显卡或者其他板卡的插槽称为扩展槽，而扩展总线速度就是 CPU 用于连接这些设备时的速度。

4. 前端总线

前端总线速度指的是数据传输的速度。例如，100MHz 外频是指数字脉冲信号在每秒钟震荡 1000 万次，而 100MHz 前端总线则指的是每秒钟 CPU 可接收的数据传输量是 100MHz×64b÷8b / B=800MB。

5. 总线速度

总线速度（Memory—Bus Speed）也就是系统总路线速度，一般等同于 CPU 的外频。CPU 处理的数据都由主存储器（内存）提供，而一般外存（磁盘或者各种存储介质）上面的内容都要通过内存，然后再进入 CPU 进行处理。

因此，CPU、内存和外存之间的通道，也就是总线的速度对整个系统的性能就显得尤为重要。由于之间的运行速度或多或少会有差异，所以通过二级缓存来协调解决。

6. 缓存

缓存又称为高速缓存，就是指可以进行高速数据交换的存储器。目前，所有主流处理器大都具有一级缓存和二级缓存，少数高端处理器还集成了三级缓存。

以前的CPU内部只集成了L1 Cache（一级缓存），而把L2 Cache（二级缓存）放置在主板上。后来Intel推出了双独立总线结构，将L2 Cache也集成到了CPU内部，但只能以CPU速度一半的频率工作。

三级缓存是为读取二级缓存后未命中的数据设计的一种缓存，在拥有三级缓存的CPU中，只有约5%的数据需要从内存中调用，这进一步提高了CPU的效率。

7．工作电压

工作电压（Supply Voltage）指CPU正常工作所需的电压，提高工作电压，可以加强CPU内部信号，增加CPU的稳定性能。但会导致CPU的发热问题，CPU发热将改变CPU的化学介质，降低CPU的寿命。

早期CPU工作电压为5V，随着CPU制造工艺的提高，近年来各种CPU的工作电压有逐步下降的趋势，目前台式机用CPU的电压通常在2V以内，最常见的是1.3～1.5V。而且现在许多面向新款CPU的主板都会提供特殊的跳线或者软件设置，通过这些跳线或软件可以根据具体需要手动调节CPU的工作电压。

8．协处理器

协处理器也叫做数学协处理器，主要负责浮点运算。自从486微处理器以后，一般都内置了协处理器，协处理器的功能也不再局限于增强浮点运算。含有内置协处理器的CPU可以加快特定类型的数值计算，某些需要进行复杂计算的软件系统，如AutoCAD就需要协处理器支持。

9．MMX指令集

MMX（Multi Media eXtension，多媒体扩展指令集）指令集是Intel公司于1996年推出的一项多媒体指令增强技术。MMX指令集中包括有57条多媒体指令，通过这些指令可以一次处理多个数据，在处理结果超过实际处理能力时也能进行正常处理。

10．SSE指令集

SSE（Streaming SIMD Extensions，单指令多数据流扩展）指令集是Intel公司在Pentium III处理器中率先推出的。SSE指令集包括了70条指令，其中包含提高3D图形运算效率的50条SIMD（单指令多数据技术）浮点运算指令、12条MMX整数运算增强指令、8条优化连续数据块传输指令。

理论上这些指令对目前流行的图像处理、浮点处理、3D运算、视频处理、音频处理等诸多多媒体应用起到全面强化的作用。

11．3DNow!指令集

由AMD公司提出的3DNow!指令集应该说出现在SSE指令集之前，并被AMD广泛应用于其K6-2、K6-3以及Athlon(K7)处理器上。3DNow!指令集技术其实就是21条机器码的扩展指令集。与Intel公司的MMX技术侧重于整数运算有所不同，3DNow!指令集主要针对三维建模、坐标变换和效果渲染等三维应用场合，在软件的配合下可以大幅度提高3D处理性能。

2.1.3 64位处理器技术

64位技术是相对于32位而言的，是指CPU GPRs（General-Purpose Registers，通用寄存器）的数据宽度为64位，也就是说处理器一次可以运行64b数据。64位处理器并非现在才有，在高端的RISC（Reduced Instruction Set Computing，精简指令集计算机）中很早就有64位处理器了，比如SUN公司的UltraSparc Ⅲ、IBM公司的POWER5等。

64位计算主要有两大优点：可以进行更大范围的整数运算；可以支持更大的内存。不能因为数字上的变化，而简单地认为64位处理器的性能是32位处理器性能的两倍。实际上在32位应用下，32位处理器的性能甚至会更强。

1. AMD 64位技术

AMD 64位技术是在原始32位X86指令集的基础上加入了X86-64扩展64位X86指令集，使这款芯片在硬件上兼容原来的32位X86软件，并同时支持X86-64的扩展64位计算，使得这款芯片成为真正的64位X86芯片。这是一个真正的64位的标准，X86-64具有64位的寻址能力。

X86-64新增的几组CPU寄存器将提供更快的执行效率。寄存器是CPU内部用来创建和储存CPU运算结果和其他运算结果的地方。标准的32位X86架构包括8个通用寄存器（GPR），AMD在X86-64中又增加了8组（R8-R9），将寄存器的数目提高到了16组。X86-64寄存器默认64位，还增加了8组128位XMM寄存器（也叫SSE寄存器，XMM8-XMM15），将能给单指令多数据流技术（SIMD）运算提供更多的空间，这些128位的寄存器将提供在矢量和标量计算模式下进行128位双精度处理，为3D建模、矢量分析和虚拟现实的实现提供了硬件基础。通过提供更多的寄存器，按照X86-64标准生产的CPU可以更有效地处理数据，可以在一个时钟周期中传输更多的信息，如图2-3所示。

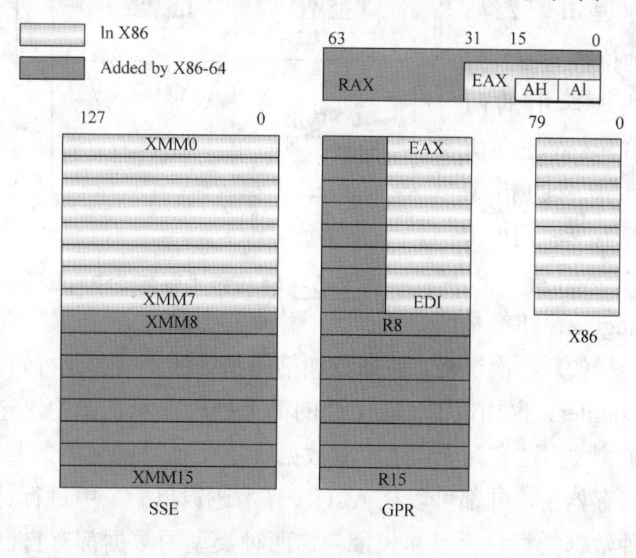

图2-3 AMD 64位结构

2. Intel EM64T技术

EM64T全称为Extended Memory 64 Technology，即扩展64b内存技术。EM64T是Intel IA-32架构的扩展，即IA-32e（Intel Architectur-32 extension）。IA-32处理器通过附加EM64T技术，便可在兼容IA-32软件的情况下，允许软件利用更多的内存地址空间，并且允许软件进行32位线性地址写入。EM64T特别强调的是对32位和64位的兼容性。

EM64T 其实也是一种 X86-64 位的扩展，对于处理器来说，64 位同 16 位、32 位的运算模式并没有很大差别，这里 64 位指的是处理器单次操作数据的宽度，或者是说处理器的通用寄存器（General Purpose Register）可以容纳下的数据位数（bit）。因此可以认为一个 64 位处理器实际上就是一个通用寄存器可以容纳 64 位数据的处理器，64 位指令也就是操作 64 位数据的指令。

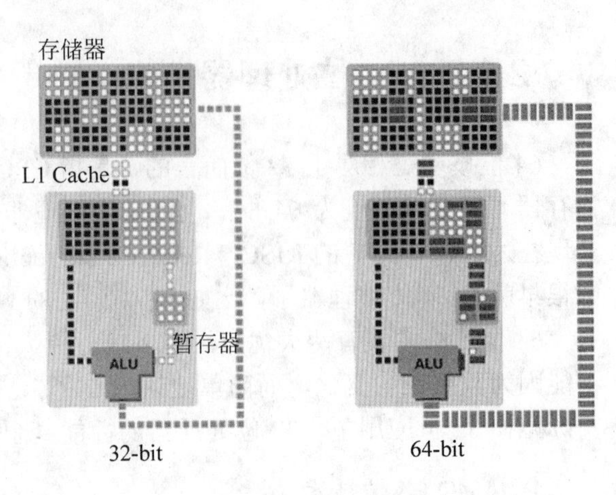

图 2-4 EM64T 技术 64 位指令

在图 2-4 中，黑色块表示代码，白色块表示数据，而灰色块表示结果。很明显相比 32 位处理器，64 位处理器代码流的数量并没有改变，其宽度随着指令代码的宽度而变化；而数据流的宽度则增加了一倍，这是为了容纳更多的数据，同样寄存器和内部数据通道也必须加倍，如图 2-5 所示。

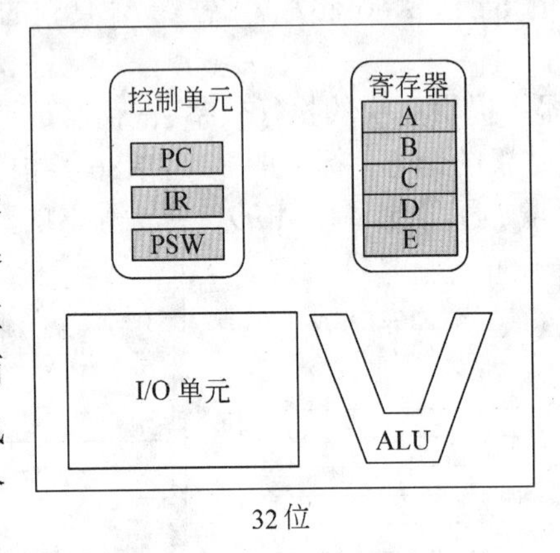

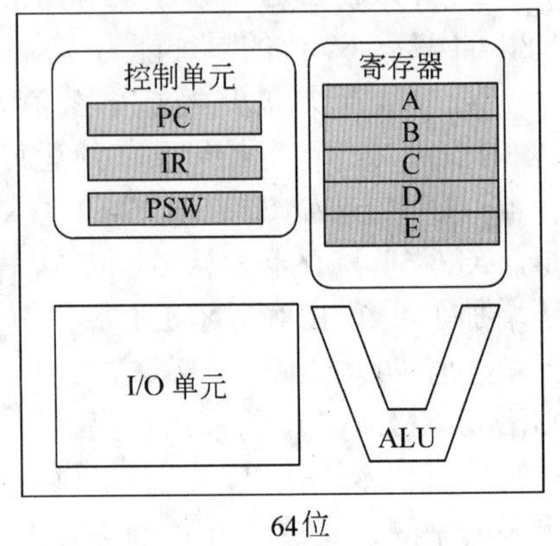

图 2-5 64 位技术寄存器和内部数据结构

在 64 位处理器中寄存器的位数是 32 位处理器中的两倍，不过正在执行指令的指令寄存器（IR，Instruction Register）却都是一样的。再次说明，数据流加倍而指令流不变，此外可以发现程序计数器（PC，Program Counter）也加倍了。在上面的简单处理器示意图中，它所处理的数据是整数和地址两种类型（不过实际上，地址型数据就是一种特殊类型的整数数据）。两种数据都储存在通用寄存器中，并都可以在 ALU（算术逻辑单元）中进行计算。现在的处理器还支持其他两种数据类型：浮点和矢量，这两种类型的数据都有自己的寄存器和执行单元。

2.1.4 双核与四核技术

双核和四核处理器标志着计算技术的一次重大飞跃。这一重大的进步，正是企业和消费者面对飞速增长的数字资料和互联网的全球化趋势，开始要求处理器提供更多便利和优势。双核和四核处理器较之当前的单核处理器能带来更多的性能和生产力优势，因而最终将成为一种广泛普及的计算模式。

1. 双核处理器

双核处理器（Dual Core Processor）是指在一个处理器上集成两个运算核心，从而提高计算能力。“双核”的概念最早是由 IBM、HP、SUN 等支持 RISC 架构的高端服务器厂商提出的，主要运用于服务器上。而台式机上的应用则是在 Intel 和 AMD 的推广下才得以普及。

❑ Intel 双核处理器

目前，Intel 推出的台式机双核心处理器有 Pentium D、Pentium EE（Pentium Extreme Edition）和 Core Duo 三种类型，三者的工作原理有很大不同。

Pentium D 和 Pentium EE 分别面向主流市场以及高端市场，其每个核心采用独立式缓存设计。在处理器内部两个核心之间是互相隔绝的，通过处理器外部（主板北桥芯片）的仲裁器负责两个核心之间的任务分配以及缓存数据的同步等协调工作。两个核心共享前端总线，并依靠前端总线在两个核心之间传输缓存同步数据，如图 2-6 所示。

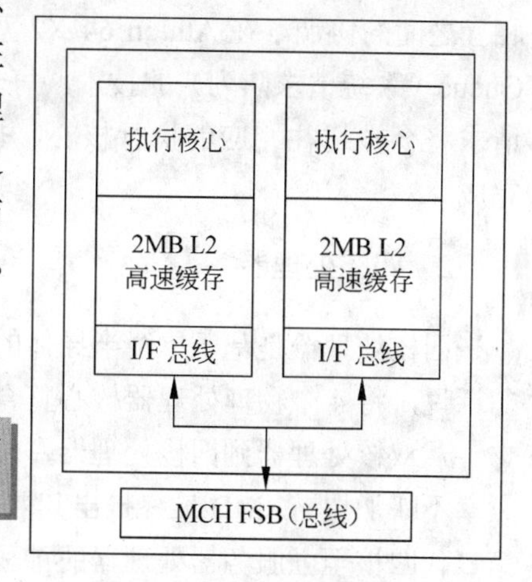

图 2-6 Intel 双核架构

提 示

MCH（Memory Controller Hub，内存控制器中心）是负责连接 CPU、AGP 总线和内存。

从架构上来看，这种类型是基于独立缓存的松散型双核心处理器耦合方案，其优点是技术简单，只需要将两个相同的处理器内核封装在同一块基板上即可；缺点是数据延迟问题比较严重，性能降低。

❑ AMD 双核处理器

AMD 推出的双核心处理器分别是双核心的 Opteron（皓龙）系列和全新的 Athlon （速龙）64 X2 系列处理器。其中 Athlon 64 X2 是用于抗衡 Pentium D 和 Pentium EE 的桌面双核心处理器系列。

AMD 推出的 Athlon 64 X2 是由两个 Athlon 64 处理器上采用的 Venice 核心组合而成的，每个核心拥有独立的 512KB（1MB）L2 缓存及执行单元。Athlon 64 X2 双核心处理器仍然支持 1GHz 规格的 HyperTransport 总线，并且内建了支持双通道设置的 DDR 内存控制器，如图 2-7 所示。

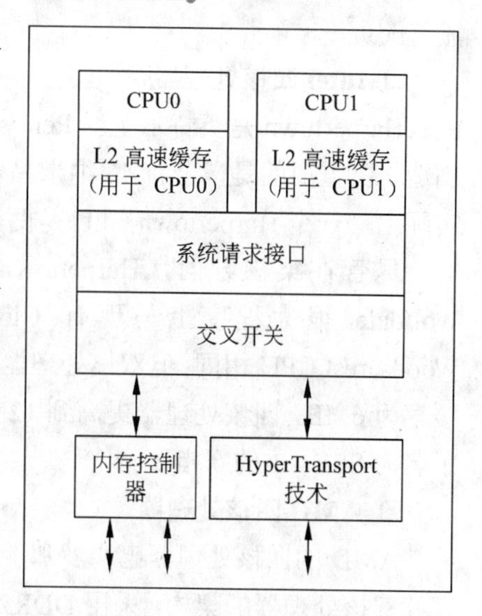

图 2-7 AMD 双核架构

交叉开关是指可同时连接多个主/从部件，提高系统吞吐量。

内存控制器是计算机系统内部控制内存，并且是通过内存控制器使内存与 CPU 之间交换数据的重要组成部分。

HyperTransport 技术是一种高速、低延迟的点到点链接技术，与现有技术相比，该技术能够将计算机、服务器、嵌入式系统、网络和通信设备中集成电路的通信速度提高48倍。

提 示

系统请求接口具体而言，AMD 处理器内部的两颗计算核心通过 Crossbar 直接相连，并通过系统请求接口进行数据交换。如此一来，两颗计算核心之间不需要经过前端总线就可以直接实现数据通信，大大提高了 CPU 的计算速度。

与 Intel 双核心处理器不同的是，Athlon 64 X2 的两个内核并不需要经过 MCH 进行相互之间的协调。在 Athlon 64 X2 双核心处理器的内部提供了一个称为 System Request Queue（系统请求队列）的技术，每一个核心都将其请求放在 SRQ 中，当获得资源之后请求将会被送往相应的执行核心，也就是说所有的处理过程都在 CPU 核心范围之内完成。

2．四核处理器

四核处理器是基于单个半导体的一个处理器上拥有 4 个一样功能的处理器核心。换句话说，将 4 个物理处理器核心整合入一个核中。

从双核处理器到四核处理器，AMD 与 Intel 的竞争不断升级，新品迭出，技术更新频率不断加快。AMD 最终推出其四核 Opteron 处理器，代号为 Barcelona。而 Intel 揭开第二代四核至强服务器处理器的神秘面纱，代号为 Harpertown。两家厂商均承诺了其全新四核处理器比前代处理器具有更出色的性能，并且均强调了他们在性能功耗比方面的显著改进。

❑ Intel 四核处理器

Harpertown 是英特尔全新 Penryn 产品家族的首款 CPU，采用全新 45 纳米生产工艺制造。更重要的是，全新 45 纳米晶体管可降低功耗达 30%，同时切换速度提高约 20%。实际上，一个 Harpertown CPU 是两个 Wolfdale 芯片，如图 2-8 所示。

尽管在架构方面，Harpertown 与其双核 Wolfdale 很大程度上与现有 Clovertown 和 Woodscrest CPU 相同；但双核处理器的二级高速缓存为 6MB，四核处理器提高到 12MB，并添加了名为 SSE 4.1 的新指令。

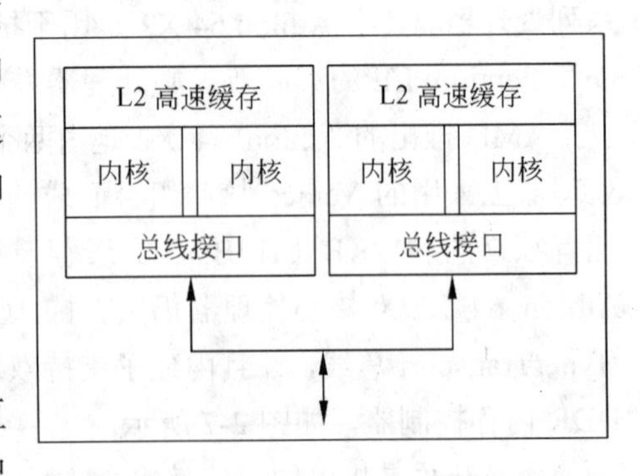

图 2-8 Harpertown 架构

❑ AMD 四核处理器

AMD 的四核处理器巴塞罗那（Barcelona）延续双核处理器的架构，采用 DDR2 处理器，直连架构在处理器中集成了内存控制器，处理器中每一个核都有自己独立的传输通道。在全新 Opteron（皓龙）处理器中，每个内核拥有 512KB 二级高速缓存。除此以外，还有 2MB

三级高速缓存，如图 2-9 所示。

从外观上，可以看到一个芯片中放置了 4 个内核，如图 2-10 所示。由于新的四核处理器采用和双核同样的接口，因此用户无须更换主板即可将处理器升级到四核。

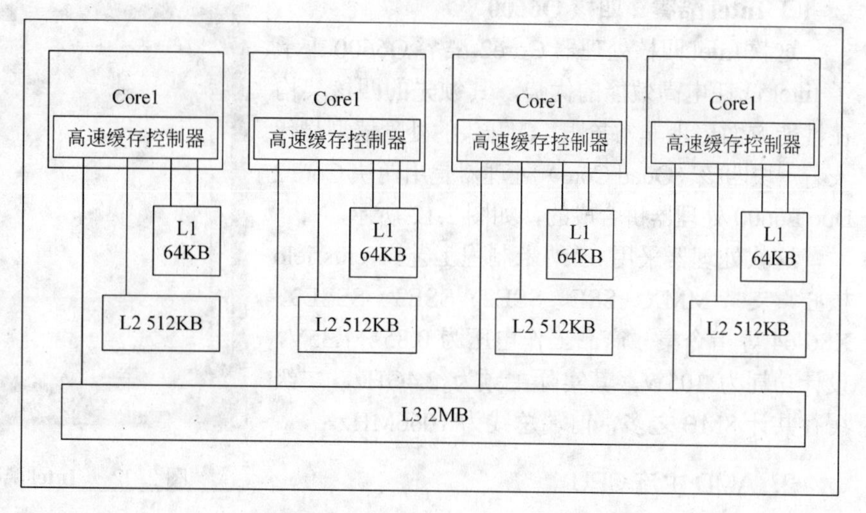

图 2-9 **Barcelona 架构**

2.1.5 主流 CPU 简介

目前，CPU 市场上的主流是双核心 CPU，部分用户根据需求选择四核处理器。当然主流 CPU 并非固定不变，而是在某时期被广大用户所接受。下面在两大生产商中，分别各介绍一款双核和四核的 CPU。

图 2-10 **AMD 四核处理器外观**

1. Intel 主流 CPU

在 Intel 公司推出的 Pentium D、Pentium EE 和 Core Duo 三种类型中，被广大普通用户所接受的还是双核处理器。而在四核处理器中，用户一般选择较便宜的 CPU。

❑ **Intel 酷睿 2 双核 E7200**

Intel 酷睿 2 双核 E7200 处理器与 E4000 系列包装相同，都是采用了 Intel 最新的全中文包装。它的最大工作电压为 1.25V，产品采用 45 纳米制程技术，主频为 2.53GHz，共享 L2 缓存容量为 3MB，前端总线为 1066MHz，支持 MMX/SSE/SSE2/SSE3/SupSSE3/EM64T 指令集，如图 2-11 所示。

图 2-11 **Intel 酷睿 2 双核 E7200**

❑ **Intel酷睿2四核Q6600**

这款Intel四核处理器Core2-酷睿Q6600秉承了Intel低耗电高效能的优势，其领先的四核架构在性能方面表现非常抢眼。Q开头的处理器型号代表着一块四核（Quad Core）处理器是用两块Core 2 Duo E6600处理器拼合成的，如图2-12所示。

这款处理器采用65纳米制程工艺，Kentsfield核心，支持MMX、SSE、SSE2、SSE3、SSSE3、X86-64等指令集。产品工作电压为0.85～1.35V，设计功耗为105W。其实际主频为2.4GHz，二级缓存共计8MB之多，前端总线为1066MHz。

图2-12 Intel酷睿2四核Q6600

2. AMD主流CPU

Inter在CPU市场上的主要竞争对手是AMD公司，它生产的处理器一直是底端市场较多，也被广大用户所青睐。

❑ **AMD Athlon64 X2 5000+ AM2**

AMD黑盒5000+处理器是DIY玩家们再熟悉不过的产品。自从该产品上市以来，以不锁倍频为最大特色，一直是玩家关注的焦点，如图2-13所示。

图2-13 AMD速龙5000+（墨盒）

它采用Socket AM2接口，65纳米制程工艺，主频为2.6GHz，外频为200MHz，倍频为13，工作电压为1.35～1.4V，支持MMX、3DNow!、SSE、SSE2、SSE3指令集，散热设计功率（thermal design power，TDP）为65W，内置内存控制器，支持双通道DDR2-800内存，支持1GHz HT总线频率，支持AMD的“Cool and Quiet”技术。

❑ **AMD羿龙X3 8450**

AMD的三核心高性能平台——AMD羿龙X3 8450处理器基于65nm制程工艺，处理器外频为200MHz，倍频为10.5，主频为2.1GHz，如图2-14所示。

图2-14 AMD羿龙X3 8450

AMD Phenom X3 8450拥有3×512KB的二级缓存和2MB的三级共享缓存，支持HyperTransport 3.0总线，提供对SSE、SSE2、SSE3、SSE4A多媒体指令集以及X86-64指令集的支持。虽然由于制程的原因，这款AMD Phenom X3 8450处理器在超频上可能并不如Intel 45纳米制程处理器那样好超，但是在多一个核心的情况下，这款处理器的默认性能还是比较强劲的。

□ **AMD 羿龙 9550**

AMD 羿龙 9550 处理器采用精美紫色纸质外包装，充满了神秘感的紫色与流星造型的 LOGO 搭配给买家留下了深刻的印象。它支持 HyperTransport 3.0 技术和 AMD 64 位处理技术，如图 2-15 所示。

它采用了 Socket AM2+接口，并且向下兼容 Socket AM2 接口主板。实际主频为 2.2GHz，外频为 200MHz，倍频为 11，拥有 4×512KB 二级缓存以及 2MB 三级缓存，功耗为 95W。在技术方面，它支持 SSE、SSE2、SSE3、SSE4A 多媒体指令集和 X86-64 运算指令集。

它还拥有 CoolCore 智能型时脉闸控技术、独立动态核心技术、双重动态功耗管理技术等。

图 2-15 **AMD 羿龙 9550**

2.1.6 CPU 选购指南

CPU 是决定计算机性能的主要部件之一，在价格上也有很大差别。选购 CPU 不仅要知道市场行情，了解 CPU 的性能参数，更要把握按需选购的原则。

1．选购 CPU

在选购 CPU 时，要根据计算机的用途购买 CPU。例如，对一些用于学习、处理文档、上网听音乐和看电影的用户，可以考虑 CPU 性能少微低档一点；用于玩 3D 游戏、3D 设计或者平面设计的用户，要侧重考虑 CPU 的浮点运算能力，要选择浮点运算能力较强的 CPU。

在购买时还要注意 CPU 的真假，下面介绍一些辨别 CPU 真伪的方法。

□ **看外包装**

正品 CPU 的外包装纸盒颜色鲜艳，字迹清晰细致，并有立体感。塑料薄膜很有韧性，不容易撕开。另外还看包装纸盒有没有折痕，否则很有可能是被拆开过的，有可能原装风扇被换掉了。

□ **看防伪标签**

防伪标签是由一张完整的贴纸组成的，上半部是防伪层，下半部标有该款 CPU 的频率。真盒的标签颜色比较暗，可以很容易看到镭射图案全图，而且用手摸上去有凸凹的感觉。从不同角度看过去由于光线的折射会有不同的色彩。假防伪标签则不能。

□ **检查序号**

正品 CPU 的外包装盒上的序列号和 CPU 表面的序列号是一致的，但假货 CPU 的外包装盒上的序列号与 CPU 表面的序列号有可能不一致。

□ **测试软件**

通过 CPU 相应的测试软件，能够测试出 CPU 相应的名称、封装技术、制作工艺、内核电压、主频、倍频以及 L2 缓存等信息。然后，根据测试的数据信息检查是否与包装盒上的标识相符，从而判断 CPU 的真伪。

2．选购 CPU 附件

除了拥有一个适合自己的 CPU 以外，还需要注意 CPU 的附件内容，如 CPU 的风扇、安装时使用的散热胶等。这些附件往往会影响 CPU 性能或者导致 CPU 损坏。

❑ **CPU 散热器（风扇）**

目前可行的 CPU 散热方式主要分两类：一类是液体散热，一类是风冷散热。液体散热包括水冷、油冷等，主要是水冷。而风冷散热就是大家常见的一个散热片上面镶嵌一个风扇的那种散热方式。

图 2-16 水冷式散热器

水冷散热器的好处是散热效果突出，目前很少有风冷散热器可以与之媲美的，如图 2-16 所示。但它有致命的缺陷：无法保证肯定不漏，只要一漏水，则主板或者 CPU 可能造成不可估量的损失。此外用水冷散热器还比较麻烦，因为需要一个大水箱，还需要耐心细致地安装。

风冷散热器的散热效果不如水冷散热器，但因为其使用安全、安装简便，所以一直是广大用户的首选散热器，如图 2-17 所示。风冷散热器包括散热片和散热风扇。

图 2-17 风冷式散热器

❑ **CPU 硅脂**

由于 CPU 面积（接触面积）较小、热量集中，所以散热器成为必备用品。目前，介于 CPU 和散热片之间的导热介质主要有两种。

一种为散热膏（常称为硅脂），是像牙膏一样的白色膏状物，散热效果非常好，如图 2-18 所示。它几乎可以使 CPU 和散热片之间紧密接触，填平之间的缝隙。其缺点是粘性低，而且需要涂抹均匀。

另一种是散热胶，目前它的种类比较多，价格也不等，并且导热效果比硅脂要差一些。但它的粘度高，在没有办法通过扣具等外力固定的情况下，用它可以直接将 CPU 和散热片粘在一起。

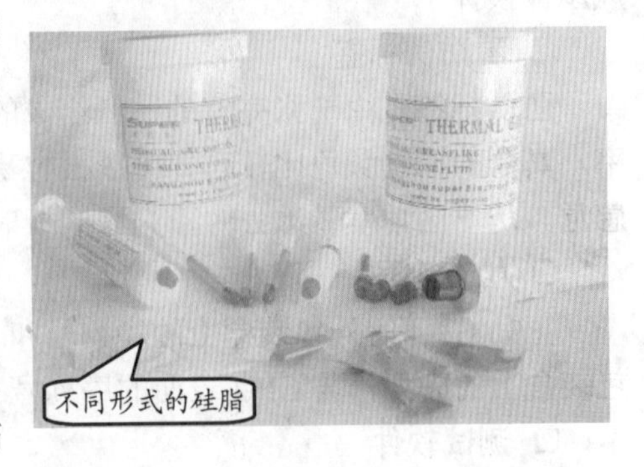

图 2-18 不同类型的硅脂

2.2 主板

主板是计算机中所有硬件的基地，所有硬件都要通过主板中的接口或者数据线连接在一起。主板还担负着硬件之间信息的传输，类似于人类的躯体。

2.2.1 主板类型简介

主板又叫主机板（mainboard）、系统板（systembourd）和母板（motherboard），安装在机箱内，是计算机最基本也是最重要的部件之一。主板的档次和类型一定程度上影响着计算机的性能。目前，常见的主板主要分为以下几种类型。

❑ **AT 和 Baby AT 主板**

AT 是最基本的板型，一般应用在 586 以前的主板上。AT 主板的尺寸较大，板上可放置较多元器件和扩展插槽。它是采用直式的设计，键盘插座所处边为上沿，主板的左上方有 8 个 I/O 扩展插槽。

Baby AT 主板是 AT 主板的改良型，比 AT 主板略长，而宽度大大窄于 AT 主板。Baby AT 主板沿袭了 AT 主板的 I/O 扩展插槽、键盘插座等外设接口及元器件的摆放位置，而对内存插槽等内部元器件结构进行了紧缩，再加上大规模集成电路使内部元器件减少，使 Baby AT 主板比 AT 主板布局更合理些。

❑ **ATX 主板**

ATX（AT Extend）结构是 Intel 公司于 1995 年 7 月提出的。ATX 结构属于一种全新的结构设计，能够更好地支持电源管理。ATX 是 Baby AT 和 LPX 两种架构的综合，它在 Baby AT 的基础上逆时针旋转了 90°，直接提供 COM 口、LPT 口、PS/2 鼠标接口和 PS/2 键盘接口。

另外在主板设计上，由于横向宽度增加，可将 CPU 插槽安放在内存插槽旁边，这样在插长板卡时，不会占用 CPU 的空间，而且内存条的更换也更加方便。

因此，ATX 结构的主要特点是：全面改善了硬件的安装、拆卸和使用；支持现有各种多媒体卡和未来的新型设备；全面降低了系统整体造价；改善了系统通风设计；降低了电磁干扰，机内空间更加简洁。

❑ **Micro ATX 主板**

Micro ATX 是依据 ATX 规格所改进而成的一种新标准，已成为市场的新趋势。Micro ATX 架构降低了硬件采购成本，并减少了计算机系统的功耗，如图 2-19 所示。

Micro ATX 结构规范的主要特点是：支持主流 CPU、更小的主板尺寸、更低的功耗以及更低的成本，不过主板上可以使用的 I/O 扩展槽也相应减少了，最多支持

图 2-19 Micro ATX 主板

4 个扩展槽。

❑ **LPX 主板**

LPX 主板结构是一体化主板结构规范（All-In-One），使用称为 Riser 的插槽来将扩展槽的方向转向并与主板平行，也就是说主板上不直接插扩展卡，先将 Riser 卡插到主板上，然后再把各种扩展卡插在 Riser 上。使用这种方式可缩小计算机的体积，但可用的扩充槽较少。LPX 主板的维修、维护和升级都不方便，现已逐渐被 NLX 结构所取代。Mini LPX 结构是减小尺寸的 LPX 结构，此类 LPX 主板目前主要应用于一些 OEM 厂商。

❑ **BTX 主板**

BTX 结构主板支持窄板设计，系统结构更加紧凑。该结构主板能够支持目前流行的新总线和接口，如 PCI-Express 和 SATA 等，并针对散热和气流的运动，以及主板线路布局都进行了优化设计，如在主板上有 SRM（支持及保持模块）优化散热系统。主板的安装更加简单，机械性能也经过最优化设计。

提 示

Intel 最新研制的 Flex ATX 主板比 Micro ATX 主板面积小 1/3，主要用于高度整合的计算机。

2.2.2 主板组成结构

主板一般为矩形电路板，上面安装了组成计算机的主要电路系统，一般有 BIOS 芯片、I/O 控制芯片、键盘和面板控制开关接口、指示灯插接件、扩展插槽、主板及插卡的直流电源供电接插件等元件。图 2-20 所示为一款较新的华硕 Striker II Extreme 主板。

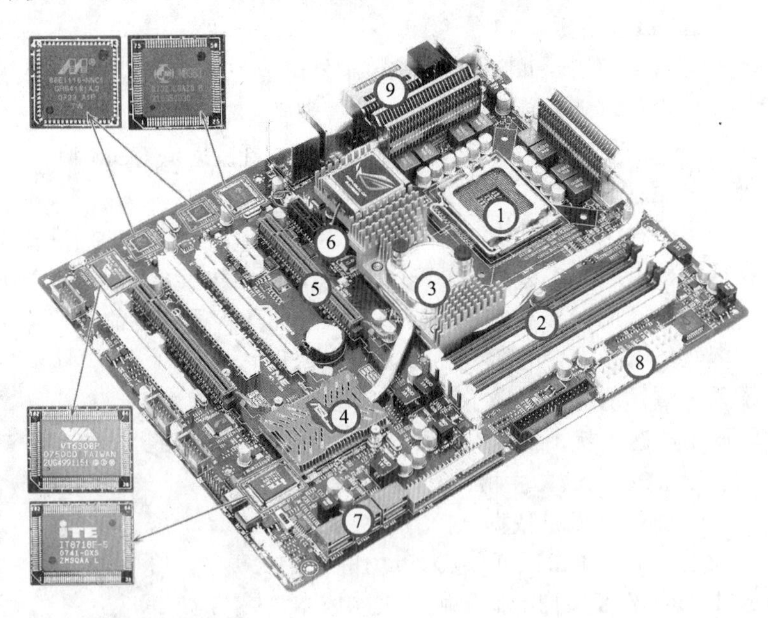

图 2-20 主板结构图

① CPU 插槽
② 内存插槽
③ 北桥芯片
④ 南桥芯片
⑤ PCI Express×16 插槽
⑥ Audio/PCI Express×1 插槽
⑦ SATA 接口
⑧ 电源插座
⑨ 输入/输出接口

1. CPU 插槽

CPU 插槽是用于将 CPU 与主板连接的接口。CPU 经过这么多年的发展，采用的接口方式有引脚式、卡式、触点式、针脚式等。

而目前 CPU 的接口都是针脚式接口，并且不同类型的 CPU 具有不同的 CPU 插槽。下面介绍一下 Intel 和

AMD 公司目前所应用的 CPU 插槽。

❑ **Socket AM2（AMD）**

Socket AM2 是 2006 年 5 月底发布的支持 DDR2 内存的 AMD 64 位桌面 CPU 的接口标准，具有 940 根 CPU 针脚，支持双通道 DDR2 内存，如图 2-21 所示。

提 示

Socket AM2 接口的 AMD 处理器可以安装在 Socket AM2+接口主板上，即 Socket AM2+接口主板向下兼容 Socket AM2 接口的处理器，并且支持 HyperTransport 3.0，数据带宽达到 4.0～4.4GT/s。

目前采用 Socket AM2 接口的有低端的 Sempron、中端的 Athlon 64、高端的 Athlon 64 X2 以及顶级的 Athlon 64 FX 等全系列 AMD 桌面 CPU。按照 AMD 的规划，Socket AM2 接口将逐渐取代原有的 Socket 754 接口和 Socket 939 接口，从而实现桌面平台 CPU 接口的统一。

提 示

Socket F 是 AMD 于 2006 年第三季度发布的支持 DDR2 内存的 AMD 服务器/工作站 CPU 的接口标准。Socket F 接口不仅能够有效提升处理器的信号强度、提升处理器频率，同时也可以提高处理器生产的良品率，降低生产成本。Socket F 接口的 Opteron 也是 AMD 首次采用 LGA 封装。按照 AMD 的规划，Socket F 接口将逐渐取代 Socket 940 接口。

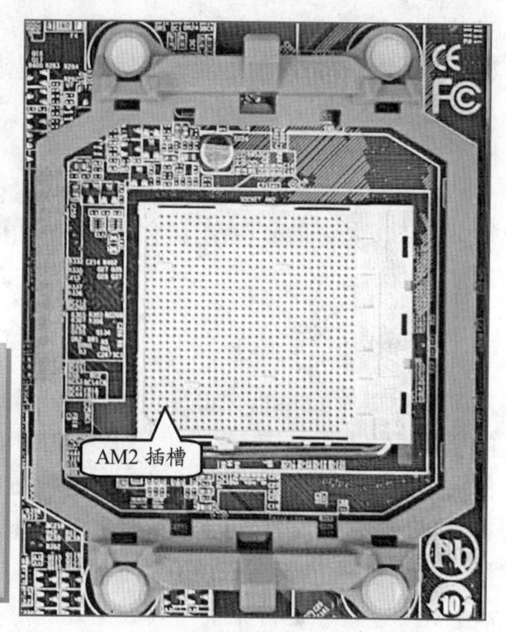

图 2-21 Socket AM2 插槽

❑ **Socket 775（Intel）**

Socket 775 又称为 Socket T，是目前应用于 Intel LGA775 封装的 CPU 所对应的接口，如图 2-22 所示。目前采用此种接口的有 LGA775 封装的单核心的 Pentium 4、Pentium 4 EE、Celeron D 以及双核心的 Pentium D 和 Pentium EE 等 CPU。

Socket 775 接口不仅能够有效提升处理器的信号强度、提升处理器频率，同时也可以提高处理器生产的良品率、降低生产成本。随着 Socket 478 的逐渐淡出，Socket 775 已经成为 Intel 桌面 CPU 的标准接口。

图 2-22 LGA775 插槽

提 示

Socket 771 是 Intel 2005 年底发布的双路服务器/工作站 CPU 的接口标准。目前，此接口采用 LGA 封装，其中包含有 Dempsey 核心的 Xeon 5000 系列和 Woodcrest 核心的 Xeon 5100 系列。

2．内存插槽

主板所支持的内存种类和容量都由内存插槽来决定的。目前，常见主板大都提供 4 条内存插槽，支持的内存类型以 DDR2 内存为主。图 2-23 所示为最新的 DDR3 内存插槽。

图 2-23 内存插槽

3．北桥芯片

北桥芯片（North Bridge）是主板上离 CPU 最近的芯片，它主要处理 CPU、内存、显卡三者之间的数据交换等。北桥芯片是芯片组中起主导作用的部分，因此又被称为主桥（Host Bridge）。

由于北桥芯片处理数据量大，发热量也较大，所以都覆盖着散热片进行散热，如图 2-24 所示。

图 2-24 北桥芯片

4．南桥芯片

南桥芯片（South Bridge）是主板芯片组的重要组成部分，一般位于主板上离 CPU 插槽较远的下方，PCI 插槽的附近。这种布局是考虑到它所连接的 I/O 总线较多，离处理器远一点有利于布线，如图 2-25 所示。

相对于北桥芯片来说，其数据处理量并不算大，所以南桥芯片一般发热量较小。南桥芯片不与处理器直接相连，而是通过一定的方式（不同厂商各种芯片组有所不同）与北桥芯片相连。

南桥芯片负责 I/O 总线之间的通信，如 PCI 总线、USB、LAN、ATA、SATA、音频控制器、键盘控制器、实时时钟控制器、高级电源管理等，这些技术一般相对来说比较稳定，所以不同芯片组中可能南桥芯片是一样的。

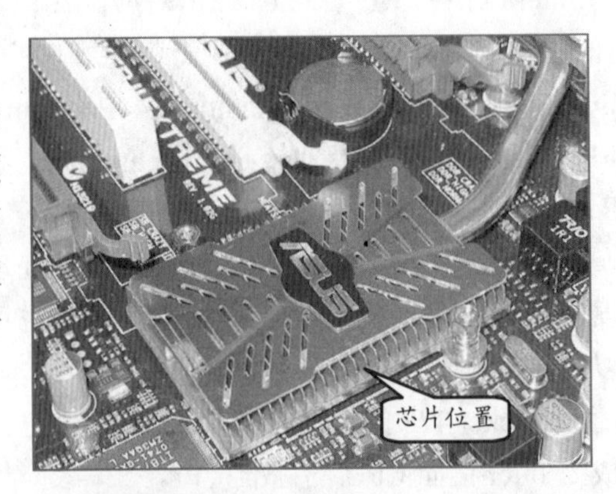

图 2-25 南桥芯片

5．其他芯片

芯片组（Chipset）是主板的核心组成部分，决定了主板性能的好坏与级别的高低，它是“南桥”和“北桥”的统称。除此之外，在主板输入/输出接口附近还有其他用于协调具体功能的芯片。在华硕 Striker II Extreme 主板中，其主要芯片的详细功能如下。

❑ **VIA VT6308P 芯片**

VIA VT6308P（IEEE 1394 控制）芯片采用TSMC0.13 微米工艺制造，兼容 IEEE 1394～1995 1.0 版和 IEEE 1394a P2000 版界面。通过VT6307 芯片最多可以扩展出两个 1394 接口，工作带宽为 100/200/400MB/s 等，如图 2-26 所示。

图 2-26 IEEE 1394 控制芯片

❑ **JMB363 芯片**

采用 JMB363 磁盘控制芯片，可为主板额外提供一组 PATA 接口和一组 SATA II 接口，如图 2-27 所示。

图 2-27 磁盘控制芯片

❑ **88E1116-NNC1 芯片**

主板使用 2 颗 Marvell 88E1116-NNC1 芯片（网络控制芯片），可提供双千兆网络连接，能够实现 DualNet（是 nVidia 针对网络的一种技术，它提供两个千兆以太网络接口，能有效平衡网络负载。）等一系列先进的功能，如图 2-28 所示。

图 2-28 网络控制芯片

❑ **ITE IT8718F-S 芯片**

ITE IT8718F-S 是中国台湾地区联阳最新款式的超级 I/O 硬件监控芯片。通过它可实时监控系统运行情况，对处理器和内存的温度、电压、风扇转速等系统状况进行实时的监控，如图 2-29 所示。

图 2-29 超级 I/O 硬件监控芯片

❑ **EPU 芯片**

EPU 技术实际上是 Energy Processing Unit 的简称，翻译成中文的意思就是能耗调控单元，如图 2-30 所示。

在主板上集成一颗用于根据系统负荷实时调整系统能耗的微处理器芯片，通过这一微处理器芯片，主板可以根据当前系统的不同负荷状态，动态地调整整个系统的功耗水平，从而实现节能、降低功耗。总的来说，华硕的 EPU 技术主要优点可以集中为 3 个方面：节能、降噪和超频。

6. 扩展插槽

扩展插槽是主板上用于固定扩展卡并将其

连接到系统总线上的插槽，也叫扩展槽或者扩充插槽。使用扩展插槽可以添加或增强计算机特性及功能。主板上包含的多种类型的插槽，如图 2-31 所示。

扩展插槽的种类较多，从诞生到现在主要有 ISA、PCI、AGP、PCI Express 等，以及笔记本计算机专用的 PCMCIA。而在华硕 Striker II Extreme 主板中包含下列了扩展插槽。

图 2-30 节能技术控制芯片

❑ **Audio/PCI Express×1 插槽**

PCI Express X1 规格支持双向数据传输，每向数据传输带宽为 250MB/s。PCI Express X1 已经可以满足主流声效芯片、网卡芯片和存储设备对数据传输带宽的需求，但是远远无法满足图形芯片对数据传输带宽的需求。

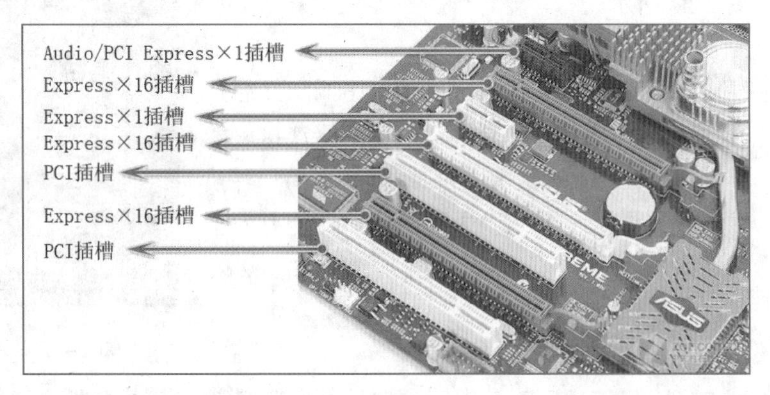

图 2-31 主板扩展插槽

而在该主板中，其黑色的 PCI Express×1 插槽主要用于插声卡，所以被命名为 Audio/PCI Express×1 插槽，如图 2-32 所示。

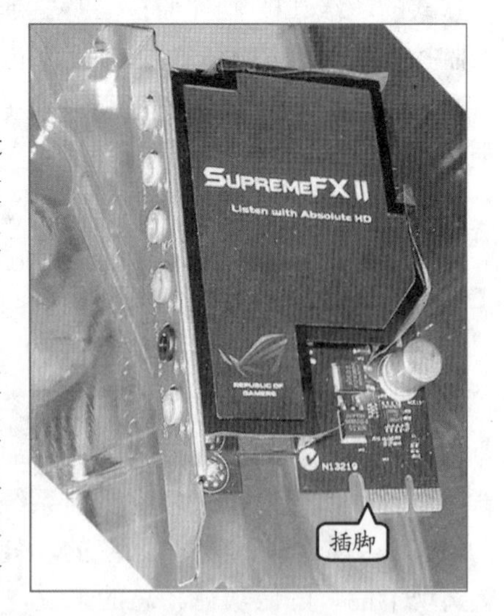

图 2-32 PCI Express×1 插槽式声卡

❑ **PCI 插槽**

基于 PCI 局部总线（Pedpherd Component Interconnect，周边元件扩展接口）的扩展插槽。PCI 插槽位宽为 32 位或 64 位，工作频率为 33MHz，最大数据传输率为 133MB/s（32 位）和 266MB/s（64 位），

❑ **PCI Express×16 插槽**

PCI Express×16，即 16 条点对点数据传输通道连接来取代传统的 AGP 总线。PCI Express×16 也支持双向数据传输，每向数据传输带宽高达 4GB/s，双向数据传输带宽有 8GB/s 之多。相比之下，目前广泛采用的 AGP 8X 数据传输只提供 2.1GB/s 的数据传输带宽。

提 示

PCI Express 采用了目前业内流行的点对点串行连接，比起 PCI 以及更早期的计算机总线的共享并行架构，每个设备都有自己的专用连接，不需要向整个总线请求带宽，而且可以把数据传输率提高到一个很高的频率，达到 PCI 所不能提供的高带宽。

7. SATA 接口

该接口主要用来连接串口硬盘或者光盘驱动器等。该接口采用串行连接方式，使用嵌入式时钟信号，具有更强的纠错能力，能够对传输指令进行检查，如发现错误会自动矫正，提高了数据传输的可靠性。图 2-33 所示为当前较新的 SATA II 接口。

图 2-33 SATA II 硬盘接口

8. 电源插座

电源插座是主板连接电源的接口，负责为 CPU、内存、芯片组、各种接口卡提供电源。现在 ATX 主板使用的电源插座都具有防插错结构，如图 2-34 所示。

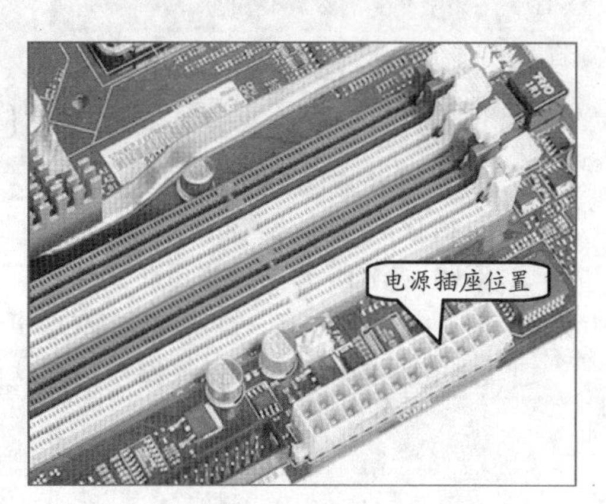

图 2-34 电源插座

9. 输入/输出接口

输入/输出接口是 CPU 与外部设备之间交换信息的连接电路，它们通过总线与 CPU 相连，简称 I/O 接口。这些设备包含用户将数据输入到计算机所使用的设备，以及计算机将数据输出的设备，如图 2-35 所示。

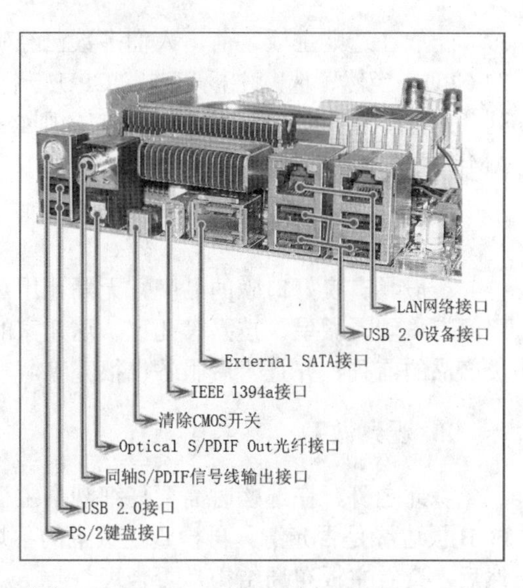

图 2-35 后侧面板输入/输出接口

对于高端主板来说，其后面的接口将远远多于目前主板的 I/O 接口，并且还增添了新的接口，其详细内容如下。

- **PS/2 接口** 一般 PS/2 接口分为 PS/2 键盘接口和 PS/2 鼠标接口，并且两个接口完全相同，如图 2-36 所示。为了区分这两个接口，PS/2 键盘接口采用蓝色显示，PS/2 鼠标接口采用绿色显示。而在华硕 Striker II Extreme 主板中，只有一个 PS/2 键盘接口。
- **同轴 S/PDIF 接口** 这组接口可以连接使用同轴 S/PDIF 信号线的外接式音频输出设备。
- **LAN 网络接口** 该接口通过网络控制器可经网线连接至 LAN 网络。在该主板中包含有两个网络接口，如 LAN1 接口和 LAN2 接口。一般为 RJ-45 端口，按其传输速度可分为 100Mbps、1Gbps。
- **USB 2.0 接口** 该主板包含有 6 个 USB 2.0 接口，如在 PS/2 接口下面有 2 个接口；

在两个 LAN 网络接口下面分别有 2 个 USB 2.0 接口。该接口具有即插即用、传输速度快等特点，如 USB 2.0 接口的数据传输速度可达 480Mbps。

- **External SATA 接口** 这 2 组接口可连接 Serial ATA 移动硬盘。这组接口支持通过安装在主板上的 External SATA 1 与 2 的 Serial ATA 移动硬盘，来进行 RAID0、RAID1、RAID10、RAID5 与 JBOD 的设置。

提 示

RAID 是 Redundant Array of Independent Disk 的缩写，中文意思是独立冗余磁盘阵列。冗余磁盘阵列技术诞生于 1987 年，由美国加州大学伯克利分校提出。

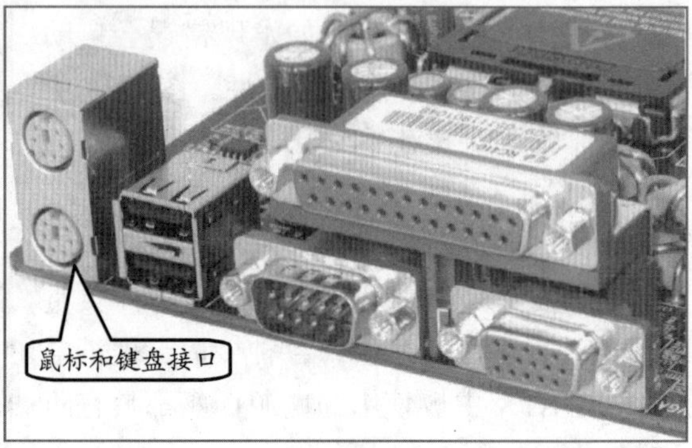

图 2-36 常见 PS/2 接口

- **IEEE 1394a 接口** 这组 IEEE 1394a 接口可以连接传输速率更高的影音设备、保存设备、扫描仪或者其他便携设备。
- **清除 CMOS 开关** 当系统因为超频死机时，按一下清除 CMOS 开关，可以清除设置信息。
- **Optical S/PDIF Out 光纤接口** 这组接口可以连接使用光纤 S/PDIF 信号线的外接式音频输出设备。

2.2.3 选购主板

一般在选购主板之前，人们多数已经确定了计算机的档次，也可以说确定了所使用的 CPU。当然，选购主板和选购 CPU 一样，都需要确定使用 Intel 系列，还是 AMD 系列。例如，选择 AMD 系统的 CPU，则必须选择支持该 CPU 系统的主板，也就是使用 AMD 插槽系列主板。

1. 选择品牌

一般具有良好口碑的品牌，无疑让用户在选购时比较放心。目前市场上的品牌主板厂商有华硕、微星、技嘉等几家。这几家的主板在做工、稳定性、抗干扰性上都处于同类产品的前列，并且售后服务也很完善。

2. 观察做工

除此之外，在选购时需要仔细观察主板的做工，如看主板的印刷电路板厚度、查看 PCB 板边缘是否光滑。再检查主板上的各焊接点是否饱满有光泽，排列是否十分整洁。然后，查看主板布局结构是否合理。

最后，确认主板中电容的质量。主板上常见的电容有铝电解电容、钽电容、陶瓷贴片电容等。铝电解电容（直立电容）是最常见的电容，一般在 CPU 和内存槽附近比较多，铝电解电容的体积大、容量大，钽电容、陶瓷贴片电容一般比较小，外观呈黑色贴片状，它体积小、耐热性好、损耗低，但容量较小，一般适用于高频电路，在主板和显卡上被大量采用。

2.3 内存

在计算机的组成结构中，存储器是一个很重要的部分。存储器是用来存储程序和数据的部件，对于计算机来说，有了存储器才有记忆功能，才能保证正常工作。存储器的种类很多，按其用途可分为主存储器和辅助存储器，主存储器又称内存储器（内存）。

2.3.1 内存概述

内存就是存储程序以及数据的地方，比如当使用 Word 处理文稿在键盘上敲入字符时，它将被存入内存中。而只有当用户选择保存时，才将内存中的数据存储到硬盘。

1. 内存主频

内存主频是以 MHz（兆赫）为单位来计量的。它与 CPU 主频一样，习惯上被用来表示内存的速度，代表着该内存所能达到的最高工作频率。内存主频越高在一定程度上代表着内存所能达到的速度越快，目前较为主流的内存频率是 533MHz/667MHz/800MHz 的 DDR2 内存。

2. 内存发展过程

在计算机诞生初期并不存在内存条的概念，最早的内存是以磁芯的形式排列在线路上。一直沿用到 286 初期，鉴于它存在着无法拆卸更换的弊病，对计算机的发展造成很大的阻碍。有鉴于此，内存条便应运而生了。但随着计算机的发展，内存也在不断地变化。

❑ **SDRAM 时代**

SDRAM（Synchronous DRAM）称为同步动态存储器，它对数据的访问采用突发模式，从而得到更高的速度。SDRAM 内存的金手指采用 168 线，带宽为 64 位，并采用 3.3V 电压。

SDRAM 内存最早为 PC66 规范，但在 Intel 和 AMD 的频率之争中，将 CPU 外频提升到了 100MHz 时，而迅速被 PC100 内存所取代，如图 2-37 所示。接着，CPU 外频提升到 133MHz 时，其内存也随着推出 PC133 规范，也以相同的方式进一步提升了 SDRAM 的整体性能，带宽提高到 1GB/sec 以上。

❑ **DDR 时代**

DDR SDRAM（Dual Date Rate SDRAM）简称 DDR。DDR 在时钟信号上升沿和下降沿各传输一次数据，使 DDR 的数据传输速度为传统 SDRAM 的两倍。

图 2-37 **PC100 内存**

最早的 DDR200 规范并没有得到普及，而 DDR266（133MHz 时钟×2 倍数据传输=266MHz 带宽）是由 PC133 SDRAM 内存所衍生出的，并将 DDR 内存推向高潮。

其后，DDR333 内存也属于一种过渡产品，而 DDR400 内存成为当时的主流选配，如图 2-38 所示。双通道的 DDR400 内存已经成为 800FSB 处理器搭配的基本标准，随后的 DDR533 规范则成为超频用户的选择对象。

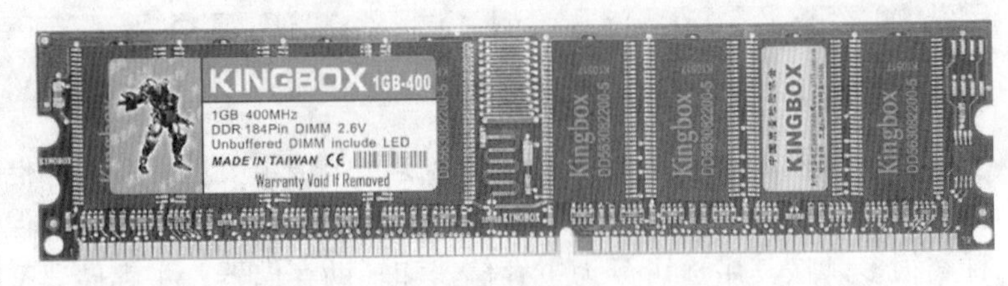

图 2-38　**DDR400 内存**

❑ **DDR2 时代**

JEDEC（Joint Electron Device Engineering Council，电子元件工业联合会）组织很早就开始酝酿 DDR2 标准，加上 LGA775 接口的 915 主板、925 主板和 945 主板等对 DDR2 内存的支持，所以能够平稳过渡到该领域。

此外，DDR2 将融入 Post CAS（是为了提高内存的利用效率而设定的）、OCD（Off-Chip Driver，离线驱动调整）、ODT（内建核心的终结电阻器）等新性能指标和中断指令，提升内存带宽的利用率。

DDR2 能够在 100MHz 的发信频率基础上提供每插脚最少 400MB/s 的带宽，而且其接口将运行于 1.8V 电压上，从而进一步降低发热量，以便提高频率。针对个人计算机市场，其 DDR2 内存将拥有 400MHz、533MHz、667MHz 等不同的时钟频率。高端的 DDR2 内存将拥有 800MHz 和 1000MHz 两种频率。图 2-39 所示为宇瞻 DDR2 内存。

图 2-39　**800MHz 的 DDR2 内存**

❑ **DDR3 时代**

DDR3 相比 DDR2 的工作电压从 1.8V 降落到 1.5V，其预读从 DDR2 的 4 位升级到 8 位。目前，DDR3 最高能够达到 1600MHz 的速度，由于目前最为快速的 DDR2 内存速度已经提升到 800MHz/1066MHz，因而 DDR3 内存模组将会从 1333MHz 的频率起跳。图 2-40 所示为宇瞻 1600MHz 的 DDR3 内存。

图 2-40　**DDR3 内存**

2.3.2　双通道技术

双通道是在北桥（又称之为 MCH）芯片级里设计两个内存控制器，这两个内存控制器可相互独立工作，每个控制器控制一个内存通道，如图 2-41 所示。在这两个内存通道里 CPU 可分别寻址、读取数据，从而使内存的带宽增加一倍，数据存取速度也相应增加一倍（理论上）。

目前，双通道内存构架是由两个 64 位的 DDR 内存控制器构筑而成的，其带宽可达 128 位。双通道体系的两个内存控制器是独立的、具有互补性的智能内存控制器。例如，两个控制器分别为控制器 A 和控制器 B，当 B 准备进行下一次存取内存操作时，则 A 正在读写主内存；当 A 开始准备进行下一次存取内存操作时，则 B 正在读写主内存。两个内存控制器的互补能够让有效等待时间缩短 50%左右。

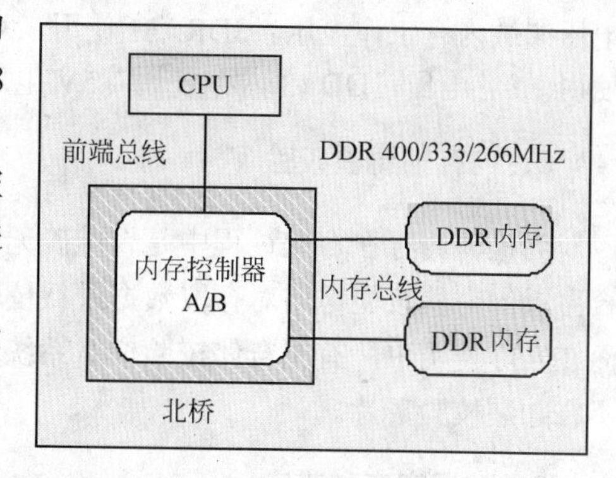

图 2-41 双通道内存构架

双通道是一种主板芯片组（Athlon 64 集成于 CPU 中）所采用的新技术，与内存本身无关，任何 DDR 内存都可工作在支持双通道技术的主板上，所以不存在所谓“内存支持双通道”的说法。图 2-42 所示为单通道与双通道对比示意图。

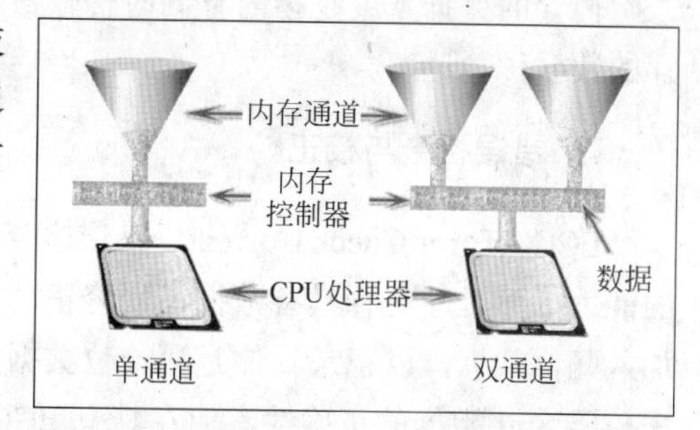

图 2-42 单通道和双通道原理示意图

2.3.3 内存性能指标

内存对整机的性能影响很大，许多指标都与内存有关。在选购时，不应该只从内存的表面进行辨识，要深入地了解内存的各种特性，内存的性能指标是反映内存性能的重要参数。

1. 容量

内存容量表示内存可以存放数据的空间大小，其常见单位有 MB 和 GB 等。目前，内存大多以 GB 为单位，如常见单条内存的容量一般为 1GB 或者 2GB。

2. 速度

内存速度一般用存取一次数据所需的时间（单位一般都为 ns）来作为性能指标，时间越短，速度就越快。ns 和 MHz 之间的换算关系：1ns=1000MHz，6ns=166MHz，7ns=143MHz，10ns=100MHz。

3. CAS 延迟时间（CL）

CAS 延迟时间是指从读取请求有效开始到输出端可以提供数据为止的时间，一般是 2 个或者 3 个时钟周期。它是在一定频率下衡量不同规范的内存的重要标志之一。如在相同工作频率下，CAS 延迟时间为 2 的内存比 CAS 延迟时间为 3 的内存的速度更快、性能更好。

4. 内存电压

内存工作时，必须不间断地进行供电，否则将不能保存数据。内存能稳定工作时的电压叫做内存工作电压。SDRAM 使用 3.3V 电压，DDR 使用 2.5V 电压，而 DDR2 内存使用 1.8V 电压，DDR3 内存使用 1.5V 电压。

5. 内存的奇偶校验

为检验内存在存取过程中是否准确无误，每 8 位容量配备 1 位作为奇偶校验位，配合主板的奇偶校验电路对存取数据进行校验，这就需要在内存条上额外加装一块芯片。而在实际使用中，有无奇偶校验位对系统性能并没有影响，所以目前大多数内存条上已不在加装校验芯片。

6. 数据宽度和带宽

内存的数据宽度是指内存同时传输数据的位数，以 bit 为单位。内存的带宽是指内存的数据传输速率。

7. 错误检查与校正

ECC（Error Check Correct，错误检查与校正）校验功能，不但使内存具有数据检查的能力，而且使内存具备数据错误修正功能。它和奇偶校验类似，只是在一组数据中多加入几位数据，以记录具体是哪一位数据发生错误。在奇偶校验中用 1bit 的奇偶校验位来校验 8bit 数据的正确性，但在具有 ECC 功能的内存中，则用 4bit 来检查 8bit 的数据是否正确。

当 CPU 读取数据时，若有 1bit 的数据错误，则 ECC 就会根据原先存放在 4bit 中的检查数据来定位那个 bit 错误，而且会将错误数据加以校正。

2.3.4 内存选购指南

内存作为个人计算机硬件的必要组成部分之一，它的容量与性能可以决定计算机的性能，所以选购合适的内存非常关键。

1. 内存芯片或者品牌

内存条最重要的部件即是芯片，其好坏直接影响到整个内存模组。而在各个生产商中，其生产的内存都拥有自己的芯片，即拥有自己的品牌。

在挑选内存芯片时最好优先原厂原字芯片，因为这些产品都经过最为严格的检测和测试，因此品质有保障。

2. PCB 电路板

PCB 电路板是承载内存芯片的重要部件，其重要指标就是层数多少及布线工艺。对于主流 DDR2 内存来说，6 层电路板是最基本的配置，很多高规格、高频率产品甚至使用了 8 层 PCB 电路板。通常而言，PCB 电路板层数越多，其信号抗干扰能力越强，其内存稳定性越好。

此外，PCB 表面线路布局也很重要，按照国际电气学设计规范要求，PCB 表面线路必须使用 135 度折角处理，而且为了保证引线长度一致，局部应该使用蛇行布线。

3. 金手指

PCB 电路板下部为一排镀金触点，学名叫做“金手指”。目前，金手指制作工艺有两种，一种是电镀金，另一种是化学镀金。电镀金比化学镀金金层更厚，能够提高抗磨损性和防氧化性。

千万别小看这些金光闪闪的触点，如果其中有一根脱落或者氧化，很可能就会造成一些故障隐患。

2.4 机箱及电源

计算机的硬件不断更新，而只有机箱等少数配件基本上保持了最初的标准。正是如此，长期以来机箱未引起人们足够的重视，但它在整个计算机硬件中还占有一定的重要性。

2.4.1 机箱及电源概述

机箱作为计算机配件中的一部分，它起的主要作用是放置和固定各计算机配件，起到一个承托和保护作用。此外，电脑机箱具有屏蔽电磁辐射的重要作用。

机箱一般包括外壳、支架、面板上的各种开关、指示灯等。外壳用钢板和塑料结合制成，硬度高，主要起保护机箱内部元件的作用；支架主要用于固定主板、电源和各种驱动器，如图 2-43 所示。

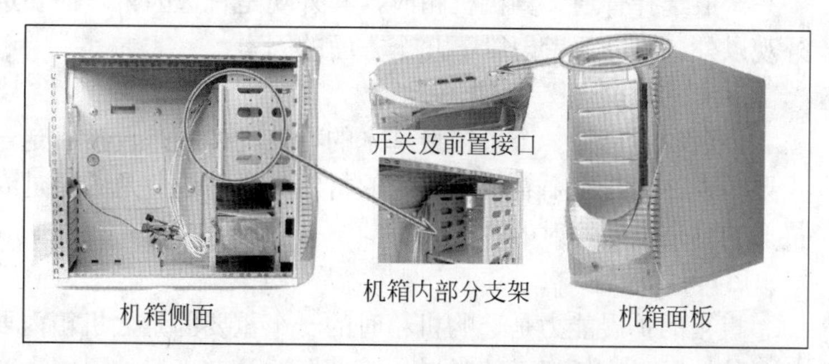

图 2-43 机箱结构图

目前市面上销售的机箱以 ATX 和 Micro ATX 机箱为主。Micro ATX 机箱体积较小，扩展性有限，只适合对计算机性能要求不高的用户；而 ATX 机箱无论在散热，还是在性能扩展方面都比 Micro ATX 机箱强得多，ATX 机箱目前仍是市场的主流，如图 2-44 所示。

图 2-44 ATX/Micro ATX 机箱

计算机电源是一种安装在主机箱内的封闭式独立部件，它的作用是将交流电通过一个开关电源变压器转换为 5V、–5V、+12V、–12V、+3.3V 等稳定的直流电，以供应主机箱内的主板、硬盘及各种适配器等部件使用，如图2-45所示。

目前，较常用的是ATX电源。ATX电源是根据ATX标准进行设计和生产的，从最初的ATX1.0开始，ATX标准也经过了多次的变化和完善。目前，国内市场上流行的是ATX2.03和ATX12V这两个标准，其中ATX12V又可分为ATX12V1.2、ATX12V1.3、ATX12V2.0等多个版本。

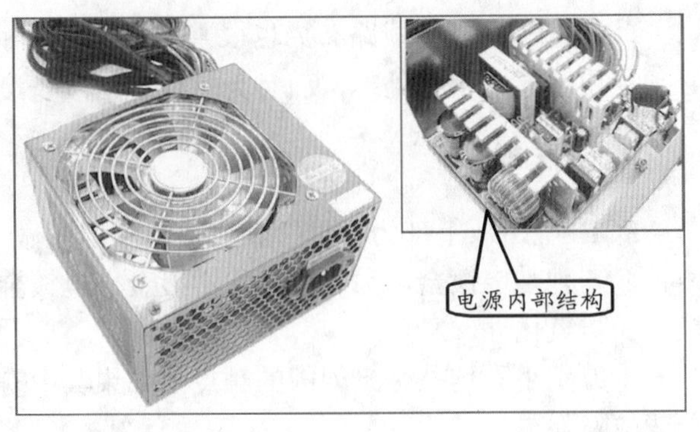

图2-45 电源

2.4.2 选购机箱及电源

一个好的机箱不仅在款式上要新颖，在质量上更要有良好的表现。机箱可以起到支撑主机各部件，使它们安全工作，不受外界影响的作用。而电源质量的优劣直接关系到计算机的稳定性和硬件的使用寿命，因此电源的选购绝对不能忽视。

1. 选购机箱

一般选择普通计算机机箱时，其外观是首选因素。但要选购一款满意的机箱，除了外观以外，还需要考虑以下几个方面的因素。

❑ **机箱的外观、用料**

外观和用料是一个机箱最基本的特性，外观是直接决定一款机箱能否被用户接受的重要因素。用料主要看机箱所用的材质，机箱边角是否经过卷边处理，材质的好坏也直接影响到抗电磁辐射的性能。

❑ **可扩展性**

机箱的扩展能力是选购机箱时的一个重要因素，机箱内要有较宽阔的空间，易于安装各种扩展卡，托架可随时增加驱动器。具有良好扩展能力的机箱将为日后计算机的升级带来很大的方便。

❑ **散热能力**

机箱的散热能力也是选购机箱时考虑的一个重要因素，机箱的内部要符合散热要求，在面板以及后背板的适当位置应留有安装风扇的位置，在其他部位也应留有合适的散热孔。因此，在选购机箱时要注意所选机箱上是否留有风扇位，以方便日后加装散热风扇，以更好地为机箱内部散热。

❑ **防尘性**

对于大部分用户来说，防尘性恐怕是考虑得最少的了，但是如果打算让机箱保持长时间的清洁，应考察散热孔的防尘性能和扩展插槽PCI挡板的防尘能力。

2. 选购电源

随着计算机的普及，作为主机心脏的计算机电源也日益被人们所重视。但现阶段的电源市场鱼龙混杂，在选购电源的时候要根据自己的需要参考一些因素。

❑ **品牌和功率**

选购电源，最好选择质量有保障的品牌电源。例如，目前市场上销售的长城、世纪之星等电源。

由于计算机部件的集成程度越来越高，其耗电量也越来越大，因此就目前来说一般用户最好选择 300W 的电源，一些高级用户最好选择 340W 的电源。

❑ **电源的外观**

电源的外观包括电源的外壳、输入线和输出线等。电源外壳表面镀层应光亮，无划伤；输出线和输入线应标有 UL、CSA 或 CCEE 等安全认证标志。

❑ **电源的重量**

选购电源与购买机箱一样，要考虑其重量。一个电源无论使用何种线路来设计，它的重量都不可能太轻，尤其是一些通过安全标准的电源，会额外增加一些电路板零部件，以增强安全稳定性，重量自然会有所增加。

❑ **电源变压器**

变压器是电源的关键部件，判断变压器质量好坏的简单方法是看变压器的大小。一般变压器的位置是在两片散热片之间，根据常理判断，250W 电源的变压器线圈内径不应小于 28mm，300W 电源的变压器线圈内径不应小于 33mm。用一根直尺在外部测量其长度，就可知道其用料是否实在。

❑ **电源风扇**

风扇在电源工作过程中主要用于散热，考虑风扇好坏的标准主要是看扇叶做工是否精良，旋转是否平稳，噪声是否很小。

2.5 实验指导：查看计算机硬件信息

查看硬件信息不仅能帮助用户辨别计算机的硬件型号，还能让用户了解硬件的详细规格。下面将对利用 EVEREST Ultimate Edition 查看计算机硬件信息的方法进行讲解。

1. 实验目的

❑ 查看 CPU 信息
❑ 查看内存信息
❑ 查看显卡信息

2. 实验步骤

1 启动 EVEREST Ultimate Edition 后，该软件将自动检测当前计算机的硬件配置，完成后自动进入软件主界面，如图 2-46 所示。

2 展开【主板】目录后，选择【中央处理器（CPU）】选项，即可在软件右窗格内查看 CPU 的名称、类型、缓存大小等信息，如图 2-47 所示。

图 2-46 启动 EVEREST Ultimate Edition

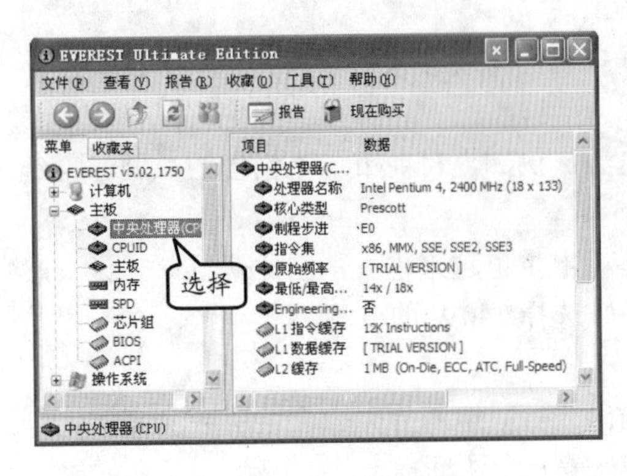

图 2-47　查看 CPU 信息

3　选择【内存】选项，可查看到计算机的物理内存、交换区、虚拟内存等信息，如图 2-48 所示。

4　展开【显示设备】目录，选择【Windows 视频】选项后，可在软件右侧窗格内查看到显卡的芯片类型、显存大小等信息，如图 2-49 所示。

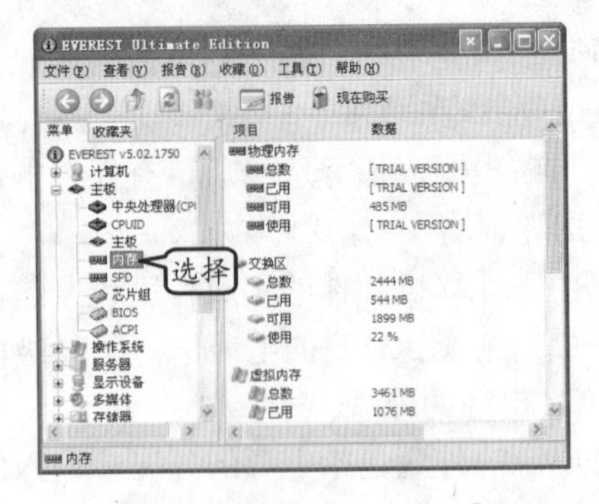

图 2-48　查看内存信息

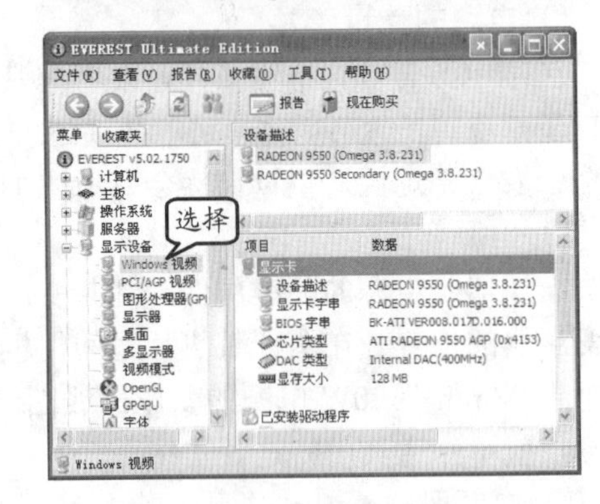

图 2-49　查看显卡信息

2.6　实验指导：测试 CPU 及内存性能

在计算机中，CPU 和内存的性能直接关系到计算机的运行速度和数据存取速度，因此充分了解 CPU 及内存的性能优劣，有助于评估计算机的整体性能。下面将对测试 CPU 及内存性能的方法进行简单介绍。

1. 实验目的

- ❑ 测试 CPU 性能
- ❑ 测试内存性能
- ❑ CPU 测试比较

2. 实验步骤

1　启动 HWiNFO32 后，单击工具栏中的【测试】按钮，如图 2-50 所示。

2　在弹出的【选择要执行的测试】对话框中，禁用【驱动器测试（D):】复选框，并单击【开始】按钮，如图 2-51 所示。

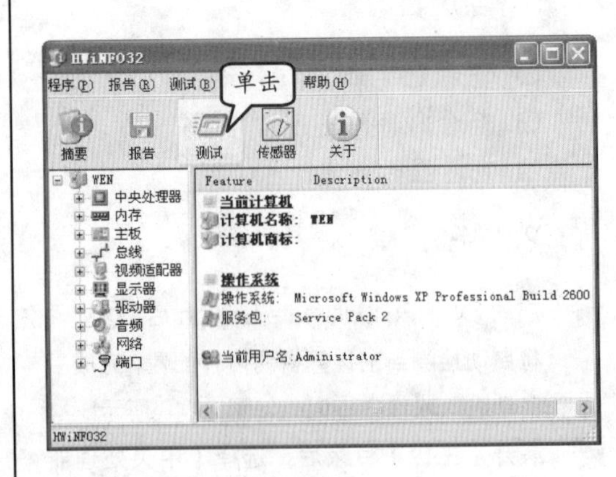

图 2-50　开始测试

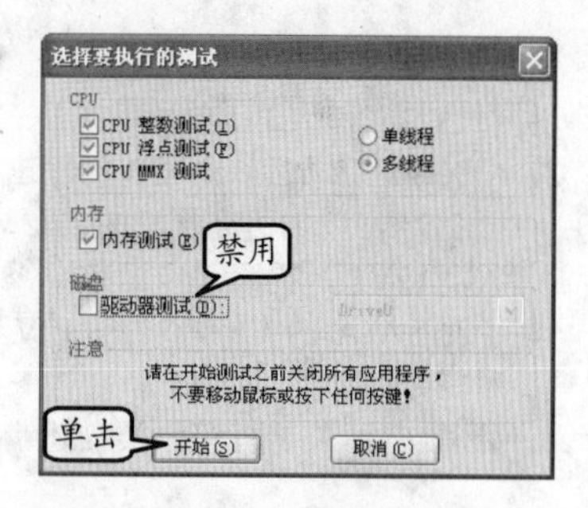

图 2-51 测试设置

提 示

线程是程序中一个单一的顺序控制流程，多线程是指在单个程序中同时运行多个线程完成不同的工作。

3 测试完成后，即可在弹出的【HWiNFO32 测试结果】对话框内查看到 CPU 和内存的各项测试信息，如图 2-52 所示。

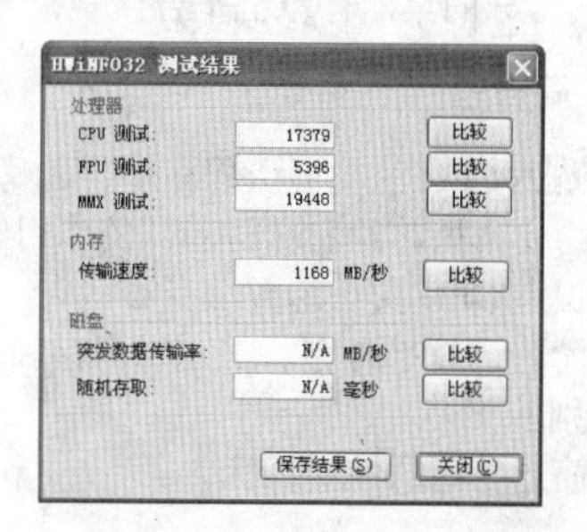

图 2-52 查看测试信息

提 示

FPU 是（Float Point Unit，浮点运算单元）专用于浮点运算的处理器，486 之后被直接集成在 CPU 内。

4 单击【CPU 测试】右侧的【比较】按钮，在弹出的【CPU 测试比较】对话框内可以查看到本机 CPU 与其他类型 CPU 的性能对比信息，如图 2-53 所示。

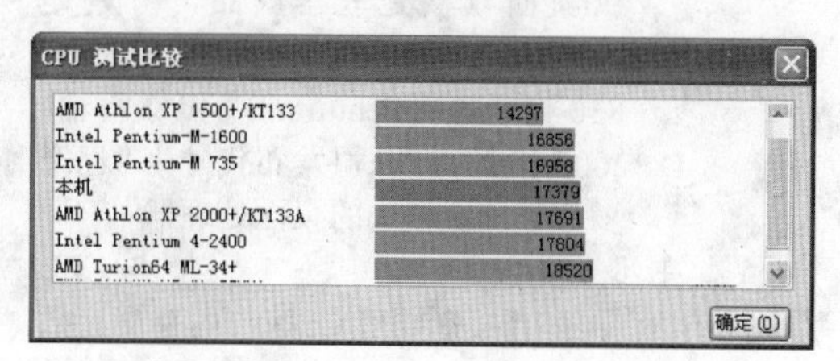

图 2-53 CPU 测试比较信息

5 返回【HWiNFO32 测试结果】对话框后，用同样的方法即可查看 FPU 及内存的测试对比情况。

提 示

单击【CPU 测试比较】对话框中的【确定】按钮，即可返回【HWiNFO32 测试结果】对话框。

2.7 思考与练习

一、填空题

1. CPU（Central Processing Unit，中央处理器）主要由________和________组成，是计算机最核心的部分，负责整个系统指令的执行，数学与逻辑的运算，数据的存储与传送，以及对内对外输入与输出的控制。

2. Intel 公司在 1997 年推出奔腾 II 时，首先在该产品上应用了________接口标准。

3. 主板按其结构可以分为 AT 主板、Baby AT 主板、________主板、LPX 主板、NLX 主板、BTX 主板和________主板。

4. ________是一组或多组具备数据输入输出和数据存储功能的集合电路，并且是 CPU 与硬盘之间进行数据交换的桥梁。

5. ________是计算机中的能量来源，计算机内部的所有部件都需要它进行供电，并且其功率的大小，电流和电压是否稳定，将直接影响计算机的工作性能和使用寿命。

6. 机箱按其结构进行分类，主要分为 AT 机箱、________、Micro ATX 机箱以及________4 个类型。

7. Intel 公司在 1993 年推出了全新一代的高性能处理器——________。

8. 一般电源按照________年计算元件的可能失效周期，平均工作时间是在 8000～10000 小时之间。

9. 计算机开关电源的发展经历了 AT、________、________3 个阶段。

二、选择题

1. 下列关于 CPU 发展历程的描述中，不正确的是________。

   A. 1971 年，Intel 公司推出了世界上第一款用于计算机的 4 位处理器 4004

   B. 2003 年，AMD 公司推出 AMD Athlon 64 FX51 和 AMD Athlon 64 两个系列的桌面处理器

   C. 2005 年 4 月 Intel 公司发布了全球首款桌面双核处理器产品，分别是 Pentium D 820 处理器、Pentium D 830 处理器和 Pentium D 840 处理器

   D. 2007 年 AMD 公司发布代号为“巴塞罗那”的四核心的桌面处理器

2. 在部分型号的 CPU 中，________与 CPU 总线频率相同，并直接影响着 CPU 与内存交换数据的速度。

   A. 前端总线 FSB 频率

   B. 内存总线速度

   C. 扩展总线速度

   D. CPU 的外频

3. ________插座用金属触点式封装取代了以往的针状插脚，因此将 CPU 的针脚变成了触点，并用金属安装扣架来固定 CPU。

   A. Socket 940

   B. Socket 939

   C. LGA 755

   D. Socket 754

4. 下列选项中，关于 DDR3 内存技术描述错误的是________。

   A. DDR3 内存和 DDR2 内存一样，都采用 240Pin DIMM 的插槽，因此 DDR3 内存能够插在支持 DDR2 内存主板的内存插槽中

   B. DDR3 内存能够预取 8bit 的数据，比 DDR2 内存的速度快了一倍，拥有更高的数据传输率

   C. DDR3 内存新增重置功能，并为此功能准备了一个引脚，该引脚使 DDR3 的初始化处理变得简单

   D. DDR3 内存新增 ZQ 校准功能、分参考电压功能，以及点对点连接功能

5. 下列选项中，有关计算机开关电源标准的描述错误的是________。

   A. ATX12V1.1 加强了+3.3V 电流输出能力，以适应 AGP 显卡功率增长的需求

   B. ATX12V2.0 将+12V 分为双路输出（+12VDC1 和+12VDC2），其中+12VDC2 对 CPU 单独供电

   C. ATX12V2.2 加强+5V SB 的输出电流至 2.5A，增加更高功率的电源规格

   D. ATX12V1.2 提高了电源效率，增加了对 SATA 的支持，增加+12V 的输出能力

6. 下列选项中，关于机箱分类描述错误的是________。

   A. 按机箱尺寸进行分类，机箱可以分为卧式机箱和立式机箱

   B. 按机箱的结构进行分类，机箱可以分为 AT 机箱、ATX 机箱、Micro ATX 机箱和 BTX 机箱

   C. 超薄机箱主要是一些 AT 机箱，只有一个 3.5 英寸软驱槽和 2 个 5.25 英寸驱动器槽

   D. BTX 机箱是基于 BTX 标准的机箱产品，该标准是 Intel 公司定义并引导的桌面计算机平台新规范

三、简答题

1. 简述 CPU 的发展历程。
2. 简述南桥芯片和北桥芯片的作用。
3. 识别 CPU 真伪的方法有哪些？
4. 简述 DDR 内存、DDR2 内存和 DDR3 内存的区别。
5. 简述电源的性能指标。

四、上机练习

1. 识别 CPU 标识

图 2-54 所示处理器的编号为“ADO5000 IAA5DS”，其中“ADO5000”代表桌面用双核 5000+处理器；“I”代表产品采用 AM2 接口；“AA”代表产品支持“Cool and Quiet”技术，具备温度及智能调节技术；“5”代表采用 512KB×2 L2 缓存；“DS”表示采用 65 纳米 Brisbane 核心。

图 2-54　CPU

第3章

计算机外部存储设备

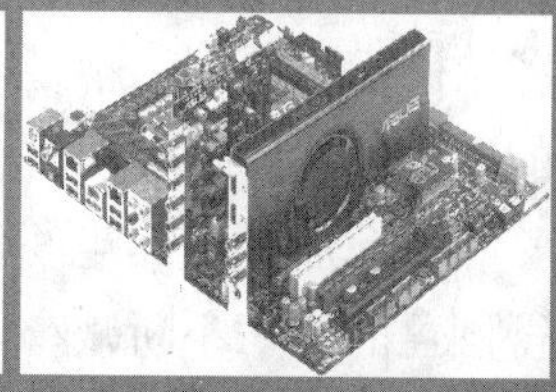

计算机具备“记忆”能力的原因在于拥有外部存储设备。这些设备不仅能够存储大量的计算机程序和数据，还可随时供用户调取和使用。相比之下，外部存储设备较内存的种类要多出不少，其组成结构、工作方式、性能指标等内容也都各不相同。为此，本章将对计算机所用到的各种外部存储设备进行介绍，从而使用户能够更清楚地认识和使用计算机。

本章学习要点：

- 硬盘
- 光驱
- 移动存储设备

3.1 硬盘

硬盘是一种利用坚硬的盘片作为数据存储基板的存储设备，相比其他外部存储设备具有容量大、成本较低等优点。目前，常见硬盘的容量大都在 160GB、250GB、500GB、1TB 或 2TB 之间。

3.1.1 硬盘的发展

1956 年 9 月，IBM 公司展示了第一台磁盘存储系统 IBM 350 RAMAC（Random Access Method of Accounting and Control），这是一套由 50 个直径为 24 英寸的磁盘所组成的新型存储设备，被认为是世界上的第一台“硬盘”。

1968 年，IBM 公司提出了“温彻斯特（Winchester）”技术，探讨对硬盘技术进行重大改造的可能性。该项技术的精髓是“密封、固定并高速旋转的镀磁盘片，磁头沿盘片径向移动，磁头悬浮在高速转动的盘片上方，而不与盘片直接接触”，而这正是现代绝大多数硬盘的原型。不过，直到 1973 年 IBM 公司才制造出第一块采用“温彻斯特”技术的硬盘，从而为现代硬盘的发展奠定了结构基础。

在此后的十几年间，薄膜磁头、MR（Magneto Resistive）磁阻磁头等技术的发展使得硬盘的体积不断减小，容量却在不断增加。1991 年由 IBM 公司所生产的 3.5 英寸硬盘便采用了当时最先进的 MR 磁头，并使硬盘容量首次达到了 1GB，标志了硬盘容量进入 GB 数量级。

1999 年，Maxtor 发布了首块单碟容量高达 10.2GB 的 ATA 硬盘。

2000 年，在 IBM 推出的 Deskstar 75GXP 和 Deskstar 40GV 两款硬盘中，玻璃盘片取代了传统的铝制合金盘片，从而为硬盘带来了更好的平滑性和更高的坚固性。此外，75GXP 以最高 75GB 的存储能力成为当时容量最大的硬盘，而 40GV 则在数据存储密度方面创造了新的世界纪录。同年，希捷公司发布了转速高达 15000RPM 的 Cheetah X15 系列硬盘，成为世界上转速最快的硬盘。

2001 年，新生产的硬盘几乎全部采用了 GMR（Giant Magneto Resistive，巨磁阻）技术，这使得硬盘磁头的灵敏度大幅提升，极大地改善了硬盘的性能。

2002 年，AFC Media（Anti-Ferromagnetism-coupled Media，抗铁磁性耦合介质）技术的应用为硬盘产业的发展带来了一次伟大的技术革命。在不改变磁头和不增加盘片的情况下，AFC Media 技术能够大幅度地提升硬盘容量，这使得硬盘的生产成本得以进一步的降低。

2003 年，80GB 容量的硬盘产品成为市场主流，新型的 Serial ATA 硬盘（SATA，串口硬盘）也在逐渐被用户所接受。

截止到现在，除了容量越来越大，价格越来越低外，硬盘并没有太大的变化。不过，SATA 硬盘已经在这段时间内统治了硬盘市场，SSD 固态硬盘则因价格方面的因素，暂时无法取代 SATA 硬盘。

3.1.2 硬盘的结构

本节将从外部和内部两方面对硬盘的组成结构进行展示，并对各个部件的功能进行简单介绍。

1. 硬盘的外部结构

从外观上来看，硬盘是一个密封式的金属盒，由电源接口、数据接口、控制电路和固定基板等部件所组成，如图 3-1 所示。

❑ 电源接口与数据接口

电源接口与主机电源相连，为硬盘的正常运转提供持续的电力供应；数据接口则是硬盘与主板之间进行数据交换的纽带，通过专用的数据线与主板上的相应接口进行连接。

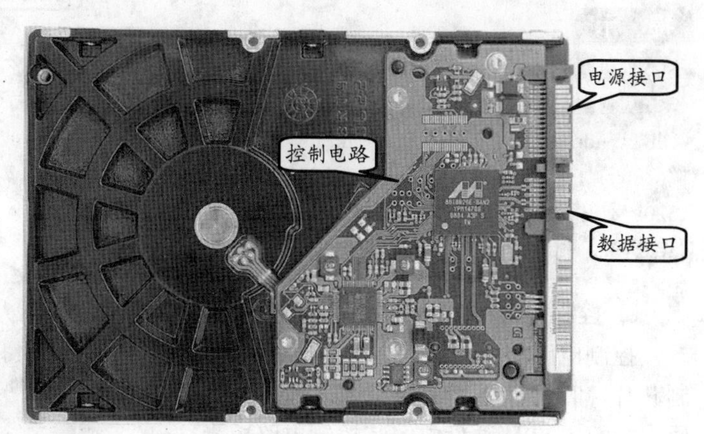

图 3-1 硬盘的外部结构

早期的硬盘主要采用PATA 接口（并行接口）与主板进行连接，该接口便是人们通常所说的 IDE 接口。IDE（Integrated Drive Electronics，电子集成驱动器）的本意是指“硬盘控制器”与“盘体”集成在一起的硬盘驱动器，特点是减少了硬盘接口的电缆数量与长度，并增强了数据传输的可靠性，生产和使用也变得更加容易，图 3-2 所示即为采用了 PATA 接口的 IDE 硬盘。

总体来说，PATA 硬盘拥有价格低廉、兼容性好等优点，但随着 Serial ATA 硬盘的兴起，此类硬盘已经逐渐退出了硬盘市场。

图 3-2 IDE 硬盘

提 示

在 PATA 接口的发展过程中，陆续出现了 Ultra ATA33、Ultra ATA66、UltraATA100、Ultra ATA133 等多个类型的版本，其传输速率分别能够达到 33MB/s、66MB/s、100MB/s 和 133MB/s。

如今，硬盘都采用 SATA（Serial Advanced Technology Attachment，串行 ATA）接口与主板连接，SATA-1 和 SATA-2 标准所对应的传输速率分别是 150MB/s 和 300MB/s。SATA 接口最大的优点是传输速度快，而这也是 PATA 硬盘被淘汰的主要原因。而且，

SATA 接口还拥有安装方便、抗干扰能力强，以及支持热插拔等优点，如图 3-3 所示。

此外，市场上还有一种采用 SCSI（Small Computer System Interface）接口的硬盘产品，具有传输速度快、稳定性好、支持热插拔等优点。而且 SCSI 硬盘还具有 CPU 占用率低、多任务并发操作效率高、连接设备多、连接距离长等 SATA 硬盘无法比拟的优点，因此被广泛应用于高端工作站与服务器等领域，图 3-4 所示即为 SCSI 硬盘。

图 3-3　SATA 接口

提　示

SCSI 规范发展到今天，已经陆续升级至第六代技术，从刚刚创建时的 SCSI（8bit）、Wide SCSI（8bit）、Ultra Wide SCSI（8bit/16bit）、Ultra Wide SCSI 2（16bit）、Ultra 160 SCSI（16bit）发展到今天的 Ultra 320 SCSI，速度从最初的 1.2MB/s 到现在的 320MB/s，已经产生了质的飞跃。

图 3-4　SCSI 硬盘

❑ 控制电路

控制电路主要由硬盘主控芯片、电机控制芯片、时钟晶振和缓存组成。此外，在非原生类的 SATA 硬盘中，其控制电路板上往往还包含一个桥接芯片，如图 3-5 所示。

提　示

从软件层面上来说，SATA 完全兼容 PATA，但由于硬件底层无法直接兼容，因此两者的控制电路其实并不相同。简单的说，原生 SATA 硬盘是指支持命令队列，具有超集功能（如总线主控 DMA），并采用真正 SATA 控制器的硬盘；非原生 SATA 硬盘则是指采用了 SATA 作为数据传输接口，但必须借助专用芯片在 PATA 控制器和 SATA 接口间进行数据、指令转换的硬盘产品。相比之下，由于非原生 SATA 硬盘并未完全采用 SATA 架构，因此会影响到实际的传输速率，但随着原生 SATA 硬盘的不断普及，非原生 SATA 硬盘这种过渡性产品势必会退出市场。

图 3-5　硬盘控制电路结构图

其中，硬盘主控芯片控制着整个硬盘的协调运作，是硬盘的大脑，作用类似于主机中的 CPU。

主轴电机控制芯片的功能是操控硬盘内的主轴电机及其他相关部件，以便硬盘能够读取到指定位置的数据。

缓存的作用是在速度较低的硬盘和速度较高的内存之间建立一个数据缓冲区域，从而缩小高速设备与低速设备之间的数据传输瓶颈，作用类似于CPU与内存之间的Cache。

时钟晶振即晶体振荡器，其功能是产生原始的时钟频率，从而使硬盘内的各个电子部件能够在整齐划一的步伐下进行工作。

至于桥接芯片，则是非原生SATA硬盘才有的部件，功能是在SATA接口和PATA硬盘控制器之间完成串行指令、数据流与并行指令、数据流间的相互转换。

❑ **固定基板**

固定基板即硬盘的外壳，其正面通常标有产品的名称、型号、产地、产品序号、跳线说明，以及关于该硬盘的其他产品信息和技术参数等内容，如图3-6所示。

图3-6 硬盘表面的信息标识

2. 硬盘的内部结构

从物理组成的角度来看，硬盘主要由盘片、磁头、传动部件、主轴、电路板和各种接口所组成。在此之中，除电路板和数据接口裸露在硬盘外部能够被人们所看到外，其他部件都被密封在硬盘内部，如图3-7所示。

图3-7 硬盘内部结构图

❑ **盘片**

盘片是硬盘存储数据的载体，大都采用铝制合金或玻璃制作，其表面覆有一层薄薄的磁性介质，特点是数据存储密度大，并拥有较高的剩磁和矫顽力，因而可以将信号记录在磁盘上。目前的硬盘内大都装有两个以上的盘片，这些盘片被固定在硬盘主轴电机上，因此当电机启动时所有的盘片都会同步旋转，如图3-8所示。

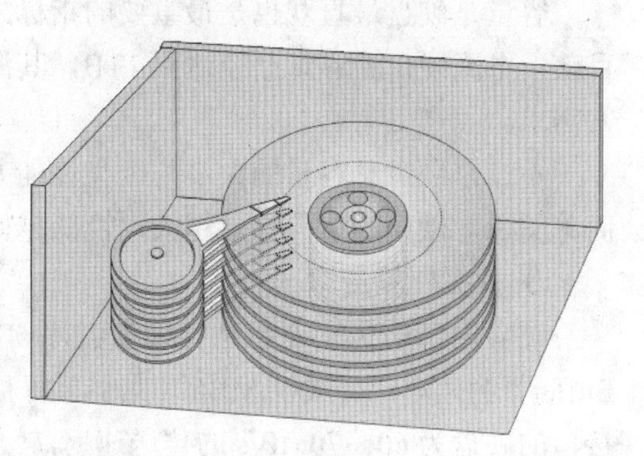

图3-8 盘片的排列

❑ **主轴电机**

该部件主要由轴瓦和驱动电机所组成，其中主轴电机的转速决定了盘片的转速，并且在一定程度上影响着硬盘的性能。

❑ **磁头**

磁头是硬盘技术中最重要和最关键的一环，早期的磁头采用读写合一的电磁感应式磁头设计。由于硬盘在读取和写入数据时的操作特性并不相同，因此这种磁头的综合性能较差，现在已经被读、写分开操作的GMR磁头所取代。

❑ 传动部件

传动部件由传动臂和传动轴组成，传动臂的一端装有磁头，而另一端安装在传动轴上。当硬盘需要读取和写入数据时，传动臂便会在传动轴的驱动下进行径向运动，以便磁头能够读取到盘片上任何位置的数据，如图 3-9 所示。

3.1.3 硬盘的工作原理

图 3-9 磁头与传动部件示意图

硬盘是采用磁性介质记录（存储）和读取（输出）数据的设备。当硬盘工作时，硬盘内的盘片会在主轴电机的带动下进行高速旋转，而磁头也会随着传动部件在盘片上不断移动。

在上述过程中，磁头通过不断感应和改变盘片上磁性介质的磁极方向完成读取和记录 0、1 信号的工作，从而达到输出和存储数据的目的，如图 3-10 所示。

3.1.4 硬盘技术参数指标

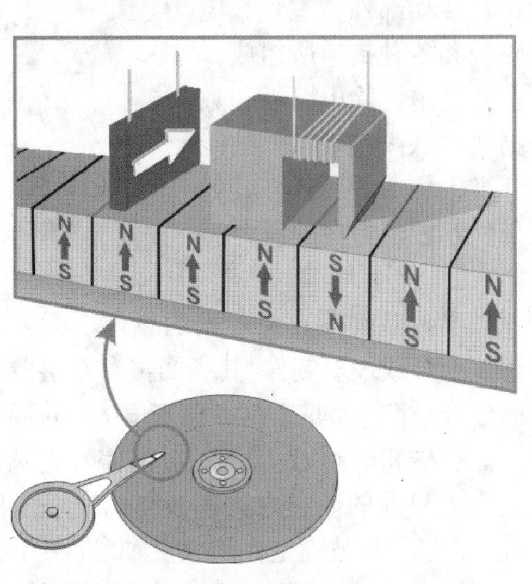

图 3-10 硬盘工作原理

硬盘作为一种机械与电子相结合的设备，其本身融合了机械、电子、电磁等多方面的技术，而且所有这些技术都会对硬盘的使用性能、安全性等产生一定影响。

1．硬盘的技术指标

评判硬盘性能的标准很多，但都需要对容量、平均寻道时间、转速、最大外部数据传输率等技术参数进行综合评估。

❑ 容量

容量是硬盘最直观也是最重要的指标之一，容量越大，所能存储的信息也就越大。目前，主流硬盘的容量已经达到 1TB，其海量存储能力足以满足目前绝大多数用户的日常需求。

不过，硬盘总容量的大小与硬盘性能并无关系，真正影响硬盘性能的是单碟容量。简单的说，硬盘的单碟容量越大，性能越好，反之则会稍差。

❑ 数据传输速率

硬盘内部的传输速率是指硬盘盘片读写的数据传送至硬盘的超高速缓冲区（Cache Buffer）的速率，一般以 MB/s（兆字节每秒）或者 Mbps（兆位每秒）为单位。一般 IDE 接口的硬盘为 60～70MB/s 的传送速率，较快的 SCSI 硬盘为 122～177 MB/s 的传送速率，而 Serial ATA 硬盘的传输速率约为 748Mbps（约 90～100MB/s）。

提　示

Mbps 代表每秒传输 1 000 000 比特。例如：4Mbps=每秒钟传输 4M 比特，字母 b（bit）是比特和字母 B （Byte）是字节，其换算方式为：1MB/s=1Mbps × 8。

❑ 外部传输速率

外部传输速率是指硬盘高速缓存与硬盘接口之间的数据传输速率，由于该参数与硬盘的接口类型有着直接关系，因此通常使用数据接口的速率来表示，单位为 MB/s。目前，市场上不同接口的硬盘外部传输速率主要有表 3-1 所示的几种规格。

表 3-1　不同硬盘接口的外部传输速率

数据接口类型	外部传输速率	数据接口类型	外部传输速率
Ultra-ATA133	133MB/s	SATA 2	300MB/s
SATA 1	150MB/s	Ultra 160 SCSI（16bit）	320MB/s

注　意

表 3-1 内给出的是每种接口的理论最大传输速率，由于在实际应用中会受到多种因素的影响，因此实际的外部传输速率会小于表内给出的数据。

❑ 平均寻道时间

平均寻道时间（Average Seek Time）是指硬盘在接到系统指令后，磁头从开始移动到移动至数据所在磁道的时间消耗平均值，其单位为毫秒（ms）。在一定程度上讲，平均寻道时间体现了硬盘读取数据的能力，也是影响硬盘内部数据传输率的重要因素。

❑ 缓存

缓存（Cache memory）是硬盘控制器上的一块存储芯片，具有极快的存取速度，在硬盘和内存间起到一个数据缓冲的作用，以解决低速设备在与高速设备进行数据传输时的瓶颈问题。在实际应用中，缓存的大小直接关系到硬盘的性能，其作用主要体现在预读取、预存储和存储最近访问的数据这 3 个方面。

2. 硬盘数据保护技术

很早以前，人们便认识到数据的宝贵程度远胜于硬盘自身的价值，特别是对于商业用户而言，一次普通的硬盘故障便足以造成灾难性的后果。为此，各硬盘厂商不断寻求能够对硬盘故障进行预测的安全监测机制，以便将用户损失降至最低。在这样的背景下，硬盘数据保护技术便应运而生。

❑ S.M.A.R.T.技术

S.M.A.R.T.技术（Self-Monitoring, Analysis and Reporting Technology，自监测、分析及报告技术）在 ATA-3 标准中被正式确立，其功能是监测包括磁头、磁盘、马达、电路等部件在内的硬盘运行信息，并将检测到的数值与预设安全值进行比较和分析。这样一来，当硬盘发现运行状态出现问题时，便能够向用户发出警告，并通过降低硬盘运行速度、向其他安全区域或硬盘备份重要文件等方式来保护数据，提高数据的安全性。

❑ Data Lifeguard 技术

Data Lifeguard（数据卫士）是西部数据公司为 Ultra DMA 66 硬盘所提供的一项数据保护技术，其功能是利用硬盘没有操作的空闲时间，每隔 8 个小时自动检测一次硬盘上的数据，以便在数据出现问题之前修正错误。此外，Data Lifeguard 技术还能够自动检测并修复因过度使用而出现故障的硬盘区域。

与其他的数据安全技术相比，该技术最大的特点在于完全自动，无需用户干预，且不需要安装驱动程序。

❑ **SPS 和 DPS 技术**

当硬盘发生碰撞时，很容易便会出现因磁头摩擦盘片而引起的数据错误或数据丢失。为了解决这一问题，昆腾公司研发了一种被称为 SPS（Shock Protection System，震动保护系统）的数据保障技术，以便硬盘能够在受到撞击时，保持磁头不受震动。该技术的应用，有效地提高了硬盘的抗震性能，使硬盘能够在运输、使用及安装过程中尽量避免因震动带来产品的损坏。

DPS（Data Protection System，数据保护系统）技术是昆腾公司继 SPS 技术后开发的又一项硬盘数据保护技术，其原理是通过检测和备份重要数据，达到保障数据安全的目的。

❑ **ShockBlock 和 MaxSafe 技术**

ShockBlock 技术是迈拓公司在其金钻二代硬盘上使用的防震技术，其设计思想与昆腾公司的 SPS 技术相似。通过先进的设计与制造工艺，ShockBlock 技术能够在意外碰撞发生时尽可能避免磁头和磁盘表面发生撞击，从而减少因此而引起的数据丢失和磁盘损坏。

MaxSafe 同样也是金钻二代最先拥有的数据保护技术，其功能是自动侦测、诊断和修正硬盘发生的问题，从而为用户提供更高的数据完整性和可靠性。Maxsafe 技术的核心是 ECC（Error Correction Code，错误纠正代码）功能，这是一种特殊的编码算法，能够在传输过程中为数据添加 ECC 检验码，当数据被重新读取或写入时，便可以通过解码操作将结果与原数据对照，从而确认数据的完整性。

❑ **Seashield 和 DST 技术**

Seashield 是希捷公司推出的新型防震保护技术，通过由减震弹性材料制成保护软罩，以及磁头臂及盘片间的加强防震设计，能够为硬盘提供更好的抗震能力。

DST（DriveSelfTest，驱动器自我测试）技术是一种内建在希捷硬盘固件中的数据保护技术，能够为用户提供数据的自我检测和诊断功能，从而避免数据的意外丢失。

❑ **DFT 技术**

DFT（Drive Fitness Test，驱动器健康检测）技术是由 IBM 公司开发的硬盘数据保护技术，原理是通过 DFT 程序访问硬盘内的 DFT 微代码对硬盘进行检测，从而达到监测硬盘运转状况的目的。

按照 DFT 技术的要求，DFT 微代码可以自动对错误事件进行登记，并将登记数据保存到硬盘上的保留区域中。此外，DFT 微代码还可以对硬盘进行实时的物理分析，例如通过读取伺服位置的错误信号来计算出盘片交换、伺服稳定性、重复移动等参数，并给出图形供用户或技术人员参考。同时，与 DFT 技术相匹配的 DFT 软件也是一个独立且不依赖操作系统的软件，以便用户能够在其他软件失效的情况下了解到硬盘的运行状况。

3.1.5 磁盘阵列 RAID 系统

RAID（Redundant Array of Independent Disks，独立磁盘冗余阵列）技术在 1987 年

由美国加州大学伯克利分校提出，其作用是通过分组使用多块磁盘，来提高磁盘系统的性能和安全性。在早些时候，RAID 系统只应用于高端服务器，随着技术的不断普及，RAID 距离普通用户越来越近，接下来便对 RAID 方面的相关技术和知识进行讲解。

1. RAID 技术规范简介

简单的说，RAID 技术就是一种将多块独立的硬盘（物理硬盘）按照一定方式组成硬盘组（逻辑硬盘），从而提供比单个硬盘更高存储性能和数据安全性的技术。在此之中，组成磁盘阵列的方式被称为 RAID 级别（RAID Levels），而根据 RAID 级别的不同，磁盘阵列与一块独立磁盘相比具有以下一项或多项优势。

- **扩大了存储能力** 可以由多块硬盘组成容量巨大的存储空间。
- **降低了单位容量的成本** 市场上最大容量硬盘的单位容量价格要高于普及型硬盘，因此采用多个普及型硬盘所组成阵列的单位容量价格要低很多。
- **提高了存储速度** 单个硬盘速度的提高均受到各个时期的技术条件限制，要更进一步往往很困难。然而在使用 RAID 技术后，通过多个硬盘同时分摊数据的读或写操作，便可轻松实现成倍提高整体速度的目的。
- **可靠性** RAID 系统可以使用两组硬盘同步完成镜像存储，这种安全措施对于网络服务器来说是最重要不过的了。
- **容错性** RAID 控制器的一个关键功能就是容错处理。因此当容错阵列中的某块硬盘出现错误时，不会影响整个系统的正常运转，更为高级的 RAID 控制器甚至还具有数据拯救功能。

2. 常用 RAID 方式简介

在实际应用中，较为常用的 RAID 方式主要有以下几种，下面将分别对其进行介绍。

- **RAID 0**

RAID 0（又称“条带”）是拥有最高存储性能的一种 RAID 级别，其原理是将连续的数据分割为多个“条带（大小一般为 16～256KB）”后，同时向多个磁盘内写入不同的“条带”，如图 3-11 所示。由于这种数据上的并行操作可以充分利用总线带宽，因此可以显著提高整个磁盘系统的存取性能。

从理论上讲，RAID 0 内的磁盘数量越多，整个磁盘系统的性能提升越显著。不过因为会受到总线带宽等因素的影响，所以 RAID 0 所能提升的磁盘系统性能也有一定限度。

而且由于 RAID 0 会将原本连续的数据分散存储在不同磁盘上，且不提供数据冗余服务，因此一旦用户数据损坏，损坏的数据将无法得到恢复。更为严重的是当 RAID 0 中的一块磁盘损坏后，所有磁盘上的数据都将无法读取。

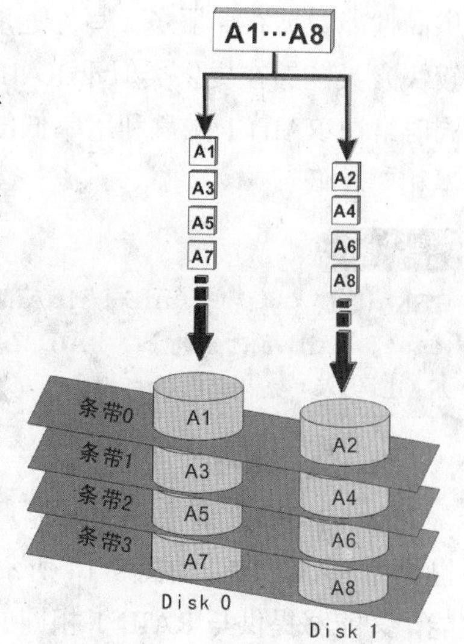

图 3-11 RAID 0 示意图

- **RAID 1**

在 RAID 1（又称“磁盘镜像”）中，每个磁盘都具有一个对应的镜像盘。并且用户对任何一个磁盘的写入操作，都会被完整复制到相应的镜像磁盘内，如图 3-12 所示。很显然，由于最终所能使用的空间只是所有磁盘容量总和的一半，因此 RAID 1 肯定会提高整个系统的成本支出，但由此带来的数据安全性却是 RAID 0 所无法比拟的。

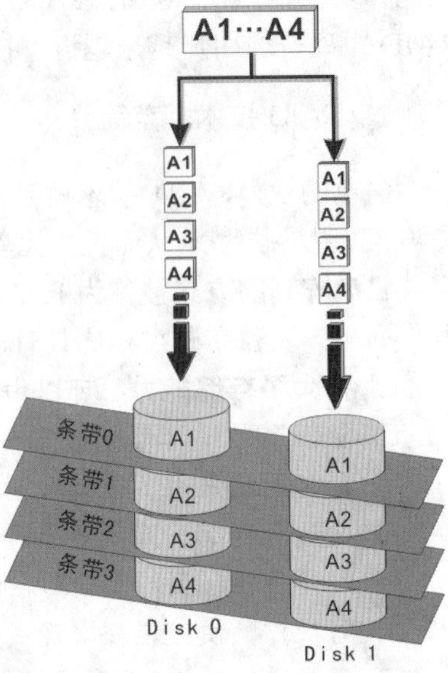

在 RAID 1 系统中，当一块磁盘出现故障时，系统会将其自动屏蔽，并转而向相应的镜像磁盘内读取或写入数据，因此不会影响系统的正常运行。不过，由于此时的 RAID 已不再完整（即运行在降级模式的 RAID 系统），因此当镜像磁盘再次损坏时，便会引起整个系统的崩溃。

图 3-12　RAID 1 示意图

提　示

当 RAID 运行于降级模式后，应尽快更换故障磁盘。此时，由于系统会在新磁盘内创建镜像，因此系统性能会受到一定影响，而该影响的大小则与所需创建镜像的数据量有关。

❑ **RAID 5**

这是一种被称为“分布奇偶位条带”的 RAID 方式，其本身不对数据进行备份，而是把数据和相对应的奇偶校验信息存储到组成 RAID 5 的各个磁盘上，如图 3-13 所示。这样一来，当 RAID 5 内某个磁盘的数据发生损坏后，随时可利用剩下的数据和相应的奇偶校验信息去恢复被损坏的数据。

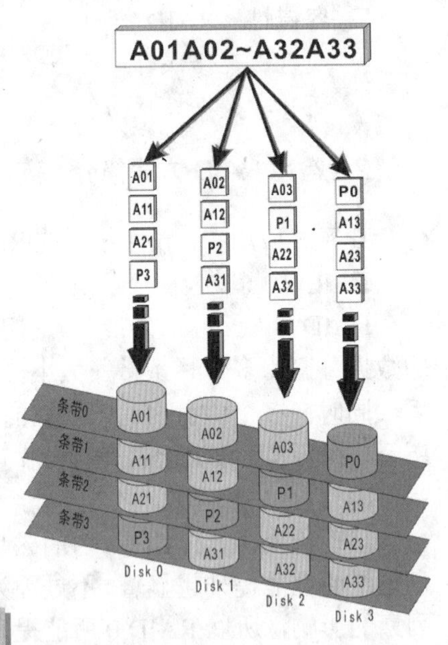

图 3-13　RAID 5 示意图

RAID 5 可以理解为 RAID 0 和 RAID 1 的折衷方案。在实际应用中的事实也证明，RAID 5 既可以提供高性能数据存储服务（写入速度较慢，但读取速度较快），又能够在提供类似于 RAID 1 数据保障服务的同时解决 RAID 1 磁盘利用率低的问题，因此存储成本相对较低。

提　示

在 RAID 技术家族中，RAID 1 至 RAID 5 之间还有 RAID 2~4，但由于 RAID 5 已经包含了 RAID 2~4 的优点，因此这 3 种 RAID 技术并未得到普及应用。

❑ **RAID 0+1**

RAID 0+1（镜像阵列条带）正如其名称一样，是 RAID 0 和 RAID 1 的组合形式，也称为 RAID 10，如图 3-14 所示。由于 RAID 0+1 既能够提供与 RAID 0 相同的存储性能，又能够提供与 RAID 1 相同的数据安全性，因此特别适用于既有大量数据需要存取，同时又对数据安全性要求严格的领域，如银行、金融、商业超市、仓储库房、各种档案管理等。

❑ RAID 6

RAID 6 是在 RAID 5 的基础上扩展而来的新型 RAID 技术，RAID 6 在继承 RAID 5 将数据和校验码分散存储在多块磁盘上的同时，使用第二块独立磁盘来备份数据校验码，如图 3-15 所示。这样一来，即使 RAID 6 磁盘阵列内的多块硬盘同时出现故障，系统也可使用校验磁盘或其他数据磁盘上的校验码来恢复数据。

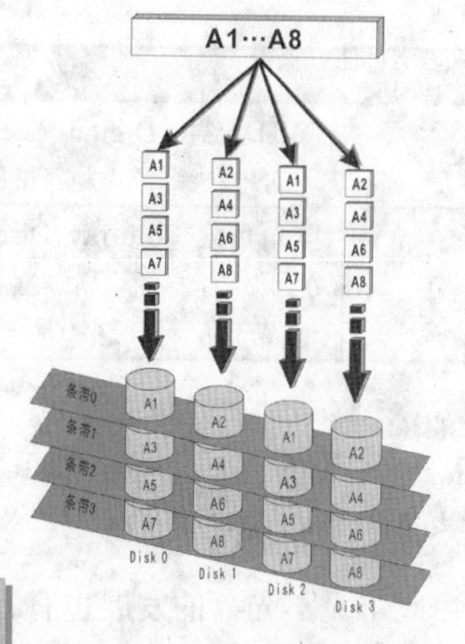

图 3-14 RAID 0+1 示意图

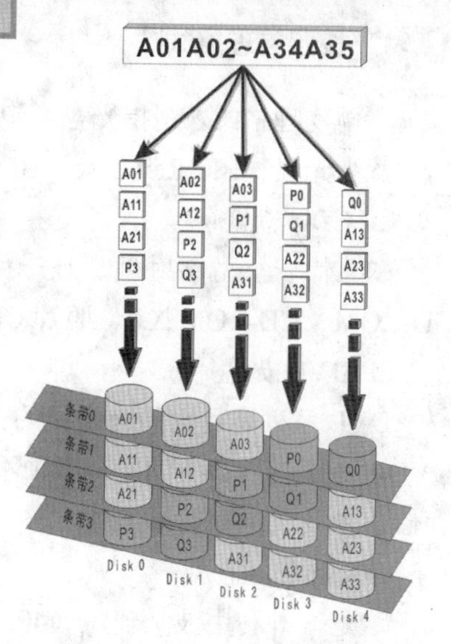

图 3-15 RAID 6 示意图

提 示

在 RAID 6 磁盘阵列中，假设备份检验码的磁盘数量为 N，损坏的磁盘为 M，则只要 M 不大于 N，RAID 6 磁盘阵列便可恢复所有丢失的数据。

3.2 光盘驱动器

光盘驱动器即光驱，也就是平常所说的 CD-ROM、DVD-ROM、刻录机等设备，其特点是能够利用激光来读取光盘内的信息，或利用激光将数据记录在空白光盘内。

3.2.1 光盘的发展及分类

20 世纪 70 年代，人们在将激光聚焦后获得了直径为 1 微光的激光束，利用这一发现，荷兰 Philips 公司的技术人员开始了利用激光束记录信息的研究。从此拉开了光盘发展的序幕，如表 3-2 所示。

表 3-2 光盘的发展历程

年 代	说 明
1972 年	面向新闻界展示了可以长时间播放电视节目的 LV（Laser Vision，又称激光视盘系统）光盘系统
1982 年	Philips 公司和 Sony 公司成功地开发了记录有数字声音的光盘，即被命名为 Compact Disc，又称 CD-DA（Compact Disc-Digital Audio）盘，中文名称为“数字激光唱盘”，简称 CD 盘
1985 年	Philips 公司和 Sony 公司开始将 CD-DA 技术应用于计算机领域
1987 年	国际标准化组织（ISO）在 High Sierra 标准的基础上经过少量修改后，将其作为 ISO 9660，成为 CD-ROM 的数据格式编码标准。在此后的几年间，CD-DA 技术得到了迅速发展，陆续推出了 CD-I（CD-Interactive）、Video CD（VCD）、CD-MO 和 CD-WD 等多种类型的光盘

续表

年　代	说　明
1994 年	DVD 光盘（Digital Video Disc，数字视频光盘）被推向市场，这也是继 CD 光盘后出现的一种新型、大容量的光盘存储介质
2006 年	蓝光光盘（Blu-ray Disc）推出。蓝光光盘是人们在对多媒体品质要求日益严格的情况下，为了存储高画质影音及海量资料而推出的新型光盘格式，属于 DVD 光盘的下一代产品

提　示

Blu-ray 采用的是波长为 405nm（纳米）的激光，由于刚好是光谱之中的蓝光，因此得名蓝光光盘。在此之前，DVD 采用的是 650nm 波长的红光读写器，而 CD 则采用 780nm 波长的激光进行读写。

由此可见，光盘的发展也有近 40 年的历程，所以光盘的种类较多，标准不一。可以按照其物理格式或者读写限制进行划分。

1．按照物理格式

所谓物理格式，是指光盘在记录数据时采用的格式，大致可分为 CD 系列、DVD 系列、蓝光光盘（Blu-Ray Disc，BD）和 HD-DVD 这 4 种不同的类型。

❑ **CD 光盘**

CD 代表小型镭射盘，是一种用于所有 CD 媒体格式的术语，包括有音频 CD、CD-ROM、CD-ROM XA、照片 CD、CD-I 和视频 CD 等多种类型。

❑ **DVD 光盘**

DVD 系列是目前最为常见的光盘类型，如今共有 DVD-VIDEO、DVD-ROM、DVD-R、DVD-RAM、DVD-AUDIO 五种不同的光盘数据格式，被广泛应用于高品质音、视频的存储，以及数据存储等领域。

❑ **蓝光光盘**

这是一种利用波长较短（405nm）的蓝色激光读取和写入数据的新型光盘格式，其最大的优点是容量大，非常适于高画质的影音及海量数据的存储。目前，一个单层蓝光光盘的容量已经可以达到 22GB 或 25GB，能够存储一部长达 4 小时的高清电影；双层光盘更可以达到 46GB 或 54GB 的容量，足够存储 8 小时的高清电影。

❑ **HD-DVD 光盘**

HD-DVD 光盘是一种承袭了标准 DVD 数据层的厚度，却采用蓝光激光技术，以较短的光波长度来实现高密度存储的新型光盘。与目前标准的 DVD 单层容量 4.7GB 相比，单层 HD-DVD 光盘的容量可以达到 15GB，并且延续了标准 DVD 的数据结构（架构、指数、ECC blocks 等），唯一不同的是 HD-DVD 需要接收更多用于错误校对的 ECC blocks。

注　意

Blu-Ray 和 HD-DVD 都是近年来兴起的大容量光存储技术，其共同点在于都采用了光波较短的蓝色激光来读取和存储数据，但由于两者的设计构造及各种标准并不相同，因此不能将两者混为一谈。

2. 按照读写限制

按照读写限制，光盘大致可分为只读式、一次写入多次读出式和可读写式 3 种类型。其中，只读式光盘的特点是只能读取光盘上的已有信息，但无法对其进行修改或写入新的信息，如常见的 DVD-ROM、CD-DA、VCD、CD-ROM 等类型的光盘都属于只读式光盘。

一次写入多次读出式光盘的特点是本身不含有任何数据，但可以通过专用设备和软件永久性地改变光盘的数据层，从而达到写入数据的目的，因此也称“刻录光盘”，相应的设备和软件则分别称为光盘刻录机（刻录机）和刻录软件。目前，常见的刻录光盘主要有 CD-R 和 DVD-R 两种类型，分别对应 CD 光盘系列和 DVD 光盘系列。

至于可读写式光盘，则是一种采用特殊材料和设计构造所制成的光盘类型，其特点是可以通过专用设备反复修改或清除光盘上的数据。因此，可读写式光盘也称“可擦写光盘”，以 CD-RW 和 DVD-RW 光盘为代表。

3.2.2 光盘的组成结构

常见的 CD 或者 DVD 光盘非常薄，它只有 1.2mm 厚，但却包括了很多内容。从图 3-16 中可以看出，CD 光盘主要分为 5 层，其中包括基板、记录层、反射层、保护层、印刷层等。

其中各层的作用详细介绍如下。

❑ **基板**

它是各功能性结构（如沟槽等）的载体，其使用的材料是聚碳酸酯（PC），冲击韧性极好、使用温度范围大、尺寸稳定性好、无毒性。一般来说，基板是无色透明的聚碳酸酯板，在整个光盘中，它不仅是沟槽等的载体，更是整个光盘的物理外壳。

❑ **记录层**

该层又被称为“染料层”，是烧录时刻录信号的地方，其主要的工作原理是在基板涂抹上专用的有机染料，以供激光记录信息。

提 示

目前市场上存在三大类有机染料：花菁（Cyanine）、酞菁（Phthalocyanine）及偶氮（AZO）。

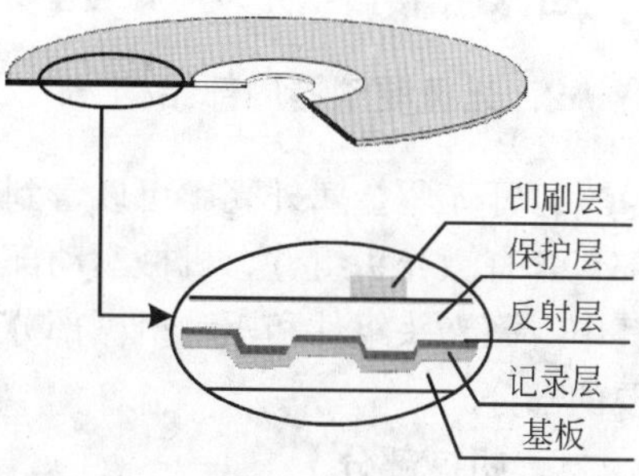

印刷层
保护层
反射层
记录层
基板

图 3-16 光盘结构

❑ **反射层**

这是光盘的第三层，它是反射光驱激光光束的区域，借反射的激光光束读取光盘片中的资料。其材料是纯度为 99.99%的纯银金属。

提 示

此时，用户就不难理解为什么光盘就像一面镜子。该层就代表镜子的银反射层，光线到达此层，就会反射回去。

❑ 保护层

它是用来保护光盘中的反射层及染料层防止信号被破坏。材料为光固化丙烯酸类物质。另外现在市场使用的DVD+/-R系列还需在以上的工艺上加入胶合部分。

❑ 印刷层

印刷盘片的客户标识、容量等相关资讯的地方，是光盘的背面。其实，它不仅可以标明信息，还可以起到一定的保护光盘的作用。

3.2.3 光盘驱动器结构

光盘驱动器（光驱）是读取光盘信息和保存光盘信息的专用设备。在应用不同类型的光盘中，其设备也有相异之处。下面就从外观及内部结构来深入介绍光盘驱动器。

1. 光盘驱动器外观

早期使用的CD-ROM光盘驱动器与目前的DVD-ROM光盘驱动器相比，在前置面板多出了几个播放控制按键，并且在后置面板上的接口也有所不同，图 3-17 所示为DVD-ROM光盘驱动器的外观。

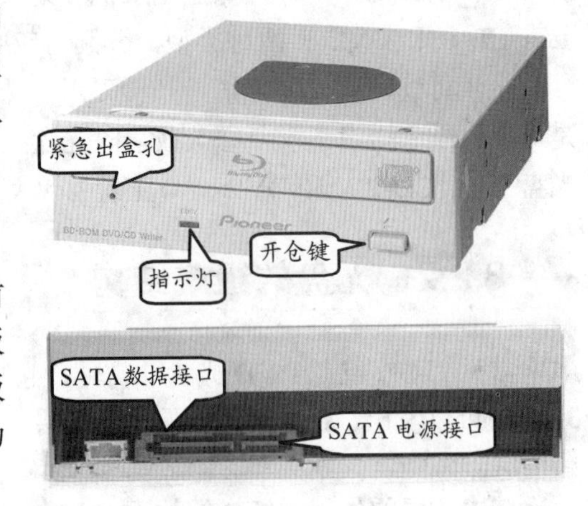

图 3-17 光驱外部结构图

❑ **指示灯** 显示光盘驱动器的运行状态。

❑ **紧急出盒孔** 用于在断电或其他非正常状态下打开光盘托架。

❑ **开仓键** 控制光盘托盘的进/出仓和停止光盘播放。

❑ **电源接口** 分为两种类型，一种是普通IDE电源接口，另一种为SATA电源接口。

❑ **数据接口** 分为两种类型，一种是普通IDE数据接口，另一种为SATA数据接口。

2. 光盘驱动器内部结构

打开光驱金属外壳，可以看到光盘驱动器的内部包含有激光头组件、机械驱动部分和电路板等。其中，激光头组件和驱动机械部分是光驱内最为重要的部分。

❑ 机械部分

机械部分主要由3个不同功能的电机所组成，一个是控制光盘进/出仓的碟片加载电机；一个是控制激光头沿光盘半径做径向运动的激光头驱动电机；最后一个主轴电机的作用则是带动光盘作高速旋转，如图3-18所示。

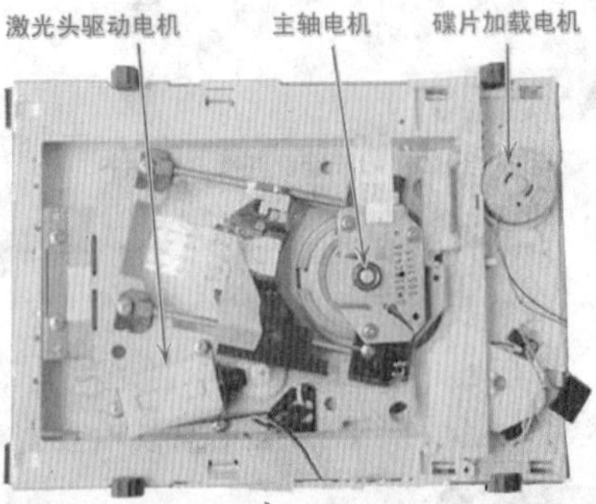

激光头驱动电机 主轴电机 碟片加载电机

图 3-18 光驱机械部分的组成

❑ 激光头组件

激光头是光盘驱动器内最为重要的部件，是光盘驱动器读取光盘信息、刻录机向光盘内写入信息的重要工具，如图 3-19 所示。它主要由半导体激光器、半透棱镜/准直透镜、光电检测器和驱动器等零部件构成。

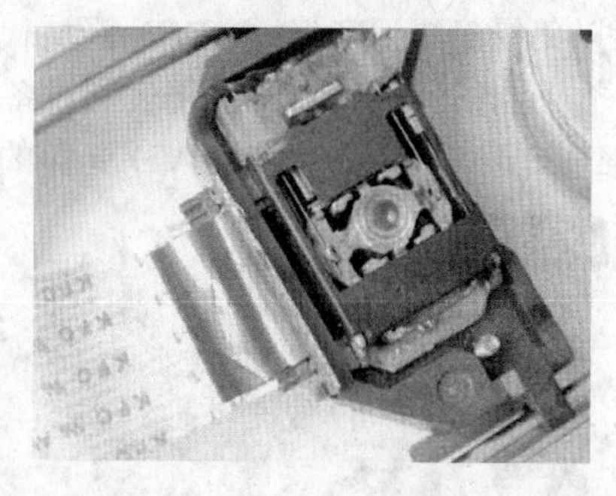

图 3-19 激光头组件

3.2.4 光盘读取/存储技术

早期的光盘全都是只读类型的，人们只能从光盘上获取信息，而无法利用光盘来备份数据。随后 CD-R、CD-RW、DVD-RAM、DVD-R/RW 等技术的出现，改变了普通用户无法向光盘上输入数据的问题，而上述技术便被人们称为光盘的可记录存储技术，简称刻录技术。

它的工作原理是改变存储单元的某种性质（如反射率、反射光极化方向等），利用这种性质的改变来存储二进制数据。

目前，一次性记录的 CD-R 光盘主要采用（酞菁）有机染料，当此光盘在进行烧录时，激光就会对在基板上涂的有机染料进行烧录，直接烧录成一个接一个的"坑"，这样有"坑"和没有"坑"的状态就形成了 0 和 1 的信号，如图 3-20 所示。当烧成"坑"之后，将永久性地保持现状，这也就意味着此光盘不能重复擦写。

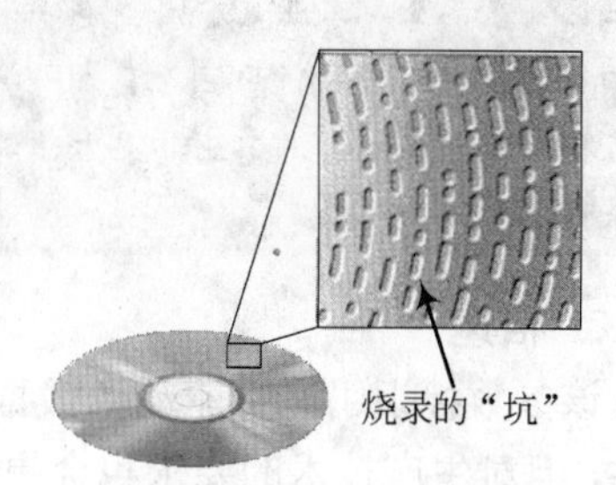

图 3-20 写入数据

在读取数据时，光检测器检测出光强和极化方向等的变化，从而读出存储在光盘上的数据。如激光器发出的激光经过几个透镜聚焦后到达光盘，从光盘上反射回来的激光束沿原来的光路返回，到达激光束分离器后反射到光电检测器，由光电检测器把光信号变成电信号，再经过电子线路处理后还原成原来的二进制数据，如图 3-21 所示。

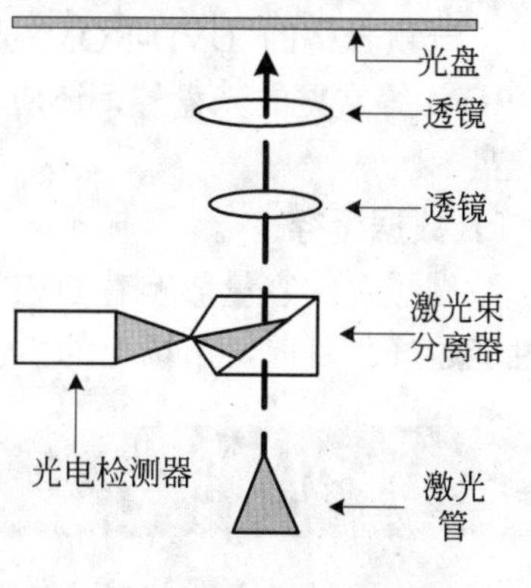

图 3-21 读取光盘数据

3.2.5 DVD-ROM 光驱的选购

随着 DVD 数字多媒体技术的日益成熟和人们对影音娱乐需求的逐步增加，如今已经有越来越多的用户开始将 DVD 光盘驱动器或 DVD 刻录机作为计算机的标准配置。下面将对选购 DVD 光驱时需要注意的一些问题进行简单介绍，以便用户能够根据自身需要，挑选到适合自己的产品。

❑ **DVD 的区域代码**

1996 年，美国电子产品制造商和美国电影协会向日本 DVD 硬件制造商提出了强硬要求，要求在 DVD 硬件和软件中加入"DVD 防止拷贝管理系统"和"DVD 区域代码"。

其中，"防止拷贝管理系统"是指所有 DVD 光驱和影碟机都必须加装防拷贝电路，以免侵犯知识产权；“DVD 区域代码”则是在 DVD 光驱、影碟机和相应碟片上编入 6 个不同的区域代码，以便达到设备只能读取对应区域代码内产品的目的。因此，在购买 DVD 光驱时务必确认 DVD 光驱的区域代码，以免出现设备与盘片不兼容的情况。

提 示

区域代码对于光盘制作者来说是可选的。没有代码的光盘可以在任何国家的任何播放器上播放。大多数 DVD 光驱允许多次变更了地区代码，通常为 0 到 5 次。达到限制后就不能再变更了，除非供货商或制造商重新设定该光驱。区域代码包括六个地区：

第一区 加拿大、美国

第二区 日本、欧洲、中东、埃及、南非

第三区 东南亚、东亚（中国香港、中国台湾、韩国、泰国、印尼）

第四区 澳大利亚、新西兰、南太平洋群岛、中美洲、墨西哥、南美洲、加勒比海国家

第五区 非洲、印度、中亚、蒙古、俄罗斯、朝鲜

第六区 中国大陆

- **倍速**

该参数标识了光盘驱动器数据的传输率，倍速越大，DVD 光驱的数据传输速率也就越大，但对生产技术的要求也会更为严格。目前，市场上 DVD 光驱的速率主要有 16 速、18 速、20 速和 22 速等几种类型。

- **多格式支持**

指 DVD-ROM 光驱所支持或兼容读取多少种碟片，种类越多其适用范围越广。一般来说，一款合格的 DVD-ROM 光驱除了要支持 DVD-ROM、DVD-VIDEO、DVD-R、CD-ROM 等常见的光盘外，还应该能够读 CD-R/RW、CD-I、VIDEO-CD、CD-G 等类型的光盘。

- **数据缓存**

数据缓存的容量影响着 DVD 光驱的整体性能，缓存容量越大，DVD 光驱所表现出的性能越好。目前，市场上的主流 DVD 光驱大都拥有 512KB 以上的缓存。

3.3 移动存储器

近年来，随着人们对随身存储能力的需求，移动存储设备以其存储容量大、便于携带等特点逐渐发展并成为用户较为认可的外部存储设备。目前，市场上的移动存储设备类型众多，但总体来说可以分为移动硬盘、优盘和存储卡 3 种类型。

3.3.1 移动硬盘

移动硬盘是一种以硬盘为存储介质，强调便携性的存储产品。例如，当前市场上绝大多数的移动硬盘都是在标准 2.5 英寸硬盘的基础上，利用 USB 接口来增强便携性的产品，图 3-22 所示即为一款采用 USB 2.0 接口的移动硬盘。

图 3-22 移动硬盘

1. 移动硬盘的尺寸规格

当前市场上的移动硬盘主要有 1.8 英寸、2.5 英寸和 3.5 英寸 3 种规格。其中，1.8 英寸的移动硬盘具有体积小巧、便于携带等优点，但价格较为昂贵，图 3-23 所示即为一款尺寸规格为 1.8 英寸的移动硬盘。

相比之下，3.5 英寸的移动硬盘的体积较大，便携性差，但性往往较为优秀。2.5 英寸的移动硬盘则在产品价格和便携性之间取得了较好的平衡，因此成为移动硬盘市场内的主流产品。

图 3-23 1.8 英寸的移动硬盘

2. 品牌移动硬盘与组装移动硬盘的区别

随着移动存储设备的兴起，大量移动硬盘生产商涌入市场。在此之中，除了拥有自主品牌的品牌移动硬盘制造商外，还有很多通过拼装配件来“制造”移动硬盘的计算机配件商户，两者所生产的商品也被用户分别以品牌移动硬盘和组装移动硬盘来区分。

- **从移动硬盘的构成上**

品牌移动硬盘在出厂时就已经完成产品封装和检测，用户在购买后便可直接使用。相比之下，组装移动硬盘则是硬盘和硬盘盒分开选购，再由销售商现场将硬盘和硬盘盒组装起来的移动硬盘，如图 3-24 所示。

除此之外，品牌移动硬盘在上市前都要经过严格测试，在使用过程中能够有效降低移动硬盘出现故障的概率，从而最大限度地确保数据安全，但价格稍贵。

至于组装移动硬盘，其整体性能在一定程度上取决于所用硬盘与硬盘盒的质量，而硬盘盒质量的优劣则取决于盒体的坚固程度和硬盘盒主控芯片的性能。但总体来说，组装移动硬盘的花费要低于购买品牌移动硬盘，因此其性价比较高。

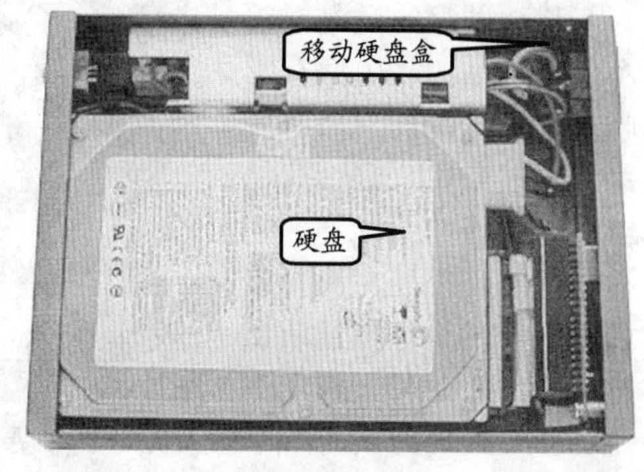

图 3-24 组装移动硬盘

- **从产品的品质上**

从产品的品质上来看，品牌移动硬盘经过严格的性能测试，整体外观也都经过专门设计，这些方面都是组装移动硬盘无法比拟的优势。

- **从产品的质保上**

品牌移动硬盘具有优秀的售后服务，一线品牌还能够提供长时间的全国联保服务。组装移动硬盘则不同，由于移动硬盘盒和硬盘是分开选购的，因此在出现故障时的售后较为麻烦，并且硬盘盒的质保期限也都较短。

3. 选购移动硬盘

现如今，移动硬盘再也不是高端用户才用得起的移动存储设备，而已成为普通大众所熟悉和接受的常见产品。于是，越来越多的用户开始购买移动硬盘。

在选购移动硬盘时，可以从下列几方面进行考虑。

❑ **尺寸规格、品牌产品与组装产品**

在选购时一定要根据自己的需要进行选购，从而在满足日常需求的同时，减少购买移动硬盘时的费用开支。

❑ **技术指标**

不管是品牌移动硬盘还是组装移动硬盘，其实质上都是由移动硬盘盒与普通硬盘所组成。因此，在选购时除了需要考虑移动硬盘的产品品牌外，还要了解其内部所用硬盘的各项技术指标。

不过，与选购普通硬盘所不同的是移动硬盘主要作为数据的暂时存储，因此无须选择指标过于高端的产品。一般来说，80GB 的容量、转速为 5400RPM 的产品足以满足大多数用户的日常需求。

❑ **接口类型**

现阶段，移动硬盘所采用的数据接口分为 USB 和 IEEE 1394 两种类型。其中，USB 接口最为常用，但分为 USB 1.1 和 USB 2.0 两个不同版本，前者的传输速率仅为 12Mb/s，而后者的理论速度则最高可以达到 480Mb/s。

IEEE 1394 接口的特点是传输速度快（400Mb/s～1GB/s），但由于普及率较低，因此采用该接口的产品相对较少，如图 3-25 所示。

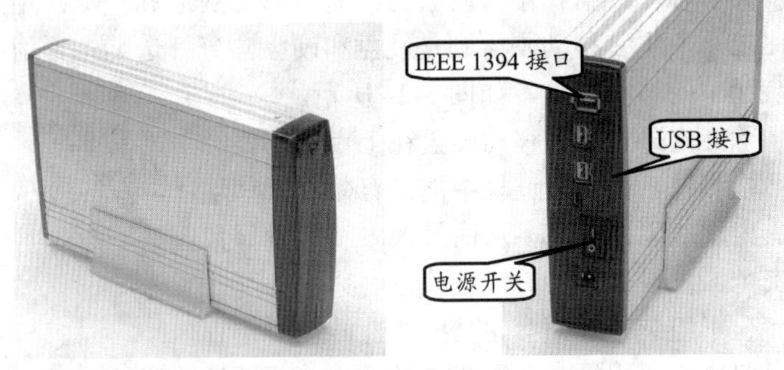

图 3-25 配有 **IEEE 1394** 接口的移动硬盘

❑ **供电部分**

移动硬盘的供电问题不仅对产品的易用性有影响，还和产品的寿命有关系。一般来说，在没有足够电力供应的情况下，硬盘将无法正常运行，直接表现为传输速率降低或运行不稳定。此外，供电不足还会导致硬盘在工作时磁头传动臂经常性地停顿，严重时还会损坏物理磁道。

现阶段，由于 USB 接口对外只能提供 0.5A 的电流，而 2.5 英寸硬盘所需的工作电流为 0.7A 左右，因此在购买时应该选择双 USB 接口的产品。

❑ **防震和加密设计**

在防震和加密设计等方面，品牌产品无疑比组装产品更为优秀。为了提高移动硬盘的自我保护能力，除了采用主动防震保护措施外，通过吸收震动能量来降低硬盘受损概率的被动式保护被广泛采用，而这类保护措施通常是靠增加气垫等外部构件来实现的。

至于加密设计，则更是品牌移动硬盘才具有的数据安全保护措施，具体实现方法随品牌的不同也有一定差异，用户在购买移动硬盘时可根据需要进行选择。

3.3.2 优盘

随着计算机数据存储技术的发展，各种类型的移动存储设备应运而生。在此之中，优盘以其体积小巧、使用方便等特点，成为目前最为普及的移动存储设备之一，如图 3-26 所示。

事实上，优盘是一种采用闪存（Flash Memory）作为存储介质，使用 USB 接口与计算机进行连接的小型存储设备，其名称只是人们惯用的一种称呼。目前市场上的优盘产品种类繁多，不同产品的性能、造型、颜色和功能都不相同，但从其作为移动存储设备的方面来看，优盘具有以下特点。

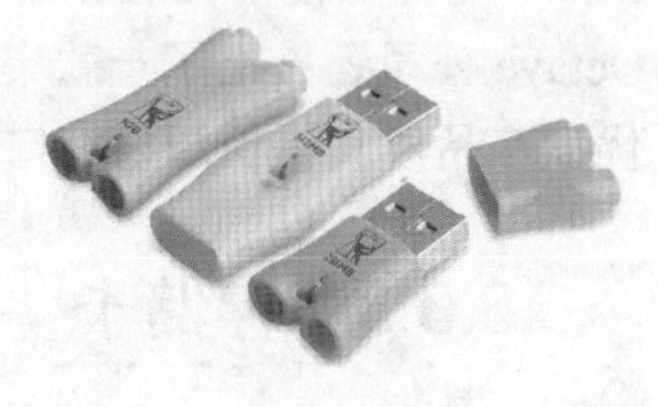

图 3-26 优盘

- 不需要驱动程序，无须外接电源。
- 容量大（1 ~ 8GB）。
- 体积小巧，有些产品仅大拇指般大小，重量也只有 20 克左右。
- 使用简便，即插即用，可带电插拔。
- 存取速度快。
- 可靠性好，可擦写次数达 100 万次左右，数据至少可保存 10 年。
- 抗震，防潮，耐高低温，携带十分方便。
- 具备系统启动、杀毒、加密保护等功能。

在此基础上进行细分的话，还可根据不同优盘的功能，将其分为启动型优盘、加密型优盘、杀毒优盘、多媒体优盘等。

1. 启动型优盘

该类型优盘最大的特点是既能够作为大容量存储设备使用，又能够以 USB 外接软驱、硬盘或光驱的形式启动计算机。通常来说，启动型优盘的左侧是状态开关，可以在“软盘状态”、“硬盘状态”或“光盘状态”间进行切换；右侧是写保护开关，以防文件被意外删除或被病毒感染，达到保护数据安全的作用。

注 意

在切换状态写保护开关之时，务必先将优盘从 USB 接口拔下，而不是在与计算机连接状态中直接进行切换。

2. 加密型优盘

加密型优盘主要通过两种方式为用户所存储的数据提供安全保密服务，一种是密码（优盘锁），另一种是利用内部数据加密机制（目录锁）。而且，有仅对盘内单一文件区域进行软加密的优盘，也有能够对优盘内所有文件进行硬加密的优盘。

3. 杀毒优盘

杀毒优盘中内置有杀毒软件，用户无需在计算机上安装杀毒软件即可享受查杀病毒、木马、间谍软件等安全防护措施，并且可以通过任何一台连入互联网的计算机来完成病毒库的更新。

4. 多媒体优盘

这是一种将多媒体技术与优盘技术相结合的产物，是优盘在功能拓展方面的又一个全新突破。以蓝科火钻推出的“蓝精灵”视频型优盘为例，用户在将优盘连接到计算机上后，即可以使用优盘存储数据，又可以在视频聊天时将优盘作为摄像头来使用。此外，Octave 公司还推出了一款集拍照、录音、录像、数据存储和网络摄影五大功能于一体的优盘产品，其体积却只有口香糖大小，如图 3-27 所示。

3.3.3 存储卡

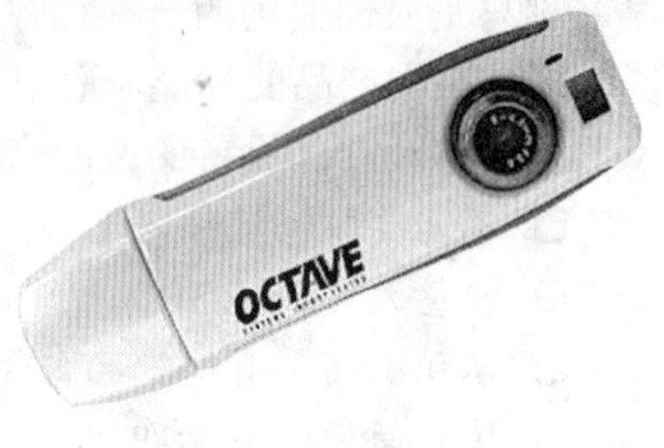

图 3-27 多媒体优盘

存储卡是用于手机、数码相机、笔记本计算机、MP3 和其他数码产品上的独立存储介质，由于通常以卡片的形态出现，故统称为“存储卡”。与其他类型的存储设备相比，存储卡具有体积小巧、携带方便、使用简单等优点。

目前，市场上常见的存储卡主要分为 CF 卡、MMC 卡、SD 卡、MS 记忆棒、XD 卡，以及 SM 卡等多种类型或系列。

1. CF 卡（Compact Flash）

CF 卡是如今市场上历史最为悠久的存储卡之一，最初由 SanDisk 在 1994 年率先推出，如图 3-28 所示。CF 卡的重量只有 14g，仅火柴盒大小（43mm×36mm×3.3mm），是一种采用闪存技术的固态存储产品（工作时没有运动部件），分为 CF I 型卡和稍厚一些的 CF II 型卡（厚度为 5mm）两种规格。

CF 卡同时支持 3.3V 和 5V 两种电压，其特殊之处还在于存储模块和控制器被结合在一起，从而使得 CF 卡的外部设备可以做得很简单，而且在 CF 卡升级换代时也可以保证旧设备的兼容性。此外，CF 卡在保存数据时的可靠性较传统磁盘驱动器要高 5～10 倍，但用电量仅为小型磁盘驱动器的 5%，这些优异条件使其成为很多数码相机的首选存储介质。

图 3-28 CF 存储卡

不过，随着 CF 卡的发展，各种采用 CF 卡规格的非 Flash Memory 卡也开始出现，使得 CF 卡的范围扩展至非 Flash Memory 领域，包括其他 I/O 设备和磁盘存储器。

例如，由 IBM 推出的微型硬盘驱动器（MD）便是一种采用 CF II 型标准设计制造的机械式 CF 存储设备。相比之下，这些微型硬盘在运行时需要消耗比闪存更多的能源，因此在某些设备上不能很好地运行；此外作为机械设备，MD 对物理震动的变化要比闪存更加敏感。

2. MMC 卡系列（MultiMedia Card）

由于传统 CF 卡的体积较大，因此西门子公司和 SanDisk 公司在 1997 年共同推出了一种全新的存储卡产品 MultiMedia Card 卡（MMC 卡）。MMC 卡是在东芝 NAND 快闪记忆技术的基础上研制出来的，其尺寸为 32mm×24mm×1.4mm，采用 7 针接口，没有读写保护开关。MMC 卡具有体积小巧、重量轻、耐冲击和适用性强等优点，由于 MMC

卡将控制器和存储单元做在了一起，因此其兼容性和灵活性较好，被广泛应用于移动电话、数字音频播放机、数码相机和PDA等数码产品中，如图3-29所示。

MMC存储卡分为MMC和SPI两种工作模式，MMC模式是标准模式，具有MMC卡的全部特性。SPI模式则属于MMC协议的一个子集，主要用于存储需求小（通常是1个）和无须太高传输速率（与MMC标准模式相比）的系统，这使得系统成本得以降低，但性能要稍差于MMC模式。

图 3-29 MMC 存储卡

随着MMC存储卡的发展，各大厂商陆续在MMC存储卡的基础上发展出以下几种不同类型的MMC存储卡。

- **RS MMC**

这是MMC协会在2002年推出的一种专为手机等多媒体产品而设计的存储卡，特点是比MMC卡要小巧许多，但在配合专用适配器后能够作为标准MMC卡进行使用，如图3-30所示。

图 3-30 RS MMC 存储卡

- **MMC PLUS和MMC Moboile**

2004年9月，MMC协会又推出了MMC PLUS和MMC moboile存储卡标准。其中，MMC PLUS卡的尺寸与标准MMC卡相同，但拥有更快的读取速度。

从外观来看，MMC Moboile卡的尺寸与RS MMC完全相同，其区别仅仅在于MMC Moboile卡拥有13个金手指。MMC Moboile卡具有既能够在低电压下工作，又能够兼容原有RS MMC存储卡的优点，其理论传输速度最高可达52MB/s。此外，由于MMC Moboile卡能够在1.65～1.95V和2.7～3.6V两种电压模式下工作，因此也被称为双电压RS MMC。

- **MMC Micro**

MMC Micro卡的体积为12mm×14mm×1.1mm，由于支持双电压模式，因此适用于对尺寸和电池续航能力要求较高的手机及其他手持便携式设备。

3. SD卡系列

SD卡（Secure Digital Memory Card，安全数码卡）是一种基于MMC技术的半导体快闪记忆设备，体积为24mm×32mm×2.1mm，比MMC卡略厚0.7mm。SD卡的重量只有2克，但却拥有高记忆容量、快速数据传输率、极大的移动灵活性和很好的安全性等特点，目前已被广泛应用于数码相机、个人数码助理（PDA）和多媒体播放器等便携式电子产品中。

SD卡使用9针接口与设备进行连接，无需额外电源来保持其内部所记录的信息。重要的是，SD卡完全兼容MMC卡，也就是说MMC卡能够被较新的SD设备读取（兼容性取决于应用软件），这使得SD卡很快便取代MMC卡，并逐渐成为市场上的主流存储卡类型。

随着SD卡存储技术的发展，存储设备生产厂商陆续在SD卡的基础上开发出以下几种不同类型的SD卡系列产品。

❑ **Mini SD**

Mini SD由松下和SanDisk公司共同开发，特点是只有SD卡37%的大小，但却拥有与SD存储卡一样的读写效能和大容量。而且，由于Mini SD卡与标准SD卡完全兼容，因此只需利用SD转接卡便可以将其作为一般的SD卡使用，图3-31所示即为Mini SD存储卡与其SD转接卡。

图 3-31　Mini SD卡

❑ **Micro SD**

这种指甲般大小的Micro SD一经推出，便令消费者惊艳不已，并受到广大数码产品设计者的喜爱，图3-32所示即为Micro SD存储卡与其SD转接卡。

图 3-32　Micro SD

Micro SD卡最大的优势便在于其超小的体形，这使得该类型的存储卡能够运用于各种类型的数码产品，并且不会过多地占用产品的内部空间，对于精致化数码生活也起到了"推波助澜"的作用。

4．MS记忆棒系列

记忆棒（Memory Stick）又称MS卡，是一种可擦除快闪记忆卡格式的存储设备，由索尼公司制造，并于1998年10月推出市场。除了外型小巧、稳定性高，以及具备版权保护功能等特点外，记忆棒的优势还在于能够广泛应用于索尼公司基于该技术推出的大量产品，如DV摄影机、数码相机、VAIO个人计算机、彩色打印机等，而丰富的附件产品更是使得记忆棒能够轻松实现与计算机的连接，如图3-33所示。

图 3-33　MS记忆棒

标准记忆棒的尺寸为50mm×21.5mm×2.8mm，约重4克，最高读/写速度分别为2.5MB/s和1.8MB/s，并具有写保护开关。与之前所介绍的存储卡相同的是，记忆棒的内部也包含有控制器，但它采用的是10针接口，数据总线为串行结构，最高频率可达20MHz，工作电压为2.7～3.6V。事实上，记忆棒的各项标准与相同时间的MMC卡颇为相似；不过，记忆棒属于索尼公司独家开发的产品，记忆棒的外型、协议、物理格式和版权保护技术也都由索尼公司自己制定和开发的，并且与其他存储卡不兼容。

随着其他存储卡的不断发展，索尼公司也陆续推出了不同种类、不同版本的记忆棒产品，下面便对其分别进行介绍。

❑ **Memory Stick Pro**

早期的记忆棒容量较小（4～128MB），虽然随后索尼发明了一种"可选记忆棒"技术，但并没有从根本上解决这一问题。为此，索尼开始研发新型的记忆棒产品，即 Memory Stick Pro（MS Pro）。

提 示

可选记忆棒（Memory Stick Select）拥有两面，每面 128 兆，只需拨动开关即可以选择使用正面或反面。虽然最终这个方案并没有被广泛接受，但也使得早期的记忆棒读取装置可以使用更大容量的记忆棒产品。

除了容量大幅度增加外（最高可达 32GB），MS Pro 的传输速度也较标准记忆棒快很多，可以达到 20MB/s 的读取速度。而且，相比来说大容量 MS Pro 的价格还要比同容量的 CF 卡或 SD 卡要高出许多。

❑ **Memory Stick Duo**

Memory Stick Duo 是记忆棒中的小个子，其尺寸为 31mm×20mm×1.6mm，主要用于卡片数码相机以及 PSP 等产品。

❑ **Memory Stick Micro**

Memory Stick Micro（M2）是由索尼与 SanDisk 的合资工厂共同推出的一种记忆棒产品，其尺寸仅为 15mm×12.5mm×1.2mm，理论上支持 32GB 的容量，最高传输速度为 160MB/s。

5. xD 图像卡（xD Picture Card）

xD 卡是由日本奥林巴斯株式会社和富士有限公司联合推出的一种新型存储卡，尺寸为 20mm×25mm×1.7mm，重量仅为 2 克。xD 卡采用单面 18 针接口，理论上存储容量最高可达 8GB，图 3-34 所示即为一款 xD 存储卡。

目前，市场上的 xD 卡分为标准卡、M 型卡和 H 型卡 3 种类型，其外形尺寸完全相同，差别仅在于数据传输速率的不同。早期的 xD 卡都属于标准型产品，其读/写速度分别为 5MB/s 和 3MB/s；M 型即低速卡，是一种利用 MLC 技术生产的 xD 卡产品，其读/写速度分别为 4MB/s 和 2.5MB/s；H 型则为高速版本，其速度大概是标准卡的 2 倍左右、M 型低速卡的 3 倍左右。

图 3-34　xD Picture 存储卡

3.4　实验指导：检测硬盘性能

硬盘作为目前最为重要的外部存储设备，其性能直接关系到整个计算机存储系统的性能，也影响着计算机整体的工作效率。为此，下面将通过演示硬盘性能检测软件的使用方法，使用户了解硬盘性能的检测方法，并以此来更好地评估计算机的整体性能。

1. 实验目的

❑ 测试硬盘平均传输速率

❑ 测试硬盘寻道时间

❑ 测试硬盘平均存取时间

2. 实验步骤

1 启动 HD Tune Pro 后，单击【基准】选项卡

中的【开始】按钮，如图 3-35 所示。

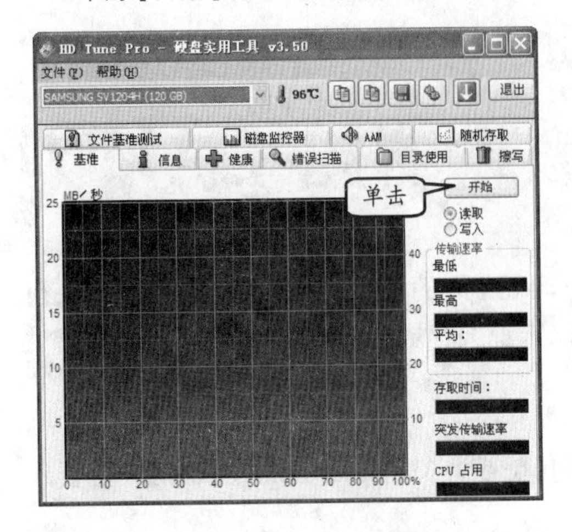

图 3-35 开始测试平均传输速率

2 在测试过程中，图表区域内会逐渐显示测试结果。测试完成后，窗口右侧区域内将会依次显示最低/高传输速率、存取时间等测试信息，如图 3-36 所示。

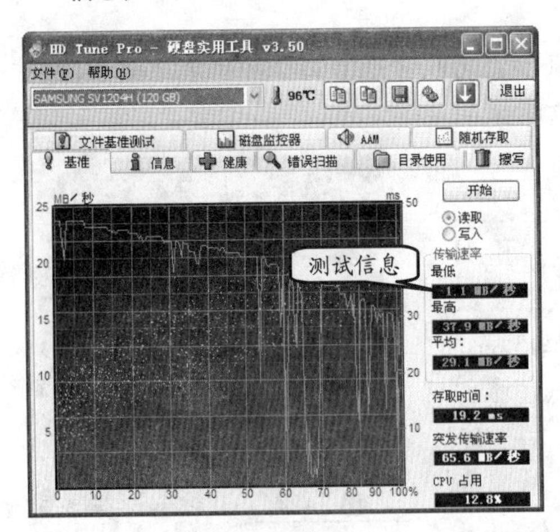

图 3-36 测试信息

3 选择 AAM 选项卡，单击【测试】按钮，如图 3-37 所示。

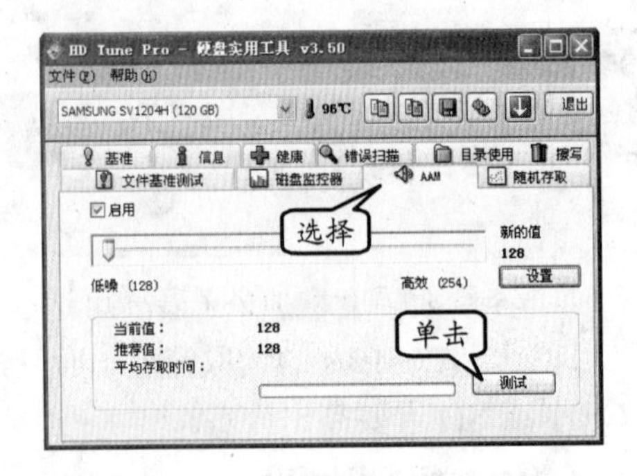

图 3-37 开始测试平均存取时间

4 测试完成后，将在软件窗口中查看到平均存取时间，如图 3-38 所示。

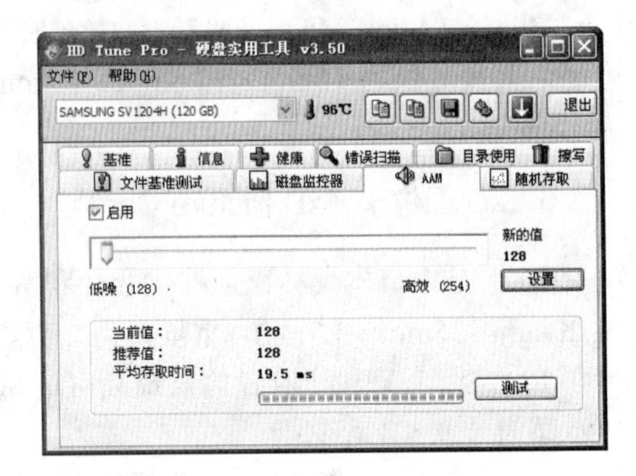

图 3-38 测试平均存取时间

提 示

AAM（Automatic Acoustic Management，声音管理模式）是硬盘厂商为了降低硬盘工作噪声而提出的一种技术规范。

3.5 实验指导：优盘软加密

优盘作为最方便的移动存储设备，难免遇到他人借用，而优盘内存储的个人数据又不想被他人看到或使用。为了避免出现这样的情形，可以通过加密软件对优盘进行加密。下面就来简单介绍优盘软加密的方法。

1. 实验目的

- ❑ 优盘加密设置
- ❑ 设置加密区密码
- ❑ 登录加密区
- ❑ 查看加密区分区

- ❑ 登出加密区
- ❑ 卸载加密软件

2. 实验步骤

1 将优盘插入主机的 USB 接口中后，在【我的电脑】窗口中的【有可移动存储的设备】栏中可查看到优盘盘符，如图 3-39 所示。

图 3-39　查看优盘盘符

2 打开优盘，将加密软件复制到优盘根目录中，如图 3-40 所示。

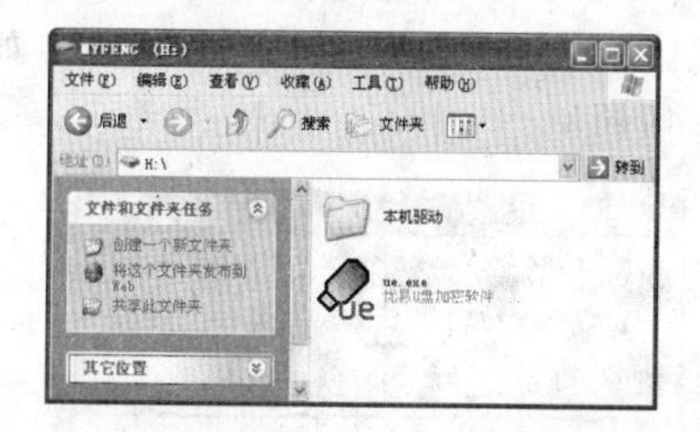

图 3-40　将加密软件复制到优盘根目录

3 双击打开加密软件，进入软件主界面后，启用【启用 U 盘加密功能】复选框，并设置加密区大小为“20%”。然后，再启用【加密区只限于本 U 盘使用】及【加密区禁止被删除复制】复选框，并单击【使配置生效】按钮，如图 3-41 所示。

提　示

调节加密区容量的方法有鼠标拖动、方向键（←↓表示公开区减小 0.1%，→↑表示公开区增加 0.1%）、翻页键（PageDown 表示公开区减小 1%，PageUp 表示公开区增加 1%）3 种。

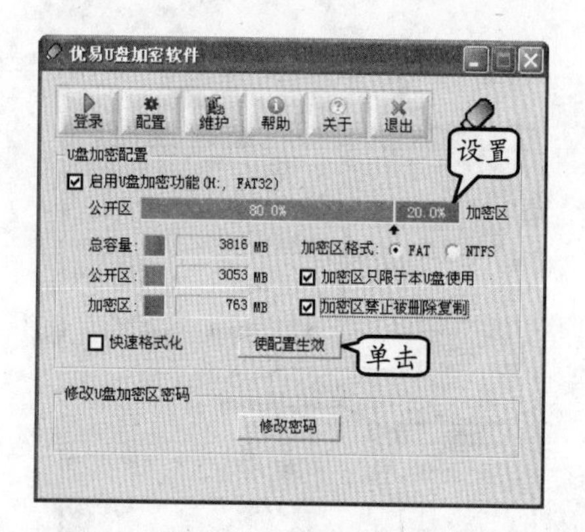

图 3-41　U 盘加密设置

4 在弹出的【设置密码】对话框中输入密码，并单击【确定】按钮，如图 3-42 所示。

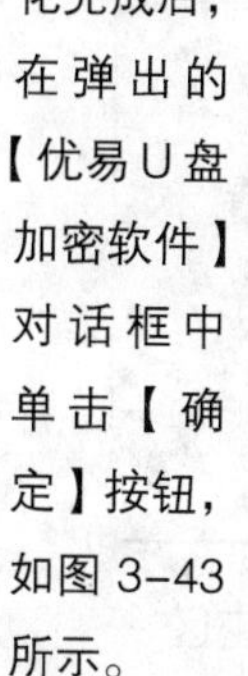

5 在弹出的【应用配置到加密区】对话框中格式化加密区。格式化完成后，在弹出的【优易 U 盘加密软件】对话框中单击【确定】按钮，如图 3-43 所示。

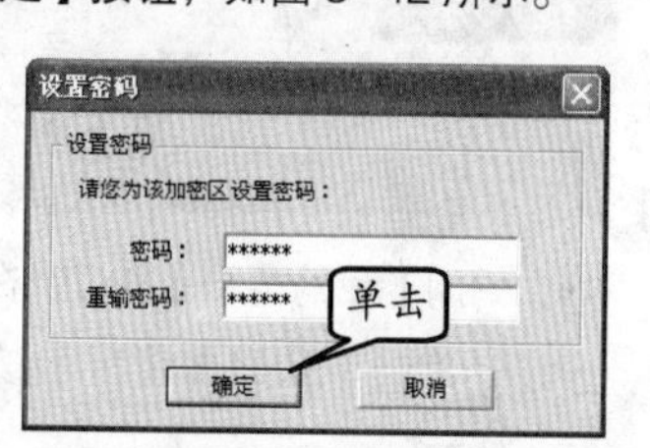

图 3-42　设置加密区密码

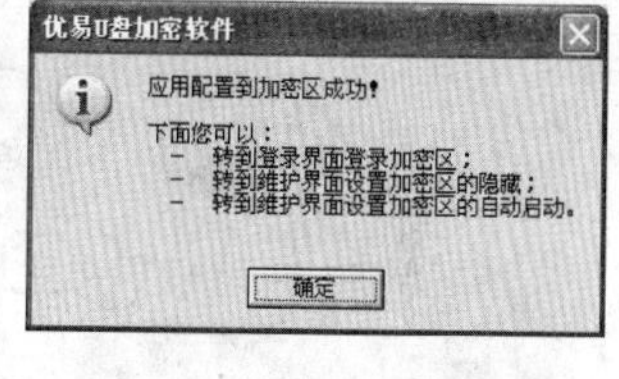

图 3-43　应用配置到加密区成功

6 在【优易 U 盘加密软件】主界面中，单击【登录】按钮后，输入登录密码。如图 3-44 所示。然后，单击【登录加密区】按钮。

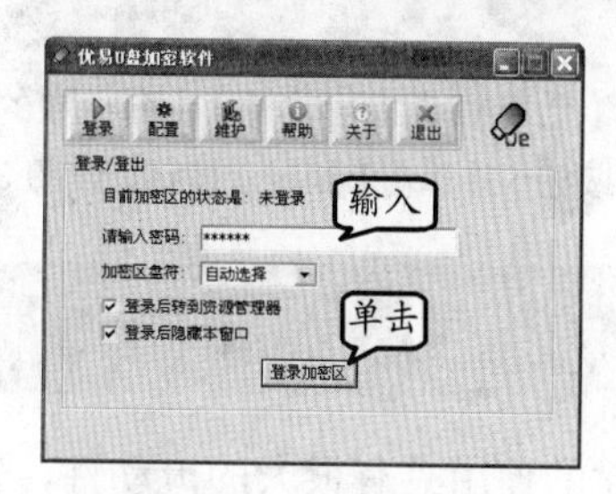

图 3-44　登录加密区

7 在弹出的【我的电脑】窗口中，可查看到加密区的虚拟逻辑分区，如图 3-45 所示。

图 3-45 查看加密区分区

提 示

在虚拟分区 I 中，可以读取或存放只有自己才能查看的数据。

8 关闭【我的电脑】窗口，在加密软件主界面中单击【登出加密区】按钮，如图 3-46 所示。

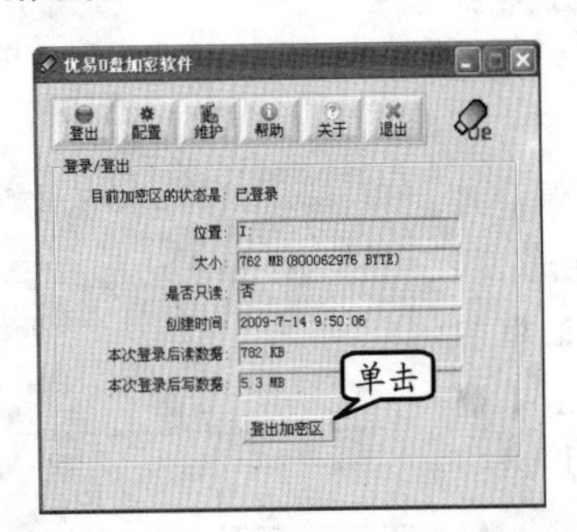

图 3-46 登出加密区

提 示

登出加密区并未退出加密软件，要退出加密软件还需单击软件主窗口中的【退出】按钮。

9 单击【优易 U 盘加密软件】主窗口中的【维护】按钮，并单击【卸载】按钮，如图 3-47 所示。

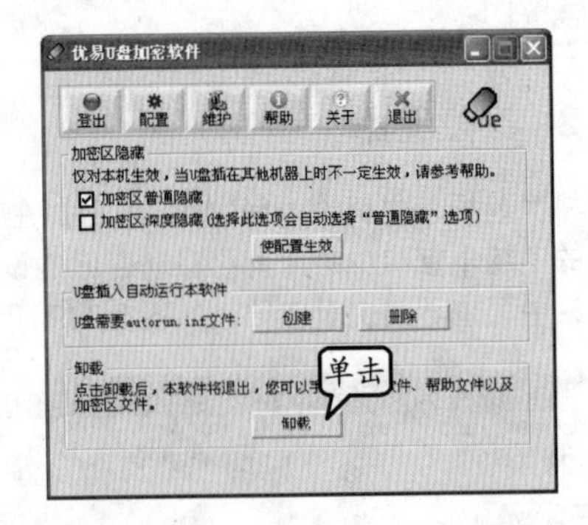

图 3-47 卸载加密软件

10 在弹出的【身份验证】对话框中输入密码，并单击【确定】按钮，如图 3-48 所示。

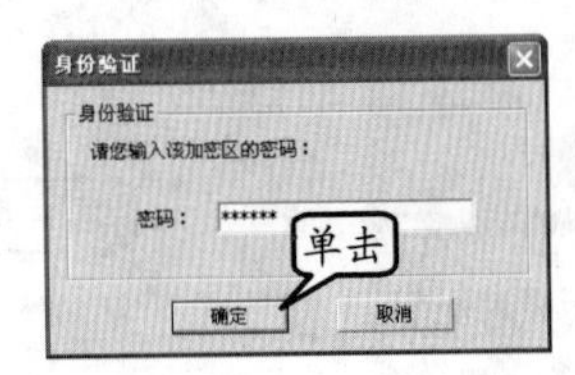

图 3-48 输入密码

11 在弹出的【优易 U 盘加密软件】询问对话框中单击【确定】按钮，完成后在优盘中删除【优易 U 盘加密软件】图标即可，如图 3-49 所示。

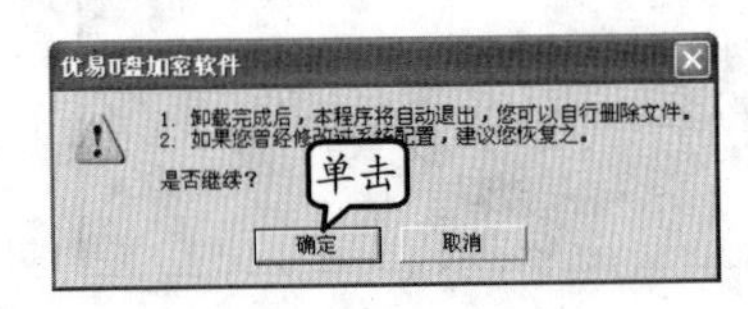

图 3-49 确定卸载

提 示

在 U 盘中删除加密软件可执行文件后，在菜单栏【工具】选项中启用【显示所有文件和文件夹】选项，删除加密软件在 U 盘中生成的隐藏文件。

3.6 实验指导：制作并使用光盘映像文件

光盘的使用具有很大的流动性，常常会出现多人用一张光盘而不方便工作的情形。为此，可以将光盘备份成为映像文件保存在硬盘上，需要时使用映像文件即可。下面来介绍其方法。

1. 实验目的

- ❑ 利用 Nero StartSmart 制作光盘映像文件
- ❑ 设置映像文件存储路径
- ❑ 利用虚拟光驱查看光盘映像文件内容

2. 实验步骤

1 将【09.02-09.6 资料】数据光盘放入光盘驱动器后，在【有可移动存储的设备】栏中可查看到【09.02-09.06 资料】图标，如图 3-50 所示。

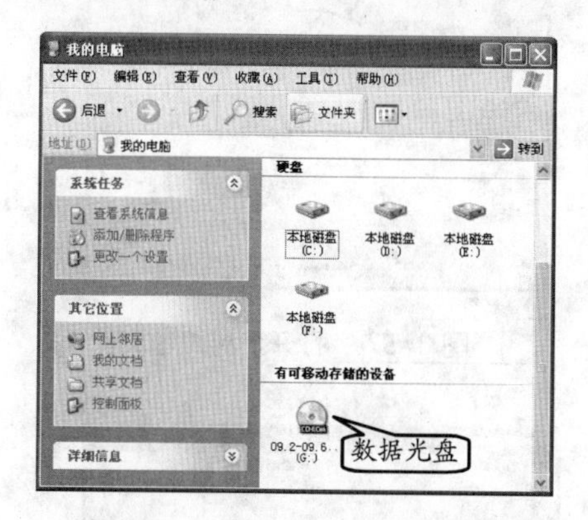

图 3-50 将光盘放入光盘驱动器

2 启动 Nero StartSmart 后，选择【翻录和刻录】选项卡，并单击【PC 应用程序】组中的【复制光盘】按钮，如图 3-51 所示。

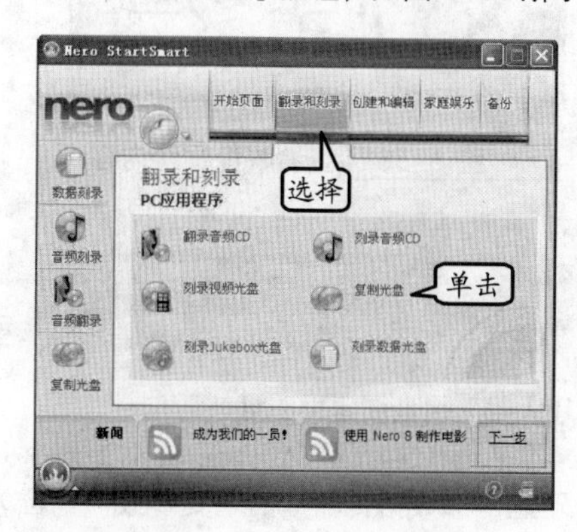

图 3-51 选择复制光盘命令

3 在弹出的 Nero Express 对话框中，单击【映像、项目、复制】组中的【复制整张 CD】按钮，如图 3-52 所示。

图 3-52 选择复制整张 CD 命令

4 在【选择来源及目的地】对话框中单击【复制】按钮，接下来 Nero StartSmart 将自动分析光盘，如图 3-53 所示。

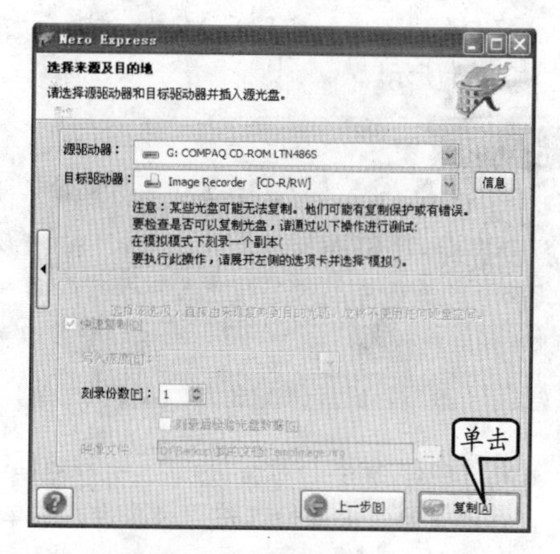

图 3-53 开始复制

5 在【保存映像文件】对话框中，选择保存路径及修改文件名为“资料映像备份”，并单击【保存】按钮，如图 3-54 所示。

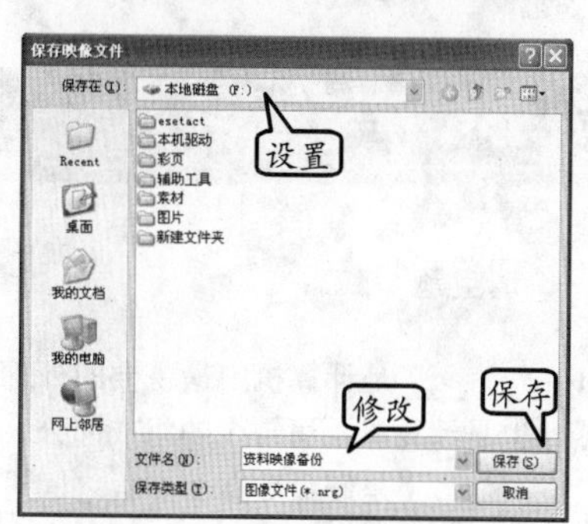

图 3-54 设置映像保存路径及文件名

6 在【刻录过程】对话框中可查看刻录进度。刻录完毕后，在弹出的【刻录完毕】对话框中单击【确定】按钮，如图 3-55 所示。

图 3-55 刻录完毕

7 退出 Nero StartSmart，并从光盘驱动器中取出光盘。启动 Daemon tools 后，在任务栏右边双击该软件图标，在弹出的菜单中选择 Device 0:【H:】No Media 选项，如图 3-56 所示。

提 示

Daemon tools 即虚拟光驱，虚拟光驱是一种模拟（CD/DVD-ROM）工作的工具软件，可以生成和安装在计算机上的光盘驱动器功能一模一样的虚拟光驱，一般光驱能做的事虚拟光驱同样可以做到。

图 3-56 选择 Device 0:【H:】No Media 选项

8 在弹出的 Select New image File 对话框中，选择资料映像备份文件存放路径，并单击【打开】按钮，如图 3-57 所示。

图 3-57 打开资料映像文件

9 在【我的电脑】窗口中双击打开虚拟光盘 H:，可查看该映像文件内容，如图 3-58 所示。

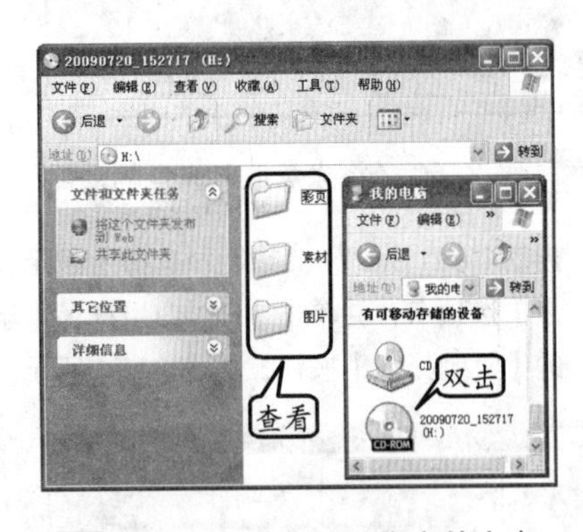

图 3-58 查看映像文件内容

3.7 思考与练习

一、填空题

1. ________是计算机中最主要的外部辅助存储器，也是计算机不可缺少的组成部分。

2. ________是硬盘数据和主板之间进行传输交换的纽带。

3. ________是硬盘存储数据的载体，现在的盘片大都采用金属薄膜磁盘。

4. 平均寻道时间（Average Seek Time）是影响硬盘内部数据传输率的重要参数，单位为________。

5. 对于________，只能读取光盘上已经记录的各种信息，但不能修改或写入新的信息。

6. ________用于显示光盘驱动器的运行

状态。

7. 光盘驱动器的内部结构主要由________、驱动机械部分和电路板部分组成。

8. 为了提高移动硬盘的自我保护能力，除了采用主动防震保护以外，也采取________方式来降低硬盘受损几率。

二、选择题

1. 磁盘的盘面非常的平整，磁头和盘面之间有很小的一个空隙，相当于________在磁盘上进行记录/读取。

A. 贴于　　B. 悬挂
C. 浮动　　D. 固定

2. ________也叫持续数据传输率，指磁头至硬盘缓存间的最大数据传输率。

A. 平均寻道时间　　B. 内部传输率
C. 转速　　D. 外部传输率

3. 目前硬盘技术的发展主要集中在________三方面。

A. 速度、高速缓冲及可靠性
B. 高速缓存、容量及可靠性
C. 速度、容量及可靠性
D. 速度、封装技术及可靠性

4. 当前硬盘的接口以________为主流。

A. IDE 接口　　B. SCSI 接口
C. USB 接口　　D. SATA 接口

5. ________是指可多次写入多次读取的可写光驱和光盘。

A. CD-R　　B. CD-RW
C. DVD-ROM　　D. DVD-R

6. CD 光盘非常薄，只有 1.2mm 厚，并且分为 5 层，依次为________。

A. 基板、写入层、反射层、保护层、印刷层
B. 基板、染料层、反射层、保护层、印刷层
C. 固定板、记录层、反射层、保护层、印刷层
D. 基板、记录层、反射层、安全层、印刷层

三、简答题

1. 简述硬盘的内部结构。
2. 简述硬盘的工作原理。
3. 简述光盘的录入过程。
4. 简述光盘驱动器的结构。
5. 简述优盘的特点。

四、上机练习

1. 整理磁盘碎片

计算机使用一段时间后，磁盘中产生的垃圾文件及文件碎片会影响计算机的运行速度。此时，借助操作系统内的磁盘碎片整理程序可以达到优化磁盘、提高计算机运行速度的目的，如图 3-59 所示。

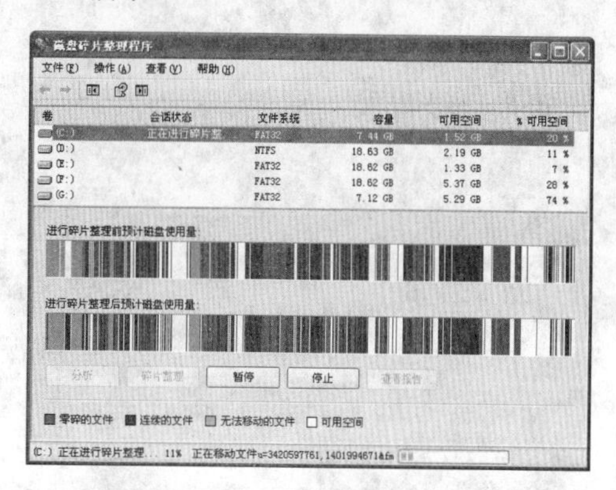

图 3-59　正在整理磁盘内的文件碎片

2. 禁用光盘自动播放功能

按照操作系统的默认设置，当用户将光盘放入光驱后，系统将自动判断光盘类型，并调整相应程序自动播放光盘上的部分文件。在有些情况下，操作系统的这项功能可以简化用户操作，但在很多时候它也会干扰用户的正常工作。这时候，用户只需利用一些系统优化软件，便可以禁用操作系统的光盘自动播放功能，从而防止该功能对工作的影响，如图 3-60 所示。

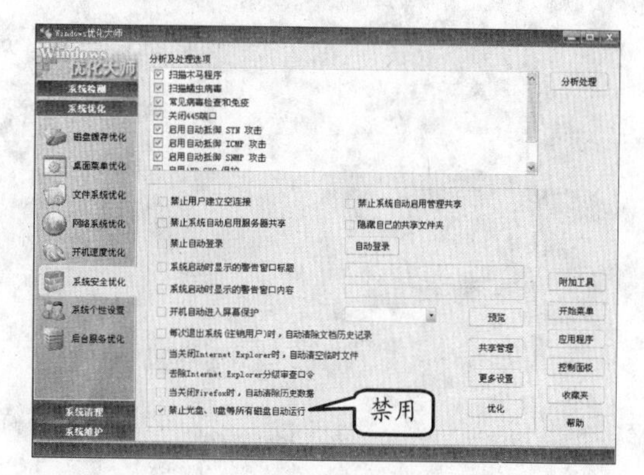

图 3-60　利用 Windows 优化大师禁用光盘自动播放功能

第 4 章 计算机输入设备

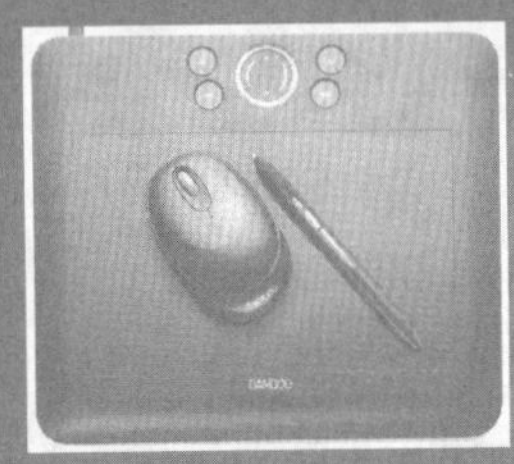
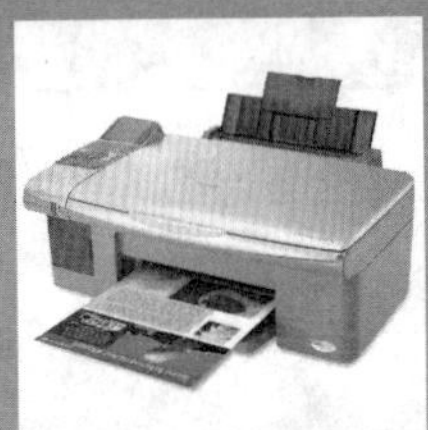
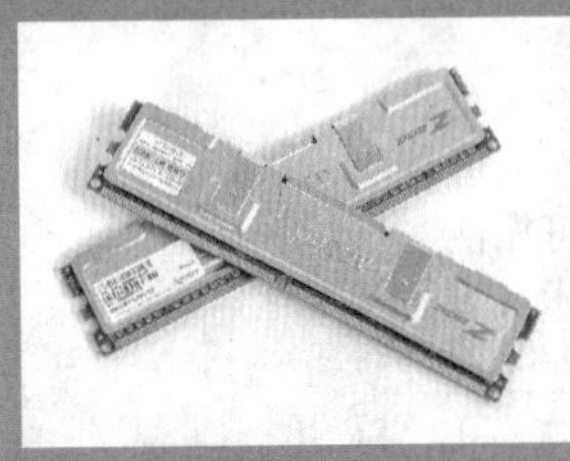

作为用户向计算机发号施令的重要工具，输入设备担负着用户与计算机之间通信桥梁的作用。随着计算机技术的发展，输入设备也经历了极大的变化与发展，使得如今的计算机既能够接收字符、数值等类型的数据，也可以接收图形图像、声音等类型的数据，极大地丰富了用户与计算机进行交流的途径。

本章将对当前的各种主流输入设备进行讲解，使用户能够了解和掌握这些设备的类型、结构、原理及性能指标等方面的知识。

本章学习要点：

- 键盘
- 鼠标
- 扫描仪
- 手写板

4.1 键盘

计算机诞生之初，人们主要通过纸带穿孔机向计算机输入信息。随后，键盘的出现改变了这一信息录入方式，成为计算机最为重要的外部输入设备。直到目前为止，键盘依旧在字符输入领域有着不可动摇的地位，并随着用户的需求，向着多媒体、多功能和人体工程学等方面不断前进，在输入设备的领域内巩固着自己的地位。

4.1.1 键盘的分类

在键盘的发展过程中，为满足不同用户之间的需求差异，陆续出现了多种不同类型的键盘。接下来本节将对其中较为常见的一些键盘类型进行简单介绍，

1. 根据按键方式的不同

从不同键盘在按键方式上的差别来看，可以将其分为机械式、导电橡胶式、薄膜式和电容式键盘 4 种类型。

❑ **机械式键盘**

早期键盘的按键大都采用机械式设计，通过一种类似于金属接触式开关的原理来控制按键触点的导通或断开，如图 4-1 所示。为了使按键在被按下后能够迅速弹起，廉价的机械式键盘大都采用铜片弹簧作为弹性材料，但由于铜片易折且易失去弹性，因此质量较差。

图 4-1　机械式键盘内部图

提　示

早期的键盘完全仿造打字机键盘进行设计制造，就连按键分布也与打字机相同。

机械式键盘的特点是工艺简单、维修方便，且使用手感较好，但噪声大、易磨损。不过直到今天，做工精良的机械式键盘仍旧是众多用户所追捧的对象。

❑ **导电橡胶式键盘**

与机械式键盘不同，导电橡胶式键盘的内部是一层带有凸起的导电橡胶，其凸起部分导电，通过按键时导电橡胶与底层触点的接触来产生按键信息，如图 4-2 所示。

总体来说，导电橡胶式键盘的成本较低，但由于整体手感没有太大进步，因此很快便被新型的薄膜式键盘所取代。

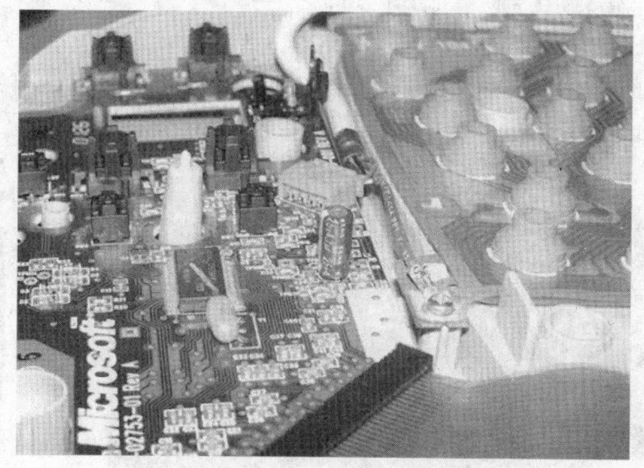

图 4-2　导电橡胶式键盘内部图

❑ **薄膜式键盘**

这是目前市场上最为常见的键盘类型，其内部是两层印有电路的塑料薄膜，通过用

户按键后导电薄膜的接触来产生按键信息，如图 4-3 所示。与其他类型的键盘相比，薄膜式键盘具有无机械磨损、可靠性较高，且价格低、噪声小等特点。

图 4-3　薄膜式键盘内部图

❑ **电容式键盘**

电容式键盘通过按键时电极距离发生变化，从而引起电容量变化而产生的震荡脉冲信号来记录按键信息。由于电容式键盘的按键属于无触点非接触式开关，其磨损率极小（甚至可以忽略不计），也没有接触不良的隐患，因此具有质量高、噪声小、容易控制手感及密封性好等优点，不过工艺结构较机械式键盘要复杂一些，如图 4-4 所示。

图 4-4　电容式键盘按键图

2. 根据设计外形的不同

就外形来看，键盘分为标准键盘、人体工程学键盘和异形键盘 3 种类型。其中，标准键盘便是那种四四方方、外形规规矩矩的矩形键盘，该类型键盘的缺点是长时间使用时会比较疲劳，如图 4-5 所示。

为此，人们开始从人体工程学的角度重新设计键盘外形。例如，将键盘上的左手按键区和右手按键区分离开来，并使其形成一定角度，如图 4-6 所示。这样一来，用户在使用时便不必有意识地夹紧双臂，从而能够在一种比较自然的状态下进行工作。

图 4-5　标准键盘

除此之外，大多数人体工程学键盘还会有意加大“空格”、“回车”等常用按键的面积，并在键盘下增加护手托板（即腕托）。这样一来，通过为悬空的手腕增加支点，便可以有效减少因手腕长期悬空而导致的疲劳感，如图 4-7 所示。

图 4-6　人体工程学键盘

图 4-7　人体工程学键盘

至于异形键盘，则是为某种应用或特殊需求而专门设计的键盘，具有针对性强、方便、快捷和高效等特点，因此并不十分注重键盘的外形。例如，为提高键盘便携性而设计的可折叠键盘、硅胶键盘，以及专为游戏娱乐玩家而生产的专用游戏键盘等，如图 4-8 所示。

图 4-8 硅胶键盘

3. 根据接口类型的不同

按照键盘与计算机连接时所用接口的不同，还可以分为 PS/2 键盘、USB 键盘和无线键盘 3 种类型。

❑ **PS/2 键盘**

由于 PS/2 接口属于目前计算机的必备接口之一，因而采用此类接口的键盘极其普遍，如图 4-9 所示。

图 4-9 PS/2 键盘

❑ **USB 键盘**

USB 接口也是目前计算机领域内的一种常见接口，采用该接口的键盘与 PS/2 键盘相比具有接口速度快和使用方便等优点，如图 4-10 所示。

❑ **无线键盘**

无线键盘是一种与主机间没有任何连线的键盘类型，共分为信号接收器和键盘主体两部分，如图 4-11 所示。

根据信号传播方式的不同，无线键盘分为红外线型和无线电型两种。其中，红外线型的方向性要求比较严格，尤其是对水平位置比较敏感；无线电型则是通过辐射来传播信号，因此这种键盘在使用时较红外线型要灵活，不过抗干扰能力稍差。

图 4-10 USB 键盘

4. 根据所用计算机的不同

与上面所介绍的台式机键盘相比，笔记本键盘的尺寸往往要稍小一些，而且按键也较少，大都只有 85 或 86 个按键，如图 4-12 所示。

图 4-11 无线键盘

图 4-12 笔记本键盘

4.1.2 键盘结构及工作原理

图 4-13 键盘外壳及其支撑脚

在对键盘有了一定认识后，下面将对键盘的组成结构与工作原理进行讲解，以便用户更好地认识和了解键盘。

1. 键盘的结构

计算机键盘发展至今，其间虽然经历了不断的变化，但依然由外壳、按键和内部电路这三大部分所组成。

❑ 外壳

外壳是支撑电路板和用户操作的键盘框架，通常采用不同类型的塑料压制而成，部分高档键盘还会在底部采用钢板，以此来增加键盘的质感和刚性。

为了适应不同用户的使用需求，键盘的底部大都设有可折叠的支撑脚，展开支撑脚后可以使键盘保持一定的倾斜角度，如图 4-13 所示。

图 4-14 按键插座及键帽

❑ 按键

按键由按键插座和键帽两部分组成。其中，键帽上印有各种字符标记，便于用户进行识别，而按键插座的作用则是固定键帽，如图 4-14 所示。

❑ 内部电路

电路是整个键盘的核心，主要分为逻辑电路和控制电路两大部分。其中，逻辑电路呈矩阵状排列，几乎布满整个键盘，而键盘按键便安装在矩阵的交叉点上，如图 4-15 所示。

图 4-15 键盘逻辑电路

控制电路由按键识别扫描电路、编码电路、接口电路等部分组成，其表面布有各种电子元件，并通过导线与逻辑电路连在一起，如图 4-16 所示。按制电路的作用是接收逻辑电路产生的按键信号，并在整理和加工这些信号后，向计算机主机发出与按键相对应的信号。

图 4-16 键盘控制电路

2. 键盘的工作原理

键盘的作用是记录用户的按键信息，并通过控制电路将该信息送入计算机，从而实现将字符输入计算机的目的。以目前最为常见的薄膜式键盘为例，其按键信号产生过程如图 4-17 所示。

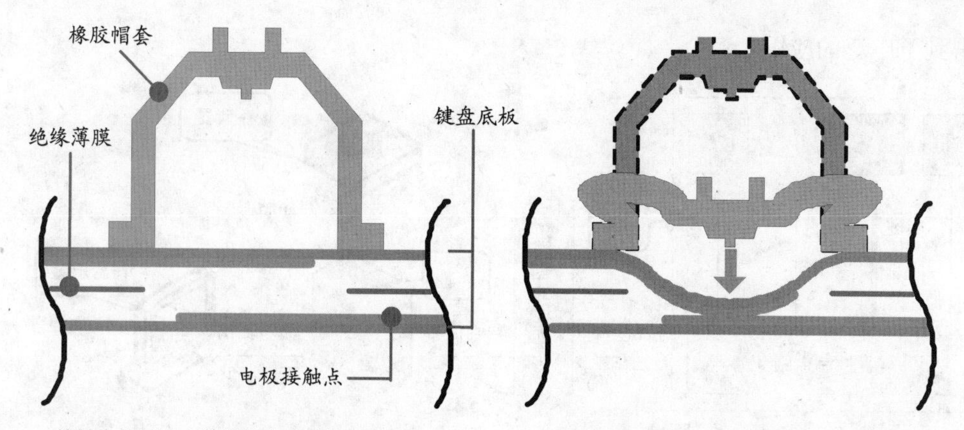

图 4-17 按键信号产生过程

其实，无论是哪种类型的键盘，按键信号产生原理都没什么差别。但是，根据键盘在识别键盘信号时所采用的方式，却可以将它们分为编码键盘和非编码键盘两种类型。

❑ 编码键盘

在编码键盘中，按键在被按下后将产生唯一的按键信息，而键盘的控制电路则会在对信息进行编码后直接送入计算机，再由计算机对比字符编码表，从而得出所输入的字符，实现录入字符的目的，如图 4-18 所示。可以看出，编码键盘在完成字符的录入工作时，经过的中间步骤极少，这使得编码键盘的响应极快。但是，为了使每个按键都能够产生一个独立的编码信号，编码键盘的硬件结构较为复杂，并且其复杂程度会随着按键数量的增多而不断增加。

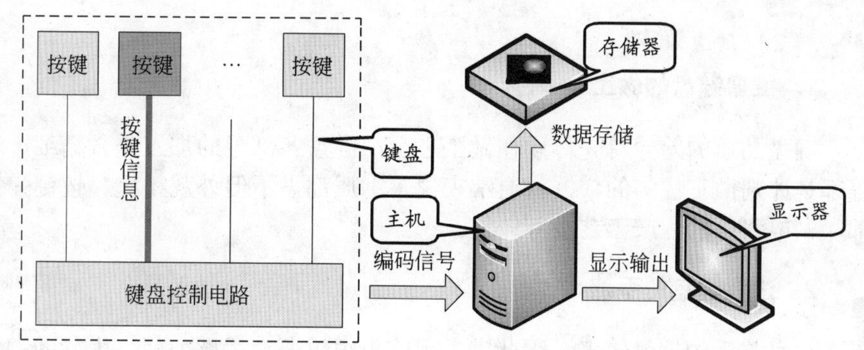

图 4-18 编码键盘的工作原理

❑ 非编码键盘

非编码键盘的特点在于按键无法产生唯一的按键信息，因此键盘的控制电路还需要通过一套专用的程序来识别按键的位置。在这个过程中，硬件需要在软件的驱动下完成诸如扫描、编码、传送等功能，而这个程序便被称为键盘处理程序。

键盘处理程序由查询程序、传送程序和译码程序三部分组成。在一个完整的字符输入过程中，键盘首先调用查询程序，在通过查询接口逐行扫描键位矩阵的同时检测行列的输出，从而确定矩形内闭合按键的坐标，并得到该按键所对应的扫描码；接下来，键盘在传送程序和译码程序的配合工作下得到按键的编码信号；最后，在将按键编码信息传送至主机后，完成相应字符的录入工作，如图 4-19 所示。

可以看出，非编码键盘在生成编码信息时步骤繁多，因此响应速度较编码键盘要慢。不过，非编码键盘可以通过软件对按键进行重新定义，从而可方便地扩充键盘功能，因此得到了广泛的应用。

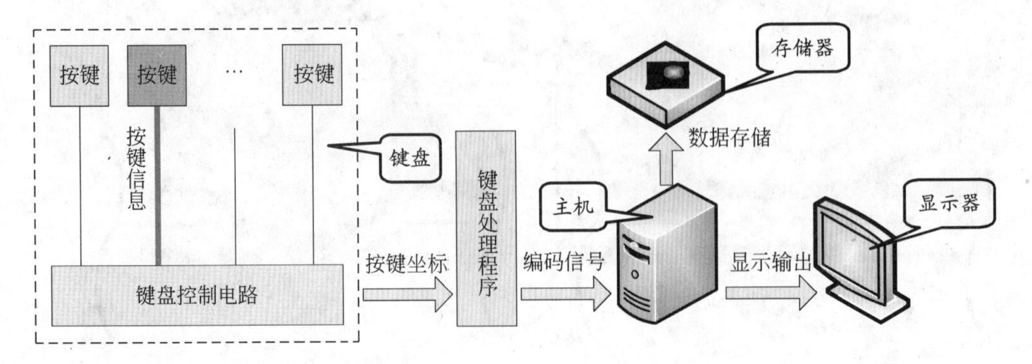

图 4-19　非编码键盘的工作原理

4.1.3　键盘选购指南

键盘作为操作计算机时使用较为频繁的设备，其质量的优劣不仅关系着工作效率，还直接影响着使用时的舒适程度，甚至手腕的健康。为此，挑选一款合适的键盘便显得尤为重要。

1. 检查键盘的做工

键盘品质的差异首先体现在做工之上，键盘各部分的加工是否精细，表面是否美观等都是评判做工优劣的依据。通常来说，劣质键盘不但外观粗糙、按键弹性差，而且内部印刷电路板的生产工艺也都较差。

2. 注意键盘的手感

键盘与手的接触较多，因此键盘手感也很重要。手感太轻、太软的键盘在长时间使用后往往会给人一种很累的感觉；手感太重、太硬，则击键时的声音会比较大。

一般来说，键盘的按键应该平滑轻柔，弹性适中而灵敏，按键无水平方向的晃动，松开后能够立刻弹起。至于静音键盘，在按下、弹起的过程中应该是接近无声的。除此之外，键盘手感的优劣也与使用者的主观因素有关，但只要自己感觉舒适即可，因此在选购键盘时的试用极其重要。

3. 考虑键位的布局

不同键盘的按键数量和按键布局也有一些差别。对于已经习惯某种按键布局方式的用户来说，换用其他按键布局的键盘会感觉很不方便，因此在选购时应尽量挑选符合自己使用习惯的键盘产品。

4.2　鼠标

随着图形化操作系统的出现，单纯依靠键盘已经无法满足用户高效率工作的需求。在这种情况下，鼠标（Mouse）应运而生，其准确、快速的屏幕指针定位功能，在图形化操作方式一统天下的今天，成为人们使用计算机时必不可少的重要设备。

图 4-20 标准三键鼠标

4.2.1 鼠标的分类

鼠标诞生于 1968 年，在这 40 多年的发展中经历了一次又一次的变革，其功能越来越强、使用范围越来越广、种类也越来越多。

1. 根据按键数量进行划分

从鼠标按键的数量来看，除了早期使用、现已被淘汰的两键鼠标外，还可以分为三键鼠标、滚轮鼠标和多键鼠标 3 种类型。

其中，三键鼠标的左、右两键与传统两键鼠标完全相同，而中间的第三个按键则在 UG、AutoCAD 等行业软件内有着特殊的作用，如图 4-20 所示。

图 4-21 滚轮鼠标

相比之下，目前最为常见的便要数滚轮鼠标了。事实上，滚轮鼠标属于特殊的三键鼠标，两者间的差别在于滚轮鼠标使用滚轮替换了三键鼠标的中键，如图 4-21 所示。在实际应用中，转动滚轮可以实现上下翻动页面（与拖动滚动条的效果相同），而在单击滚轮后则可实现屏幕自动滚动的效果。

至于多键鼠标，则是继滚轮鼠标之后出现的一种新型鼠标。多键鼠标的特点是在滚轮鼠标的基础上增加了拇指键等快捷按键，进一步简化了操作程序，如图 4-22 所示。

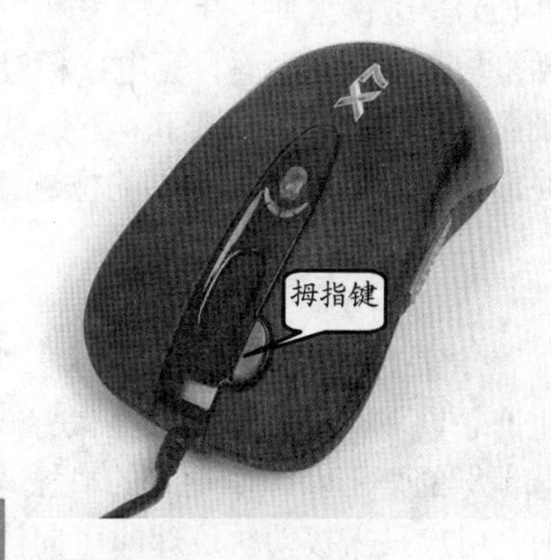

图 4-22 多键鼠标

提 示

在借助专用程序后，用户还可重新定义部分多键鼠标的按键操作内容。这样一来，用户便可以将一些较为简单且使用频繁的操作集成在快捷按键上，从而进一步提高操作速度。

2. 按照接口类型进行划分

根据鼠标与计算机连接时所用接口的不同，可以将鼠标分为 PS/2 鼠标、USB 鼠标和无线鼠标 3 种类型。

目前，采用 PS/2 接口的鼠标最为常见，其特征是使用一个 6 芯圆形接口与计算机进行连接，如图 4-23 所示。不过，由于 PS/2 鼠标所使用的接口与 PS/2 键盘的接口极为类似，因此在使用需要防止插错接口。

图 4-23 PS/2 鼠标

USB 接口一经兴起，各大外设厂商便纷纷推出了自己的USB鼠标产品，如图4-24所示。与PS/2鼠标相比，USB鼠标支持热插拔，因此受到了众多用户的青睐。

提　示

由于USB接口的数据传输速度要高于PS/2接口，因此USB鼠标在复杂应用下的操作流畅感要优于PS/2鼠标。

图4-24　USB鼠标

无线鼠标采用了与无线键盘相同的信号发射方式，由于摆脱了线缆的限制，因此无线鼠标能够让用户更为方便、灵活地操控计算机，如图4-25所示。

图4-25　无线鼠标

3. 按照内部构造进行划分

按内部结构的不同，鼠标可以分为机械式和光电式两种类型。

其中，机械式鼠标的特征在于底部带有一个胶质小球，此外其内部还含有两个用于识别方向的X方向滚轴和Y方向滚轴。在使用中，机械式鼠标必须通过胶质小球与桌面的摩擦来感应位置的移动，其精度有限，因此已被光电式鼠标所取代。

与机械式鼠标相比，光电式鼠标由发光二极管（LED）、透镜组件、光学引擎和控制芯片组成，特点是精度较高。从底面看，光电鼠标没有滚轮，取而代之的则是一个不断发光的光孔，工作时通过不断发射和接收光线来确定指针在屏幕上的位置，如图4-26所示。

图4-26　光电鼠标底部图

4. 其他类型的鼠标

除了上面介绍的几种鼠标之外，鼠标厂商们还设计生产了许多其他的鼠标或类鼠标式的产品。例如，轨迹球鼠标的外形像颠倒过来的机械式鼠标。该鼠标在使用时，用户只需拨动轨迹球即可向计算机发号施令，控制光标在屏幕上移动，如图4-27所示。

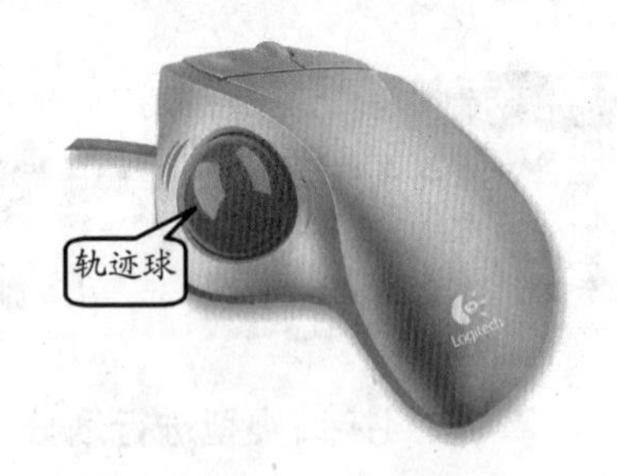

图4-27　轨迹球鼠标

此外，广泛应用于笔记本计算机上的指点杆和触摸板也是类鼠标的输入设备。在使用时，用户只需推动指点杆或在触摸板上移动手指，屏幕上的光标便会向相应方向进行移动，如图4-28所示。

4.2.2　鼠标的工作原理

无论是哪种类型的鼠标，其工作方式都是在侦测当前位置的同时与之前的位置进行比对，从而得出移动信息，实现移动光标的目的。不过，由于内部构造的差异，不同鼠标在实现这一任务时采用的方法及原理也有所差异。

1. 机械式鼠标的工作原理

之前曾经介绍过，机械鼠标的内部由胶质小球和X、Y两个不同方向的滚轴组成。实际上，X、Y方向滚轴的末端还有一个附有金属导电片的译码盘。当用户在移动鼠标时，机械鼠标内的胶质小球会进行四向转动，并在转动的过程中带动方向滚轴进行转动。在上述过程中，译码盘上的金属导电片会不断与鼠标内部的电刷进行接触，从而将物理上的位移信息转换为能够标识X、Y坐标的电信号，并以此来控制光标在屏幕上的移动，如图4-29所示。

图 4-28　指点杆与触摸板

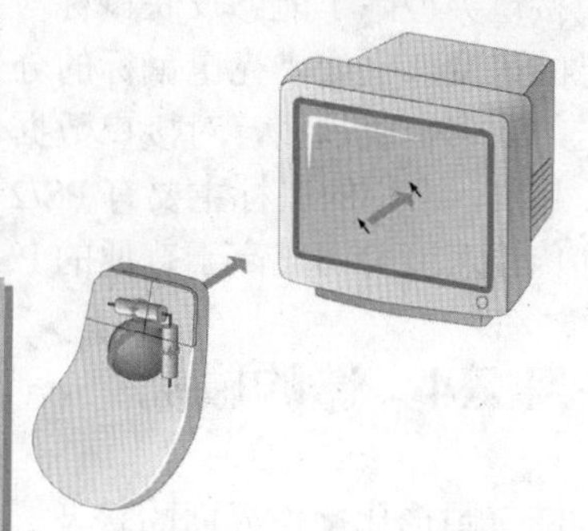

图 4-29　机械鼠标工作原理

提　示

> 在机械鼠标之后，还出现过一种光机鼠标。该类型鼠标的内部结构与机械鼠标极为类似，不同之处在于光机鼠标内没有译码盘，取而代之的则是两个带有栅缝的光栅码盘，以及用来产生位移信号的发光二极管和感光芯片。但就工作原理来看，两者没有什么不同。

2. 光电式鼠标的工作原理

在光电鼠标中，鼠标在利用二极管照亮鼠标底部表面的同时，利用其内部的光学透镜与感应芯片不断接收表面所反射回来的光线，同时形成静态影像。这样一来，当鼠标移动时，鼠标的移动轨迹便会被记录为一组高速拍摄的连贯图像。此时，光电鼠标便会通过一块专用芯片（DSP）对图像进行分析，并利用图像上特征点的位置变化判断出鼠标的移动方向、移动距离及速度，从而完成对光标的定位，如图4-30所示。

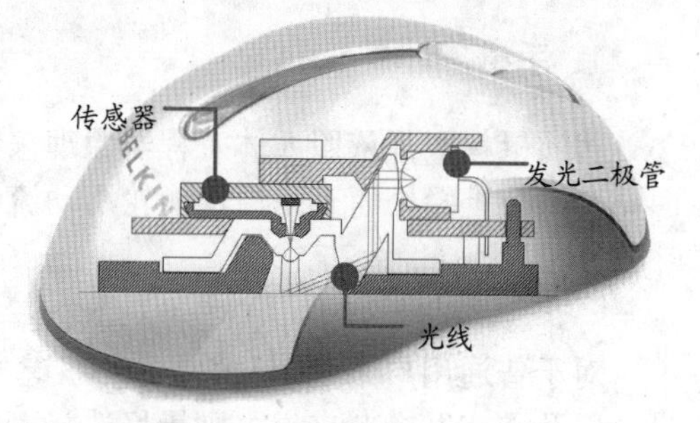

图 4-30　光电鼠标的工作原理

4.2.3　鼠标的性能指标

目前市场上能够见到的鼠标产品绝大多数都属于光电鼠标，而能够反应光电鼠标性能的主要有以下几项指标。

1. 分辨率

一款光电鼠标性能优劣的决定性因素在于每英寸长度内鼠标所能辨认的点数，也就是人们所说的单击分辨率。目前，高端光电鼠标的分辨率已经达到了2000dpi的水平，与400dpi的老式光电鼠标相比，2000dpi鼠标的定位精度要远远高于400dpi的光电鼠标。

不过，并非dpi越大的鼠标越好。因为当鼠标的dpi过大时，轻微震动鼠标就可能导致光标“飞”掉，而dpi值小一些的鼠标反而感觉比较“稳”。

2. 光学扫描率

光学扫描率是指鼠标感应器在一秒内所能接收光反射信号并将其转化为数字电信号的次数，该指标也是光电鼠标的重要性能指标。通常来说，光学扫描率越高，鼠标对位置的移动越敏感，其反应速度也就越快。如此一来，在用户快速移动鼠标时便不会出现光标与鼠标实际移动不同步且光标上下飘移的现象了。

3. 接口类型

接口类型除了能够反映鼠标与主机的连接方式外，还决定了鼠标与计算机相互传递信息的速度。例如，光电鼠标的分辨率和光学扫描率越高，在单位时间内需要向计算机传送的数据也就越多，对接口数据传输速度的要求也就越高。

目前，常用的鼠标主要有 PS/2 接口和 USB 接口两种类型，而两者之间 USB 接口的数据传输速度要明显高于普通的 PS/2 接口。

4.2.4 选购鼠标

随着图形化操作界面的普及，鼠标的作用越来越大，甚至在很多领域内已经超过了键盘。在购买鼠标时需要注意以下几个方面。

1. 手感

优质鼠标大都依照人体工程学原理来设计外形，手握时的感觉轻松、舒适且与手掌面贴合，按键轻松而有弹性，滚轮滑动流畅。

2. 功能

对于普通用户来说，目前常见的三键式滚轮鼠标即可满足需求。对于图形处理、CAD 设计以及游戏发烧友来说，则最好选择可定义宏命令的专业鼠标，以提高操作效率。对于经常使用笔记本计算机的用户来说，无线鼠标能够让操作变得更为灵活，携带也较为方便。

3. 辅助软件

从鼠标的实用角度来看，辅助软件的重要性不亚于硬件。一般来说，好而实用的鼠标应附带足够的辅助软件，例如可帮助用户自定义部分鼠标按键的配置工具等。另外，辅助软件还应配有完整的使用说明书，以便用户能够正确利用软件所提供的各种功能，充分发挥鼠标的作用。

4.3 扫描仪

扫描仪（Scanner）是一种高精度的光电一体化产品，其功能是将各种形式的图像信息输入计算机。从常见的照片、文本页面、图纸、菲林软片等平面物体，到纺织品、标牌面板、印制板样品等三维对象都可作为扫描对象，从而将原始的线条、图形、文字等信息转换为计算机可以识别的图像数据，以便实现对这些数字化图像信息的管理、使用、存储和输出等操作。

4.3.1 扫描仪的分类

扫描仪的种类繁多，按不同的分类标准可以划分出多种不同的类型。例如，按照用途的不同，可以将其分为专用于各种图稿输入的通用型扫描仪和专用于特殊图像输入的专用型扫描仪（如条码扫描器、卡片阅读机等），如图 4-31 所示。

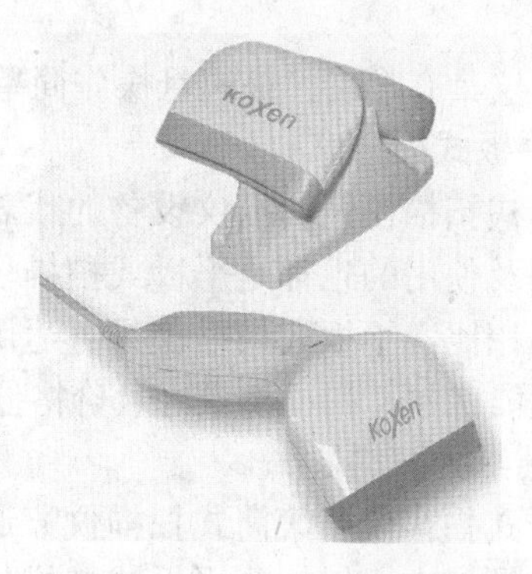

图 4-31 条码扫描器

除此之外，通用型扫描仪还可以分为多种类型，下面将对其分别进行介绍。

1. 按照扫描图像的大小进行分类

根据扫描图像的幅面大小可以将扫描仪分为小幅面的手持式扫描仪、中等幅面的台式扫描仪和大幅面的工程图扫描仪 3 种类型。

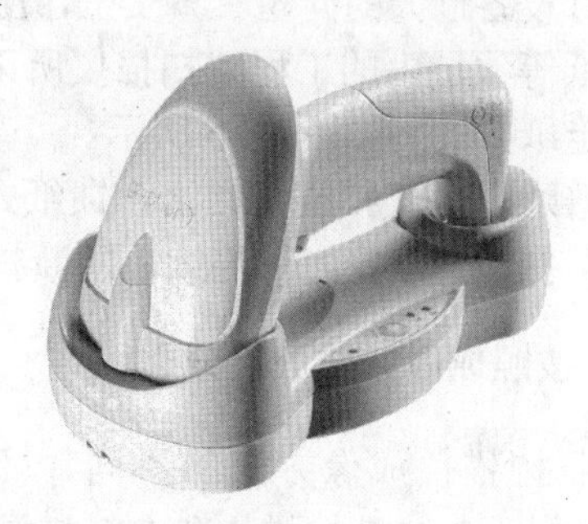

图 4-32 手持式扫描仪

其中，手持式扫描仪的扫描幅面最小，但却拥有体积小、重量轻、携带方便等优点，如图 4-32 所示。

提 示

手持式扫描仪的扫描精度相对较低，因此扫描质量与台式扫描仪和工程图扫描仪相比都有较大的差距。

相比之下，台式扫描仪的用途最广、功能最强，种类也最多，其扫描尺寸通常为 A4 或 A3 幅面，如图 4-33 所示。

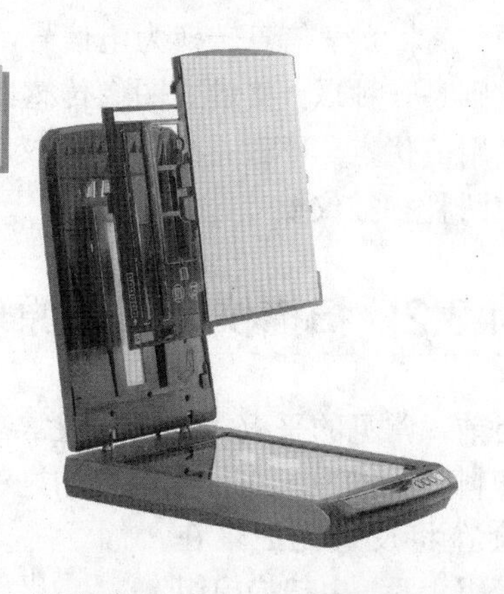

图 4-33 A4 幅面的台式扫描仪

至于工程图扫描仪，则是这 3 种扫描仪中扫描幅面最大、体积也最大的类型，如图 4-34 所示。与前两种扫描仪相比，工程图扫描仪的扫描对象主要是测绘、勘探等方面的大型图纸。此外，在地理系统工程等方面也会用到扫描幅面较大的工程图扫描仪。

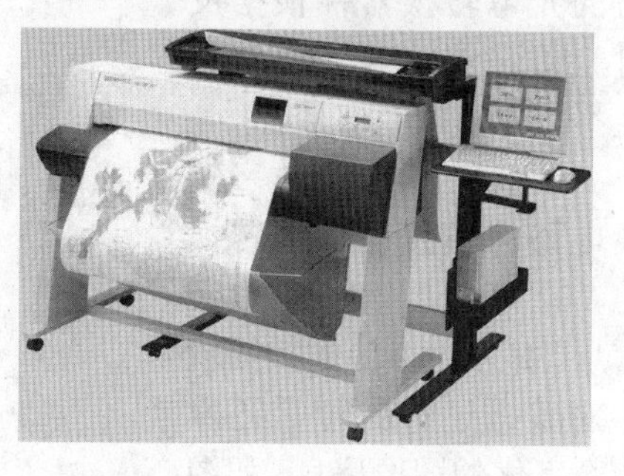

图 4-34 工程图扫描仪

2. 按照扫描方式进行分类

根据图像扫描方式的不同，还可将扫描仪分为激光式扫描仪、平板式扫描仪和馈纸式扫描仪 3 种类型。

- **激光扫描仪**

激光扫描仪是一种能够测量物体三维尺寸的新型仪器，主要在工业生产领域中检测产品的尺寸与形状，如图 4-35 所示。与普通的扫描仪相比，激光扫描仪具有准确、快速且操作简单等优点。

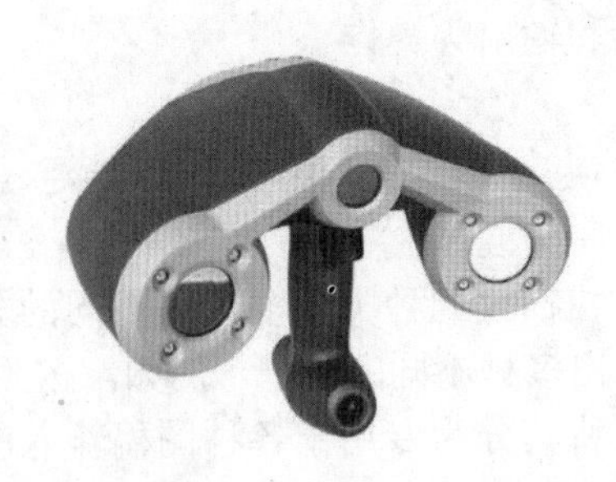

图 4-35　手持式激光扫描仪

❑ 平板式扫描仪

平板式扫描仪是扫描仪设备的代表产品，平常能够见到及使用的也都是平板式扫描仪。与其他类型的产品相比，平板式扫描仪具有适用面广、使用方便、性能优越、扫描质量好且价格低廉等优点。

❑ 馈纸式扫描仪

馈纸式扫描仪（滚筒式扫描仪）通常应用于大幅面扫描领域内，以解决平板式扫描仪在扫描大面积图稿时设备过大的问题。事实上，应用于CAD、工程图纸等领域内的工程图扫描仪所采用的大都是馈纸式走纸方式，如图 4-36 所示。

图 4-36　小型馈纸式扫描仪

与普通平板式扫描仪相比，馈纸式扫描仪具有体积小、扫描速度快，可连续不间断扫描等优点。

3. 按照成像方式进行分类

按照扫描仪成像方式的不同，还可将其分为CCD 扫描仪、CMOS 扫描仪和 CIS 扫描仪 3 种类型。

其中，前两种扫描仪分别依靠内部的 CCD（电荷耦合器）或 CMOS（互补金属氧化物半导体）将光学信息转换为电信号，从而实现图像介质数字化的目的。相比之下，CIS扫描仪则是一种以“接触式图像传感器”为核心的成像系统，具有结构简单、成本低廉、轻巧实用等优点。不过，CIS 扫描仪对扫描稿的厚度和平整度要求较为严格，且成像质量较前两种扫描仪要差。

4.3.2 扫描仪的工作原理

目前，常见的平板式扫描仪通常都由光源、光学透镜、扫描模组、模拟/数字转换电路和塑料外壳构成。在扫描图稿的过程中，光源会首先将光线照射至图像上，而光学透镜则会在将反射光汇聚在扫描模组上后，由扫描模组内的光电转换器件根据反射光的强弱将其转换为强度不同的模拟电信号。

接下来，模拟/数字转换电路将模拟电信号转换为“0”和“1”组成的数字信息，并在由专门的扫描软件对数据进行处理后还原为数字化的图像信息，如图 4-37 所示。

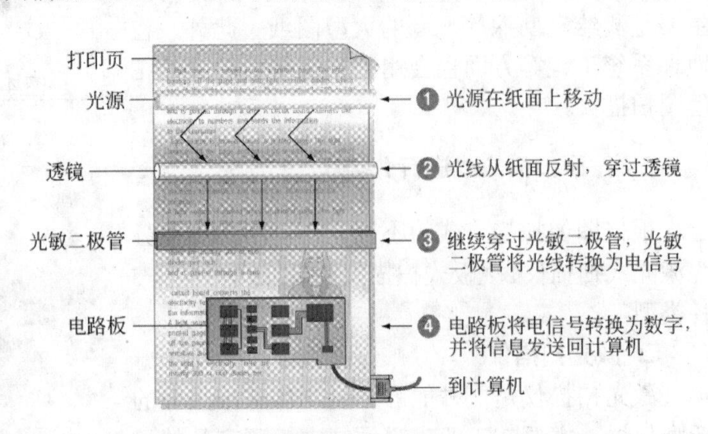

图 4-37　平板式扫描仪的工作原理

注 意

当扫描稿是菲林软片或照片底片等透明材料时，由于光线会透过扫描材料，因此扫描模组会由于收集不到足够的反射光线而无法完成工作。此时，用户只需利用一种被称为透射适配器（TMA）的装置对扫描稿进行光源补偿后，扫描仪即可正常地完成工作。

4.3.3 扫描仪的性能指标

现阶段，人们主要从图像的扫描精度、灰度层次、色彩范围、扫描速度，以及所支持的最大幅面等方面来衡量扫描仪的性能。本节将对这些性能指标进行简单的介绍。

❑ **分辨率**

分辨率是衡量扫描仪性能的最主要指标，其含义是指扫描图像每英寸长度上所含有像素点的个数，单位为 dpi（dots per inch）。简单的说，dpi 值越大，所得到扫描图像内的像素点越多，对图像细节的表现能力越强，扫描图像的品质越好。

但在实际应用中，并不是分辨率越大越好。因为对于扫描稿来说，其本身的图像质量是有限的，当扫描仪的分辨率大于某一特定值时，即使是提高扫描分辨率也无法提高所得图像的质量。

❑ **灰度级**

该指标决定了扫描仪所能区分的亮度层次范围。简单的说，级数越多扫描仪所能分辨图像亮度的范围越大、层次越丰富，不同图像亮度间的过渡越自然。目前，多数扫描仪已经能够识别出 256 级的灰度，而这已经比肉眼所能分辨出的层次还要多。

❑ **色彩位数**

该指标用于记录图像文件在表示每个像素点的颜色时所使用的数据位数，以 bit 为单位。就实际应用来看，色彩位数越多，图像内红、绿、蓝每个通道所能划分的层次也就越多，将其结合后可以产生的颜色数量也就越多，图像文件内各颜色间的过渡也就越真实、自然。以色彩位数为 24bit 的扫描仪为例，其能够产生的数量为 2^{24}=16.67M 种。

❑ **扫描幅面**

扫描幅面即扫描稿的尺寸大小，目前常见的扫描幅面主要有 A4、A3、A0 等，但对于馈纸式扫描仪来说，在扫描稿宽度合适的情况下，其长度不会受到限制。

❑ **扫描速度**

扫描速度决定了扫描仪完成一次扫描任务所花费的时间，是表示扫描仪工作效率的一项重要指标。不过，由于扫描速度会受到分辨率、色彩位数、灰度级、扫描幅面等各种因素的影响，因此该指标通常用指定分辨率和图像尺寸下的扫描时间来表示。

4.3.4 选购扫描仪

在选购计算机外部设备时，一般情况下都是通过对比技术指标的方式来挑选产品。然而，在多款扫描仪的价格和技术指标相差不大的情况下，往往会使用户难以做出选择。在选购扫描仪时应注意以下几点。

1. 外观

在各类商品极大丰富、用户拥有充分选择空间的情况下，除了内在的性能和质量以外，外观便成为影响用户做出选购决定时至关重要的因素。对于IT类产品来说，除了工作的效用之外，还能够起到装点的作用，因此产品的外观是否新颖、时尚更是用户购买产品时的一个重要考虑因素。

2. 噪声的大小

无论是在家庭中，还是在办公室中，噪声都会令人感到心烦意乱。但是，由于机械传动的原因，扫描仪在工作时又会不可避免地产生一些声音。就目前情况来说，虽说扫描仪所发出的声音还没有达到令人难以忍受的地步，但在性能和价格相差不大的情况下，一款安静的产品能够减小噪声对工作和生活带来的干扰。

3. 配套软件

与鼠标、键盘等普通设备不同的是，扫描仪的配套软件对于扫描仪性能的发挥起着至关重要的作用。功能强大的软件不但可以大幅度地提高文字识别率和图像品质，而且还可以让扫描仪具备更加丰富的功能。

因此在选购扫描仪时，一定要了解扫描仪的配套软件，并尽可能地实际操作一番，从而了解实际效果。

4. 技术支持和售后的服务

技术支持和售后服务的质量决定了产品附加值的多少，而对于计算机类产品来说，技术支持和售后服务不仅体现在维修方面，对产品使用方法的电话指导也极其重要。当然，不同厂商所提供的技术支持和售后服务也是不同的，如全国免费电话支持、保修期免费上门，以及分布广泛的维修点等。

4.4 手写板

手写板是一种可以用自然书写的方式替代键盘或鼠标进行输入操作的感应设备。与键盘相比，手写板更加符合人类所习惯的书写方式，因此非常适于对键盘输入不熟悉的人群。此外，由于该类型设备还能够模拟传统书写时的笔触压力，因此在计算机绘图领域内得到了广泛的推广。

4.4.1 手写板工作原理

手写板由一块基板和一只专用手写笔组成，用户只需使用手写笔在基板特定区域内书写文字，手写板便能够将手写笔所经过的轨迹和压力记录下来，如图4-38所示。目前，市场上手写板的品牌、型号众多，但就其工作原理来看，主要分为以下3种类型。

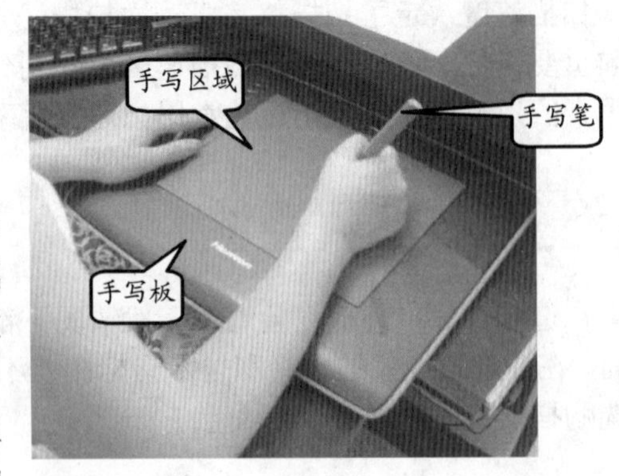

图4-38 手写板

提 示

部分手写板产品没有配备手写笔，此类产品可直接使用手指在手写板上实现输入字符、绘制图形等功能。

1．电阻压力式

电阻压力式手写板主要由两层电阻薄膜组成，其上层电阻薄膜可变形，而下层则是由一层固定的电阻薄膜所构成，两层间利用空气进行隔离。在使用过程中，上层的电阻薄膜会在手写笔或手指的压力下变形，而当上层电阻薄膜与下层电阻薄膜相接触后，便会产生感应电流，从而确认出手写笔或手指的位置，如图 4-39 所示。

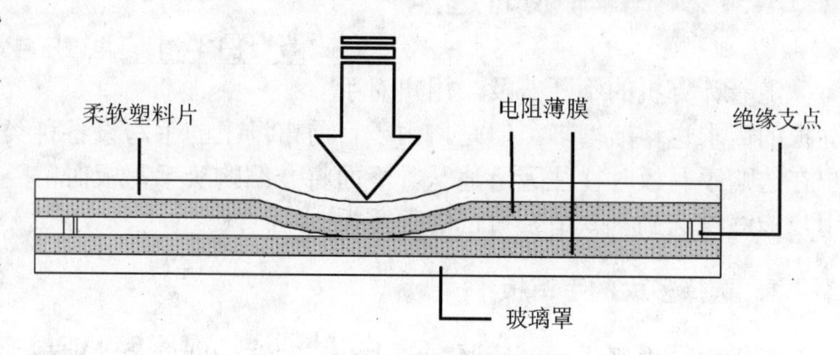

图 4-39 电阻压力式手写板工作示意图

电阻压力式手写板的优点是原理简单、成本低廉；缺点是需要通过感应材料的变形来判断位置，因此感应材料易疲劳，使用寿命也较短。重要的是，电阻压力式手写板的灵敏度稍差，使用时压力不够则没有感应，压力太大时又易损伤手写板，因此现在已经被淘汰。

2．电容触控式

电容触控式手写板的表面附着有一种传感矩阵，手写板会在手指接触其表面时产生一个电容。随着手指的不断移动，手写板只需不断检测手指电容的产生位置（X、Y 坐标），便可以精确“跟踪”手指的移动轨迹，并通过测量电容值的变化，来模拟手指的压力变化，如图 4-40 所示。

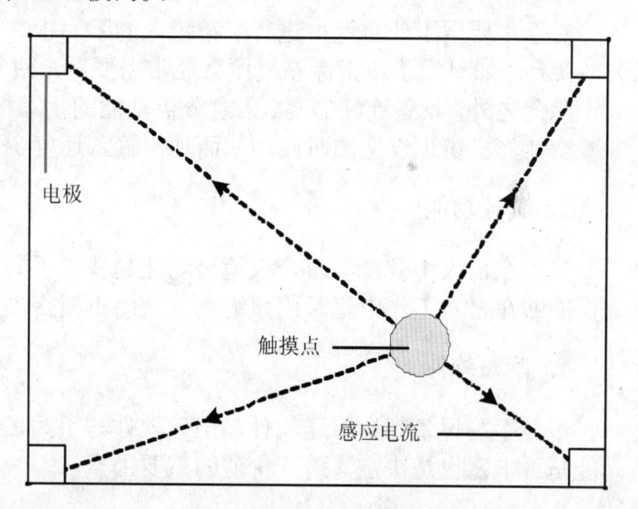

图 4-40 电容触控式手写板工作示意图

电容触控式手写板的优点是耐磨损、使用简便、敏感度高。此外，由于无须使用手写笔，因此便携性较好。

3．电磁压感式

该类型手写板在接通电源后会在一定空间范围内形成电磁场，从而通过感应手写笔笔尖线圈的位置进行工作，如图 4-41 所示。与其他类型的手写板相比，电磁压感式手写板较为灵敏，且手感较好。

不过，电磁压感式手写板对电压的要求较高，当电压达不到要求时便会出现工作不稳定，甚至无法使用的情况。并且，此类手写板抗电磁干扰的能力较差，非常容易与其他电磁设备发生干扰。

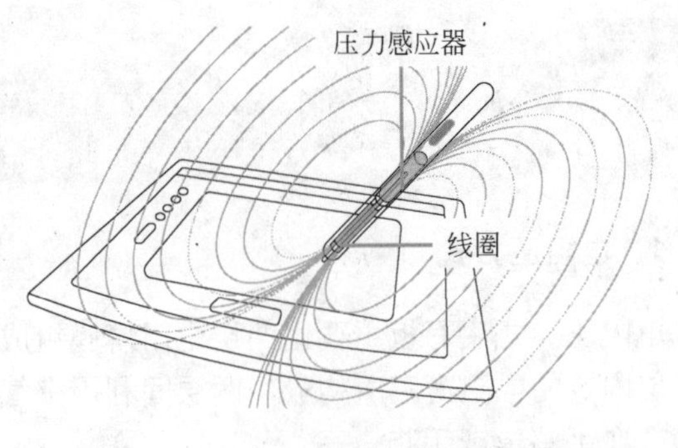

图 4-41　电磁压感式手写板工作示意图

4.4.2　手写板的选购

随着计算机的不断普及，用户对手写板的需求也逐渐增多。但是，由于目前市场上的手写设备种类众多，因此使得普通用户在选购手写板时往往无所适从。下面将介绍购买手写板时需要注意的几点问题，以便用户能够挑选到一款适合自己的手写板。

1. 选择多大的手写板

对于手写板来说，感应区域越大，书写时的回旋余地就越大，运笔就越灵活，但价格通常也比较贵。因此，如果只是用于文字输入的话，建议选择感应面积稍小的产品，从而有效节约资金；如果用于绘图输入的话，则最好选择感应区域较大的产品。

2. 文字识别问题

对于主要用于代替键盘进行字符录入的手写板来说，手写板的手写识别率必须达到95%以上，如果低于该指标系统便会经常需要用户进行纠错，从而降低工作效率。

除此之外，具备连续书写、语意分析功能的手写板能够帮助用户修正输入的错别字，并减少计算机辨识汉字的时间，从而加快输入速度。

3. 其他功能

现如今，人工智能学习个人笔迹功能是普通手写板必须具备的功能之一，这使得手写板能够在日常工作中记录用户笔迹，从而不断提高手写识别率。

4. 附赠软件

多数手写设备都会附送软件，但该软件与手写板之间的配合是否协调，附带软件的功能是否丰富也是决定其购买价值的重要因素。

4.5　实验指导：使用麦克风录音

麦克风是目前人们捕捉声音、录取音频的主要工具，人们平常所听到的唱片、磁带都是通过麦克风配置其他录音设备得到的。其实，在将麦克风连接在计算机上后，用户只需借助于 Windows XP 自带的录音机程序，即可方便地录取音频。

1. 实验目的

- ❑ 调节麦克风音量
- ❑ 选择录音效果
- ❑ 保存音频文件

2. 实验步骤

1 将麦克风接头插入主机对应接口后，执行【开始】|【程序】|【附件】|【娱乐】|【录音机】命令，打开录音机程序主界面，如图4-42所示。

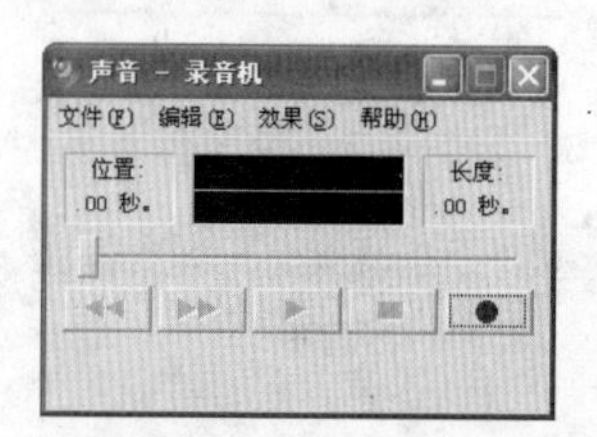

图 4-42 录音机主界面

2 执行【编辑】|【音频属性】命令，并在弹出对话框中的【录音】选项组中单击【音量】按钮，如图4-43所示。

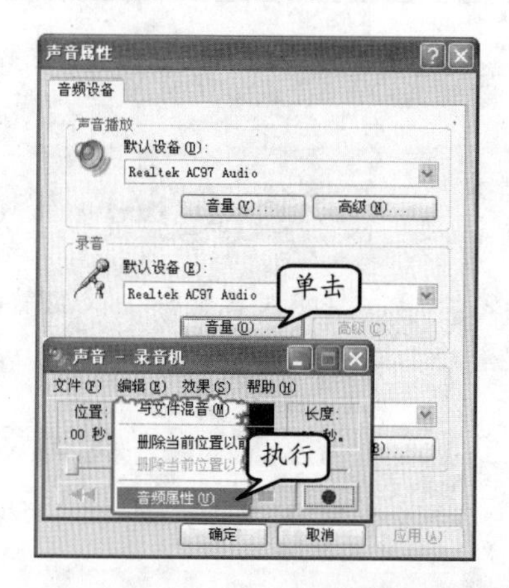

图 4-43 打开【声音属性】对话框

3 在弹出的【录音控制】对话框中，执行【选项】|【属性】命令，如图4-44所示。

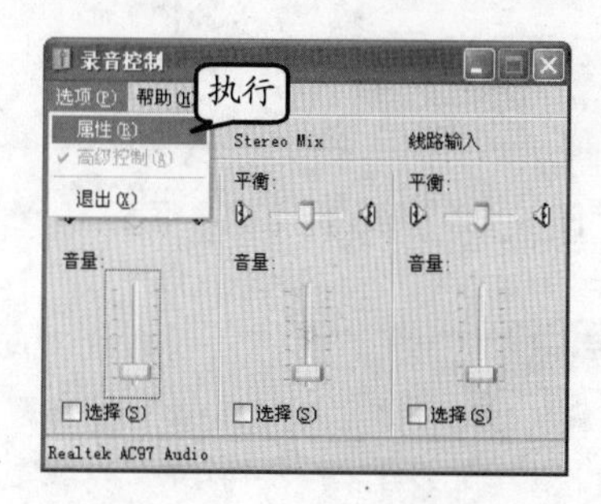

图 4-44 打开录音属性对话框

4 在【属性】对话框中启用【麦克风】复选框，并单击【确定】按钮，如图4-45所示。

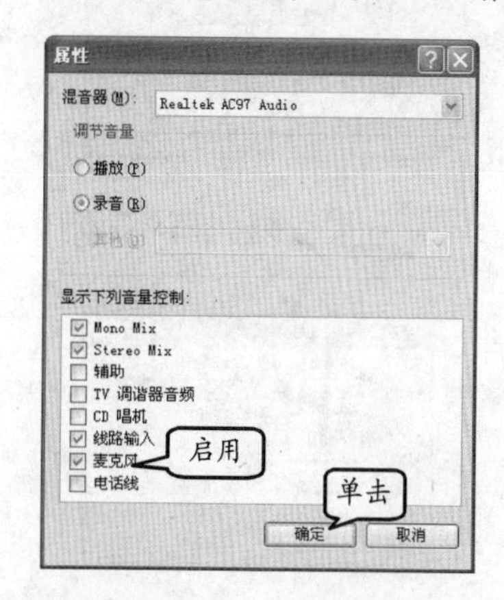

图 4-45 设置录音属性

5 在弹出的【录音控制】对话框中，将麦克风音量调至最大，并关闭该窗口，如图4-46所示。

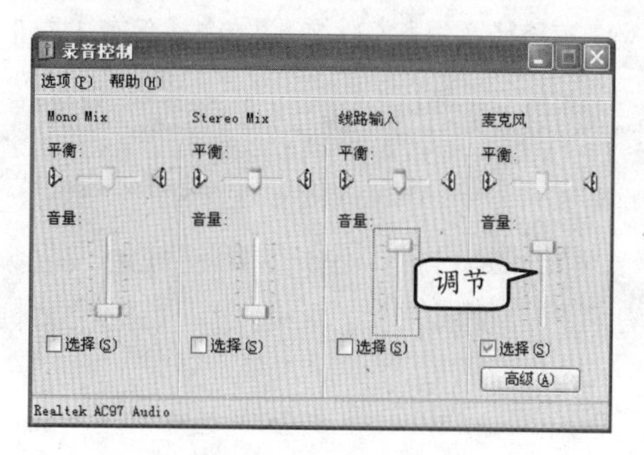

图 4-46 调节麦克风音量

6 在【声音-录音机】对话框中，单击【录音】按钮开始录音，如图4-47所示。

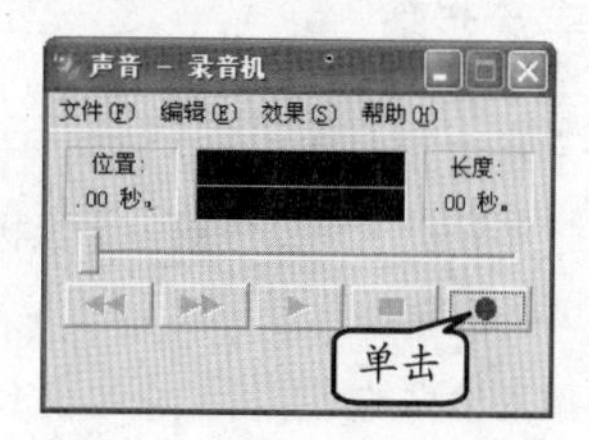

图 4-47 开始录音

7 录音完成后，单击【停止】按钮，如图4-48所示。

8 在【声音-录音机】对话框中，执行【效果】|【加大音量】命令，如图4-49所示。

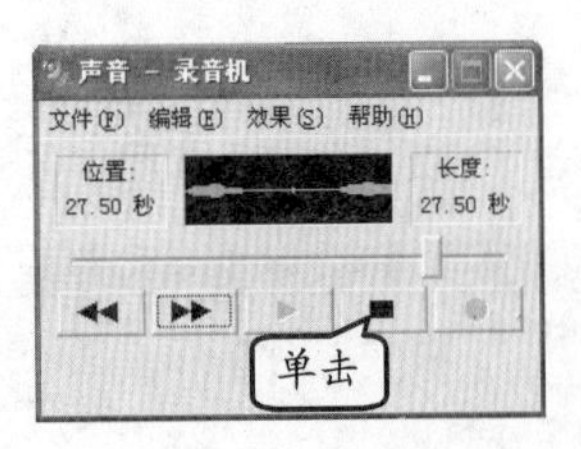

图 4-48 结束录音

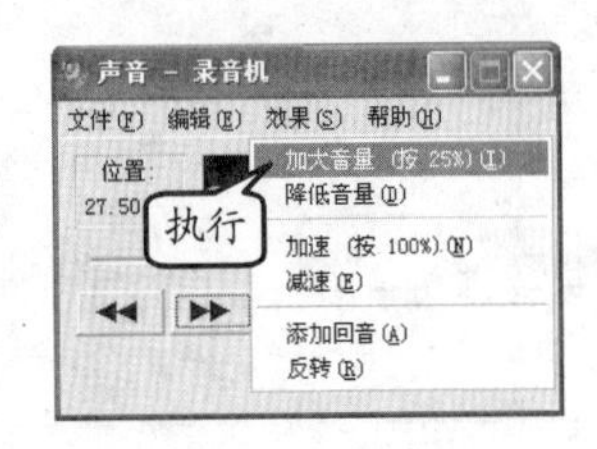

图 4-49 选择效果

9 单击菜单栏中的【文件】选项，并执行【保存】命令，如图 4-50 所示。

10 在弹出的【另存为】对话框中，设置文件保存路径及输入文件名，并单击【保存】按钮，如图 4-51 所示。

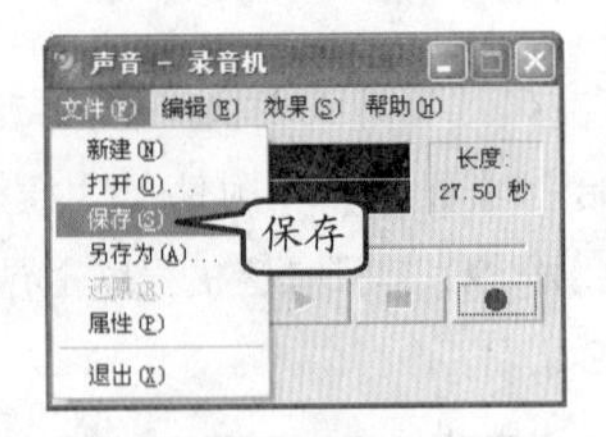

图 4-50 保存文件

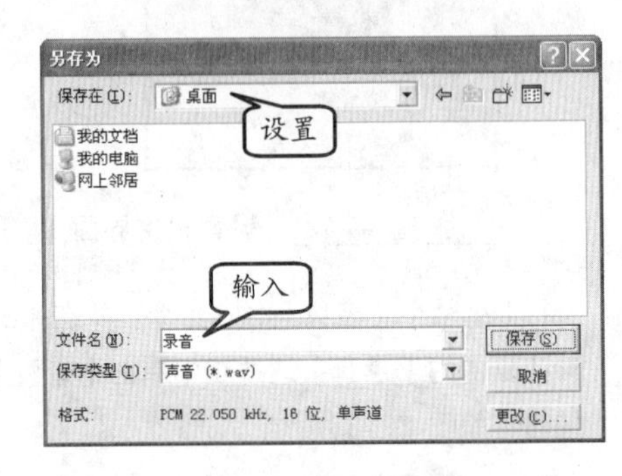

图 4-51 设置保存路径及文件名

4.6 实验指导：调整鼠标设置

鼠标是日常操作计算机时使用最为频繁的设备之一，合理地设置鼠标不仅能给使用者良好的使用感受，还能在一定程度上提高工作效率。下面介绍调整鼠标设置的方法。

1. 实验目的

- ❑ 设置指针外观
- ❑ 设置指针移动效果
- ❑ 设置滑轮一次滚动的行数

2. 实验步骤

1 执行【开始】|【设置】|【控制面板】命令。在【控制面板】窗口中双击【鼠标】图标，如图 4-52 所示。

图 4-52 双击【鼠标】图标

2 在弹出对话框的【鼠标键】选项卡中，启用【鼠标键配置】选项组内的【切换主要和次要的按钮】复选框，如图 4-53 所示。

3 选择【指针】选项卡，单击【方案】下拉按钮，并在弹出的列表中选择【Windows 标准（大）(系统方案)】选项，如图 4-54 所示。

提 示

在选择鼠标指针方案后，用户还可以在自定义列表中选择自己喜欢的指针外观，以及是否启用指针阴影等设置。

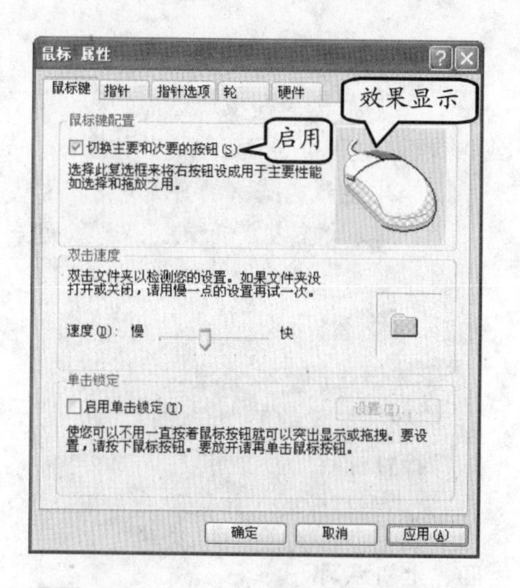

图 4-53 设置鼠标键

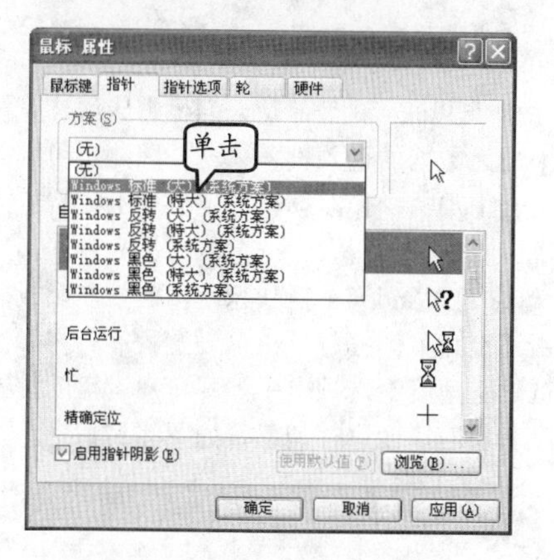

图 4-54 设置指针外观

4 选择【指针选项】选项卡，启用【可见性】选项组内的【显示指针踪迹】复选框，并移动滑块设置其长短，如图 4-55 所示。

提 示

可见性可显示鼠标指针移动的轨迹，设置移动和可见性可改变鼠标指针移动的灵活程度和视觉效果。

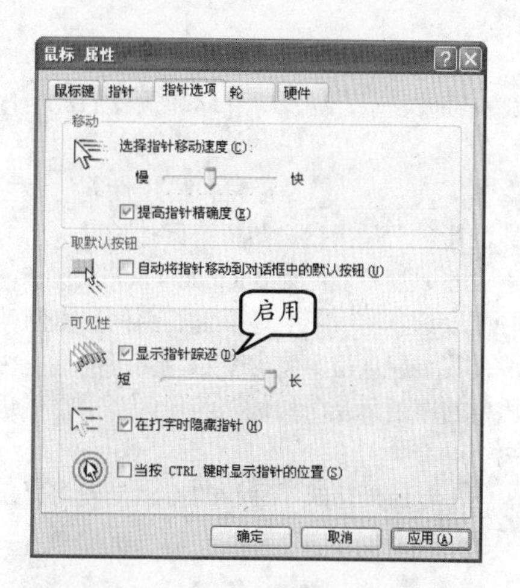

图 4-55 设置指针移动效果

5 选择【轮】选项卡，在【滚动】栏内设置【一次滚动下列行数】为 5，如图 4-56 所示。

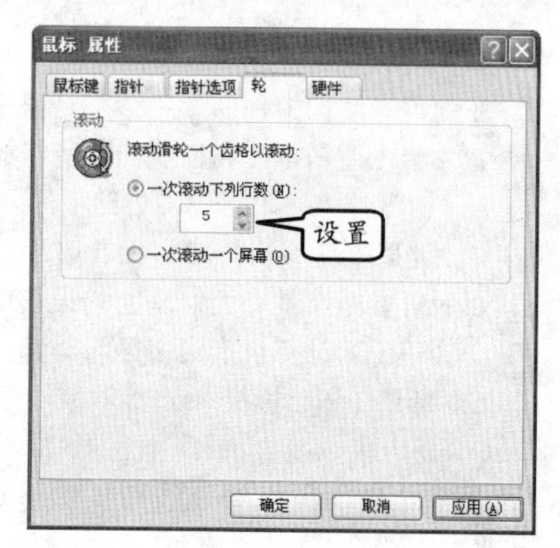

图 4-56 设置滑轮一次滚动行数

6 单击【应用】按钮，并单击【确定】按钮完成设置。

4.7 思考与练习

一、填空题

1. __________是常用的输入设备，由一组开关矩阵组成，包括数字键、字母键、符号键、功能键及控制键等。

2. 常见键盘的按键分为机械式按键、导电橡胶式按键、薄膜式按键和__________4 种类型。

3. 鼠标按接口类型可分为 PS/2 鼠标、__________和无线鼠标 3 种类型。

4. __________是光电鼠标的重要性能指标。简单的说，是指鼠标感应器在一秒钟所接收光反射信号并将其转化为数字电信号的次数。

5. __________通过捕获图像并将其转换为计算机可以显示、编辑、存储和输出的数字化输入设备。

6. __________是衡量扫描仪性能的最主要指标，其含义是指扫描图像每英寸长度上所含有像素点的个数，单位为dpi（dots per inch）。

7. __________手写板主要由两层电阻薄膜组成，其上层电阻薄膜可变形，而下层则是由一层固定的电阻薄膜所构成，两层间利用空气进行隔离。

8. 电磁压感式手写板的特点是较为灵敏，且手感较好，但对__________的要求较高。

二、选择题

1. 在下列设备中，不属于输入设备的是__________。

   A. 键盘　　B. 显示器
   C. 鼠标　　D. 扫描仪

2. 在键盘的结构中，__________是整个键盘的核心，主要由逻辑电路和控制电路所组成。

   A. 键盘外壳　　B. 电路板
   C. 键盘按键　　D. 三者都是

3. 在所有鼠标及具有类似功能的设备中，__________在笔记本计算机上用得最为普遍。

   A. 指点杆和触模板　　B. 滚轴鼠标
   C. 感应鼠标　　D. 四键鼠标

4. 目前在市面上大部分的扫描仪都属于__________。

   A. 手持式扫描仪　　B. 滚筒式扫描仪
   C. CIS 扫描仪　　D. 平板式扫描仪

5. 灰度级表示图像的亮度层次范围，级数越多扫描仪图像亮度范围越大、层次越丰富，目前多数扫描仪的灰度可达到__________级。

   A. 200　　B. 255
   C. 256　　D. 300

6. 目前，市场上有多种类型的手写板，下列不属于手写板类型的是__________。

   A. 电阻式压力板　　B. 电磁式感应板
   C. 电容式触控板　　D. 光学式感应板

7. __________手写板通过控制器对 4 个电流比例的精确计算，得出接触点的位置。

   A. 电阻压力式　　B. 电磁感应式
   C. 电容触控式　　D. 光学检测式

三、简答题

1. 简述键盘的工作原理。
2. 简述扫描仪的工作原理。
3. 简述扫描仪的性能指标。
4. 简述手写板的工作原理。

四、上机练习

1. 修改键盘设置

一直以来，键盘都是人们日常应用计算机时使用最为频繁的输入设备之一，因此所用键盘是否符合用户的操作习惯在一定程度上影响着工作效率。

打开 Windows 操作系统内的控制面板后，双击【键盘】图标打开键盘设置程序。在弹出对话框的【速度】选项卡中，即可对键盘的按键灵敏度和反应速度进行调整，如图 4-57 所示。

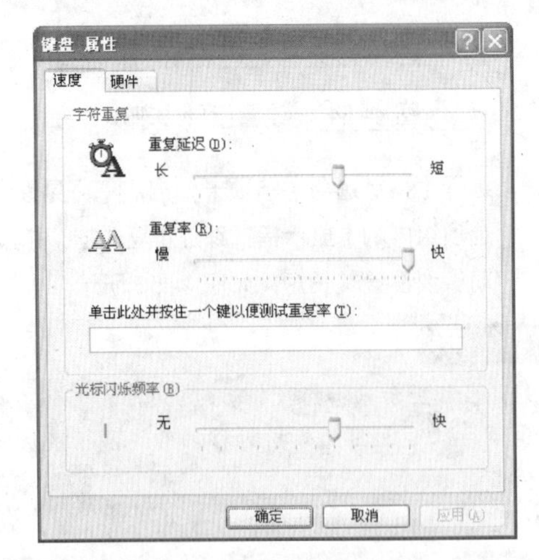

图 4-57　调整键盘设置

第5章

计算机输出设备

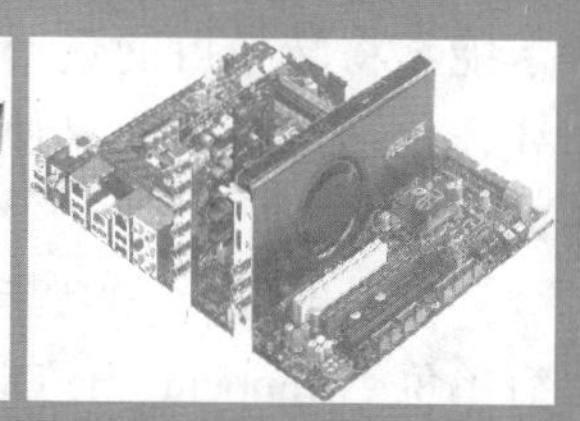

人与计算机之所以能够交互，除了输入设备在人与计算机之间起到的数据/指令传导作用外，还有一点便是计算机能够通过输出设备向用户反馈信息。通过不同类型的输出设备，计算机将其内部的二进制信息转换为数字、字符、图形图像、声音等人们所能够识别的媒体信息，为用户正常使用计算机提供了可靠保障。

随着计算机系统的飞速发展，计算机输出设备的种类越来越多，而本章所要介绍的便是部分当前较为常见的计算机输出设备。

本章学习要点：

- 显卡
- 显示器
- 声卡
- 音箱
- 打印机

5.1 显卡

显卡（Graphics Card，又称“显示适配器”或“图形卡”）是计算机处理和传输图像信号的重要部件。显卡的功能是将计算机内的各种数据转换为字符、图形及颜色等信息，并通过显示器呈现在用户面前，使用户能够直观地了解计算机的工作状态和处理结果。

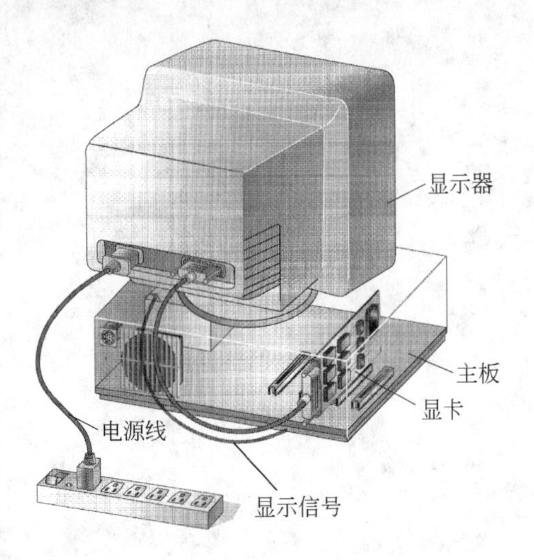

图 5-1 显卡与显示器

5.1.1 显卡概述

显卡是显示器与计算机主机间的桥梁，使用专门的总线接口与主板进行连接。通过不断接收和转换计算机传来的二进制图形数据，显卡能够将转换后的数据信号通过专用接口和线缆传输至显示器，使其生成各种美丽的画面，如图 5-1 所示。

最早出现于 1981 年的显卡只起到信号转换的作用，当时的 IBM 推出了两款分别配有单色（Monochrome Display Adapter，MDA）显卡和彩色（Color Graphic Adapter，CGA）图形显卡的个人计算机。这两款计算机的出现，标志着个人计算机显卡的诞生。此后，随着计算机硬件技术的发展，陆续出现了 EGA、VGA、SGVA 等多种显示标准的显卡产品，

显卡发展到现在，各种显卡产品都带有 3D 图形运算和图形加速功能，因此也被称为“图形加速卡”或“3D 加速卡”，图 5-2 所示即为目前一款常见的显卡产品。

图 5-2 当前常见的显卡

5.1.2 显卡分类

显卡的发展速度极快，从 1981 年单色显卡的出现到现在各种图形加速卡的广泛应用，其类别多种多样，所采用的技术也各不相同。

1. 按照显卡的构成形式划分

按照显卡构成形式的不同，可以将显卡分为独立显卡和集成显卡两种类型。其中，独立显卡是指那些以独立板卡形式出现在人们面前的显卡，特点是性能强劲，但在安装时需要通过专用接口与主板进行连接，如图 5-3 所示。

图 5-3 独立显卡

集成显卡则是指主板在整合显示芯片后，由主板所承载的显卡，因此又称板载显卡。用户在使用此类主板时，无需额外配备独立显卡即可正常使用计算机，因此能够有效降低计算机的购买成本，如图 5-4 所示。

图 5-4 集成显卡功能的主板

2. 按照显卡的接口类型划分

根据目前独立显卡所用数据接口的类型来划分，可以将其分为以下两种类型。

❑ **AGP 显卡**

早期的独立显卡通过 PCI 接口与主板进行数据交换，随后英特尔为解决系统与图形加速卡之间的数据传输瓶颈而开发了名为 AGP（Accelerated Graphics Port，加速图形端口）的局部图形总线技术，而采用该接口的显卡便称为 AGP 显卡，如图 5-5 所示。

图 5-5 AGP 显卡

相对于 32 位 PCI 总线的 33MHz 总线频率而言，AGP 显卡能够使用 66MHz 的总线频率进行工作，从而极大地提高了数据传输率。在陆续发展的过程中，AGP 技术先后出现了 AGP1.0、2.0 和 3.0 三种技术规范，其详细规格如表 5-1 所示。

表 5-1 AGP 显卡技术标准

技术规范	AGP1.0		AGP2.0	AGP3.0
版本	AGP 1X	AGP 2X	AGP 4X	AGP 8X
数据带宽	32bit	32bit	32bit	32bit
时钟频率	66MHz	66MHz	66MHz	66MHz
工作频率	66MHz	133MHz	266MHz	533MHz
数据传输率	266MB/s	533MB/s	1066MB/s	2133MB/s
工作电压	3.3 V	3.3 V	1.5 V	0.8V

提 示

在 AGP 显卡的发展过程中，曾出现过一种被称为 AGP Pro 的增强型 AGP 显卡。AGP Pro 显卡比 AGP 显卡略长，电力需求也较大，但其插槽能够完全兼容 AGP 显卡。

❑ **PCI-E 显卡**

随着图像处理技术的发展和用户对3D游戏需求的急速增长，传统的AGP接口已经无法满足大量数据传输的需求。为了解决这一问题，多家公司共同开发了PCI Express串行技术规范。

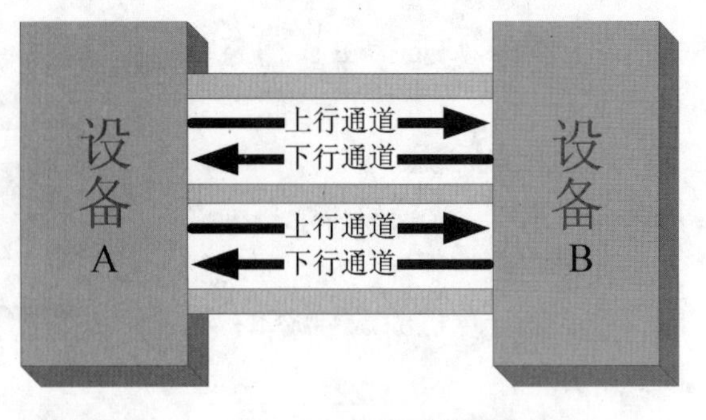

图 5-6　PCI Express 通道结构示意图

PCI Express是在PCI基础上发展而来的一种新型总线技术，其接口分为X1、X2、X4、X8、X12、X16和X32多个不同的数据带宽标准。与传统PCI总线在单一时间周期内只能实现单向传输不同的是，PCI Express采用了新型的双单工连接方式，即一个PCI Express通道由两个独立的单工连接组成，如图5-6所示。

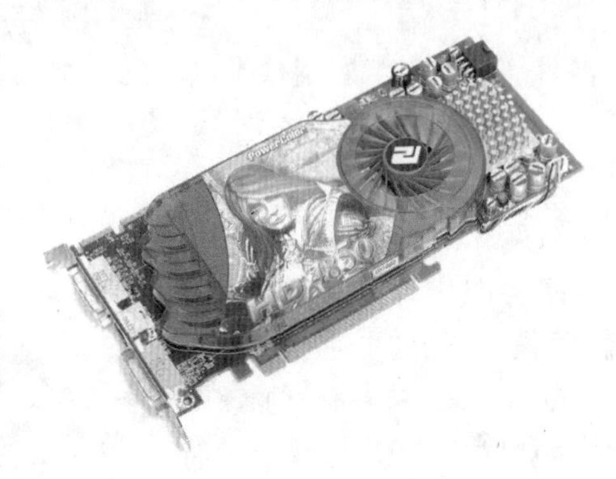
图 5-7　采用 PCI Express 接口的显卡

对于广大用户而言，PCI Express接口带来的是显卡性能的大幅度提升。以常见的PCI-E X16显卡为例，其4.8GB/s的数据传输率远高于AGP 8X显卡每秒2.1GB的数据流量，因此一经推出便很快占领市场，如图5-7所示。

5.1.3　显卡的组成结构

显卡发展至今，其结构越来越复杂，它由显示芯片、显示内存、VGA BIOS、金手指等多个部分所组成。本节将对显卡各组成部分的作用、类型及其他相关信息进行讲解。

1. 显示芯片

显示芯片负责处理各种图形数据，是显卡的核心组成部分，其工作能力直接影响着显卡的性能，是划分显卡档次的主要依据，如图5-8所示。

图 5-8　显示芯片

2. RAMDAC

RAMDAC即“随机存取内存数字/模拟转换器”(简称“数模转换器”)，功能是将显存内的数字信号转换为能够用于显示的模拟信号。RAMDAC的转换速度以MHz为单位，其转换速度越快图像越稳定，在显示器上的刷新频率也就越高。

随着显卡生产技术的提高，RAMDAC芯片早已集成到了显示芯片内，因此在现如今的显卡上已经看不到独立的RAMDAC芯片了。

3．显存

显存（显示内存）也是显卡的重要组成部分之一，其作用是存储等待处理的图形数据，图 5-9 所示即为显卡上的显存颗粒。显示器当前所使用的分辨率、刷新率越高，所需显存的容量也就越大。除此之外，显存的速度和数据传输带宽也影响着显卡的性能，因为无论显示芯片的功能如何强劲，如果显存的速度太慢，无法及时传送图形数据，仍然无法得到理想的显示效果。

图 5-9　显存芯片

4．显卡 BIOS

显卡 BIOS（VGA BIOS）是固化在显卡上的一种特殊芯片，主要用于存放显示芯片和驱动程序的控制程序、产品标识等信息。目前，主流显卡的 VGA BIOS 大多采用 Flash 芯片，并允许用户通过专用程序对其进行改写，从而改善显卡性能。

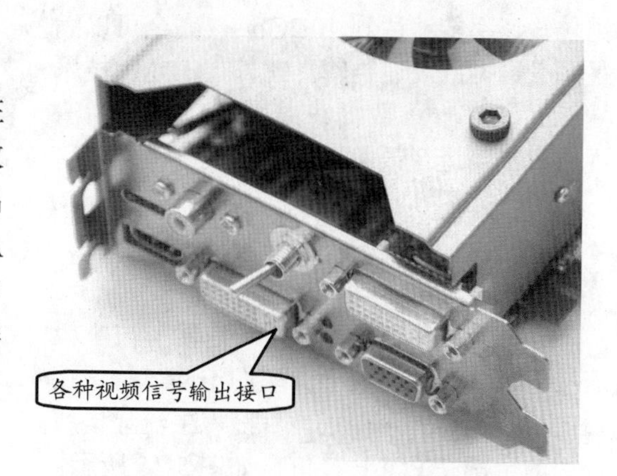

图 5-10　当今显卡所提供的众多输出接口

5．显卡接口

近年来，随着显示设备的不断发展，显卡信号输出接口的类型越来越丰富。目前，主流显卡大都提供两种以上的接口，分别用于连接多种不同类型的显像设备，如图 5-10 所示。

❑ **D-SUB 接口**

又称为 D 形 VGA 插座，这是一种三排梯形 15 孔的模拟信号输出接口，主要用于连接 CRT 显示器，如图 5-11 所示。

图 5-11　VGA 接口

提　示

D-SUB 接口被设计为梯形的原因是为了防止用户将其插反，计算机上的很多其他接口也都采用了类似的设计方式，如串行接口和并行接口等。

❑ **DVI 接口**

Digital Visual Interface（数字视频接口）用于输出数字信号，具有传输速度快、信号无损失，以及画面清晰等特点。该接口是目前很多 LCD 显示器采用的接口类型，因此也成为当前显卡的主流输出接口之一，如图 5-12 所示。

❑ **S-Video**

英文全称为 Separate Video（二分量视频接口），主要功能是将视频信号分开传送。它能够在 AV 接口的基础上将色度信号和亮度信号进行分离，再分别以不同的通道进行传输。该接口一般用于实现 TV-OUT 功能，即连接电视，如图 5-13 所示。

❑ **HDMI 接口**

HDMI 即 High Definition Multimedia Interface，中文称为“高清晰多媒体接口”，作用是连接高清电视。HDMI 接口的最高数据传输速率能够达到 10.2Gb/s，完全可以满足海量数据的高速传输。此外，HDMI 技术规范允许在一条数据线缆上同时传输高清视频和多声道音频数据，因此又被称为高清一线通，如图 5-14 所示。

6. 总线接口

该部分俗称“金手指”，是显卡与主板连接的部分。根据显卡类型的不同，总线接口的样式也有一定差别。目前，主流显卡所采用的全都是 PCI-E 接口，如图 5-15 所示。

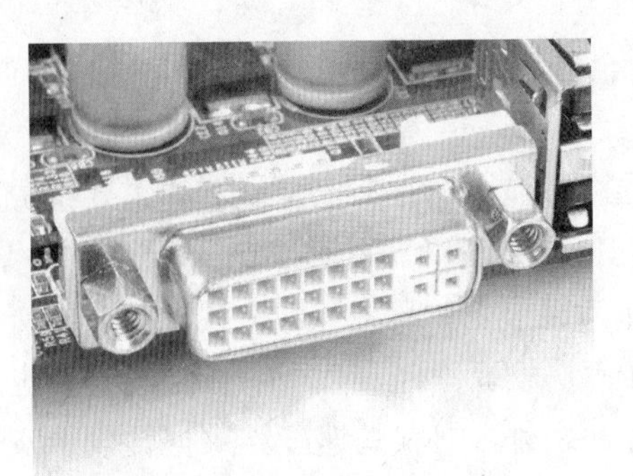

图 5-12 **DVI 接口**

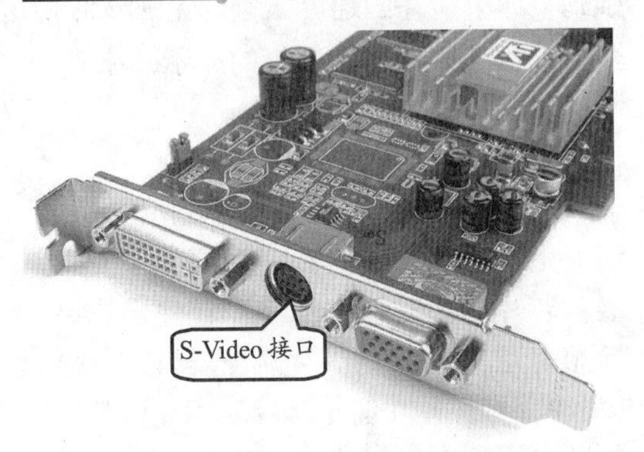

图 5-13 **S-Video 接口**

图 5-14 **HDMI 接口**

图 5-15 显卡上的 **PCI-E 接口**

5.1.4 显卡技术指标

显卡是计算机硬件系统中较为复杂的部件之一，其性能指标相对也较多。下面将对其中较为重要的几项指标进行简单介绍，以便用户更好地了解和学习显卡知识。

1. 显卡核心频率

显卡核心频率指显示芯片的工作频率，单位为 MHz，该指标决定了显示芯片处理图形数据的能力。不过，由于显卡的性能受到核心频率、显存、像素管线、像素填充率等多方面因素的影响。因此在显卡核心不同的情况下，核心频率的高低并不代表显卡性能的强弱。

2. RAMDAC 频率

RAMDAC 的频率直接决定了显卡所支

持的刷新频率，以及所显现画面的稳定性，是影响显卡性能的重要指标。以 1280×1024@85Hz 的分辨率@刷新频率为例，所需 RAMDAC 的频率至少为 1280×1024×85Hz×1.334（带宽系数）≈141.74MHz。

目前，常见显卡的 RAMDAC 频率都已经达到 400MHz，完全可以满足用户的日常需求，所以通常不必为了 RAMDAC 的频率而担心。

3．显存频率

显存频率是指显存的工作频率，由于该指标直接决定了显存带宽，因此是显卡较为重要的技术指标之一，以 MHz 为单位。显存频率与显存时钟周期（显存速度）相关，两者成倒数关系，即显存频率＝1/显存时钟周期。

以显存速度为 2ns（纳秒）的显存为例，通过计算可知其显存频率为 1/2ns=500MHz。

4．显存位宽

显存位宽是显存在单位时间内所能传输数据的位数，单位为 bit。显存位宽越大，数据的瞬时传输量也就越大，直接表现为显卡传输速率的增加。显存位宽的计算公式如下：

单颗显存位宽×显存颗数＝显存位宽

目前，市场上常见显卡的显存位宽大多为 256bit，中高端显卡的显存位宽一般为 448bit 或 512bit，而针对高端用户的顶级显卡已经达到了 896bit 甚至更大的显存位宽。

5．显存带宽

显存带宽是指显示芯片与显存之间的数据传输速率，以 GB/s 为单位。显存带宽是决定显卡性能和速度的重要因素之一，要得到高分辨率、高色深、高刷新率的 3D 画面，要求显卡具有较大的显存带宽，其计算公式如下：

显存带宽=显存工作频率×显存位宽/8

6．3D API 技术

目前，显示芯片厂商及软件开发商都在根据 3D API 标准设计或开发相应的产品（显示芯片、三维图形处理软件、3D 游戏等）。因此，只有支持新版本 3D API 的显卡才能在新的应用环境内获得更好的 3D 显示效果。

提 示

3D API 是软件（应用程序或游戏）与显卡直接交流的接口，其作用是让编辑人员只需调用 3D API 内部程序即可启用显卡芯片强大的 3D 图形处理能力，而无须了解显卡的硬件特性，从而简化 3D 程序的设计难度，提高设计效率。

目前，应用较为广泛的 3D API 主要有以下两种。

❑ **DirectX**

DirectX 是微软为 Windows 平台量身定制的多媒体应用程序编辑环境，由显示、声音、输入和网络四大部分组成，在 3D 图形方面的表现尤为出色。现如今，所有显卡都对 DirectX 提供了良好的支持，其最新版本为 DirectX 11。

❑ **OpenGL**

OpenGL（Open Graphics Library，开放图形库接口）是计算机工业标准应用程序接口，常用于CAD、虚拟场景、科学可视化程序和游戏开发。OpenGL的发展一直处于一种较为迟缓的状态，每次升级时的新增技术相对较少，大多只是对之前版本的某些部分做出修改和完善。

5.1.5 多卡互联技术

随着用户需求的不断提高，即使是当今的顶级显卡也已无法满足某些高端应用的图形数据处理需求。为此，人们开始寻求一种能够快速提高图形数据处理能力的方法，多卡互联技术由此诞生。

1. 多卡互联技术概述

简单的说，多卡互联技术的原理是将多块显卡连接在一起后，共同处理图形数据，以此来提高显示系统的整体性能，其构成形式如图5-16所示。

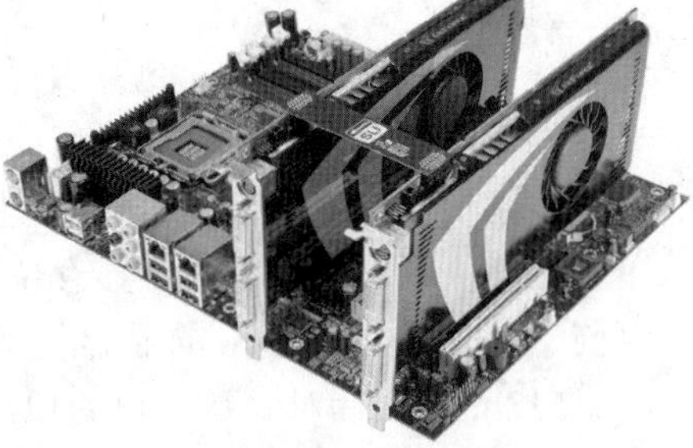

图5-16 双卡互联技术的连接模型

2. 主流的多卡互联技术

目前，nVIDIA公司和AMD公司都推出了自己的多卡互联技术，下面将对其分别进行介绍。

❑ **SLI技术**

SLI（Scalable Link Interface，交错互连）是nVIDIA公司于2005年6月推出的一项多GPU并行处理技术。在该技术的支持下，两块显卡将通过连接子卡联系在一起，工作时各承担一部分图形处理任务，从而使计算机的图形处理性能得到近乎翻倍的提升，图5-17所示即为SLI多卡互联时用到的连接子卡。

图5-17 SLI连接子卡

提 示

在nVIDIA公司的SLI系统中，只有显示芯片内集成有SLI控制功能，且只有具备SLI互联接口的显卡才能够组建SLI多卡互联系统。

在SLI模式中，各块显卡的地位并不对等，而是一块显卡作为主卡（Master），其他则作为副卡（Slave）。其中，主卡负责任务指派、渲染、后期合成、输出等运算和控制工作，副卡只是在接收来自主卡的任务并进行相应处理后，将运算结果传送回主卡。

提 示

SLI技术最初源于3dfx公司，但该公司已经在与nVIDIA公司的竞争中被其收购。

❑ **CrossFire技术**

CrossFire（交叉火力，简称“交火”技术）是AMD公司针对SLI技术而推出的多卡互联技术，其原理与SLI类似。不过，CrossFire模式下的两块显卡通过显卡接口在机箱外部连接，因此不需要使用专门的双卡互联接口，如图5-18所示。

5.1.6 显卡的选购

在计算机的显示系统中，显卡的重要性要略高于显示器，这是因为如果显卡的性能及稳定性不好，很可能造成计算机长时间无法正常运行，因此在配置计算机时挑选一款优质的显卡显得尤为重要。

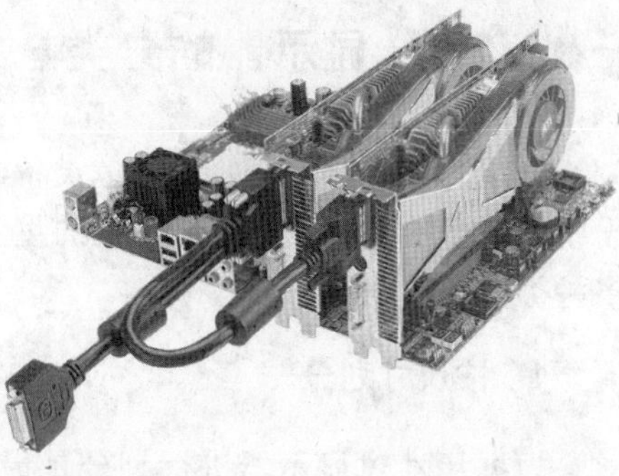

图5-18 CrossFire双卡互联模型

1. 选购目的

选购显卡时首先要确定购买的用途，例如对于一般办公用户来说，可以选择集成显卡或者低端的独立显卡；而对于玩游戏、制图或编辑视频的用户来说，则应选择性能较为强劲的中、高端显卡。

2. 要与CPU配套

显卡与CPU是计算机硬件系统内最为重要的两块数据处理芯片，虽然各自所处理的数据类型不太相同，但在某些应用环境内需要两者互相协助才能够更好地完成任务。因此，在购买显卡的同时，还需要衡量CPU的性能，以免出现性能不均衡导致的资源浪费。

3. 做工与用料

虽然显卡的生产厂商众多，但生产、研制显卡芯片的却只有两个公司，分别为nVIDIA或AMD（ATI被收购后划入AMD的图形部门）。因此，同型号或同档次显卡之间的性能或质量差异多数情况下只能通过显卡用料与做工进行对比。

4. PCB的质量

PCB（Printed Circuit Board，印刷电路板）由多层树脂材料粘合在一起所组成，内部采用铜箔走线，是电子产品的电路基板。典型的PCB板共分4层，最上和最下的两层为“信号层”，中间两层分别被称为“接地层”和“电源层”。PCB板的层数越多，整体的高频稳定性越好，但设计相对越为困难，成本也更高。目前，中低端显卡一般采用4～6层PCB板，高端显卡则会采用8层甚至10层的PCB板。

5. 金手指

金手指是显卡与主板连接的部分，对于显卡的供电及数据传输起着至关重要的作用。高品质显卡的金手指颜色呈金色发暗，从侧面看还具有一定厚度，而且边缘进行了打磨或切割，不会对插槽造成损伤。

5.2 显示器

显示器是用户与计算机进行交互时必不可少的重要设备，其功能是将来自显卡的电信号转化为人类可以识别的媒体信息。这样一来，用户便可通过文字、图形等方式查看计算机的运行状态及处理结果。

5.2.1 显示器的分类

早期的计算机没有任何显像设备，但随着用户的使用需求，以显示器为代表的显示设备逐渐产生并发展成为计算机的重要设备。目前，常见显示器可以根据以下标准分为多种类型。

1．按尺寸划分

根据尺寸对显示器进行划分是最为直观、简洁的分类方法。目前市场上常见的显示器产品以 19″（英寸）为主。除此之外，还有 22″、24″及更大尺寸的显示器产品，如图 5-19 所示。

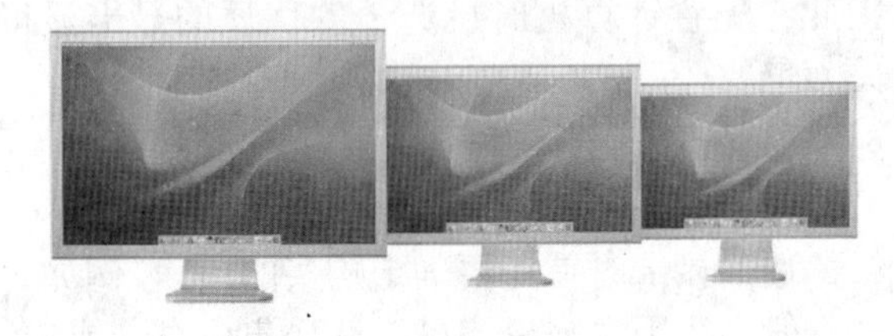

图 5-19 不同尺寸的显示器

2．按显像技术划分

按照显示器显像技术的不同，可以将显示器分为阴极射线管显示器（CRT 显示器）、液晶显示器（LCD 显示器）和等离子显示器（PDP 显示器）三大类型。

❑ CRT 显示器

CRT 显示器是早期使用范围较广的显示器类型，外形与电视机类似，特点是结实、耐用，但体积较大，如图 5-20 所示。

图 5-20 CRT 显示器

此外，作为 CRT 显示器重要组成部分的显像管又分为柱面管和纯平管两大类。其中，柱面管从水平方向看呈曲线状，而在垂直方向则为平面，特点是亮度高、色彩艳丽饱满，代表产品是索尼公司的特丽珑（Trinitron）和三菱公司的钻石珑（Diamondtron）。

相比之下，纯平管在水平和垂直方向上均实现了真正的平面。由于该设计能够使人眼在观看屏幕时的聚焦范围增大，而失真反光则被减小到最低限度，因此看起来更加舒服和逼真。纯平管的代表产品有索尼平面珑、LG 未来窗、三星丹娜管，以及三菱纯平面钻石珑等。

❑ LCD 显示器

LCD 显示器是一种利用液晶分子作为主要材料制造而成的显示设备，特点是机身轻薄、无辐射、使用寿命长等，如图 5-21 所示。

图 5-21 LCD 显示器

❑ 等离子显示器

图 5-22 等离子显示器

等离子显示器是一种利用气体放电促使荧光粉发光并进行成像的显示设备。与 CRT 显示器相比，等离子显示器具有屏幕分辨率大、超薄、色彩丰富和鲜艳等特点；与 LCD 显示器相比则具有对比度高、可视角度大和接口丰富等特点，如图 5-22 所示。

等离子显示器的缺点在于生产成本较高，且耗电量较大。并且，由于等离子显示器更适合于制作大尺寸的显示设备，因此多用于制造等离子电视。

提 示

等离子显示器的英文为 Plasma Display Panel （PDP），在为等离子显示器安装频道选台器等设备后，便可将其称之为等离子电视（Plasma TV）。

3. 按屏幕比例划分

屏幕比例是指显示器屏幕长与宽的比值。根据类型的不同，不同显示器的屏幕比例也都有所差别。例如，常见 CRT 显示器的屏幕比例大都为 4:3，而主流 LCD 显示器的屏幕比例则分为 4:3、5:4、16:9 和 16:10 这 4 种类型。

5.2.2 CRT 显示器

目前，CRT 显示器虽然已经退出了主流显示器市场，但仍然有不少用户在使用 CRT 显示器。为此，本节将对 CRT 显示器的工作原理和性能指标等内容进行讲解，以便用户能够更好地了解 CRT 显示器。

1. CRT 显示器的工作原理

CRT 显示器主要由电子枪、偏转线圈、荫罩、荧光粉层和玻璃外壳这五大部分组成。

当 CRT 显示器开始工作时，电子枪便会不断射出经过聚焦和加速的电子束，并在偏转线圈产生的磁场作用下，通过荫罩从左至右、从上至下击打在玻璃外壳内部的荧光粉层上，从而形成光点，如图 5-23 所示。

① 电子枪
② 电子束
③ 聚焦线圈
④ 偏向线圈
⑤ 阳极接点
⑥ 电子束遮罩用于分隔颜色区域
⑦ 萤光幕分别涂有红绿蓝 3 种萤光剂
⑧ 彩色萤光幕内侧的放大图

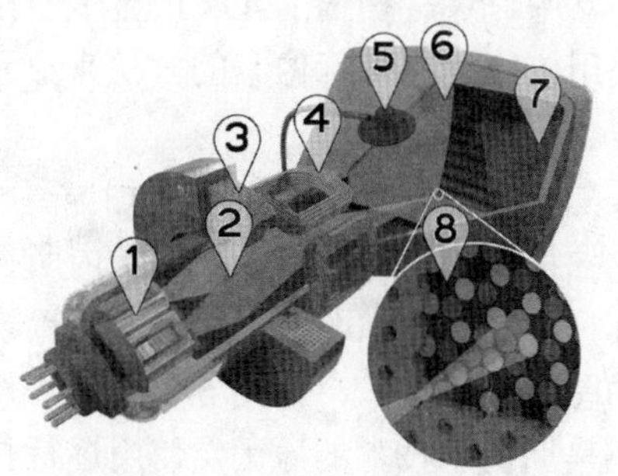

图 5-23 CRT 显示器工作示意图

由于电子枪发射的电子束能够在极短时间内多次击打荧光粉层内的所有位置，因此由荧光粉发出的光点便会在人眼的“视觉残留”作用下融合在一起，从而在屏幕上形成各种图案和文字，如图 5-24 所示。

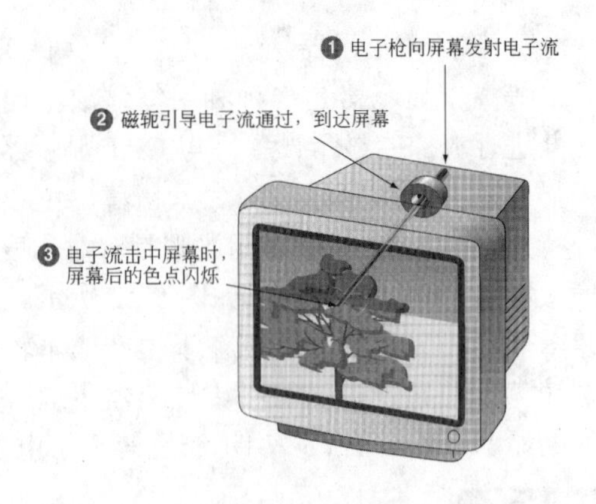

图 5-24 CRT 显示器成像示意图

2. CRT 显示器的主要参数

由于 CRT 显示器的亮度和对比度较高，并且在显示图像时能够提供较为鲜艳、清晰的画面，因此仍然是很多图形用户的首选显示器类型。下面来介绍一下 CRT 显示器的部分性能指标。

❑ 点距

点距（Dot Size）是指显示器屏幕上两个相同颜色发光点之间的距离，也就是阴极射线管（CRT）内的两个相邻同色荧光点之间的最短距离，如图 5-25 所示。点距参数的意义在于，在屏幕大小相同的情况下，点距越小，所显示的图形就越为细腻、清晰。

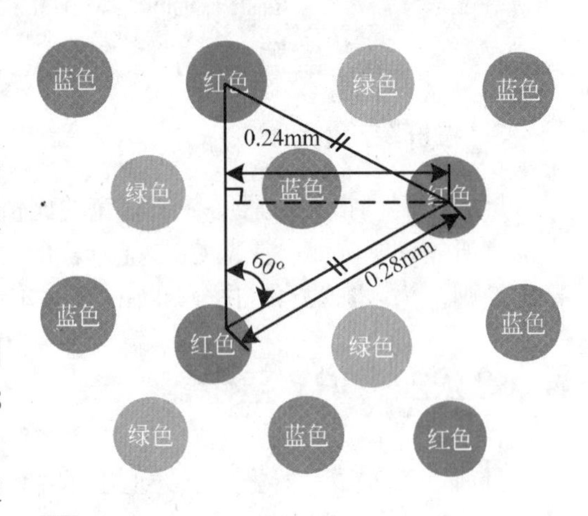

图 5-25 点距示意图

❑ 像素和分辨率

像素是组成图像的最小单位，分辨率则是指屏幕上像素的数目。例如，1024×768 像素的分辨率是指在显示器屏幕的水平方向有 1024 个像素，而在垂直方向上有 768 个像素，其像素总量为 1024×768=786432。

可以看出，显示器所支持的分辨率越大，需要的像素数量就越多，但产生的显示效果也会越好。

❑ 扫描方式

扫描方式分为逐行扫描和隔行扫描两种类型。

其中，逐行扫描的 CRT 显示器在工作时，会采用依次扫描每行像素的方法来显示图像，如图 5-26 所示。

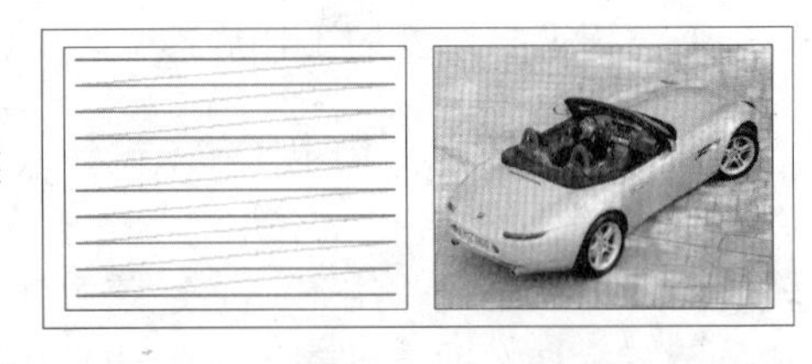
图 5-26 逐行扫描方式

隔行扫描则是指电子枪在扫描一幅图像时，首先扫描图像的奇数行，当图像内所有的奇数行全部扫描完成后，再使用相同方法逐次扫描偶数行的图像显示技术，如图 5-27 所示。

早期由于技术的原因，使用逐行扫描播放图像时的时间消耗较长，因此荧光粉在发光至衰减的过程中，会造成人眼的视觉闪烁感。在不得已的情况下，只好采用一种折衷的方法，即隔行扫描。由于视觉滞留效应，人眼并不会注意到图像

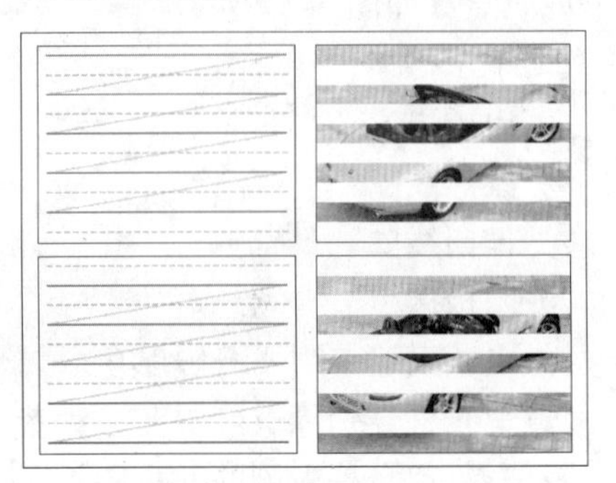
图 5-27 隔行扫描示意图

每次只显示一半，而是会看到完整的一帧。随着显示技术的不断增强，逐行扫描会引起视觉不适的问题已经解决。重要的是，逐行扫描的显示质量要优于隔行扫描，因此隔行扫描技术已被逐渐淘汰。

❑ **场频和行频**

场频即垂直扫描频率（刷新频率），用于描述显示器每秒扫描屏幕的次数，以 Hz 为单位。例如常说的 1024×768 分辨率 85Hz，其中的 85Hz 指的便是场频，意思为显示器会将分辨率为 1024×768 的屏幕画像每秒刷新 85 次。

场频越低，屏幕的闪烁感越强，图像抖动也越为明显，严重时还会伤害视力和引起头晕等症状。

提 示

CRT 显示器的刷新频率至少应设置为 70Hz，通常以 85Hz 以上为宜。

行频也称水平扫描率，是指电子枪每秒在荧光屏上扫描水平线的数量，以 kHz 为单位。行频越大，显示器越稳定，其计算公式如下：

行频=水平行数（即垂直分辨率）×场频

例如，在 1024×768 的分辨率下，当刷新频率为 85Hz 时（通常表述为 1024×768@85Hz），行频=768×85Hz≈65.3kHz。

注 意

显示器的行频是固定的，用户所能调整的只是分辨率和刷新频率。而且通过行频计算公式可得出如下结论，显示器的垂直分辨率越高，所能设置的刷新频率就越低；反之则越高。

❑ **带宽**

带宽是指电子枪每秒扫描的像素个数，即单位时间内所产生扫描线上的像素总和，以 MHz 为单位。对于 CRT 显示器来说，带宽是显示器工作性能的综合指标，是评判显示器优劣时非常重要的一个参数。带宽越大，显示器的响应速度越快，允许通过的信号频率越高，信号失真也越小，其计算公式如下：

带宽=水平分辨率×垂直分辨率×垂直刷新率×1.34

5.2.3 LCD 显示器

近年来，随着人们绿色、环保、健康意识的不断增强，LCD（液晶）显示器以其低功耗、低辐射等优点受到了用户的关注。此外，LCD 显示器生产技术的逐渐成熟以及生产成本的不断下降，都促使 LCD 显示器取代 CRT 显示器，成为显示器市场中的主流产品类型。

1. LCD 显示器的优点

LCD 显示器能够被广大用户所接受，在于它拥有许多 CRT 显示器所不具备的优点，下面将对其分别进行介绍。

❑ **体积轻巧**

与笨重的 CRT 显示器相比，液晶显示器具有超轻、超薄的特点，图 5-28 所示即为

CRT 显示器与 LCD 显示器的体积对比。

❑ 省电低温

LCD 显示器属于低耗电产品，因此其发热量极其有限。相比之下，CRT 显示器会在长时间使用时不可避免地产生高温。

图 5-28　CRT 显示器与 LCD 显示器的体积对比

❑ 无辐射益健康

液晶显示器并非完全没有辐射，但相对于 CRT 显示器来说，液晶显示器的辐射量可以忽略不计。

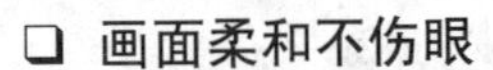

❑ 画面柔和不伤眼

不同于 CRT 技术，液晶显示器的画面不会闪烁，因此即便是长时间使用，眼睛也不易产生疲劳感。

2. LCD 显示器的结构

液晶显示器主要由液晶面板和背光模组两大部分组成，如图 5-29 所示。其中，背光模组的作用是提供光源，以照亮液晶面板，而液晶面板则通过过滤由背光模组发出的光线从而在屏幕上显示出各种样式和色彩的图案。

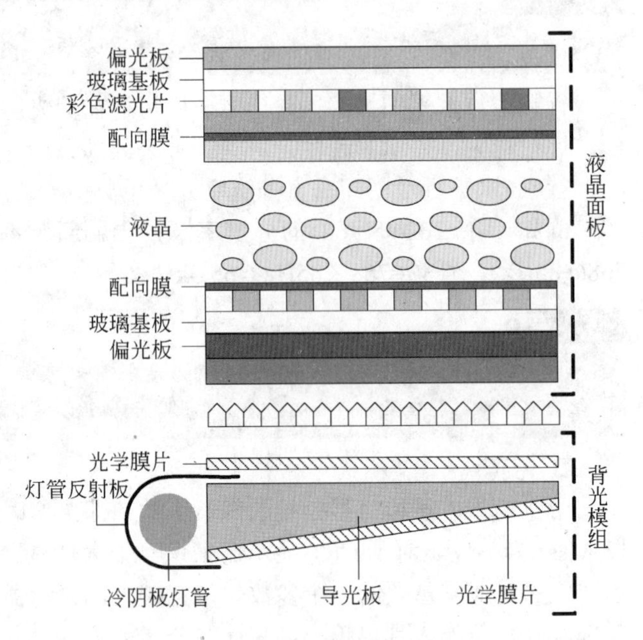

图 5-29　LCD 显示器结构示意图

3. LCD 显示器的工作原理

LCD 显示器内部的液晶是一种介于固体和液体之间的物质，当两端加上电压时，液晶分子便会呈一定角度排列。此时，液晶分子通过反射和折射发光灯管产生的光线，便可在屏幕上显示出相应的图像。

4. LCD 显示器的主要参数

LCD 显示器的成像原理与 CRT 显示器完全不同，这使得两者的性能指标也有很大的差别。接下来将对影响 LCD 显示器表现效果的几项重要指标进行讲解。

❑ 点距

在 LCD 显示器中，所谓点距是指同一像素中两个相同颜色磷光体之间的距离。点距越小，相同面积内的像素点便越多，显示画面也就越为细腻。

❑ 最大分辨率

LCD 显示器的最大分辨率就是它的真实分辨率，也就是最佳分辨率。一旦所设置的分辨率小于真实的分辨率，将会有两种显示方式：一种是居中显示，其他没有用到的点不发光，保持黑暗背景，看起来画面是居中缩小的；另一种是扩展显示，这种方式使屏幕上的每一个像素都得到了利用，但由于像素比较容易发生扭曲，所以会对显示效果造成一定影响。

注 意

与 CRT 显示器可任意调节分辨率所不同的是，LCD 显示器只有工作在最佳分辨率时才能达到最好的显示效果，扩大或减小分辨率都会影响 LCD 显示器的画面表现效果。

❑ **亮度**

由于构造的原因，背光光源的亮度决定了 LCD 显示器的画面亮度与色彩饱和度。理论上来说，LCD 显示器的亮度越高越好，其测量单位为 cd/m^2（每平方米烛光），又称为 NIT 流明。通常情况下，只有当 LCD 显示器的亮度能够达到 200Nits 时才能表现出较好的画面。

❑ **对比度**

对比度是定义最大亮度值（全白）除以最小亮度值（全黑）的比值。一般情况下，对比度 120:1 时就可以显示出生动、丰富的色彩（因为人眼可分辨的对比度约在 100:1 左右），当对比率达到 300:1 时便可以支持各阶度的颜色。

❑ **响应时间**

响应时间反映了 LCD 显示器各个像素点对输入信号的反应速度，即像素点由暗转明的速度，单位为 ms（毫秒）。响应时间越短，表示显示器性能越好，越不会出现“拖尾”现象。一般将响应时间分为上升时间（Rise time）和下降时间（Fall time）两个部分，表示时以两者之和为准。

提 示

“拖尾”是因 LCD 显示器内部液晶分子的调整速度较慢，从而造成 LCD 显示器屏幕留有残影的现象。

❑ **灰阶响应时间**

传统意义上的响应时间是指在全黑和全白画面间进行切换所需要的时间，但由于该类型切换所需要的驱动电压较高，因此切换速度较快。然而在实际应用中，更多情况下出现的是灰阶到灰阶（GTG，Gray to Gray）之间的切换，这种切换需要的驱动电压较低，故切换速度相对较慢，但却能够更为真实地反映出 LCD 显示器的响应效果。目前，大多数 LCD 显示器的灰阶响应时间都已控制在 8ms 以内，高端产品则已经达到了 2ms。

❑ **可视角度**

可视角度是指用户能够正常观看显示器画面的角度范围（最大为 180°）。以可视角度 160°为例，该数值表示用户即使站在与屏幕垂直线呈 80°夹角的位置上，依然能够观看到清晰、正常的屏幕图像。也就是说，显示器的可视角度越大，用户在不同位置观看显示画面时受到的影响越小。

5.2.4 液晶显示器选购指南

随着液晶显示器价格的不断降低，液晶显示器已经成为用户购买显示器时的必然选择。然而，如何从品牌众多、型号繁杂的液晶显示器市场内挑选到一款合适的产品，却成为许多用户感到极其棘手的问题。为此，本节将对挑选液晶显示器时的方法进行简单讲解。

1. 屏幕尺寸

如果平时主要用于文字处理、上网、办公、学习等，可不必追求过大的显示尺寸；如果主要用于游戏、影音娱乐、图形处理等方面，则应选择尺寸稍大的产品，以便获得更好的显示效果。

2. 响应时间

对于液晶显示器来说，响应时间决定了显示器每秒所能显示的画面帧数，公式如下：

```
最大帧数=1s÷响应时间
```

根据人眼的视觉特性，只有当显示速度超过每秒 25 帧时，人眼所看到的才是连续的画面。此外，在播放 DVD 影片或进行大型游戏时，每秒 60 帧的画面显示速度才能够给人顺畅的感觉，而只有当响应时间达到 16ms 以下时才能满足上述要求。

3. 色彩还原能力

该指标反映了液晶显示器表现真实颜色的能力。目前，很多厂商都提出了 16.2M 及 16.7M 这两种色彩还原标准，而符合 16.7M 标准的液晶显示器拥有更强的色彩还原能力。

4. 面板质量

液晶面板在生产过程中难免会出现一些不可修复的液晶亮点或暗点。其中，亮点指屏幕显示黑色时仍然发光的像素点，暗点则指不显示颜色的像素点。由于它们的存在都会影响画面的显示效果，因此其数量越少越好。

5. 接口类型

当前主流液晶显示器所用的接口主要有 3 种类型，分别为 VGA 接口、DVI 接口和 HDMI 接口。其中，VGA 接口属于模拟信号接口，在长时间使用时有可能造成显示效果模糊的问题；后两种则都属于数字接口，且 HDMI 接口更适合高清视频的播放。因此，在显卡提供相应接口的情况下，应尽量选择带有 DVI 接口或 HDMI 接口的产品。

6. 认证标准

目前，3C 认证已经成为电子产品的必备认证标准，计算机当然也不例外。除此之外，是否通过 TCO 认证对于显示器来说也尤为重要。

5.3 声卡

声卡是多媒体计算机的标志性设备，只有当计算机安装有声卡时，用户才能通过计算机欣赏到各种美妙的数字音乐。除此之外，也只有在计算机安装有声卡时，用户才能够领略到多媒体音频的独特魅力。

5.3.1 声卡的发展

作为多媒体计算机的象征，声卡的历史远不如计算机系统中其他硬件来的长久。为了更为全面地认识声卡的技术特点和发展趋势，本节将带领大家先来回顾一下声卡的发展历程。

1. 从PC喇叭到ADLIB音乐卡

在还没有发明声卡的时候，计算机游戏是没有任何声音效果的。即使有，那也只是从计算机小喇叭里发出的“滴里搭拉”声。但即便如此，在那个时代这已经是令人惊奇的效果了，直到ADLIB声卡的诞生人们才享受到了真正悦耳的计算机音效，如图5-30所示。

图5-30 ADLIB（魔奇）声卡

ADLIB声卡由英国ADLIB AUDIO公司研发，最早的产品于1984年推出。作为早期的声卡产品，ADLIB声卡在技术和性能上存在着许多不足之处。例如，ADLIB声卡只能提供音乐，而没有音效。

2. Sound Blaster系列——CREATIVE时代的开始

Sound Blaster声卡（声霸卡）是CREATIVE（创新公司）在20世纪80年代后期推出的第一代声卡产品，其最明显的特点在于兼顾了音乐与音效的双重处理能力，如图5-31所示。虽然它仅拥有8位、单声道的采样率，在声音的回放效果的精度上也较低，但它却使人们第一次在计算机上得到了音乐与音效的双重听觉享受，因此红极一时。

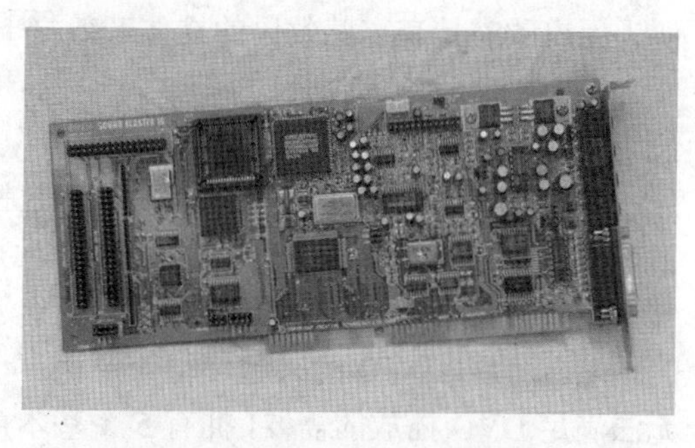

图5-31 Sound Blaster声卡

此后CREATIVE又推出了后续产品——Sound Blaster PRO，该产品增加了立体声功能，进一步加强了计算机的音频处理能力。因此SB PRO声卡在当时被编入了MPC1规格（第一代多媒体标准），成为众多音乐发烧友们的追逐对象。

不过，虽然SB PRO拥有立体声处理能力，但依然不能弥补采样损失所带来的缺憾，而随后Sound Blaster 16的推出则彻底改变了这一状况。这是第一款拥有16位采样精度的声卡，终于在计算机上实现了CD音质的信号录制和回放，将声卡的音频品质提高到了一个前所未有的高度。在此后相当长的时间里，Sound Blaster 16一直是多媒体音频部分的新一代标准。

从Sound Blaster到SB PRO，再到SB 16，CREATIVE逐渐确立了自己声卡霸主的地位。期间技术的发展和成本的降低，也使得声卡得以从一个高不可攀的奢侈品渐渐成为了普通多媒体计算机的标准配置。

3. SB AWE 系列声卡——MIDI 冲击波

当 Sound Blaster 系列声卡发展到 SB 16 时，已经形成非常成熟的产品体系。但是 SB 16 与 SB、SB PRO 一样，在 MIDI（电子合成器）方面采用的都是 FM 合成技术，对于乐曲的合成效果比较单调乏味。到了 20 世纪 90 年代中期，一种名为“波表合成”的技术开始趋于流行，在试听效果上远远超越了 FM 合成。于是，CREATIVE 便在 1995 年适时推出了具有波表合成功能的 Sound Blaster Awe 32 声卡。

SB Awe 32 具有一个 32 复音的波表引擎，并集成了 1MB 容量的音色库，使其 MIDI 合成效果大大超越了以往所有的产品。但在不久以后，人们发现 Awe 32 的效果虽然与 FM 相比高出不少，但由于音色库过小这一主要原因，还是无法体现出 MIDI 的真正神韵。基于此，CREATIVE 又在 1997 年推出了 Sound Blaster Awe 64 系列，其中的 SB Awe 64 GOLD 由于拥有了 4MB 波表容量和 64 复音的支持，使 MIDI 效果达到了一个空前的高度。

4. PCI 声卡——新时代的开始

从 Sound Blaster 一直到 SB Awe 64 GOLD，声卡始终采用的是 ISA 接口形式。随着技术的进一步发展，ISA 接口过小的数据传输能力成为了声卡发展的瓶颈，PCI 声卡成为新的发展趋势。

PCI 声卡拥有较大的传输通道（ISA 为 8MB/s，PCI 可达 133MB/s），并可利用提升的数据宽带来实现三维音效和 DLS 技术，使得声卡的性能进一步得到提升。这样一来，便为用户欣赏具有震撼效果的立体音效打下了坚实的基础。

5. 多声道声卡的兴起

当时间行进到 1998 年时，CREATIVE 推出了基于 EMU10K1 芯片的 Live 系列声卡，并凭借该系列产品的出色表现再次站在了声卡领域的顶端。随后，DVD 的兴起使得 4 声道声卡已无法满足 DVD 播放的需要，拥有 5 个基本声道和 1 个低音声道的 6 声道声卡便应运而生，如图 5-32 所示。

图 5-32　5.1 声卡

在此后的发展过程中，CREATIVE 陆续推出了 Sound Blaster Audigy（Live.2）、Sound Blaster Audigy2 等性能更为强劲的产品。随后，以 TerraTec（坦克）和 Realtek 为代表的厂商也加入了声卡市场的竞争。声卡的发展从此进入群雄逐鹿的“战国时代”，并一直持续至今。

5.3.2 声卡的类型

在声卡的发展过程中，根据所用数据接口的不同，陆续分化为板卡式、集成式和外置式 3 种类型，以满足不同用户的需求。

1．板卡式

此类产品即独立式声卡，早期多采用 ISA 接口，随后出现了 PCI 接口的声卡，而如今的板卡式产品则多采用 PCI Express X1 接口。

2．集成式

此类声卡因为被集成在主板上而得名，是硬件厂商为降低计算机成本开支而推出的产品，多用于那些对声音效果要求不高的用户。不过，随着集成声卡技术的不断进步，具有多声道、低 CPU 占有率等优势的集成声卡也相继出现，并逐渐占据了中、低端声卡市场的主导地位。

3．外置式

外置声卡大都通过 USB 或 PCMCIA 接口与计算机进行连接，其优点在于使用方便、便于移动，因此多用于连接笔记本等便携式计算机，如图 5-33 所示。

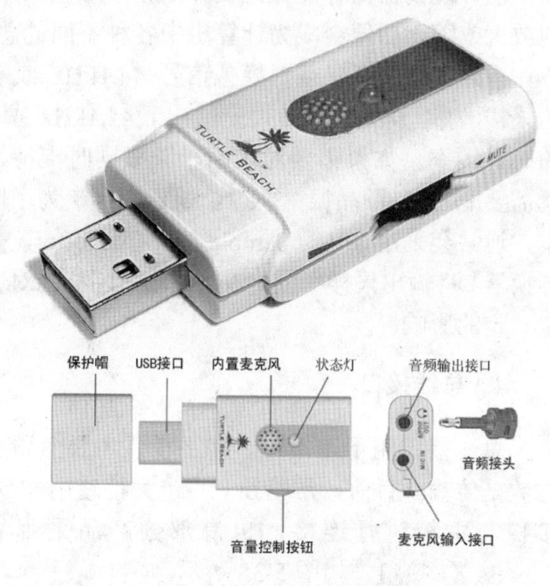

图 5-33 采用 USB 接口的外置式声卡

5.3.3 声卡的组成结构

作为多媒体计算机的重要组成部分，声卡担负着计算机中各种声音信息的运算和处理任务。从外形上来看与显卡类似，都是在一块 PCB 板卡上集成了众多的电子元器件，并通过金手指与主板进行连接。

1．DSP

DSP（Digital Signal Processor，数字信号处理器）相当于声卡的中央处理器，主要负责数字音频解码、3D 环绕音效等运算处理，如图 5-34 所示。DSP 采用 MIPS（Million Instructions Per Second，每秒百万条指令）为单位来标识运算速度，但其运算速度的快慢与声卡音质没有直接关系。

图 5-34 显卡中的 DSP

2．CODEC

CODEC（Coder/DECoder，编解码器）主要负责“数字-模拟”（DAC，Digital Analog Canvert）和“模拟-数字”信号间的转换（ADC，Analog Digital Canvert）。

由于 DSP 输出的信号是数字信号，而声卡最终要输出的却是模拟信号，因此其间的数模转换便成为必不可少的一个步骤。在实际应用中，如果说 DSP 决定了数字信号的质量，那么 CODEC 则决定了模拟输入/输出的好坏。

3．晶体震扬器

晶体震扬器简称晶振，其作用在于产生原始的时钟频率，该频率在经过频率发生器的放大或缩小后便会成为计算机中各种不同的总线频率。

在声卡中，要实现对模拟信号 44.1kHz 或 48kHz 的采样，频率发生器就必须提供一个 44.1kHz 或 48kHz 的时钟频率。如果需要对这两种频率同时支持，声卡就需要配备 2 颗晶振。不过，娱乐级声卡为了降低成本，通常会采用 SRC（Sample Rate Convertor，采样率转换器）将输出采样率固定在 48kHz，因此会对音质产生一定的影响。

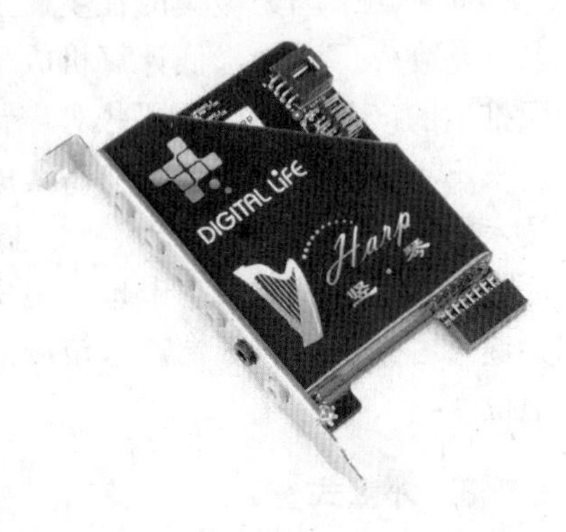

图 5-35　采用 PCI Express X1 类型接口的声卡

4．总线接口

总线接口用于连接声卡和主板，主要负责两者间的数据传输。目前，常见独立声卡大都使用 PCI 总线接口与主板进行连接，也有部分产品采用了 PCI Express X1 接口，如图 5-35 所示。

5．输入/输出接口

与显卡相比，声卡上的接口种类非常多，通常一块板卡上便包含多种不同类型的输入、输出接口。为了使用户能够更好地了解声卡，下面将对声卡上的各种常见接口进行简单介绍。

❑ **3.5mm 立体声接口**

俗称“小三芯”接口，是目前最常见的音频接口类型，特点是成本低廉，但在长时间使用后容易造成接触不良，因此不适合需要经常拔插的使用环境。不过，绝大部分声卡（包括集成声卡）都在使用此类接口，如图 5-36 所示。

图 5-36　3.5mm 立体声接口

❑ **6.35mm 接口**

该接口多用于专业设备之中，又叫做“大三芯”接口，优点是结构强度高、耐磨损，因此非常适合需要经常插拔音频接头的专业场合。此外，由于内部隔离措施比较好，因此该接口的抗干扰能力比 3.5mm 接口要好，如图 5-37 所示。

图 5-37　6.35mm 接口

❑ **RCA 接口**

RCA 接口是音响设备上的常见接口之一，又叫同轴输出口，俗称“莲花口”。由于 RCA 接口属于单声道接口，因此进行立体声输出时需要两个接口，通常会使用两种颜色来区分不同声道，如图 5-38 所示。

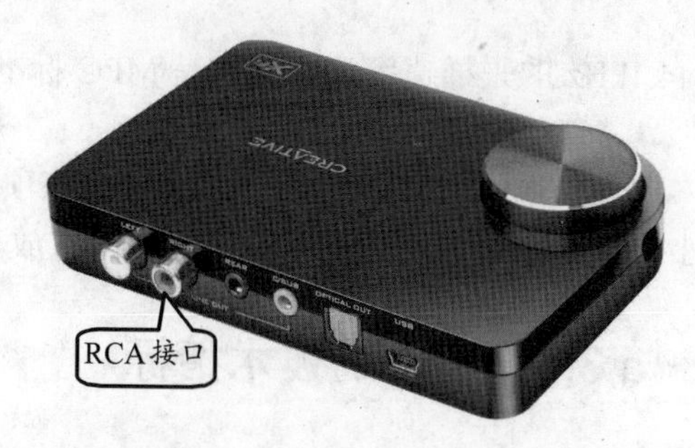

图 5-38 RCA 接口

❑ **1/4TRS 接口**

TRS 的含义是 Tip（signal）、Ring（signal）、Sleeve（ground），分别代表了该接口的 3 个接触点。1/4TRS 接口除了具有耐磨损的特点外，还具有高信噪比、抗干扰能力极强等特点，如图 5-39 所示。

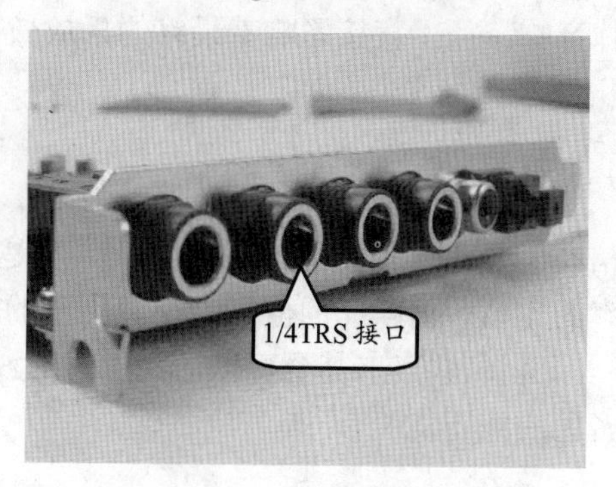

图 5-39 1/4TRS 接口

❑ **MIDI 接口**

该接口专门用于连接 MIDI 键盘，从而实现 MIDI 音乐信号的直接传输。不过，很多游戏手柄也通过该接口与计算机进行连接，如图 5-40 所示。

与其他接口所不同的是，MIDI 接口还有一种圆形设计，其作用是连接 MIDI 音乐设备。

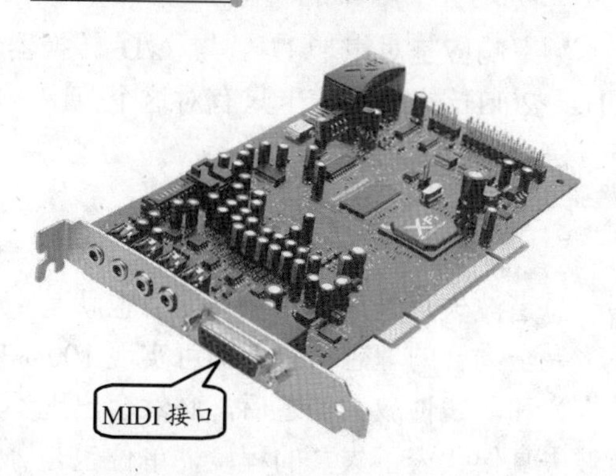

图 5-40 MIDI 接口

5.3.4 声卡的工作原理

当声卡通过麦克风捕获音频模拟信号时，会通过模数转换器（ADC）将声波振幅信号采样转换为数字信号后存储在计算机中。当需要重放这些声音时，声卡便会利用数模转换器（DAC）以同样的采样速率将其还原为模拟波形，并在将信号放大后送到扬声器发出声音，如图 5-41 所示。

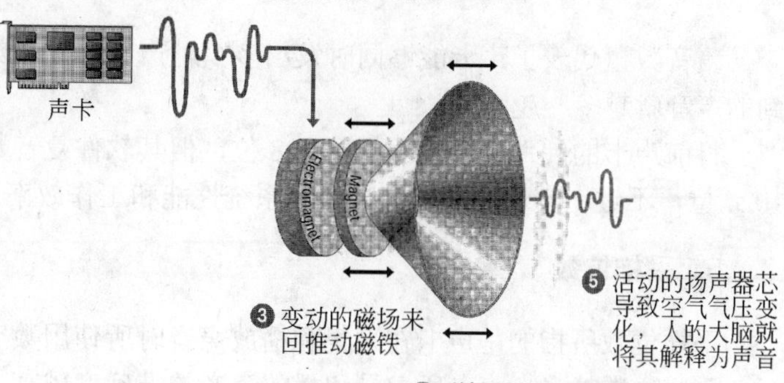

图 5-41 声卡工作流程示意图

在上述过程中，声卡需要用到脉冲编码调制技术（PCM）来完成一系列的工作，PCM 技术的两个要素分别为采样速率和样本量。

❑ **采样速率**

采样速率是 PCM 的第一要素。由于人类听力的范围大约是 20Hz～20kHz，因此激光唱盘（CD）采用了 44.1kHz 的采样速率，而这也是 MPC 标准的基本要求。

❑ 样本量

PCM 的第二个要素是样本量大小，该项目表示存储声音振幅的数据位数。样本量的大小决定了声音的动态范围，即记录与重放声音时最高和最低之间相差的值。

5.3.5 声卡的技术指标

在评判一款声卡的优劣时，声卡的物理性能参数很重要，因为这些参数体现着声卡的总体音响特征，直接影响着最终的播放效果。其中，影响主观听感的性能指标主要有以下几项。

1. 信噪比

信噪比是声卡抑制噪声的能力，单位是分贝（dB），是指有用信号的功率和噪声信号功率的比值。信噪比的值越高说明声卡的滤波性能越好，普通 PCI 声卡的信噪比都在 90dB 以上，高端声卡甚至可以达到 120dB。更高的信噪比可以将噪声减少到最低限度，保证音色的纯正优美。

2. 频率响应

频率响应是对声卡 D/A 与 A/D 转换器频率响应能力的评价。人耳的听觉范围是在 20Hz～20kHz 之间。声卡只有对这个范围内的音频信号响应良好，才能最大限度地重现声音信号。

3. 总谐波失真

总谐波失真是声卡的保真度，也就是声卡输入信号和输出信号的波形吻合程度，在波形完全吻合的理想状态下即可实现 100%的重现声音。但是，信号在经过 D/A（数、模转换）和非线性放大器之后，必然会出现不同程度的失真，而原因便是产生了谐波。总谐波失真便代表了失真的程度，单位也是分贝，数值越低就说明声卡的失真越小，性能也就越好。

4. 复音数量

复音数量代表了声卡能够同时发出多少种声音。复音数越大，音色就越好，可以听到的声音就越多、越细腻。

目前声卡的硬件复音数不超过 128 位，但其软件复音数量可以很大，有的甚至达到 1024 位，不过在实现时都会牺牲部分系统性能和工作效率。

5. 采样位数

采样位数所指的是声卡在采集和播放声音时所使用数字信号的二进制位数。一般来说，采样位数越多，声卡所记录和播放声音的准确度越高，因此该值能够在一定程度上反映数字声音信号对模拟信号描述的准确程度。

目前，声卡的采样位数有 8 位、12 位、16 位和 24 位多种类型。

提 示

通常所讲的 64 位声卡、128 位声卡并不是指其采样位数为 64 位或 128 位，而是指声卡所能播放的复音数量。

6．采样频率

计算机每秒采集声音样本的数量被称为采样频率。标准的采样频率有 3 种：11.025kHz（语音）、22.05kHz（音乐）、44.1kHz（高保真），有些高档声卡能提供从 5～48kHz 的连续采样频率。

采样频率越高，记录声音的波形就越准确，保真度就越高，但采样产生的数据量也越大，要求的存储空间也就越多。

7．波表合成方式及波表库容量

目前市场上 PCI 声卡采用的都是先进的 DLS 波表合成方式，其波表库容量通常是 2MB、4MB 或 8MB，某些高档声卡可以扩展到 32MB。

8．多声道输出

早期的声卡只有单声道输出，后来发展到左右声道分离的立体声输出。随着 3D 环绕声效技术的不断发展和成熟，又陆续出现了多声道声卡。目前，常见的多声道输出主要有 2.1 声道、4.1 声道、5.1 声道、6.0 声道和 7.1 声道等多种形式。

5.3.6 声卡的选购

如今大多数的主板上都带有集成声卡，用户无须额外购买声卡即可欣赏数字音乐。不过对于音乐爱好者及高端游戏用户来说，要想聆听歌曲或游戏中的美妙旋律，便必须为计算机配备一块优秀的高质量声卡。本节将介绍选购声卡时需要考虑的一些问题。

1．声道数量

声卡支持的声道越多，声音的定位效果就越好，在玩游戏（尤其是动作、飞行模拟类游戏）和看 DVD 时的声音效果就越逼真，更有“身临其境”的感觉。但要注意的是，并不是采用多声道 DSP 的声卡就能支持相应声道数量的音频输出，因为声卡所支持的声道数量还取决于 CODEC 芯片。为此，很多厂家通过 CODEC 所支持的声道数量来为产品划分等级。

2．MIDI 系统

声卡上的 MIDI 系统主要是指 MIDI 合成方式，目前主流声卡主要有 FM 合成和波表合成两种方法。FM 合成方式属于早期的 MIDI 合成技术，效果比较差；对于支持波表合成的声卡来说，波表容量大小、品牌与型号等因素都会影响 MIDI 的最终效果。

在目前主流的声卡芯片中，FM 合成方式主要存在于低端市场，中、高端市场普遍采用了波表合成方式。此外，目前还有软波表合成技术，其效果也不错，但是需要占用一定的CPU资源。

提 示

MIDI文件只是记录下什么乐器在什么时候发出什么样的声响，而这个声响完全是根据声卡芯片来生成的，因此不同声卡的MIDI效果是完全不同的。

3. 现声试听

声音的优劣是一种非常主观、个人化的感受，所以按照个人的聆听习惯和感受来挑选声卡便显得极其重要。也就是说，在选购声卡时必须在现场或专门用于演示的场所内进行试听，以确定声音的音质是否符合自己的聆听习惯。

5.4 音箱

音箱又称扬声器系统，是音响系统中极为重要的一个环节，其作用类似于人的嗓门。随着数字音频技术的发展，音箱在很大程度上决定了音响系统的好坏，接下来将对其类型、性能指标等内容进行讲解。

5.4.1 常见音箱类型

音箱的分类方式多种多样，按照不同方式进行划分，其结果必然会有所差别。本节将按照几种常用的音箱分类方式，对不同类型的音箱进行简单介绍。

1. 按用途分类

在音响工程中，根据功能的不同可将音箱分为扩声音箱和监听音箱两大类。

❑ **扩声音箱**

由专业扩声音箱组成的音响系统多是大功率、宽频带、高声级的音箱系统。为了有效地控制其声场，高频单元一般都会采用号角式扬声器以增强声音指向性，因此在厅堂电声系统中非常适合使用此类音箱系统向听众播放声音。

扩声音箱的系统组成形式主要分两种：一种是组合式音箱，多是小型的扩声音箱，典型的是在箱体内安装一个15in中低频单元和一个号角式高音单元；另一种形式是各个频段分立，中低频采用音箱形式，高频采用驱动器配以指向性号角形式，如图5-42所示。

图5-42 扩声音箱

❑ **监听音箱**

所谓监听音箱是供录音师、音控师监听节目用的音箱，特点是拥有较高的保真度和很好的动态特性。由于监听音箱不会对节目做任何修饰和夸张，因此能够真实地反映出音频信号的原始面貌，为此监听音箱也被认为是完全没有“个性”的音箱。

2. 按体积划分

体积是不同音箱间最为直观的分类方式。按照体积大小的不同，可以将音箱分为下面两种类型。

❑ 落地式音箱

落地式音箱是指音箱体积较大，可直接放置于地面上的音箱。落地式音箱可安装口径较大的低音扬声器，特点是低音特性较好，频响范围宽，功率也较大。但是，由于此类音箱的扬声器数量较多，因此声象定位不是特别清晰。

❑ 书架式专业音箱

书架式音箱的特点是体积较小，放音使用时需要单独将其架设起来，且距离地面有一定高度，如图 5-43 所示。由于书架式音箱的扬声器数量少，口径小，故声象定位往往比较准确，但存在功率不够大，低频效果不佳的缺点。

图 5-43 书架式专业音箱

5.4.2 音箱的组成结构

虽然音箱的种类繁多，但不论是哪种类型的音箱，从其组成结构上来看大都由以下 3 部分所组成。

1. 扬声器

扬声器俗称喇叭，其性能决定着音箱的优劣，如图 5-44 所示。一般木制音箱和优质塑料音箱采用的都是二分频技术，即利用高、中音两个扬声器来实现整个频率范围内的声音回放；而 X.1（4.1、5.1 或 7.1）的卫星音箱采用的大都是全频带扬声器，即用一个喇叭来实现整个音域内的声音回放。

图 5-44 多媒体音箱所采用的扬声器

2. 箱体

箱体的作用是消除扬声器单元的声短路、抑制声共振，以及拓宽频响范围和减少失真。根据箱体内部结构的不同，可以将其分为密闭式、倒相式、带通式、空纸盆式、迷宫式、对称驱动式和号筒式等多种类型。其中，采用密闭式、倒相式和带通式设计的音箱较为常见。

3. 分频器

分频器有功率分频器和电子分频器之分，但其主要作用都是频带分割、幅频特性与相频特性校正，以及阻抗补偿与衰减等，图 5-45 所示即为多媒体音箱内的分频器电路。

5.4.3 选购音箱

在当今的音响市场中，成品音箱品牌众多，其质量参差不齐，价格也天差地远。下面便将对其进行简单介绍。

图 5-45 分频器电路

1. 音调自然平衡

优质音箱重放出的人声和器乐声能够尽可能地接近原声，并拥有精确的音调平衡。此外，用户听到的声音应平滑而无声染，并且没有明显的最强音和最弱音，此外中频段和高音也不应过于响亮或给人感觉放不开。

2. 声音特性

不同音箱间的声音特性千差万别，往往需要仔细聆听，并感受其声音效果。例如，低音应当紧凑、清晰，音调确切，不嗡嗡作响，不拖泥带水或含糊不清；而作为音乐主要部分的中音频段则更为重要，人声和器乐声应自然、细腻，不能过响或发闷，当然也不能过亮或过轻；高音应开阔，有空气感和延伸性，并且无尖叫或衰落的现象。

3. 声染色

有些音箱具有“声染”或是声重放的缺陷，例如因箱体设计欠佳而出现的刺耳声、金属高音声、粗糙或不平滑的中音等。

5.5 打印机

打印机（Printer）是一种极其重要的计算机输出设备，用于将计算机处理结果打印在相关介质上。打印机的种类很多，按打印元件对纸是否有击打动作，分为击打式打印机与非击打式打印机；按照工作方式分类分为点阵打印机、针式打印机、喷墨式打印机、激光打印机等类型。

5.5.1 针式打印机

针式打印机也称撞击式打印机，工作时通过打印机和纸张的物理接触来打印字符图形，如图 5-46 所示。

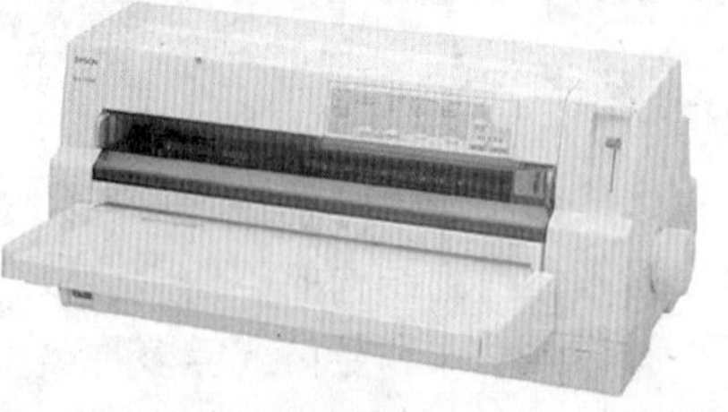
图 5-46 针式打印机

针式打印机中的打印头由多支金属撞针依次排列组成，当打印头在纸张和色带上行走时，指定撞针会在到达某个位置后弹射出来，并通过击打色带将色素点转印在打印介质上。在打印头内的所有撞针都完成这一工作后，便能够利用打印出的色素点砌成文字或图画，如图 5-47 所示。

5.5.2 喷墨打印机

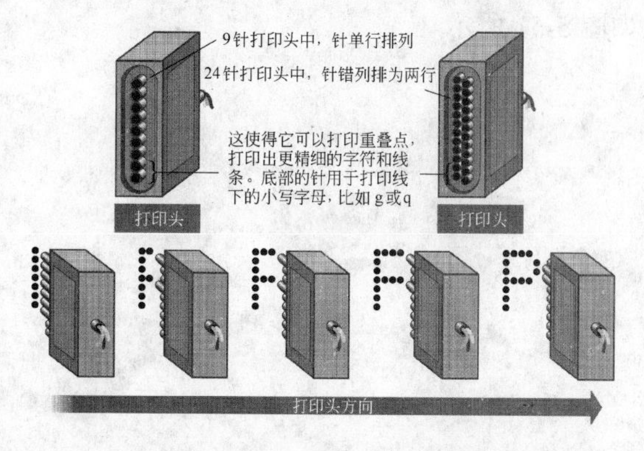

图 5-47 针式打印机成像示意图

喷墨式打印机通过将墨水喷洒到纸面上形成字符和图形，因此打印的精细程度取决于喷头在打印墨点时的密度和精确度。当采用每英寸上的墨点数量来衡量打印品质时，墨点的数量越多，打印出来的文字或者图像就越清晰、越精确，图 5-48 所示即为一台彩色喷墨打印机。

1. 喷墨打印机工作原理

当打印机喷头（一种包含数百个墨水喷嘴的设备）快速扫过打印纸时，其表面的喷嘴便会喷出无数小墨滴，从而组成图像中的像素，如图 5-49 所示。

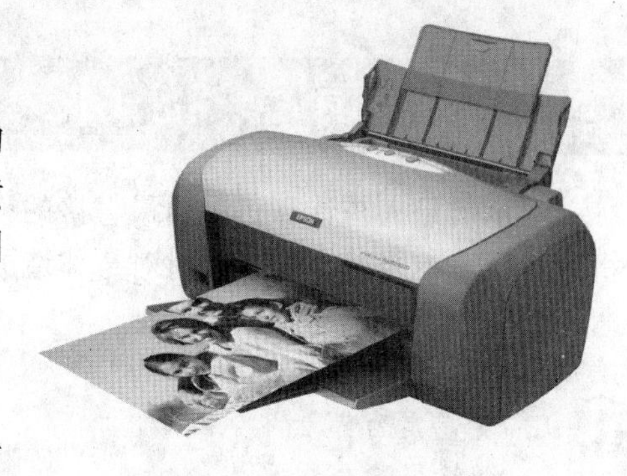

图 5-48 喷墨打印机

2. 喷墨打印头的类型

根据喷墨打印头的不同，喷墨打印机大致可分为热气泡式（Thermal Bubble）喷墨打印机和压电式（Piezoelectric）喷墨打印机两种类型。

❑ 热气泡式喷墨打印机

热气泡式喷墨打印机采用的是瞬间加热墨水，使其达到沸点后将其挤出墨水喷头，从而落在打印纸上形成图像的方式。热气泡式喷墨打印机的优点是喷头密度高、成本低。

❑ 压电式喷墨打印机

压电式喷墨打印机的喷嘴内安装有微型的墨水挤压器。当电流通过墨水挤压器时，便会驱动挤压器将墨水从喷头内挤出，从而在打印纸上形成图像。

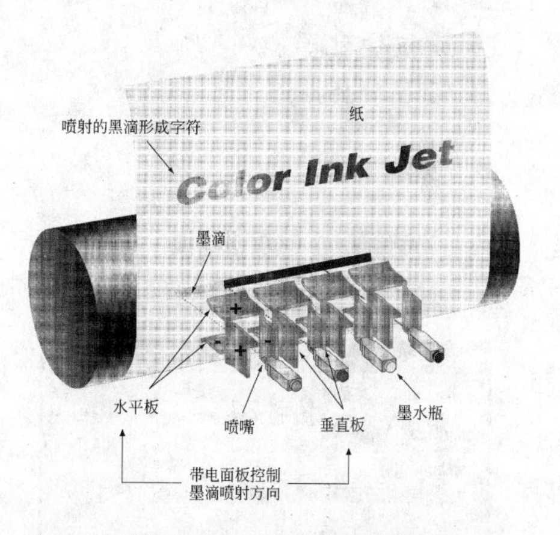

图 5-49 喷墨打印机的成像

5.5.3 激光打印机

激光打印机作为一种非击打式打印机，具有输出速度快、分辨率高、运转费用低等优点，其外形如图 5-50 所示。

当计算机通过电缆向激光打印机发送打印数据时，打印机会将接收到的数据暂存在缓存内，并在接收到一段完整数据后，由打印机处理器驱动各个部件，完成整个打印工作，

图 5-50 激光打印机

如图 5-51 所示。

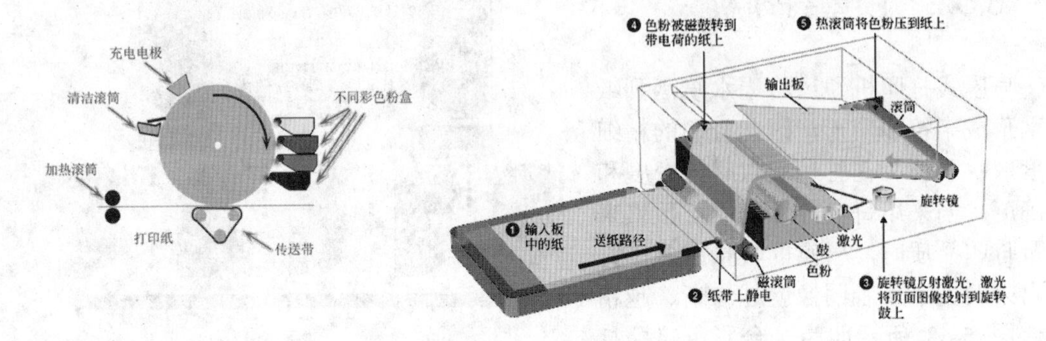

图 5-51　激光打印机工作流程示意图

5.6　实验指导：优化显示设置

显示器是人与计算机沟通最直接的设备之一，合理地优化显示设置不仅能提高计算机的性能，更能减少屏幕辐射对身体造成的伤害。下面介绍优化显示设置的方法。

1. 实验目的

- ❑ 设置桌面背景
- ❑ 调整屏幕分辨率
- ❑ 设置屏幕刷新频率
- ❑ 设置适配器
- ❑ 设置硬件加速

2. 实验步骤

1 在【控制面板】中双击【显示】图标后，打开【显示属性】对话框，如图 5-52 所示。

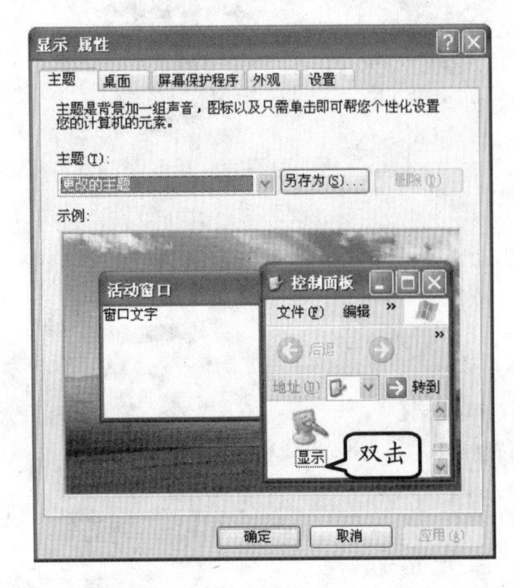

图 5-52　打开【显示 属性】对话框

技　巧

右击桌面空白处，执行【属性】命令，也可打开【显示属性】对话框。

2 在【桌面】选项卡的【背景】列表中，选择 Windows XP 选项，完成后单击【应用】按钮，如图 5-53 所示。

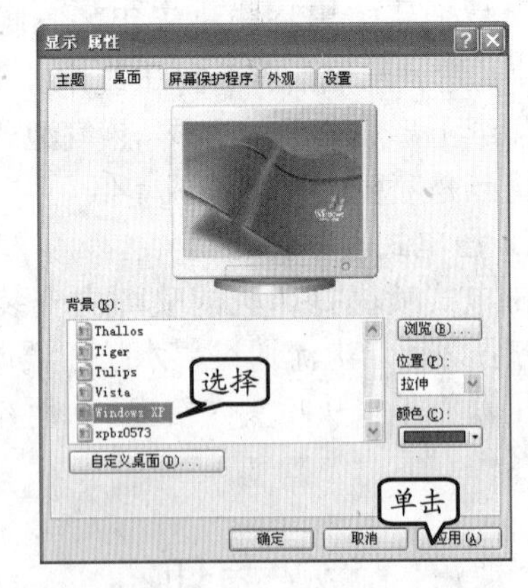

图 5-53　设置桌面背景

提　示

单击【浏览】按钮后，可在弹出的对话框内选择当前计算机中的图片作为背景图像。

3 在【设置】选项卡中，拖动【屏幕分辨率】选项组内的滑块，从而将分辨率调整为

1024×768 像素。然后，在【颜色质量】选项组内的下拉列表中选择【最高（32 位）】，并单击【应用】按钮，如图 5-54 所示。

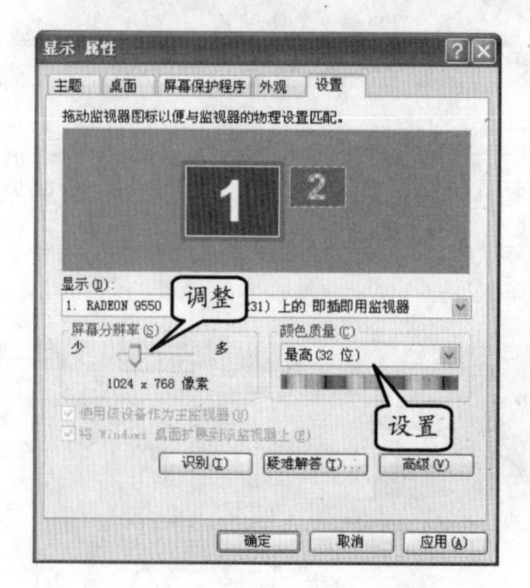

图 5-54 调整屏幕分辨率及颜色质量

4 单击【高级】按钮，在弹出的对话框中选择【监视器】选项卡。然后，单击【屏幕刷新频率】下拉按钮，选择【75 赫兹】选项，并单击【应用】按钮，如图 5-55 所示。

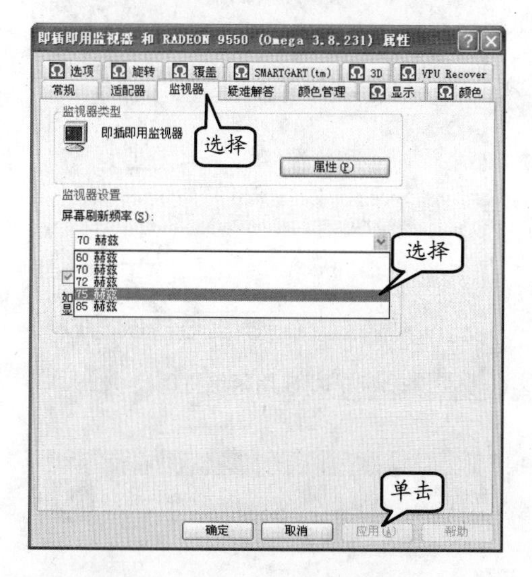

图 5-55 设置屏幕刷新频率

屏幕刷新频率决定了每秒钟显示器显示整个屏幕的次数，刷新率越高越好；但刷新率越高，对显卡的要求也越高。选择与适配器兼容的较低刷新率即可，切勿超出显示器允许的刷新率。

5 选择【适配器】选项卡，单击【列出所有模式】按钮。然后，在弹出的【列出所有模式】对话框中选择【1024×768，真彩色，（32 位），75 赫兹】选项，并单击【确定】按钮，如图 5-56 所示。

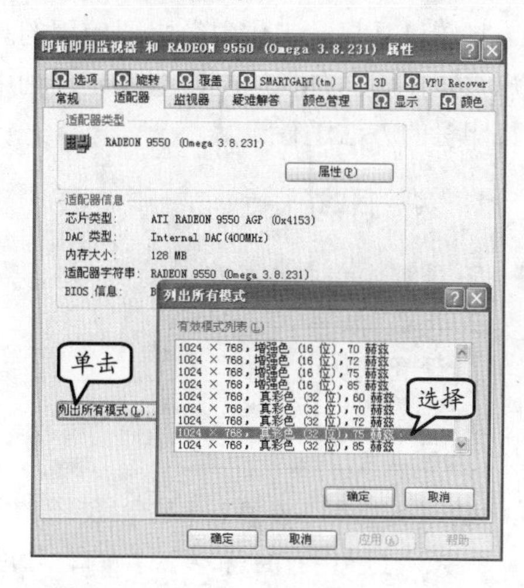

图 5-56 设置适配器

提 示

在【列出所有模式】对话框中，列出了当前显卡所支持的所有图形分辨率和刷新率，此时便可从相应的模式列表内查找与当前显示器兼容的模式。

6 选择【疑难解答】选项卡，调节【硬件加速】滑动条，并单击【应用】按钮。然后，单击【确定】按钮，可返回到【显示 属性】对话框，如图 5-57 所示。

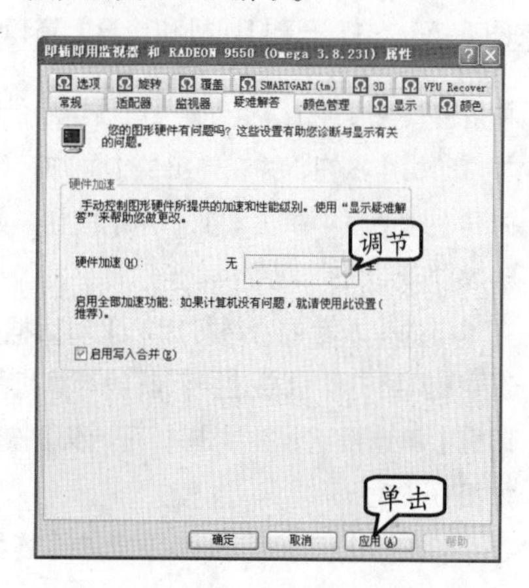

图 5-57 设置硬件加速

7 在【显示 属性】对话框中，单击【确定】按钮，完成设置。用户也可以用同样的方法设置对话框中的其他选项。

5.7 实验指导：添加网络打印机

打印机是日常工作中经常要使用的打印设备，而通过网络共享打印机则可实现多个用户共同使用一台打印机，达到充分利用网络资源和节省开销的目的。下面将对添加网络打印机的方法进行讲解。

1. 实验目的

- ❑ 了解添加打印机向导步骤
- ❑ 指定打印机
- ❑ 设置默认打印机

2. 实验步骤

1 执行【开始】|【设置】|【打印机和传真】命令，打开【打印机和传真】窗口，如图5-58所示。

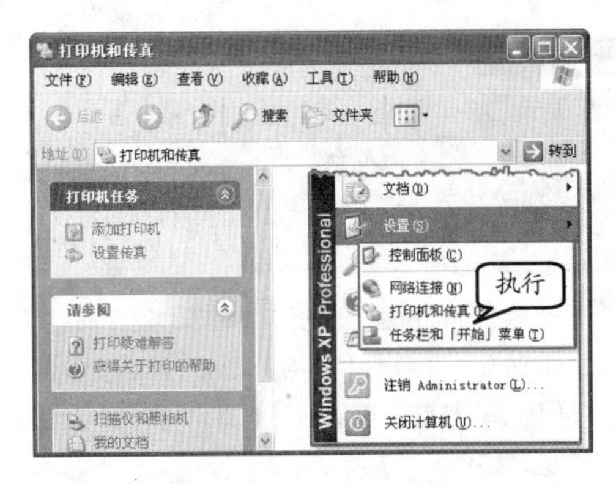

图5-58 打开【打印机和传真】窗口

2 单击窗口左侧【打印机任务】选项组中的【添加打印机】按钮，并在弹出的【添加打印机向导】对话框中单击【下一步】按钮，如图5-59所示。

3 在弹出的【本地或网络打印机】对话框中，选中【网络打印机或连接到其他计算机的打印机】单选按钮，并单击【下一步】按钮，如图5-60所示。

4 在【指定打印机】对话框中，选中【连接到这台打印机】单选按钮，并输入打印机名称。完成后单击【下一步】按钮，如图5-61所示。

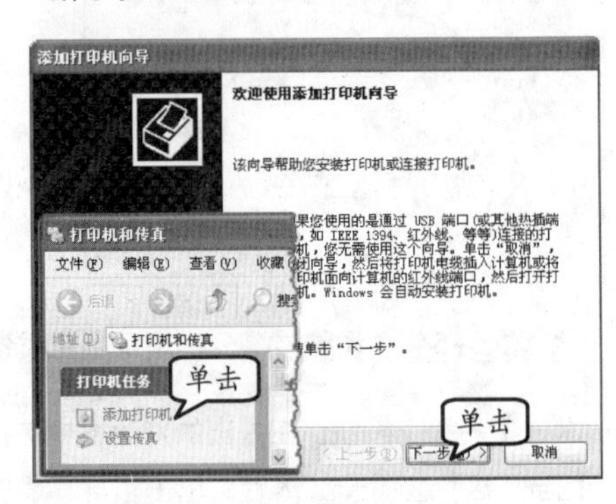

图5-59 添加打印机

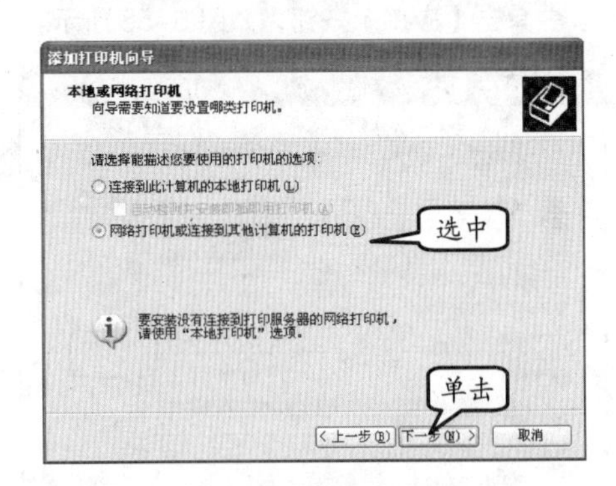

图5-60 启用网络打印机

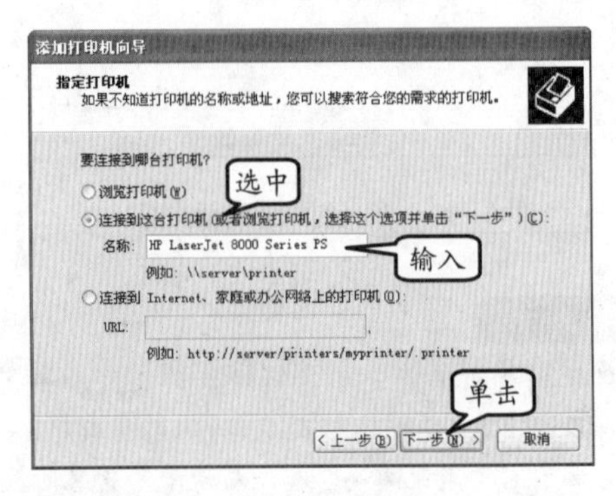

图5-61 指定打印机

提　示

若希望在工作组中查找打印机，可选中【浏览打印机】单选按钮，在弹出的【浏览打印机】对话框中选择或直接输入打印机名称；此外也可以选中【连接到 Internet、家庭或办公网络上的打印机】单选按钮，并输入打印机地址。

5　在弹出的【默认打印机】对话框中，选中【是】单选按钮，并单击【下一步】按钮，如图 5-62 所示。

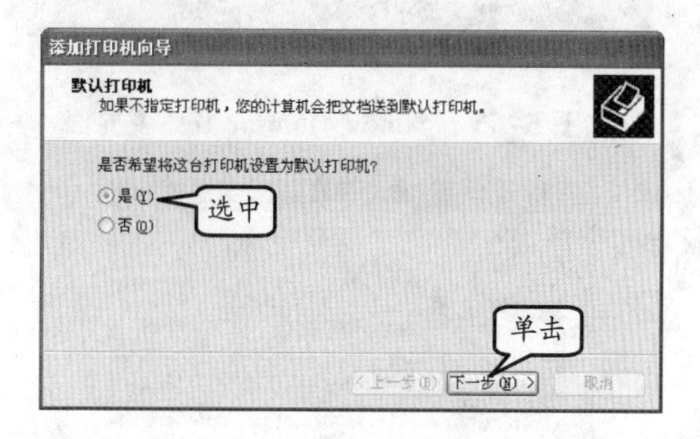

图 5-62　设置默认打印机

6　在弹出的【正在完成添加打印机向导】对话框中单击【完成】按钮，如图 5-63 所示。

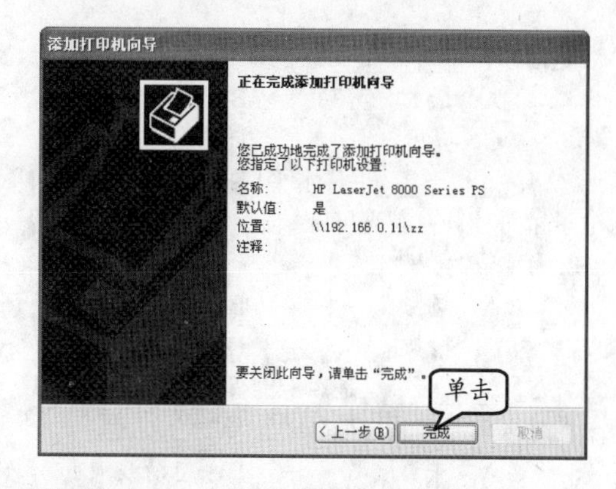

图 5-63　添加打印机完成

7　在【打印机和传真】窗口中，可查看到刚添加的网络打印机图标，如图 5-64 所示。

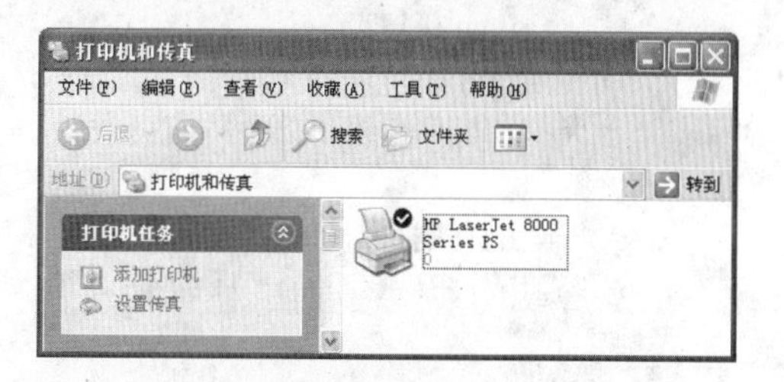

图 5-64　查看网络打印机

5.8　思考与练习

一、填空题

1. 目前常见的显卡都是带有 3D 画面运算和图形加速功能的显卡产品，因此也称为"__________"或"3D 加速卡"。

2. __________负责处理各种图形数据，是显卡的核心组成部分，其工作能力直接影响显卡的性能，是划分显卡档次的重要依据。

3. 按照显示器显像技术的不同，可以将显示器分为__________显示器、液晶显示器和等离子显示器。

4. __________反映了 LCD 显示器各个像素点对输入信号反应的速度，即像素点由暗转明的速度，单位为 ms（毫秒）。

5. RCA 接口是在音响上常见的接口之一，又叫__________接口，俗称"莲花口"。

6. 声卡主要由声音处理芯片、功率放大器、__________、输入/输出端口、MIDI 接口、CD 音频连接器等部分组成。

7. 常见音箱主要由__________、箱体和分频器三部分组成。

8. __________是将计算机的运行结果或中间结果打印在纸上的输出设备。

二、选择题

1. 当用户将分辨率设置为 1280 × 1024@85Hz 时，所需 RAMDAC 的频率至少为__________。

A. 141.74MHz　　B. 167.11Hz

C. 141.74Hz　　D. 167.11MHz

2. 显存带宽是决定显卡性能和速度的重要因素之一。那么在显卡中，除了显存频率外，还有哪些性能指标会影响显存带宽？__________

A. 显存容量　　B. 显存位宽

C. 显存颗粒数量　D. 显卡核芯频率

3. 下列选项中，哪些不属于 LCD 显示器的

性能指标？________

A．最大分辨率　　B．响应时间

C．亮度　　D．扫描方式

4．________也称水平扫描率，它是指CRT电子枪每秒钟在荧光屏上扫描水平线的数量，以kHz为单位。

A．场频　　B．刷新率

C．行频　　D．带宽

5．________是声卡的保真度，也就是声卡的输入信号和输出信号的波形吻合程度。

A．失真度　　B．总谐波失真

C．复音数量　　D．灵敏度

6．目前声卡上最常见的接口是________。

A．RCA接口

B．3.5mm立体声接口

C．6.35mm接口

D．1/4TRS接口

7．激光打印机属于以下哪种打印机类型？________

A．非击打式打印机　B．单色打印机

C．通用打印机　　D．印表机

三、简答题

1．显卡的组成结构是什么？

2．简述LCD显示器的工作原理。

3．声卡上常见的接口都有哪几种类型，其特点分别是什么？

4．常见打印机都分为哪几种类型？

四、上机练习

1．检测显示器质量

Nokia Monitor Test是一款由NOKIA公司出品的专业显示器测试软件，功能全面，包括了测试显示器亮度、对比度、色纯、聚焦、水波纹、抖动、可读性等重要显示效果的功能。使用时，只需在启动该软件后，显示器屏幕便将全屏显示如图5-65所示的内容，在单击相应的功能按钮后，即可测试显示器的各项性能。

2．启动显卡图标应用程序

当用户需要调整显示器参数时，除了可利用显示器自带的调节按钮外，还可利用显卡提供的程序进行调整。不过，由于此类图标通常不会直接显示在任务栏的通知区域内，因此还需要用户特意启用该图标。

首先，右击桌面空白处，执行【属性】命令，并在【显示 属性】对话框的【设置】选项卡中单击【高级】按钮，如图5-66所示。

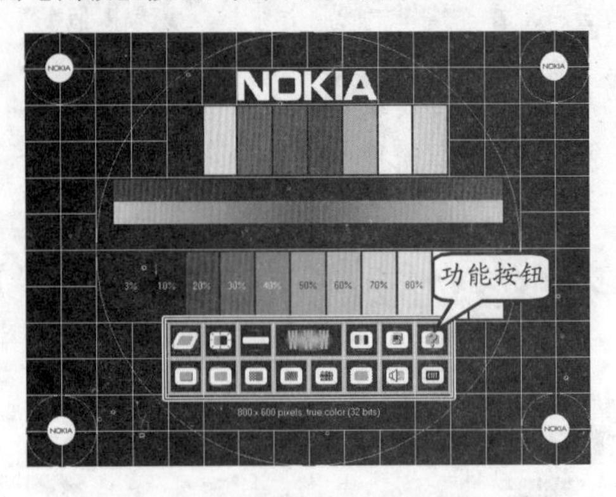

图5-65　Nokia Monitor Test主界面

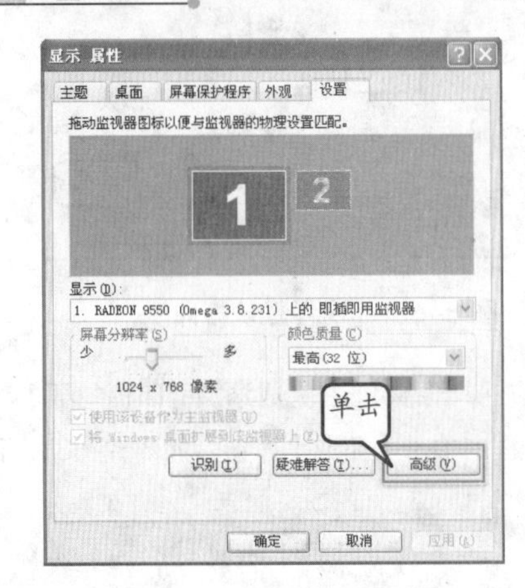

图5-66　【显示 属性】对话框

然后，选择弹出对话框内的【选项】选项卡，并启用【启动ATI任务栏图标应用程序】和【在任务栏上显示ATI图标】复选框，如图5-67所示。

图5-67　启动程序图标

第6章

计算机网络设备

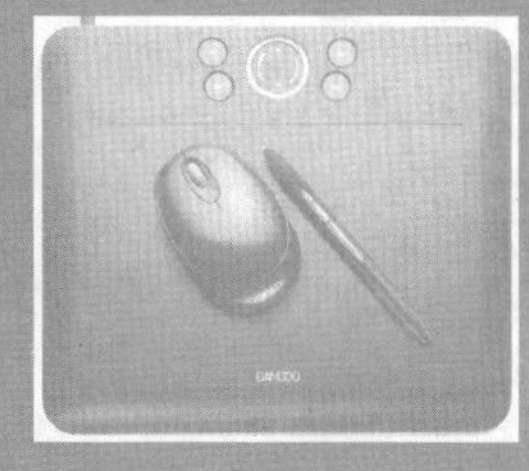
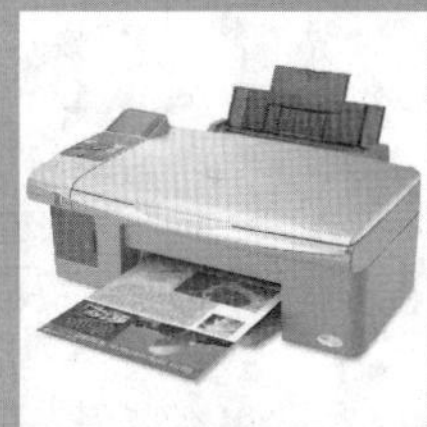
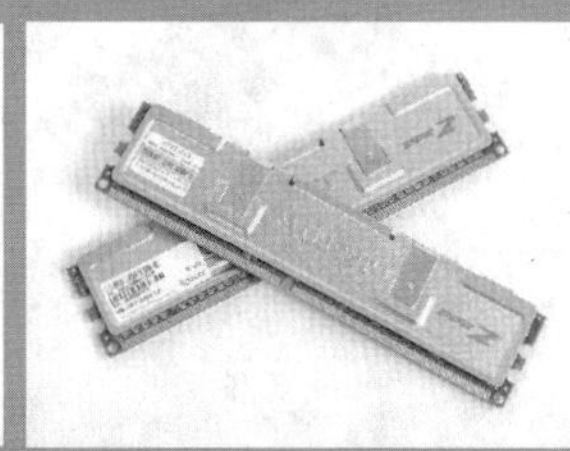

计算机出现之后不久，计算机网络的概念便在当时的计算机界流传开来。在通过各种线缆与通信设备的连接后，由多台计算机连接在一起的计算机网络由此诞生。作为计算机技术和通信技术的产物，计算机网络帮助人们实现了计算机之间的资源共享、协同操作等功能。现如今，随着信息化社会的不断发展，计算机网络已经逐渐普及开来，并成为人们生活中的重要组成部分。

本章将对计算机局域网中的各种通信介质和网络设备进行讲解，使用户能够了解常见的网络设备，并熟悉它们的各种类型、原理及选购方法。

本章学习要点：

- 网卡
- 双绞线
- 交换机
- 宽带路由器
- 无线网络设备

6.1 网卡

网卡（网络适配器，Network Interface Card，NIC）是局域网中基本的部件，是计算机接入网络时必须配置的硬件设备。无论是哪种类型的计算机网络，都要通过网卡才能实现数据通信。

6.1.1 网卡分类

随着超大规模集成电路技术的不断提高，计算机配件一方面朝着更高性能的方向发展，另一方面则朝着高度整合的方向发展。在这一趋势下，网卡逐渐演化为独立网卡和集成网卡两种不同形态。其中，集成网卡是指集成在主板上的网卡，特点是成本低廉；而独立网卡则拥有使用和维护都比较灵活的特点，且能够为用户提供更为稳定的网络连接服务，如图 6-1 所示。

不过，单就技术、功能等方面而言，独立网卡与集成网卡却没有什么太大的不同，其分类方式也较为一致。

独立网卡

集成网卡

图 6-1 集成网卡与独立网卡

1. 按速率分类

目前，网卡所遵循的速率标准分为 10Mbps、100Mbps、10Mbps/100Mbps 自适应、10Mbps/100Mbps/1000Mbps 自适应这 4 种。其中，10Mbps 的网卡由于速度太慢，早已退出主流市场；具备 100Mbps 速率的网卡虽然仍旧是目前市场上的主流产品，但随着人们对网速需求的增加，已开始逐步退出市场，取而代之的则是连接速度更快的 1000Mbps 网卡。

提 示

在网卡的速率标准中，“自适应”的含义是指网卡能够工作在多种速率模式下，并且能够根据网络环境的不同自动调节工作速率，因此其网络环境兼容性较好。

2. 按总线接口类型划分

在独立网卡中，根据网卡与计算机连接时所采用总线接口的不同，可以将网卡分为 PCI（内置部件接口）网卡、PCI Express 网卡、USB（外置通用接口）网卡和 PCMCIA（笔记本电脑专用接口）网卡这 4 种类型。

其中，PCI 总线主要应用于 100Mbps 速率的网卡产品，而支持 1000Mbps 速率的网卡大都采用 PCI Express X1 接口与计算机进行连接，如图 6-2 所示。

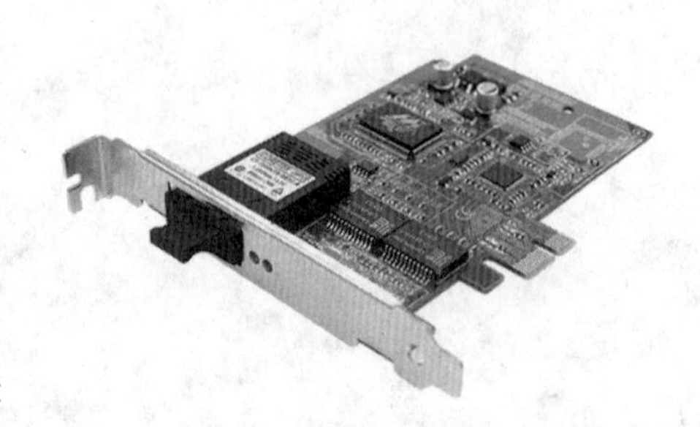

图 6-2 PCI Express 网卡

采用USB接口的网卡具有体积小巧、便于携带和安装以及使用方便等特点，如图 6-3 所示。至于PCMCIA网卡，则是专用于笔记本计算机的网卡类型，如图6-4所示。

图 6-3　USB 网卡

3. 按应用领域划分

根据这一划分方法，可以将网卡分为普通网卡和服务器网卡，如图 6-5 所示。两者之间的差别在于服务器网卡无论是从带宽、接口数量，还是在稳定性、纠错能力等方面都较普通网卡有明显提高。此外，很多服务器网卡还支持冗余备份、热插拔等功能。

图 6-4　PCMCIA 网卡

6.1.2　网卡的工作方式

当计算机需要发送数据时，网卡将会持续侦听通信介质上的载波（载波由电压指示）情况，以确定信道是否被其他站点所占用。当发现通信介质无载波（空闲）时，便开始发送数据帧，同时继续侦听通信介质，以检测数据冲突。在该过程中，如果检测到冲突，便会立即停止本次发送，并向通信介质发送“阻塞”信号，以便告知其他站点已经发生冲突。在等待一定的时间后，重新尝试发送数据，如图 6-6 所示。

图 6-5　拥有多个接口的服务器网卡

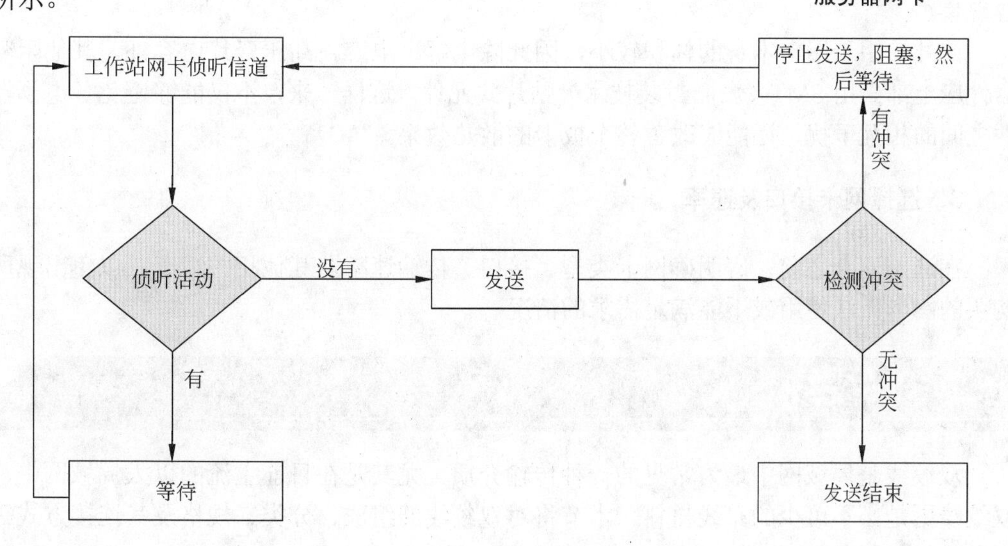

图 6-6　网卡发送数据

提 示

当网卡连续重发数据16次后仍发生冲突时，网卡便会宣告本次数据传输失败，并放弃发送。

计算机在接收数据时，网卡会浏览通信介质上传输的每个帧。在这一过程中，一旦发现目的地址为本机的完整数据帧，便会对其进行完整性校验，并在校验通过后对其进行本地处理。

提 示

长度小于64B的数据帧属于冲突碎片，网卡在接收到此类数据帧后会将其直接丢弃；但当数据帧的长度大于1518B（超长帧，通常由错误的LAN驱动程序或干扰造成）或未能通过CRC校验时，网卡便会将其作为畸变帧对待。

6.1.3 网卡的选购

网卡虽然不是计算机中的主要配件，但却在计算机与网络通信中起着极其重要的作用。为此，下面将对挑选网卡的一些基本方法进行讲解，以便用户能够在品牌、规格繁多的网卡市场中购买到合适的产品。

1. 选择恰当的品牌

购买时应选择信誉较好的名牌产品，如3COM、Intel、D-Link、TP-Link等，这是因为大厂商的产品在质量上有保障，其售后服务也较普通品牌的产品要好。

2. 材质及制作工艺

与其他所有电子产品一样，网卡的制作工艺也体现在材料质量、焊接质量等方面。在购买时，应查看网卡PCB（印刷电路板）上的焊点是否均匀、干净，有无虚焊、脱焊等现象。

此外，由于网卡本身的体积较小，因此除电解、电容、高压瓷片电容外，其他阻容器件应全部采用SMT（表面封装技术）贴片式元件。这样一来，不仅能够避免各电子器件之间的相互干扰，还能够改善整个板卡的散热效果。

3. 选择网卡接口及速率

在选购网卡之前，应明确网卡类型、接口、传输速率及其他相关情况，以免出现所购买的网卡无法使用或不能满足需求的情况。

6.2 双绞线

双绞线是局域网中最为常见的一种传输介质，尤其是在目前主流的以太局域网中，双绞线更是必不可少的布线材料。本节将对双绞线的组成、分类、规格及其连接方式等内容进行讲解。

6.2.1 双绞线的组成

所谓双绞线，实际是由两根绝缘铜导线相互缠绕而成的线对。在将 4 个双绞线对一同放入绝缘套管后，得到的便是计算机网络内常见的双绞线电缆，如图 6-7 所示。不过在多数情况下，人们都将双绞线电缆简称为双绞线。

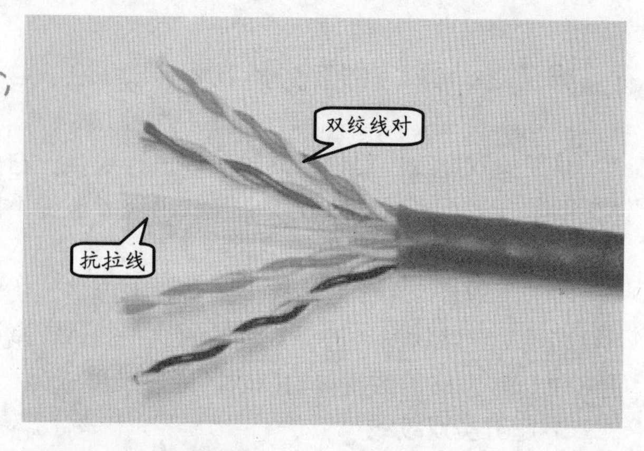

图 6-7 双绞线

提 示

抗拉线不具备数据传导作用，只是双绞线内一条极为结实的纤维线，作用是在人们拉扯双绞线时，防止双绞线变形、断裂。

与其他局域网通信介质相比，双绞线具有价格便宜、易于安装，且能够使用中继器来延长传输距离等优点，而缺点则是容易遭受物理伤害。目前，局域网所用双绞线根据构造的不同，主要分为屏蔽双绞线（STP）和非屏蔽双绞线（UTP）两种类型，两者间的差别在于屏蔽双绞线在双绞线对的外侧还包有金属（箔）屏蔽层，如图 6-8 所示。

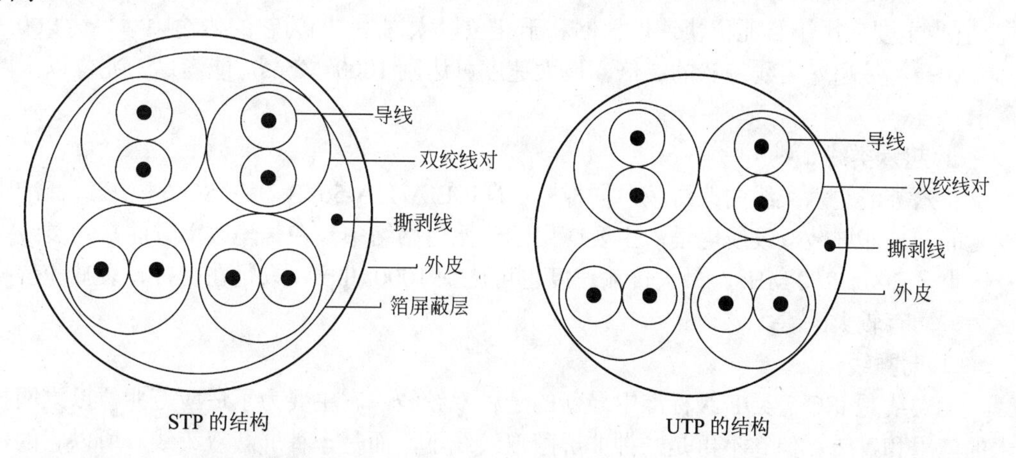

图 6-8 双绞线的结构

在屏蔽双绞线中，金属屏蔽层的作用是屏蔽外界的信号干扰，并产生与双绞线对所产生噪声相反的噪声，从而通过抵消噪声达到提高信号传输质量的目的。不过在实际应用中，环境噪声的级别与类型、屏蔽层的厚度与材料，以及屏蔽的对称性与一致性等因素，都会影响屏蔽双绞线的最终屏蔽效果。

提 示

在实际组建局域网的过程中，所采用的大都是非屏蔽双绞线，因此在没有特殊说明双绞线类型的情况下，本文所讲的双绞线都是指非屏蔽双绞线。

6.2.2 双绞线的分类

早期的双绞线主要使用同轴电缆进行连接，它只能提供较低的传输速率。随着网络设备不断升级及更新，双绞线也陆续出现了多种不同的规格。

❑ **五类双绞线**

在五类双绞线中，双绞线对的绕线密度较四类双绞线得到了提高，其外壳也采用了一种高质量绝缘材料。五类双绞线的这一改进，增强了信号传输的稳定性，使其能够满足100Mbps网络的数据传输需求，因此一度成为最为流行的网络传输介质。

❑ **超五类双绞线**

超五类非屏蔽双绞线是在对五类屏蔽双绞线的部分性能加以改进后出现的电缆，其近端串扰、衰减串扰比、回波损耗等方面的性能较五类屏蔽双绞线都有所提高，但其传输带宽仍为100MHz。在结构上，超五类双绞线也是由4个绕线对和1条抗拉线所组成，颜色分别为白橙、橙、白绿、绿、白蓝、蓝、白棕和棕，其中裸铜线径为0.51mm（线规为24AWG），绝缘线径为0.92mm，UTP电缆直径为5mm。

在实际应用中，虽然超五类非屏蔽双绞线在特殊设备的支持下也能够提供高达1000Mbps的传输带宽，但多数情况下仍旧应用于100Mbps的快速以太网。

❑ **六类线**

六类线是ANSI/EIA/TIA-568B.2和ISO 6类/E级标准中规定的一种非屏蔽双绞线电缆，它也主要应用于百兆位快速以太网和千兆位以太网中。因为它的传输频率可达200～250 MHz，是超五类线带宽的2倍，最大速度可达到1000 Mbps，能满足千兆位以太网需求。

❑ **超六类线**

超六类线是六类线的改进版，同样是ANSI/EIA/TIA-568B.2和ISO 6类/E级标准中规定的一种非屏蔽双绞线电缆，主要应用于千兆位网络中。在传输频率方面与六类线一样，也是200～250 MHz，最大传输速度也可达到1000Mbps，只是在串扰、衰减和信噪比等方面有较大改善。

❑ **七类线**

七类线是ISO 7类/F级标准中最新的一种双绞线，它主要为了适应万兆位以太网技术的应用和发展。但它不再是一种非屏蔽双绞线了，而是一种屏蔽双绞线，所以它的传输频率至少可达600MHz，是六类线和超六类线的2倍以上，传输速率可达10Gbps。七类双绞线拥有RJ型和非RJ型两种不同的接口形式，其RJ型接口的名称为TERA连接件。

提 示

TERA连接件打破了传统8芯模块化RJ型接口设计，不仅使七类双绞线的传输带宽达到1.2GHz（标准为600MHz），还开创了全新的1、2、4对模块化形式。由于TERA的紧凑性设计及1、2、4对的模块化多种连接插头，一个单独的七类信道（4对线）可以同时支持语音、数据和宽带视频多媒体等混合应用，使得在同一插座内即可管理多种应用，从而降低了高速局域网的建设成本。

6.2.3 连接水晶头

在局域网中，双绞线的两端都必须安装 RJ-45 连接器（俗称水晶头，如图 6-9 所示）才能完成线路连接任务。

其实，水晶头安装的制作标准有 EIA/TIA 568A 和 EIA/TIA 568B 两个国际标准，其线序排列方法如表 6-1 所示。

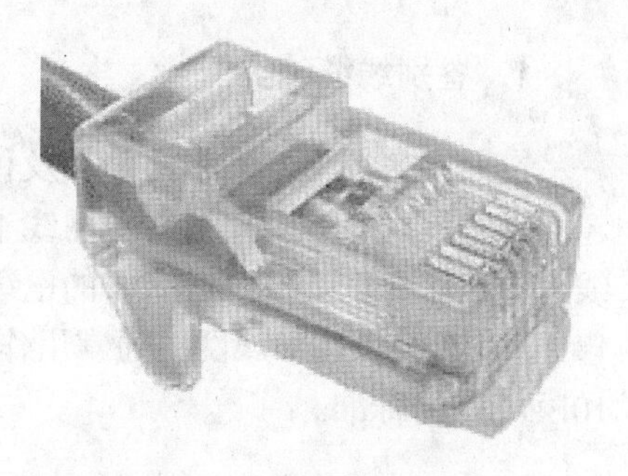

图 6-9 RJ-45 连接器

表 6-1 EIA/TIA 568A 和 EIA/TIA 568B 标准线序排列方法

标　　准	线序排列方法（从左至右）
EIA/TIA 568A	绿白、绿、橙白、蓝、蓝白、橙、棕白、棕
EIA/TIA 568B	橙白、橙、绿白、蓝、蓝白、绿、棕白、棕

在组建网络过程中，可使用两种不同方法制作出的双绞线来连接网络设备或计算机。根据双绞线制作方法的不同，得到的双绞线被分别称为直通线缆和交叉线缆。

- 直通线缆

当双绞线两端接头都采用 EIA/TIA 568A 标准或 EIA/TIA 568B 标准来排列线序并制作时，得到的线缆便称为直通线缆。直通线缆主要用于计算机与网络设备或网络设备 UPLINK 口与普通口的连接，如图 6-10 所示。

图 6-10 直通线缆方式

- 交叉线缆

交叉线缆是双绞线两端分别采用 EIA/TIA 568A 和 EIA/TIA 568B 两种不同标准制作出的双绞线。此类线缆主要用于计算机与计算机、网络设备普通口与普通口之间的连接，如图 6-11 所示。

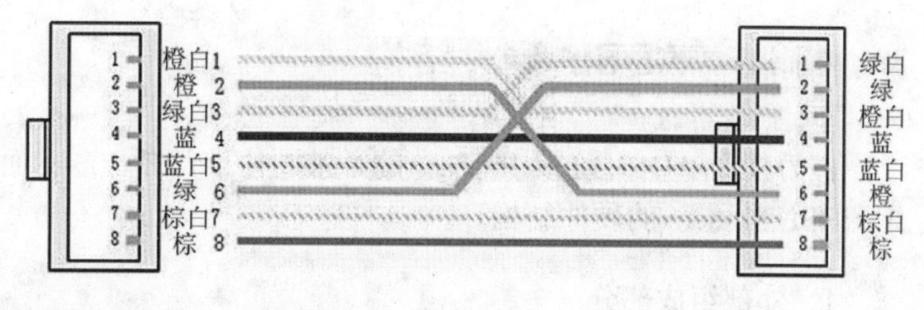

图 6-11 交叉线缆方式

6.2.4 网线的选购

很多用户对网线选购不屑一顾，只知道网线是上网或联机所用的电缆。其实，网线质量好坏可能导致信号的串扰、传输过程中的电磁辐射和外部电磁干扰的影响。因此，在选购网线时需要考虑以下几个问题。

1. 鉴别线缆种类

在网络市场中，网线的品牌及种类多得数不尽。大多数用户选购网线的类型一般是超五类线。由于许多消费者对网线不太了解，所以一部分商家便将原来用于三类线的导线封装在印有五类双绞线字样的电缆中冒充五类线出售，或将五类线当成超五类线来销售。三类双绞线在局域网中通常用作 10Mbps 以太网的数据与话音传输，满足 IEEE 802.3 10Base-T 的标准。

2. 注意名品假货

从线的外观来看，五类双绞线采用质地较好并耐热、耐寒的硬胶作为外部表皮，使其能在严酷的环境下不会出现断裂和褶皱。里面使用做工甚为扎实的 8 条铜线，而且反复弯曲不易折断，具有很强的韧性，但作为网线还要看它实际工作起来的表现才行。再看是否易弯曲，为了布线方便，一般双绞线需要弯曲起来比较容易。

3. 看网线外部表皮

双绞线绝缘皮上一般都印有厂商产地、执行标准、产品类别、线长标识之类的字样。如五类线的标识是 cat5，超五类线的标识是 cat5e，而六类线的标识是 cat6 等。标识为小写字母，而非大写字母 CAT5，常见的五类双绞线塑料包皮颜色为深灰色，外皮发亮。

6.3 ADSL Modem

ADSL（非对称数字用户线）是一种利用电话线路完成高速 Internet 连接的技术，ADSL Modem 则是连接计算机与电话线路的中间设备，是用户能够使用 ADSL 技术接入互联网的重要设备。为此，本节将对 ADSL Modem 的工作原理、类型等基本知识进行讲解，以便用户能够更好地了解 ADSL 技术。

6.3.1 ADSL 硬件结构

作为使用 ADSL 连接 Internet 的必备硬件设备之一，下面从外部与内部两方面来介绍 ADSL Modem 的硬件结构。

1. 外部组成部分

从外观来看，ADSL Modem 由背部的背板接口、电源部分、复位孔和前面板的指示灯组成，如图 6-12 所示。

其中，ADSL Modem 背板接口分为 DSL 接口和 LAN 接口两种。DSL 接口通过电话线与信号分离器相连接，LAN 接口通过双绞线与计算机进行连接。

图 6-12 ADSL Modem

提 示

不同厂商生产的 ADSL Modem 的背板接口名称也有所差异。例如，也有部分 ADSL Modem 的背板接口名称分别为 Line（接电话线）和 Ethernet（接双绞线）。

ADSL Modem 背板上除了上面介绍的两种接口外，还包括电源接口、电源按钮和一个复位孔。通过该复位孔可以接触到 ADSL Modem 内部的复位按钮。当用户错误地配置 ADSL Modem 内部参数造成网络通信异常时，只需通过复位孔按一下复位按钮，即可将 ADSL Modem 的内部参数恢复至出厂时的默认值。

指示灯通常分布在 ADSL Modem 的正面，它们通过周期性的闪烁来表示自己的工作状态。大多数 ADSL Modem 共有 PWR、DIAG、LAN 和 DSL 四种指示灯。

- ❑ **PWR** 该灯为电源指示灯，ADSL Modem 接通电源并处于开机状态时此灯常亮。
- ❑ **DIAG** 此为诊断指示灯，ADSL Modem 自检时处于闪烁状态，自检完成后该灯即会熄灭。
- ❑ **LAN** 数据指示灯，平常情况下处于熄灭状态，当有数据通过时则会不停闪烁。闪烁速度越快表示数据流量越大。图 6-13 所示的 ADSL Modem 共有两个 LAN 指示灯，分别表示上行数据指示灯（RX）和下行数据指示灯（TX），部分生产厂商将两个 LAN 指示灯合为一个 DATA 指示灯，其功能不变。

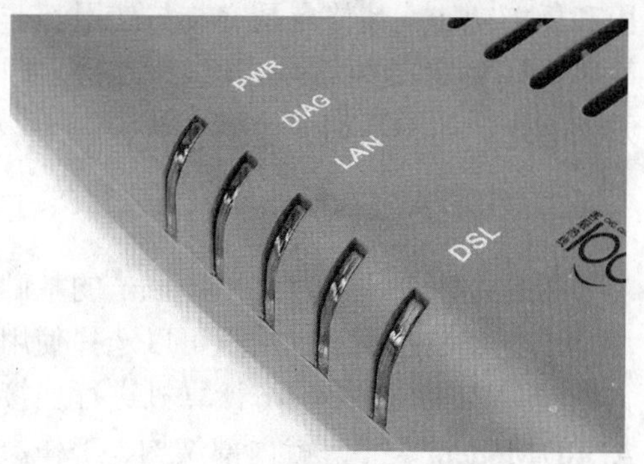

图 6-13 **ADSL Modem 的指示灯**

- ❑ **DSL** 线路指示灯，ADSL Modem 在检测线路时该灯处于快闪状态，检测完成且线路正常时该灯处于常亮状态，如果线路检测未通过则会处于慢闪状态。

2. 内部结构

ADSL Modem 内部主要为一块 PCB（印刷电路板），ADSL Modem 的网络处理器、ROM 芯片、RAM 内存芯片、AFE 芯片和网络芯片及其他内部元件都集成在这块电路板上。

- ❑ **网络处理器** 这是 ADSL Modem 的主芯片，负责配置路由、服务管理等信息的控制。
- ❑ **ROM 芯片** 主要用于存储那些支持 ADSL Modem 工作的各种程序代码，具有可擦写性。也就是说，用户可以通过专用程序刷新其内部的 Firmware 固件，扩展 ADSL Modem 的功能或增强工作稳定性。
- ❑ **RAM 内存芯片** 用于保存 ADSL Modem 实时文件。内存的大小在一定程度上决定了 ADSL Modem 单位时间内处理数据的能力，是影响其性能的重要指标。
- ❑ **AFE（Analog Front End，前端模拟）芯片** 该芯片用于完成多媒体数字信号的编解码、数/模信号的相互转换、线路驱动及接收等功能。
- ❑ **网络芯片** 即以太网控制芯片，主要负责与计算机网卡之间的数据交换。

6.3.2 ADSL Modem 的类型

随着 ADSL 技术的不断发展，市场上已经开始出现多种不同类型的 ADSL Modem。按照 ADSL Modem 与计算机的连接方式,可以将其分为以太网 ADSL Modem、USB ADSL Modem 和 PCI ADSL Modem 三种。

1. 以太网 ADSL Modem

这是通过以太网接口与计算机进行连接的 ADSL Modem，常见的 ADSL Modem 大都属于这种类型。这种 ADSL Modem 的性能最为强大，功能也较为丰富，有的还带有路由和桥接功能，其特点是安装与使用都非常简单，只要将各种线缆与其进行连接后即可开始工作，如图 6-14 所示。

图 6-14 以太网 ADSL Modem

2. USB ADSL Modem

这是在以太网 ADSL Modem 的基础上增加了一个 USB 接口,用户可以选择使用以太网接口或 USB 接口与计算机进行连接的 ADSL Modem 类型。就内部结构、工作原理等方面来说,此类型的 ADSL Modem 与以太网 ADSL Modem 没有太大的差别,如图 6-15 所示。

图 6-15 USB 接口的 Modem

3. PCI ADSL Modem

该类型属于内置式 ADSL Modem。相对于上面的两种外置式产品，该产品的安装稍微复杂一些，用户还需要打开计算机主机箱才能进行安装。

图 6-16 PCI ADSL Modem

PCI ADSL Modem 大都只有一个电话线接口,线缆的连接较为简单,如图 6-16 所示。PCI ADSL Modem 的缺点是还需要安装相应的硬件驱动程序，但对于桌面空间比较紧张的用户来说，内置式 ADSL Modem 还是一种比较好的选择。

6.3.3 ADSL 的工作原理

在通过 ADSL 浏览 Internet 时，经过 ADSL Modem 编码的信号会在进入电话局后，由局端 ADSL 设备首先对信号进行识别与分离。在经过分析后，如果是语音信号则传至电话程控交换机，进入电话网；如果是数字信号则直接接入 Internet，如图 6-17 所示。

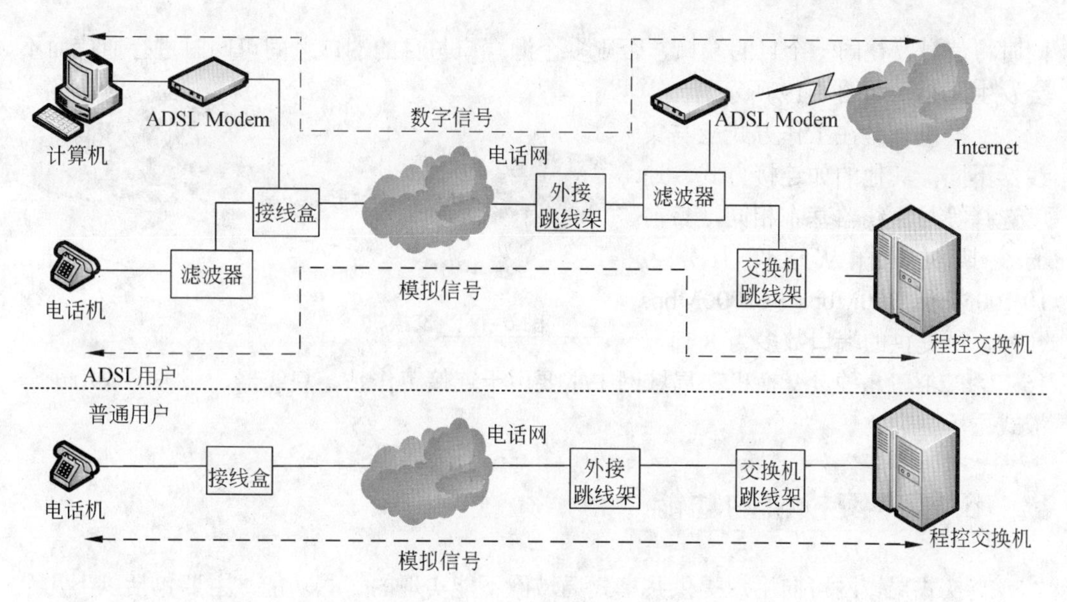

图 6–17　使用 ADSL 技术接入 Internet 和进行语音通话的示意图

6.4　局域网交换机

交换（Switching）是按照通信两端传输信息的需要，用人工或设备自动完成的方法，把要传输的信息送到符合要求的相应路由上的技术统称。

6.4.1　交换机与集线器区别

局域网中的交换机也叫做交换式 Hub（集线器），如图 6-18 所示。20 世纪 80 年代初期，第一代 LAN 技术开始应用时，即使是在上百个用户共享网络介质的环境下，10Mbps 似乎也是一个非凡的带宽。随着计算机技术的不断发展和网络应用范围的不断拓宽，局域网远远超出原有 10Mbps 传输网络的要求，网络交换技术开始出现并很快得到了广泛的应用。

用集线器组成的网络称为共享式网络，而用交换机组成的网络称为交换式网络。共享式以太网存在的主要问题是所有用户共享带宽，每个用户的实际可用带宽随网络用户数的增加而递减。

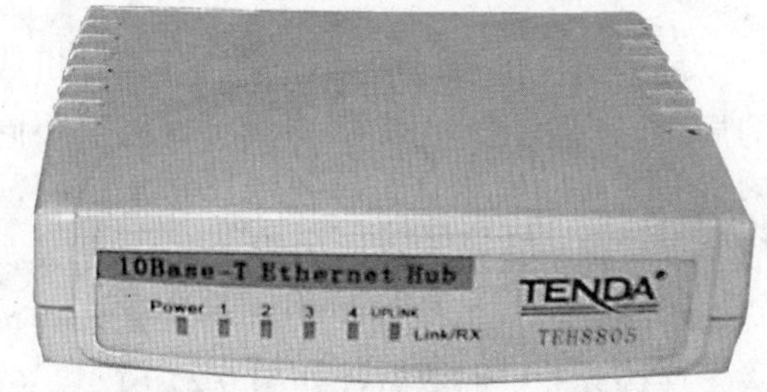

图 6–18　集线器

这是因为当信息繁忙时，多个用户可能同时“争用”一个信道，而一个信道在某一时刻只允许一个用户占用，所以大量的用户经常处于监测等待状态，致使信号传输时产生抖动、停滞或失真，严重影响了网络的性能。

在交换式以太网中，交换机提供给每个用户专用的信息通道，除非两个源端口企图同时将信息发往同一个目的端口，否则多个源端口与目的端口之间可同时进行通信而不会发生冲突，如图 6-19 所示。

交换机只是在工作方式上与集线器不同，其他的如连接方式、速度选择等与集线器基本相同，目前的交换机同样从速度上分为 10/100Mbps、100Mbps 和 1000Mbps 几种，所提供的端口数多为 8 口、16 口和 24 口几种。交换机在局域网中主要用于连接工作站、集线器、服务器或用于分散式主干网。

图 6-19 交换机

6.4.2 交换机的功能

交换式局域网可向用户提供共享式局域网不能实现的一些功能，主要包括以下几个方面。

1. 隔离冲突域

在共享式以太网中，使用 CSMA/CD（带有检测冲突的载波侦听多路访问协议）算法来进行介质访问控制。如果两个或者更多站点同时检测到信道空闲而有帧准备发送，它们将发生冲突。一组竞争信道访问的站点称为冲突域。显然同一个冲突域中的站点竞争信道，便会导致冲突和退避。而不同冲突域的站点不会竞争公共信道，它们则不会产生冲突。

在交换式局域网中，每个交换机端口就对应一个冲突域，端口就是冲突域终点，由于交换机具有交换功能，不同端口的站点之间不会产生冲突。如果每个端口只连接一台计算机站点，那么在任何一对站点之间都不会有冲突。若一个端口连接一个共享式局域网，那么在该端口的所有站点之间会产生冲突，但该端口的站点和交换机其他端口的站点之间将不会产生冲突。因此，交换机隔离了每个端口的冲突域。

2. 扩展距离、扩大联机数量

每个交换机端口可以连接一台计算机或者不同的局域网。因此，每个端口都可以连接不同的局域网，其下级交换机还可以再次连接局域网，所以扩展了局域网的连接距离，如图 6-20 所示。另外，用户还可以在不同的交换机中同时连接计算机，也扩大了连接计算机的数量，如图 6-21 所示。

3. 数据率灵活

交换式局域网中交换机的每个端口可以使用不同的数据率，所以可以以不同数据率部署站点，非常灵活。

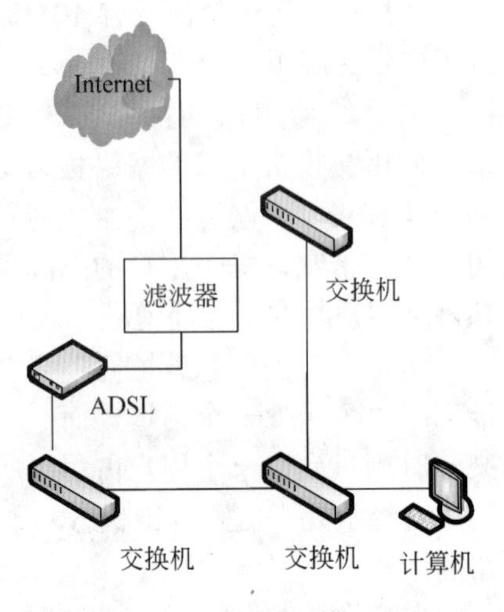

图 6-20 扩展距离

6.4.3 选购局域网交换机

如今，各网络产品公司纷纷推出不同功能、种类的交换机产品，而且市场上交换机的价格也越来越低。但是，众多的品牌和产品系列也给用户带来了一定的选择困难，选择交换机时需要考虑以下几个方面。

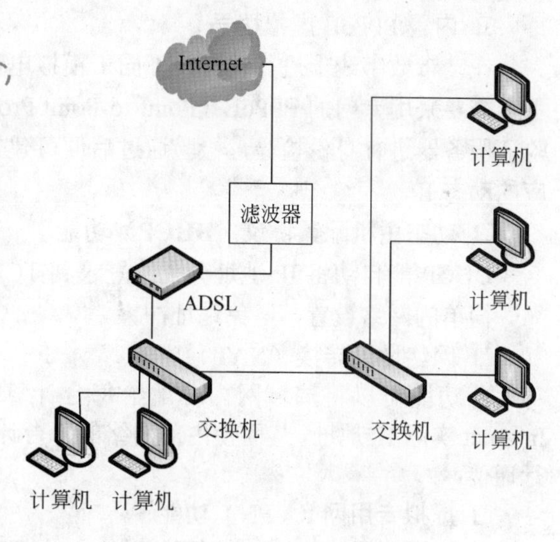

图 6-21 扩大连接计算机数量

1. 外形和尺寸

如果网络规模较大，或已完成综合布线，工程要求网络设备集中管理，则用户可以选择功能较多、端口数量较多的交换机，如 19 英寸宽的机架式交换机应该是首选。如果网络规模较小，如家庭网，则选择性价比较高的桌面型交换机。

2. 端口数量

交换机的端口数量应该根据网络中的信息点数量来决定，但是在满足需求的情况下，还应该考虑到有一定的冗余，以便日后增加信息点使用。若网络规模较小，如家庭网，通常选择六端口交换机就能够满足家庭上网的需求。

3. 背板带宽

交换机所有端口间的通信都要通过背板来完成，背板所能够提供的带宽就是端口间通信时的总带宽。带宽越大，能够给各通信端口提供的可用带宽就越大，数据交换的速度就越快。因此，在选购交换机时用户要根据自身的需要选择适当背板带宽的交换机。

6.5 宽带路由器

宽带路由器是近几年来新兴的一种网络产品，伴随着宽带技术的普及应运而生。宽带路由器在一个紧凑的盒子内集成了路由器、防火墙、带宽控制和管理等功能，具备快速转发、灵活的网络管理等特点，因此被广泛应用于家庭、学校、办公室、网吧、小区接入、政府、企业等场合。

6.5.1 宽带路由器的功能

宽带路由器的 WAN 接口能够自动检测或手工设定宽带运营商的接入类型，具备宽带运营商客户端发起功能，如可以作为 PPPoE 客户端，也可以作为 DHCP 客户端，或者是分配固定的 IP 地址。下面是宽带路由器中一些常见的功能及作用。

❑ 内置 PPPoE 虚拟拨号

在宽带数字线上进行拨号，不同于模拟电话线上用调制解调器进行拨号。一般情况下，需要采用专门的 PPPoE（Point-to-Point Protocol over Ethernet）协议，拨号后直接由验证服务器进行身份检验，检验通过后便可建立起一条高速的用户数字线路，并分配相应的动态 IP。

❑ **动态主机配置协议（DHCP）功能**

DHCP 能自动将 IP 地址分配给登录到 TCP/IP 网络的客户工作站，并提供安全、可靠、简单的网络设置，避免地址冲突。

❑ **网络地址转换（NAT）功能**

此功能可以将局域网内分配给每台计算机的局域网 IP 地址转换成合法注册的 Internet 实际 IP 地址，从而使内部网络的每台计算机可直接与 Internet 上的其他计算机进行通信。

❑ **虚拟专用网（VPN）功能**

VPN 能利用 Internet 公用网络建立一个拥有自主权的私有网络，一个安全的 VPN 包括隧道、加密、认证、访问控制和审核技术。对于企业用户来说，这一功能非常重要，不仅可以节约开支，而且能保证企业信息安全。

❑ **DMZ 功能**

为了减少向不信任客户提供服务而引发的危险，DMZ 能将公众主机和局域网络中的计算机分离开来。不过，大部分宽带路由器只可为单台计算机开启 DMZ 功能，也有一些功能较为完善的宽带路由器可以为多台计算机提供 DMZ 功能。

❑ **MAC 功能**

带有 MAC（媒体访问控制）地址功能的宽带路由器可将网卡上的 MAC 地址写入，让服务器通过接入时的 MAC 地址验证，以获取宽带接入认证。

❑ **DDNS 功能**

DDNS 是动态域名服务，能将用户的动态 IP 地址映射到一个固定的域名解析服务器上，使 IP 地址与固定域名绑定，完成域名解析任务。DDNS 可以帮用户构建虚拟主机，以自己的域名发布信息。

❑ **防火墙功能**

防火墙可以对流经它的网络数据进行扫描，从而过滤掉一些攻击信息。防火墙还可以关闭不使用的端口，从而防止黑客攻击。而且它还能禁止特定端口流出信息，禁止来自特殊站点的访问。

6.5.2 宽带路由器的选购

宽带路由器市场已日渐火爆，越来越多的用户使用宽带路由器解决多台计算机共享上网的问题。但由于宽带路由器品牌繁多、性能和质量参差不齐，因此给用户选购宽带路由器造成一定困难。本节将对选购宽带路由器时应该考虑的一些问题进行介绍，从而使用户能够尽快挑选到合适的宽带路由器。

1. 明确需求

用户在选购宽带路由器时，一定要明确自身需求。目前，由于应用环境、应用需求的不同，用户对宽带路由器也有不同的要求，如 SOHO（家庭办公室）用户需要简单、稳定、快捷的宽带路由器；而中小企业和网吧用户对宽带路由器的要求则是技术成熟、安全、组网简单方便、宽带接入成本低廉等。因此，用户在选购宽带路由器之前，应该明确以下 4 个方面。

- 明确计算机终端的数量、接入的类型或环境，如 xDSL、Cable Modem、FTTH 或无线接入等。
- 明确应用业务类型，如数据、VOIP（基于网际协议的语音传输）、视频或混合应用等。
- 明确安全要求，如地址过滤、VPN 等。
- 明确宽带路由器数据转发速率方面的需求。

2. 选择硬件

路由器作为一种网间连接设备，一个作用是连通不同的网络，另一个作用是选择信息传送的线路。选择快捷路径，能大大提高通信速度，减轻网络系统的通信负荷，节约网络系统资源，提高网络系统性能。在此之中，宽带路由器的吞吐量、交换速度及响应时间是 3 个最为重要的参数。

宽带路由器的主要硬件包括处理器、内存、闪存、广域网接口和局域网接口，其中，直接看到的是一个广域网接口（与宽带网入口连接）和几个具有集线器和交换机功能的接口，其中处理器的型号和频率、内存与闪存的大小是决定宽带路由器档次的关键。宽带路由器的处理器一般是 x86、ARM7、ARM9 和 MIPS 等，低档宽带路由器的频率只有 33MHz，内存只有 4MB，这样的宽带路由器适合普通家庭用户；中高档宽带路由器的处理器速度可达到 100MHz，内存不少于 8MB，适合网吧及中小企业用户。

3. 选择功能

随着技术的不断发展，宽带路由器的功能在不断扩展。目前，市场上大部分宽带路由器提供 VPN、防火墙、DMZ、按需拨号、支持虚拟服务器、支持动态 DNS 等功能。用户在选择时，应根据自身的需求选择合适的产品。

4. 选择品牌

在购买宽带路由器时，应选择信誉较好的名牌产品，如目前市场上常见的 Cisco、3COM、TP-Link、D-Link 等。

5. 配置环境

最好选择具备中文 Web 页面配置环境的宽带路由器，如图 6-22 所示。该配置环境不仅容易操作，而且有相应的配置提示信息。

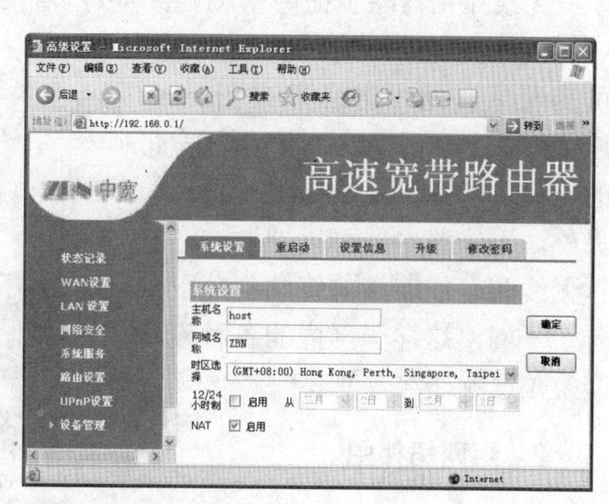

图 6-22 中文 Web 页面配置环境

6.6 无线网络设备

无线网络是利用无线电波作为信息传输媒介所构成的无线局域网（WLAN），与有线网络的用途十分类似。组建无线网络所使用的设备便称为无线网络设备，与普通有线网络所用设备存在一定的差异。

6.6.1 无线 AP

无线 AP（Access Point，无线接入点）是用于无线网络的无线交换机，也是无线网络的核心，如图 6-23 所示。无线 AP 是移动计算机用户进入有线网络的接入点，主要用于宽带家庭、大楼内部以及园区内部，典型距离覆盖几十米至上百米，目前主要技术为 802.11 系列。大多数无线 AP 还带有接入点客户端模式（AP client），可以和其他 AP 进行无线连接，延展网络的覆盖范围。

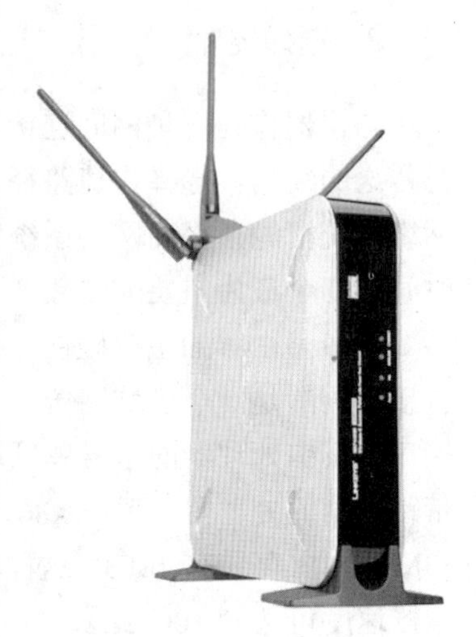

图 6-23 无线 AP

1. 单纯型 AP 与无线路由器的区别

单纯型 AP 的功能相对来说比较简单，功能相当无线交换机（与集线器功能类似）。无线 AP 主要是提供无线工作站对有线局域网和从有线局域网对无线工作站的访问，在访问接入点覆盖范围内的无线工作站可以通过它进行相互通信。

通俗地讲，无线 AP 是无线网和有线网之间沟通的桥梁。由于无线 AP 的覆盖范围是一个向外扩散的圆形区域，因此，应当尽量把无线 AP 放置在无线网络的中心位置，而且各无线客户端与无线 AP 的直线距离最好不要超过 30 米，以避免因通信信号衰减过多而导致通信失败。

无线路由器除了提供 WAN 接口（广域网接口）外，还会提供多个有线 LAN 口（局域网接口）。它借助于路由器功能，可实现家庭无线网络中的 Internet 连接共享，实现 ADSL 和小区宽带的无线共享接入，如图 6-24 所示。另外，无线路由器可以把通过它进行无线和有线连接的终端都分配到一个子网，这样子网内的各种设备交换数据就非常方便。

图 6-24 无线路由器

2. 组网拓扑图

无线路由器可以将 WAN 接口直接与 ADSL 中的 Ethernet 接口连

接，然后将无线网卡与计算机连接，并进行相应的配置，实现无线局域网的组建，如图 6-25 所示。

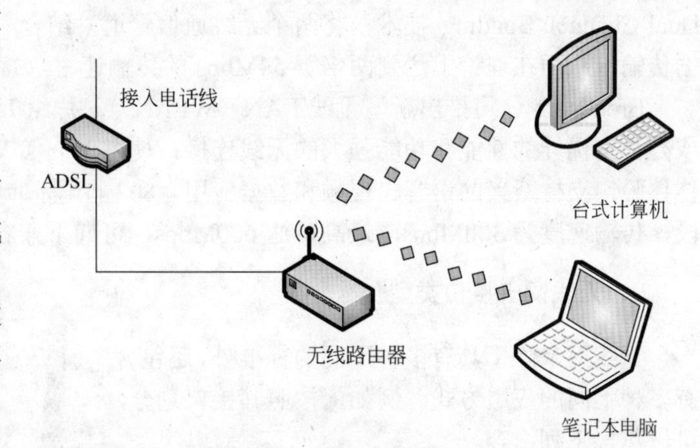

图 6-25 无线路由器组建网络

而单纯的无线 AP 没有拨号功能，只能与有线局域网中的交换机或者宽带路由器进行连接后，才能在组建无线局域网的同时共享 Internet 连接，如图 6-26 所示。

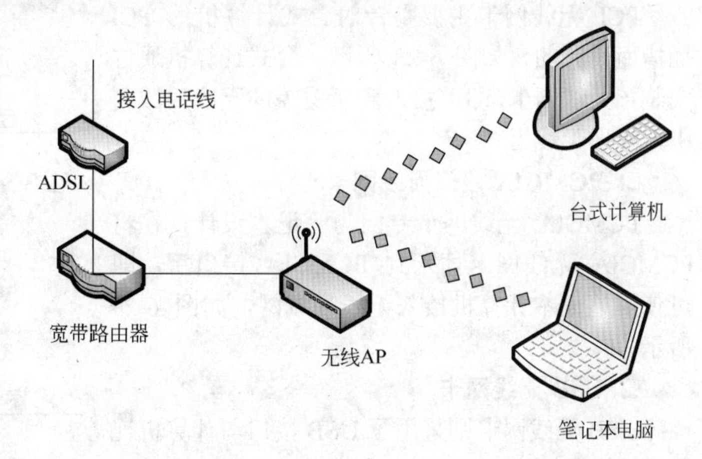

图 6-26 无线 AP 组建网络

6.6.2 无线网卡

无线网卡与普通网卡的功能相同，是连接在计算机中利用无线传输介质与其他无线设备进行连接的装置，如图 6-27 所示。无线网卡并不像有线网卡的主流产品只有 10/100/1000Mbps 规格，而是分为 11Mbps、54Mbps 以及 108Mbps 等不同的传输速率，而且不同的传输速率分别属于不同的无线网络传输标准。

1. 无线网络的传输标准和速率

和无线网络传输有关的 IEEE 802.11 系列标准中，现在与用户实际使用有关的标准包括 802.11a、802.11b、802.11g 和 802.11n 标准。

其中 802.11a 标准和 802.11g 标准的传输速率都是 54Mbps，但 802.11a 标准的 5GHz 工作频段很容易和其他信号冲突，而 802.11g 标准的 2.4GHz 工作频段则较为稳定。

另外工作在 2.4GHz 频段的还有 802.11b 标准，但其传输速率只能达到 11Mbps。现在随着 802.11g 标准产品的大量降价，802.11b 标准已经走入末路。

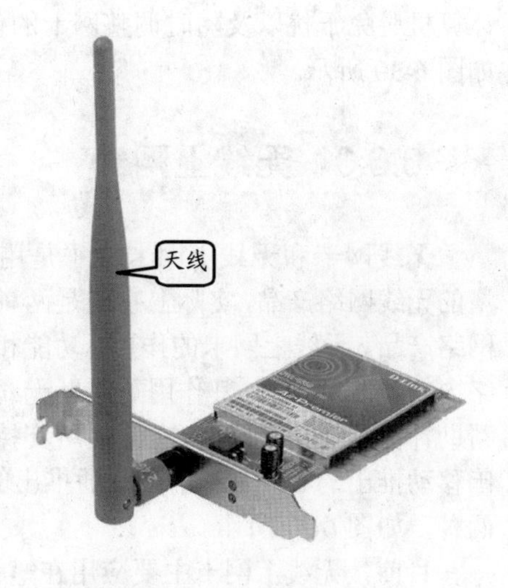

图 6-27 无线网卡

Super G 基于 802.11g 传输标准，采用了

Dual-Channel Bonding 技术，将两个无线通信管道“结合”为一条模拟通信管道进行数据传输，从而在理论上达到两倍于 54Mbps 的传输速率。

Broadcom 公司推出新型无线 LAN（WLAN）芯片组 Intensi-fi 系列，提供了在家庭或办公室优异的性能和功能强大的无线连接，使得下一代 Wi-Fi 设备能提供完美的多媒体体验，支持新兴的语音、视频和数据应用。802.11n 标准使用 2.4GHz 频段和 5GHz 频段，传输速度为 300Mbps，最高可达 600Mbps，可向下兼容 802.11b 和 802.11g 标准。

2. 无线网卡接口类型

无线网卡除了具有多种不同的标准外，还包含有多种不同的应用方式。例如，按照其接口划分，可以包含下列内容。

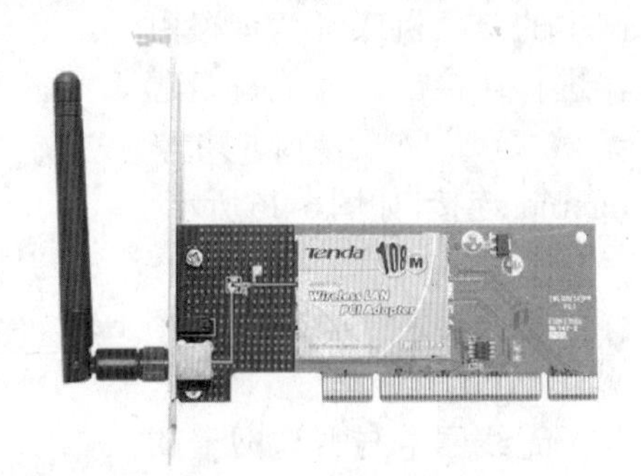

图 6-28　PCI 无线网卡

- **PCI 接口无线网卡**

PCI 无线网卡主要是针对台式计算机的 PCI 插槽而设计的，如图 6-28 所示。台式计算机通过安装该无线网卡，即可接入到所覆盖的无线局域网中，实现无线上网。

- **PCMCIA 接口无线网卡**

图 6-29　PCMCIA 无线网卡

PCMCIA 无线网卡专门为笔记本设计，在将 PCMCIA 无线网卡插入到 PCMCIA 接口后，即可使用笔记本计算机接入无线局域网，如图 6-29 所示。

- **USB 无线网卡**

USB 无线网卡则采用了 USB 接口与计算机连接，其具有即插即用、散热性能强、传输速度快等优点。此外，还能够利用 USB 延长线将网卡远离计算机避免干扰以及随时调整网卡的位置和方向，如图 6-30 所示。

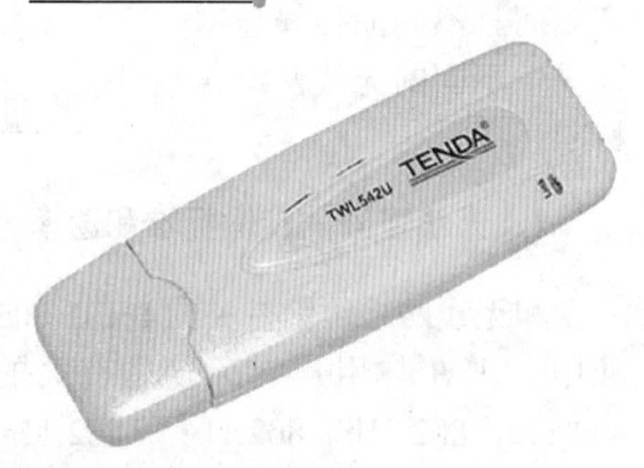

图 6-30　USB 无线网卡

6.6.3 无线上网卡

无线网卡和无线上网卡似乎是用户最容易混淆的无线网络产品，实际上它们是两种完全不同的网络产品。无线上网卡的作用、功能相当于有线网络内的调制解调器，其作用是借助无线电话信号来帮助计算机连接互联网。在国内所支持的网络有中国移动推出的 GPRS 和中国联通推出的 CDMA 1X 两种，如图 6-31 所示。

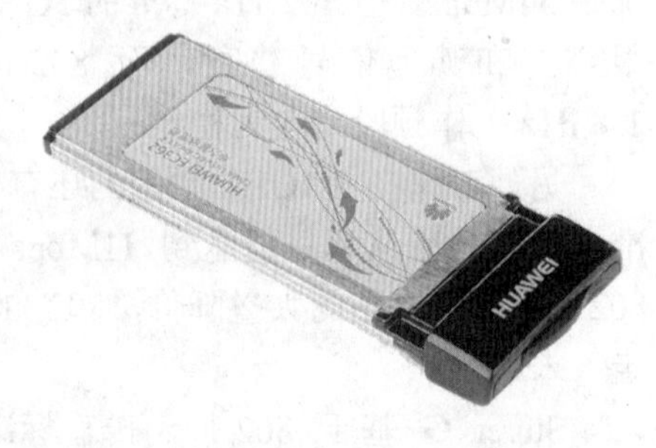

图 6-31　无线上网卡

目前，无线上网卡主要应用在笔记本和 PDA（掌上电脑）上，还有部分应用在台式机上，所以接口也有多种规格。

❑ **USB 接口**

此款接口为外置通用接口，适合几乎所有种类的微型计算机，其特点是使用方便，且拥有较好的散热性，如图 6-32 所示。

图 6-32 **USB 接口上网卡**

❑ **PCMCIA 接口**

该接口为笔记本电脑专用接口，可以支持最大上行传输速率为 153.6Kbps，即使是下行传播速率也可以达到 110Kbps，如图 6-33 所示。只要是拥有 CDMA 1X 网络覆盖的地方，就可以通过“笔记本电脑+CDMA 无线上网卡”的方式实现随时随地上网冲浪。

图 6-33 **PCMCIA 接口上网卡**

❑ **Express Card 接口**

笔记本专用的二代接口——Express Card 接口，可提供附加内存、有线和无线通信、多媒体和安全保护功能，如图 6-34 所示。

6.6.4 选购无线网络设备

由于无线局域网具有众多优点，所以已经被广泛地应用。但是作为一种全新的无线局域网设备，多数用户相对较为陌生，在购买时会不知所措。下面介绍选购无线网络设备时应注意的一些问题。

1. 选择无线网络标准

用户在选购无线网络设备时，需要注意该设备所支持的标准。例如，目前无线局域网设备支持较多的为 IEEE 802.11b 和 IEEE 802.11g 两种标准。

但是，也有的设备单独支持 IEEE 802.11a 标准或者同时支持 IEEE 802.11a、IEEE 802.11b 和 IEEE 802.11g 三种标准，这时就要考虑到设备的兼容性问题。

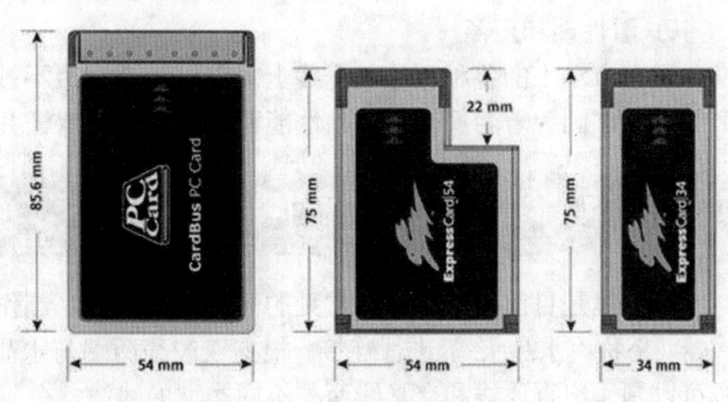

图 6-34 **Express Card 接口**

2. 网络连接功能

实际上，无线路由器即是具备宽带接入端口、具有路由功能、采用无线通信的普通路由器。而无线网卡则与普通有线网卡一样，只不过采用无线方式进行数据传输。

因此，用户选购的宽带路由器要带有端口（4个端口），还要提供Internet共享功能，且各方面比较适合于局域网连接，并且能自动分配IP地址，也便于管理。

3. 路由技术

除了注意上述内容外，在选购无线路由器时，还需要了解无线路由器所支持的技术。例如，是否含有NAT技术和具有DHCP功能等。

为了保证网络安全，无线路由器还需要带有防火墙功能，这样可以防止黑客攻击、防止网络受病毒侵害，同时可以不占用系统资源。

4. 数据传输距离

无线局域网的通信范围不受环境条件的限制，网络的传输范围大大拓宽，最大传输范围可达到几十千米。在有线局域网中，两个站点的距离通过双绞线在100米以内，即使采用单模光纤也只能达到3000米，而无线局域网中两个站点间的距离目前可达到50千米，距离数千米的建筑物中的网络可以集成为同一个局域网。

5. 无线网卡的功耗与稳定性

功耗与稳定性确实是无线网卡最重要的两大技术指标。多数无线网卡的速率与信号接收能力目前不会有太大的差别，而功耗或者稳定性确有非常大的区别。

另外，目前许多无线网卡发热量巨大，尤其是在夏天，这对产品的稳定性以及使用寿命是相当不利的。

6. 无线上网卡

其实，选购无线上网卡和选购其他的数码产品的原则都一样，满足用户需求即可。

- **选择商家**

在选购无线上网卡时，一定首先明确使用环境地域，因为中国移动的GPRS和中国联通的CDMA的网络建设程度不同，所以选购时要了解使用地域的网络覆盖情况。

- **看性能和厂商**

现在市场上的各种型号的无线上网卡琳琅满目，不过在选择产品时，先考虑厂商和产品性能，因为著名厂商的产品性能稳定、质量有保证并且售后服务完善。

6.7 实验指导：制作网线

双绞线是目前网络中最为常见的网络传输介质，制作时需要将其与专用的RJ-45连接器（俗称“水晶头”）进行连接。根据双绞线两端与水晶头连接方式的不同，利用双绞线可以制作出直通线和交叉线两种不同类型的线缆，分别用于实现计算机与网络设备、计算机与计算机的连接。下面主要介绍计算机与计算机连接时所用交叉线的制作方法。

1. 将网线的一端置于网钳的切割刀片下后，切齐双绞线的一端，如图6-35所示。
2. 将切齐后的双绞线放入剥线槽内，并在握住网钳后轻微合力，再扭转网线，切下双绞线的外皮，如图6-36所示。
3. 剥开双绞线外皮后，将网钳置于一边。然后，拔掉已经切下的双绞线外皮，即可看到8根缠绕在一起的铜线，如图6-37所示。

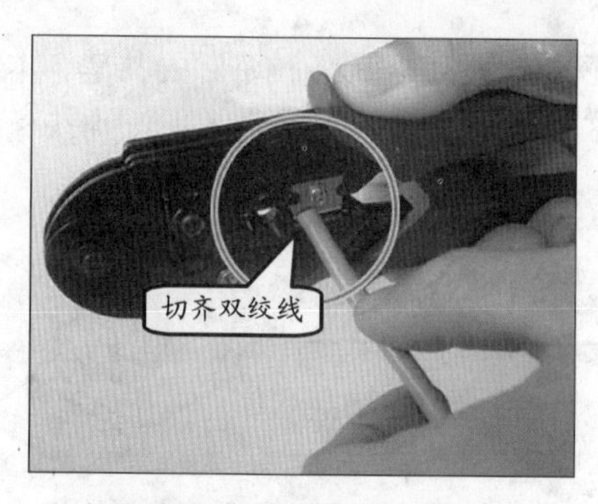

图 6-35 切齐网线的一端

图 6-36 切下双绞线外皮

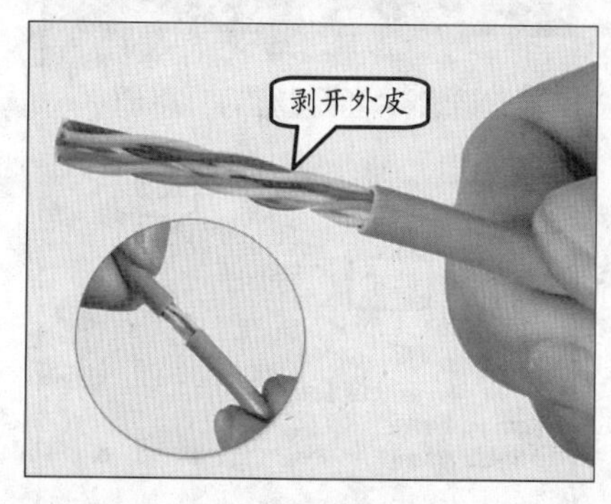

图 6-37 剥开双绞线外皮

4 将 8 根铜线依次拉直后，按照 EIA/TIA 568A 的标准线序对 8 根铜线进行排列。然后，将铜线置于网钳切割片下，握住网钳后合力将线端切齐，如图 6-38 所示。

5 用手捏住切齐后的 8 根铜线后，将水晶头裸露铜片的一面朝上。然后，将按照 EIA/TIA 568A 标准排列好的 8 根铜线推入水晶头内的线槽中，如图 6-39 所示。

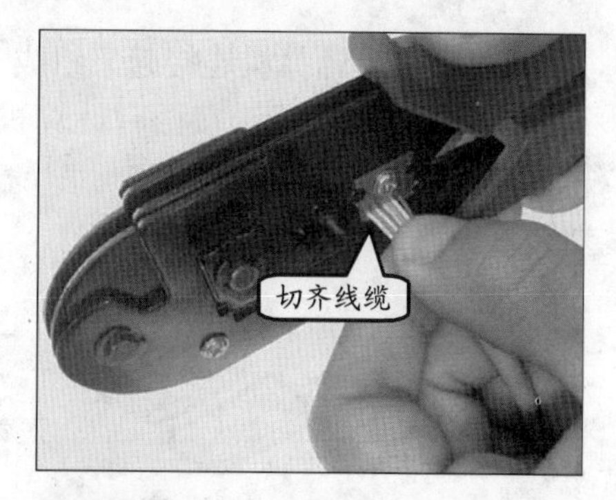

图 6-38 切齐铜线

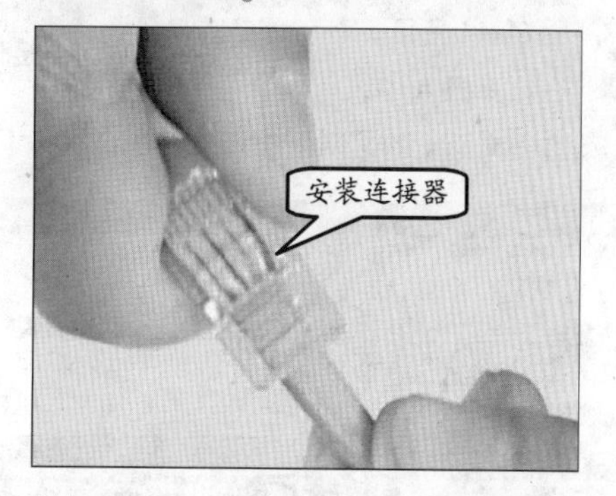

图 6-39 将铜线插入水晶头内

6 在确认 8 根铜线已经全部插入至水晶头线槽的顶端后，即可将其放入网钳的 RJ-45 压线槽内，并合力挤压网钳手柄，从而将水晶头上的铜片压至铜线内，如图 6-40 所示。

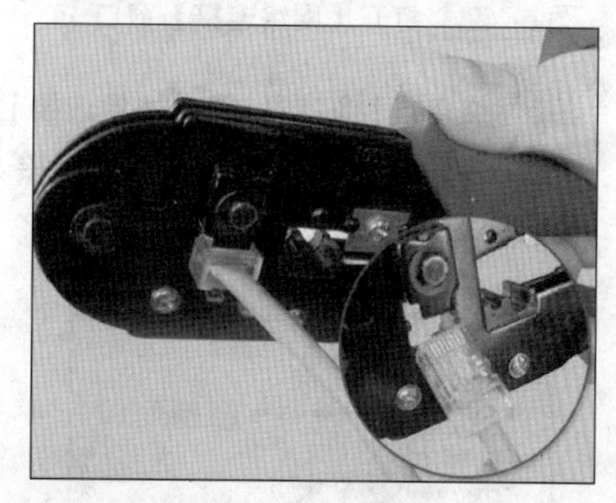

图 6-40 压制水晶头

7 接下来，使用相同方法制作线序为 EIA/TIA 568B 的双绞线的另一端，完成后即可得到一根可以直接连接两台计算机的交叉线。

6.8 实验指导：组建家庭网

随着计算机的普及与销售价格的降低，越来越多的家庭开始配备第 2 台计算机。此时，如果将这两台计算机连接起来组成一个家庭网络，便可实现各种资源的共享。本实例将简单介绍使用网线连接两台计算机，并在这一最小规模的网络内实现资源共享的方法。

1 将之前所制作交叉线的一端连接到计算机A的网卡，另一端连接到计算机B的网卡，如图6-41所示。

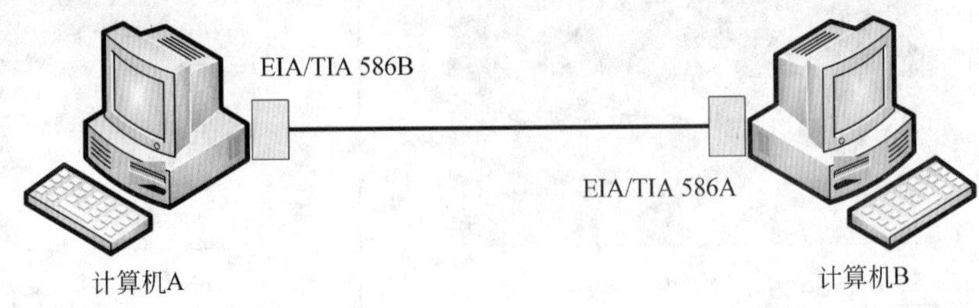

图 6-41 连接计算机

2 在计算机A中，右击桌面上的【网上邻居】图标，执行【属性】命令，打开【网络连接】窗口，如图6-42所示。

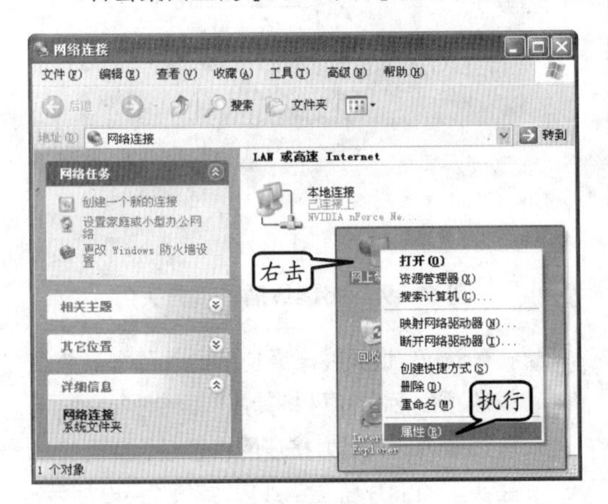

图 6-42 打开【网络连接】窗口

3 在【网络连接】窗口中右击【本地连接】图标，执行【属性】命令，打开【本地连接 属性】对话框，如图6-43所示。

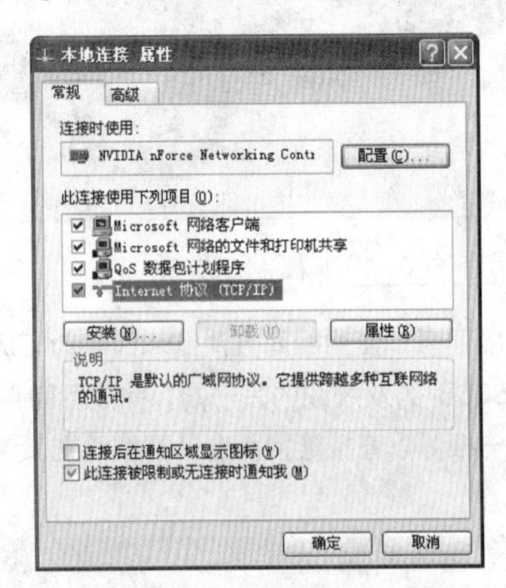

图 6-43 【本地连接 属性】对话框

4 在【常规】选项卡中，选择【此连接使用下列项目】栏中的【Internet协议（TCP/IP）】项，并单击【属性】按钮。在弹出的【Internet协议（TCP/IP）属性】对话框内选中【使用下面的 IP 地址】单选按钮后，依次为该网卡设置IP地址和子网掩码，如图6-44所示。

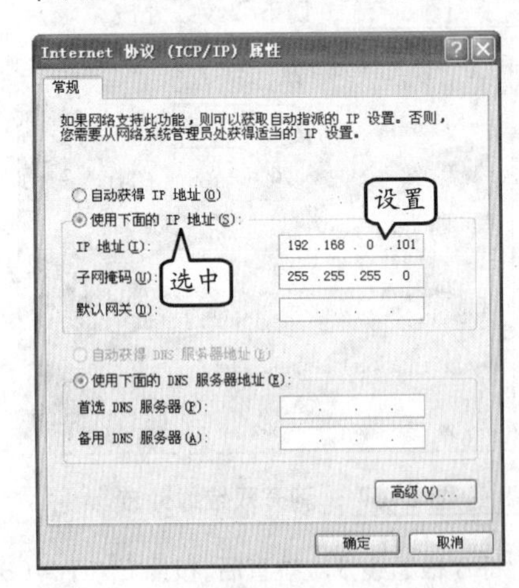

图 6-44 设置IP地址和子网掩码

5 完成后单击【Internet协议（TCP/IP）属性】对话框内的【确定】按钮，并关闭【本地连接属性】对话框。然后，在【网络连接】窗口内单击【网络任务】卷展面板内的【设置家庭或小型办公网络】按钮，打开【网络安装向导】对话框，如图6-45所示。

6 在弹出的【网络安装向导】对话框中，连续单击两次【下一步】按钮后，在弹出的【选择连接方法】界面中选中【此计算机通过居民区的网关或网络上的其他计算机连接到Internet】单选按钮，如图6-46所示。

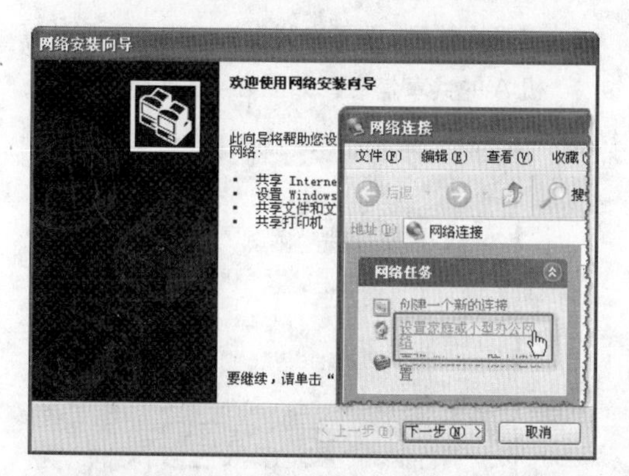

图6-45 【网络连接向导】对话框

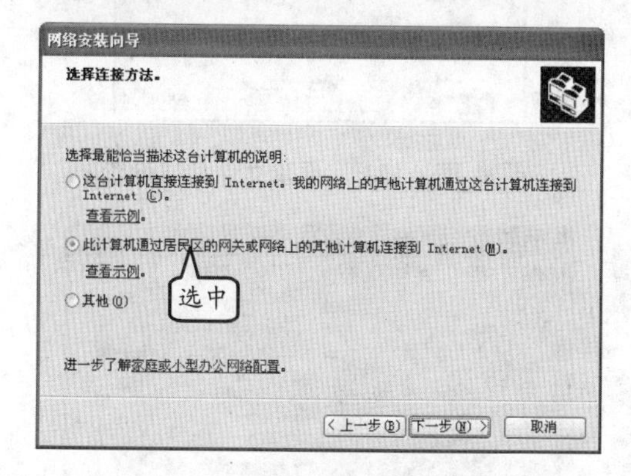

图6-46 选择接入网络的方法

7 接下来，在【网络安装向导】对话框中【综合各计算机提供描述和名称】界面设置当前计算机的计算机名称和描述信息，完成后单击【下一步】按钮，如图6-47所示。

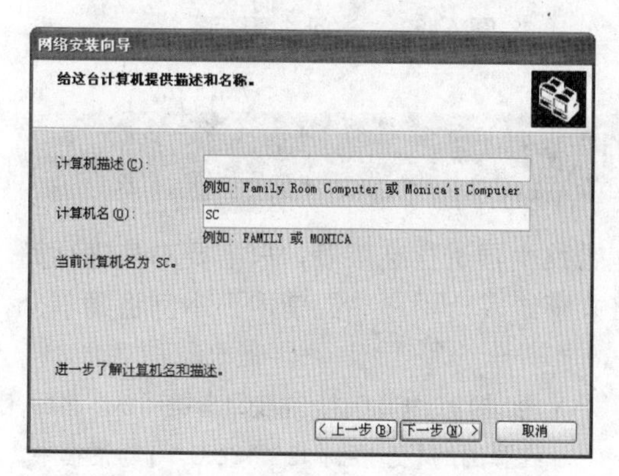

图6-47 设置计算机名称与描述信息

8 在【网络安装向导】对话框中的【命名您的网络】界面输入工作组的名称，并单击【下一步】按钮，如图6-48所示。

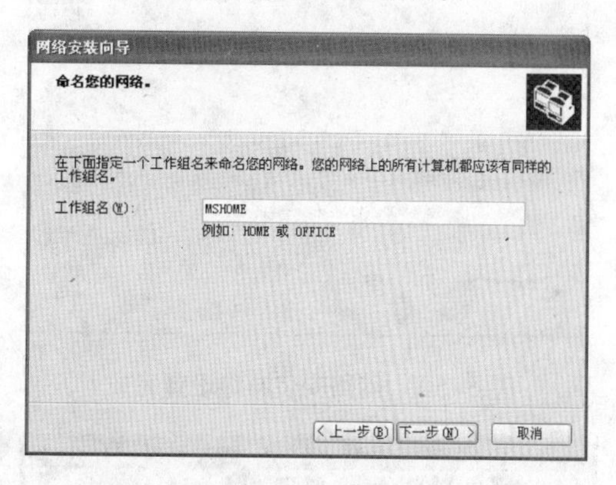

图6-48 设置工作组名称

9 在弹出的【文件和打印机共享】界面中选中【启用文件和打印机共享】单选按钮，如图6-49所示。然后，单击【下一步】按钮。

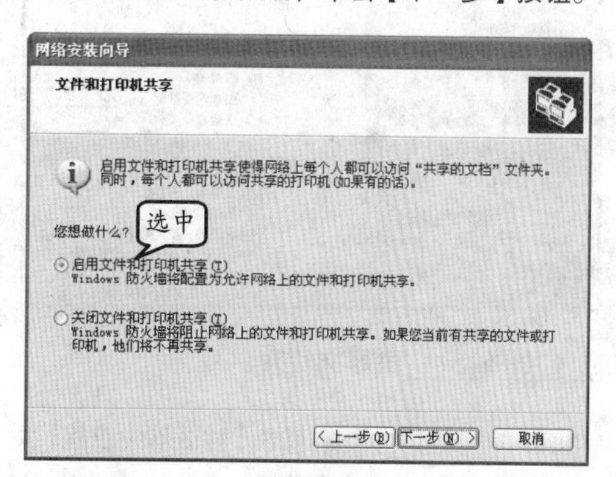

图6-49 调整计算机共享设置

10 进行到这里后，计算机便会开始配置网络，完成后在弹出的【网络安装向导】对话框内选中【完成该向导。我不需要在其他计算机上运行该向导】单选按钮，如图6-50所示。然后，单击【下一步】按钮，并单击弹出对话框内的【完成】按钮。

11 使用相同的方法，除更改IP地址与计算机名称和描述信息外，在计算机B上进行完全相同的设置。完成后，在计算机A上右击所要共享的文件夹，并在弹出的快捷菜单中执行【共享和安全】命令，如图6-51所示。

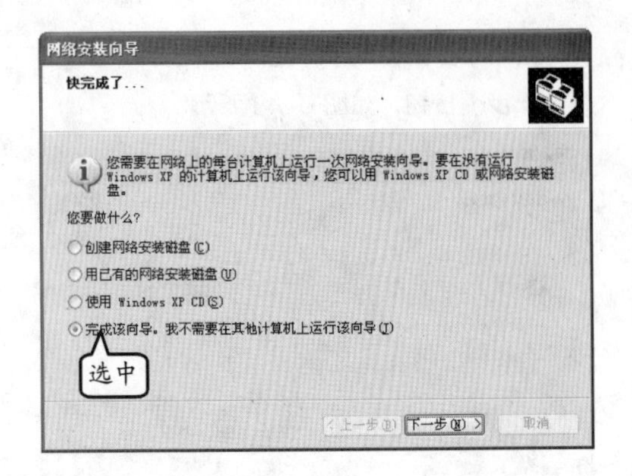

图 6-50　网络安装向导设置完成

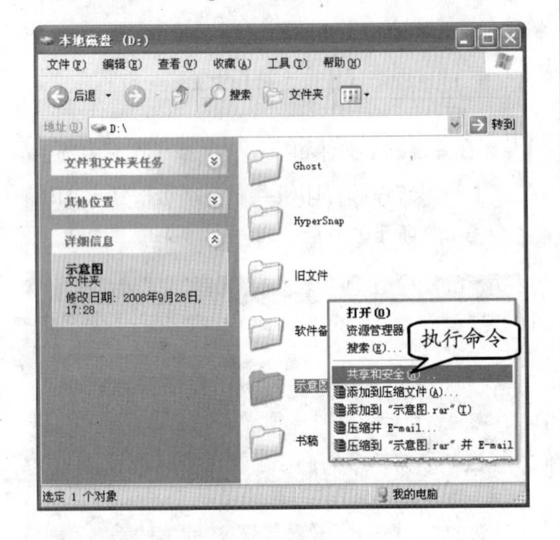

图 6-51　共享文件夹

12 在弹出的【示意图 属性】对话框中启用【共享】选项卡内的【在网络上共享这个文件夹】复选框，并单击【确定】按钮，如图 6-52 所示。

13 此时，在计算机 B 内单击【开始】按钮，并在执行【运行】命令后，在弹出的【运行】对话框内输入 IP 地址"//192.168.0.101"。稍等片刻后，即可在弹出窗口内查看到计算机 A 的共享信息，如图 6-53 所示。

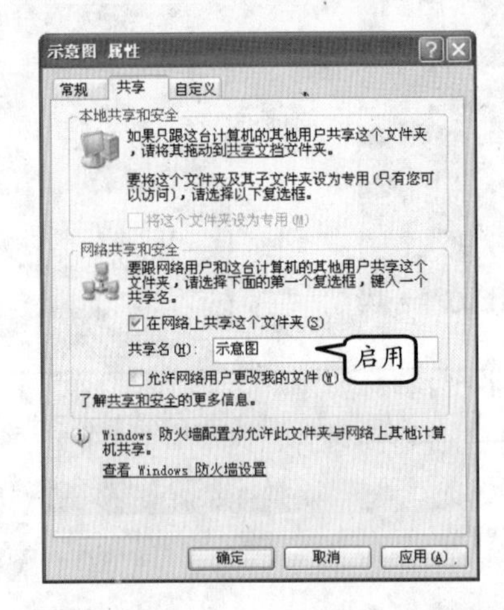

图 6-52　更改文件共享设置

图 6-53　访问共享资源

6.9 实验指导：配置宽带路由器

在局域网中，将 ADSL 宽带的接入端与宽带路由器进行连接后，只需要对其进行简单的配置工作，即可将一条 Internet 连接线路共享给多个用户共同使用。本例将简单介绍配置宽带路由器的方法。

1 将 ADSL Modem 附带双绞线的两端分别接入宽带路由器的 WAN 口和 ADSL Modem 的相应接口后，使用直通线将计算机与宽带路由器连接在一起。

2 打开 IE 浏览器后，在【地址栏】内输入 IP 地址 192.168.0.1，并按回车键确认。然后，在弹出的【连接到 192.168.0.1】对话框中，输入用户名和密码，完成后单击【确定】按钮，如图 6-54 所示。

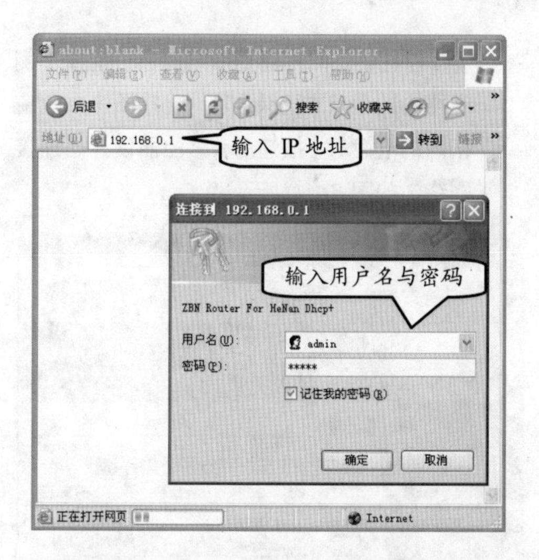

图 6-54 输入用户名和密码

3 进入宽带路由器的配置界面后，在左侧窗格内选择【WAN 设置】项。然后，在右侧窗格的【上网方式】下拉列表框内选择【PPPoE（大部分的宽带网或 xDSL）】选项，如图 6-55 所示。

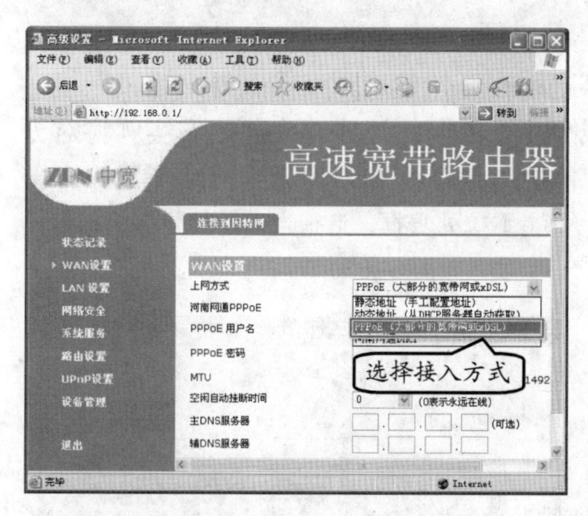

图 6-55 设置网络连接方式

4 接下来，在该界面内设置 ADSL 宽带用户的账号与密码，并在【主 DNS 服务器】文本框内输入 DNS 服务器的 IP 地址 202.102.224.68，如图 6-56 所示。

5 完成上述设置后，选择左侧窗格内的【LAN 设置】项。然后，在右侧窗格内设置宽带路由器的局域网 IP 地址，并在启用【开启 DHCP 服务器功能】复选框后，设置 DHCP 服务的各项参数，如图 6-57 所示。

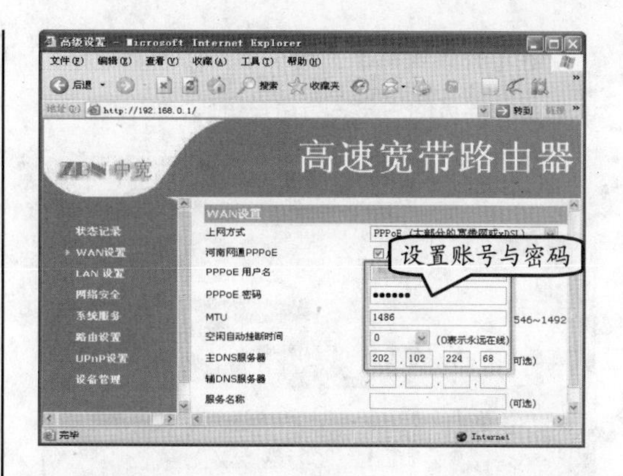

图 6-56 WAN 设置

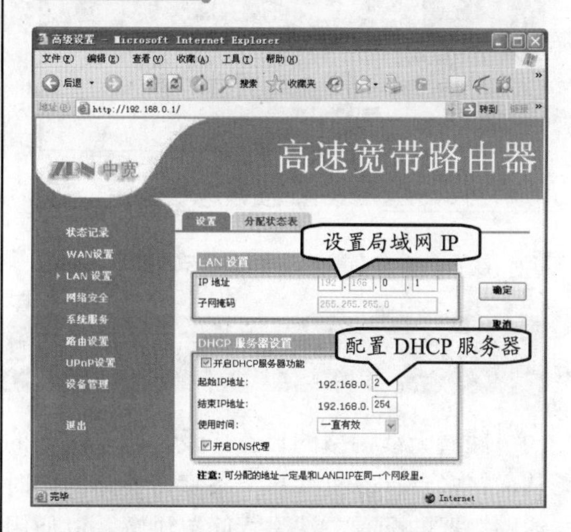

图6-57 设置路由器 IP 及 DHCP 服务器

6 在左侧窗格内选择【设备管理】项后，选择右侧窗格内的【设置信息】选项卡，并单击该选项卡内的【备份】按钮。然后，在弹出的【文件下载】对话框内单击【保存】按钮，备份宽带路由器的配置文件，如图 6-58 所示。

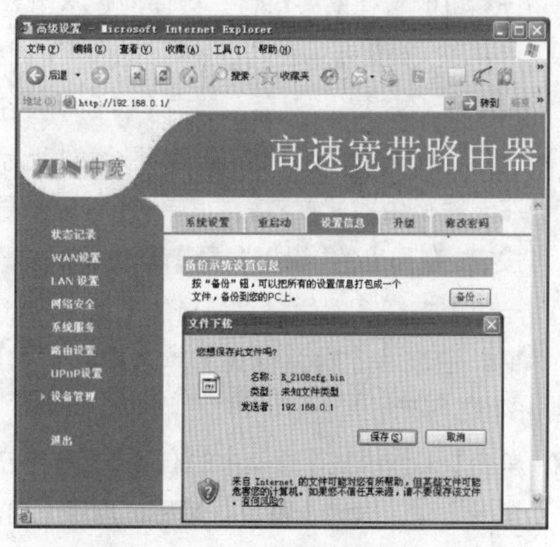

图 6-58 备份路由器配置文件

7 在【修改密码】选项卡中，修改宽带路由器管理员的用户名与用户密码，如图 6-59 所示。

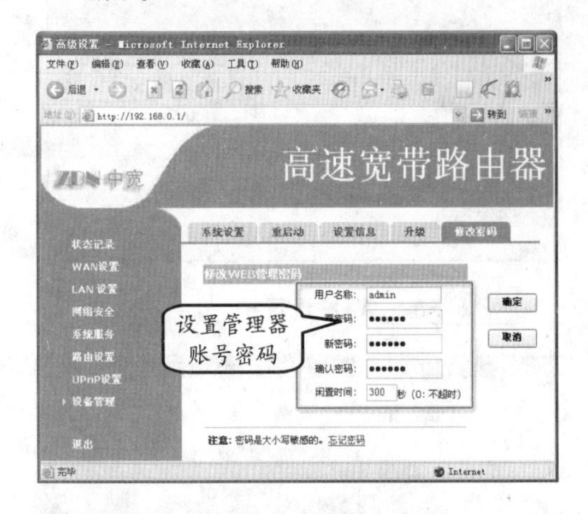

图 6-59 修改管理员账户与密码

8 最后，单击【重启动】选项卡内的【重新启动】按钮。待路由器重新启动后，选择左侧窗格内的【状态记录】项，并在单击右侧窗格内的【拨号】按钮后，路由器便开始连接网络，如图 6-60 所示。

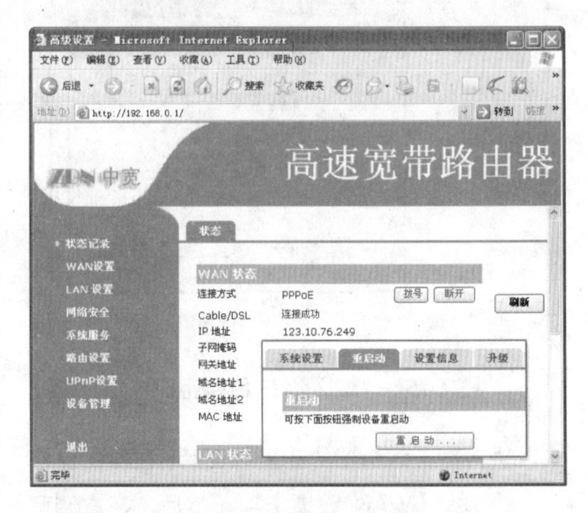

图 6-60 查看状态记录

6.10 实验指导：配置无线路由器

随着无线网络的日益普及，越来越多的家庭用户开始使用无线路由器来连接网络，从而在多台计算机共享一条宽带线路的同时减少复杂的网络连线。为此，本实例将对无线路由器的配置方法进行简单讲解，以便用户能更好地学习和掌握无线网络配置技术。

1 将 ADSL Modem 附带双绞线的两端分别接入无线路由器的 WAN 口和 ADSL Modem 的相应接口。然后，通过带有无线网卡的计算机进行配置，或者使用直通线的一端连接到无线路由器的 LAN 口，而另一端连接到计算机的普通网卡接口，以便配置路由器。

2 打开 IE 浏览器窗口后，在【地址栏】内输入 192.168.1.1。然后，单击【转到】按钮，打开无线路由器的配置界面，如图 6-61 所示。

3 在无线路由器配置界面中，单击【设置向导】按钮，在弹出的【设置向导】窗口内单击【下一步】按钮。然后，在弹出的【工作模式】窗口中选中【网关模式】单选按钮，如图 6-62 所示。

4 单击【工作模式】窗口中的【下一步】按钮，弹出【时区时钟】窗口。然后，启用【启用 NTP 同步功能】复选框，并单击【时区选择】下拉列表框，选择当前所处位置的时区选项，如图 6-63 所示。

图 6-61 无线路由器配置界面

5 单击【时区时钟】窗口中的【下一步】按钮后，在弹出的【局域网口配置】窗口内设置

IP 地址和子网掩码，并单击【下一步】按钮，如图 6-64 所示。

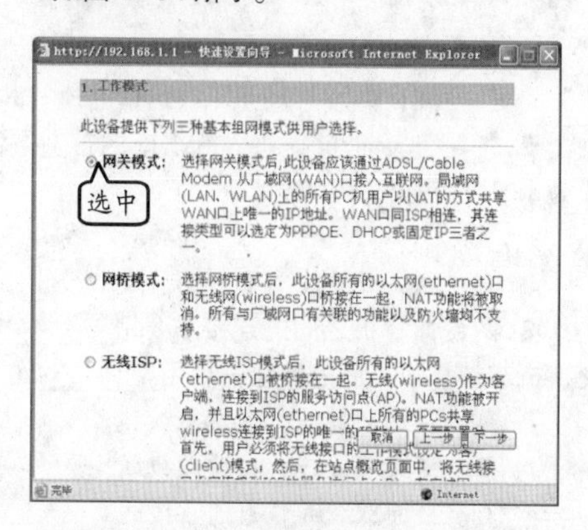

图 6-62　选择工作模式

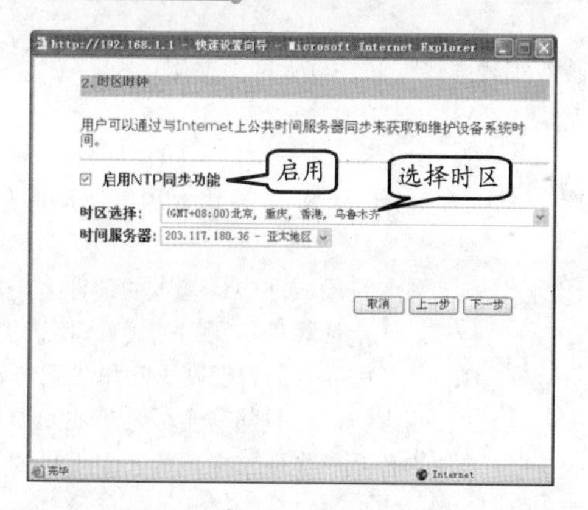

图 6-63　设置时区时钟

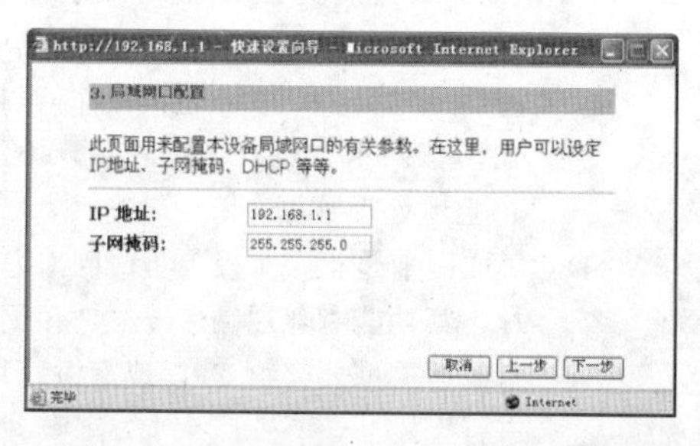

图 6-64　配置局域网 IP 地址和子网掩码

6 在弹出的【广域网口配置】窗口中单击【WAN 接入类型】下拉列表框，并选择 PPPoE 项。然后，输入用户名和用户密码，单击【下一步】按钮，如图 6-65 所示。

7 在弹出的【无线基本设置】窗口中将【工作类型】设置为 AP 项。完成后，设置其他相关内容，并单击【下一步】按钮，如图 6-66 所示。

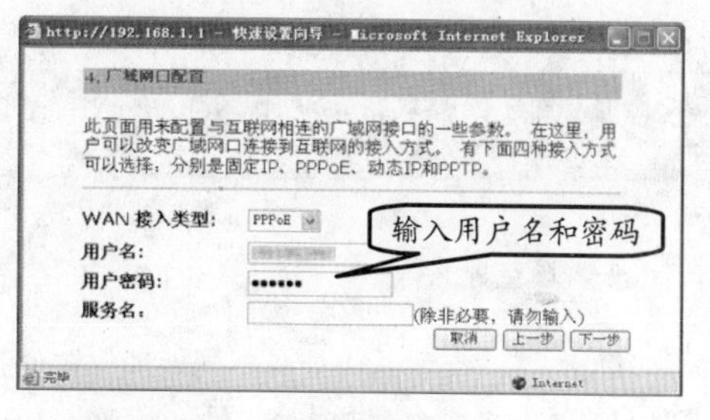

图 6-65　配置 WAN

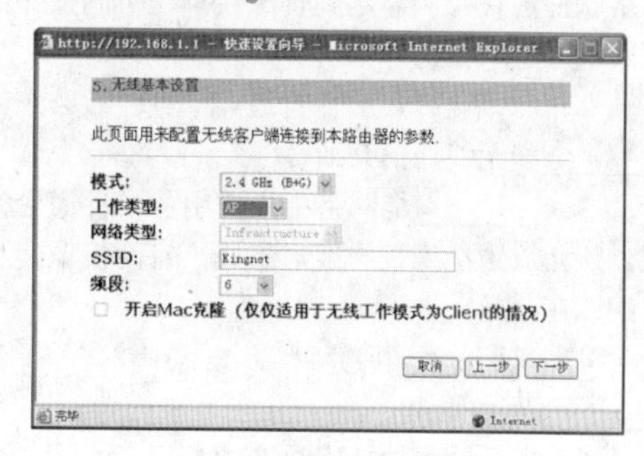

图 6-66　配置无线客户端连接到路由器的参数

8 在弹出的【无线局域网安全性配置】窗口中单击【加密方式】下拉列表框，并选择加密方式，如图 6-67 所示。

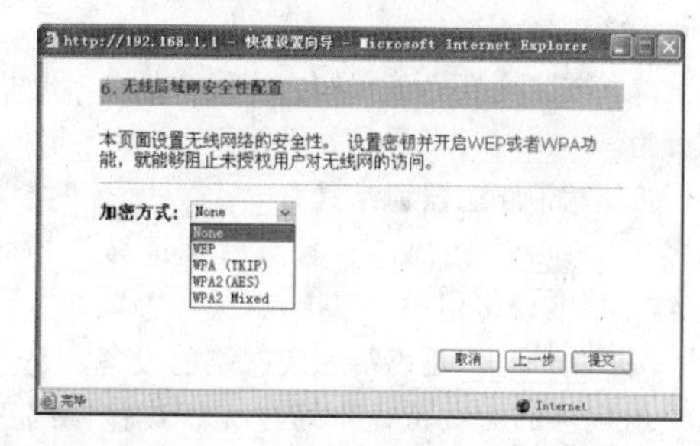

图 6-67　设置加密方式

9 完成上述配置后，单击【提交】按钮。当提交完成并弹出“系统配置修改成功”的信息框时，单击 OK 按钮设置完成，如图 6-68 所示。

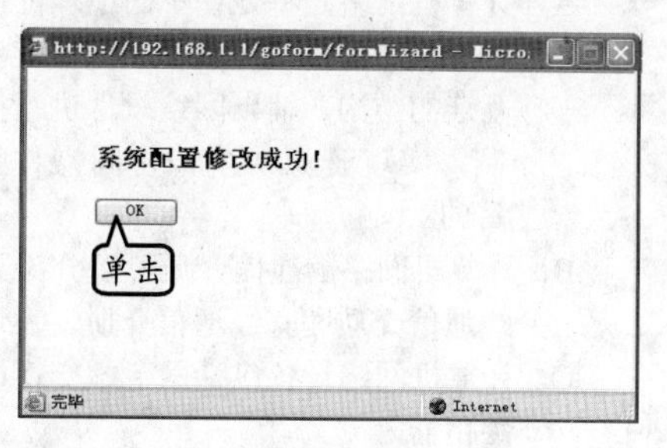

图 6-68　设置完成

6.11 思考与练习

一、填空题

1. ________就是将处在不同地理位置的独立计算机，用通信介质和设备互连的结构，辅以网络软件进行控制，达到资源共享、协同操作的目的。

2. 计算机网络中的通信介质主要分为________和无线通信介质。

3. ________是网络中最常用的一种通信介质，该介质由绝缘铜导线对组成，每两根铜线相互缠绕在一起。

4. 双绞线电缆可以分为________和________两大类。

5. 在局域网中使用较多的是________、超五类非屏蔽双绞线和六类非屏蔽双绞线，也有少数的网络使用七类双绞线。

6. ________是局域网中最基本的部件之一，是连接计算机与网络的硬件设备。无论是双绞线、同轴电缆连接还是光纤连接，都必须通过网卡才能实现数据通信。

7. 按照交换机工作的协议层来划分，交换机分为________、三层交换机以及________。

8. 宽带路由器通常具有一个________接口和多个________接口，并且具有地址转换功能（NAT）以实现多用户共享接入。

9. ________是终端无线网络的设备，是在无线局域网的无线覆盖下通过无线连接网络进行上网使用的无线终端设备。

二、选择题

1. 下列选项中，有关计算机网络的描述错误的是________。
   A. 计算机网络是将处在不同地理位置的独立计算机，用通信介质和设备互连的结构，辅以网络软件进行控制，实现资源共享、协同操作等目的
   B. 计算机网络的通信介质可以分为无线通信介质和有线通信介质
   C. 计算机网络设备包括网卡、交换机、路由器等
   D. 在计算机网络中，双绞线、无线电波、微波等属于无线通信介质

2. ________能够提供600MHz的带宽，将成为未来网络布线中的主流。
   A. 七类双绞线　B. 五类双绞线
   C. 六类双绞线　D. 超五类双绞线

3. 两台计算机之间的连接需要用________；交换机与计算机之间的连接需要用________。
   A. 直通双绞线、交叉双绞线
   B. 交叉双绞线、直通双绞线
   C. 直通双绞线、直通双绞线
   D. 交叉双绞线、交叉双绞线

4. ________类型的连接器通常与五类非屏蔽双绞线电缆一起在以太网中使用。
   A. RJ-11　B. RJ-45
   C. BNC　D. AUI

5. 下列有关网卡的描述中错误的是________。
   A. 网卡是局域网中最基本的部件之一，是连接计算机与网络的硬件设备
   B. 网卡可以分为普通网卡和集成网卡两大类，并且随着主板上集成网卡的普及，集成网卡成为网卡市场的主流
   C. 普通网卡也称为独立网卡，是指插在网络计算机或服务器的扩展插槽中充当计算机和网络之间的物理接口，该网卡上没有运算芯片，不能自主地处理数据
   D. 集成网卡是指在主板上集成网卡芯片，其功能和普通网卡一样，该网卡的运算都要交给CPU或南桥芯片进行

6. ________是将分配给内部网络计算机的IP地址转换成合法注册的Internet实际IP地址，是宽带路由器不可缺少的功能。
   A. 网络地址转换（NAT）功能
   B. 动态主机配置协议（DHCP）功能
   C. 虚拟专用网（VPN）功能
   D. 虚拟服务器功能

三、简答题

1. 简述双绞线组网的特点。

2．简述网卡的工作原理。

3．简述交换机的工作原理。

4．简述宽带路由器的功能。

5. 选购无线网络设备（无线 AP、无线网卡）时需要注意的事项？

四、上机练习

1．连接 ADSL 设备

ADSL 与以往调制解调技术的主要区别在于其上下行速率是非对称的，非常适于 Internet 浏览。随着 Internet 的快速发展，ADSL 作为一种高速接入 Internet 的技术出现在人们面前，并且已经普及成为目前最为流行的宽带接入技术。

首先，将电话线与 ADSL 过滤器（分频器）进行连接。例如，将电话线插入到过滤器的 LINE 端口，如图 6-69 所示。

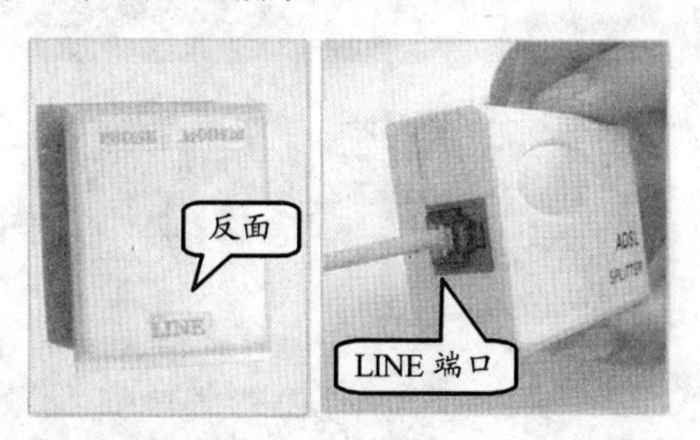

图 6-69　连接过滤器

再将过滤器另一端中的 MODEM 端口和 PHONE 端口分别插入电话线跳线，而 PHONE 端口跳线与电话连接，如图 6-70 所示。

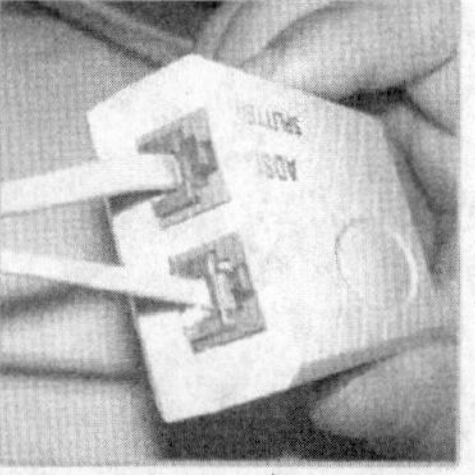

图 6-70　连接电话线跳线

然后，将 MODEM 端口的电话线跳线与宽带路由器进行连接，如图 6-71 所示。一般宽带路由器中有两个端口：一个用于连接电话线和另一个 RJ-45 端口用于连接网线。最后，将网线另一端的水晶头插入到计算机的网卡中即可。

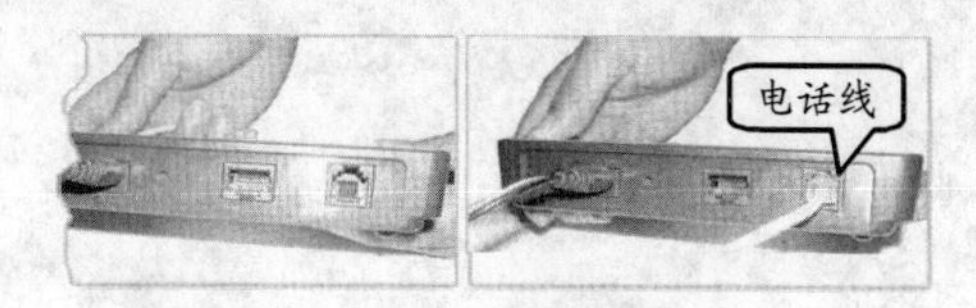

图 6-71　宽带路由器连接电话线

2．使用 ipconfig 查看网络配置信息

ipconfig 实用程序可用于显示当前的 TCP/IP 配置信息，以便检验人工配置的 TCP/IP 设置是否正确，其应用方法如下。

单击【开始】按钮，执行【运行】命令，并在弹出的【运行】对话框中输入 cmd 命令，单击【确定】按钮，如图 6-72 所示。

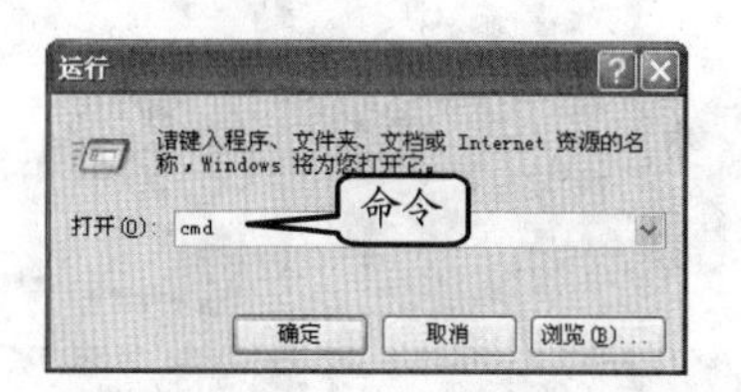

图 6-72　运行命令

在弹出的对话框中输入 ipconfig 命令，并按回车键，即可显示当前计算机的网络配置信息，如图 6-73 所示。

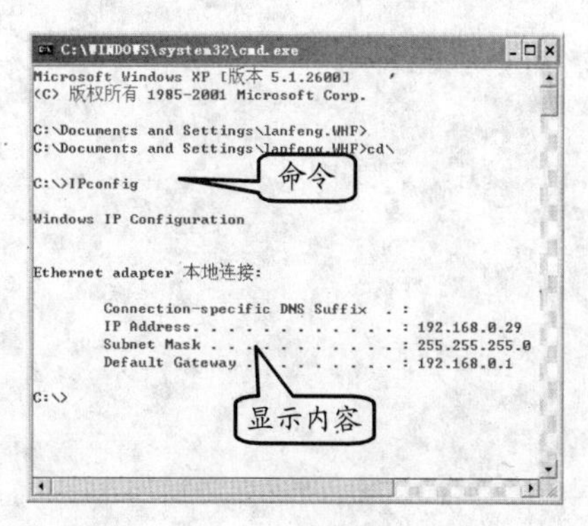

图 6-73　显示配置信息

第7章

数码产品

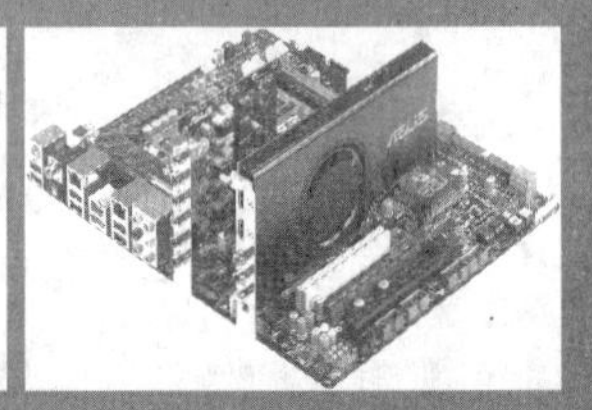

随着计算机的发展和数字化技术的不断成熟，带动了一批以数字信息为记载标识的产品，即人们通常所说的数码产品。常见的数码产品有数码随身听、摄像头、录音笔等，这些产品以其时尚的外观、简捷的操作方式和强大的功能迅速取代了作用相同的传统设备，在人们享受数字化美好生活的过程中起着极其重要的作用。

本章主要讲解MP3、MP4、摄像头等生活中常见的数码产品，并对它们的类型、性能指标等进行介绍。除此以外，本章还介绍了购买各种数码产品时的选择方式及注意事项，以便用户在购买数码产品时都能够挑选到合适的产品。

本章学习要点：

- 数码随身听
- 耳麦
- 摄像头
- 电视视频卡
- 视频转换卡
- 录音笔

7.1 数码随身听

自从 1978 年索尼发明 Walkman 后，随时随地地欣赏音乐便成为时尚一族生活中必不可少的一部分。在随身听发展的几十年间，陆续出现了磁带式随身听、CD 随身听、MD 随身听等多种设备。现在，MP3、MP4 以其小巧的身型、强大的功能成为新一代的主流随身听设备，使得人们可以更为轻松、时尚，并且随时随地地享受音乐带给人们的乐趣。

7.1.1 MP3 数码产品

MP3 播放器（简称 MP3）以其能够直接播放 MP3 格式的数字音频文件而得名，其最大特点是体积小、容量大、耗电量低等，使得长时间播放音乐成为可能。MP3 的这些优点使其一经推出，便受到了广大随身听用户的喜爱，成为目前最为常见的数码随身听设备，如图 7-1 所示。

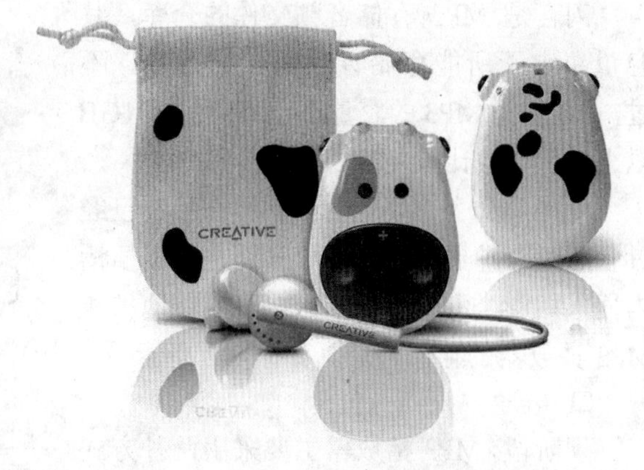

图 7-1 造型可爱的 MP3 播放器

1. MP3 的结构

目前，市场上的 MP3 播放器品牌众多，型号和性能也有所差别。不过，虽然它们的形状各不相同，但内部结构却都大同小异，主要由以下几部分组成。

❑ 解码芯片

解码芯片是 MP3 的核心组成部件，其性能直接影响着 MP3 的功能和音质。对于压缩时存在损耗的 MP3 音频文件来说，优秀的解码芯片能够在很大程度上弥补音频信号的损失，而质量较差的解码芯片则会在播放 MP3 文件时再一次造成编码信号的丢失，直接表现为音频质量差、播放时伴有杂音等问题。

目前，MP3 采用的解码芯片主要分为双芯片和单芯片两种形式。其中，双芯片设计的 MP3 将解码芯片与控制芯片分离开来，以便带来更为出色的解码效果；而单芯片设计则能够简化结构，但由于会牺牲一定音质，因此常用于迷你型 MP3。

❑ 液晶屏

应用于数码设备领域内的液晶屏种类繁多，常见的有 TFT、TFD、UFB、STN 和 OLED 等多种类型。其中，应用于 MP3 播放器的则以 OLED 液晶屏为主。

OLED（Organic Light Emitting Display，有机发光显示屏）是一种采用非常薄的有机材料涂层和玻璃基板所制成的显示屏，当有电流通过时，这些有机材料就会发光，因此无需背光源。OLED 的组成结构比目前流行的 TFT LCD 简单，生产成本也只有 TFT LCD 的三到四成左右，这使得 MP3 播放器的成本得以降低。

除此之外，OLED 液晶屏还具有轻薄小巧、可视角度大、耗电量低等优点。不过，由于技术原因目前还没有办法将 OLED 屏幕做得很大，而使用寿命较短也是 OLED 无法回避的弱点。

❑ 电路板

电路板是MP3内部所有电子元件的载体，其功能是为电子元件提供电流及数据传输服务。如今市场上大多数MP3的内部只有一块电路板，但部分带有FM收音功能的高端MP3也会使用双电路板的设计，以减少FM收音电路和主电路之间的干扰，提高FM效果和MP3播放音质。其中，主电路板主要用于连接解码芯片、LCD、控制按钮、数据接口以及音频输出接口，而辅助电路一般用于连接电池部分或者FM调频收音机电路模块。

❑ 闪存与扩展插槽

闪存是MP3存储音频文件的仓库，其容量决定了所能存储音频文件的数量。不过，目前常见MP3的容量都已经达到了1GB以上，价格也比较便宜。

此外，如今市场上的MP3产品都已经具备了闪存扩展插槽，用户只需在扩展插槽内插入相应类型的存储卡，即可方便地扩充MP3播放器的存储容量，如图7-2所示。

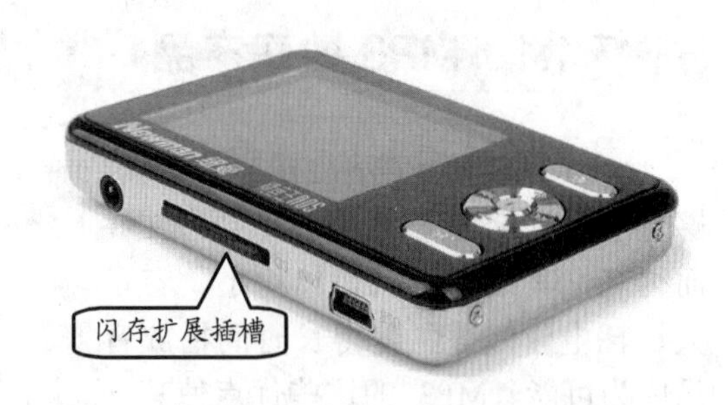

图7-2 MP3播放器上的扩展插槽

❑ 电池

现阶段，MP3播放器主要采用两种方式进行供电，一种是使用内置的锂离子电池，另一种则是采用5号或7号的3A电池。

锂离子电池的优点是使用寿命长，缺点是一旦电量耗尽，MP3也就无法工作，因此需要经常充电，使用较为麻烦。3A电池的优点是使用方便，但会影响MP3的外形设计，直接表现为MP3的体积较大。

❑ 控制按钮

控制按钮是人们在使用MP3时接触最多的部分，其使用舒适感及控制方式在很大程度上决定了MP3的易用性。

早期的MP3使用多个按钮一字排开的Walkman式按钮设计，优点是使用时比较容易上手，但当按钮较小时，使用极为不便；现在的MP3大多采用传统按钮加五维导航键式的按钮设计，优点是可以将按钮设计得很小，而且单手也可轻松控制MP3，但对于初次接触的人来说可以会有一些使用上的不便，如图7-3所示。

提 示

五维导航键是指能够按下或向四周倾斜，从而实现5种不同功能的按钮形式。

图7-3 五维导航键

❑ 数据接口

数据接口的类型除了能够决定MP3与计算机的连接方式外，还会从方便程度和传输速率等方面影响到MP3的实用性和上传或下载歌曲的速度。不过，随着USB 2.0规范的不断普及，如今的新型 MP3 已全部采用了 USB 2.0 接口，即使需要传输大量数据也不会出现传输瓶颈。

❑ **音频输出部分**

MP3 上的音频输出分为两种形式，一种是 3.5mm 立体声接口配合耳机实现音频输出；另一种则是在提供立体声接口的同时内置小功率的扬声器单元，以实现音频外放，如图 7-4 所示。

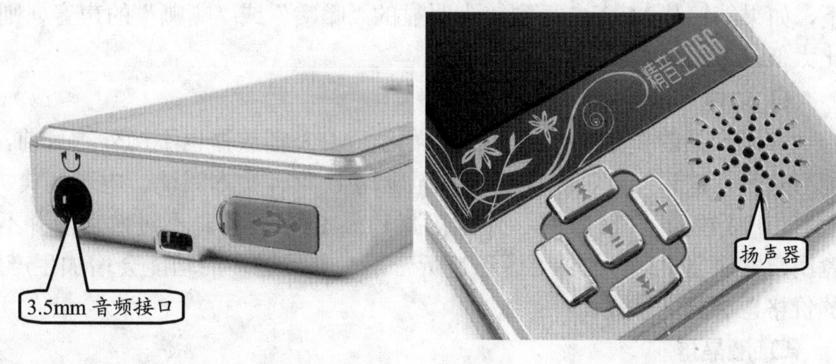

图 7-4 MP3 音频输出部分

2．MP3 选购指南

如今市场上的 MP3 品牌众多，不同型号间的差异也较大。下面将对 MP3 选购时需要注意的一些问题进行简单介绍。

❑ **产品做工**

产品做工即产品的用料和厂商在制造产品时的精细程度，是厂商生产实力与经营态度的体现，也能够从侧面反映出产品的质量状况。以 MP3 播放器外壳为例，高质量 MP3 大多数采用 ABS 工程塑料，少数高档产品还会采用金属制造而成，其表面多采用烤漆工艺，外表光滑细腻。反之，一款手感较差、色泽均匀程度欠佳的产品，整体做工很难令人满意，其产品质量可想而知。

❑ **存储介质与容量**

由于存储介质直接涉及 MP3 的容量，因此也是购买 MP3 时需要重点考虑的因素之一。常见 MP3 使用的存储介质主要分为闪存和微硬盘两种类型，闪存式 MP3 的容量相对较小，但整体价格便宜；微硬盘式 MP3 的容量较大，其整体价格也较闪存式 MP3 要贵。

❑ **支持的文件格式**

在 MP3 所支持的文件格式中，MP3 格式显然是最为主要的一种，其特点是支持 44.1kHz 的采样率、8～256Kbps 的比特率，并且在采用动态编码 VBR（可变位速率）技术后，还可以在同等音质下使音频文件的体积变得更小。

此外，由微软推出的 WMA 音频文件格式也得到了大多数 MP3 的支持，其比特率在 5～192Kbps 之间。在相同音质下，WMA 文件的体积要小于 MP3 文件的体积，因此支持 WMA 文件的 MP3 播放器等于变相增大了其存储容量。

注 意

在压制 WMA 文件时，务必要禁用“将版权保护”选项，否则大多数 MP3 播放器将无法播放相应的 WMA 文件。

除了上面介绍的两种常用格式外，部分 MP3 还支持 RA、MIDI、ASF、WAV 等格式的音频文件，但由于普及率的问题，实用意义并不大。

❑ 音质

在选购 MP3 时，试听是检验音质最为直接的方法。在没有播放任何音源信号的情况下，如果能够从 MP3 内听到较为明显的“嗡嗡”或“嘶嘶”的声音，则说明机器的信噪比太低，不适合购买。

❑ 功能

数码产品的一个特点是功能多样化，MP3 播放器也不例外。目前，常见的 MP3 功能有录音、歌词同步、A-B 复读、无驱动 U 盘、文本阅读、电子词典、FM 收音、闹钟设置、FM 内录、FM 发射、外部音源 Line In 录音等。不过，功能并不是越多越好，毕竟用户购买 MP3 的主要用途还是听音乐，并且过多的功能会增加生产成本，相应 MP3 的价格也会随之增高。

❑ 液晶屏

目前，MP3 所使用的液晶屏主要有彩屏、OLED、背光屏等类型。前两种液晶屏的显示效果较好，但比较耗电，背光屏则恰恰相反。此外，对于支持视频播放的 MP3 而言，液晶屏的大小也是一项重要因素，但如果用户不需要此项功能，则无须过于关心该内容。

❑ 售后服务

售后服务是购买产品时最重要的一个附加项目。如果有良好的售后服务，纵使其价格稍微贵一点也是划算的，毕竟只有这样才能做到无后顾之忧。

7.1.2 MP4 数码产品

现阶段，人们对 MP4 较为普遍的说法是一种建立在支持 MPEG4 视频格式基础上的数码随身影院，支持 DivX、Xvid、Avi 等目前流行的 MPEG（数字电视压缩标准）编码格式，并且具有体积小巧、便于携带等特点。

1. MP4 功能简介

2002 年，法国著名移动数码厂商 ARCHOS 公司首先提出 MP4 掌上影院的概念，并发布了全球第一款 MP4 掌上影院——多媒体 JuKebcx，MP4 掌上影院由此诞生。随后，在 ARCHOS、微软、索尼、三星等公司的推进下，MP4 逐渐成为新一代消费类数码产品中的代表，如图 7-5 所示。与 MP3 相比，MP4 最大的优势在于满足了人们随时随地看电影的梦想。

图 7-5　MP4 掌上影音播放器

目前，MP4 还没有统一的标准，虽然市场上的同类产品都被用户称为 MP4，但是各大厂商往往有自己独特的规则。就拿名称来说吧，自从 ARCHOS 公司开发出第一款 MP4 后，一直使用“MP4”这个名称。由于该名称简单易记，国内不少企业和欧美的众多数码厂商都将同类产品称为 MP4，消费者对此称谓的接受度也比较高。还有一种叫法是 PMP，这种称呼主要集中在日本数码厂商之中，代表厂商为索尼、东芝。第三种叫法是PMC，这是世界著名IT巨头微软公司为MP4取的新名称，但到目前为止还没有得到用户的认可。

在搞清楚这些之后，我们就不会被不同的称谓所迷惑。下面介绍MP4具有的功能。

❑ 视频播放

MP4与MP3最大的区别便是其视频播放功能。MP4能够满足广大影视爱好者随时欣赏电影的需求，用户只需将DVD或者从网上下载的影片传输至MP4内即可随时观看。现阶段，虽然很多MP4产品对部分视频格式的支持还不是很理想，但随着生产厂商在技术研发领域的不断努力，各类MP4产品的兼容性已经开始变得越来越好。

❑ 音频播放

播放音频文件也是MP4的主要工作之一，除了MP3和WMA两种常见的音频文件格式外，很多MP4还会支持APE和FLAC这两种无损音乐格式，从而让人们可以在空闲之余欣赏到效果绝佳的美妙音乐。

❑ 拍照/摄像

如今，拍照和摄像已经成为很多消费类数码产品的必备功能之一。对于MP4来说，体积与成本上的限制使其拍摄能力无法与专业数码相机或摄像机相比，但在日常生活中拍摄一些简单的小照片还是绰绰有余的。

❑ TV-OUT

很多厂商都在自己的MP4产品内添加了TV-OUT功能，这让用户只需使用数据线将MP4与电视机进行连接后，即可通过电视播放MP4内的视频文件。

❑ 视频录制功能

具有视频录制功能的MP4可以方便地从电视或其他视频源录制节目，而且大都支持定时录制功能。这项功能为平时忙于工作而错过精彩电视节目的用户带来了极大的便利，使他们可以将各种体育比赛、文艺表演等节目轻松录制在MP4内，并在休息时慢慢欣赏。

❑ 数码伴侣功能

该功能对于拥有数码相机的人较为实用，其作用在于让用户方便地将数码相机内的数据传输至MP4。目前，MP4实现数码伴侣主要通过两种途径：一种是利用内置读卡器直接读取数码相机存储卡内的信息，这种方法的优点是使用方便，但所能兼容的存储卡类型会受到读卡器的限制；另一种方法是通过USB数据线进行连接，这种方法不需要考虑闪存卡的兼容性，这也是大多数MP4都采用该方式来实现数码伴侣功能的原因。

2. 选购MP4

在选购MP4时，屏幕的色彩效果、尺寸大小都是影响整体播放效果的重要因素，而便携性、操控性也是需要考虑的重要因素。下面将从多个方面来介绍购买MP4时需要注意的问题。

❑ LCD液晶屏

选购MP4时首先需要考虑的是液晶屏的尺寸及显示效果。尺寸自然是越大越好，但较大尺寸的产品往往价格较贵。更重要的是，太大的液晶屏会增加体积，不便于携带，且较为耗电。

至于液晶屏的显示效果，则由液晶屏的屏幕色彩数量所决定。目前，MP4所用液晶屏主要有6万色、26万色和1600万色3种类型，其中的26万色液晶屏是欣赏完美MPEG4

的基本配置。

提 示

实际上，分辨率也是液晶屏的性能指标之一，不过大尺寸液晶屏的分辨率通常也较大，因此并不需要过于关注该指标。

❑ 外观设计

虽然现在MP4产品的外观多种多样，但大致可以将其分为两大款式：一种是横向设计，一种是竖向设计。其中，横向设计是目前的主流，给人的整体感觉类似于电视，优点是屏幕相对较大。竖向设计的产品比较类似于手机，较为符合人们的使用习惯，但这种设计的缺点是屏幕往往较小（否则体积会很大）。

❑ 数字处理器

目前众多MP4生产厂商在产品内使用的数字处理器大都属于德州仪器的TI芯片或者英特尔公司的Xscale处理器。其中，ARCHOS公司、欧美和众多日系数码厂商（PMC厂商除外）基本都采用德州仪器的TI芯片，而微软PMC采用的是英特尔公司的Xscale处理器。

除了关心MP4所采用的数字处理器外，用户还需要了解各个MP4厂商构建在数字处理器上的设计是否合理。通常情况下，现场试用是一个不错的方法，直观地感受播放效果，并且观察MP4在播放MPEG4电影时的流畅程度是验证产品性能的最好方法。

❑ 存储介质

存储器是决定MP4价格的关键因素之一，也是决定MP4厚度的重要因素。目前的MP4产品所采用的存储介质分为1.8英寸微硬盘和闪存两种类型。

微硬盘的优点是容量大，其最小容量也可达到20GB，有的甚至能够达到80GB，这使得用户能够在MP4上保存更多的电影。不过，使用微硬盘的产品价格往往较高，而且微硬盘的耗电量也比闪存要大。

闪存的优势在于耗电量低，在电池容量相同的情况下能够播放更长时间，而且抗震性能也较微硬盘要好。缺点是闪存式MP4的容量较小，而且容量的单位价格较微硬盘要贵。

❑ 功能

MP4属于功能较多的数码产品，其基本功能包括视频播放、视频输出、MP3播放、录音笔、移动硬盘等。除此以外，用户还可以根据需要选择带有数码伴侣、视频录制、收看电视节目等功能的产品。

7.1.3 MP5数码产品

MP5是随身数码娱乐领域一个全新的概念。随着媒体播放器产品的不断发展，MP3、MP4等下载视听类产品早已无法满足个性化以及在线消费的需要，因此在线直播及下载存储等多功能播放器随之异军突起。

MP5播放器是采用了软硬协同多媒体处理技术，能够用相对较低的功耗、技术难度、费用使产品具有很高的协同性和扩展性，还第一个将ARM11平台应用于手持多媒体终端，其主频最高可达1GHz，能够播放更多的视频格式，比如AVI、ASF、DAT等，以及网络资源最丰富的 RM 和 RMVB 视频格式。

图 7-6　数字移动电视

MP5 的核心功能就是利用地面数字电视通道实现在线数字视频直播收看和下载观看等功能，如图 7-6 所示；还可以实现 MP4+DTV 功能；增添 GPS 数字导航系统，如图 7-7 所示，还有 WiFi、蓝牙、DVB-T 功能；并且内置 40～100GB 硬盘。同时，力合公司整合了相关内容提供网站的资源，这意味着 MP5 接收的信息来源不仅是 TV，还有.COM。丰富的节目源为满足人们的不同需求提供了有力保障。从内容到传输到终端，力合公司完成了产业链上的关键点布局。

图 7-7　数字导航系统

MP5 实际上为用户提供了一个基于娱乐终端而构建的一个随身数字处理及应用的平台。MP5 的主要功能和用途如下。

- ❑ 具有目前市场上 MP4 的通用功能。
- ❑ 通过接收地面移动数字电视信号，收看数字电视的直播。
- ❑ 通过紫荆神网平台能够接收并保存视音频、图片、文本等多种文件，保存到内置的存储区，用户可以在本地随时随地观看新闻、文本信息。
- ❑ 体积小，易于携带，功能丰富，适合于各类人士。
- ❑ 现在的 MP5 就等于先进版的 MP4。

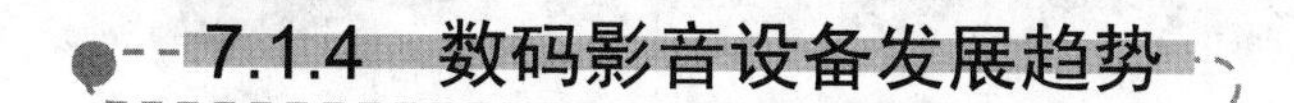

7.1.4 数码影音设备发展趋势

随着电子技术的不断发展，数码产品生产厂家一直在不断改进 MP3、MP4 等随身听设备，以满足人们日益增长的应用需求。伴随着目前越来越强大的数码随身听设备，数码随身听主要呈现出以下几种发展趋势。

1．硬件规格越来越高

电子产品的一个发展规律是随着时间的推移，产品的性能会越来越好，而价格却越来越低，数码影音产品当然也是如此。例如，目前支持 10MB 码流、720P 标清视频播放能力的 MP4 产品越来越多，MP4 的屏幕尺寸、分辨率也越来越大，图 7-8 所示即为拥有 4 英寸、800×480 分辨率、1600 万色的 iAUDIO A3。

图 7-8　iAUDIO A3

2．支持越来越多的媒体格式

目前，多媒体文件的格式极其众多，以至于还没有哪款影音播放设备能够做到 100%

兼容所有媒体文件。然而，为了让用户无须转换媒体文件格式即可播放相应的音频或视频文件，数码影音设备生产厂商一直都在设法增加播放设备所支持的媒体文件类型。经过各大厂商的努力，MP4已经从最初仅支持少数几种便携设备专用媒体文件格式，发展到支持AVI、ASF、WMV、RM/RMVB、MKV、FLV、MPG/MPEG、VOB、DAT、MTV等常见视频格式，以及MP3、WMA、WAV、FLAC、OGG、M4A、TTA、APE、MPC等几乎所有的音频文件格式。

3. 融合越来越多的功能

随着硬件规格的提升，数码影音播放设备的性能越来越好，功能也越来越多。例如，将MP4视频信号输出至电视机，以便通过电视机欣赏影片的TV-OUT功能，如图7-9所示。

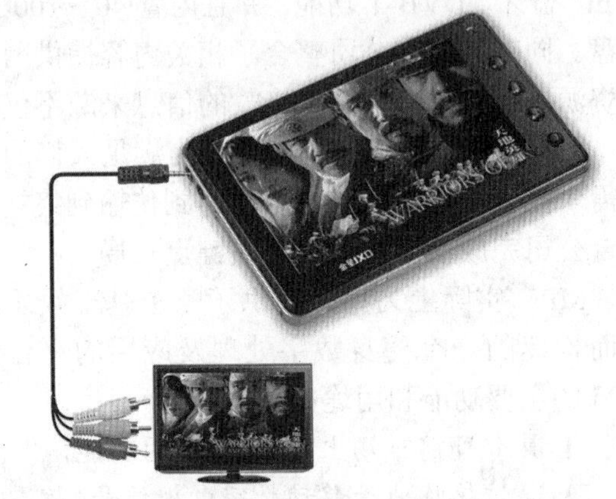

图7-9 可将MP4变为信号源的TV-OUT功能

4. 整合其他设备

现如今，人们开始将越来越多原本独立的电子设备整合在一起，以至于数码影音设备已不再局限于音视频文件的播放功能，而是具有GPS导航、游戏、收看数字电视等多种不同功能于一体的复合型数码产品。如图7-10所示，即为整合了游戏机、GPS导航等功能的数码影音设备。

图7-10 与游戏机、GPS导航设备整合的数码产品

7.2 麦克风

麦克风（Microphone）学名传声器，是一种能够将声音信号转换为电信号的能量转换器件，也称话筒或微音器。

7.2.1 麦克风的结构及其工作原理

麦克风出现于19世纪末，其目的是为了改进当时的最新发明——电话。在此后的时间里，科学家们开发出了大量的麦克风技术，并以此发展出了动圈式、电容式和驻极体式等多种麦克风技术。

1. 动圈式麦克风

这是目前最为常见的麦克风类型，主要由振动膜片、音圈、磁铁等部件组成，如图

7-11 所示。工作时，当膜片在声波带动下前后颤动，从而带动音圈在磁场中做出切割磁力线的动作。根据电磁感应原理，此时的线圈两端便会产生感应电流，实现声电转换。

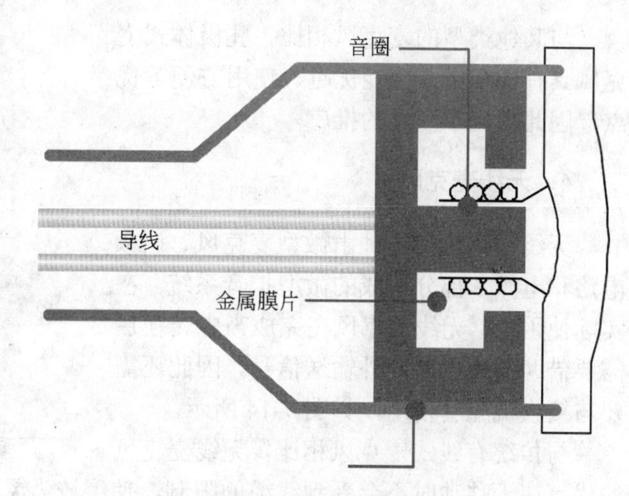

图 7-11 动圈式麦克风结构示意图

动圈式麦克风的特点是结构简单、稳定可靠、固有噪声小且使用方便，因此被广泛用于语言广播和扩声系统中。不过，由于机械构造的原因，动圈式麦克风对瞬时信号不是特别敏感，其灵敏度较低，且频率范围较窄，因此在还原高频信号时的精细度和准确度稍差。

2. 电容式麦克风

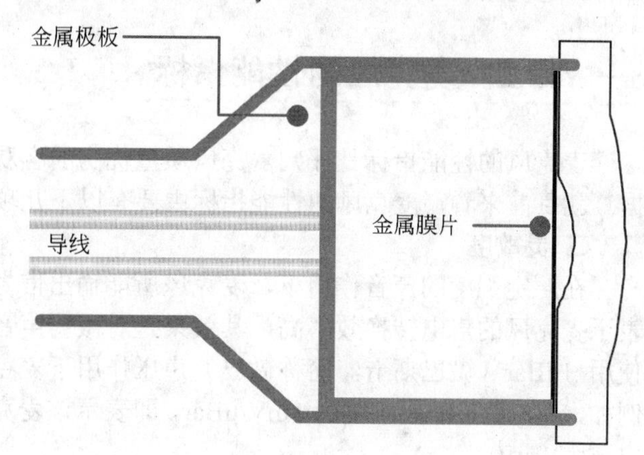

图 7-12 电容式麦克风结构示意图

电容式麦克风依靠电容量的变化进行工作，主要由电源、负载电阻，以及一块叫做刚性极板的金属膜片和张贴在极板上的导电振膜所组成，如图 7-12 所示。其中，振膜和极板的结构便是一个简单的电容器。

工作时，当膜片随声波而发生振动时，膜片与极板间的电容量发生变化，从而影响极板上的电荷。这样一来，电路中的电流也会随即出现变化，并导致负载电阻上出现相应的电压输出，从而完成声电转换。

与动圈式麦克风相比，电容式麦克风的频率范围宽、灵敏度高、失真小、音质好，但结构复杂、成本较高，因此多用于高质量的广播、录音等领域，如图 7-13 所示。

图 7-13 电容式麦克风

3. 驻极体式麦克风

这种麦克风的工作原理和电容式麦克风相同，不同之处在于它采用的是一种聚四氟乙烯材料作为振动膜片。该材料在经特殊处理后表面会永久地驻有极化电荷，从而取代了电容式麦克风的极板，因此又称驻极体电容式麦克风。

与其他类型的麦克风相比，驻极体式麦克风具有体积小、性能优越、使用方便等优点，因此得到了广泛的推广。

4. 无线麦克风

无线麦克风是一种由微型麦克风、调频电路和电源 3 部分组成的微型扩音系统。在实际使用中，无线麦克风在完成声电转换后需要借助调频电路向外输送信号，因此还需要与接收机配套使用，如图 7-14 所示。

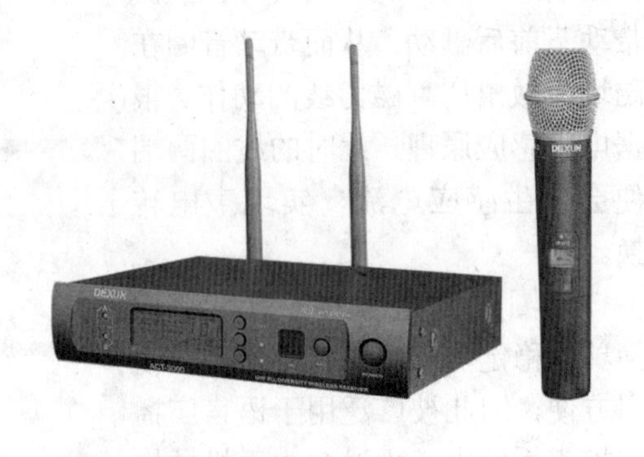

图 7-14 无线麦克风

与传统有线式麦克风相比，无线麦克风的优点在于移动时不会受到线缆的限制，使用较为灵活，且发射功率小，因此在教室、舞台、电视摄制等方面得到了广泛应用。

7.2.2 麦克风的性能指标

麦克风的性能指标是评判麦克风质量优劣的客观参数，也是选择麦克风时的重要依据。就目前来看，麦克风的性能指标主要有以下几项。

❑ 灵敏度

在一定强度的声音作用下，麦克风所能输出信号的大小被称为灵敏度。灵敏度高，表示麦克风的声电转换效率高，其效果是对微弱声音信号的反应灵敏。在技术上，常常使用 1μBar（微巴斯卡，简称微巴）声压作用下麦克风所能输出的电压来表示灵敏度。例如，某麦克风的灵敏度为 1mV/μBar，即表示该麦克风在 1μBar 声压作用下输出的信号电压为 1mV。

❑ 频率特性

即使是同一支麦克风，在不同频率声波作用下的灵敏度也并不相同，这使得单纯谈论灵敏度根本无法客观评价麦克风的性能优劣。例如，大多数麦克风对中音频（如 1000 赫）声波的灵敏度较高，而在低音频（如几十赫）或高音频（十几千赫）时的灵敏度则会下降。

为此，人们以中音频的灵敏度为基准，将灵敏度下降为某一规定值的频率范围叫做麦克风的频率特性。这样一来便可得出如下结论：频率特性范围宽，表示该麦克风在较宽频带范围内的声音都拥有较高的灵敏度，直接表现为扩音效果好、性能可靠。

❑ 方向性

该指标能够表现出麦克风灵敏度随声波入射角度的不同而发生变化的特性。例如，单方向性表示麦克风只对某一方向来的声波反应灵敏，而对其他方向来的声波则基本无输出；无方向性则表示在声波相同的情况下，无论声波来自何方，麦克风都会有近似相同的输出。

提 示

客观地说，是否具有方向性属于麦克风的特性，在选择时应根据实际需要进行选择。例如需要在嘈杂环境内录制某个人的声音，便应选择方向性较强的麦克风产品。

7.3 摄像头

摄像头（Cameras）是一种利用光电技术采集影像，并能够采用数字信号进行实时传输的视频类输入设备，被广泛地运用于视频聊天、视频会议、远程医疗及实时监控等方面。下面将对安装在各种计算机上的摄像头的分类，以及摄像头的性能指标和选购方法进行简单介绍。

7.3.1 摄像头的结构

摄像头类似于简化版的数码摄像机，其基本原理和工作方式与数码摄像机极其相似，只是结构有所差别，图7-15所示即为几种常见摄像头的外形。总体来说，摄像头的结构比较简单，目前常见摄像头主要由镜头、图像传感器和数字信号处理芯片三部分构成。

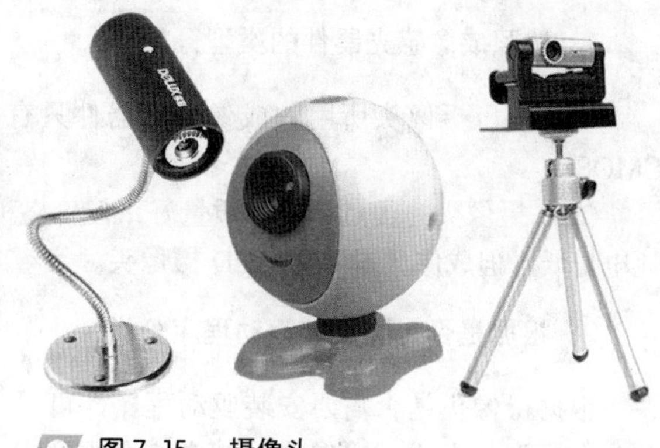

图 7-15 摄像头

1. 镜头

镜头是摄像头的重要组成部分，通常由多片透镜组成，其好坏直接影响着摄像头的采光率。

透镜分为塑胶透镜（Plastic）和玻璃透镜（Glass）两种类型，玻璃透镜的透光率要高于塑胶透镜，但其成本较高。常见摄像头的镜头构造分为1G1P（G指玻璃透镜，P指塑胶透镜，字母前的数字表示该类型透镜的数量）、1G2P、2G2P和4G等几种类型，透镜层次越多，成像越好，目前部分厂商的高端产品甚至已经开始使用5G的镜头结构。

除了镜头结构外，影响镜头优劣的还有一个重要因素是透镜是否镀有增透膜。正常情况下，光线进入普通镜片后会有10%～15%的光损失，此时会严重影响画面的亮度及流畅性；而镀膜镜头可以将光损失降至3%～5%，大大提高了摄像头的成像效果。

2. 图像传感器

图像传感器的功能是将图像信息转换为电信号。目前，计算机摄像头内的图像传感器大多使用CCD（电荷耦合器件）元件或CMOS（互补金属氧化物半导体）元件制成，两者的工作原理相同，只是价格上略有差别。一般来说，CCD元件的成像质量要优于CMOS元件，但其成本较高；CMOS的成本低、功耗也相对较小，但它对光源的依赖程度要高于CCD元件，因此当光线较弱时，CMOS的成像质量会受到严重影响。

目前市场上的摄像头大都属于CMOS摄像头。在数字信号处理芯片的支持下，此类摄像头能够通过影像光源自动增益补强技术、白平衡控制技术、色彩饱和度、对比度、边缘增强以及伽马矫正等先进的影像控制技术，使图像效果与CCD产品相差无几。

3. 数字信号处理芯片

数字信号处理芯片（Digital Signal Processor，DSP）是摄像头的大脑，其作用相当于计算机内的 CPU，能够对图像传感器传来的数字图像信号进行优化处理，并将处理后的数据信号传输至计算机。

7.3.2 摄像头的分类

如今市场上的摄像头品牌众多，样式也各不相同，但总体来说可以按照下面的 3 种方式对其进行分类。

1. 按照成像感光器件的类型分类

现阶段，摄像头所用的成像感光器件只有两种类型，一种是 CCD，另一种则是 CMOS。

CCD 摄像头的优点是成像质量好，但价格稍贵；CMOS 摄像头的优点是价格低廉，耗电量低，但成像质量不如 CCD 摄像头。

2. 根据是否需要安装驱动程序分类

根据摄像头是否需要安装驱动程序，可以分为有驱型与无驱型摄像头。其中，有驱型指的是不论在哪种操作系统下，都需要安装对应的驱动程序；无驱型则是指在 Windows XP SP2 及以上的操作系统内无须安装驱动程序，与计算机连接后即可使用的摄像头。

相比之下，无驱型摄像头显然更为方便，因此已经逐渐成为市场上的主流产品，如图 7-16 所示。

图 7-16 外形时尚的无驱型摄像头

3. 根据数据传输接口的不同分类

早期的摄像头主要使用串口（COM）和并口（LPT）与计算机进行连接，但由于传输速度较慢，因此已被淘汰。目前市场上的主流摄像头产品全都采用了 USB 接口，但根据型号的不同，存在 USB 1.1 接口和 USB 2.0 接口两种不同的版本类型。

相比之下，USB 1.1 接口的速度稍慢，但兼容性较好，适用于目前所有的计算机。USB 2.0 接口的优势在于速度快，在应用中不会成为高速视频传输的瓶颈，但兼容性稍差，当与计算机上的 USB 1.1 接口连接时传输速度会降至 USB 1.1 的水平。

7.3.3 摄像头的性能指标

摄像头的品牌、型号众多，不同宣传资料上的性能参数也各不相同，使得用户往往无从下手。下面对真正影响其效果的性能指标进行简单介绍。

1. 像素值

像素值是衡量摄像头性能优劣的一个重要指标，直接影响着摄像头所捕获视频的分辨率。目前，主流摄像头的像素值已经达到 500 万～1000 万像素，部分高档产品甚至能够达到 500 万以上的像素值。

理论上讲，像素值越多，摄像头所拍摄图像的画面就越清晰。但是，过高的像素值意味着产品价格会随之上涨，并且对于有限的带宽来说，较高的像素值意味着更大的数据量，而这会严重影响其他应用对带宽的正常需求。

2．最高分辨率

该参数用于标识摄像头解析图像时的最大能力，分辨率越大，在表现相同画面时的效果就越好，反之则越差。目前，市场上常见摄像头的最高分辨率主要有 640×480 像素、800×600 像素、1024×768 像素以及 1280×960 像素等几种类型，用户可根据自己的使用需求进行选购。

提　示

最高分辨率和像素值是一对相互关联的参数，最高分辨率内两个数值的乘积是该分辨率标准对像素值的最低要求。简单的说，像素值应该略大于或等于最高分辨率内两数值的乘积，这样才能满足摄像头在最高分辨率下工作时的像素需求。

3．帧速率

帧速率是指摄像头在 1 秒内所能传输图像的数量，通常用 fps 表示。帧速率的数值越大，所传输的图像就越连贯，用户看到的影像也就越流畅。在实际应用中，帧速率至少要达到 24fps 时，人的眼睛才不会察觉到明显的停顿。

目前，主流摄像头的最大帧速率大都为 30fps，也有能够达到 60fps 的摄像头产品，但较高的帧速率会造成数据量的增多，因此对数据接口的传输速度也有一定要求。

4．色彩位数

色彩位数又称色彩深度，该指标所反映的是摄像头正确记录色调的数量。色彩位数的值越高，就越能真实地还原景物亮部及暗部的细节。目前，市场主流产品的色彩位数都达到了 24 位或 32 位，足以满足用户对真彩色图像的需求。

7.3.4　无驱型摄像头简介

无驱型摄像头是当前摄像头的发展趋势。简单地说，无驱型摄像头能够实现真正的即插即用，用户无须额外安装驱动程序即可正常使用。那么它是怎样做到无需驱动程序即可工作的呢？下面将对其进行简单介绍。

1．无驱的原理

在 Windows XP SP2 操作系统中，微软共定义了 4 类无须额外安装驱动程序的 USB 设备，具体包括如下几类。

- USB 视频类（USB Video CLASS），简称 UVC，主要指摄像头类产品。
- USB 音频类（USB Audio CLASS），简称 UAC，主要指 USB 声卡。

- 人机交换界面（USB Human Interface Device），主要指 USB 鼠标与键盘等设备。
- 存储设备类（USB Mass Storage Device），主要指 USB 闪存盘。

严格地说，无驱型摄像头并不是真正不需要驱动程序，只是驱动程序不需要用户动手安装，更加人性化而已。它实质上是利用了 USB 视频设备标准协议（USB Video Class，UVC），按照微软规定的统一接口方案进行设计，统一了设备的驱动程序，从而实现操作系统自动安装摄像头驱动程序的目的。

与 USB 闪存盘几乎全部支持 USB Mass Storage Device 不同，目前只有中国的松翰（Sonix）和中星微、美国的 Empia 以及日本的理光等少数几家知名摄像头芯片厂商能够提供支持 UAC 标准的产品。其中，国内采用 Empia 和理光控制芯片的产品比较少见，采用松翰和中星微控制芯片的产品则是市场主流。

2．无驱型摄像头的意义

对于用户而言，无驱型摄像头最大的意义就是便捷，完全不用担心驱动光盘意外丢失。对于计算机高手们而言，是否需要安装驱动并没有太大差别，但是对于大部分普通用户而言，一旦重装系统，摄像头往往就会成为摆设。

对于大量应用摄像头的用户而言，无驱可以节省大量的人力和时间。以动辄上百台计算机的网吧为例，如果每台计算机都要搭配一个摄像头，使用无驱型摄像头显然要比普通摄像头方便许多。

3．无驱型摄像头的不足

当然，使用统一驱动的无驱型摄像头也有一些不足。UVC 协议只定义了摄像头的基本功能，使用操作系统内置的驱动是无法实现视频特效、相框、人脸追踪等众多摄像头特效功能的。

同时，由于采用同样的驱动参数，不同摄像头的图像效果也无法达到最佳化，有时还需要用户在 QQ、MSN 等视频通话软件中手动调节。而要实现高级功能和图像优化，往往还是需要安装厂商的驱动程序和调节软件，因此这类摄像头通常仍然带有驱动光盘。

7.3.5 摄像头的选购

现如今，网络的不断发展使得普通用户对摄像头的需求大幅增加，有越来越多的用户开始利用网络进行有影像、有声音的交谈和沟通。但由于目前市场上摄像头的品牌众多，产品性能也是参差不齐，因此在购买摄像头时需要注意以下几个问题。

1．分辨率

市面上常见摄像头的分辨率其实是指图像传感器的有效感光像素。除此以外，还有个重要因素是数字信号处理芯片（摄像头的核心芯片）对该分辨率的支持情况。目前的分辨率标准主要有以下几种类型。

- VGA（640×480）
- SVGA（800×600）
- XGA（1024×768）
- SXGA（1280×1024）

通常来说，如果只是在家中进行视频聊天，则分辨率能够达到640×480像素的VGA标准即可；如果是企业用户进行视频会议，则应选择符合 SVGA 或 XGA标准的产品；如果用于安全监控，则应选择具备更高分辨率的S×GA专业摄像头，如图7-17所示。

图7-17 安全监控用的专业摄像头

2．视频捕获速度

视频捕获能力是选择摄像头时需要重点关注的问题之一，通常只有能够达到 30 帧/秒时的捕获效果才能够非常流畅。但是，就目前的摄像头而言，视频捕获都是通过软件来实现的，因而对计算机性能的要求非常高。此外，视频捕获速度在很多时候只是一种理论指标，用户还应该根据自己的实际情况进行选择，才能达到预期的效果。

3．接口类型

目前USB（通用串行总线）接口已经成为摄像头的标准接口，这种方式连接简单，且支持热插拔，使用特别方便。对于35万像素级别的摄像头来说，USB1.1接口的传输速率完全可以满足需要，但如果要选择百万像素级别的摄像头，则应选择USB 2.0接口的产品。

4．手动调焦功能

大多数廉价摄像头的焦距都是固定的，这使得摄像头只能在一个固定的距离上才能拍摄出清晰的图像，一旦过近或者过远，都不能得到清晰的图像。因此，用户在选购摄像头时，一定要注意询问商家所选产品是否提供手动调焦功能。

7.4 视频卡

视频卡是3D显卡在多媒体时代进行功能扩展、细化以及专业化的产物，其主要功能是捕捉、压缩和编辑视频或者收看电视节目等。此外，部分视频卡还可以转换视频数据的格式，配合刻录机后还可制作各种VCD或DVD光盘。

7.4.1 视频卡的种类

视频卡种类繁多，常见的有电视卡、视频捕捉卡、视频压缩卡等类型。它们大都针对不同的应用领域，其功能也有所区别。下面将分别对其进行简单介绍。

1．视频捕捉卡

视频捕捉卡的功能是将外部设备内的模拟视频信号采集到计算机中，通过压缩处理后将其转换为计算机能够识别和播放的数字信号，并进行存储。

通常情况下，用户可以利用视频捕捉软件设置捕捉时的帧速度，一般设置为 24 帧/秒就比较流畅了。当捕捉卡采集到的视频数据进入计算机后，将会被存储为一个视频文件。但是，由于数字视频信号所占用的硬盘空间极大，因此很多视频捕捉卡在采集视频信号的同时还会对信号进行压缩，以避免出现丢失视频内容的情况。

2. 视频压缩卡

视频压缩卡的功能是对视频进行实时的压缩和转换，例如将摄像机内的视频数据经转换与压缩后进行输出。这样一来，用户便可根据需要将其存储在硬盘中，或直接刻录为 VCD、DVD。

在实际使用中，由于视频压缩卡面对的是海量数据，因此视频压缩速度是此类产品最为重要一项性能指标。以 640×480 分辨率、256 色深，每秒 25～30 帧的视频为例，要求视频卡每秒至少能够处理 7.5～9MB 的数据。如果是更高的分辨率和色彩深度，数据量更是大的惊人。

3. 电视卡

顾名思义，电视卡的作用便是为计算机添加收看电视的功能。随着多媒体技术以及用户需求的不断发展，目前电视卡已经成为集视频捕捉、视频压缩、收看电视、收听广播等功能于一体的多功能视频卡。

现如今，电视卡的种类极多，功能也各不相同，根据产品结构的不同可以将其分为以下两种类型。

❑ **外置式**

外置式电视卡分为 VGA 电视盒和 USB 电视棒两种类型，图 7-18 所示即为电视盒和电视棒的外形图。

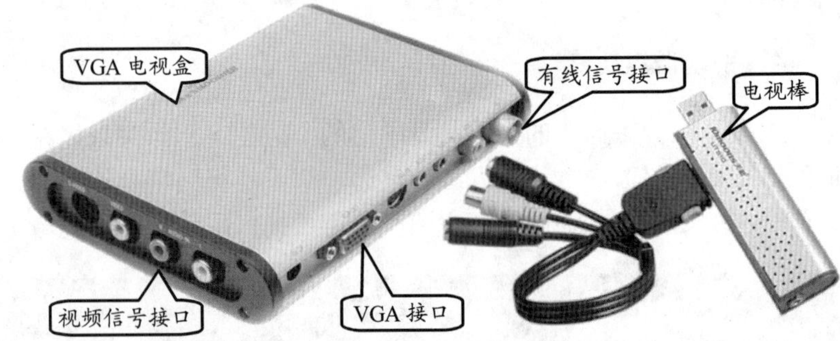

图 7-18 电视盒和电视棒外形

VGA 电视盒是一个相对独立的设备，能够通过 VGA 接口直接与显示器进行连接。它们大都可以独立于计算机进行工作，既无须打开计算机和运行软件就可以利用电视盒配合显示器收看电视节目。电视盒的特点是具备各种功能的接口，一般都能提供 AV 端子和 S 端子输入，此外还具有多功能遥控、多路视频切换等功能，但接口的增多使得电视盒的体积都比较大。

USB 电视盒与 VGA 电视盒的连接方式不同，但它们的功能却没有什么不同。不过，市场上还有一种被称为电视棒的 USB 电视盒，其优点是体积小、携带与使用方便，缺点是接口较少，因此比较适合笔记本电脑用户使用。

外置电视盒安装和操作都比较简单，有时候更像是在使用一种家电。对于内置式产品来说，由于电视盒（以及电视棒）安装在机箱外部，不会受到机箱内部各种干扰信号的影响，因此其清晰度常常优于内置式产品。

❑ 内置式

内置式电视卡主要通过 PCI 总线与计算机进行连接。目前，大多数电视卡除了提供标准的电视接收功能外，还提供了不同程度的视频捕捉功能，可以把捕捉到的动态/静态视频信号转换为数据流。

内置电视卡的优点是价格较为便宜，而且不会占用外部的桌面空间。最重要的是，内置电视卡能够在 Windows 系统下实现多任务，也就是说用户可以在使用小窗口收看电视的情况下同时进行其他的工作，而大多数电视盒都只能工作于全屏状态。

当然，内置电视卡也有它的弱点，例如由于安装在机箱内部的原因，内置电视卡更容易受到机箱内部元器件的电磁干扰，从而导致播放质量的下降。此外，内置电视卡的安装也较为麻烦，必须要拆开机箱才可以进行安装。

7.4.2 电视卡的工作原理

现如今，电视卡的功能和种类是越来越丰富，它们实现各种功能的途径也都有所区别。下面将以常见电视卡为主，分别介绍不同类型电视卡的工作原理。

1. PCI 电视卡的工作原理

相比之下，PCI 电视卡的工作方式较为简单，其工作原理如图 7-19 所示。

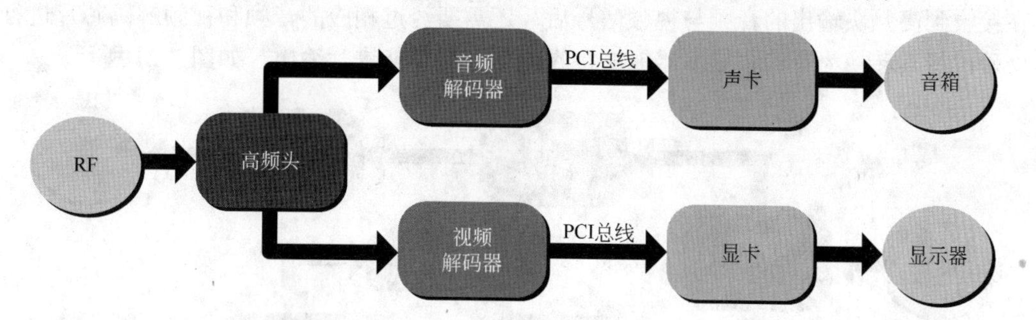

图 7-19 PCI 电视卡的工作原理

当电视卡接收到电视信号（RF 信号）后，会首先通过高频头将其输入回路，从中选取出欲接收的频道信号。然后，在进行信号放大后分离出音频和视频信号（此时两种信号仍为模拟信号）。

高频头在输出模拟信号后，电视卡内的解码芯片会将其转换为数字信号。此时，电视卡便可以将处理后的数字信号通过 PCI 总线分别传输至声卡和显卡，然后通过音箱和显示器进行输出。

2. USB 电视盒的工作原理

USB 电视盒与 PCI 电视卡的工作流程基本相似，只不过信号不是通过 PCI 总线，而是通过 USB 控制器将其传送到显卡和声卡，并分别进行输出，如图 7-20 所示。

此外，对于具有硬件压缩功能的 USB 电视盒来说，当进行硬件压缩时，还需要把通过解码芯片的视频信号和音频信号根据相应的格式进行视频编码，然后通过 USB 接口输入系统并进行存储。

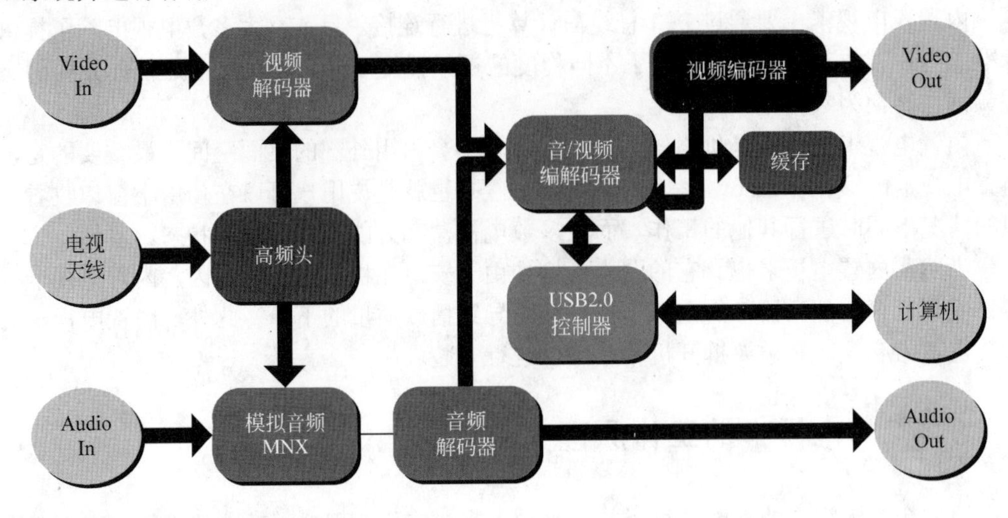

图 7-20 USB 电视盒的工作原理

3. VGA 电视盒的工作原理

VGA 电视盒由于没有显卡和声卡的辅助，因此整个工作流程相对复杂一点。电视盒在接收到高频头输出的音频与视频信号后，还需要经过相应的音频和视频解码芯片进行处理，将其转换为音箱和显示器能够接收的信号后才能进行输出，如图 7-21 所示。

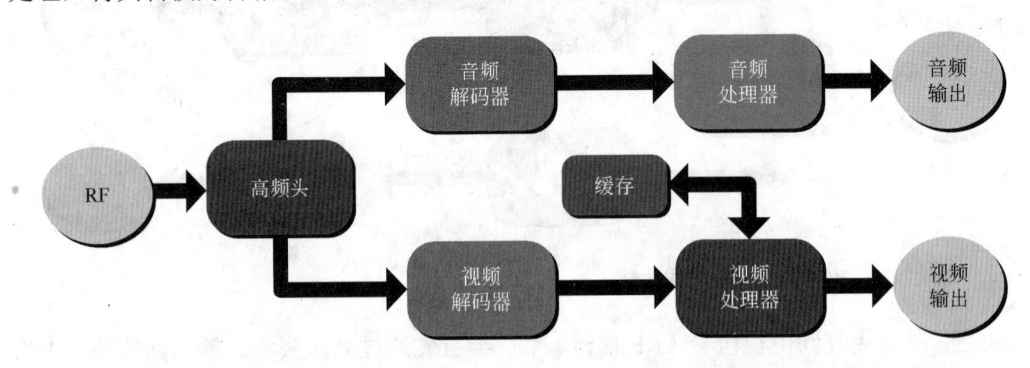

图 7-21 VGA 电视盒的工作原理

7.4.3 电视卡的选购要点

现在，随着计算机应用的日益普及，越来越多的用户希望为计算机增加新的功能，其中较为普遍的做法便是在计算机上看电视。但是，相信目前还有很多用户对电视卡还不是很了解，尤其是电视卡的选购。下面将简要介绍普通电视卡的选购要点。

1. 根据需求进行选择

现如今，为了满足不同的消费需求，电视卡生产厂商大都推出了具备各种特色功能的电视卡类型。例如，像双高频头电视卡具备画中画功能、后台录像等，还有电视/DV

视频采集硬件直压功能的电视卡，以及支持高清电视的高清晰数字电视卡等。由于自身成本的做工的原因，此类产品的价格大都较为昂贵，而且对计算机的配置要求也较高，适合视频发烧友或是DV爱好者选购。如果只是为了看电视，或者在上班时间让计算机定时开机录节目，那么一般的中端产品即可满足需求。

2. 接口

对于电视卡而言，接口越多表示其功能越强大，所支持的设备越多，但是相应的价格也会越高。而对于普通用户来说，只要一款能够收看电视的产品即可，因此不必太理会商家介绍的各种强大功能。

3. 附送软件

一款电视卡的功能和画质优劣很大程度上取决于配套软件的功能差别。因此，用户在购买之前，一定要了解电视卡配套软件的功能，例如是否支持预览录像、同步录像等功能。目前电视卡大都附送WINDVR或是POWER VCR等电视收看软件。

4. 播放分辨率

选择电视卡时，还要留意产品在播放视频时的分辨率。一般来说，分辨率不能低于300×200，因为这个标准连普通电视都轻易达到，较好的电视卡应达到或接近400×300的视频分辨率。如果用户还需要进行视频采集和编辑的话，那么400×300的视频分辨率应该是其最低标准。

5. 品牌与价格

除了上面介绍的内容外，品牌也是需要重点考虑的问题。目前，知名电视卡品牌主要有源兴（Kworld）、Matrox、品尼高、天敏和丽台等。

明确品牌后，产品价格也是选购时一项重要的参考标准。就目前来说，入门级电视卡在150～190元之间，中端主流型在200～300元之间，高端产品大都在400～900元之间。一般来讲，如果只是想利用计算机看电视，选择一个200元左右的中低端电视卡即可。

7.5 实验指导：转换多媒体文件格式

多媒体文件的格式多种多样，适当地转换格式，可以观看那些原来播放器不支持的媒体格式，从而解除不能观看的烦恼。本节介绍转换多媒体文件格式的方法。

1. 实验目的

- 设置转换后视频保存路径
- 熟悉视频转换步骤
- 设置转换格式

2. 实验步骤

1 启动【格式工厂1.48】，进入软件主界面后，在软件窗口工具栏中单击【选项】图标，如图7-22所示。

2 在弹出的【选项】对话框中，启用【转换完成后】栏中的【打开输出文件夹】复选框，并单击【输出文件夹】栏中的【改变】按钮，如图7-23所示。

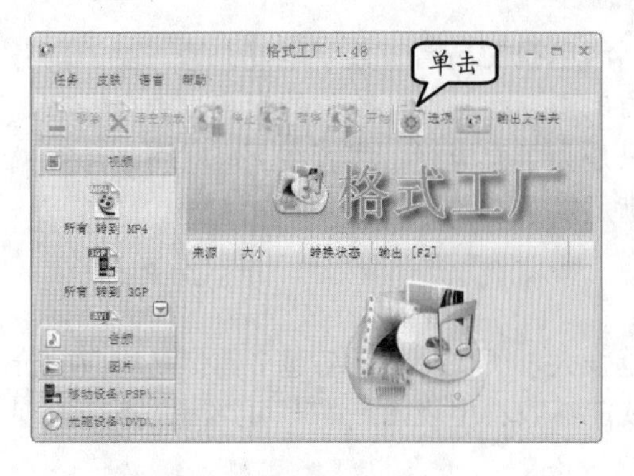

图 7-22 软件窗口

图 7-23 【选项】对话框

提 示

启用【打开输出文件夹】复选框，在视频文件转换完成后，将自动弹出视频转换后的文件目录，也可以不启用，在转换完成后手动打开输出文件夹。

3 在弹出的【浏览文件夹】对话框中，选择输出文件保存路径，并单击【确定】按钮。然后，在【选项】对话框中单击【应用】按钮，如图 7-24 所示。

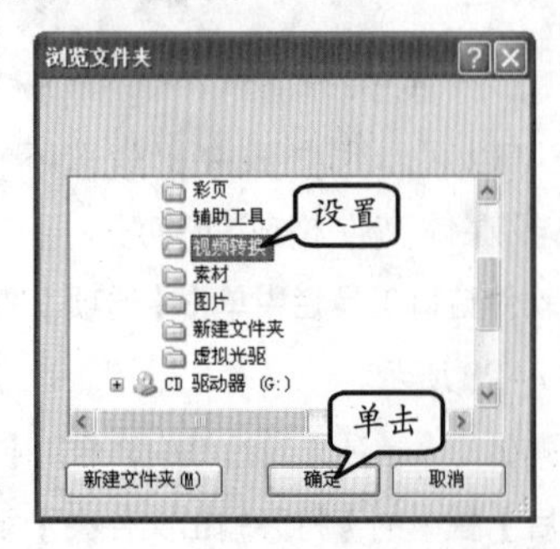

图 7-24 设置输出路径

4 在软件窗口左侧视频列表下选择【所有转到 AVI】选项，如图 7-25 所示。

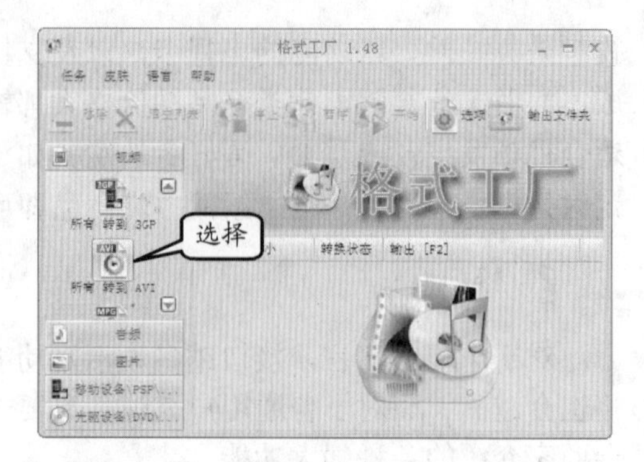

图 7-25 选择视频转换格式

5 在弹出的【所有 转到 AVI】对话框中单击【添加文件】按钮，如图 7-26 所示。

图 7-26 添加文件

6 在弹出的【打开】对话框中选择要转换的视频文件，并单击【打开】按钮，如图 7-27 所示。

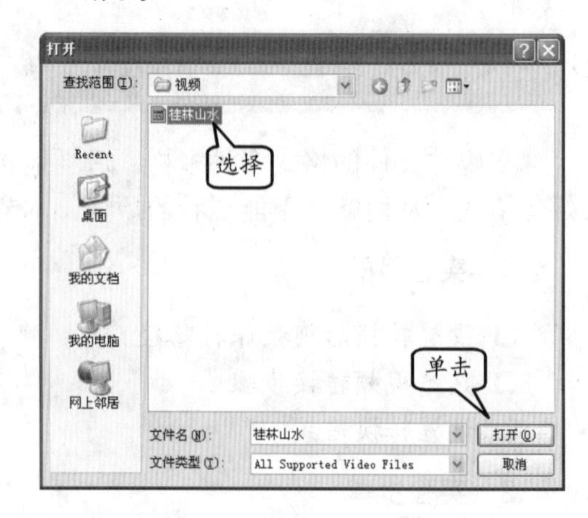

图 7-27 选择要转换的视频文件

7 在【所有 转到 AVI】对话框中单击【确定】按钮，如图 7-28 所示。

图 7-28 添加文件完成

8 在软件窗口工具栏中单击【开始】图标，随后开始转换视频文件，如图 7-29 所示。

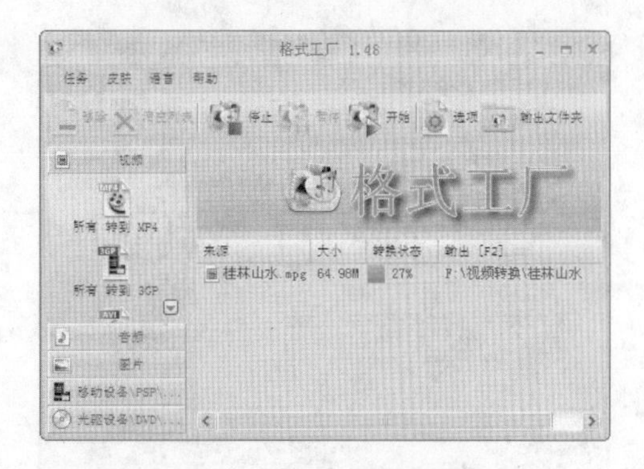

图 7-29 转换视频文件格式

9 在转换完成后，在弹出的输出文件夹目录中查看该视频文件即可。

7.6 实验指导：安装并使用摄像头

摄像头是人们在使用计算机拍照时常用的设备，给计算机安装摄像头，不仅可以用来拍摄照片，还可以让人们在可视化的环境下彼此交流聊天。下面来介绍安装并使用摄像头的方法。

1. 实验目的

- ❑ 熟悉找到新硬件向导的步骤
- ❑ 了解安装方式
- ❑ 安装驱动程序
- ❑ 掌握如何使用摄像头

2. 实验步骤

1 将摄像头的 USB 接头插入计算机主机的 USB 接口后，在弹出的【找到新的硬件向导】对话框中选中【是，仅这一次（Y）】单选按钮，并单击【下一步】按钮，如图 7-30 所示。

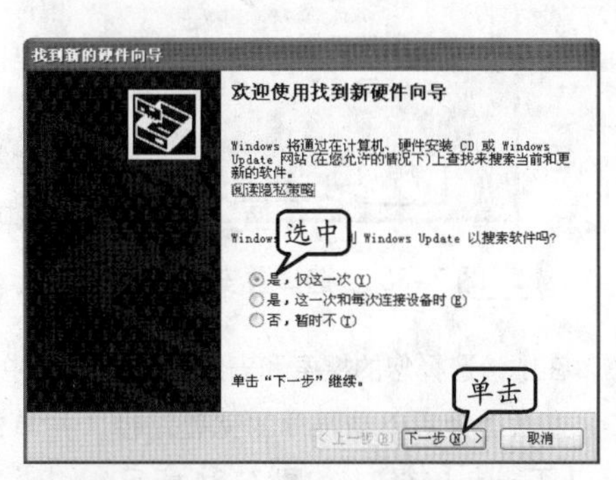

图 7-30 使用找到新的硬件向导

2 在弹出的【这个向导帮助您安装软件】对话框中选中【从列表或指定位置安装】单选按钮，并单击【下一步】按钮，如图 7-31 所示。

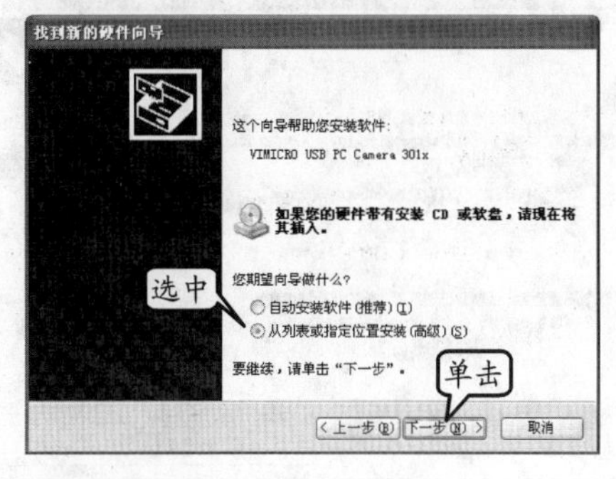

图 7-31 选择安装方式

3 在弹出的【请选择您的搜索和安装选项】界面中单击【浏览】按钮，如图 7-32 所示。

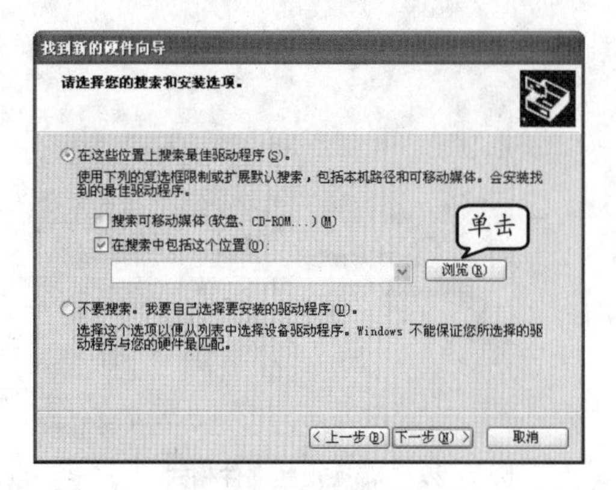

图 7-32 搜索驱动程序位置

4 在弹出的【浏览文件夹】对话框中选择要安装驱动的路径，并单击【确定】按钮，如图 7-33 所示。

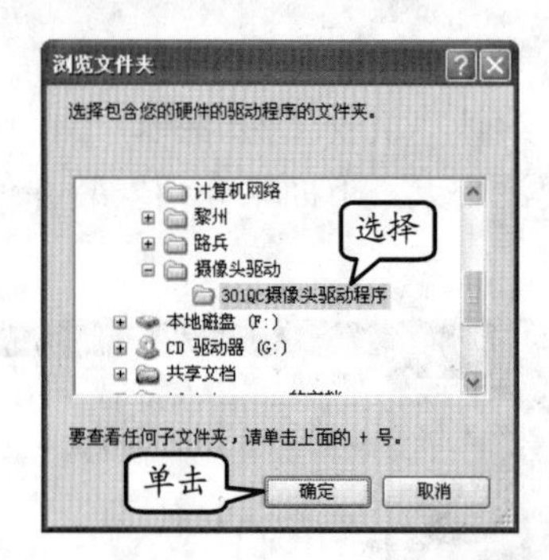

图 7-33 选择要安装驱动的路径

5 在【请选择您的搜索和安装选项】界面中，查看选择后驱动程序的完整路径，并单击【下一步】按钮，如图 7-34 所示。

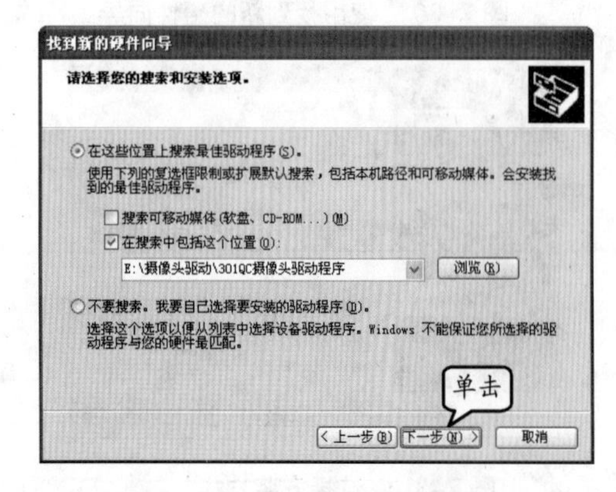

图 7-34 查看驱动程序的完整路径

6 在弹出的【向导正在搜索，请稍后】界面中，可查看系统正在搜索文件信息，如图 7-35 所示。

图 7-35 正在搜索文件

7 在【向导正在安装软件，请稍后】界面中，可查看驱动程序安装进度信息，如图 7-36 所示。

图 7-36 正在安装驱动程序

8 在弹出的【完成找到新硬件向导】界面中单击【完成】按钮，如图 7-37 所示。

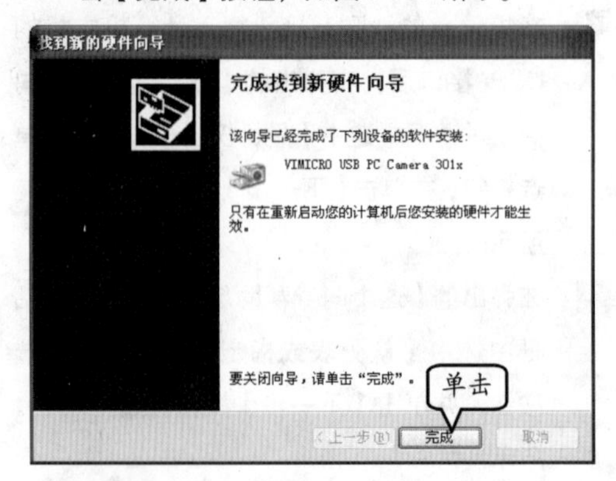

图 7-37 驱动程序安装完成

9 在弹出的【系统设置改变】对话框中单击【是】按钮，计算机将重新启动，如图 7-38 所示。

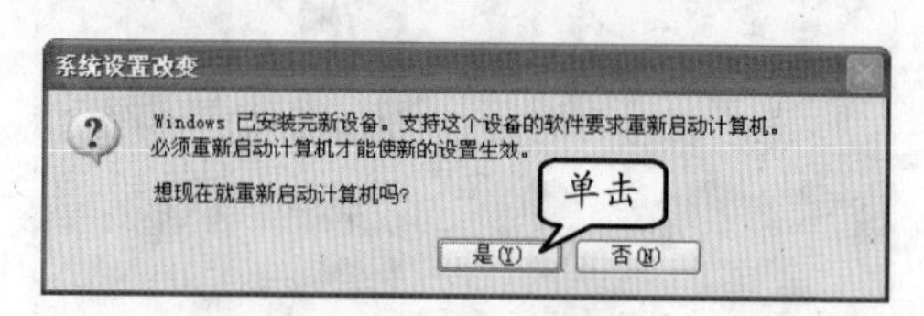

图 7-38 重新启动计算机

10 计算机重新启动后，在【我的电脑】中双击【扫描仪和照相机】栏内的 VIMICRO USB PC Camera 301x 图标，就可以使用摄像头拍照，如图 7-39 所示。

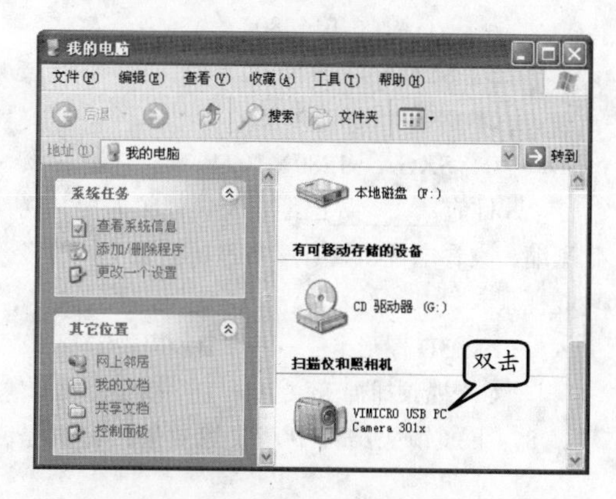

图 7-39 使用摄像头拍照

7.7 思考与练习

一、填空题

1. 常见 MP3 随身听主要支持两种音频文件格式，一种是 MP3 音频文件，另一种是________音频文件。

2. ________是一种建立在支持 MPEG4 视频格式基础上的数码随身影院，支持 DivX、Xvid、Avi 等目前流行的 MPEG 编码格式，具有体积小巧、便于携带等特点。

3. 在目前的 MP4 产品，所采用的存储介质分为________和闪存两种类型。

4. ________是目前最为常见的麦克风类型，主要由振动膜片、音圈、磁铁等部件组成。

5. 人们以________的灵敏度为基准，将灵敏度下降为某一规定值的频率范围叫做麦克风的频率特性。

6. 摄像头所用的成像感光器件只有两种类型，一种是________，另一种则是 CMOS。

7. 视频卡种类繁多，常见的有________、视频捕捉卡、视频压缩卡等类型。

8. 色彩位数反映了摄像头能正确记录色调的多少，色彩位数值越________，越能真实地还原景物亮部及暗部的细节。

二、选择题

1. 现如今，________已经成为最新一代的数码随身听设备。

A. Walkman　　B. MD
C. MP3　　D. MP4

2. 下面功能中，哪种是 MP4 最基本的功能？________

A. 播放音频
B. 播放视频
C. 视频录制功能
D. 数码伴侣功能

3. 与其他类型的麦克风相比，________具有体积小、性能优越、使用方便等优点，因此得到了广泛的推广。

A. 动圈式麦克风
B. 电容式麦克风
C. 驻极体式麦克风
D. 无线麦克风

4. 在技术上，常常使用 1μBar（微巴斯卡，简称微巴）声压作用下麦克风所能输出的电压来表示________。

A. 灵敏度　　B. 敏感度
C. 灵活性　　D. 敏捷性

5. 在摄像头的分类方式中，哪种是不正确的？________

A. CCD 式摄像头与 CMOS 式摄像头
B. 普通摄像头和无驱型摄像头
C. VGA 摄像头与 XGA 摄像头
D. 内置式摄像头与外置式摄像头

6. 对于需要进行视频会议的企业用户来说，摄像头至少应符合________标准，才能满足应用需求。

A．VGA（640×480）

B．SVGA（800×600）

C．XGA（1024×768）

D．SXGA（1280×1024）

7．目前________已经成为集视频捕捉、视频压缩、收看电视、收听广播等功能于一体的多功能视频卡。

A．3D 图形卡　　B．电视卡

C．视频捕捉卡　　D．视频压缩卡

8．下面镜头结构中，成像效果最好的是________。

A．1G1P　　B．2G2P

C．4G　　D．5G

三、简答题

1．什么是 MP4，与 MP3 有什么区别？

2．麦克风都有哪些类型，分别是有怎样的结构？

3．什么是无驱型摄像头？它的实现原理是什么？

4．电视卡的作用是什么？它是怎样工作的？

四、上机练习

1．管理计算机内的数码照片

Picasa 是一款由 Google 出品的照片管理软件，能够帮助用户快速收集和整理计算机内的各种数码照片。例如，以幻灯片或电影的形式查看计算机内的各种照片；或者为照片添加标签，以便在 Picasa 内快速对其进行分组，如图 7-40 所示。

图 7-40　利用 **Picasa** 管理计算机内的数码照片

2．制作视频短片

Windows XP 操作系统内的 Windows Movie Maker 是一款功能强大的视频剪辑编辑软件。在将数码摄像机内的视频片断导入计算机后，用户只需进行简单的操作，即可将这些视频片断制作为一段精彩的视频短片，如图 7-41 所示。

图 7-41　使用 **Windows Movie Maker** 制作视频短片

第 8 章

笔记本计算机

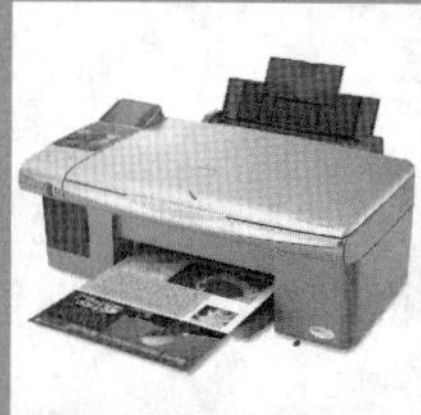
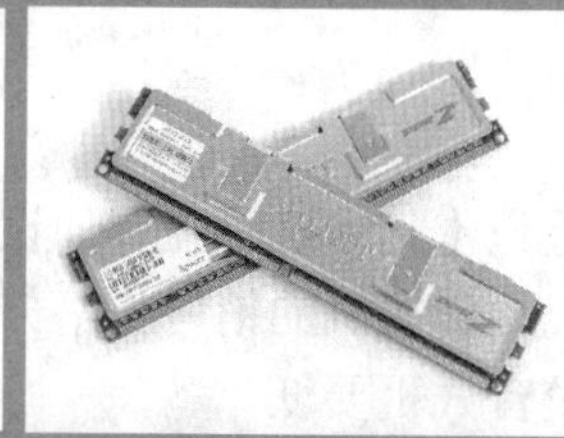

随着计算机的不断普及，越来越多的用户开始考虑购买第 2 台计算机，且购买重点多数集中在笔记本计算机方面。另一方面，计算机制造技术的发展，不但使得笔记本计算机的性能越来越优越，其价格也变得越来越低廉，这些都为笔记本计算机的普及打下了良好的基础。

本章将从多个方面对笔记本计算机进行介绍，包括移动处理器技术、笔记本图形处理器技术，以及笔记本计算机的供电方式和散热技术等。此外，还将对购买和保养笔记本计算机的方法进行讲解，从而使用户在挑选到合适的笔记本计算机后，能够尽可能地延长其使用寿命。

本章学习要点：

- 移动 CPU 技术
- 笔记本计算机的主板
- 笔记本计算机的显示系统
- 笔记本计算机的存储系统
- 其他笔记本计算机的技术

8.1 笔记本计算机概述

笔记本计算机（Notebook Computer、Laptop）是一种小型、可携带的个人计算机，重量通常在1～3kg之间。目前，笔记本计算机的发展趋势是体积越来越小，重量越来越轻，而功能却越发强大。

8.1.1 笔记本计算机与台式机的区别

个人计算机发展至今，逐渐发展成为台式计算机和笔记本计算机两种不同类型。两者之间的差别不仅体现在外形上，还包括以下几点。

1. 应用场合

笔记本计算机的特点是体积小巧、轻薄、便于携带，因此适合那些需要随时使用计算机且经常外出的用户。相比之下，台式机则适合普通用户或办公人员坐在家中或办公室内使用。

2. 整体价格

在生产制造方面，笔记本计算机所花费的设计和技术费用较台式机要高出许多，而这些最终都会体现在笔记本计算机的销售价格方面。因此，从性价比方面来考虑的话，笔记本计算机的性价比较台式机要低。

3. 性能与功能

由于制造成本与整体造型上的限制，笔记本计算机的可升级性较差，且较同价位台式机的性能要弱，这就使得笔记本计算机不适合那些追求高性能计算机的用户。

8.1.2 不同类型的笔记本计算机

就现在看来，笔记本计算机从用途上通常可分为4种类型，分别为商务型、时尚型、多媒体应用型和特殊用途型。不同类型的笔记本计算机不但拥有特定的使用人群，其鲜明的特点也使得它们之间的差别极其明显，下面将对其分别进行介绍。

1. 商务型笔记本计算机

商务型笔记本主要面向办公人员，其特点是移动性强、电池续航时间长，如ThinkPad T系列产品便属于高端商务型笔记本计算机，如图8-1所示。

图8-1 ThinkPad T系列商务型笔记本计算机

提 示

ThinkPad原是属于IBM公司的笔记本计算机品牌，但随着IBM PC事业部被联想（Lenovo）所收购，该品牌目前已经归联想公司所拥有。

2．时尚型笔记本计算机

该类型产品的主要用户是追求个性化的时尚人士，其特点是拥有靓丽的外观和个性化的功能，当然其中也不乏商务人士使用的产品，如图 8-2 所示。

图 8-2 时尚型笔记本计算机

3．多媒体应用型笔记本计算机

多媒体笔记本计算机的特点是拥有强大的图形及多媒体处理能力，且多数配备先进的独立显卡和较大的屏幕等。在笔记本计算机中，此类产品的性能极其突出，某些机型甚至拥有媲美台式机的能力，但体型往往也较大。

4．特殊用途的笔记本计算机

该类型产品主要服务于专业人士，特点是能够在酷暑、严寒、低气压、战争等恶劣环境下使用，体型也较为笨重。

8.2 笔记本计算机处理器

人们对于笔记本计算机的要求是在降低功耗的前提下提高性能，这与台式机在提高性能的同时降低功率有着本质的区别。为此，Intel 和 AMD 公司在笔记本计算机领域内投入了大量精力，接下来将对移动处理器方面的内容进行简单介绍。

8.2.1 Intel 移动 CPU

一直以来，英特尔公司都走在普及型 CPU 的技术前沿，为用户使用价格更为低廉、性能更为强劲、移动能力更为突出的 CPU 而不断努力。近年来，由 Intel 公司推出的移动 CPU 技术主要有以下几项。

1．迅驰移动平台处理器

2003 年 3 月，Intel 正式发布了由奔腾 M 处理器、855/915 系列芯片组和 Intel Pro 无线网卡三部分组成的迅驰移动计算技术（Intel Centrino Mobile Technology）。在随后的几年间，Intel 多次更新了迅驰移动计算技术内的部件版本，其中 CPU 的具体规格如表 8-1 所示。

表 8-1 不同版本的迅驰移动处理器技术详情

详　情	第 一 版	第 二 版	第 三 版	第 四 版
CPU 核心	Banias	Dothan	Yonah	Merom
CPU 名称	Pentium M	Pentium M	Core	Core 2

续表

详　情	第　一　版	第　二　版	第　三　版	第　四　版
制造工艺	0.13 微米	90 纳米	65 纳米	65 纳米
二级缓存	1MB	2MB	2MB	2MB 和 4MB 两种版本
FSB	400MHz	533MHz	667MHz	667MHz

2．迅驰 2 移动平台处理器

在代号为 Montevina 的第 2 代迅驰平台中，移动处理器组件采用的是 Penryn 核心的 CPU 产品。由于采用了 45 纳米 High-K 制造技术，并对 Core 微体系结构进行了增强，Penryn 处理器中的晶体管切换速度提高了 20%，实现了更高的内核速度，但却能够以更低的功耗运行。

3．迅驰 3 移动平台处理器

在 2009 年，Intel 又推出了代号为 Calpella 的第 3 代迅驰平台技术。其中，迅驰 3 平台所用的处理器组件仍然采用 45 纳米工艺进行生产，但分为双核和四核两个版本，支持第二代超线程技术，开发代号为 Gilo。

4．Atom 凌动处理器

2008 年 3 月，Intel 发布了名为“Atom（凌动）”的超低功耗处理器，该产品以不足 25mm^2 的面积和 0.6～2.5W 的功耗成为历史上最小、最低功耗的 CPU，如图 8-3 所示。

图 8-3　Atom 处理器

Atom 处理的主要应用范围是当前新型的上网设备——上网本，此类产品的特点是拥有良好的互联网功能，且能够满足普通用户对学习、娱乐、图片和视频播放的需求。目前，最具代表性的上网本产品是华硕率先推出的 Eee PC，而后戴尔、宏基、惠普等众多厂商也都推出了同类产品，如图 8-4 所示。

图 8-4　华硕 Eee PC

8.2.2　AMD 移动 CPU

与台式机相类似，AMD 公司在划分笔记本计算机的等级时，依然采用了根据 CPU 名称进行划分的方式，这就使得用户能够通过名称来大致判断 AMD 移动 CPU 的性能，接下来将对其分别进行介绍。

1．Turion 64 处理器

Turion 64（炫龙）是 AMD 第一款专为笔记本计算机而设计的 64 位移动处理器，发

布于2005年，主要与Intel公司的Pentium M进行竞争。在设计上，Turion 64采用了Hyper Transport技术，集成有内存控制器，并支持Power Now!电源管理技术和Enhanced Virus Protection硬件防病毒功能。

由于Turion 64内部集成内存控制器的原因，CPU可直接从内存中读取数据，从而降低了对L2缓存的压力。相比之下，Intel公司的CPU将内存控制器放置在北桥芯片内，每当CPU需要从内存获取数据时都要通过北桥芯片，为此Intel不得不通过增大L2缓存的方式来消除瓶颈，如图8-5所示。

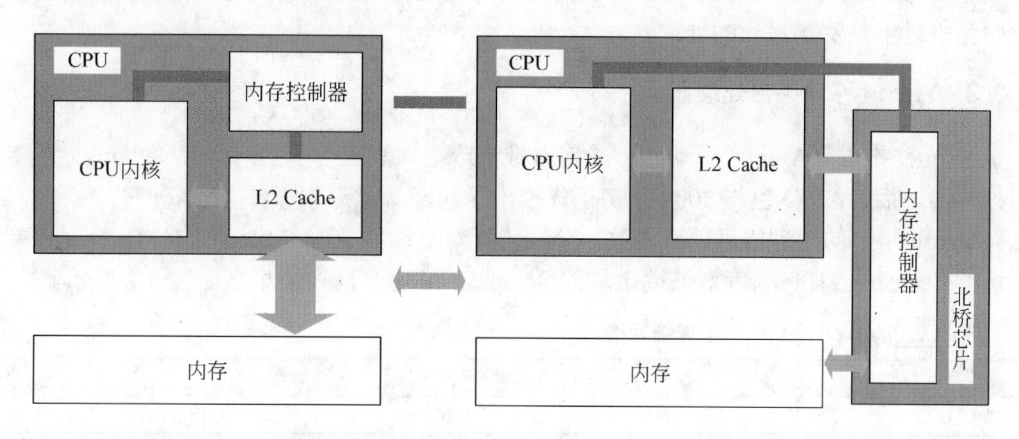

图8-5 CPU从内存读取数据的方式

2. Puma移动平台处理器

为了对抗Intel的迅驰移动平台，AMD在2008年发布了代号为Puma（美洲狮）的全新移动平台。与迅驰移动平台相类似，Puma移动平台也由多个组件组成，分别为处理器、芯片组、图形显示芯片和无线芯片。

其中，Puma所用处理器组件的开发代号为“Griffin（格里芬）”，非常强调节能性和低功耗特性。例如，每个Griffin处理器核心的电压和频率都能够独立调整（8档频率和5档电压），以便按照工作任务的需求来调节处理器的运行强度，从而最大化地实现节能。

在等级划分方面，AMD使用4种不同价格、性能特点的Griffin处理器来覆盖不同需求的用户，即顶级性能需求用户、能耗均衡高端用户、高性价比用户及入门级用户。

❑ **Turion×2 Ultra**

该类款处理器是Griffin家庭中的顶级处理器，适合于追求顶级性能的笔记本计算机用户，产品型号以“ZM”打头，如ZM-80、ZM-82等。Turion×2 Ultra处理器支持Griffin所有先进特性，包括2MB的大容量L2缓存、动态Hyper Transport 3.0技术、AMD动态功耗管理技术、AMD CoolCore技术、AMD虚拟化技术、AMD数字媒体加速技术和AMD增强病毒防护功能等。

❑ **Turion×2**

Turion×2（炫龙双核）定位于中高端用户，追求能耗均衡，其型号以“RM”开始，最高主频为2.2GHz，最高功耗为35W，采用65纳米工艺制造。在技术特性方面，Turion×2与Turion×2 Ultra类似，不同之处在于Turion×2处理器的L2缓存只有1MB。

❑ **Athlon×2**

该系列CPU是Griffin中最超值的移动处理器之一，型号以“QL”打头，同样采用65纳米工艺制成，最高频率和功耗分别为2GHz和35W，并且有1MB缓存。由于处理器定位的不同，Athlon×2处理器支持的内存规格为DDR2 667MHz，并取消了HT 3.0功能，但其总线速度仍然为3600MHz，远高于主要竞争对手（Intel T4200）的800MHz。

❑ **Sempron**

该系列是Griffin中的入门级移动处理器，采用单核心设计，其L2缓存为512KB，总线速度为3600MHz。由于该处理器面向的是初级用户，因此具有非常明显的价格优势，主要竞争对手是赛扬系列的处理器。

3. Yukon移动平台处理器

当Intel推出“Atom（凌动）”、威盛力推“玲珑”等应用于上网本（Netbook）的专用处理器之后，AMD也与2009年初正式推出了超轻薄笔记本平台“Yukon”。

Yukon平台的处理器目前有3款，分别为针对高端的Athlon Neo MV-40、针对中端市场的Sempron 210U与针对低端市场的Sempron 200U，其详细规格如表8-2所示。

表8-2 Yukon平台处理器详细规格

	Athlon Neo MV-40	Sempron 210U	Sempron 200U
主频	1.6GHz	1.5GHz	1.0GHz
HT总线频率	800MHz	800MHz	800MHz
制造工艺	65纳米	65纳米	65纳米
二级缓存	512KB	256KB	256KB
TDP（热设计功耗）	15W	10W	10W
核心数量	1	1	1

8.2.3 移动CPU的发展趋势

CPU是计算机中构造最为复杂的配件之一，其发展受到制造工艺、设计理念，以及商业竞争等方面因素的影响。下面将从多个方面对移动CPU技术的发展趋势做出展望性的介绍。

1. 性能更加强大，架构也更为优化

不断追求更加强大的CPU不仅体现在用户需求方面，也是CPU生产厂商的发展目标，是CPU能够不断进步的根本原因所在。在此之中，CPU内核架构起着主导作用，而Intel与AMD之间的竞争则是推动内核发展的动力。

例如在Pentium III时代，采用Tualatin核心的产品本是0.13微米制造工艺的试验产品，但随后Intel便发现此类型CPU拥有较同主频Pentium 4更为优秀的性能。为了不造成低端产品与当时的主流Pentium 4相抗衡的局面，Intel限制了Tualatin核心CPU的最高主频，但这一事件却表明了内核架构对CPU性能所产生的重要影响。

2. 功耗越来越低，制造工艺更加先进

目前，CPU的制造工艺已经全部由90纳米转向了65纳米，Intel更是率先推出了

45 纳米制造工艺的 CPU 产品，并有迹象显示将在 2009 年底量产采用 32 纳米制造工艺的产品。CPU 制造工艺的提高，不仅标志着 CPU 内核可以变得更小，还表明 CPU 内部可以放置数量更多的晶体管，其发热量也可以变得更小。

此外，随着全球能源危机的加剧，大家在挑选 CPU 的时候已经越来越注重 CPU 的功耗。譬如说，前几年主流 CPU 的功耗还都在 120W 以上，而现在很多型号的酷睿 2 与速龙 X2 CPU 的功耗已经降至 60W 左右，部分型号甚至只有 35～45W，Intel 更是宣布要推出一款功耗仅为 17W 的 CPU。

3. CPU 与 GPU 的混合

很久之前，Intel 便宣布将推出一款集成图形芯片的 CPU 产品，其开发代号为 Havendale。按照原定计划，Havendale 应该是一颗基于 45 纳米制造工艺、Nehalem 架构的双核心 CPU，同时以多芯片封装（MCP）形式集成图形核心，是 Intel 第一颗 CPU 与 GPU 二合一的处理器，预定将于 2010 年第一季度发布，如图 8-6 所示。

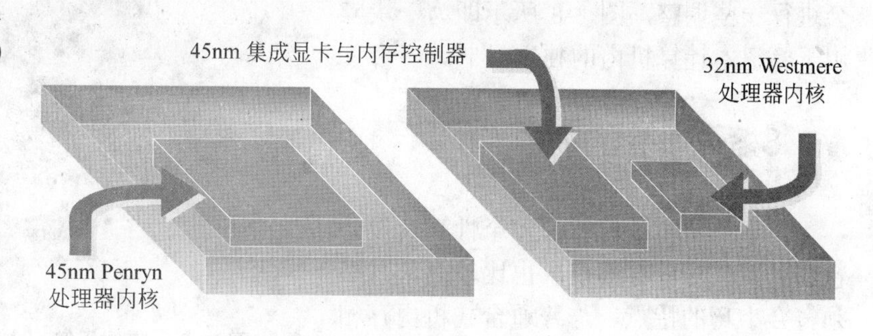

图 8-6 CPU 与 GPU 混合产品示意图

不过，随着 32 纳米和第二代 High-K 工艺的成熟，Intel 取消了基于 45 纳米工艺的 Havendale 处理器，而是直接推出代号为“Clarkdale”的 32nm 工艺版本。根据 Intel 官方文档显示，32 纳米的 Clarkdale 将采用 LGA1156 接口，支持超线程技术（双核心四线程），集成 4MB 三级缓存，并在整合内存控制器后支持双通道 DDR3-1333。除了集成图形核心外，Clarkdale 处理器还支持单 X16 或双 X8 模式独立显卡，不过后者只能在 Ibex Peak P55/P57 芯片组上实现。

8.3 笔记本主板及内存

无论是在笔记本计算机还是在台式计算机中，主板与内存都起着相同的作用。不同之处在于两者在不同个人计算机上的造型完全不同，此外在设计思路等方面也有少许差异。

8.3.1 笔记本主板

由于笔记本计算机强调便携能力的原因，笔记本计算机的内部空间极少，这就要求笔记本计算机配件在设计时应该不拘一格，以便在正常提供功能的同时合理利用空间，图 8-7 所示即为按照此要求设计出的笔记本主板。

根据用户大都不使用笔记本计算机玩大型游戏或进行多媒体处理的原因，笔记本计算机生产厂商往往会将图形芯片、网卡、声卡等部件一同集成在笔记本计算机主板上。采用此类设计的原因在于，一方面可以提高配件集成度，降低生产成本；另一方面可以降低计算机的功耗和工作温度，延长笔记本计算机工作时间和使用寿命。

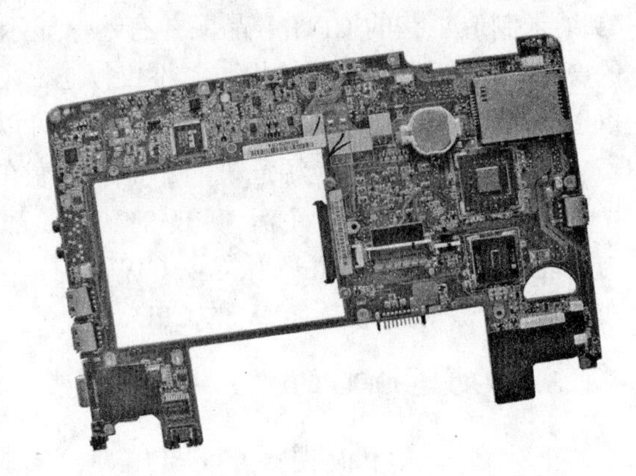

图 8-7 笔记本计算机内的主板

对于部分必须使用独立板卡（通常为显卡）的产品，笔记本计算机主板也会通过巧妙的设计，使新增的板卡在安装时能够与主板保持平行，以减少新板卡对内部空间的占用。与此相对应的是，这些应用于笔记本计算机内的板卡设备在设计时也会进行一些调整，图 8-8 所示即为一块应用于笔记本计算机内的独立显卡。

图 8-8 应用于笔记本计算机内的独立显卡

8.3.2 笔记本内存

由于笔记本计算机的整全性高，设计精密，因此对内存的要求也比较高，且必须符合小巧的特点。与普通台式机内存相比，笔记本内存拥有体积小、容量大、速度快、耗电量低和散热好等特性。

从外形上看，笔记本计算机所用内存也与台式机内存有着明显差别，例如其尺寸较台式机内存要短，但宽度却稍大一些。此外，笔记本内存（DDR2）根据金手指的不同可以分为 200pin 和 240pin 两种版本，而台式机内存的金手指则全部为 240pin。出于追求小巧体积的考虑，大部分笔记本计算机只提供两个内存插槽，因此内存扩展能力极其有限，如图 8-9 所示。

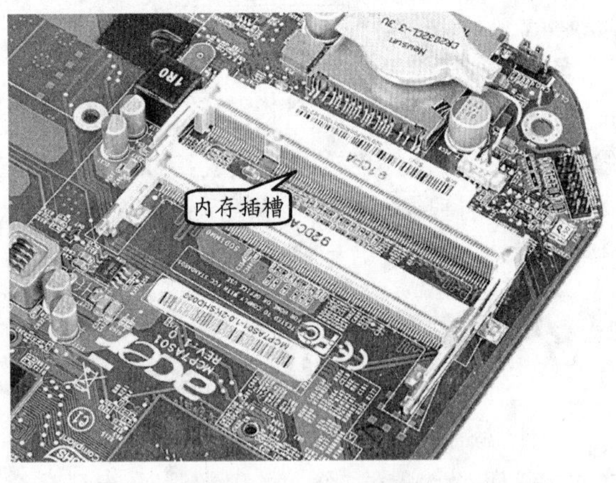

图 8-9 笔记本计算机主板上的内存插槽

8.4 笔记本计算机的显示系统

对于应用于普通用户的计算机来说，显示系统已经成为计算机硬件系统内必不可少的一个组成部分。然而由于笔记本计算机强调便携能力的原因，笔记本计算机所采用的显示器和显卡都与普通台式机有着较大差别，本节将对此进行介绍。

8.4.1 液晶显示屏

笔记本计算机从诞生之初就开始使用液晶屏作为标准输出设备，其尺寸和类型直接影响着笔记本计算机的续航时间和总体成本。本节将对当前常用于笔记本计算机上的液晶面板类型进行讲解。

1. VA 型面板

该类型面板主要应用于高端产品，拥有 16.7M 色彩（8b 面板）和大可视角度是其最为明显的技术特点，目前分为 MVA 和 PVA 两种类型。

❑ **MVA 型面板**

MVA 型面板的全称为（Multi-domain Vertical Alignment），这是一种多象限垂直配向技术，利用突出物使液晶在静止时能够偏向某一角度（传统液晶静止时为直立状态）。这样一来，液晶分子便能够以更快的速度改变为水平状态，使背光更为迅速地通过液晶分子层，从而大幅度缩短显示时间。同样因为液晶分子配向发生变化的原因，MVA 型液晶面板能够提供较传统液晶面板更为宽广的视角。

❑ **PVA 型面板**

这是三星首先推出的一种面板类型，采用的是图像垂直调整技术。该技术可直接改变液晶单元的结构，从而使显示效能大幅提升，得到优于 MVA 的亮度输出和对比度。

2. IPS 型面板

IPS 型面板的优点是可视角度大、颜色细腻等，由于其显示效果较为通透，因此成为肉眼鉴别 IPS 面板时极其重要的标准。在随后的第二代 IPS 技术（S-IPS）中，IPS 面板在某些特定角度出现的灰阶逆转现象得以解决，

提 示

从液晶面板的物理特性来看，IPS 型面板属于“硬屏”，而 VA 型面板和接下来介绍的 TN 面板都属于“软屏”。在进行分别时，只需轻按液晶屏幕，当出现暗影时说明面板属于软屏，反之则为硬屏。

3. TN 型面板

该类型面板主要应用于入门级和中端产品中，特点是价格低廉。在技术上略逊于前两种类型的液晶面板，例如 TN 面板只能达到 16.7M（6b 面板）的色彩，而无法表现出 16.7M 的艳丽色彩。不过，由于液晶面板内部原理上的原因，TN 面板较其他液晶面板更容易提高响应时间。

8.4.2 移动显卡

目前，笔记本显卡制造商主要有 Intel、AMD、nVIDIA、VIA 和 SIS。其中，Intel、VIA 和 SIS 以集成显卡为主，其产品只能满足一般的游戏需要。相比之下，AMD 和 nVIDIA 则以生产独立显卡为主，同时也提供整合集成显卡的芯片组。

集成显卡的性能较为薄弱，但由于更加省电，因此对于没有太高游戏要求的用户来说，使用集成显卡可以让笔记本计算机获得更持久的续航能力。至于独立显卡，则以游戏和高清解码为主要目的，因此适合有此类需求的用户。

1. Intel 的移动显示芯片

目前，常见的 Intel 移动显示芯片主要有 GMA X3100、GMA 4500MHD、GMA 900、GMA 950 等。

其中，GMA 900 和 GMA 950 是两款符合 DirectX 9.0C 规格的图形显示芯片，最大可使用 256MB 的系统内存，在性能上只能应对当前的一些简单游戏。在视频播放方面，由于无法硬解 AVC/H.264 以及 VC-1 等编码格式的视频文件，因此在观看高清视频时会有一些吃力。

相比之下，GMA X3100 是一款符合 DirectX 10 规范的图形显示芯片，因此支持当前主流的 DX10 游戏。

GMA 4500MHD 则是一款专注于高清视频播放的图形显示芯片，其内部集成了 VC-1、MPEG4 AVC 硬件解码器，可以有效降低 HD DVD 和蓝光 DVD 高清影碟实时播放时的 CPU 负担。此外，由于支持 DirectX 10 及 ShaderModer 4.0 的 API，因此其性能较之前的集成显示芯片有着明显提升，甚至可以媲美同时期的入门级独显芯片。

2. AMD 移动图形芯片

AMD 公司的移动图形芯片始于 2000 年的 ATI Redeon（俗称“镭”）系列，从此 AMD（当时仍然为 ATI 公司）的笔记本芯片正式走上与台式机平行前进的路线。在此之中，Mobility Radeon 7500 是该时期 Mobility Radeon 系列中最长寿的一员，此后推出的 Mobility Radeon 9000 系列大都是同系列桌面级图形显示芯片的移动版产品，现已全部退出市场。

随后，X 系列的移动图形显示芯片成为 AMD 从 AGP 向 PCI-E 转变的标志。其中，X1000 和 X2000 系列的图形显示芯片属于早期型号，现主要应用于低端产品。在这些产品中，带有 HD 标识的产品拥有 ATI Avivo HD 技术，这表示相应型号的图形显示芯片拥有硬解高清视频的能力，不仅能够提高笔记本计算机播放高清视频时的播放效果，还能够在解放 CPU 后使其进行其他的工作。

在 3000 系列的产品中，ATI Mobility Radeon HD 3450/3650 的 DirectX 版本已升级至 DirectX 10.1，能够在支持 DirectX 10.1 新特性的同时，为用户提供更为优秀的 3D 性能。

此后，AMD 又推出的 4000 系列图形显示芯片，共包括面向高端的 HD4800、中端的 HD4600，以及针对入门级市场的 HD4500 和 HD4300。由于这些产品都使用了 40 纳米的制造工艺，因此无论是芯片尺寸还是发热量、功耗等指标都要优于当前主流的 65 纳米和 55 纳米制造工艺的芯片，如图 8-10 所示。

图 8-10　40 纳米工艺生产和 HD4860 移动版独立显卡

在规格方面，各型号产品的详细参数如表 8-3 所示。

表 8-3　ATI Mobility Radeon HD 4000 系列部分显示芯片的详细规格

产　品	ATI Mobility Radeon HD 4300 & 4500	ATI Mobility Radeon HD 4600	ATI Mobility Radeon HD 4800
Direct X 规格	10.1	10.1	10.1
流处理器	80	320	800
显存带宽	12.8Gbps	25.6Gbps	89.6Gbps
核心频率	680MHz	675MHz	550MHz
显存频率	800MHz	800MHz	888MHz
浮点运算能力	108GFlops	432GFlops	880GFlops
支持的显存类型	DDR2/3&GDDR3	DDR2/3&GDDR3	GDDR3/5
显存位宽	64b	128b	256b

3. nVIDIA 移动图形芯片

作为全球视觉计算技术的行业领导者，nVIDIA 为拥有不同需求的用户推出了多种不同的图形显示芯片，目前市场上常见的主要为 GeForce8/9 系列和 GeForce 200M/100M 系列。

❑ **GeForce8 系列**

这是 nVIDIA 在数年前推出的显卡系列，原本早应该在竞争激烈的显卡领域内被淘汰。然而出于成本方面的考虑，当前还有不少笔记本在使用此系列的产品，其详细参数如表 8-4 所示。

表 8-4　GeForce8 系列显卡产品规格

	8800M GTX	8800M GTS	8600M GT	8600M GS	8400M GT	8400M GS	8400M G
流处理器	96	64	32	16	16	16	8
核心频率（MHz）	500	500	475	600	450	400	400
显存频率（MHz）	1600	1600	1400	1400	1200	1200	1200
显存位宽	256b	256b	128b	128b	128b	64b	64b
显存带宽（GB/s）	51.2	51.2	22.4	22.4	19.2	9.6	9.6
核心代号	G92	G92	G84	G86	G86	G86	G86
制造工艺	65 纳米	65 纳米	80 纳米	80 纳米	80 纳米	80 纳米	80 纳米

❑ **GeForce9 系列**

作为 CeForce8 系列的替代产品，CeForce9 系列的图形显示芯片多少让用户感到一些失望。这是因为，CeForce9 系列图形显示芯片中的有些产品只是 CeForce8 系列产品的制造工艺升级版，除功耗和发热量变得更低以外，对产品规格和性能的提升都很有限。在 GeForce9 系列图形显示芯片中，部分产品的规格如表 8-5 所示。

表 8-5　GeForce9 系列显卡产品规格

	9800M GTX	9800M GT	9800M GTS	9700M GTS	9650M GS	9500M G	9300M GS
流处理器	112	96	64	48	32	16	8
核心频率（MHz）	500	500	600	530	625	475	550
显存频率（MHz）	1600	1600	1600	1600	1600	1400	1400
显存位宽	256b	256b	256b	256b	128b	128b	64b
显存带宽（GB/s）	51.2	51.2	51.2	51.2	25.6	22.4	11.2
核心代号	G92	G92	G94	G94	G84	G96	G98
制造工艺	65 纳米	65 纳米	65 纳米	65 纳米	80 纳米	65 纳米	65 纳米

❑ **GeForce200M/100M 系列**

GeForce200M/100M 是目前 nVIDIA 最新推出的移动显卡产品，其优越的性能能够让用户在笔记本计算机上畅快体验大型 3D 游戏。GeForce200M/100M 系列产品的型号较少，部分产品的规格如表 8-6 所示。

表 8-6　GeForce200M/100M 系列显卡产品规格

	GTX280	GTX260	GTS160	GTS150	GT130M	G110M	G105M	G102M
流处理器	128	112	64	64	32	16	8	16
浮点运算能力	562GFlops	462GFlops	288GFlops	192GFlops	144GFlops	48GFlops	38GFlops	48GFlops
显存频率（MHz）	1900	1900	1600	1600	1000/1600	1000/1400	1000/1400	800
显存位宽	256b	256b	256b	256b	128b	64b	64b	64b
显存容量	1GB	1GB	1GB	1GB	1GB	1G	512MB	512MB
Shader 频率（MHz）	1463	1375	1500	1000	1500	1000	1600	1000

8.5　笔记本计算机的存储系统

与时刻追求性能的台式机相比，笔记本计算机更注重的是整体的便携性能和续航时间。为此，人们对笔记本计算机所用光驱和硬盘进行了改良，使之更加轻巧、易于携带，让用户能够使用到功能更加强大、性能更加强劲的笔记本计算机成为可能。

8.5.1　笔记本硬盘

从产品结构及其工作原理等方面来看，笔记本计算机所用硬盘与台式机所用硬盘没有什么不同。然而，由于笔记本计算机相对于台式机的特殊性，这两种硬盘之间仍然有着相当大的差别，下面将对其依次进行介绍。

1. 笔记本硬盘的尺寸

由于受到笔记本计算机尺寸的限制，笔记本硬盘也不可能做得很大，因此采用的都是2.5英寸的产品。笔记本硬盘的厚度方面，从第一代产品的17mm陆续发展至现在的9.5mm，为人们生产轻薄型笔记本计算机奠定了坚实的基础。

不过，正在2.5英寸笔记本硬盘大行其道的时候，1.8英寸的产品慢慢走进了人们的视野。早在2002年初，东芝便推出了两款具有划时代意义的1.8英寸的硬盘产品，该产品不仅拥有小巧的尺寸，还拥有5mm的纤细身材，如图8-11所示。

图8-11 笔记本硬盘

2. 笔记本硬盘的外壳

出于减轻重量的考虑，笔记本硬盘的外壳只是一层薄薄的铁皮，很容易在受力后弯曲、变形，这与台式硬盘坚固、耐用的金属外壳有着本质差别。因此，在笔记本工作过程中，严禁在笔记本表面放置重物，以免因磁头过于靠近盘片而造成数据损坏。

提 示

由于内部构造与3.5英寸硬盘有一定差别，因此2.5英寸笔记本硬盘的磁头在非工作状态下不会位于盘片上。不过即便如此，也不应该在关机状态下将重物放置在笔记本计算机上，以免损坏其他硬件设备（如液晶屏）。

3. 笔记本硬盘的转速

硬盘转速是衡量笔记本计算机硬盘性能的重要参数，同时对笔记本计算机的性能及速度也有重要影响。目前在硬盘转速上，台式机硬盘以7200RPM为主，而笔记本硬盘则以5400RPM为主，在某些旧型号的笔记本计算机中，其硬盘的转速甚至只有4200转。

因此，笔记本计算机存储系统的性能较台式机要弱很多，但由于这样的设计能够降低笔记本硬盘对电力的消耗，因此能够起到延长笔记本计算机续航时间的作用。

8.5.2 笔记本光驱

相对于拥有硕大机箱的台式机来说，厚重的5.25英寸光驱显然不适合体积小巧的笔记本计算机。为此，人们通过改良光驱的结构，最终生产出了身材同样轻薄、小巧的笔记本光驱，如图8-12所示。

图8-12 笔记本光驱

由于笔记本计算机对整机体型的限制，笔记本光驱内所有部件的体积都得到了压缩，其空间分布也显得更为紧凑，如图8-13

所示。

除此之外，为了进一步减轻笔记本计算机的重量，部分厂商还将原定于安装光驱的位置改变为扩展坞。这样一来，当需要使用光驱时可将其插入扩展坞，而在不使用光驱时只需为扩展坞加装一个盖子即可，如图8-14所示。更为重要的是，此类扩展坞不仅可用于扩展光驱，还可用于连接硬盘和笔记本电池，从而达到扩展存储容量或延长续航时间的目的。

图 8-13　笔记本光驱内部结构图

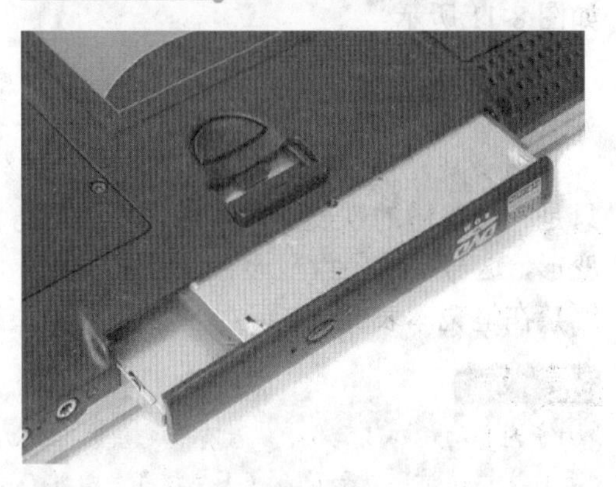

图 8-14　使用扩展坞连接笔记本光驱

8.6　笔记本电池

对于笔记本计算机来说，使其真正实现移动办公的不是其小巧的体积，而是小小的笔记本电池。因为如果没有电池，笔记本计算机也就只能依赖电源适配器变为一部台式机。下面就来了解一下笔记本计算机内的电池。

1. 不同类别的笔记本电池

在笔记本电池的发展史上，依次出现过镍镉电池（NI-CD）、镍氢电池（NI-MH）和锂电池（LI）3种类型。此外还有一种燃料电池，不过在技术上还未达到实用阶段。

❑ **镍镉电池**

该类型电池出现最早，因此技术含量较低，缺点也较多，如体积大、份量重、容量小、寿命短，且有记忆效应等，因此已不再使用。

❑ **镍氢电池**

镍氢电池由镍镉电池改良而来，在制造材料中采用了能够吸收氢的金属来代替镉，特点是拥有更大的电容量和较弱的记忆效应，而且镍氢电池还被称为最环保的电池。

❑ **锂电池**

锂电池的优点是体积小、重量轻、重量大、记忆效应低（不是没有记忆效应，仅仅是不太明显而已），以及充电时间短等。此外锂电池也分为两种类型，分别为锂电（LI）和锂离子（LI-ION）电池。其中，前者经常会在充电时出现燃烧、爆裂等情况，因此使用时不太安全；随后人们在锂电内加入了能够抑制锂元素活跃的成分，从而使改进后的锂电（即锂离子电池）达到了安全、高效、方便的使用要求。

注　意

随意丢弃锂电池会造成环境污染，因此在处理报废锂电池时应遵照相应的处理方法进行操作。

2. 笔记本电池的容量

笔记本电池的容量与电池类型以及单个电芯的容量和数量有关，而人们在关注笔记本电池时经常听到的4Cell和6Cell指的便是电芯的数量（4Cell为4颗电芯，同理6Cell为6颗电芯）。在电芯相同的情况下，电芯数量越多，电池的总体容量自然也就越大，但重量和体积也会随之增加。

8.7 笔记本散热器

进入夏季后，随着天气逐渐变得炎热，笔记本计算机用户们开始重点关注计算机的散热问题，这是因为如果笔记本计算机在工作时产生的热量长时间得不到疏散，轻则引起死机，重则造成硬件烧毁。

1. 被动式散热装置

被动式散热即依靠自然条件自行散热，而此类散热装置的作用便是为笔记本计算机创造更好的散热条件。通常情况下，适用于笔记本计算机的被动式散热装置多为一些简单的支架或垫脚，其作用是让笔记本计算机与桌面之间产生一定的空隙，以利用空气流通，并达到辅助散热的作用，如图8-15所示。

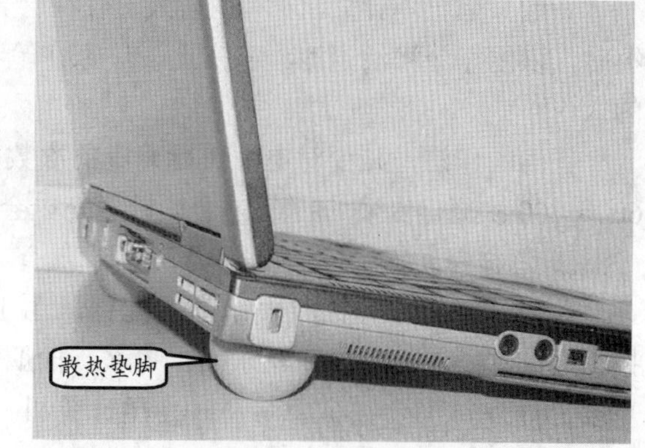

图8-15 笔记本计算机垫脚

2. 主动式散热装置

该类型散热器通常由底座和散热风扇所组成，而不同品牌产品间的差别则体现在底座材料，以及风扇的尺寸、转速和位置等方面，如图8-16所示。

一般来说，金属底座无论从耐用程度还是导热效果来说都较塑料底座要好，但售价自然也会较高。在风扇方面，风扇的扇叶越大，转速越高，散热效果越好，但随之而来的噪声也会越大。

图8-16 主动式笔记本计算机散热器

8.8 笔记本的保养及选购

相对于台式机来说，笔记本计算机属于更为精密的电子设备，其技术含量和产品价值较台式机也要高。为此，下面将对笔记本计算机的购买和保养方法进行讲解，一方面便于用户购买到更适合自己的笔记本计算机，另一方面能够让用户更加安全地使用笔记本计算机。

1. 笔记本计算机的保养方法

随着笔记本计算机价格的不断下降，越来越多的人开始使用笔记本计算机进行工作和学习。然而，技术的发展并没有改变笔记本计算机脆弱的特性，因此下面将对笔记本计算机的基本维护与保养策略进行讲解，从而使笔记本计算机能够更为长久地为用户服务。

❑ **液晶屏保养方法**

使用笔记本计算机时，在液晶屏外贴一张屏幕保护膜是防止屏幕划伤，且防灰防尘的最佳方法。重要的是，纤薄的笔记本计算机无法承受挤、压、碰等暴力，且很容易导致液晶屏出现水波纹，严重时还会造成液晶破裂。

❑ **延长电池使用时间**

在购买笔记本计算机后，销售人员往往会告诉人们前三次充电时间必须达到10～12小时，以便充分激活电池。事实上，厂家在笔记本计算机出厂前便已经做好了激活电池的操作。

正确的作法是减少对电池进行充电的次数，这是因为笔记本电池的使用寿命大概在600～800次充电左右，因此过于频繁地充电会快速消耗其使用寿命。

❑ **怎样保护键盘**

作为计算机中使用频率最高的配件，由于笔记本键盘不像台式机键盘那样易于更换，因此不能在计算机前吃东西、喝水、抽烟，以及按键力度应适中等注意事项便尤为重要。此外，不要在满手污渍时使用计算机，以及定期清理键盘缝隙内的灰尘也极其重要。

❑ **保护硬盘及其数据**

硬盘是计算机内唯一的机械式部件，其构造极其精密。为了便于携带，笔记本计算机的抗震能力通常要优于台式机，但即便如此硬盘在工作时依然不允许出现剧烈震动，以免磁头和机械臂打在盘片上，造成硬盘和数据的损坏。

❑ **清洁笔记本计算机**

无论用户在使用笔记本计算机时怎样爱惜，都需要对其表面的灰尘、污渍等进行定期清洁。在清洁时，可按照以下方法进行操作。

首先，必须在关机状态下进行清洁，并需要切断电源、取出电池和拔除网线。

其次，对于屏幕可使用专业工具进行清洁，以达到消毒、抑制静电和灭菌等目的。

然后，还应当仔细清理出风口处的灰尘，以免因出风口灰尘积累过多而影响散热。

2．如何选购笔记本计算机

在购买笔记本计算机的过程中，注意力不应局限于硬件配置的具体参数，而是应当关注一些其他方面的细节问题。本节将对购买笔记本计算机时需要注意的问题进行简单讲解。

❑ **选定机型**

在购机之前，应根据预算及自身需求确定 3～5 款型号的笔记本计算机，以免因选定型号的产品缺货购买经销商的“推荐”产品。此外，在挑选产品时必须清楚地询问产品售后服务。一般来说，笔记本计算机多以 1 年免费更换部件、3 年有限售后服务为主，而产品的维修周期则在 15 天左右。

注 意

在挑选到合适的产品后，即可要求经销商提货。但是，此时无论经销商以怎样的借口或理由要求用户支付定金，用户都应一口回绝，否则便会被经销商抓到主动权，从而进入经销商所设计的圈套之中。

❑ 标验产品序列号

在开箱验机之前，应认真检验产品包装箱上的序列号是否与产品机身上的序列号以及主板 BIOS 内的序列号相符。只有当三者一致时，才能保证产品来源没有问题，如果出现不相符的情况，则很可能是水货或拼装货。

提 示

在核实产品序列号后，还可通过拨打品牌售后电话的方法进一步验证笔记本计算机的身份。

❑ 开箱验货

开箱前，应检查产品外包装是否完整无缺，打开包装后则应检查电源适配器、相关配件、产品说明书、联保凭证（号码应与笔记本编号相同）、保修记录卡等物是否齐全。此外，还应注意操作系统恢复光盘、安装盘是否与笔记本计算机内的操作系统相符。

❑ 检查外观与电池

取出笔记本计算机后，首先检查外观及其他部位是否存在划痕或物理损伤。此外，应检测电池的充电次数。一般来说，新电池只应在出厂前进行过 3 次完全充放电，但通常情况下 5 次以下的充电次数都是可以接受的。但是，如果充电次数过多，则应要求商家进行更换。

❑ 检测屏幕坏点

对于使用液晶屏的笔记本计算机来说，检测屏幕坏点是一项极其重要的工作。根据坏点表现情况的不同，可以将其分为亮点和暗点两种类型。其中，亮点是指无论屏幕色彩怎样变换始终呈白色的像素点，而暗点则恰恰相反，是始终呈黑色的像素点。

检测时，可使用 Nokia 公司出品的显示器专业测试软件，其功能不仅强大，使用的方法也较为简单。

❑ 索要赠品与发票

在一些特定时间段内（如国庆、五一等）厂家都会推出一系列的促销活动，此时用户在购买笔记本计算机时往往能够获得一些赠品。不过，部分经销商往往会私自扣下赠品，以便通过在市场上销售赠品的方式来牟取利益，此时用户便应据理力争，向经销商索要原本属于自己的赠品。

提 示

按照厂商的初衷，所有赠品都应当免费赠予客户，用户可通过各种 IT 网站、IT 类杂志等渠道来了解厂家的促销活动。

8.9 实验指导：拆解笔记本计算机

由于构造的特殊性，很多用户从来都不敢拆卸笔记本计算机，以致于笔记本从购买到淘汰都不会发生任何变化。事实上，拆解笔记本计算机并没有想象中的那么神秘，本节便以 MacBook Pro 笔记本为例，介绍笔记本计算机的拆机方法，以便用户更好地了解笔记本计算机的内部构造。

1. 实验目的

- ❑ 了解笔记本拆解流程
- ❑ 熟练笔记本拆解方法
- ❑ 认识笔记本内部构造

2. 实验步骤

1 将 MacBook Pro 底部朝上放置后，拧下四周的螺丝，并打开背盖，如图 8-17 所示。

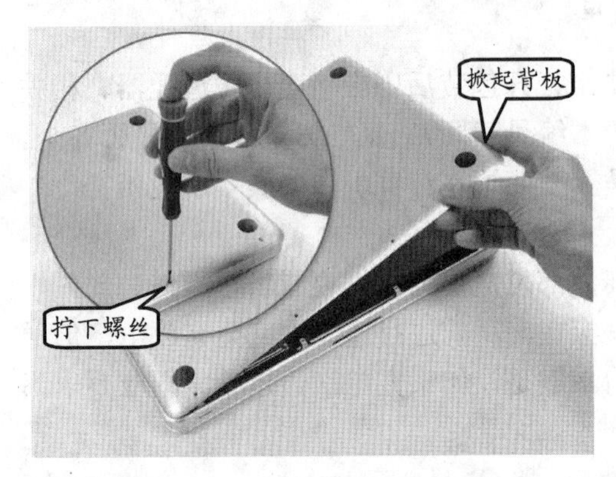

图 8-17 去除笔记本计算机背板

2 在内存条两侧，拧下用于固定电池的两个三角螺丝后，断开电池与笔记本计算机的连接，如图 8-18 所示。完成后，从机身内取出电池。

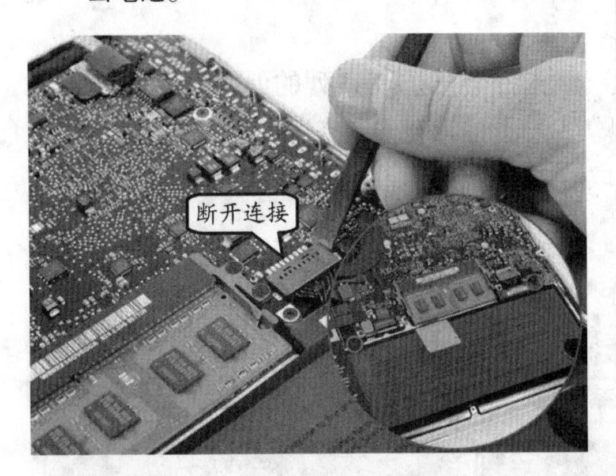

图 8-18 断开电池连接

3 在电池左侧，去除硬盘上的螺丝及连线后，即可将硬盘拆下，如图 8-19 所示。

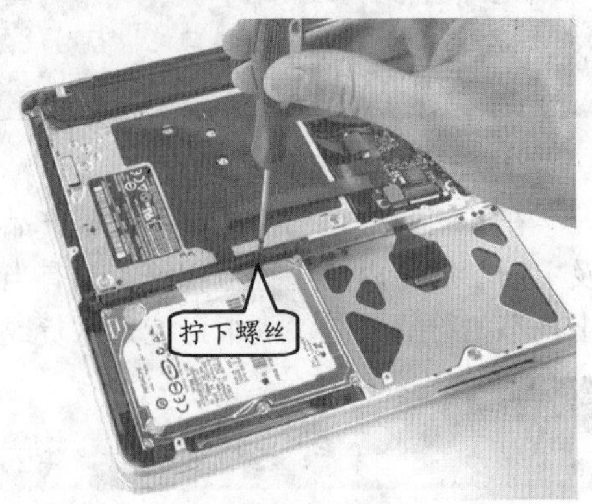

图 8-19 拆除硬盘

4 在机身顶部的左侧，拧下光驱右上方的螺丝，可将 2.1 声道音箱中的低音炮拆下，如图 8-20 所示。

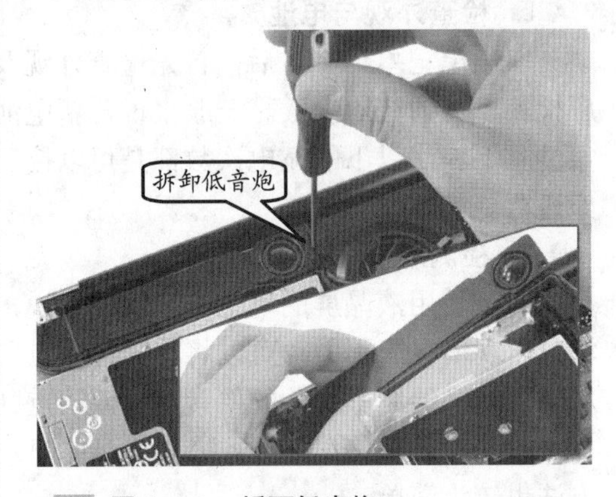

图 8-20 拆下低音炮

5 拧下光驱上的 3 颗螺丝后，可将 MacBook Pro 中的 DVD 刻录机取出，如图 8-21 所示。

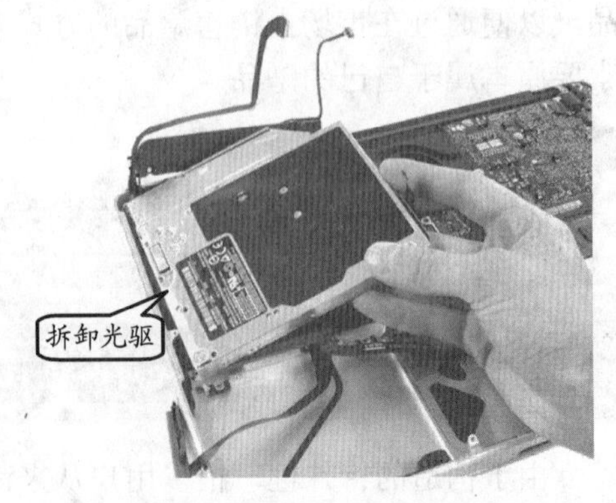

图 8-21 取出 **DVD** 刻录机

6 此时，可在光驱下方看到右声道喇叭。由于该扬声器是被粘在外壳上的，因此可直接将其扯下，如图 8-22 所示。

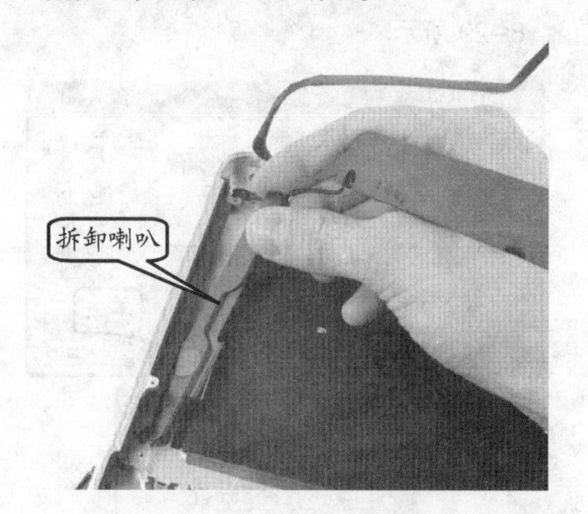

图 8-22　扯下右声道扬声器

7 接下来拧下风扇的固定螺丝，并在断开电源后将其取下，如图 8-23 所示。

图 8-23　取下散热风扇

8 依次断开液晶屏、触控板、键盘、电池电量指标灯等设备的连线。完成后拧下主板上的 7 颗固定螺丝以及 2 颗固定电源接口的螺丝，如图 8-24 所示。

9 在拆除视频信号线固定架和内置麦克风后，即可从机身内取出主板，如图 8-25 所示。

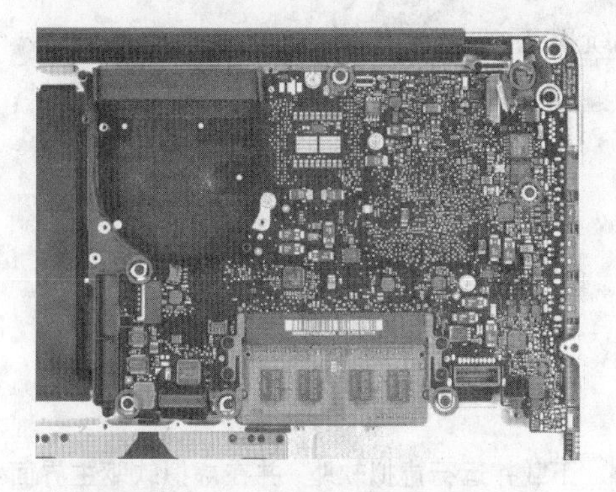

图 8-24　去除主板上的螺丝

图 8-25　取出主板

10 进行到这里后，MacBook Pro 上的零部件已经基本被完全拆解下来了，如图 8-26 所示。

图 8-26　**MacBook Pro** 零部件

8.10　实验指导：为无光驱笔记本安装操作系统

出于成本或整体设计的考虑，很多笔记本计算机并没有配置光驱，而这往往会使得用户在准备重新安装操作系统时遇到一些麻烦。下面将对无光驱笔记本计算机安装操作系统的方法进行介绍。

1. 实验目的

- ❑ 配置虚拟软件
- ❑ 使用配置加速命令
- ❑ 在 DOS 下安装 Windows XP

2. 实验步骤

1 下载并运行虚拟软驱，并在虚拟软驱主界面中单击【选择映像文件的路径】按钮，如图 8-27 所示。

图 8-27 运行虚拟软驱

2 在弹出的【打开】对话框中选择 BOOTDISK.img 文件，并单击【打开】按钮，如图 8-28 所示。

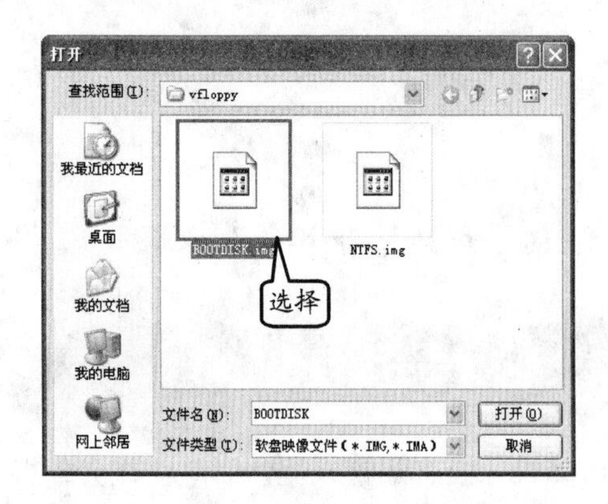

图 8-28 选择软盘映像文件

3 接下来单击【应用】按钮，并在依次弹出的两个对话框中分别单击【否】按钮，如图 8-29 所示。

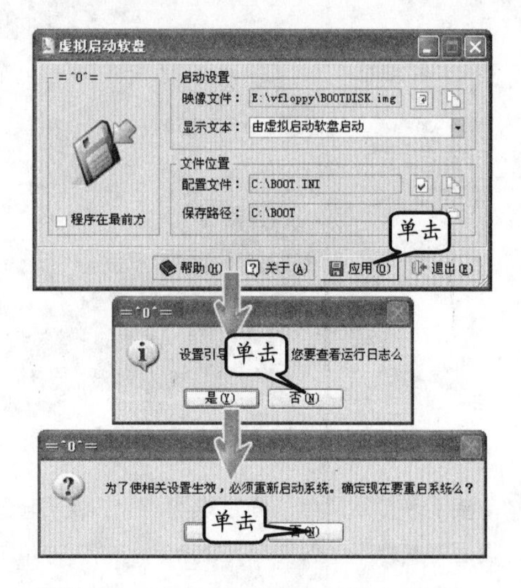

图 8-29 应用软盘映像文件

4 退出虚拟软驱程序后，在 D 盘创建 i386 文件夹，并将 Windows XP 安装光盘 i386 文件夹中的内容复制到 D 盘 i386 文件夹内。

提 示

借助其他拥有光驱的计算机，用户可事先将 Windows XP 光盘中的内容复制至 U 盘内。此外需要指出的是，D 盘必须采用 FAT16 或 FAT32 的文件系统格式。

5 重新启动计算机后，在启动项选择界面中选择“由虚拟启动软盘启动”选项，并按回车键，如图 8-30 所示。

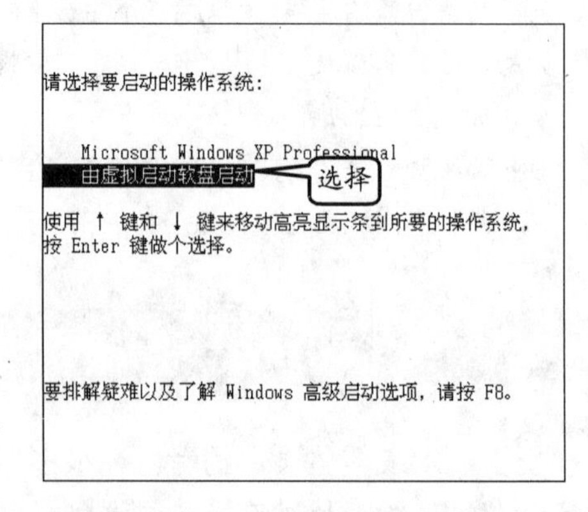

图 8-30 选择启动项

6 在接下来弹出的界面中，选择“1. Start computer with CD-ROM support.”选项，并按回车键进行确认，如图 8-31 所示。

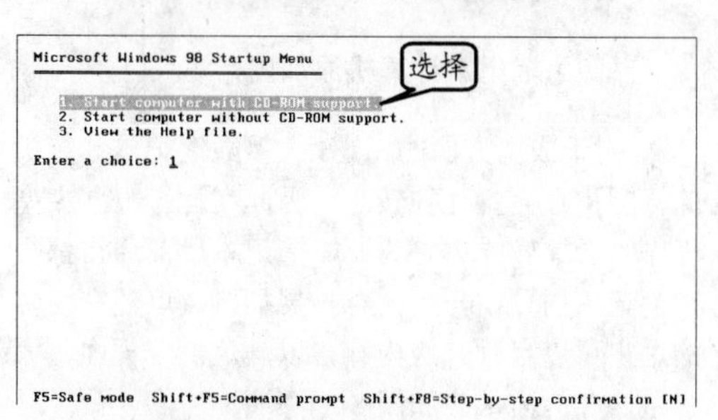

图 8-31 选择启动模式

7 当系统进入 DOS 环境后，输入 smartdrv 后按回车键，运行磁盘加速命令。然后，输入图 8-32 所示的命令，进入 D 盘 i386 目录内。

8 最后输入 winnt 命令并按回车键，以便启动 D 盘 i386 目录内的 Windows XP 安装程序，如图 8-33 所示。

9 至此，用户便可依照 Windows XP 安装向导进行操作，以完成 WindowsXP 的安装，在此不再详细介绍。

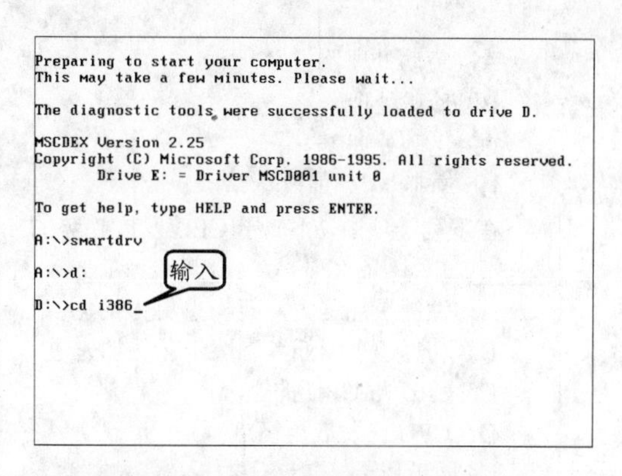

图 8-32 进入安装程序所在目录

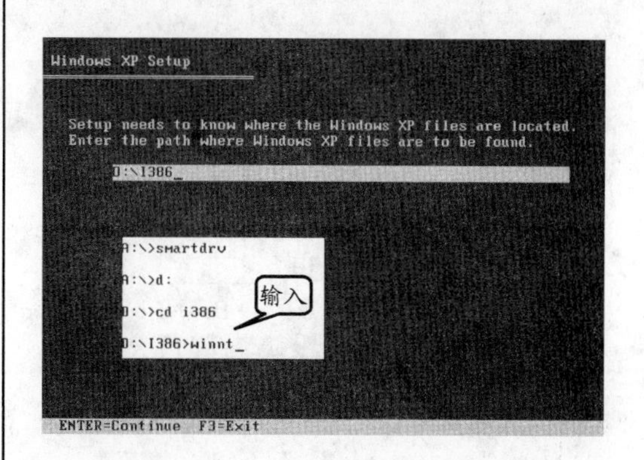

图 8-33 启动 Windows XP 安装程序

8.11 思考与练习

一、填空题

1. 笔记本计算机的特点是体积小巧、轻薄、便于________。

2. 从用途上来看，可以将笔记本计算机分为商务型、时尚型、________和特殊用途的笔记本计算机。

3. 多媒体笔记本计算机的特点是拥有强大的________及多媒体处理能力，且多数配备先进的独立显卡和较大的屏幕等。

4. 与普通台式机内存相比，笔记本内存拥有体积小、容量大、速度快、________和散热好等特性。

5. IPS 型面板的优点是可视角度大、颜色细腻等，且显示效果较为________。

6. 为降低电力消耗，目前主流笔记本硬盘的转速大都控制为________。

7. 锂电池的优点是体积小、重量轻、重量大、________，以及充电时间短等。

8. 笔记本电池的寿命通常用可充电次数来表示，目前常见电池的可充电次数大都在 600～________之间。

二、选择题

1. 商务型笔记本主要面向办公人员，其特点是________、电池续航时间长。

A. 性能强劲　　B. 外观稳重
C. 移动性强　　D. 坚固耐用

2. 在迅驰 2 代移动计算技术中，CPU 组件的开发代号为________。

A. Banias　　B. Yonah
C. Penryn　　D. Gilo

3. 在 Intel 推出的移动处理器中，适用于上网本的产品是________。

A．凌动处理器

B．玲珑处理器

C．迅驰处理器

D．奔腾 M 处理器

4．在下列选项中，不属于 CPU 发展趋势的是________。

A．性能更加强大，架构也更为优化

B．功耗越来越低，制造工艺更加先进

C．CPU 与 GPU 的融合

D．CPU 已发展至终点

5．TN 面板属于________面板，最大能够表现出 16.7M 的色彩。

A．4b　　B．6b

C．8b　　D．12b

6．目前，应用于笔记本计算机上的硬盘尺寸大都为________的产品。

A．3.5 英寸　　B．2.5 英寸

C．1.8 英寸　　D．1.5 英寸

7．锂离子电池的标识为________。

A．NI-CD　　B．NI-MH

C．LI-ION　　D．LI

三、简答题

1．简述 Intel 公司的迅驰技术。

2．移动 CPU 的发展趋势是什么？

3．AMD 公司的移动显卡技术是什么？

4．简单介绍笔记本电池的相关知识。

四、上机练习

1．为笔记本计算机添加内存

出于成本方面的考虑，大多数笔记本计算机的标配内存容量往往较小，因此在运行一些大型程序时会比较吃力。为此，笔记本厂商通常都会在笔记本内预留一个内存扩展插槽，以便有需要的用户可以自行升级内存，以满足部分程序对大容量内存的需求，如图 8-34 所示。

图 8-34　预留的笔记本内存插槽

第9章 计算机组装

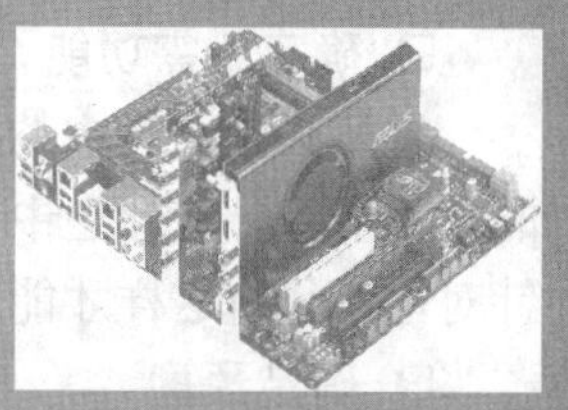

在前面的几章中，已经详细介绍了计算机硬件的相关知识，包括计算机各部件的硬件结构、接口、性能参数以及选购方法等内容。现在，相信大家已经对计算机的各种配件有了一定认识。接下来，本章将通过演示组装计算机的完整流程来介绍各个计算机配件的连接方式，以及将它们组装在一起的方法和其他相关知识。

本章学习要点：

- 了解和定制攒机方案
- 认识组装计算机所需工具
- 了解组装计算机的注意事项
- 计算机的硬件组装

9.1 了解DIY攒机

攒机和人们所熟知的DIY（Do It Yourself）属于同一概念，意思都是自己动手组装计算机。根据“攒机”的字面意思，可以将其理解为将计算机配件一件一件攒起来组装为一台完整计算机的过程。

9.1.1 攒机前要做的事情

攒机者所享受的攒机乐趣在于整个攒机过程，以及攒机完成后欣赏攒机成果时的喜悦心情。在这里所讲的攒机方法，并不是将各个计算机配件组装在一起的方法，而是指搭配、挑选、辨别和购买计算机配件的方法与技巧。

与直接购买品牌机相比，攒机应遵循实用、稳定、性价比高、美观的原则。这是因为，计算机毕竟不同于一般家用电器，其具有技术含量高、更新换代快、软件资源丰富、自己动手空间大等特点。因此，在正式攒机前必须做好以下几项准备工作。

❑ **确定所需功能**

这是必须要考虑的要点。攒机以前，必须先想清楚使用计算机的目的，有哪些具体的功能要求。在此之中，哪些功能是必须满足的，哪些功能是能满足即可的，一定要有针对性，只有这样才能从众多厂商铺天盖地的广告中脱离出来，避免被其误导。

❑ **确定预算**

在明确了具体的功能需求后，便需要考虑整台计算机的购买预算了，具体价位因个人的经济承受能力不同必然会有所变化。但无论怎样，用户心中都要有一个明确的价格底线，这样才能保证在装机过程中不被商家所左右。

❑ **了解配件兼容性**

计算机配件间的兼容性主要体现在两方面，一方面配件接口是否匹配，另一方面则是配件之间是否存在冲突。

其中，配件接口是否匹配方面的问题比较容易解决，用户只需在购买前查阅相关资料，即可了解各个配件的接口及相对应配件的具体情况。以CPU与主板间的接口兼容性为例，由于Intel与AMD两家厂商所生产CPU的接口完全不同，因此当前市场内的任何一款主板都不可能同时支持两家的CPU产品。此外即使是同一品牌的CPU产品，不同时期、不同系列CPU的接口也会有所差别，这时即便是支持相同品牌CPU的产品，也要看其芯片组支持的CPU型号具体有哪些，才能保证不会造成所购买CPU与主板不匹配的情况。

至于如何避免不同配件间因硬件冲突而引起的蓝屏、重启等不兼容问题，目前还没有很好的解决方法。为此，只能在鱼龙混杂的硬件市场中通过多听、多看、多问来了解所需信息，并且尽可能选择一些大厂产品，以及上市一定时间后比较成熟的产品，以保证整机有较强的稳定性。

❑ **环保问题**

计算机中的很多部件都存在辐射问题，如主板、电源、显卡等。解决此类问题的最好方法就是选择一款辐射屏蔽能力优越的机箱。此外，如果不是特别需要，建议不要选择高功耗产品，因为此类产品耗电、发热量大，噪声通常也较大。

❑ **整体协调性**

所谓整体协调性，主要针对功能和性能而言。一方面是不要追求盲目的高端配置；第二是只需留出适当的升级空间即可。这是因为 IT 产品的更新换代速度极快，升级范围也很有限，有时候所谓的升级也只是凭空一说而已。

❑ **不盲目相信评测数据**

如今的评测多如牛毛，令人目不暇接。对于用户来说，10%～20%的数值差距可能根本感觉不到或感觉不大，但却有可能会让我们因此而多付出 50%甚至 1 倍的费用。因此对于评测数据可以拿来参考，但绝对不要作为选择的依据。

❑ **实际装机**

这个要求用户在认准配置和价格后就必须坚持到底，不再更改。如果自己不是很专业，则要找一个靠得住的人一起去，任商家说得天花乱坠，只要有一项参数不符，要么按单拿来，要么转身走人。而且在整个装机过程中，一定要有人验货并全程跟踪，并在各项测试都没有问题，以及开票、写清具体配置和详细参数后才能付款，以免得以后节外生枝。

9.1.2 攒机方案

很多用户在对计算机硬件有所了解之后，还是不能对攒机方案有所理解。简单的说，攒机方案就是指一个计算机配置单，如在配置计算机过程中，商户需要先了解计算机的用途，再推荐几个配置方案等。

其实，在拟定配置方案时，需要注意两个内容：一是计算机的用途，如办公、制图、三维动画还是游戏等；二是配置这台计算机的预计金额。而配置方案中的硬件主要十几件，如 CPU、主板、内存、硬盘、显卡、声卡、显示器、电源、机箱、光驱等。下面介绍详细的配置过程。

1. 确定 CPU

CPU 是计算机的核心部件，所以在攒机方案中也是首要考虑的产品，因为 CPU 决定了计算机的档次。例如，配置办公或者家庭计算机，则不需要选择太高端的 CPU。

在选择 CPU 时，也要考虑到 CPU 的品牌，Intel 和 AMD 两家各有优势。而一般选择 Intel 产品，相对 AMD 产品，则配置下来的价位稍微有点高。例如，选择 AMD 速龙 II X2 250 型号的 CPU，如图 9-1 所示。

图 9-1 确定 CPU

2. 确定主板

确定了 CPU 之后，就应该确定配套的主板了。主板品牌、品种非常多，许多用户选择时往往犹豫不定。其实，选择主板比较简单，原则就是根据市场的具体情况，选择比较热销的大厂、名牌的主流产品，这些主板在功能和性能上，都基本差不多。

其次，再确定主板是否支持CPU的类型，如CPU的品牌、CPU接口类型。因此，根据AMD的CPU类型，则选择支持AMD品牌的主板，再则速龙II X2 250型的接口为Athlon64 X2，其针角为938pin，所以用户需要选择Socket AM3插槽的主板。

再次，在选择主板时也需要考虑到主板后续升级，可以选择集成显卡的主板或者不集成显卡的主板。对于用于制图或者稍微偏中上等的机器，则可以选择不集成显卡的主板，如选择“微星770-C45”型号的主板，如图9-2所示。并且该主板还支持Phenom II系统CPU，可以预备以后升级CPU使用。

图9-2 选购主板

3．选购内存

选择CPU和主板后，就需要选择内存了。其实，内存的类型及型号则要根据主板参数来决定。例如，“微星770-C45”主板支持双通道DDR3 1600(OC)/1333/1066/800内存，最大可以支持16GB容量。

然后，可以根据市场的具体情况，选择比较热销的大厂、名牌的主流产品，如选择“金士顿 DDR3 1333”的内存，其容量为2GB，如图9-3所示。

图9-3 选购内存

4．选购硬盘

选择硬盘则相对简单，用户只需根据自己的需求选择相对容量够用的硬盘。目前，市场上主流硬盘容量为500GB，其品牌多为“希捷”产品，其接口为Serial ATA类型，如图9-4所示。

图9-4 选购硬件

5．选择显卡

因为“微星770-C45”型号的主板不集成显卡，所以用户还需要再选择一款相应的显卡。而在选择显卡时，可以根据用户需要来确定，如一般制图所使用的计算机可以选择略低端的显卡；如用于玩游戏可选择高端的显卡。

在选择显卡时，需要用户注意主板所支持的插槽类型，以及显卡的显存容量。例如，在该主板中，支持的显卡插槽类型为PCI-E 2.0 16X，所以可以选择“影驰9800GT+中将版”，其总线接口为PCI Express 2.0 16X，容量为512MB，如图9-5所示。

图9-5 选购显卡

6．选择声卡、网卡及光驱

在配置过程中，选择硬件后，则其他部分硬件不需考虑太多。例如，该主板集成了“Realtek ALC888S 8声道音效芯片”，所以不需要再选择独立声卡；还集成了“板载Realtek 8111DL千兆网卡”。至于光驱，用户可以根据需要选择 DVD 光驱或者刻录光驱，如图 9-6 所示。

图 9-6　选购光驱

7．确定显示器

显示器也是比较重要的硬件设备之一。家庭用户一般都喜欢选择液晶显示器，因为它有诸多的优势（在前边章节中已经讲过了），如图 9-7 所示。但对于办公用户，尤其是用于制图的计算机，还是比较喜欢选用 CRT 显示器。

图 9-7　选购显示器

8．确定机箱与电源

在选购机箱时，可以选择一般 38℃标准机箱，而电源可以选购较好品牌和比较信赖的电源，如图 9-8 所示。例如，可以选择“长城双动力静音 400（BTX-400SEL-P4）”类型的电源，如图 9-9 所示。

综合上述内容，不难了解到在撰写配置方案时主要确定 CPU、主板、内存、显卡等主要核心部件，而其余硬件设备则根据用户需要来选择，并且其兼容性问题不会有太大影响。

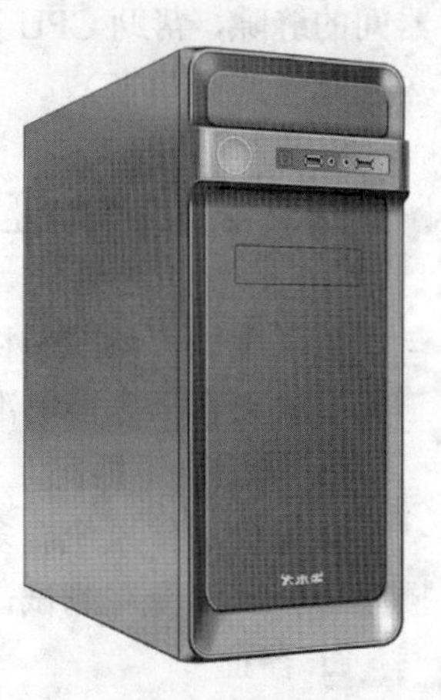

图 9-8　选购机箱

9.2　装机准备工作

组装计算机是一项细致而严谨的工作，要求用户不仅要有扎实的基础知识，还要有极强的动手能力。除此之外，在组装计算机之前还需要做好充足的准备工作。

9.2.1　必备工具

“工欲善其事，必先利其器”，一套顺手的安装工具可以让用户的装机过程事半功倍。在组装计算机前必须准备以下工具。

图 9-9　选购电源

1．螺丝刀

螺丝刀（又称螺丝起子或改锥）是安装和拆卸螺丝钉的专用工具，建议用户准备一把十字螺丝刀和一把一字螺丝刀（又称平口螺丝刀），如图 9-10。十字螺丝刀应带有磁性，这样便可以吸住螺丝钉，从而便于安装和拆卸螺丝钉。一字螺丝刀的作用是拆卸产品包装盒或包装封条等，一般不经常使用。

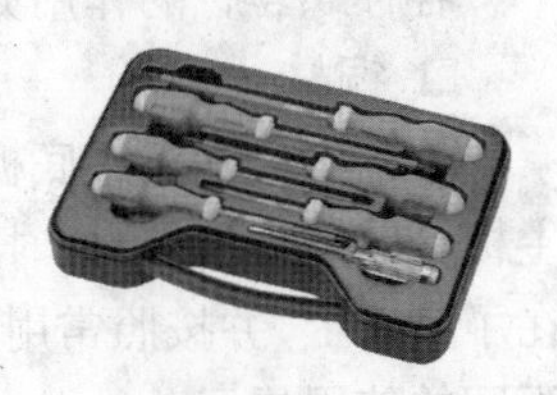

图 9-10　螺丝刀

2．尖嘴钳

准备尖嘴钳的目的是拆卸机箱上的各种挡板或挡片，以免机箱上的各种金属挡板划伤皮肤。

3. 镊子

镊子主要用于夹取螺丝钉、跳线帽和其他的一些小零件。

提 示

主板或其他板卡上常会有一些二根或三根金属针组成的针式开关结构，它们被称为跳线，而跳线帽便是安装在这些跳线上的专用连接器，其作用是连接相邻的两根金属针以实现某一功能。一般情况下，用户无须关心计算机板卡上的各种跳线，但在必要时用户可以通过调整跳线帽来实现某种特殊功能（例如清除主板 CMOS 内保存的数据）。

4. 导热硅脂

导热硅脂（或散热膏）是安装 CPU 时必不可少的用品，其功能是填充 CPU 与散热器间的缝隙，帮助 CPU 更好地进行散热。因此，在组装计算机前需要准备一些优质的导热硅脂（或散热膏）。

9.2.2 辅助工具

除了上面介绍的装机必备工具以外，在组装计算机的过程中往往还会用到一些辅助工具。如果在事先能够准备好这些物品，会使整个装机过程更为顺利。

❑ **排型电源插座**

计算机硬件系统有多个设备都需要直接与市电进行连接，因此需要准备万用多孔型插座一个，以便在测试计算机时使用。

❑ **器皿**

在拆卸和组装计算机的过程中会用到许多螺丝钉及其他体积较小的零件，为了防止这些东西丢失，用一个小型器皿将它们盛放在一起是个不错的方法。

9.2.3 机箱内的配件

每个新购买的机箱内都会带有一个小小的塑料包，里面装有组装计算机时需要用到的各种螺丝钉，如图 9-11 所示。

图 9-11 组装计算机时用到的各种螺丝钉

各种螺丝钉的作用如下。

❑ **铜柱**

铜柱安装在机箱底板上，主要用于固定主板。部分机箱在出厂时就已经将铜柱安装在了底板上，并按照常用主板的结构添加了不同的使用提示。

❑ **粗牙螺丝钉**

粗牙螺丝钉主要用于固定机箱两侧的面板和电源，部分板卡也需要使用粗牙螺丝钉进行固定。

❑ **细牙螺丝钉（长型）**

长型细牙螺丝钉主要用于固定声卡、显卡等安装在机箱内部的各种板卡配件。

❑ **细牙螺丝钉（短型）**

在固定硬盘、光驱等存储设备时，必须使用较短的细牙螺丝钉，以避免损伤硬盘、光驱等配件内的电路板。

9.2.4 装机注意事项

组装计算机是一项比较细致的工作，任何不当或错误的操作都有可能使组装好的计算机无法正常工作，严重时甚至会损坏计算机硬件。因此，在装机前还需要简单了解一下组装计算机时的注意事项。

❑ **释放静电**

静电对电子设备的伤害极大，它们可以将集成电路内部击穿造成设备损坏。因此，在组装计算机前，最好用手触摸一下接地的导体或通过洗手的方式来释放身体上所携带的静电荷。

❑ **防止液体流入计算机内部**

多数液体都具有导电能力，因此在组装计算机的过程中，必须防止液体进入计算机内部，以免造成短路而使配件损坏。建议用户在组装计算机时，不要将水、饮料等液体摆放在计算机附近。

❑ **避免粗暴安装**

必须遵照正确的安装方法来组装各配件，对于不懂或不熟悉的地方一定要在仔细阅读说明书后再进行安装。严禁强行安装，以免因用力不当而造成配件损坏。

此外，对于安装后位置有偏差的设备不要强行使用螺丝钉固定，以免引起板卡变形，严重时还会发生断裂或接触不良等问题。

❑ **检查零件**

将所有配件从盒子内取出后，按照安装顺序排好，并查看说明书是否有特殊安装要求。

9.3 安装机箱内的配件

计算机的主要部件大都安装在机箱内部，其重要性不言而喻。因此，主机内各配件安装方法的正确与否，决定了组装完成后的计算机是否能够正常使用。下面将介绍主机及其内部配件的安装方法。

9.3.1 机箱与电源的安装

机箱和电源的安装，主要是对机箱进行拆封，并将电源安装在机箱内。从目前计算机配件市场的情况来看，虽然品牌、型号众多，但机箱的内部构造却大致相同，只是箱体的材质及外形略有不同而已，图9-12所示即为一款38℃机箱。

提 示

为了将CPU的温度控制在一个能够保证其稳定工作的范围内，Intel曾提出了一个机箱散热规范（CAG，Chassis Air Guide）。该规范要求在35℃的室温下，机箱的整体散热能力必须保证处理器上方一定区域内的平均空气温度保持在38℃左右或者更低。因此，按照Intel CAG规范进行生产，并符合CAG规范要求的机箱便被通俗地称为38℃机箱。

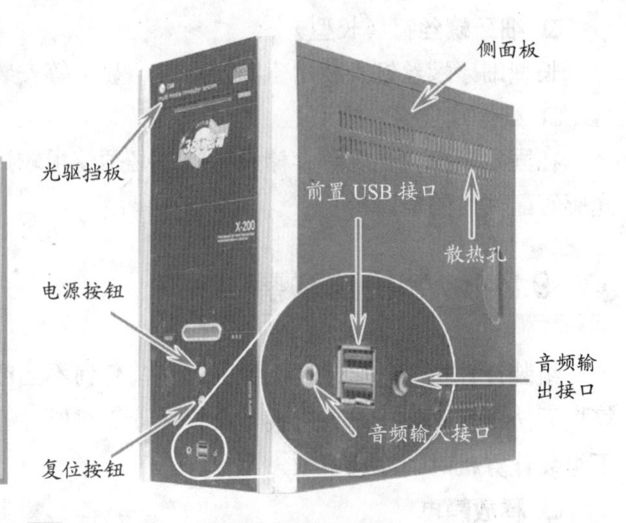

图9-12 常见38℃机箱的外观

目前，前置USB接口、音频输出和麦克风接口（即音频输入接口）已经成为机箱的标准配置之一。只不过不同机箱上前置接口的位置会有所区别。例如，之前所介绍的机箱便采用了将前置接口安排在前面板上的设计，而也有部分机箱会将前置接口设计在机箱侧面，如图9-13所示。

图9-13 安排在机箱侧面的前置接口

转过机箱后，可以看到其背面除了留出I/O接口和电源的位置外，还留出了一个布满散热孔的区域，以增强机箱内的空气流通，如图9-14所示。对于有经验的用户来说，在机箱背面稍加观察后便可以大致评定机箱的优劣：高质量机箱所采用的板材较厚，且全都进行了卷边处理，以免机箱钢板划伤用户。

提 示

机箱背面的散热孔除了能够加快机箱内部与外界间的空气流通外，用户还可以在此处加装一个机箱风扇，从而更好地解决机箱内部的散热问题。

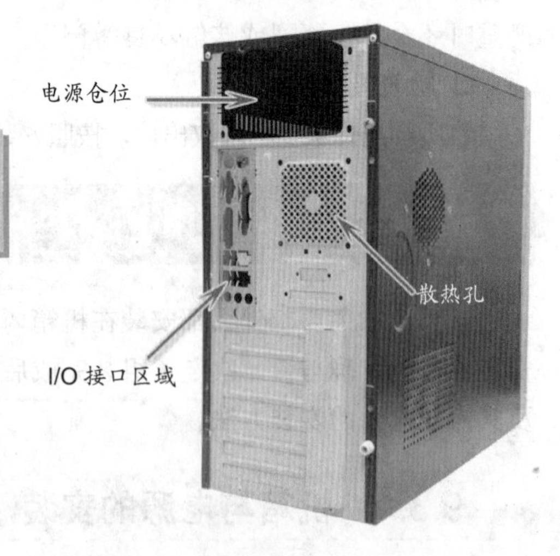

图9-14 机箱背面

现如今，机箱上的免工具拆卸螺丝钉可以让用户轻松将其拧下，这使得拆卸机箱较之前要容易许多。在拧下机箱背面的4颗免工具拆卸螺丝钉后，向后拉动机箱侧面板即可打开机箱，如图9-15所示。完成后，使用相同方法卸下另一侧的机箱面板。

此时，放平机箱后将电源摆放至机箱左上角处的电源仓位处，如图9-16所示。接下来，先拧上一颗粗牙螺丝钉（无须拧紧），然后依次拧上其他的3颗螺丝钉，并将其逐一拧紧，如图 9-17 所示。

图 9-15　卸下机箱侧面板

图 9-16　摆放电源

提　示

在将电源放入机箱时，要注意电源放入的方向。部分电源拥有两个风扇或排风口，在安装此类电源时应将其中的一个风扇或排风口朝向主板。

图 9-17　固定电源

9.3.2　CPU 与内存条的安装

CPU 是计算机的核心部件，也是组成计算机的各个配件中较为脆弱的一个，因此在安装时必须格外小心，以免因用力过大或其他原因而损坏 CPU。

在组装计算机时，通常都会在将主板安装至机箱之前，直接将 CPU 和内存安装在主板上。这样一来，便可以避免在主板安装好后，由于机箱内狭窄的空间而影响 CPU 和内存的安装。

在正式安装 CPU 前，先来认识一下所用主板上的 CPU 插座，如图 9-18 所示。可以看出，这款主板采用了 AMD 公司推出的 AM2 CPU 插座，由于该类型 CPU 上的针脚数较多，因此 AM2 插座上的针孔数量也较早期的 Socket 插座要多出不少。

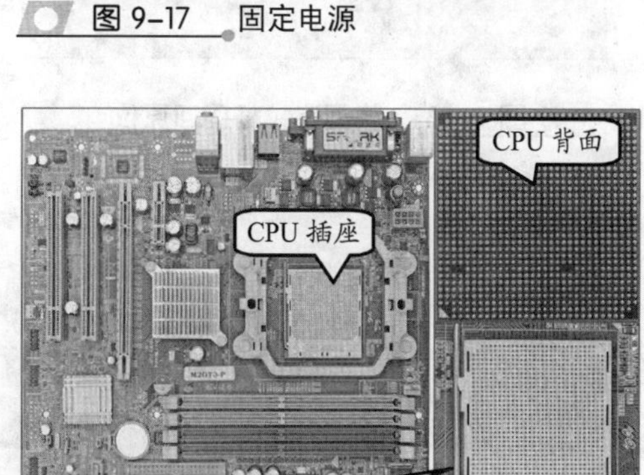

图 9-18　CPU 和 CPU 插座

在安装 CPU 时，首先需要将固定拉杆拉起，使其与插座之间呈约 90°夹角，如图 9-19 所示。然后，对齐 CPU 与插座上的三角标志后，将 CPU 放至插座内，并确认针脚已经全部进入插孔内，如图 9-20 所示。

在将 CPU 完全放入插座，并将固定拉杆压回原来的位置后，即可完成 CPU 的安装，如图 9-21 所示。接下来，在 CPU 表面挤上少许导热硅脂，并将其涂抹均匀，如图 9-22 所示。

图 9-19 拉起固定拉杆

图 9-20 对齐 CPU 与插座上的三角标志

图 9-21 将固定拉杆压回原位

图 9-22 在 CPU 表面涂抹导热硅脂

注 意

导热硅脂并不具有很好的散热效果，其作用只是填补 CPU 与散热片之间的空隙，便于散热风扇与 CPU 间的热传导。因此，不能涂抹太多的导热硅脂，只须薄薄一层覆盖至 CPU 表面即可。

涂好导热硅脂后，将 CPU 散热器放置在支撑底座的范围内，并将散热器固定卡扣的一端扣在支撑底座上，如图 9-23 所示。然后，将散热器固定卡扣上带有把手的另一端扣在另一侧的支撑底座上，如图 9-24 所示。

接下来，按顺时针方向旋转固定把手，锁紧散热器，如图 9-25 所示。完成上述操作后，将 CPU 风扇的电源接头插在 CPU 插座附近的

图 9-23 将卡扣搭在支撑底座上

3 针电源插座上即可，如图 9-26 所示。

图 9-24　将散热器固定卡扣安装到位

图 9-25　锁紧散热器

完成 CPU 及其散热器的安装后，便可以安装计算机内的另一重要配件——内存。首先，需要先掰开内存插槽两端的卡扣，如图 9-27 所示。在这里可以发现内存插槽中间凸起的隔断将整个插槽分为长短不一的两段，以防止用户将内存插反。

图 9-26　连接 CPU 风扇电源

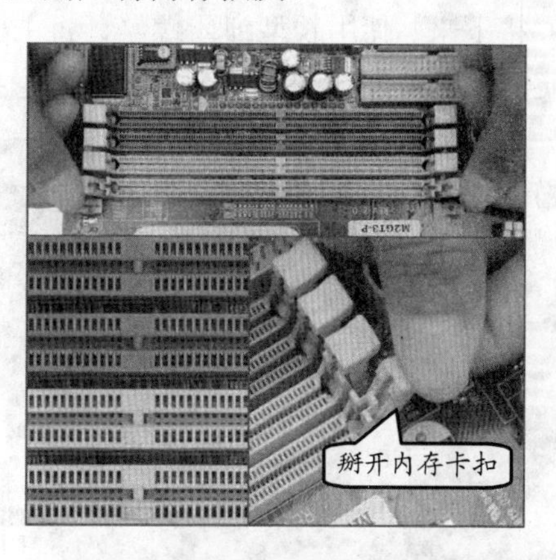

图 9-27　掰开内存插槽两端的卡扣

在安装内存时，将内存条金手指处的凹槽对准内存插槽中的凸起隔断后，向下轻压内存，并合拢插槽两侧的卡扣，即可将内存条牢固地安装在内存插槽中，如图 9-28 所示。

图 9-28　安装内存条

9.3.3　安装主板

主板的安装主要是将其固定在机箱内部。安装时，需要先将机箱背面 I/O 接口区域的接口挡片拆下，并换上主板盒内的接口挡片。完成这一工作后，观察主板螺丝孔的位置，然后在机箱内的相应位置处安装铜柱，并使用尖嘴钳将其拧紧，如图 9-29 所示。

固定好铜柱后，将安装有 CPU 和内存的主板放入机箱中，如图 9-30 所示。然后，调整主板的位置，以便将主板上的 I/O 接口与机箱背面挡板上的接口空位对齐，如图 9-31 所示。

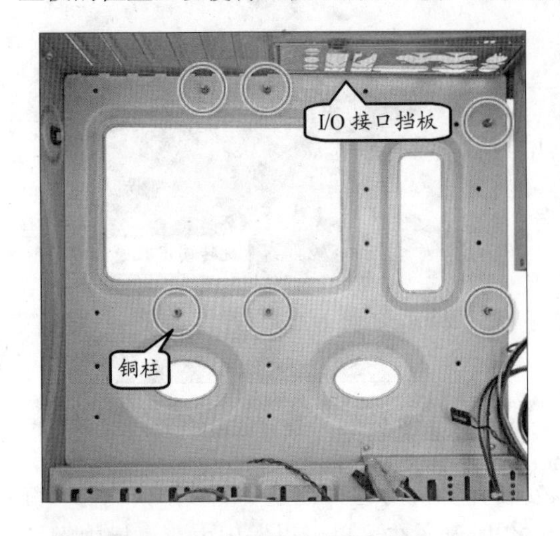

图 9-29 在机箱内安装铜柱

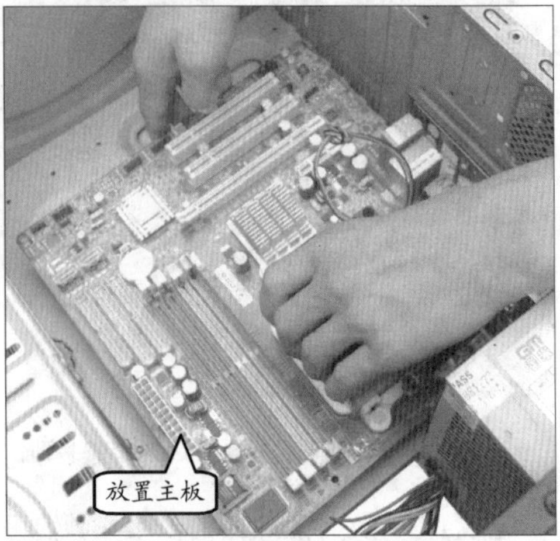

放置主板

图 9-30 将主板放入机箱中

接下来，使用长型细牙螺丝钉将主板固定在机箱底部的铜柱上，如图 9-32 所示。在固定主板时，要在拧上所有螺丝钉后，再将其依次拧紧。

图 9-31 将主板端口与机箱挡板对齐

图 9-32 固定主板

注 意

螺丝钉应拧到松紧适中的程度，太紧容易使主板变形，造成永久性损伤；太松则有可能致使螺丝钉脱落造成短路、烧毁计算机等严重后果。

9.3.4 安装显卡

目前的主流显卡已全部采用了 PCI-E 16X 总线接口，其高效的数据传输能力暂时缓解了图形数据的传输瓶颈。与之相对应的是，主板上的显卡插槽也已经全部采用了 PCI-E

16X 插槽。该插槽大致位于主板中央，较其他插槽要长一些，如图 9-33 所示。

可以看到，PCI-E 16X 插槽被一个凸起隔断分为长短不一的两段，而 PCI-E 16X 显卡中间也有一个与之相对应的凹槽，如图 9-34 所示。

安装显卡时，需要首先将机箱背面显卡位置处的挡板卸下。此时应尽量使用螺丝刀或尖嘴钳进行拆卸，避免挡板划伤皮肤。接下来，将显卡金手指处的凹槽对准显卡插槽处的凸起隔断，并向下轻压显卡，使显卡金手指全部插入显卡插槽内，如图 9-35 所示。

将显卡插入插槽内后，轻轻晃动显卡，查看是否安装到位。然后，将显卡挡板上的定位孔对准机箱上的螺丝孔，并使用长型细牙螺丝钉固定显卡，如图 9-36 所示。

拧紧螺丝钉后，便可完成显卡的安装。接下来，使用相同方法安装声卡、网卡等设备。

图 9-33 显卡插槽

图 9-34 PCI-E 16X 显卡

提 示

目前市场上的常见主板大都集成了声卡、网卡等设备，因此很多时候用户无须再为计算机安装独立的声卡或网卡了。

图 9-35 安装显卡

图 9-36 固定显卡

9.3.5 光驱与硬盘的安装

光驱和硬盘都是计算机系统中极其重要的外部存储设备，如果没有这些设备，用户将无法获取各种多媒体光盘上的信息，也很难长时间存储大量的数据。

光驱安装在机箱上半部的 5.25 英寸驱动器托架内，安装前还需要拆除机箱前面板上的一个光驱挡板，以便将光驱从前面板上的缺口处放入机箱内部，如图 9-37 所示。

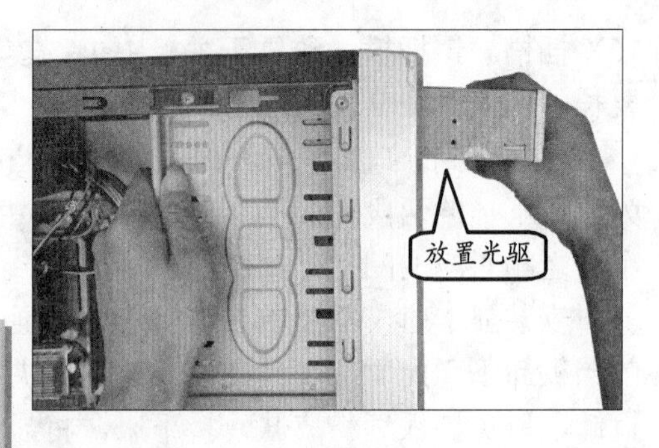

图 9-37 将光驱放入机箱

注 意

由于光驱体积较大，从内部将其放入时会受到电源的阻挡，因此只能从机箱前面板的缺口处推入机箱内部。

将光驱放至合适位置后，使用短型细牙螺丝钉将其固定，如图 9-38 所示。在拧紧光驱两侧螺丝钉的过程中，应按照对角方向分多次将螺丝钉拧紧，避免光驱因两侧受力不均匀而造成设备变形，甚至损坏光驱等情况的发生。

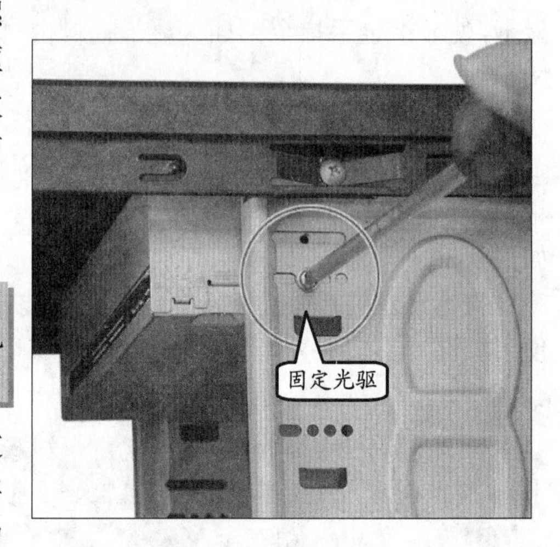

图 9-38 固定光驱

提 示

光驱两侧各提供有 4 个螺丝孔，在固定光驱时每侧至少应拧上 2 颗螺丝钉才能将其稳稳地固定在机箱中。

硬盘的安装过程全部在机箱内部进行，这与安装光驱的方法略有不同。在安装时，应将数据接口和电源接口朝外，并将含有电路板的一面朝下，然后将其推入机箱下半部分的 3.5 英寸驱动器托架上，如图 9-39 所示。

完成后，调整硬盘在驱动器托架内的位置，使其两侧的螺丝孔与托架上的螺丝孔对齐。然后，使用短型细牙螺丝钉进行固定，如图 9-40 所示。

图 9-39 将硬盘放入驱动器托架

图 9-40 固定硬盘

提 示

如果用户需要安装多个光驱或硬盘，重复上述操作即可。不过，安装时需要避免两个设备之间的距离过近，以免影响设备散热。

9.3.6 连接各种线缆

在之前的安装过程中，已经将主机内的各种设备安装在了机箱内部。不过，组装主机的过程还并未结束，因为还没有将机箱内的设备连接起来，有的设备仅仅是固定在了机箱中，还称不上真正意义上的安装。

在机箱中，需要进行连线的线缆主要分为以下几种类型。

- **数据线** 光驱和硬盘与主板进行数据传输时的串口线缆或并口扁平线缆。
- **电源线** 从电源处引出，为主板、光驱和硬盘提供电力的电源线。
- **信号线** 主机与机箱上的指示灯、机箱喇叭和开关进行连接时的线缆，以及前置 USB 接口线缆与前置音频接口线缆等。

1. 安装主板与 CPU 电源线

随着 CPU 性能的不断提升，CPU 的耗电量也在持续不断的增长，早期依靠主板为 CPU 输送电量的方式已经无法满足目前 CPU 的用电需求。为此，如今的主板上都具有两个电源插座，一个是双排 24 针的长方形主板电源插座专门为内存、显卡、声卡等设备进行供电，如图 9-41 所示；另一个则是只负责为 CPU 进行供电的双排 4 针正方形插座，如图 9-42 所示。

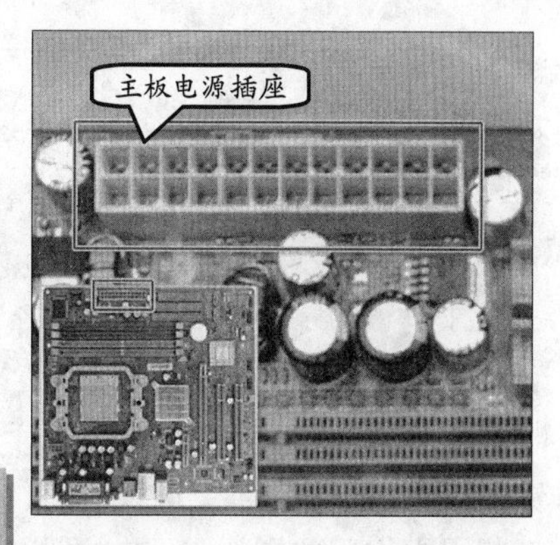

图 9-41 主板电源插座

注 意

在此次组装计算机的过程中，所用主板上的 CPU 电源插座为双排 8 针长方形设计。实际上，这是两个接口略有区别的 CPU 电源插座其功能完全相同，厂商设计两个 CPU 插座的目的也只是为了适应两种不同的 CPU 电源接头。

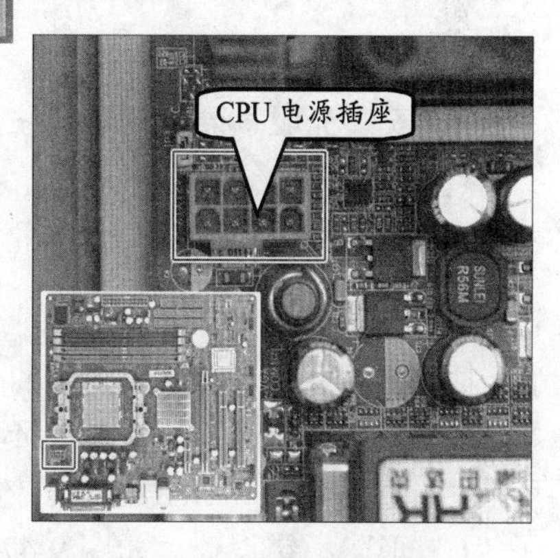

图 9-42 CPU 电源插座

在了解了主板电源插座与 CPU 电源插座的样式后，接着再来看一下相应电源接头的样子。目前，市场上常见电源所提供的电源接头共有 5 种样式，分别为双排 24 针长方形接头、双排 4 针正方形接头、单排大 4 针电源接头、单排小 4 针电源接头和 SATA 串口设备专用电源接头，如图 9-43 所示。其中，前 3 种电源接头是目前所有电源上都有的接头类型，分别用于为主板、CPU，以及采用 IDE 电源接口的硬盘或光驱进行供电；单排小 4 针电源接头则用于为软驱进行供电，但随着软驱的淘汰，配备该接头的电源也越来越少。

仔细观察电源接头后可以发现，主板电源接头的一侧设计有一个塑料卡，其作用是与主板电源插座上的凸起卡合后固定电源插头，防止电源插头脱落。因此，在安装主板电源时，要在捏住电源插头上的塑料卡后，将电源插头上的塑料卡对准电源插座上的凸起，然后平稳地下压电源插头，当听见“咔”的声音时，说明电源插头已经安装到位，如图 9-45 所示。

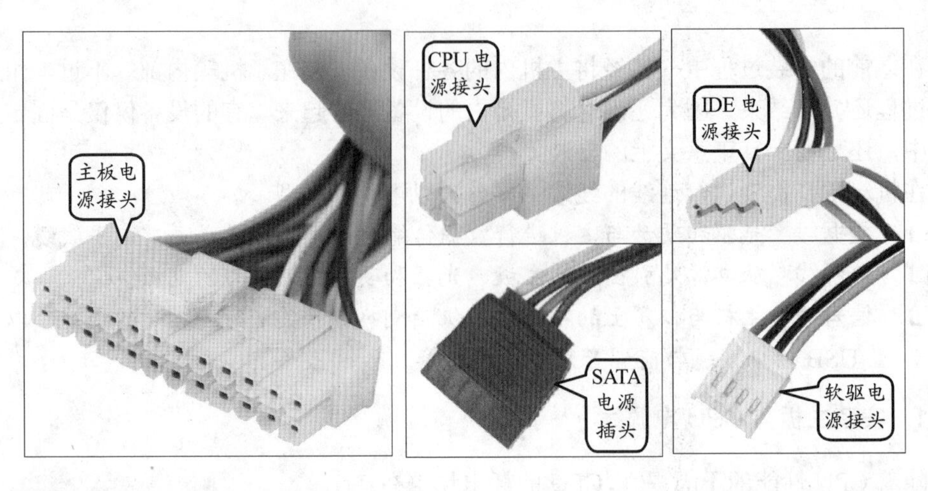

图 9-43 电源上的各种接头

图 9-44 安装主板电源

注 意

部分电源上的主板电源插头采用了 20+4 针的设计，因此在安装此类电源插头时除了要安装较大的双排 20 针长方形电源插头外，务必要将另外的双排 4 针正方形电源插头（不是 CPU 电源插头）安装在主板电源插座上的空余位置上。

安装好主板电源接头后，从主机电源上找到双排 4 针的正方形电源插头。可以看出，该插头的一侧也有一个起固定作用的塑料卡。安装时，将电源插头上的塑料卡对准插座上的凸起后，将插头按压到位即可，如图 9-45 所示。

2. 安装光驱、硬盘的电源线与数据线

图 9-45 安装 CPU 电源

目前，市场上常见光驱和硬盘上的数据接口主要分为两种类型，一种是 SATA 接口，另一种则是 IDE 接口，与它们相对应的数据线也有所差别。IDE 数据线较宽，插头由多个针孔组成，插头的一侧有一个凸起的塑料块，且数据线上会有一根颜色不同的细线，如图 9-46 所示。相比之下，SATA 数据线较窄，其接头内部采用了“L”形防插错设计，如图 9-47 所示。

在将 IDE 数据线与光驱进行连接时，应将 IDE 插头上凸起的塑料块朝上，使之与光驱 IDE 接口上的缺口相对应。然后，将数据线上的 IDE 插头慢慢推入光驱上的 IDE 接口处，如图 9-48 所示。接下来，将 IDE 数据线上的蓝色插头压入主板上的 IDE 接口内，安装时同样应该让 IDE 接头上的凸起塑料块对准 IDE 插座上的缺口，如图 9-49 所示。

图 9-46 IDE 数据线

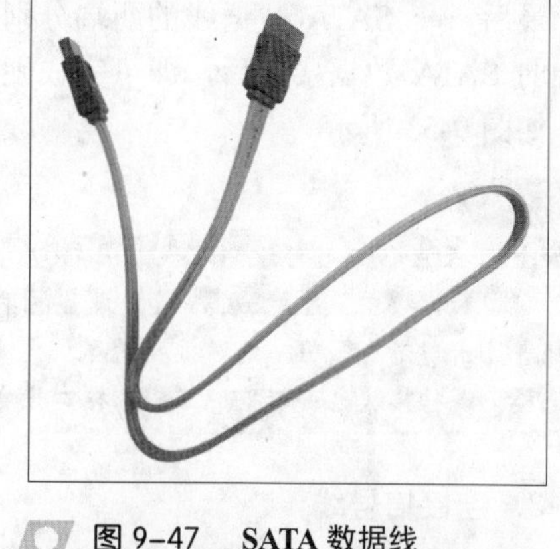

图 9-47 SATA 数据线

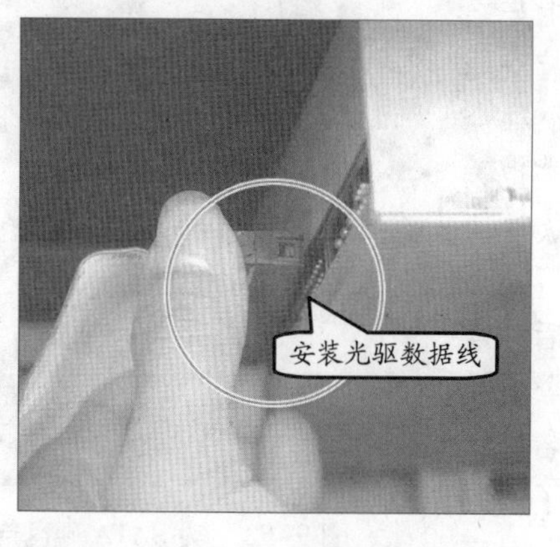

图 9-48 连接光驱

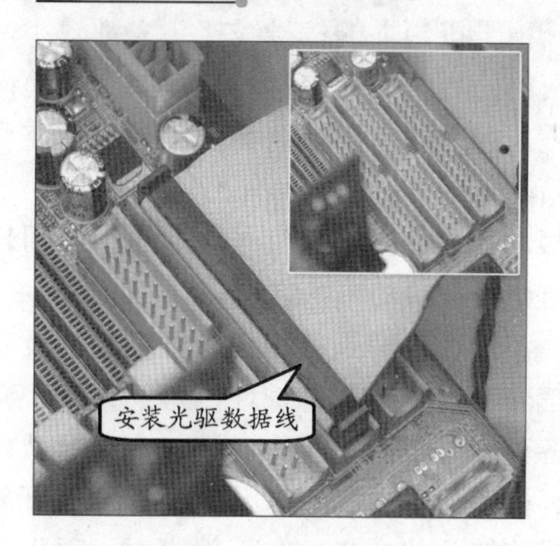

图 9-49 连接主板

接下来，将一个单排大 4 针电源接头插入光驱的电源接口内，如图 9-50 所示。在连接电源时，应将电源线上的红线紧邻 IDE 数据线，如果插错方向则有可能烧毁整个光驱。

为光驱连接好电源线与数据线后，便可以开始连接硬盘了。在这里，需要首先利用一个电源接头转换装置，将一个单排大 4 针的电源接头转换为 SATA 专用电源接头，如图 9-51 所示。完成后，将电源转换装置上的 SATA 专用电源接头插入 SATA 硬盘上的电源接口处，如图 9-52 所示。

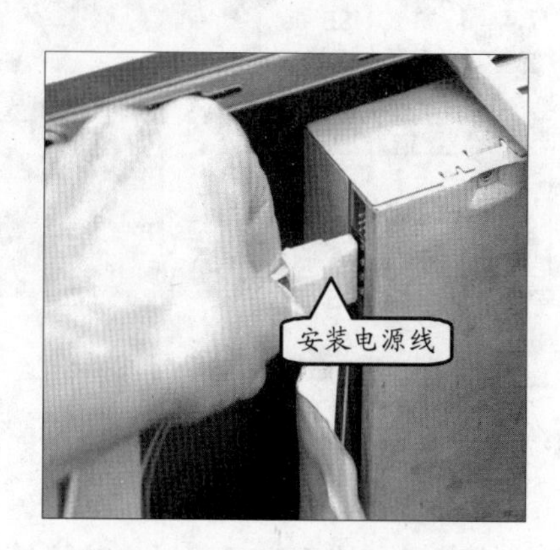

图 9-50 为光驱连接电源线

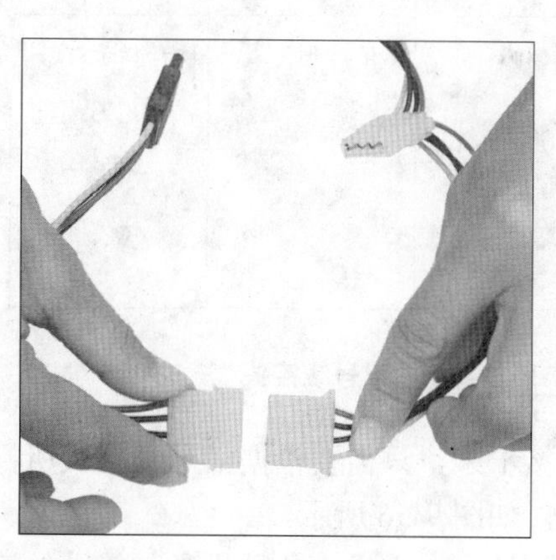

图 9-51 安装电源转接头

最后，将 SATA 数据线的两端分别插入硬盘及主板上的 SATA 数据接口后，即可完成硬盘数据线的连接，如图 9-53 所示。

提 示

现如今，SATA 接口已经逐渐取代 IDE 接口，成为光驱和硬盘上的新型数据接口。随着 SATA 接口设备的不断普及，市场上已经开始出现带有 SATA 电源接头的主机电源，这使得用户无须连接电源转接头也可以安装 SATA 接口设备。

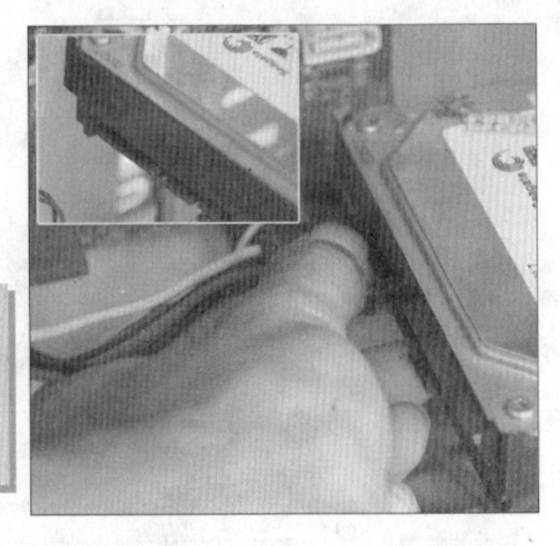

图 9-52 为 SATA 硬盘连接电源线

3. 连接信号线

由于机箱上的信号线接头大都较小，主板上与之对应的信号线插座也都较小，加上机箱内的安装空间有限，因此稍有不慎便会插错位置。重要的是，如今机箱附带的各种信号线不仅数量众多，而且种类也大不相同，这使得连接信号线成为很多用户在组装计算机时比较头疼的事情之一。

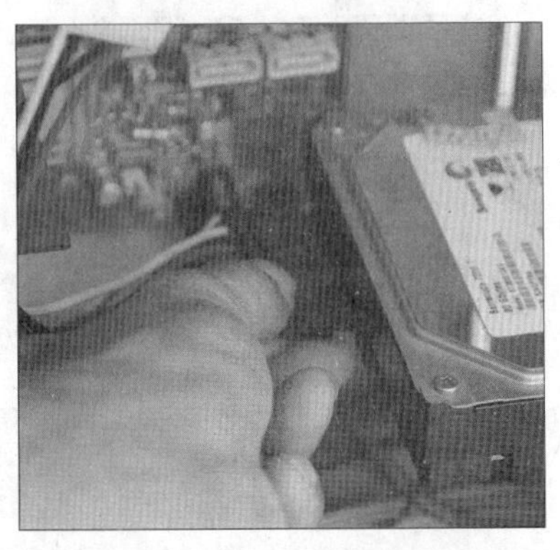

图 9-53 为 SATA 硬盘连接数据线

不过在了解到各种信号线的名称及其含义后，连接信号线也将不再是一件困难的事情。其实如今机箱内各种信号线的名称早已统一，并且从接头的名称便可轻松了解到它们的作用，如图 9-54 所示。在了解到信号线接头的含义后，下面来看一看主板上与之对应的信号线插座，其位置如图 9-55 所示。

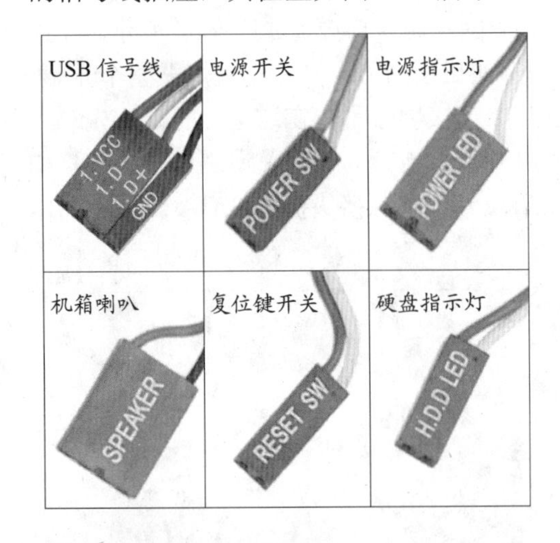

图 9-54 信号线接头

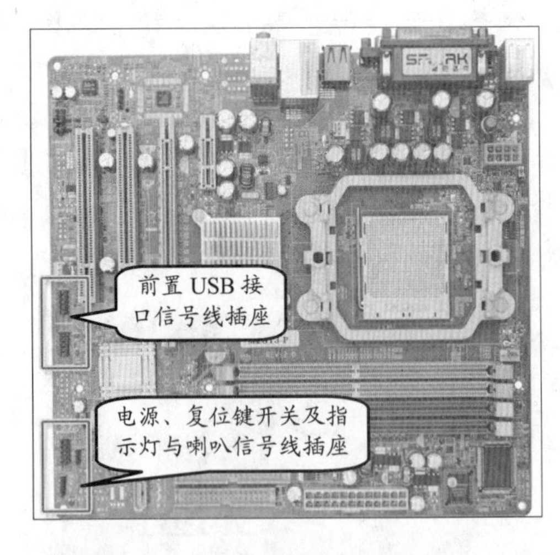

图 9-55 主板上的信号线插座

接下来，只需要根据信号线接头所标识的含义将它们插在各种对应的信号线插座上即可，如图 9-56 所示。

到这里，主机内各种设备与线缆的连接就全部结束了，接下来便可以安装机箱的侧面板了。

9.3.7 安装机箱侧面板

侧面板俗称机箱盖，因此这一过程又常被称为“盖上机箱盖”。为机箱安装和拆卸侧面板的操作方法正好相反。

首先平放机箱后，将侧面板平置于机箱上，并使侧面板上的挂钩落入机箱上的挂钩孔内。然后，向机箱前面板方向轻推侧面板，当侧面板四周没有空隙后即表明侧面板已安装到位，如图 9-57 所示。

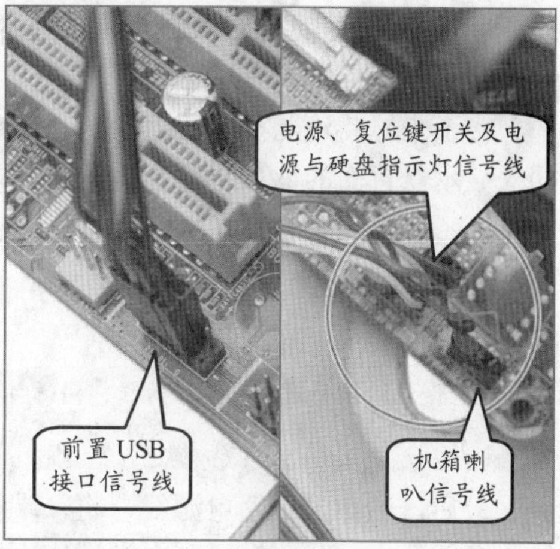

图 9-56 连接信号线

注 意

安装时应分清两块侧面板在机箱上的位置，带有 CPU 风扇导风管的为机箱左侧的面板（前面板面向用户时），另一块为右侧的面板。

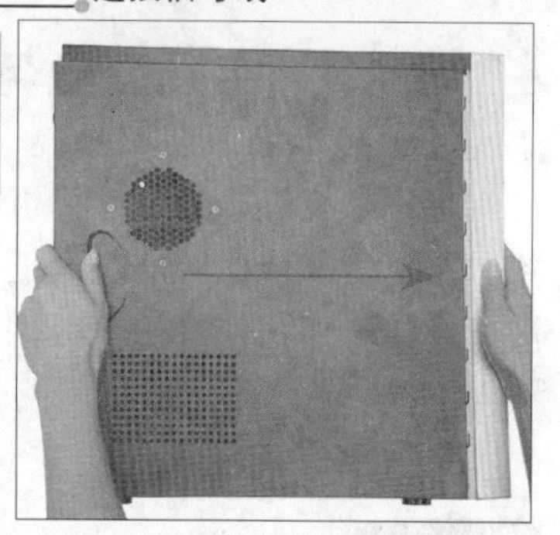

图 9-57 安装机箱侧面板

在使用相同方法将另一块侧面板安装到位后，使用螺丝钉将它们牢牢固定在机箱上，如图 9-58 所示。

提 示

理论上，主机内部的各种设备和线缆在全部安装或连接完成后，便可盖上机箱盖。但是，为了组装结束后进行检测时便于解决发现的问题，建议此时先不要安装侧面板，待测试结束并排除所有问题后再安装两侧的面板。

9.4 主机与其他设备的连接

进行到这里时，最为复杂的主机已经组装完成了，接下来只需将主机与显示器、鼠标、键盘等外部设备进行连接后，组装计算机的过程便可宣告完成了。下面将对常见外部设备与主机的连接方法进行讲解。

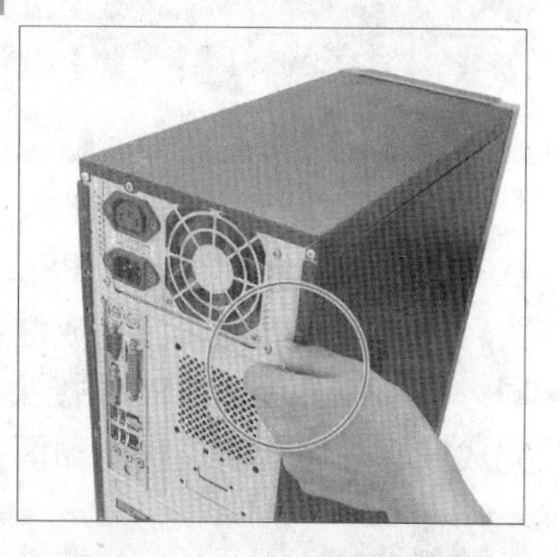

图 9-58 固定机箱面板

9.4.1 连接显示器

显示器不仅决定了用户所能看到的显示效果，还直接关系着用户的用眼健康。正因为如此，LCD 显示器以其无闪烁、无辐射的健康理念，成为人们选购显示器时的不二选择。

在连接液晶显示器与主机前，需要先将液晶显示器组装在一起。目前，常见液晶显示器大都由屏幕、底座和连接两部分的颈管组成，每个部件上都有与相邻部件进行连接的锁扣或卡子。安装时，只需将底座与颈管上的锁扣对齐后，将两者挤压在一起，并将颈管上的卡式连接头插入屏幕上的卡槽内即可，如图9-59所示。

接下来，将液晶显示器附带的VGA数据线的一端插入显示器背面的VGA插座内，另一端插入主机背面的VGA插座中，并拧紧VAG插头两旁的旋钮，如图9-60所示。

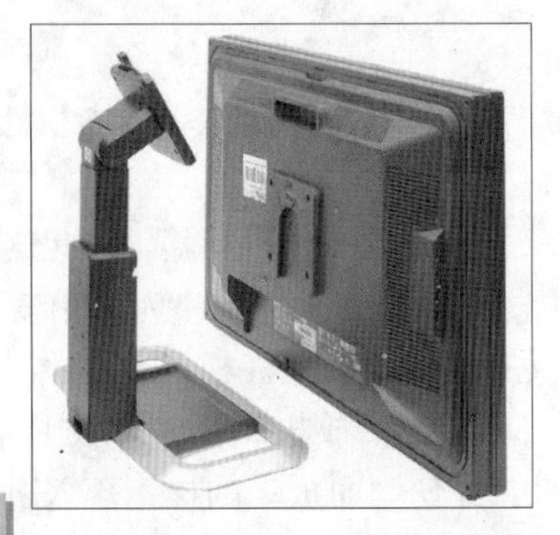

图9-59 组装液晶显示器

注 意

VGA数据线的接头采用了梯形的防插错设计，安装时需要注意插头的方向。

最后，取出显示器电源线，将一端插到显示器后面的电源插孔上，另一端插到电源插座上即可。

图9-60 连接显示器信号线

9.4.2 连接键盘与鼠标

接下来要连接的是计算机中最为重要的两种输入设备——键盘和鼠标。目前，由于键盘和鼠标都采用了PS/2接口设计，因此使得初学者往往容易插错，以至于业界不得不在PC 99规范中用两种不同的颜色将其区别开来，如图9-61所示。

技 巧

将主机平放后，上面绿色的PS/2接口为鼠标接口，下面蓝色的PS/2接口为键盘接口，俗称“上标下键”。如果主机平放后的两个PS/2接口为横向设计，则左侧为键盘接口，右侧为鼠标接口，不过这种设计较为少见。

图9-61 主机上的PS/2接口

连接键盘时，将键盘接头（即PS/2接头）内的定位柱对准主机背面相同颜色PS/2接口中的定位孔，并将接头轻轻推入接口内即可完成键盘与主机的连接。使用相同方法，将鼠标上的PS/2接头插入另一个PS/2接口内，完成鼠标与键盘的连接，如图9-62所示。

注 意

由于鼠标和键盘的接头相同，因此在连接时必须将两者分清。

9.5 开机测试

图9-62 连接鼠标和键盘

每当计算机启动后，基本输入输出系统都会执行一次POST自检，这是一项检查显卡、CPU、内存、IDE和SATA设备，以及其他重要部件能否正常工作的系统性测试。在这一检测过程中，如果硬件存在错误或异常情况，自检程序将会强制中断计算机的启动；如果一切正常，自检程序便会按照 BIOS 内的设置启动计算机。

针对 POST 自检程序的这一功能，人们完全可以借助该程序来确认之前所组装的计算机是否能够正常工作。不过，在此之前还需要用户复查每个配件的组装是否到位、连接是否正常，以减小出错的几率。当一切确认无误后，便可以为主机、显示器等设备接上电源，进行开机测试。

按下机箱上的 POWER 电源开关后，当看到电源指示灯亮起、硬盘指示灯闪动时，说明各个配件的电源连接无误；当显示器出现开机画面并听到“滴”的一声时，说明硬件的连接已经完成，如图 9-63 所示。

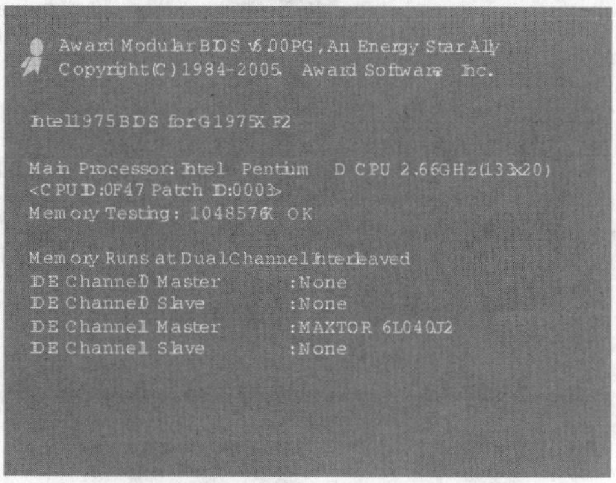

图 9-63　计算机自检画面

但是，如果在打开主机电源开关后没有任何反应，也没有提示音时，则表明计算机的组装过程出现了问题（在配件无误情况下）。此时，用户可以按照以下的顺序进行检查，以便迅速确认问题原因并排除故障。

- 确认交流电能正常工作，检查电压是否正常。
- 确认已经给主机电源供电。
- 检查主板供电插头是否安装好。
- 检查主板上的 POWER SW 接线是否正确。
- 检查内存安装是否正确。
- 检查显卡安装是否正确。
- 确认显示器信号线连接正确，并检查显示器是否供电。
- 用替换法检查显卡是否有问题（在另一台正常的计算机中使用该显卡）。
- 用替换法检查显示器是否有问题。

9.6　实验指导：安装英特尔 CPU

目前，英特尔公司推出的 CPU 已不再使用传统的 Socket 针脚式插座，而采用了新型的 LGA 触点式基座，因此其安装方法也较 AMD 公司的 CPU 有所不同。本例将演示英特尔 CPU 的安装过程，从而使用户熟悉英特尔 CPU 的安装方法。

1. 实验目的

- 了解英特尔 CPU 接口
- 学习 LGA 散热器安装方法
- 掌握英特尔 CPU 安装方法

2. 实验步骤

1. 将主板与 CPU 分别从包装盒内取出后，向下轻压锁扣杆，将其推离基座后向上拉起锁扣杆，如图 9-64 所示。
2. 向上掀起载荷板后，从载荷板上拆除防护罩，如图 9-65 所示。
3. 取出 CPU，并在将 CPU 置于 CPU 基座上方后，使 CPU 上的三角形标识与基座上的三角形标识对齐，如图 9-66 所示。
4. 将 CPU 垂直放入基座内后，盖上载荷板，如图 9-67 所示。
5. 将锁扣杆压回原位后，在 CPU 表面添加少量导热硅脂，并使用棉签、纸棒等物将其涂抹均匀，如图 9-68 所示。

图 9-64　拉起 **CPU** 插座上的锁扣杆

图 9-65　拆除防护罩

图 9-66　对齐 **CPU** 与基座上的标识

6　安装 CPU 散执器时，将散热器上的 4 颗定位柱对准主板上的定位孔后，轻压散热器，使其完全落入定位孔内，如图 9-69 所示。

7　顺时针旋转旋钮，以锁紧定位柱后，将 CPU 散热器风扇的电源插入 CPU 基座附近的三针电源插座上，即可完成英特尔 CPU 的安装，如图 9-70 所示。

图 9-67　将 **CPU** 放入基座

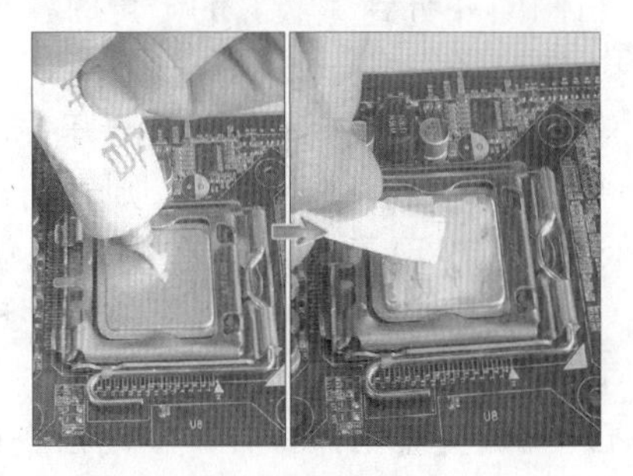

图 9-68　涂抹硅脂

图 9-69　放置散热器

图 9-70　锁紧散热器

9.7 实验指导：连接主机与音箱

随着多媒体概念的不断普及，如今的家庭用户在购买计算机的同时都会选购一套音箱。因此，音箱与计算机的连接也成为目前组装计算机过程中必不可少的一个组成部分。下面将对主机与音箱的连接方法进行介绍，以便用户在购买音箱后能够自行将其与计算机连接在一起。

1．实验目的

- ❑ 了解多媒体音箱
- ❑ 熟悉音箱与音箱间的连接方法
- ❑ 学习音箱与主机间的连接方法

2．实验步骤

1 将卫星音箱上的音箱接头连接在主音箱背面的音频输出接口上，如图 9-71 所示。

图 9-71　连接主音箱与卫星音箱

2 将音箱连接线的两个接头分别插在主音箱上的音频输入接口上，如图 9-72 所示。

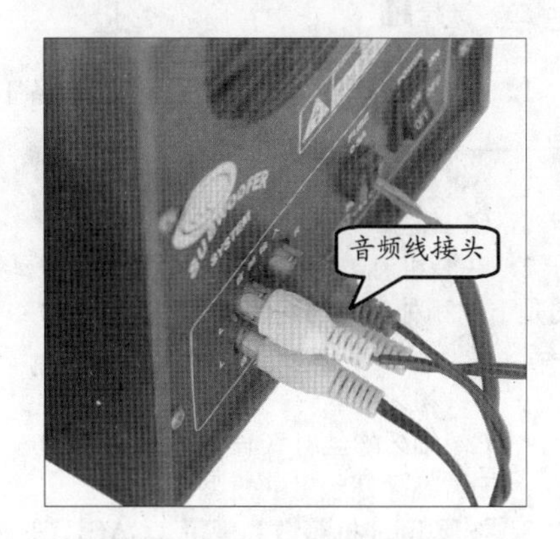

图 9-72　连接音频线

3 将音频线另一侧的接头插在声卡的音频输出接口内，完成音箱与计算机的连接，如图 9-73 所示。

图 9-73　音箱与计算的连接

4 为音箱接通电源后，即可开机测试音箱效果。

9.8 思考与练习

一、填空题

1．攒机和人们所熟知的________属于同一概念，意思都是自己动手组装计算机。

2．在装机前触摸接地导体或洗手是为了________，以免造成设备损坏。

3．机箱散热规范要求在 35℃的室温下，机箱整体散热能力必须保证 CPU 上方一定区域内的平均空气温度保持在________℃左右或者更低。

4．在 CPU 表面涂抹________的目的是为了填满 CPU 与散热器之间的缝隙。

5．目前主流显卡所采用的都是________总线接口。

6．________安装在机箱上半部的5.25英寸驱动器托架内，安装前还需要拆除机箱前面板的挡板。

7．目前，________以其无闪烁、无辐射的健康理念，成为人们选购显示器时的不二选择。

8. 将主机平放后，上面的PS/2接口为接口，下面的接口为________接口，俗称“上标下键”。

二、选择题

1．在组装计算机的过程中，不是必备工具的是________。

A．螺丝刀　　B．尖嘴钳

C．镊子　　D．剪刀

2．在装机时，用于固定机箱两侧面板与电源的是下列哪种类型的螺丝钉？________

A．铜柱

B．粗牙螺丝钉

C．细牙螺丝钉（长型）

D．细牙螺丝钉（短型）

3．按照Intel机箱散热规范（CAG，Chassis Air Guide）规范进行生产，并符合该规范要求的机箱被用户统称为________。

A．38℃机箱　　B．CAG机箱

C．Intel机箱　　D．标准机箱

4．目前市场上的很多主板都集成了________和________，这样不仅降低了计算机的整体成本，还简化了计算机组装过程。

A．声卡、电视卡

B．存储卡、网上

C．声卡、网卡

D．电视卡、显卡

5．为了防止安装时出现错误，SATA数据线的接头内采用了________的防插错设计。

A．分段式　　B．U型

C．D型　　D．L型

6．在下面的线缆标识中，表示电源开关的是________。

A．POWER LED　B．RESET SW

C．POWER SW　D．H.D.D LED

7．按照PC 99规范，键盘用PS/2接口的颜色应该为________。

A．绿色　　B．蓝色

C．黄色　　D．红色

8．POST自检的目的是________。

A．检测计算机配件能否正常工作

B．检测计算机配件是否完整

C．检测计算机配置情况

D．检测计算机配置是否发生变化

三、简答题

1．简述CPU安装流程与方法。

2．简述各种信号线缆的名称与作用。

3．讲解开机测试的步骤，以及部分常见问题的解决方法。

4．简述整个计算机的组装流程。

四、上机练习

1．评判配置单的优劣

当用户在各地的计算机配件市场内准备装机时，经销商或其销售人员都会热心地帮助用户组织配置单。然而为了追求利润的最大化，销售人员通常会将一些并不适合用户使用的配件添加至配置单内。为此我们必须要能够根据使用需求，从配置单内挑选出不合理的配件。

例如，表9-1所示为计算机配件经销商为用户推荐的一套用于欣赏高清电影的攒机方案，我们所要做的便是替换和修改某些不合理甚至错误的配件，从而降低整套配置的价格，提高其性价比。

表9-1　高清影音型计算机配置清单

配　件	品牌型号/备注
CPU	AMD 速龙 II X2 245
主板	七彩虹 C.A780G D3 V14
内存	金士顿 2GB DDR3 1333
硬盘	希捷 500GB 7200.12 16M（串口/散）
显示器	明基 G2220HD
显卡	集成ATI Radeon HD3200显示核心
声卡	集成Realtek ALC 883 8声道音效声片
网卡	板载千兆网卡
光驱	明基 DVD-ROM
键鼠	清华普天 光电套装
机箱	动力火车 绝尘侠X3
电源	航嘉 冷静王 标准版
音箱	山水山音 32D

2．组建RAID磁盘阵列

随着计算机技术的不断发展，硬盘与CPU、内存等配件间的速度差距越来越大，由此形成的性能瓶颈也一直制约着计算机的整体性能。根据著名的“木桶效应”原理，计算机的整体性能水平与高速配件没有太大关系，而与速度最慢的配件有关，而这个速度最慢的配件便是硬盘。

为了能够提高磁盘子系统的性能，并以此带动计算机整体性能的提升，除了可以选购速度更快的硬盘外，使用多块硬盘组建RAID 0磁盘阵列也是个不错的方法。

第 10 章

设置 BIOS 参数

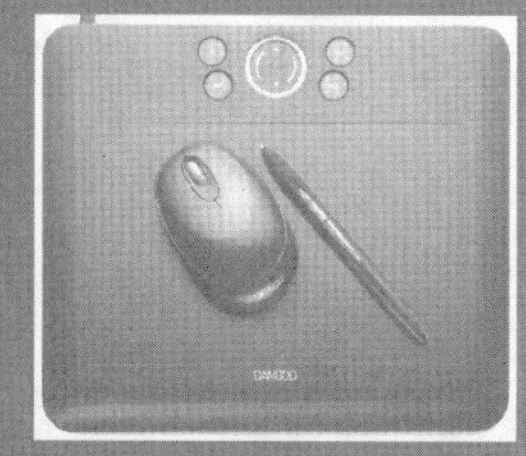
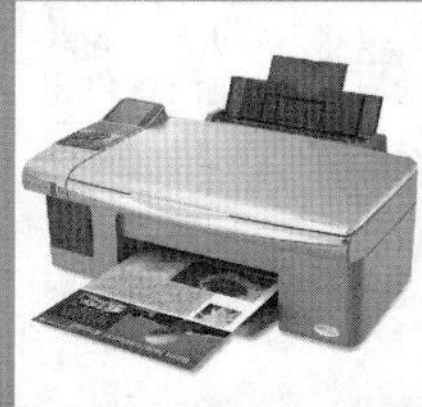

计算机硬件组装完成后，还需要安装操作系统才能发挥出计算机的作用。在此之前，首先要通过 BIOS 程序对控制系统启动的某些重要参数进行调整，例如更改计算机的启动顺序，以便通过光盘安装操作系统等。另外，因计算机硬件产生冲突或 BIOS 参数不正确而造成的系统无法正常运行或死机的情况也很多，因此了解并能够正确配置 BIOS，对于从事计算机组装与维修、维护方面的用户来说很重要。

本章将对进入 BIOS 的方法、BIOS 设置项的功能与作用，以及升级 BIOS 的各种内容进行讲解。

本章学习要点：

- BIOS 概述
- Award BIOS 的设置
- BIOS 的升级

10.1 BIOS 概述

BIOS（Basic Input Output System，基本输入输出系统）全称为 ROM-BIOS，意为“只读存储器基本输入输出系统”。其实，BIOS 是主板上一组固化在 ROM 芯片内的程序，保存着计算机的基本输入输出程序、系统设置信息、开机上电自检程序和系统启动自举程序。

10.1.1 BIOS 的功能及启动顺序

BIOS 主要由自诊断程序、CMOS 设置程序、系统自举装载程序，以及主要 I/O 设备的驱动程序和终端服务等信息组成，其功能分为自检及初始化程序、硬件中断处理和程序服务请求三部分。

- **自检及初始化程序**

该部分又称加电自检（Power On Self Test，POST），作用是在为硬件接通电源后检测 CPU、内存、主板、显卡等设备的健康状况，以确定计算机能否正常运行。

- **硬件中断和程序服务请求**

这是两个完全独立的内容，但在使用上却是密切相关的。

其中，程序服务请求主要为应用程序和操作系统服务，其功能是让程序能够脱离具体硬件进行操作。待程序发出硬件操作请求后，硬件中断处理便会进行计算机硬件方面的相关操作，并最终达成用户的操作目的。可以看出，只有当两者相互配合、有机地结合在一起时，计算机系统才能够正常运行。

在计算机的启动过程中，BIOS 掌握着部件之间的兼容和程序管理等多项重任。当启动计算机后，BIOS 便开始进行计算机的自检与启动工作，其流程如图 10-1 所示。

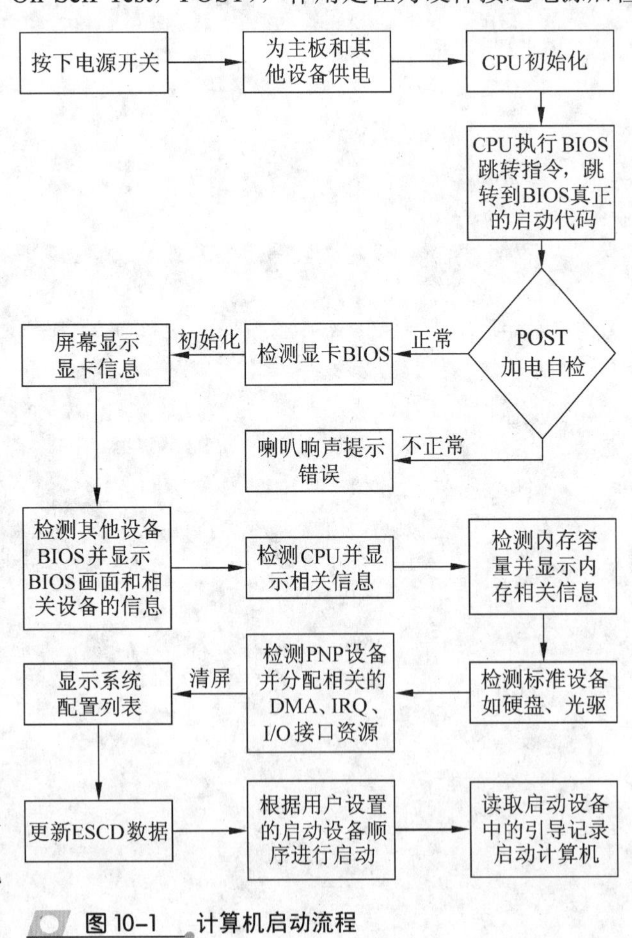

图 10-1　计算机启动流程

10.1.2 BIOS 的分类

台式计算机所使用的 BIOS 程序根据制造厂商的不同分为 Award BIOS、AMI BIOS 和 PHOENIX BIOS 三大类型，此外还有一些品牌机特有的 BIOS 程序，如 IBM 等。不过，由于 PHOENIX 公司和 AWARD 公司已经合并，因此新型主板上的 BIOS 只有 Phoenix-Award 和 AMI 两家提供商。

1. Award BIOS

Award BIOS 是由 Award Software 公司开发的 BIOS 产品，特点是功能完善，支持众多新硬件。Award BIOS 的选项大都采用双栏的形式进行排列，其界面的排列形式非常具有亲和力，如图 10-2 所示。

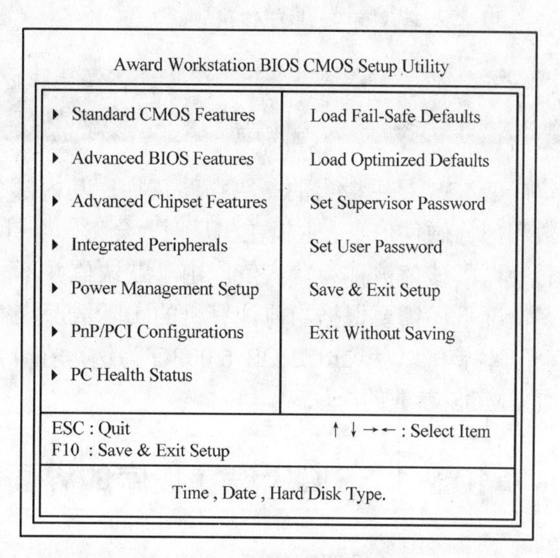

图 10-2 **Award BIOS 界面示意图**

2. AMI BIOS

AMI BIOS 是 AMI 公司出品的 BIOS 系统软件，开发于 20 世纪 80 年代中期，曾广泛应用于 286、386 时代的主板，特点是对各种软、硬件的适应性较好，如图 10-3 所示。

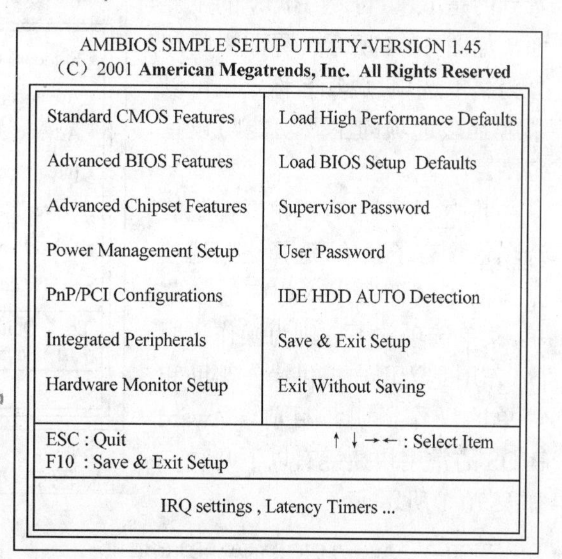

图 10-3 **AMI BIOS 界面示意图**

10.1.3 进入和修改 BIOS 参数的方法

根据主板的不同，进入 BIOS 的方法也会有所差别。不过，通常进入 BIOS 设置程序的方法有以下 3 种。

1. 开机启动时按热键

在开机时按下特定热键可以进入 BIOS 设置程序，但不同主板在进入 BIOS 设置程序时的按键会略有不同。例如，AMI BIOS 多通过按 Del 键或 Esc 键进入设置程序，而 Award BIOS 则多通过按 Del 键或 Ctrl+Alt+Esc 组合键进入设置程序。

2. 使用系统提供的软件

目前很多主板都提供了在 DOS 下进入 BIOS 设置程序，并可调整 BIOS 程序参数的专用工具。

3. 通过可读写 CMOS 的应用软件

部分应用程序，如 QAPLUS 提供了对 CMOS 的读、写、修改功能，通过它们可以对一些基本系统配置进行修改。

10.2 设置 Award BIOS

CMOS 是主板上的一块存储芯片，其内部含有 BIOS 设置程序所用到的各种配置参数和部分硬件信息。主板在出厂时，会将一个针对大多数硬件都适用的参数固化在 BIOS 芯片内，该值被称为默认值。由于默认值并不一定适合用户所使用的计算机，因此在很多情况下还需要根据当前计算机的实际情况来对这些参数进行重新设置。

本节将以 Award BIOS 6.00PG 为例，在介绍 BIOS 界面及各个选项的同时，讲解设置 CMOS 参数的方法。

10.2.1 BIOS 设置程序的界面

进入 BIOS 设置程序后，首先看到的是 6.00PG 版 BIOS 的主界面，如图 10-4 所示。界面中间部分为菜单选项，从其名称上也可以了解到该选项的主要功能与设置范围。

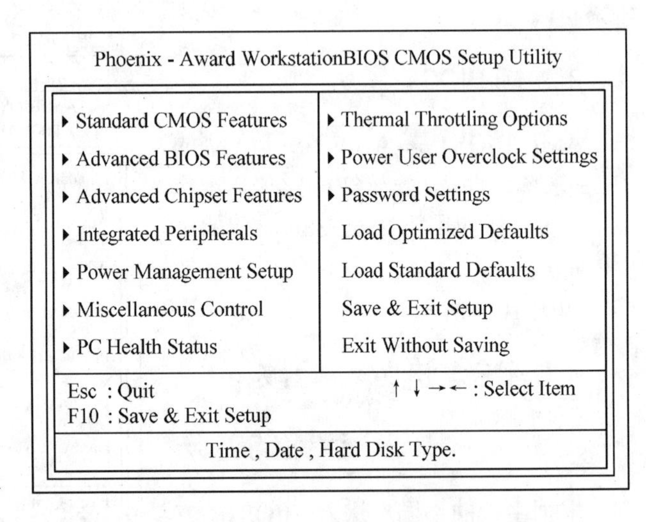

图 10-4　Phoenix-Award BIOS 界面示意图

其中，左侧带有三角形标记的选项包含有子菜单，选择这些选项并按回车键即可进入相应的子菜单。菜单选项的下方则为操作说明区，作用是为用户提供操作帮助和简单的操作说明。目前，Award BIOS 的常用快捷键有以下几种，如表 10-1 所示。

表 10-1　Award BIOS 的常用功能键

功　能　键	描　　述
↑（上）	用于移动到上一个项目
↓（下）	用于移动到下一个项目
←（左）	用于移动到左边的项目
→（右）	用于移动到右边的项目
Esc 键	用于退出当前设置界面
Page Up 键	用于改变设定状态，或增加数值内容

续表

功 能 键	描 述
Page Down 键	用于改变设定状态，或减少数值内容
Enter 键	用于进入当前选择设置项的次级菜单界面
F1 键	用于显示当前设定的相关说明
F5 键	用于将当前设置项的参数设置恢复为前一次的参数设置
F6 键	用于将当前设置项的参数设置为系统安全默认值
F7 键	用于将当前设置项的参数设置为系统最佳默认值
F10 键	保存 BIOS 设定值并退出 BIOS 程序

10.2.2 标准 CMOS 功能设定

Standard CMOS Features 选项主要用于设定软驱、IDE/SATA 设备的种类及参数，以便顺利启动计算机。除此之外，该选项界面内还含有设置系统日期和时间的一些选项，如图 10-5 所示。

Phoenix - Award WorkstationBIOS CMOS Setup Utility
Standard CMOS Features

Date (mm : dd : yy)	Thu , Apr 23 2009	Item Help
Time (hh : mm : ss)	15 : 14 : 48	
▸ IDE Channel 0 Master	ST380011A	Menu Level ▸
▸ IDE Channel 0 Slave	None	Press [Enter] to enter Next page for detail hard drive Settings .
▸ IDE Channel 1 Master	None	
▸ IDE Channel 1 Slave	None	
▸ SATA Channel 1	None	
▸ SATA Channel 2	None	
Drive A	None	
Halt On	All , But keyboard	
Base Memory	640K	
Extended Memory	1014784K	
Total Memory	1015808K	

↑↓→←: Move Enter : Select +/-/PU/PD : Value F10 : Save ESC : Exit F1 : General Help
F5 : Previous Values F6 : Optimized Defaults F7 : Standard Defaults

图 10-5 **Standard CMOS Features 选项界面**

- **Date (mm:dd:yy)**

该选项用于设置系统日期（通常为当前日期），格式为“星期，月/日/年”。用户可以使用 Page Up 或 Page Down 键调整月、日或者年等设置，也可以直接输入数字进行调整。

- **Time (hh:mm:ss)**

该选项用于设置系统时间（通常为当前时间），格式为“小时/分钟/秒”。用户既可使用 Page Up 或 Page Down 键进行调整，也可直接输入相应数值。

❑ **IDE Channel 0/1 Master/Slave**

该选项用于查看 IDE 通道上的 IDE 设备，其选项内容为设备名称。在选择 IDE 设备的名称后，按回车键可进入相应设备的状态界面查看其详细信息，如图 10-6 所示。如果所选 IDE 通道上无任何设备，则选项显示为 None。

提 示

在 BIOS 中，所能查看到的硬盘信息包括硬盘容量、磁头数量、柱面数量和扇区数量等。

Phoenix - Award WorkstationBIOS CMOS Setup Utility
IDE Channel 0 Master

IDE HDD Auto-Detection	Press Enter	Item Help
IDE Channel 0 Master	Auto	
Access Mode	Auto	
Capacity	75GB	Menu Level ▸
Cylinder	36248	Press [Enter] to enter Next page for detail hard drive Settings .
Head	16	
Precomp	0	
Landing Zone	36247	
Sector	255	

↑↓→←: Move Enter : Select +/-/PU/PD : Value F10 : Save ESC : Exit F1 : General Help F5 : Previous Values F6 : Optimized Defaults F7 : Standard Defaults

图 10-6 查看 IDE 设备的详细信息

需要指出的是，IDE Channel 后的 0 或 1 用于表示主板上的 IDE 接口编号。其中，IDE Channel 0 表示主板上的第 1 个 IDE 接口，而 IDE Channel 1 则表示主板上的第 2 个 IDE 接口。至于 IDE 接口编号后的 Master 和 Slave，则用于标识 IDE 设备在当前接口上的主从关系。

例如，IDE Channel 1 Master 表示主板第 2 个 IDE 接口上的主设备，而 IDE Channel 0 Slaver 则表示主板第 1 个 IDE 接口上的从设备。

提 示

当前新型号主板大都只提供了 1 个 IDE 接口，因此该项已变为 IDE Channel Master/Slave。

❑ **SATA Channel 1/2**

该选项用于查看 SATA 接口所连接的设备，其选项内容为设备名称。与 IDE Channel 相同的是，在选择相应设备的名称后，BIOS 将切换至所选设备的状态界面。

提 示

SATA Channel 后的编号数量与主板 SATA 接口的数量相对应，其通道编号与接口顺序相符。

❑ **Drive A**

该选项用于设置软驱接口的设备连接情况。如果计算机上没有连接软驱，则应将其设置为 None；如果连接有软驱，则应根据软驱类型调整该选项的参数。

❑ **Halt On**

此设置项用于控制 POST 检测出现异常时是否提示并等候用户处理，共包括 5 个选择项，具体功能如表 10-2 所示。

❑ **其他设置项**

这里所说的其他设置项是指 Base Memory、Extended Memory 和 Total Memory 这 3 项。其中，Base Memory 项的参数固定为 640K，而 Total Memory 则与当前计算机所配置的内存总量有关。

表 10-2 Halt On 选项简介

选项名称	作　用
No Errors	不管检测到任何错误，系统都不会停止运行
All Errors	不管检测到任何错误，系统都会停止运行，并等候处理
All，But Keyboard	除键盘错误外，检测到任何错误都会强制系统停止运行
All，But Diskette	除软驱错误外，检测到任何错误都会强制系统停止运行
All，But Disk/Key	除软驱和键盘错误外，检测到任何错误都会强制系统停止运行

10.2.3 高级 BIOS 功能设定

该界面内的各个选项主要用于调整计算机启动顺序，以及某些硬件在启动计算机后的工作状态，其选项界面如图 10-7 所示。

Phoenix - Award WorkstationBIOS CMOS Setup Utility
Advanced BIOS Features

Item	Value	Item Help
CPU Feature	Press Enter	
Hard Disk Boot Priority	Press Enter	
Virus Warning	Disabled	Menu Level ▸
CPU Internal Cache	Enabled	
External Cache	Enabled	
Quick Power On Self Test	Enabled	
First Boot Device	First Boot Device	
Second Boot Device	Second Boot Device	
Third Boot Device	Third Boot Device	
Boot Other Device	Enabled	
Boot Up Floppy Seek	Enabled	
Boot Up NumLock Status	On	
Typematic Rate Setting	Disabled	
Typematic Rate（Chars/Sec）	6	
Typematic Delay（Msec）	250	
Security Option	Setup	
APIC Mode	Enabled	
MPS Version Control For OS	1.4	
OS Select For DRAM > 64MB	Non-OS2	
HDD S.M.A.R.T. Capability	Disabled	
Report No FDD For Win 95	Yes	

↑ ↓ → ← : Move　Enter : Select　+/-/PU/PD : Value　F10 : Save　ESC : Exit　F1 : General Help
F5 : Previous Values　F6 : Optimized Defaults　F7 : Standard Defaults

图 10-7 **Advanced BIOS Features**

在 Advanced BIOS Features 选项界面中，常用选项的功能及含义如下。

❑ **CPU Feature**

该项为 CPU 功能设置项，按回车键进入子菜单界面后，其子选项会根据所用 CPU 的不同而有所变化。例如在使用 AMD 公司的 CPU 时，CPU Feature 选项界面内只有 AMD

K8 Cool&Quiet Control 项，含义为是否开启 CPU 的节能与降温技术。

❑ **Hard Disk Boot Priority**

该选项为硬盘引导优先设置项，在使用多块硬盘时用于调整先从哪块硬盘进行启动。

❑ **Virus Warning**

该项为病毒警告项，开启后任何企图修改系统引导扇区或硬盘分区表的操作都会使系统暂停并弹出错误提示信息。默认情况下，该项设置处于 Disabled（关闭）状态。

❑ **Quick Power On Self Test**

该项为快速自检控制项，设为 Enabled 时 POST 自检只对内存进行一遍检测，当设为 Disabled 时则会检测三遍内存。

提　示

由于 POST 自检程序也较为完善，因此多数情况下没有检测三遍内存的必要，通常应将其设置为 Enabled 后加快计算机启动速度。

❑ **First/Second/Third Boot Device**

这 3 个选项分别用于设置第一、第二和第三启动设备，其设置项包含 Hard Disk（从硬盘）、CDROM（从光驱）、Legacy LAN（从网络）和 Disabled（禁用）四大部分。

例如，当第一、第二启动设备依次为 Hard Disk 和 CDROM 时，计算机会首先尝试从硬盘引导操作系统，如果不成功便开始尝试从光驱引导操作系统。假如经过上述过程后计算机还未能引导至操作系统，计算机便会从第三启动设备尝试引导操作系统。

注　意

当第一、第二和第三启动设备中的任意两个或三个启动设备相同时，对于计算机来说没有任何意义，因为计算机无法从一个已经确认不能引导操作系统的设备内进行启动。

❑ **Boot Other Device**

当计算机无法从用户指定的 3 种设备引导操作系统时，控制计算机是否尝试从其他设备进行启动。当设置为 Enabled 时，计算机会尝试通过所有已连接的设备进行启动，直到成功启动或确认无法启动为止。

❑ **Boot Up Floppy Seek**

当设置 Enabled 时，BIOS 将在计算机启动时对软驱进行寻道操作。

❑ **Boot Up Numlock Status**

该选项用来设置小键盘的默认状态。当设置为 ON 时，小键盘在系统启动后默认为数字状态；设为 OFF 时，小键盘在系统启动后默认为方向键及其他功能键（Home、End 等）状态。

❑ **Typematic Rate Setting**

该项可选 Enabled 和 Disabled。当置为 Enabled 时，如果按下键盘上的某个键不放，计算机会按照用户重复按下该键进行对待；当置为 Disabled 时，如果按下键盘上的某个键不放，计算机会按照只按下该键一次进行对待。

❑ **Typematic Rate（Chars/Sec）**

如果将 Typematic Rate Setting 选项置为 Enabled，那么可以用此选项设定某一按键被持续按下一秒后，相当于重复按下该键的次数。

❑ **Typematic Delay（Msec）**

将 Typematic Rate Setting 选项置为 Enabled 后，可用此选项设定按下某一个按键时，延迟多长时间后开始视为重复键入该键。该项可选 250、500、750、1000 多个参数值，单位为毫秒。

❑ **Security Option**

选择 System 时，每次开机启动时都会提示用户输入密码，选择 Setup 时，仅在进入 BIOS 设置时会提示用户输入密码。

❑ **APIC Mode**

APIC 是 Advanced Programmable Interrupt Controller（高级程序中断控制器）的缩写。在 Windows 2000/XP 这样支持 APIC 的操作系统下，它具有全部 23 个中断，而它的前任 PIC（程序中断控制器）只有 16 个中断。这是为了保证即使在 PCI 插槽全部插满时，也不会出现中断短缺引起的冲突。

提 示

当系统中的设备较多时，开启 APIC 模式是个不错的选择。但要注意的是，一旦操作系统安装完成后，任何更改 APIC Mode 选项的设置都有可能造成计算机无法正常工作。

❑ **MPS Version Control For OS**

MPS 是 Multi Processor Specification（多处理器规格）的缩写，这个设置只在系统中拥有两个或多个 CPU 时才有意义。目前，该规格只有 1.1 和 1.4 两个版本。在使用 Windows 2000 及以上操作系统时，建议将其参数值设为 1.4。

提 示

如果该项设置错误，则第二个 CPU 将被关闭，但不会对 CPU 本身造成任何影响。

❑ **OS Select For DRAM > 64MB**

选择内存大于 64MB 的操作系统。此选项有两个参数值，当操作系统不是 OS/2 时应选择 Non-OS/2；而当操作系统是 OS/2 且内存大于 64MB 时则应选择 OS/2。

提 示

OS/2（Operating System/2）是由微软和 IBM 公司共同创造，后来由 IBM 单独开发的一套操作系统。

❑ **HDD S.M.A.R.T. Capability**

S.M.A.R.T.（Self-Monitoring, Analysis and Reporting Technology，自动监测、分析和报告技术）是一种硬盘保护技术。在将该选项设置为 Enabled 后，能够实时监控硬盘的工作状态，报告应该可能会出现的问题隐患，从而有利于提高对硬盘的保护，以及提高系统的可靠性。

❑ **Report No FDD For Win 95**

该选项的功能是在 Win9x 操作系统内禁用软驱中断，并将其返还给操作系统。其实际效果是在计算机未配备软驱的情况下，消除 Win9x 操作系统内的软盘盘符。

提 示

在 BIOS 内将软驱设为 None 后，Win9x 操作系统仍旧会对软驱进行例行检测，因此会出现 Windows 启动时出现“假死”状态。只有将 Report No FDD For Win 95 设置为 Yes 后，才能解决这一问题。

10.2.4 高级芯片功能设定

高级芯片功能设定中的选项主要用于控制 CPU、内存等重要计算机配件的工作状态，是调整和优化计算机性能的必设项目之一，其界面如图 10-8 所示。

```
Phoenix - Award WorkstationBIOS CMOS Setup Utility
Advanced Chipset Features

▸ Hyper Transport Settings     Press Enter      Item Help
▸ VGA Settings                 Press Enter
▸ DRAM Configuration           Press Enter      Menu Level ▸
  System BIOS Cacheable        Disabled

↑↓→←: Move  Enter: Select  +/-/PU/PD: Value  F10: Save  ESC: Exit  F1: General Help
F5: Previous Values  F6: Optimized Defaults  F7: Standard Defaults
```

图 10-8 **Advanced Chipset Features**

❑ Hyper Transport Settings

Hyper Transport 是 AMD 公司提出的一项总线技术，现已全面应用于 AMD 平台的 CPU、芯片组之上。在 Hyper Transport Settings 设置界面中，可分别就 CPU 与主板、主板与北桥芯片的 HT 总线速度和位宽进行调整，从而优化系统性能，如图 10-9 所示。

```
Phoenix - Award WorkstationBIOS CMOS Setup Utility
Hyper Transport Settings

K8 <-> NB HT Speed     Auto      Item Help
K8 <-> NB HT Width     Auto
NB <-> SB HT Speed     Auto
                                 Menu Level ▸▸

↑↓→←: Move  Enter: Select  +/-/PU/PD: Value  F10:
Save  ESC: Exit  F1: General Help  F5: Previous Values
F6: Optimized Defaults  F7: Standard Defaults
```

图 10-9 **Hyper Transport 设置界面**

其中，K8 <-> NB HT Speed 用于调整 CPU 与主板之间的 HT 总线速度。例如，当 CPU 外频为 200MHz，K8 <-> NB HT Speed 为 ×5 时，其速度便是 1GHz。

K8 <-> NB HT Width 用于调整 HT 总线的数据宽度，有 ↑8↓8、↑16↓16 和 Auto 三种参数值。当 HT 总线速度为 1GHz，数据位宽为双向 8b（↑8↓8）模式时，其带宽计算方法为 $1GHz \times 2 \times 2 \times 8b \div 8 = 4GB/s$。

提 示

HT 总线的工作方式类似于 DDR，即能够在时序的上下沿分别传送数据，此外由于 HT 技术能够在一个总线内模拟出两个独立的数据链进行数据的双向传输，因此其工作频率相当于实际频率的 4 倍。

NB <-> SB HT Speed 项用于设置主板与北桥芯片间的 HT 总线速度，其速度越快，对计算机整体性能的提升效果越好。

❑ **VGA Settings**

该选项组内的调整项全部与板载显卡有关，但根据主板及板载显卡的不同会略有差别，其界面如图 10-10 所示。

```
Phoenix - Award WorkstationBIOS CMOS Setup Utility
VGA Settings

Onboard VGA Device       Disable if plug VGA   | Item Help
Onboard Share Memory     32M                   |
PMU                      Auto                  | Menu Level  ▸▸
                                               | Disable if plug
                                               | VGA :
                                               | When detect
                                               | PCIE VGA
                                               | card will
                                               | disable onboard
                                               | VGA .

↑ ↓ →← : Move   Enter : Select   +/-/PU/PD : Value   F10 :
Save   ESC : Exit   F1 : General Help   F5 : Previous Values
F6 : Optimized Defaults   F7 : Standard Defaults
```

图 10-10 板载显卡设置选项

其中，Onboard VGA Device 选项共有 Disable if plug VGA 和 Always Enable 两个参数值。设置为前者时，当计算机安装独立显卡后，BIOS 便会自动屏蔽板载显卡；设置为后者时，无论计算机是否安装独立显卡，板载显卡都会处于激活状态。

不过，由于板载显卡大都没有显存，因此必须将部分内存划为“显存”供板载显卡使用，而 Onboard Share Memory 选项的功能便是设置板载显卡的内存使用量。

提 示

在为板载显卡划分内存时，应根据当前计算机所配置内存的总量进行分配，切不可为板载显卡划分过多内存后，导致剩余内存不足，影响系统运行速度。

至于 PMU 项，则用于控制电源管理单元的开启与否，通常按照默认值将其设置为 Enabled 即可。

❑ **DRAM Configuration**

该菜单项的名称为“存储器配置项”，其间的所有设置选项都与内存有关，如图 10-11 所示。例如，通过调整 DRAM Configuration 菜单项内的具体参数，可以达到降低内存延时、提升内存性能的目的。

```
Phoenix - Award WorkstationBIOS CMOS Setup Utility
DRAM Configuration

Auto Configuration                  Auto          | Item Help
DRAM CAS Latency                    Auto          |
Min RAS# active time ( Tras )       Auto          | Menu Level  ▸▸
Row precharge Time ( Trp )          Auto          | Auto : control by
RAS# to CAS# delay ( Trcd )         Auto          | SPD .
DRAW Bank Interleaving              Enabled       | Manual : control
Memory Hole Remapping               Enabled       | by user .
Bottom of UMA DRAM [ 31:24 ]        FC            |
Dram command rate                   2T ( Default )|

↑ ↓ →← : Move   Enter : Select   +/-/PU/PD : Value   F10 :
Save   ESC : Exit   F1 : General Help   F5 : Previous Values
F6 : Optimized Defaults   F7 : Standard Defaults
```

图 10-11 内存配置界面

注 意

多数内存在出厂时都会经过一系列严格的性能检测，以确定其工作参数。因此，并不是所有内存都能够通过调整参数实现性能的提升。

在 DRAM Configuration 菜单界面中，Auto Configuration 项用于确定内存从哪里获取工作参数。当设为 Auto 时，BIOS 从内存上的 SPD 芯片处获取内存工作参数；而当设为 Manual 时，则由用户指定内存工作参数。

当 Auto Configuration 项的参数值被设置为 Manual 时，DRAM CAS Latency、Min

RAS# active time（Tras）、Row precharge Time（Trp）和 RAS# to CAS# delay（Trcd）这4 项都将被激活，其功能是分别设置内存的行地址控制器延迟时间、列地址控制器预充电时间、行地址控制器预充电时间和列地址至行地址延迟时间。在内存能够稳定工作的基础上，这 4 个选项的参数值越小，内存的性能越好。

DRAW Bank Interleaving 选项的作用是控制 Bank Interleaving 功能的开启与否。当参数设为 Enabled 时，系统能够同时对内存 Bank 做寻址，因此能够提高系统性能。

Memory Hole Remapping 用于控制是否开启内存黑洞机制，默认将其设置为 Enabled 即可。

选项 Bottom of UMA DRAM [31:24]则用于设定底层内存，默认将其设置为 TC 即可。

Dram command rate 选项用于控制内存的首命令延迟，即内存在接收到 CPU 指令后，延迟多少时钟周期后才真正开始工作。理论上，该参数值越短越好，但随着主板上内存模组的增多，控制芯片组的负载也会随之增加，过短的命令间隔可能会影响稳定性，因此通常按照默认参数将其设置为 2T 即可。

- **System BIOS Cacheable**

该选项用于确定是否将 BIOS 映射在内存中，以便提高部分系统操作的效率，但对于目前计算机的性能而言，其效率提升微乎其微，因此是否开启该功能都不会对系统性能产生多大的影响。

10.2.5 集成外部设备设置界面

该菜单内的选项主要用于控制主板上的 USB 接口、IDE/SATA 接口、集成网卡等设备，此外在板载设备与独立安装的板卡设备产生某些冲突时，也可通过调整该菜单内的某些选项来解决问题，其界面如图 10-12 所示。

Phoenix - Award WorkstationBIOS CMOS Setup Utility
Integrated Peripherals

		Item Help
▸ IDE Function Setup	Press Enter	Menu Level ▸
▸ RAID Config	Press Enter	
OnChip USB	V1.1+V2.0	
USB Memory Type	SHADOW	
USB Keyboard/Storeage Supp	Disabled	
USB Mouse Support	Disabled	
HD Audio	Auto	
Auto Onboard Lan Control	Enabled	
IDE HDD Block Mode	Enabled	
POWER ON Function	Button Only	
KB Power On Password	Enter	
Hot Key Power On	Ctrl+F1	
Onboard FDC Controller	Enabled	
Onboard Serial Port 1	3F8/IRQ4	
Onboard IR Port	Disabled	
UART Mode Select	IRDA	
UR2 Duplex Mode	Half	
Onboard Paralled Port	378/IRQ7	
Paralled Port Mode	SPP	
ECP Mode Use DMA	6	

↑↓→←: Move Enter : Select +/-/PU/PD : Value F10 : Save ESC : Exit F1 : General Help
F5 : Previous Values F6 : Optimized Defaults F7 : Standard Defaults

图 10-12 **Integrated Peripherals 选项界面**

❑ **IDE Function Setup**

此项用于调整 IDE 端口设置，在选择该项并按回车键后，即可在弹出界面内进行激活 IDE 通道等操作。

❑ **RAID Config**

当用户准备利用多块硬盘组建磁盘阵列时，便需要在该选项内调整磁盘阵列的各项参数。如果计算机内只有一块硬盘，则无须调整该项。

❑ **OnChip USB**

此选项用于控制 USB 接口所要执行的标准，默认设置为 1.1+2.0，也就是既支持 1.1 标准的 USB 设备，也支持 2.0 标准的设备。

❑ **USB Memory Type**

该项对于控制主板对内存盘存储器类型的识别情况，由于是针对控制器的调节，因此默认将其设置为 SHADOW 即可。

❑ **USB Keyboard/Storeage/Mouse Supp**

此项用于设置 USB 键盘、USB 存储设备、USB 鼠标的支持情况。如果在不支持 USB 或者没有 USB 驱动的操作系统（如 DOS）下使用 USB 键盘、存储器或鼠标，便需要将此项设置为 Enabled。该项默认设置为 Disabled。

❑ **HD Audio**

该项用于调整 HD 音效，按照默认参数将其设置为 Auto 即可。

❑ **Auto Onboard Lan Control**

此项用于对板载网卡的设置，当参数值为 Enabled 时将会启用板载网卡；而当将其设置为 Disabled 时则会禁用板载网卡。

提 示

在安装独立网卡后如果总是出现未知问题，可尝试禁用板载网卡，并观察问题是否已经解决。

❑ **IDE HDD Block Mode**

该项用于设置 IDE 硬盘是否采用快速块交换的模式来传输数据。如果将其关闭，则有时候将会出现 IDE 硬盘无法引导操作系统的问题。

❑ **POWER ON Function**

该项用来设置开机方式，共有 Password 和 Button Only 两个设置项。当设置为 Password 时，KB Power On Password 设置项将被激活。在将 KB Power On Password 设置为 Enter 后，直接输入密码即可启动计算机。

如果将 POWER ON Function 设置为 Button Only，则 Hot Key Power On 设置项将被激活，在设置相应的组合键后，用户便可利用组合键打开计算机。默认情况下，系统会将组合键设置为 Ctrl+F1。

❑ **Onboard FDC Controller**

该选项用于启用或禁用软驱控制器，默认设置为 Enabled，即开启软驱控制器。

❑ **Onboard Serial Port 1**

该项用于设置主板串口 1 的基本 I/O 端口地址和中断请求号。当设置为 Auto 时，BIOS 将自动为其分配置适当的 I/O 端口地址。

❑ **Onboard IR Port**

此项用于启用或禁用板载的红外线端口，从而实现计算机与其他设备之间的红外线传输。

❑ **UART Mode Select**

UART 模式允许用户选择常规的红外线传输协议 IRDA 或 ASKIR，IRDA 协议能够提供 115Kbps 的红外传输速率；ASKIR 协议提供 57.6Kbps 的红外传输速率。

❑ **UR2 Duplex Mode**

该项用于设置红外线端口的工作模式，所提供的设置选项有 Full 和 Half。Full 为全双工工作模式，能够同步双向传送和接收数据；Half 为半双工工作模式，能够异步双向传送和接收数据。

❑ **Onboard Paralled Port**

此项用于设定板载并行端口的基本 I/O 端口地址，设置为 Auto 时，BIOS 将自动为其分配 I/O 端口地址。

❑ **Paralled Port Mode**

此项用来设置并行端口的工作模式，所提供的设置项共有 SPP、EPP、ECP、ECP+EPP 和 Normal 五种。其中，SPP 指标准并行端口工作模式，EPP 指增强并行端口工作模式，ECP 指扩展性能端口工作模式，ECP+EPP 为扩展性能端口+增强并行端口工作模式。

❑ **ECP Mode Use DMA**

在 ECP 模式下使用 DMA 通道，只有当用户选择 ECP 工作模式的板载并行端口时，才能够对该设置项进行设置。此时，用户可以在 DMA 通道 3 和 1 之间选择，默认设置为 3。

❑ **Pwron After Pwr-Fail**

该项决定了计算机意外断电并来电后计算机的状态。默认设置为 Off，即意外断电并来电时，计算机处于关机状态。

10.2.6 电源管理设定选项

在 Power Management Setup 界面中，用户能够对系统的电源管理进行调整，如 ACPI 挂起模式、电源管理方式、硬盘电源关闭方式、软关机方法等，选项界面如图 10-13 所示。

❑ **ACPI Function**

该项用于开启或关闭 ACPI（高级配置和电源管理接口）功能，只有当 BIOS 和操作系统同时支持时才能正常工作，默认设置为 Enabled。

❑ **ACPI Suspend Type**

此项用来设置 ACPI 功能的节点模式。

其中的 S1（POS）是一种低能耗休眠模式，在该模式下不会存在系统上下文丢失的情况，原因是硬件（CPU 或芯片组）维持着所有的系统上下文。

S3（STR）也是一种低能耗休眠模式，但在这种模式下还要对主要部件进行供电，如内存和可唤醒系统设备。在该模式中，系统上下文被保存在主内存中，一旦有“唤醒”事件发生，存储在内存中的这些信息将被用来恢复系统到以前状态。

```
Phoenix - Award WorkstationBIOS CMOS Setup Utility
Power Management Setup

ACPI Function                  Enabled              Item Help
ACPI Suspend Type              S1 ( POS )
Power Management               User Define          Menu Level  ▸
Video Off Method               DPMS
HDD Power Down                 Disabled
HDD Down In Suspend            Disabled
Soft - Off by PBTN             Instant - Off
WOL ( PME# ) From Soft - Off   Disabled
WOR ( RI# ) From Soft - Off    Disabled
Power - On by Alarm            Disabled
Day of Month Alarm              0
Time ( hh : mm : ss ) Alarm    0 : 0 : 0
ACPI XSDT Table                Disabled
ACPI AWAY Mode                 Disabled
HPET Support                   Enabled
ACPI SRAT                      Enabled

↑ ↓ → ← : Move  Enter : Select  +/-/PU/PD : Value  F10 : Save  ESC : Exit  F1 : General Help
F5 : Previous Values  F6 : Optimized Defaults  F7 : Standard Defaults
```

图 10-13 **Power Management Setup 选项界面**

❑ **Power Management**

该选项用于设置电源的节能模式。当被设置为 Max Saving（最大省电管理）时，计算机会在停用 10 秒后进入省电模式；如果将其设置为 Min Saving（最小省电管理），则会在计算机停用 1 小时后进入省电模式；如果设置为 User Define（用户自定义），则由用户自行对电源的省电模式启发时间进行设置。

❑ **Video Off Method**

此项用来设置视频关闭方式，提供的设置选项有 V/HYNC+Blank、Blank Screen 和 DPMS。

其中，V/HYNC+Blank 的作用是将屏幕变为空白并停止垂直和水平扫描。

Blank Screen 能够将屏幕变为空白。

DPMS 则是通过 BIOS 来控制那些支持 DPMS 节电功能的显卡。

❑ **HDD Power Down**

该项用来开启或关闭硬盘电源节能模式计时器。在计算机开启的状态下，一旦系统停止读写硬盘，计时器便开始计时，并在超过一定时间后进入硬盘节能状态，直到 CPU 再次发出磁盘读写命令时，系统才会重新“唤醒”硬盘。

❑ **HDD Down In Suspend**

该项用来设置是否在挂起硬盘后切断其电源，默认设置为 Disabled。

注 意

长时间关闭硬盘电池确实能够节源大量电力资源，但过于频繁地使硬盘处于通电、断电状态下则会对其寿命产生影响。

❑ **Soft-Off by PBTN**

通过此项用户能够设置软关机的方法，提供的设置选项为：Instant-Off（立即关闭计算机）、Delay 4 Sec（延迟4秒后关闭计算机），默认设置为Instant-Off。

❑ **WOL（PME#）/WOR（RI#）From Soft-Off**

WOL（PME#）From Soft-Off为软关机网络唤醒设置，当设置为Enabled时，用户能够实现网络远程打开计算机，并在执行相关操作后，远程关闭计算机；如果设置为Disabled，则会禁用网络唤醒功能。

WOR（RI#）From Soft-Off为软关机Modem唤醒设置，当设置为Enabled且不切断Modem电源的情况下，只要给Modem所连接的电话打电话，便可唤醒计算机；当设置为Disabled时则会禁用Modem唤醒功能。

❑ **Power-On by Alarm**

该项用于设置系统的自动启动时间，在将其设置为Enabled后，便可对Day of Month Alarm（启动日期）项和Time（hh：mm：ss）（启动时间）项进行调整。

❑ **ACPI XSDT Table**

该设置项为电源管理XSDT列表项，默认设置为Disabled，但在装64位操作系统时需要将其设置为Enabled。

❑ **ACPI AWAY Mode**

ACPI电源管理的离开模式，默认为Disabled关闭状态。

❑ **HPET Support**

通过此项设置用户能够启用或禁用主板对HPET的支持。

提 示

HPET由Intel所制订，用于替代传统的8254（PIT）中断定时器与RTC的定时器，全称称为高精度事件定时器。

❑ **ACPI SRAT**

此设置项为ACPI静态资源关联表，该表提供了所有处理器和内存的结构。提供的设置选项有Disabled和Enabled，默认设置为Enabled。

10.2.7 杂项控制界面

如同其字面含义一样，Miscellaneous Control界面中的各项设置并没有具体针对某方面或某设备，而是将一些零散的设置项整合在一起，如图10-14所示。

❑ **CPU Spread Spectrum**

该选项用于确定是否允许用户对CPU进行扩频操作，通常该项为不可调整的未激活状态。

❑ **SATA Spread Spectrum**

该选项用于确定是否允许用户对SATA设备进行扩频操作，默认为Disabled。

❑ **HT Spread Spectrum**

用于确定是否允许用户对HT总线进行扩频操作，默认为Disabled。

❑ **PCIE Spread Spectrum**

用于确定是否允许用户对PCIE设备进行扩频操作，默认为Disabled。

❑ **Flash Write Protect**

是否开启BIOS芯片的写保护控制，平常应将其设置为Enabled，以免病毒或其他原因造成 BIOS 程序损坏。如果需要刷新 BIOS，则应将其设置为 Disabled，并在完成刷新后恢复为 Enabled。

Phoenix - Award WorkstationBIOS CMOS Setup Utility
Miscellaneous Control

CPU Spread Spectrum	Disabled	Item Help
PCIE Spread Spectrum	Disabled	
SATA Spread Spectrum	Disabled	
HT Spread Spectrum	Disabled	Menu Level ▸
Flash Write Protect	Enabled	
Reset Configuration Data	Disabled	
IRQ Resources	Press Enter	
PCI/VGA Palette Snoop	Disabled	
PCI Express relative items		
Maximum Payload Size	4096	

↑↓→←: Move Enter : Select +/-/PU/PD : Value F10 : Save ESC : Exit
F1 : General Help F5 : Previous Values F6 : Optimized Defaults F7 : Standard Defaults

图 10-14 **Miscellaneous Control** 选项界面

❑ **Reset Configuration Date**

是否允许刷新配置信息，默认为 Enabled。该选项的作用在于，计算机在每次启动时都会对配置信息进行校验，如果该数据错误或硬件有所变动，便会对计算机进行检测，并将结果数据写入 BIOS 芯片进行保存。

如果关闭此项功能，BIOS 将无法对计算机的配置信息进行更新。也就是说，即使用户已经更新了硬件，计算机仍然会按照更新前的配置信息来启动计算机，轻则无法使用或无法充分发挥新硬件的信息，严重时还会导致计算机故障。

❑ **IRQ Resources**

IRQ（中断号）资源设置项，按回车键进入该菜单的选项界面后，能够分别对 IRQ5、IRQ9、IRQ10、IRQ11、IRQ14 和 IRQ15 这 6 个中断号的分配进行设置，如图 10-15 所示。

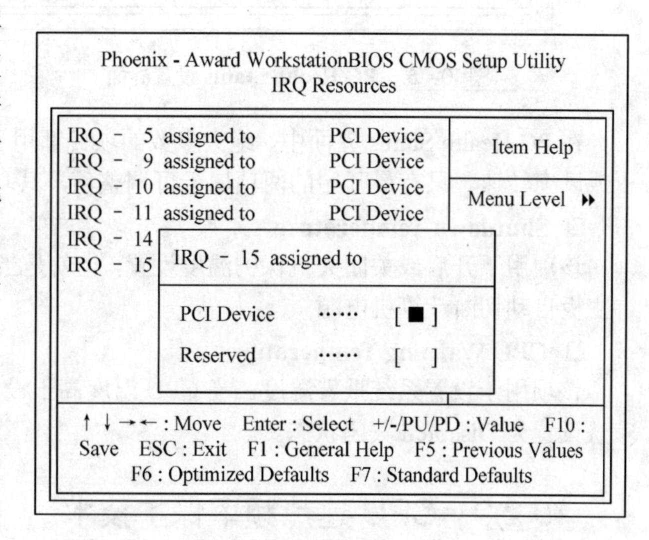

图 10-15 中断资源设置界面

❑ **PCI/VGA Palette Snoop**

该选项用于控制是否允许多种 VGA 设备利用不同视频设备的调色板处理来自 CPU 的数据，建议将其设置为 Enabled，以提高硬件设备的兼容性。

❑ **Maximum Payload Size**

此项可让用户设置 PCI Express 设备的最大 TLP（传输层数据包）有效负载值，设定值有 128、256、512、1024、2048 和 4096。

10.2.8 PC 安全状态

PC Health Status 设置项主要是对整个系统的温度、风扇转速、电压进行监控，此外还可调整计算机的自动安全防护设置，例如在超过一定温度后进行报警或关机，其界面如图 10-16 所示。

```
Phoenix - Award WorkstationBIOS CMOS Setup Utility
PC Health Status

Shutdown Temperature        Disabled            Item Help
CPU Warning Temperature     Disabled
Current System Temp         28°C / 82° F
Current CPU Temperature     40°C / 104° F       Menu Level ►
Current SYSFAN Speed        2934RPM
Current CPUFAN Speed        3335RPM
Vcore                       1.33V
VDIMM                       1.07V
1.2VMCP                     1.27V
+5V                         5.05V
5VDUAL                      5.05V
+12V                        11.91V

↑↓→←: Move  Enter : Select  +/-/PU/PD : Value  F10 : Save  ESC : Exit
F1 : General Help  F5 : Previous Values  F6 : Optimized Defaults  F7 : Standard Defaults
```

图 10-16 **PC Health Status 设置界面**

在 PC Health Status 界面中，绝大多数的项目都用于显示计算机各个部分的温度、电压或风扇转速，只有最开始的两项属于可调整项，其功能如下。

❑ **Shutdown Temperature**

该项用于开启或关闭关机保护温度设置，也就是当 CPU 温度高于设定值时，是否允许主板自动切断计算机电源。

❑ **CPU Warning Temperature**

该项用于设置系统报警温度，当 CPU 温度高于设定值时，主板将会发出报警信息，默认设置为 Disabled 关闭状态。

10.2.9 CPU 过热频率保护技术

这是一项防止因 CPU 过热而损坏计算机的技术，原理是在 CPU 温度过高时自动降低 CPU 的运行频率，从而达到限制 CPU 温度的作用，其选项界面如图 10-17 所示。

- **CPU Thermal-Throttling**

该选项控制着 CPU 过热频率保护技术的开启与否，默认为 Disabled。

- **CPU Thermal-Throttling Temp**

该项用于设定 CPU 的上限温度，从而以此来判定 CPU 温度是否过高，是否需要启动过热频率保护技术对 CPU 进行降温或其他保护操作。

Phoenix - Award WorkstationBIOS CMOS Setup Utility
Thermal Throttling Options

CPU Thermal-Throttling	Disabled	Item Help
CPU Thermal-Throttling Temp	85°C	
CPU Thermal-Throttling Beep	Enabled	Menu Level ▸
CPU Thermal-Throttling Duty	50.0%	

↑↓→←: Move Enter : Select +/-/PU/PD : Value F10 : Save ESC : Exit F1 : General Help F5 : Previous Values F6 : Optimized Defaults F7 : Standard Defaults

图 10-17 **Thermal Throttling Options**

- **CPU Thermal-Throttling Beep**

是否开启 CPU 过热频率保护的报警铃声，Disabled 为关闭，Enabled 为开启。

- **CPU Thermal-Throttling Duty**

该项用于确定降频幅度，以百分值来表现。理论上来说，降频幅度越大，降低 CPU 温度的效果越好；当降频幅度过小时，则对降低 CPU 温度的帮助较小。

10.2.10 高级用户超频设置

这是专门针对 CPU 超频用户而设定的核心硬件微调菜单，其内部含有 CPU 外频调整、电压调整、主板频率调整等多项内容，以便那些熟悉 CPU 超频技术的用户能够根据不同硬件配置来优化各项设置，从而实现更好的超频效果，如图 10-18 所示。

Phoenix - Award WorkstationBIOS CMOS Setup Utility
Power User Overclock Settings

Current HOST Frequency is 200MHz		Item Help
CPU Clock at next boot is	200MHz	
Current DRAM Frequency is DDR533		Menu Level ▸
DRAM Clock at NEXT boot is	Auto	
CPU Vcore	Default ( )	
CPU Vcore 7- Shift	Normal (Default)	
NB Voltage	1.25V (Default)	
LDT Voltage	1.20V	
VRAM Output	1.90V (Default)	

↑↓→←: Move Enter : Select +/-/PU/PD : Value F10 : Save ESC : Exit F1 : General Help F5 : Previous Values F6 : Optimized Defaults F7 : Standard Defaults

图 10-18 **Power User Overclock Settings**

❑ **CPU Clock at next boot is**

该选项用于调整 CPU 主频，按回车键后，可以输入 200～400 的数值，保存并重启后 CPU 便会以指定主频运行，如图 10-19 所示。

❑ **DRAM Clock at NEXT boot is**

该选项用于调整内存模块的工作频率，在完成频率设置后，会在下次启动计算机时生效。

❑ **CPU Vcore**

此项用于调整 CPU 的核心电压，其电压设定越高，超频后的稳定性越好。不过，一旦电压设定超过 CPU 的限制数值，将造成计算机无法启动或损坏 CPU 等故障。

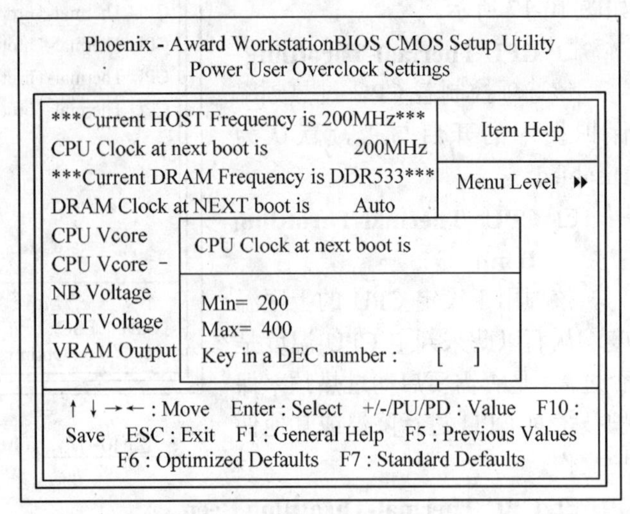

图 10-19 调整 CPU 的运行频率

注 意

CPU 的电压越高，其发热量就越大。因此，在提高电压以便进行超频的同时，必须制定适当的散热方案，以免因温度过高而影响计算机稳定性。

❑ **CPU Vcore 7-Shift**

7 段式 CPU 核心电压调整选项，与 CPU Vcore 选项的功能相同，差别仅在于 CPU Vcore 7-Shift 使用百分比进行调节而已。

❑ **NB Voltage**

该选项用于调节主板电压，在部分情况下提升主板电压能够提升超频的成功率。

❑ **LDT Voltage**

此选项用于调节 CPU 与 HT 总线之间的终结电压，属于 AMD 平台主板所特有的功能选项。在部分老型号的主板上，通过提高该电压值能够改善 CPU 超频时的主板瓶颈。

注 意

由于 CPU 电压与北桥芯片的电压都是由 LDT 电压分压后得来的，因此不可过分提高 LDT 电压值，以免造成主板无法正常工作。

❑ **VRAM Output**

该选项允许用户设定 DDR 内存模块的电压，从而便于提高内存的工作频率。

10.2.11 BIOS 内的其他设置项

在 Award BIOS 设置中，除了前面介绍过的常用设置外，还有载入安全默认值、载入优化默认值、设置管理员密码、设置用户密码，以及退出 Award BIOS 设置程序这些选择。

❑ **Password Settings**

用于设置普通用户密码和管理员密码，两者间的差别在于普通用户只能查看 BIOS 设置，而管理员却可对其进行修改。

其中，Setup Supervisor Password 项用于设置管理员密码，Setup User Password 项用于设置普通用户密码，设置界面如图 10-20 所示。

Phoenix - Award WorkstationBIOS CMOS Setup Utility
Password Settings

Set Supervisor Password	Press Enter	Item Help
Set User Password	Press Enter	Menu Level ▸▸

↑ ↓ →← : Move Enter : Select +/-/PU/PD : Value F10 : Save ESC : Exit F1 : General Help F5 : Previous Values F6 : Optimized Defaults F7 : Standard Defaults

图 10-20 BIOS 密码设置界面

- **Load Optimized Defaults**

载入主板制造商为优化主板性能而设置的默认值，选择该项后按回车键，并在按 Y 键后，再次按回车键，即可将其载入 BIOS。

- **Load Standard Defaults**

设置 BIOS 参数后，当计算机出现不稳定或其他异常情况时，可通过执行 Load Standard BIOS 命令载入 BIOS 默认设置，即可解决因 BIOS 设置错误而引起的计算机故障。

- **Save & Exit Setup**

保存并退出 BIOS 设置程序，功能是在保存用户对 BIOS 参数所进行的修改后，退出 BIOS 设置程序并重新启动计算机。

- **Exit Without Saving**

当用户没有设置 BIOS 参数，或放弃对 BIOS 参数的修改时，则应选择该项，即采用不保存所修改 BIOS 参数的方式退出 BIOS 设置程序并重新启动计算机。

技 巧

在 BIOS 设置程序中，直接按 Ctrl+Alt+Del 键，也可起到放弃修改直接退出 BIOS 设置程序的目的。

10.3 升级 BIOS

随着计算机硬件的飞速发展，新的硬件技术会越来越多，此时主板厂商便会向用户发布 BIOS 升级程序，从而使一些旧型号的主板能够通过升级 BIOS 实现支持新硬件、新技术的目的。

10.3.1 BIOS 升级前的准备工作和注意事项

由于 BIOS 极其重要，升级时出现的任何错误都有可能造成计算机的损坏，因此在升级 BIOS 前必须做好全面的准备工作。并且，应当了解升级 BIOS 时需要注意的一些问题，以便安全地完成 BIOS 升级操作，或在出现意外状况后能够及时、正确地加以解决。

1. BIOS 升级前的准备工作

在升级 BIOS 程序前需要做的准备工作主要有以下几项。

❑ **更改 BIOS 的设置参数**

为了在更新 BIOS 的过程中不会受到其他条件的干扰，应当关闭所有关于 BIOS 保护设定、病毒警告等方面的设置项，以保证更新操作的顺利进行。

提 示

在更新 BIOS 之前，最好能够将 BIOS 还原为默认设置，并关闭并不存在的硬件项，如软驱。

❑ **更改 BIOS 的写保护跳线**

目前许多主板厂商都在主板上加入了 BIOS 防写跳线，以防病毒破坏 BIOS 程序。因此，在更新 BIOS 之前必须确认这些跳线已经关闭，否则将影响更新操作的正常进行。

提 示

某些 BIOS 程序内含有 BIOS 防写设置，在更新前也应将其关闭。

❑ **为计算机连接 UPS**

在刷新 BIOS 的整个过程中，若有电压不稳引起的机器关机、重启甚至死机，都会造成 BIOS 升级失败，严重时还会造成主板无法使用。因此，在刷新 BIOS 前最好能够为计算机配备一台 UPS，避免上述原因影响 BIOS 刷新。

❑ **下载新的 BIOS 文件包及升级工具**

目前获取最新 BIOS 文件包及升级工具的方法便是通过网络下载，例如在主板厂商的主页上下载适合自己主板的相应 BIOS 文件与刷新工具。

注 意

Award BIOS 的刷新工具为 Awdflash，AMI BIOS 的刷新工具为 Amiflash。此外，尽量不要使用非官方网站上提供的 BIOS 文件包与刷新工具，以防出现不完整或不兼容的问题。

2. BIOS 升级注意事项

在 BIOS 升级时需要注意的事项主要包括 BIOS 的版本、写入工具的版本、BIOS 文件包的兼容性 3 个方面。

❑ **BIOS 的版本**

主板厂商的产品种类、型号繁多，部分产品即使同一型号也有多种不同版本，而其中某些版本之间有可能是完全不兼容的。因此，在下载和刷新 BIOS 之前一定要确认当前主板所采用 BIOS 的版本号，以便选择那些能够与当前主板完全兼容的 BIOS 版本。在完成此项任务时，除了可通过计算机启动界面上的标识外，还可通过 CTBIOS、BIOS Wizard 等软件直接查看 BIOS 版本号，如图 10-21 所示。

图 10-21 使用软件查看 BIOS 版本号

❑ **写入工具的版本**

BIOS 的写入工具往往会有许多版本，但在使用时并不是版本越高越好，相反老式主板使用老版本写入工具的升级效果会更好，其原因在于高版本写入工具大都会加入较多的新型校验功能，但由于老式主板不完全支持或不能很好地支持这些功能，因此在刷新时可能会出现一些未知状况。

❑ **BIOS 文件包的兼容性**

由于不同厂商的主板产品均有许多不同之处，因此不要因为两者所采用的芯片组或其他部件基本相同就轻易尝试不同厂商所提供的 BIOS 文件包。此外，当厂商为部分主板提供了两个或两个以上版本的 BIOS 文件包时，一定要选择与当前主板最适合的进行升级。

提 示

如果主板本身没有什么问题，或不是由于某些原因而必须升级 BIOS，则不推荐刷新 BIOS，更不应频繁刷新 BIOS。

10.3.2 BIOS 的升级和备份

在经过前面充分的准备与了解后，接下来便可进行 BIOS 的升级操作，其方法如下。

将软盘放入软驱后，格式化软盘，并在将 DOS（如 IO.sys、Msdos.sys、Command.com）系统文件传递至软盘中后，将 BIOS 升级文件包和刷新工具复制到软盘内。

使用软盘启动计算机，在 DOS 提示符下输入 BIOS 刷新工具的程序名称后（如 Awdflash）按回车键。在弹出的刷新工具界面中，输入所要更新的 BIOS 文件包名称（如 NBIOS.bin），如图 10-22 所示。

```
FLASH MEMORY WRITER V7.52C
(C) Award Software 1999 All Rights Reserved

For MVP3-596-W877-2A5LEPADC-0    DATE: 06/08/2000

Flash Type - WINBOND 29C020 /5V

File Name to Program :  NBIOS.bin

Error Message:
```

图 10-22 输入 BIOS 更新包文件名称

在按回车键后，BIOS 刷新工具将弹出 Do You Want To Save Bios（Y/N）提示信息界面，选择 Y 后输入 BIOS 备份文件的名称（如 YBIOS.bin），如图 10-23 所示。

```
FLASH MEMORY WRITER V7.52C
(C) Award Software 1999 All Rights Reserved

For MVP3-596-W877-2A5LEPADC-0    DATE: 06/08/2000

Flash Type - WINBOND 29C020 /5V

File Name to Program :  NBIOS.bin
File Name to Save    :  YBIOS.bin

Error Message:
```

图 10-23 设置 BIOS 备份文件名称

再次按回车键后，Awdflash

将开始备份当前的 BIOS 文件，并在刷新工具界面内显示备份进度，如图 10-24 所示。

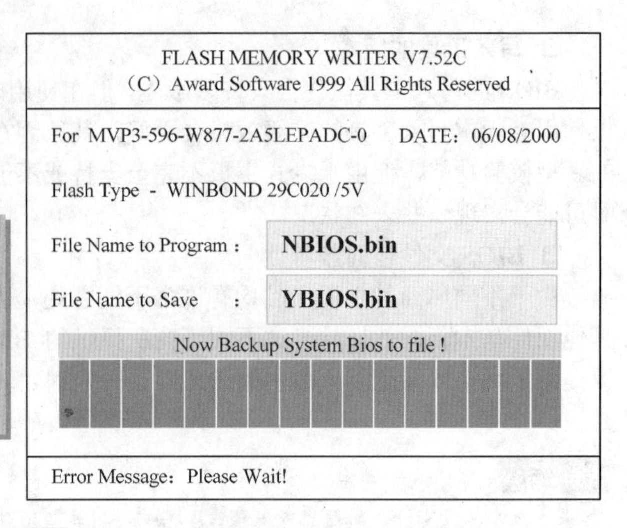

图 10-24 正在备份 BIOS 文件

注 意

在开始刷新前，BIOS 刷新程序会对新的 BIOS 文件包与主板进行校验，如果出现"The Program File's Part Number does not match with your system."（该 BIOS 文件包不符合主板使用）的提示信息，则应马上终止升级操作。

在原 BIOS 程序备份完成后，刷新程序将弹出带有 Are you sure to program （Y/N）提示信息的界面，询问用户是否要开始刷新 BIOS，如图 10-25 所示。

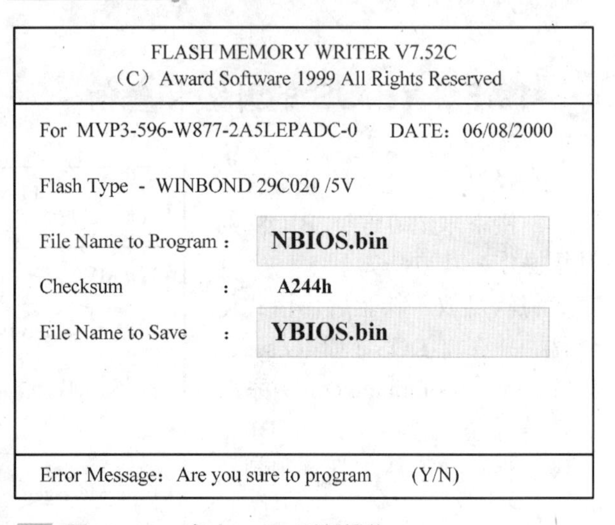

图 10-25 确认 BIOS 刷新操作

选择 Y 后，刷新工具便会执行写入程序。此时，会有 3 种状态符号即时报告刷新情况，其中的白色网络为刷新完毕，蓝色网格为不需要刷新的内容，而红色网络则表示刷新错误，如图 10-26 所示。

注 意

当刷新 BIOS 过程中出现红色网格时，千万不可轻易重新启动计算机，而应在完成刷新程序后重新进行刷新操作。

当整个刷新过程结束后，按 F1 键重新启动计算机。如果计算机能够正常启动，便表明成功完成了 BIOS 的刷新操作。

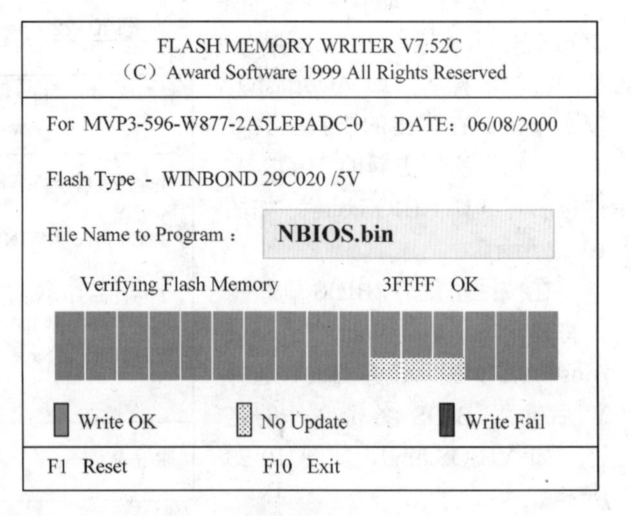

图 10-26 正在刷新 BIOS

10.3.3 BIOS 升级失败的处理

升级 BIOS 是一种存在风险的操作，往往会由于 BIOS 版本不匹配、BIOS 文件不完整或操作错误，或者在升级过程中出现断电现象等原因而导致升级失败。此时，可使用以下方法进行补救处理。

❑ **更换 BIOS 芯片及重写 BIOS**

这是最有效也是最简单的一种方法，用户可以向代理商或主板生产厂商寻求所需要的 BIOS 芯片，并用它替换损坏的芯片。此外，用户还可以将 BIOS 芯片拔下来，并到计算机市场上用专业设备重写 BIOS，然后再装回主板上即可。

❑ **使用热插拔法恢复 BIOS**

找一台 BIOS 芯片和升级失败的 BIOS 芯片完全相同的计算机，并在将该计算机引导至 DOS 状态后，使用损坏的 BIOS 芯片换下其正常的 BIOS 芯片。然后，刷新 BIOS 程序。接下来，将修复后的 BIOS 芯片安装至最初的主板，完成整个 BIOS 芯片的修复工作。

10.4 实验指导：设置 BIOS 密码

为计算机设置启动密码，可有效防止非授权用户在未经许可的情况下使用计算机，从而达到增强系统安全性的目的。本节将介绍在 BIOS 中设置计算机启动密码的方法。

1. 实验目的

❑ 了解选项意义

❑ 设置密码

❑ 了解退出方法

2. 实验步骤

1 启动计算机，按 Del 键进入 BIOS 设置界面后，通过方向键【→】移动光标，选择 Security 选项，如图 10-27 所示。

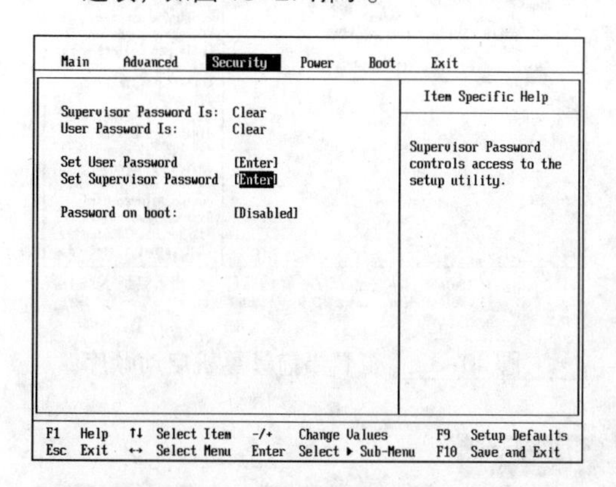

图 10-27 选择 **Security** 选项

2 通过方向键【↑】移动光标，选择 Set User Password 选项，并按回车键，如图 10-28 所示。

3 在弹出的 Set User Password 对话框中输入密码，如图 10-29 所示，然后按回车键。

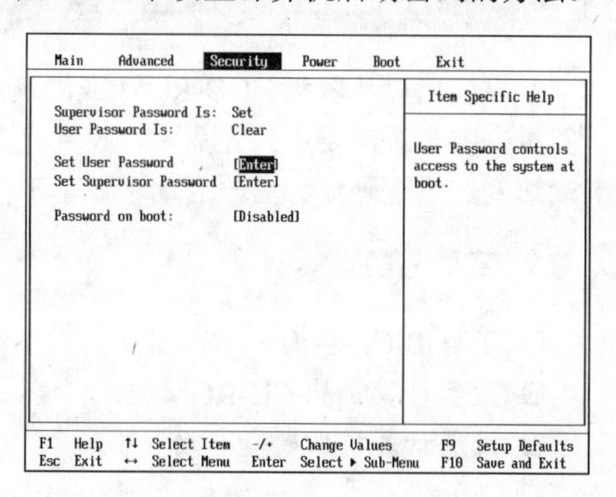

图 10-28 选择 **Set User Password** 选项

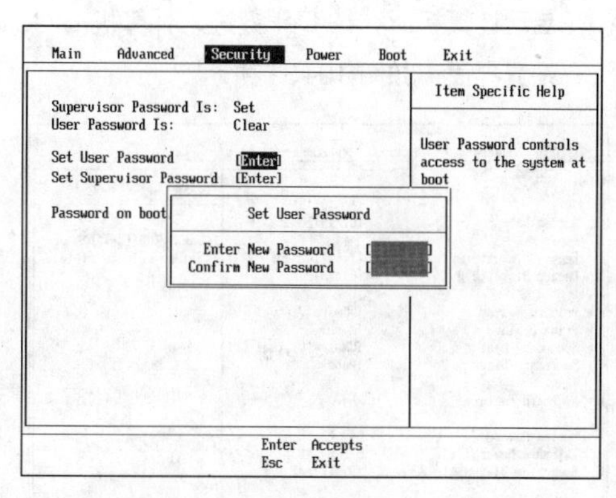

图 10-29 输入密码

4 通过方向键【→】移动光标，选择 Exit 选项，并按回车键。然后，在弹出的 Setup Confirmation 对话框中选择 Yes 按钮，并按回车键，如图 10-30 所示。

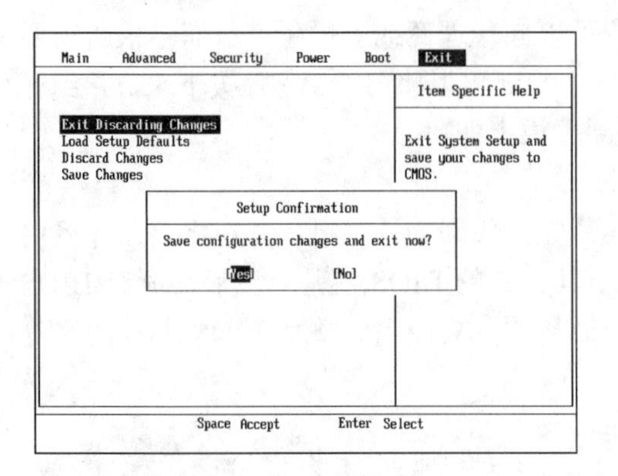

图 10-30 保存并退出 BIOS 设置

提 示

退出并保存设置时可直接按快捷键 F10，在弹出 Setup Confirmation 对话框后按回车键即可。

5 用户再次启动计算机进入系统时就要输入密码才可登录。

10.5 实验指导：设置计算机的启动顺序

计算机可以从软盘、CD-ROM 或硬盘启动。在不同情形下有不同的设置，如对一台计算机安装系统需要用到光盘时，设置光盘为第一启动项；系统安装完毕后，为了加快启动速度，设置硬盘为第一启动项等。下面就来介绍设置计算机启动顺序的方法。

1．实验目的

- ❑ 了解 BIOS 界面
- ❑ 设置计算机从 CD-ROM 启动
- ❑ 设置计算机从硬盘启动

2．实验步骤

1 启动计算机时，按 Del 键进入计算机 BIOS 设置界面，如图 10-31 所示。

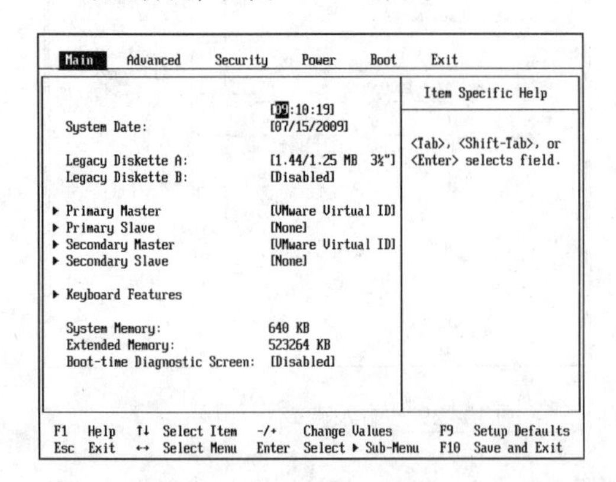

图 10-31 进入 BIOS 界面

2 通过方向键【→】移动光标，选择 Boot 选项，并按回车键展开 Removable Devices 项。然后，通过方向键【↓】选择 Hard Drive 项，并按回车键展开，查看当前计算机的启动顺序，如图 10-32 所示。

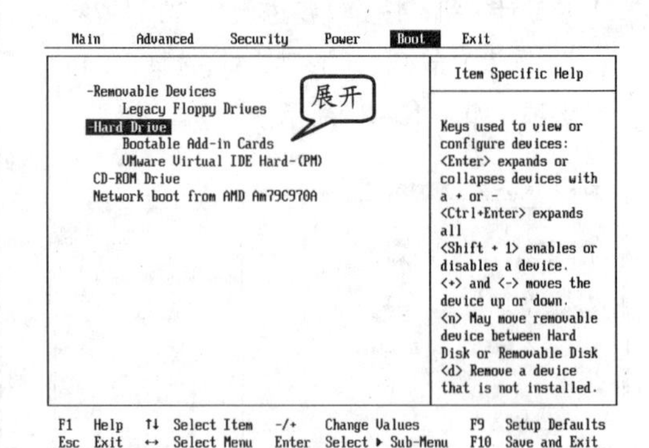

图 10-32 查看当前计算机启动顺序

提 示

Removable Devices 中文意思为“可移动的设备”，其子项 Legacy Floppy Drives 为“软驱”；Hard Drive 为“硬盘”，其子项是硬盘的类型；CD-ROM Drive 为“光盘驱动器”。从中不难看出该计算机的启动顺序。

3 通过方向键【↑】移动光标，选择 Removable

Devices 项，并连续按【－】键 2 次。然后，再通过方向键【↑】移动光标，选择 Hard Drive 项，并按【－】键，可在 Boot 窗口中查看计算机启动顺序，如图 10-33 所示。

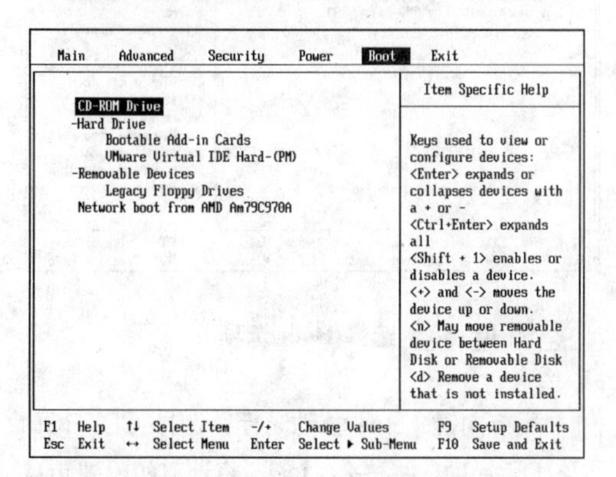

图 10-33 设置计算机从 **CD-ROM** 启动

提 示

计算机从光盘驱动器启动，这样当光盘驱动器中放有光盘时，系统将直接检测并读取光盘内容，而不会读取硬盘信息进入系统。在安装操作系统时常常做这样设置。

4 通过方向键【↑】移动光标，选择 CD-ROM Drive 项，并按【－】键，设置计算机从硬盘启动，如图 10-34 所示。

提 示

设置计算机从硬盘启动，在启动过程中系统将不检测光盘驱动器及软驱信息，这样可加快计算机启动速度。

5 通过方向键【→】移动光标，选择 Exit 选项，并按回车键。然后，在弹出的 Setup Confirmation 对话框中选择 Yes 按钮，并按回车键，如图 10-35 所示。

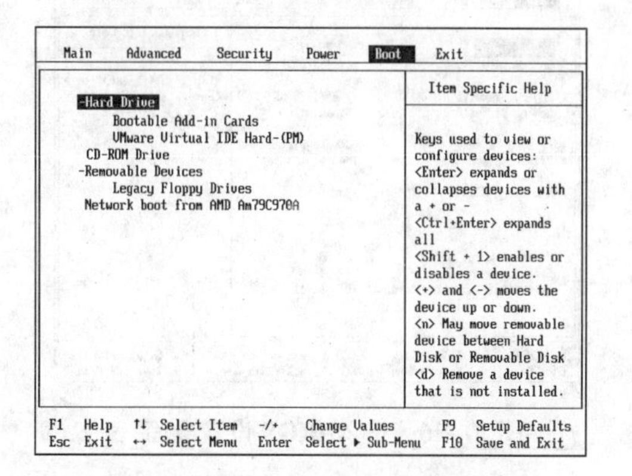

图 10-34 设置计算机从硬盘启动

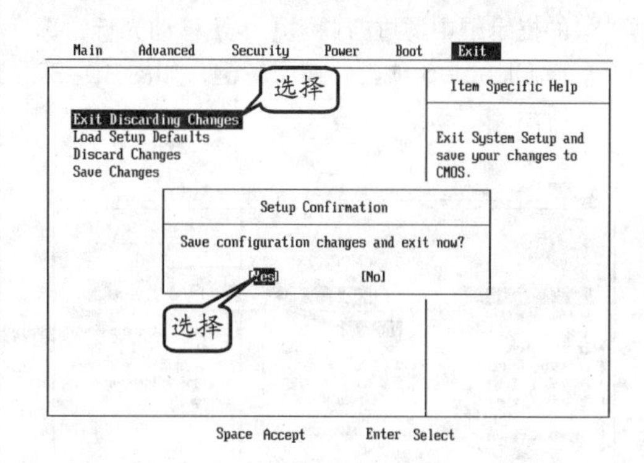

图 10-35 保存并退出 **BIOS** 设置

提 示

选择 Yes 按钮，并按回车键后，计算机将重新启动，在 BIOS 中所做的设置将生效；若不想保存设置，则通过方向键【→】移动光标，选择 No 按钮，按回车键，返回 BIOS 界面重新设置。

10.6 实验指导：优化及恢复 BIOS 设置

合理地对 BIOS 进行设置，在一定程度上可以提升计算机的整体性能；当设置不合理时，还可以恢复 BIOS 的出厂设置，而不影响计算机正常运行。下面来简单介绍 BIOS 设置的一些方法。

1. 实验目的

- ❑ 禁用软盘
- ❑ 设置计算机从硬盘启动
- ❑ 将 BIOS 恢复出厂设置

2. 实验步骤

1 启动计算机，按 Del 键进入计算机 BIOS 设置界面，如图 10-36 所示。

```
Main   Advanced   Security   Power   Boot   Exit
                                              Item Specific Help
System Time:                 [14:25:27]
System Date:                 [07/15/2009]     <Tab>, <Shift-Tab>, or
                                              <Enter> selects field.
Legacy Diskette A:           [1.44/1.25 MB 3½"]
Legacy Diskette B:           [Disabled]

▶ Primary Master             [VMware Virtual ID]
▶ Primary Slave              [None]
▶ Secondary Master           [VMware Virtual ID]
▶ Secondary Slave            [None]

▶ Keyboard Features

System Memory:               640 KB
Extended Memory:             523264 KB
Boot-time Diagnostic Screen: [Disabled]

F1  Help  ↑↓ Select Item  -/+   Change Values        F9   Setup Defaults
Esc Exit  ↔  Select Menu  Enter Select ▶ Sub-Menu    F10  Save and Exit
```

图 10-36　进入 BIOS 设置界面

2 通过方向键【↓】移动光标，选择 Legacy Diskette A 项，并按回车键。然后，在弹出的提示框中通过方向键【↑】移动光标，选择 Disabled 项，并按回车键，如图 10-37 所示。

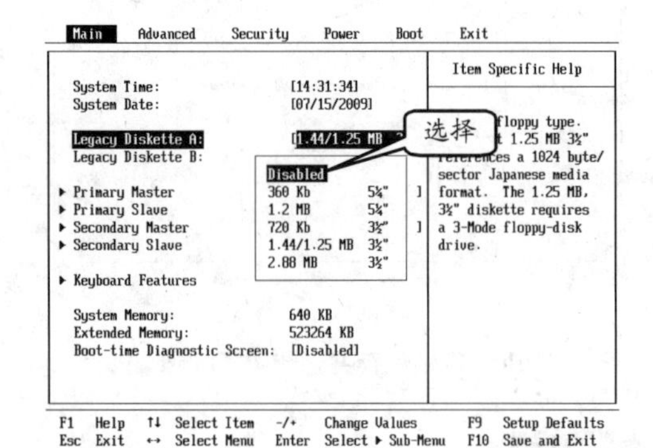

图 10-37　关闭软驱

提　示

Legacy Diskette A 为软盘，在此选择 Disabled 选项，即禁用软盘驱动器。这样在计算机启动时就不检测软盘驱动器，从而加快开机速度。

3 通过方向键【→】移动光标，选择 Boot 选项，并展开 Hard Drive 和 Removable Devices 项，可查看当前计算机启动顺序，如图 10-38 所示。

提　示

CD-ROM 为第一启动项时，光盘驱动器中无论是否放有光驱，计算机启动时将首先检测光盘驱动器，这样就在一定程度上增加了计算机的启动时间。

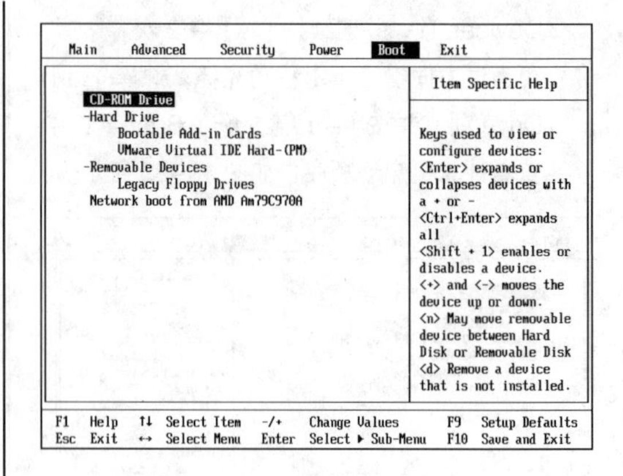

图 10-38　选择 Boot 选项

4 用方向键【↑】移动光标，选择 CD-ROM Drive 项，并按【-】键，将计算机设置为从硬盘启动，如图 10-39 所示。

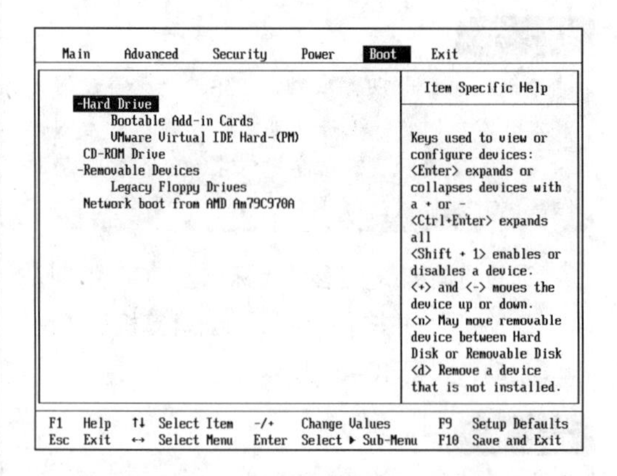

图 10-39　设置计算机从硬盘启动

提　示

将计算机设置为从硬盘启动，计算机启动时就不检测光盘驱动器，而是首先检测硬盘并读取其信息进入系统，计算机启动速度要比从 CD-ROM 启动快。

5 通过方向键【←】移动光标，选择 Advanced 选项。然后，用方向键【↓】移动光标，选择 Reset Configuration Data 项，并按回车键，在弹出的提示框中通过方向键【↓】选择 Yes 项，并按回车键，如图 10-40 所示。

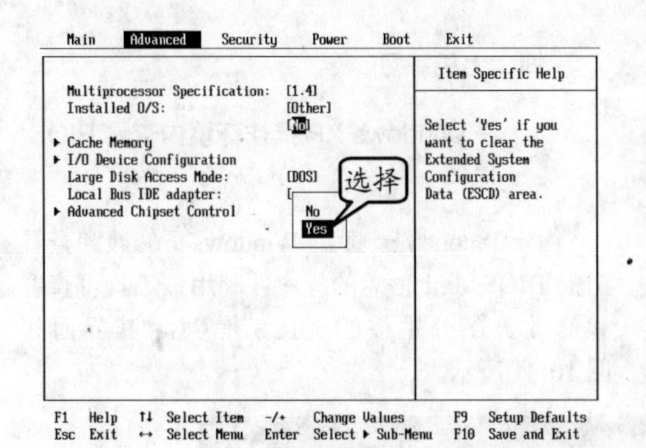

图 10-40 恢复 BIOS 为出厂设置

提 示

恢复 BIOS 为出厂设置后，对 BIOS 之前所做的一切设置都将失效，恢复到出厂时的默认值，这样做可以避免因 BIOS 设置不当而影响计算机正常启动。

10.7 思考与练习

一、填空题

1. ________是一组固化在计算机主板 ROM 芯片上的程序，保存着计算机最重要的基本输入输出程序、系统设置信息、开机通电自检程序和系统启动自检程序。

2. 在 586 以前的主板 BIOS 芯片采用________芯片，只能一次性写入，不能再修改，而 586 以后的主板 BIOS 芯片采用________，可以通过主板跳线开关或专用软件实现 BIOS 升级。

3. BIOS 芯片中主要存放______、______、系统自举装载程序、主要 I/O 设备的驱动程序和终端服务等信息。

4. ________包括对 CPU、内存、主板、CMOS 存储器、串并口、显卡、硬盘、键盘、鼠标等进行测试。

5. ________是指计算机主板上一块可读写的 RAM 芯片，存储计算机系统实时钟信息和硬件配置信息等。

6. ________是用来完成系统参数设置与修改的程序，________是存放系统参数的芯片。

7. 进入 BIOS 设置程序通常有________、和用可读写 CMOS 的应用软件 3 种方法。

8. 升级 BIOS 一定要在________模式中进行。

二、选择题

1. BIOS 紧密相关的 3 个概念是________。

A. Firmware、RAM 芯片和 CMOS

B. Firmware、ROM 芯片和 CMOS

C. EPROM、RAM 和 CMOS

D. Flash ROM、RAM 和 CMOS

2. 下列哪项不属于进入 BIOS 程序的方法？________

A. 启动计算机时按热键

B. 用系统提供的软件

C. 用一些可读写 CMOS 的应用软件

D. 开机后按 F1 键

3. 在 Award BIOS 的 Standard CMOS Features 设置项界面中共分为________设置项。

A. 10　　B. 11

C. 12　　D. 13

4. 下列选项中关于 Award BIOS 设置过程中，常用功能键的描述错误的是________。

A. F1 键用来显示当前设定的相关说明

B. F5 键用于当前设置项的参数恢复到安全默认参数

C. F10 键保存 BIOS 设定值并退出程序

D. F7 键将当前设置项的参数恢复到最佳默认值

5. 下列选项中，不属于 Award BIOS 的 PC Health Status 界面中的设置项是________。

A. Shutdown Temperature

B. CPU Warning Temperature

C. Current System Temp

D. Reset Configuration Data

6. 在 Award BIOS 中，Video Off Method 设置项的默认设置为________。

A. V/HYNC+Blank　　B. Blank Screen

C. DPMS　　D. Enabled

三、简答题

1. 简述 BIOS 和 CMOS 的区别。
2. 简述 BIOS 的启动顺序。
3. 简述升级 BIOS 要注意的事项。
4. 简述 BIOS 升级的过程。
5. BIOS 升级失败后应该如何处理。

四、上机练习

1. 在 Windows XP 操作环境内查看 BIOS 信息

DMIScope 是一款在 Windows 下修改和查看主板 BIOS dmi 信息的程序，利用该工具可查看和修改大部分主板的 BIOS 信息，其界面如图 10-41 所示。

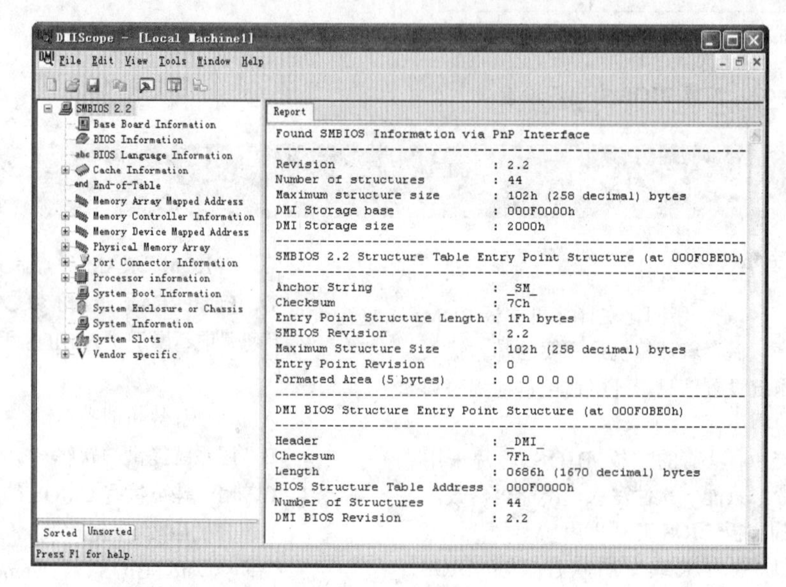

图 10-41　DMIScope 操作界面

第11章

安装操作系统

操作系统是计算机的灵魂，只有安装了操作系统后的计算机才能够为用户所用，并通过安装其他类型的软件，才可以使计算机完成各种各样的工作。本章将以 Windows XP 操作系统为例，讲解操作系统的安装方法。在安装完成后，还将对备份与恢复操作系统的方法进行介绍，以便用户在操作系统出现难以修复的问题时，能够快速将计算机恢复至正常状态，从而减少系统故障对工作的影响。

本章学习要点：

- 磁盘分区与格式化
- 安装操作系统
- 安装设备驱动程序
- 操作系统的备份与恢复

11.1 磁盘分区与格式化

硬盘在生产完成后，必须要经过低级格式化、分区和高级格式化（简称格式化）这3个处理步骤后才能真正用于存储数据。通常来说，硬盘的“低级格式化”操作由生产厂家来完成，其目的是为硬盘划定可用于存储数据的扇区与磁道，而计算机将以怎样的方式来利用这些磁道存储数据，则由用户自行对硬盘进行的“分区”和“格式化”操作来决定。

11.1.1 划分磁盘分区

通常情况下，将每块硬盘（即硬盘实物）称为物理盘，将“磁盘 C:”、“磁盘 D:”等各类“磁盘驱动器”称为逻辑盘。逻辑盘是系统为控制和管理物理硬盘而建立的操作对象，一块物理盘可以设置为一块或多块逻辑盘进行使用，而分区操作的实质便是将物理盘划分为逻辑盘的过程。本节将以 Fdisk.exe 程序为例，介绍创建以及调整磁盘分区的方法。

1. 分区前的准备工作

在创建分区前，用户需要首先规划分区的数量和容量，而这两项内容通常取决于硬盘的容量与使用者的习惯。此外，还需要准备一张带有 Fdisk.exe 和 Format.com 程序的 DOS 启动光盘，并在 BIOS 内将计算机设置为从光驱启动。

提　示

Fdisk.exe 是微软提供的磁盘分区程序，而 Format.com 则是格式化程序，用户可以从 DOS 启动盘或者 Windows 98/ME/XP 安装光盘内获取上述程序。

在完成上述准备工作后，下面来了解一下分区的基础知识。目前，计算机内的分区共有两种类型，一种是主分区，另一种是扩展分区。两者间的差别在于前者能够引导操作系统，并且可以直接存储数据；后者不但无法直接引导操作系统，而且必须在其内划分逻辑驱动器后，才能以逻辑驱动器的形式存储数据，相互之间的关系如图 11-1 所示。

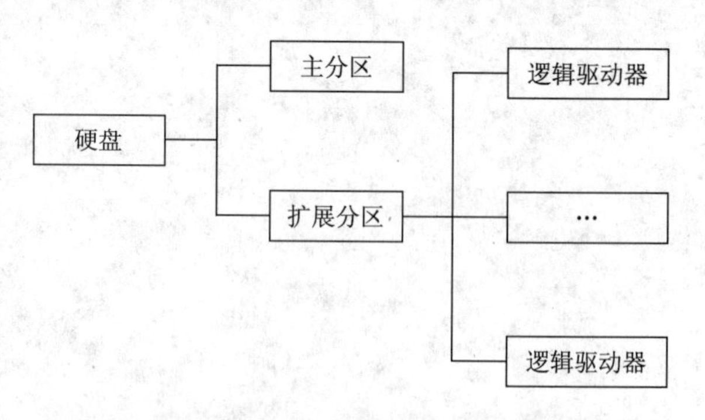

图 11-1　磁盘分区与逻辑驱动器的关系

提　示

在【我的电脑】中，“本地磁盘 C”通常为主分区，而“本地磁盘 D”、“本地磁盘 E”等逻辑盘通常为逻辑驱动器，但从数据存储方面的使用感觉来说，它们之间并没有什么差别。

2. 划分磁盘分区

用于划分磁盘分区的程序较多，其操作方法也都不太相同。在这里将以较为普及的Fdisk分区程序为例，简单介绍在DOS下划分磁盘分区的方法。

在使用之前所准备的光盘启动计算机后，在DOS提示符下输入fdisk，按回车键启动Fdisk磁盘分区程序。图11-2所示即为磁盘分区程序运行后所显示的提示信息。

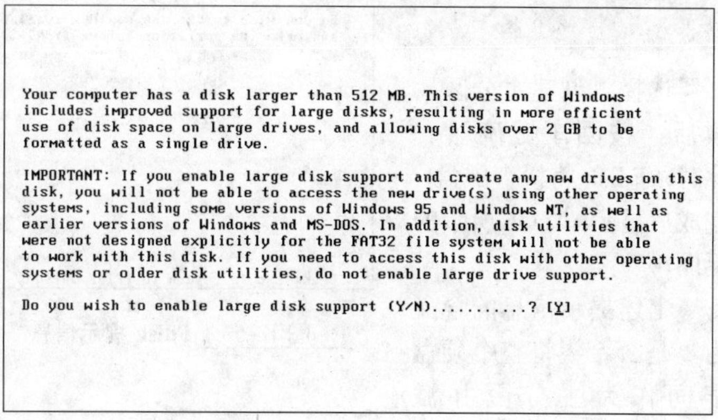

```
Your computer has a disk larger than 512 MB. This version of Windows
includes improved support for large disks, resulting in more efficient
use of disk space on large drives, and allowing disks over 2 GB to be
formatted as a single drive.

IMPORTANT: If you enable large disk support and create any new drives on this
disk, you will not be able to access the new drive(s) using other operating
systems, including some versions of Windows 95 and Windows NT, as well as
earlier versions of Windows and MS-DOS. In addition, disk utilities that
were not designed explicitly for the FAT32 file system will not be able
to work with this disk. If you need to access this disk with other operating
systems or older disk utilities, do not enable large drive support.

Do you wish to enable large disk support (Y/N)..........? [Y]
```

图11-2　**Fdisk 提示信息**

提　示

上述信息的大致含义为“磁盘容量已经超过512MB，为了充分发挥磁盘性能，是否选用FAT32文件系统？”。

在Fdisk提示信息界面中，输入Y后按回车键，即可进入Fdisk主界面，如图11-3所示。通常情况下，Fdisk主界面内只有4个选项，其含义如下。

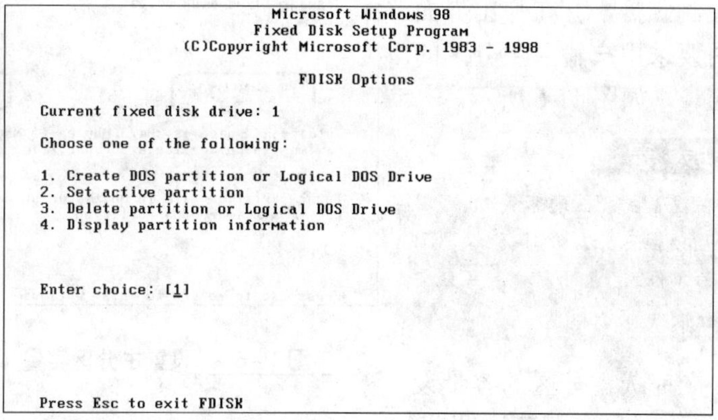

```
                    Microsoft Windows 98
                  Fixed Disk Setup Program
          (C)Copyright Microsoft Corp. 1983 - 1998

                       FDISK Options

Current fixed disk drive: 1

Choose one of the following:

1. Create DOS partition or Logical DOS Drive
2. Set active partition
3. Delete partition or Logical DOS Drive
4. Display partition information


Enter choice: [1]




Press Esc to exit FDISK
```

图11-3　**Fdisk 主界面**

- ❑ 创建DOS分区或逻辑驱动器
- ❑ 设置活动分区
- ❑ 删除分区或逻辑驱动器
- ❑ 显示分区信息

在主界面中，选择第1项后按回车键，进入“创建DOS分区或逻辑驱动器”选项界面，如图11-4所示。该界面只有3个选项，其含义如下。

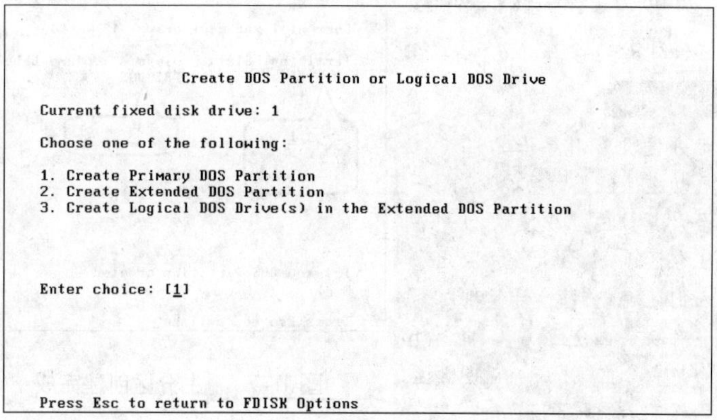

```
          Create DOS Partition or Logical DOS Drive

Current fixed disk drive: 1

Choose one of the following:

1. Create Primary DOS Partition
2. Create Extended DOS Partition
3. Create Logical DOS Drive(s) in the Extended DOS Partition



Enter choice: [1]




Press Esc to return to FDISK Options
```

图11-4　**创建DOS分区或逻辑驱动器界面**

- ❑ 创建主分区
- ❑ 创建扩展分区
- ❑ 在扩展分区内创建逻辑驱动器

提　示

在划分磁盘区域时，必须遵循“主分区-扩展分区-逻辑驱动器”的创建顺序，而删除分区的顺序则与之相反。

选择“创建主分区”项后，按回车键确认。此时，Fdisk将检查磁盘，完成后显示图11-5所示的界面。

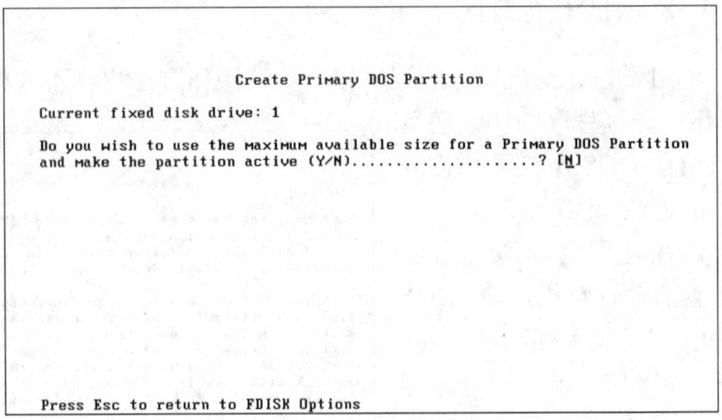

```
Create Primary DOS Partition

Current fixed disk drive: 1

Do you wish to use the maximum available size for a Primary DOS Partition
and make the partition active (Y/N)....................? [N]



Press Esc to return to FDISK Options
```

图 11-5　Fdisk 提示信息

上述提示信息的含义为“是否希望将整个硬盘空间作为主分区并激活？”，这里输入N后按回车键。此时，Fdisk将再次检测磁盘，并在弹出界面内要求用户输入主分区的容量，如图11-6所示。

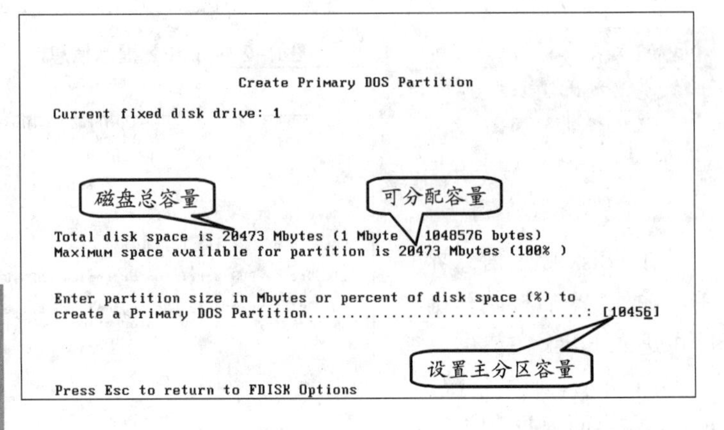

图 11-6　设置主分区容量

提　示

在设置主分区的容量时，可以直接输入分区大小（以MB为单位），也可以输入可分配空间的百分比。

完成主分区的容量设置后，按回车键确认设置，此时Fdisk将显示刚刚设置完的分区信息，如图11-7所示。

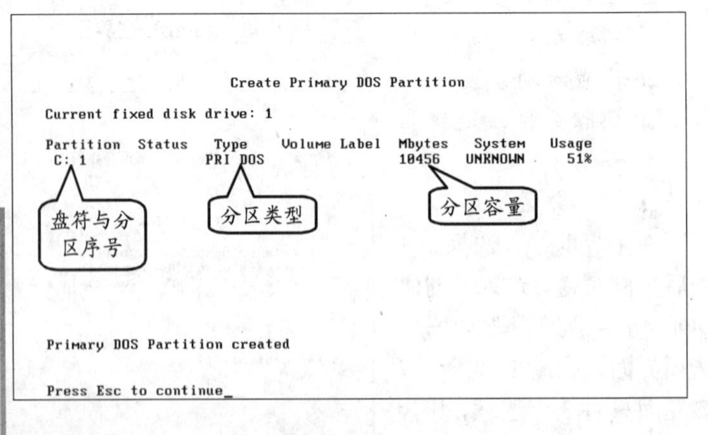

图 11-7　主分区创建完成

提　示

主分区具有引导计算机获取启动文件位置的功能，因此一台计算机内至少应该有一个主分区（一般为C盘）。此外人们还规定，每台计算机内最多有4个主分区，而只能有1个扩展分区，并且所有逻辑盘的数量不能超过24个。

按Esc键返回Fdisk主界面后，再次进入“创建DOS分区或逻辑驱动器”选项界面，并选择“创建扩展分区”项。在Fdisk对剩余磁盘空间进行检测后，将打开图11-8所示的界面，要求用户设置扩展分区的容量。

提　示

通常情况下，会将主分区以外的所有空间划分为扩展分区，因此在这里直接按回车键即可。

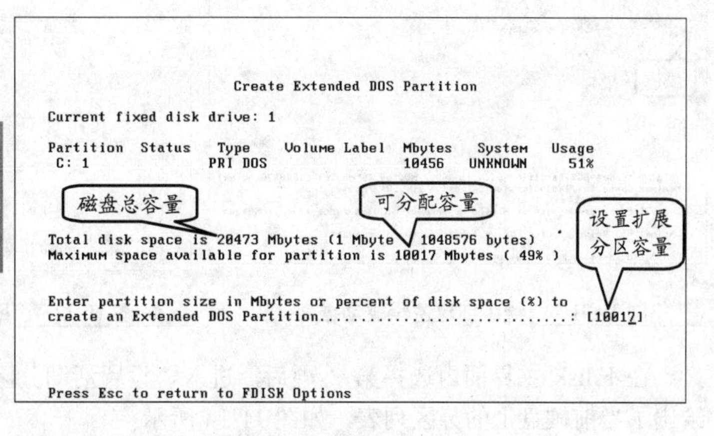

图 11-8　设置扩展分区容量

完成扩展分区容量的设置后，按回车键确认操作，此时 Fdisk 将在图 11-9 所示的界面内显示分区信息。

按 Esc 键后 Fdisk 将检测磁盘空间，完成后将自动进入“在扩展分区内创建逻辑驱动器”选项界面，并要求用户设置逻辑驱动器的容量，如图 11-10 所示。

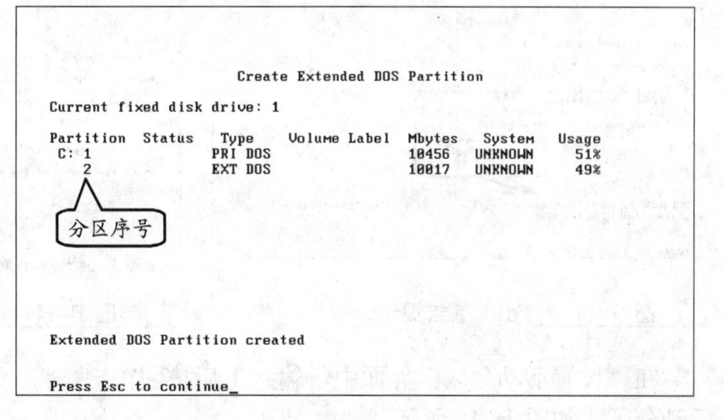

图 11-9　扩展分区创建完成

完成逻辑驱动器的容量设置后，按回车键即可在扩展分区内划分出一个逻辑驱动器。此时，如果扩展分区内仍有未分配空间，可使用相同方法继续创建逻辑驱动器，如图 11-11 所示。

```
Create Logical DOS Drive(s) in the Extended DOS Partition

No logical drives defined

Total Extended DOS Partition size is 10017 Mbytes (1 MByte = 1048576 bytes)
Maximum space available for logical drive is 10017 Mbytes (100% )

Enter logical drive size in Mbytes or percent of disk space (%)...[ 5000]

Press Esc to return to FDISK Options
```

扩展分区总容量　可分配容量

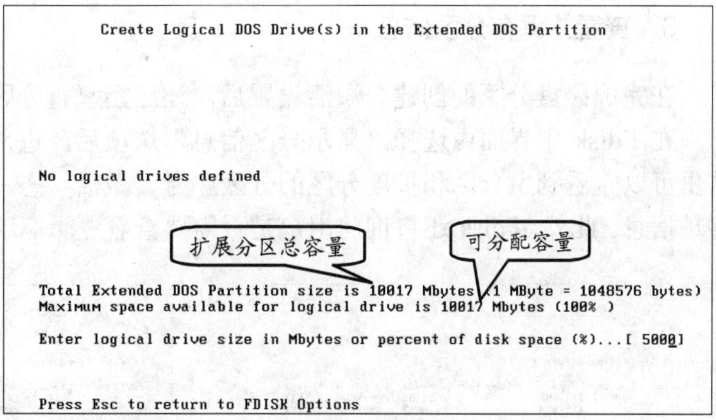

图 11-10　设置逻辑驱动器容量

待扩展分区的所有空间全都划分为逻辑驱动器后，Fdisk 将显示所有逻辑驱动器的信息，如图 11-12 所示。

按 Esc 键返回 Fdisk 主界面后，Fdisk 将在主界面内显示警告信息，提示用户设置活动分区（也称激活主分区），如图 11-13 所示。

提　示

只有主区分能够被激活，也只有激活后的主分区才能够引导计算机获取启动文件的位置。当硬盘内划分有多个主分区时，用户可以将其中的任意一个设置为活动分区。

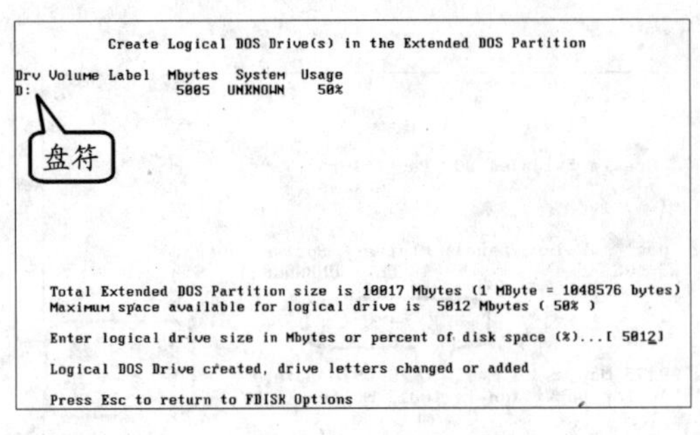

图 11-11　继续创建逻辑驱动器

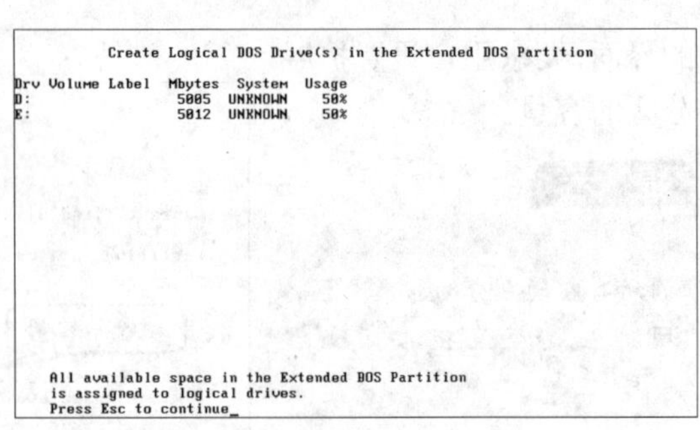

图 11-12　所有逻辑驱动器创建完成

在 Fdisk 主界面内选择第 2 项后，进入“设置活动分区”界面。在该界面中 Fdisk 给出了当前硬盘上的分区列表，如图 11-14 所示。

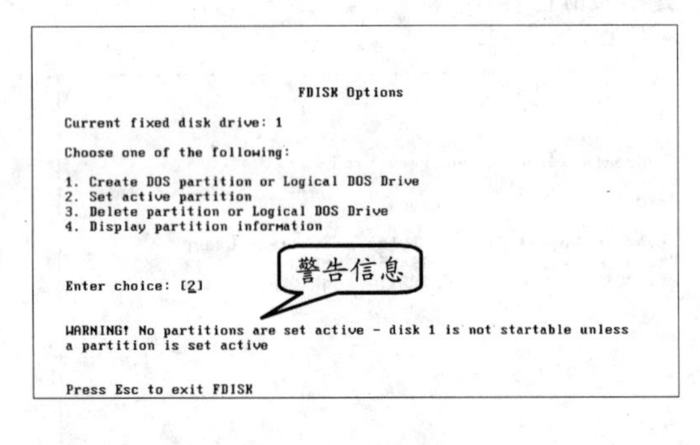

图 11-13　Fdisk 警告提示

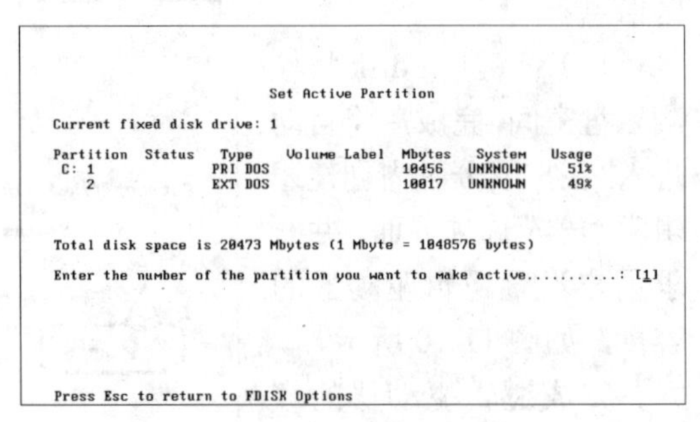

图 11-14　磁盘分区列表

在“设置活动分区”界面中，输入 1 后按回车键，将分区序号为 1 的主分区设置为活动分区，如图 11-15 所示。

完成激活操作后，按 Esc 键返回 Fdisk 程序主界面。

3．查看并保存分区信息

在完成磁盘分区的创建与激活设置后，还应当复查分区操作是否有误。

在 Fdisk 主界面内选择“显示分区信息”选项后，进入“显示分区信息”界面。在这里可以查看到主分区和扩展分区的分区序号、激活状态、分区类型，以及分区容量等各项信息。此外，Fdisk 还将询问用户是否需要查看逻辑驱动器的信息，如图 11-16 所示。

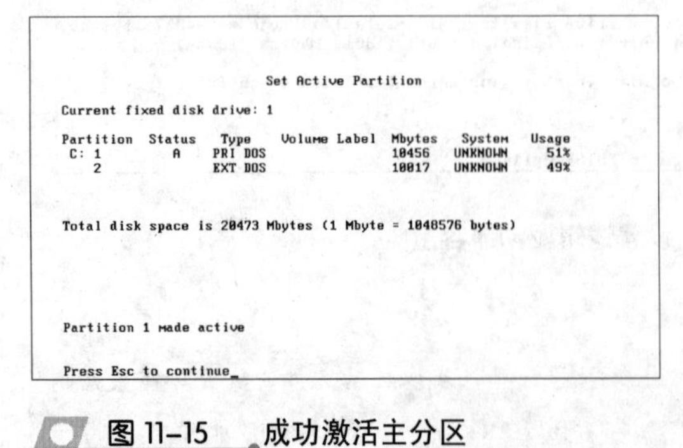

图 11-15　成功激活主分区

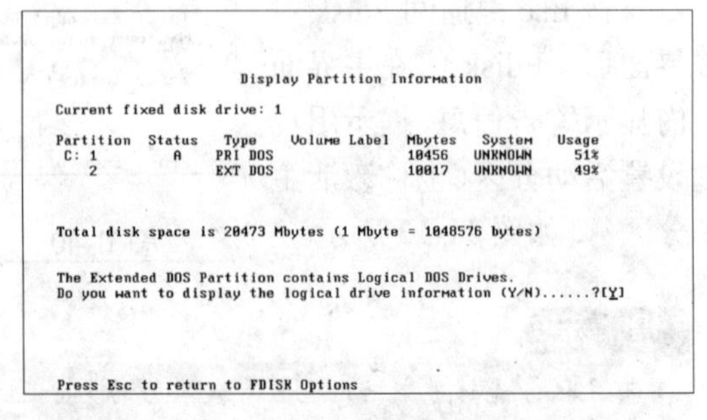

图 11-16　磁盘分区列表

输入Y后按回车键，即可在新界面内查看扩展分区内所有逻辑驱动器的各项信息，如图11-17所示。

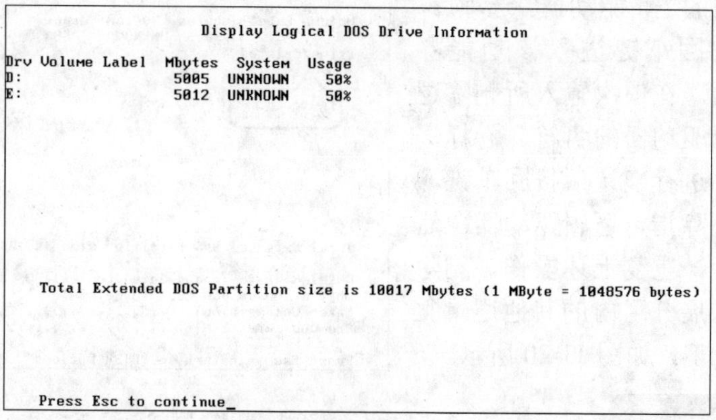

磁盘分区确认无误后，按Esc键返回Fdisk程序主界面。然后，再次按Esc键后将弹出图11-18所示信息，提醒用户在重新启动计算机后，新创建的磁盘分区还要经过格式化才能使用。此时，第3次按Esc键即可保存修改后的分区信息，并退出Fdisk磁盘分区程序。

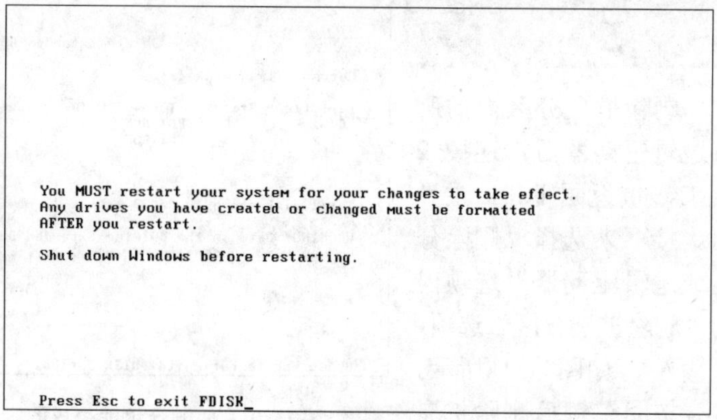

```
                Display Logical DOS Drive Information

Drv Volume Label  Mbytes  System   Usage
D:                  5005  UNKNOWN    50%
E:                  5012  UNKNOWN    50%




 Total Extended DOS Partition size is 10017 Mbytes (1 MByte = 1048576 bytes)



 Press Esc to continue_
```

图11-17 查看逻辑驱动器信息

注 意

只有按Esc键退出Fdisk程序，并返回DOS界面后，之前所设置的分区信息才会被保存下来。即便是这样，也必须在重新启动计算机后才能够看到新的磁盘分区效果。

```
 You MUST restart your system for your changes to take effect.
 Any drives you have created or changed must be formatted
 AFTER you restart.

 Shut down Windows before restarting.



 Press Esc to exit FDISK_
```

图11-18 退出磁盘分区程序

4. 删除磁盘分区

如果用户对当前硬盘内的逻辑盘划分不太满意，还可利用Fdisk程序将分区删除后重新划分。

在Fdisk程序主界面内选择第3项后，进入“删除分区或逻辑驱动器”选项界面，如图11-19所示。该界面内共有4个选项，其含义如下。

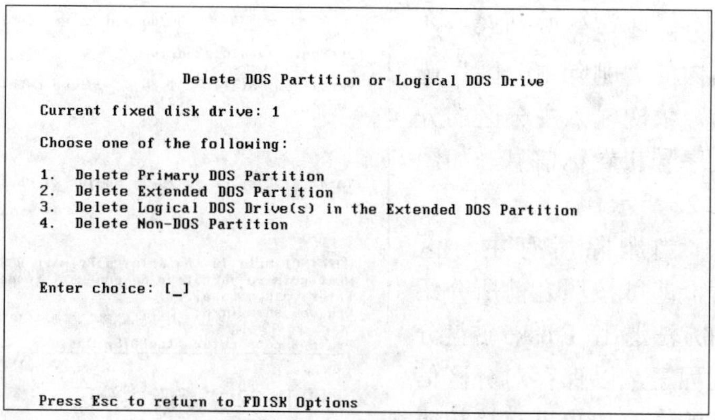

- ❑ 删除主分区
- ❑ 删除扩展分区
- ❑ 删除扩展分区内的逻辑驱动器
- ❑ 删除非DOS分区

```
              Delete DOS Partition or Logical DOS Drive

 Current fixed disk drive: 1

 Choose one of the following:

 1.  Delete Primary DOS Partition
 2.  Delete Extended DOS Partition
 3.  Delete Logical DOS Drive(s) in the Extended DOS Partition
 4.  Delete Non-DOS Partition


 Enter choice: [_]



 Press Esc to return to FDISK Options
```

图11-19 “删除分区或逻辑驱动器”选项界面

提 示

Fdisk会将所有DOS操作系统不支持的分区认定为非DOS分区，但由于功能的限制，Fdisk根本无法识别某些分区格式，自然也就谈不上对这些分区进行操作了。

选择“删除扩展分区内的逻辑驱动器”选项后，按回车键进入该功能界面。在依次输入所删除逻辑驱动器的盘符、卷标，并进行确认后按回车键，删除指定逻辑驱动器。然后，重复上述操作，删除扩展分区内的其他逻辑驱动器，如图 11-20 所示。

```
Delete Logical DOS Drive(s) in the Extended DOS Partition

Drv Volume Label  Mbytes  System   Usage
D:                  5005  UNKNOWN    50%
E:  Drive deleted

Total Extended DOS Partition size is 10017 Mbytes (1 MByte = 1048576 bytes)

WARNING! Data in a deleted Logical DOS Drive will be lost.
What drive do you want to delete...............................? [D]
Enter Volume Label..............................? [           ]
Are you sure (Y/N)..............................? [Y]

Press Esc to return to FDISK Options
```

删除标记

输入盘符

图 11-20 删除逻辑驱动器

注 意

无论是逻辑驱动器还是主分区，一旦删除后，该逻辑盘内的所有数据都将全部丢失。

删除扩展分区内的所有逻辑驱动器后，连按 2 次 Esc 键返回 Fdisk 主界面。接下来选择“删除分区或逻辑驱动器”选项内的“删除扩展分区”选项，并输入 Y，如图 11-21 所示。

```
Delete Extended DOS Partition

Current fixed disk drive: 1

Partition  Status   Type    Volume Label   Mbytes   System    Usage
 C: 1        A     PRI DOS                 10456    UNKNOWN    51%
    2              EXT DOS                 10017    UNKNOWN    49%

Total disk space is 20473 Mbytes (1 Mbyte = 1048576 bytes)

WARNING! Data in the deleted Extended DOS Partition will be lost.
Do you wish to continue (Y/N).................? [Y]

Press Esc to return to FDISK Options
```

图 11-21 删除扩展分区

按回车键后删除扩展分区，并在按 Esc 键返回 Fdisk 主界面后，选择“删除分区或逻辑驱动器”选项内的“删除主分区”选项，依次输入主分区的分区序号和卷标信息，如图 11-22 所示。

```
Delete Primary DOS Partition

Current fixed disk drive: 1

Partition  Status   Type    Volume Label   Mbytes   System    Usage
 C: 1        A     PRI DOS                 10456    UNKNOWN    51%

Total disk space is 20473 Mbytes (1 Mbyte = 1048576 bytes)

WARNING! Data in the deleted Primary DOS Partition will be lost.
What primary partition do you want to delete..? [1]
Enter Volume Label..............................? [           ]
Are you sure (Y/N)..............................? [Y]

Press Esc to return to FDISK Options
```

图 11-22 删除主分区

当删除所有主分区后，即可按照之前所介绍的方法退出 Fdisk 磁盘分区程序，以保存对分区信息的修改，也可直接按照新的规划方案来划分磁盘分区。

11.1.2 格式化磁盘分区

格式化（高级格式化）是对磁盘分区的初始化过程，其目的是按照文件系统的需求，在目标磁盘分区上创建文件分配表（FAT）并划分数据区域，以便操作系统存储数据。目前，Windows 操作系统主要使用以下两种文件系统。

❑ **FAT32**

该文件系统属于 FAT 系列文件系统，由于采用了 32 位的文件分配表，因此得名 FAT32 文件系统。

FAT32 文件系统的优点是适用范围广，磁盘空间利用率较之前的 FAT16 要高。目前，除了 Windows 系列操作系统支持这种文件系统外，Linux 的部分版本也对 FAT32 提供了有限支持（Linux 无法从 FAT32 分区进行启动）。

不过，这种文件系统的缺点也较为明显。首先是运行速度较之前的 FAT 系列文件系统要慢；其次，FAT32 所支持单个文件的体积也较小（不能大于 4GB），这使得 FAT32 文件系统已经无法满足如今海量数据及大体积文件的存储需求。

❑ **NTFS**

NTFS 是微软公司为 Windows NT 操作系统所创建的一种新型文件系统，最大能够支持 64GB 的单个文件，但由于兼容性较差，因此使用范围较 FAT32 要小。

NTFS 文件系统的最大特点在于其出色的安全性和稳定性；此外，由于 NTFS 文件系统在使用时不易产生文件碎片，因此能够极大地提高大容量硬盘的工作效率。

下面将以 DOS 下的 Format.com 程序为例，简单介绍利用该程序格式化磁盘分区的方法。

使用之前所准备的 DOS 启动光盘启动计算机后，在命令提示符下输入 format /?，按回车键查看 format.com 程序的帮助信息，如图 11-23 所示。

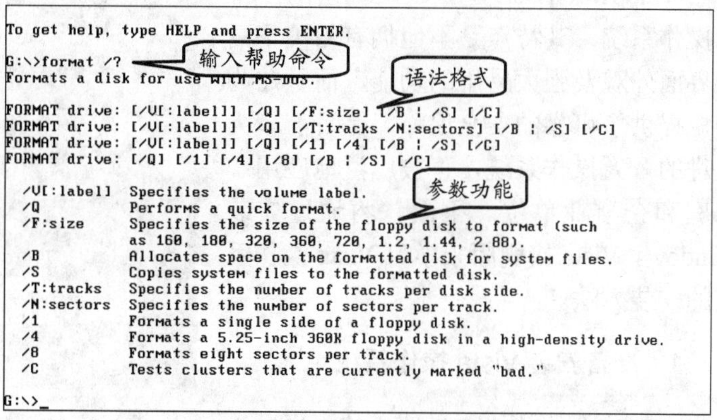

```
To get help, type HELP and press ENTER.

G:\>format /?
Formats a disk for use with MS-DOS.

FORMAT drive: [/V[:label]] [/Q] [/F:size] [/B | /S] [/C]
FORMAT drive: [/V[:label]] [/Q] [/T:tracks /N:sectors] [/B | /S] [/C]
FORMAT drive: [/V[:label]] [/Q] [/1] [/4] [/B | /S] [/C]
FORMAT drive: [/Q] [/1] [/4] [/8] [/B | /S] [/C]

  /V[:label]   Specifies the volume label.
  /Q           Performs a quick format.
  /F:size      Specifies the size of the floppy disk to format (such
               as 160, 180, 320, 360, 720, 1.2, 1.44, 2.88).
  /B           Allocates space on the formatted disk for system files.
  /S           Copies system files to the formatted disk.
  /T:tracks    Specifies the number of tracks per disk side.
  /N:sectors   Specifies the number of sectors per track.
  /1           Formats a single side of a floppy disk.
  /4           Formats a 5.25-inch 360K floppy disk in a high-density drive.
  /8           Formats eight sectors per track.
  /C           Tests clusters that are currently marked "bad."

G:\>_
```


图 11-23 **Format 格式化程序帮助信息**

通过阅读帮助内容，可以了解到如下信息。

❑ **语法格式**

Format 程序的语法格式为命令+盘符+命令参数，各部分之间用空格进行分隔（也可使用 DOS 所规定的其他分隔符）。其中，命令即为 format，盘符为需要进行格式化操作的逻辑盘盘符，命令参数属于可选项，也可不使用。

❑ **参数功能**

Format 程序的命令参数较多，但常用的却只有/S 和/Q 两个。简单的说，/S 的功能是将目标分区格式化为 DOS 启动分区，/Q 则是快速格式化目标分区（首次格式化分区时该参数无效果）。

简单了解了 Format 格式化程序的使用方法后，在提示符下输入 format c:，按回车键后执行格式化命令。但是，由于格式化操作会破坏该分区所存储的数据，因此 Format 会发出警告信息，并要求用户确认是否进行格式化操作，如图 11-24 所示。

在这里，输入 Y 后按回车键，即可开始格式化 C 盘。待格式化操作完成后，输入逻辑盘卷标后（可直接按回车键留空，这里输入“WinVista”），即可完成格式化 C 盘的操作，如图 11-25 所示。

```
Formats a disk for use with MS-DOS.

FORMAT drive: [/V[:label]] [/Q] [/F:size] [/B | /S] [/C]
FORMAT drive: [/V[:label]] [/Q] [/T:tracks /N:sectors] [/B | /S] [/C]
FORMAT drive: [/V[:label]] [/Q] [/1] [/4] [/B | /S] [/C]
FORMAT drive: [/Q] [/1] [/4] [/8] [/B | /S] [/C]

  /V[:label]   Specifies the volume label.
  /Q           Performs a quick format.
  /F:size      Specifies the size of the floppy disk to format (such
               as 160, 180, 320, 360, 720, 1.2, 1.44, 2.88).
  /B           Allocates space on the formatted disk for system files.
  /S           Copies system files to the formatted disk.
  /T:tracks    Specifies the number of tracks per disk side.
  /N:sectors   Specifies the number of sectors per track.
  /1           Formats a single side of a floppy disk.
  /4           Formats a 5.25-inch 360K floppy disk in a high-density drive.
  /8           Formats eight sectors per track.
  /C           Tests clusters that are currently marked "bad."

G:\>format c:

WARNING, ALL DATA ON NON-REMOVABLE DISK
DRIVE C: WILL BE LOST!
Proceed with Format (Y/N)?_
```

图 11-24　格式化 C 盘

```
WARNING, ALL DATA ON NON-REMOVABLE DISK
DRIVE C: WILL BE LOST!
Proceed with Format (Y/N)?y


Formatting 10,45.33M
Format complete.
Writing out file allocation table
Complete.
Calculating free space (this may take several minutes)...
Complete.

Volume label (11 characters, ENTER for none)? WinVista

     10,446.11 MB total disk space
     10,446.11 MB available on disk

          8,192 bytes in each allocation unit.
      1,337,101 allocation units available on disk.

Volume Serial Number is 2944-0FF9

G:\>_
```

分区容量

输入卷标

图 11-25　C 盘格式化完毕

使用相同方法格式化其他分区后，即可使用这些分区存储数据，接下来便可以开始安装操作系统。

11.2　安装 Windows Vista 操作系统

Windows Vista 是微软所拥出的新一代操作系统，其特点是不但拥有精美华丽的界面外观及强大易用的功能，而且还为用户提供了可靠的安全保障，是目前较为先进的个人操作系统，正被广泛地应用于家庭和企事业单位。下面，将通过安装 Windows Vista 旗舰版来学习 Vista 操作系统的安装方法。

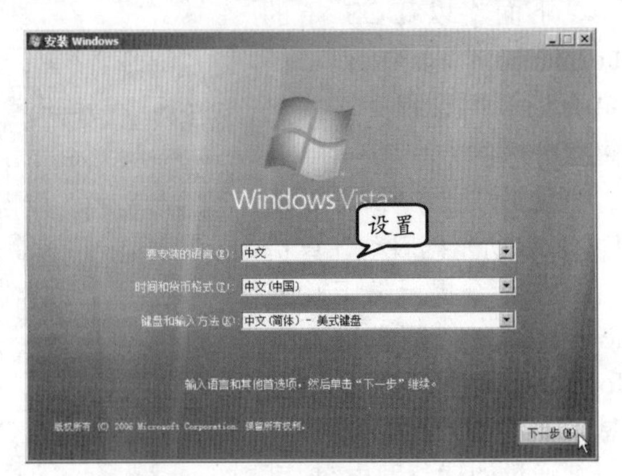

图 11-26　设置安装语言

1. 准备安装 Vista 操作系统

在 BIOS 内将光驱设置为第一启动设备后，使用 Windows Vista 安装光盘启动计算机。在弹出的界面内设置所安装操作系统的语言后，单击【安装 Windows】对话框内的【下一步】按钮，如图 11-26 所示。

接下来，在弹出的对话框内单击【现在安装】按钮，开始安装 Windows Vista 操作系统，如图 11-27 所示。

图 11-27　开始安装 Windows Vista

2. 开始安装

在安装 Windows Vista 时，安装程序会首先要求用户输入 Windows Vista 的产品密钥。在产品包装盒上找到该密钥后将其输入弹出对话框内的【产品密钥（划线将自动添加）】文本框内，完成后单击【下一步】按钮，如图 11-28 所示。

此时，用户需要在弹出对话框内选择所要安装的操作系统版本。在这里，选择 Windows Vista ULTIMATE 项后，单击【下一步】按钮，如图 11-29 所示。

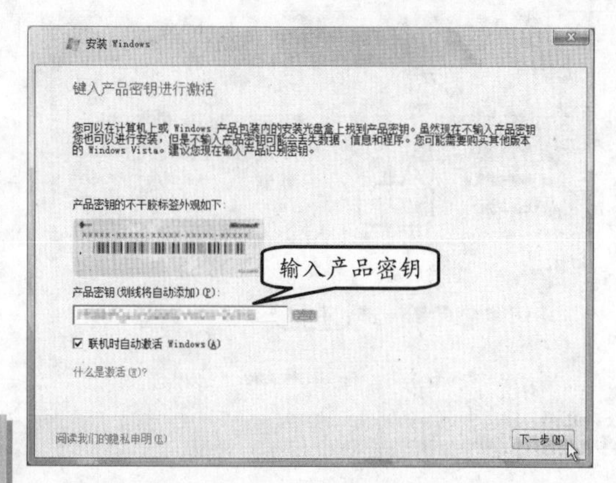

图 11-28　输入产品密钥

提　示

按照用户定位的不同，微软将 Vista 操作系统分多个不同的版本。其中，BUSINESS（商业版）定位于商业用户；HOMEBASIC（家庭普通版）适合对功能要求不高的普通家庭用户；对功能要求稍高的用户则应选择 HOMEPREMIUM（家庭高级版）；ULTIMATE（旗舰版）则拥有最全面、最强大的功能，是用户在组建顶级计算机配置时的最佳选择；至于 STARTER（入门版），则是微软为部分地区所定制的简化版，其功能被大幅度地削弱，仅能进行较为简单的应用。

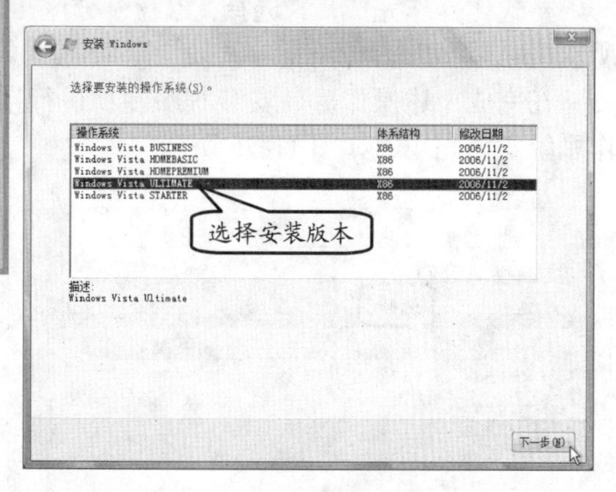

图 11-29　选择操作系统版本

接下来，在弹出的许可条款界面中启用【我接受许可条款】复选框，并单击【下一步】按钮，如图 11-30 所示。

在弹出的对话框中单击【自定义安装】按钮，如图 11-31 所示。

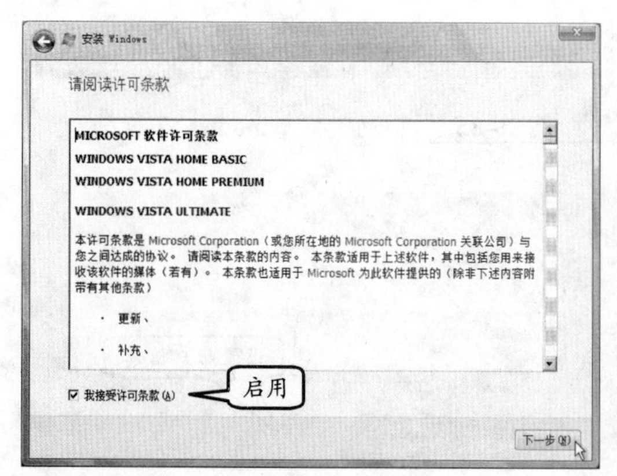

图 11-30　Vista 安装许可条款

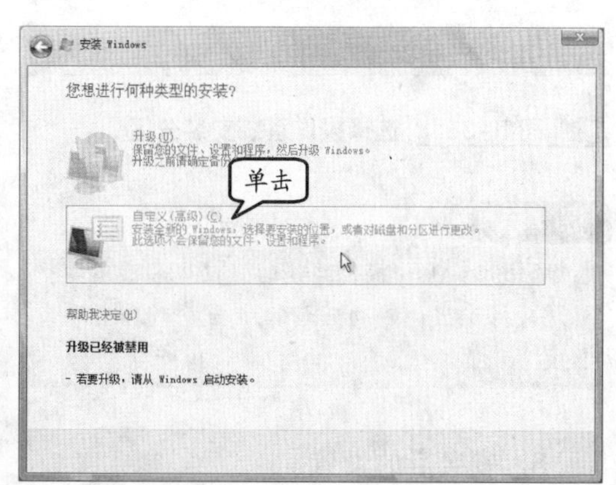

图 11-31　选择安装方式

到这里后，安装程序需要用户指定安装操作系统的分区。在选择卷标为 WinVista 的 C 盘后，单击【驱动器选项（高级）】按钮，如图 11-32 所示。

然后，单击对话框内的【格式化】按钮，如图 11-33 所示。在弹出对话框内确认格式化操作后，安装程序会将所选分区格式化为 NTFS 格式。

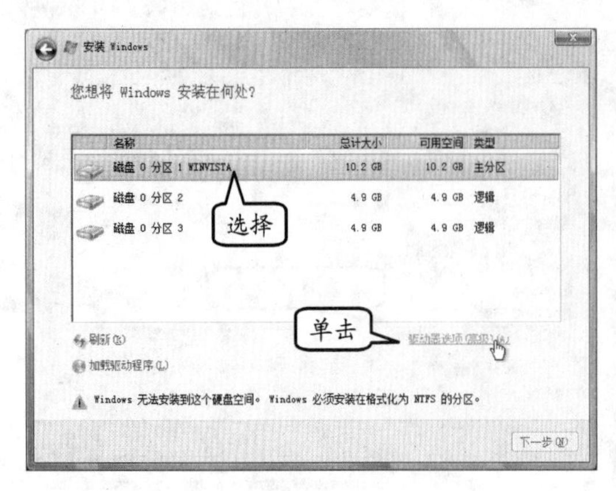

图 11-32　磁盘分区列表

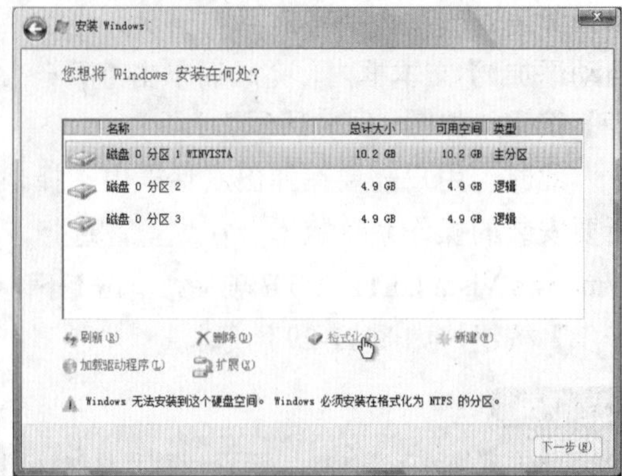

图 11-33　格式化 C 盘

格式化操作完成后，选择“磁盘 0 分区 1”选项，并单击【下一步】按钮，如图 11-34 所示。

在完成上述操作后，安装程序便将进行接下来的安装操作，直至 Windows Vista 操作系统安装完毕，如图 11-35 所示。

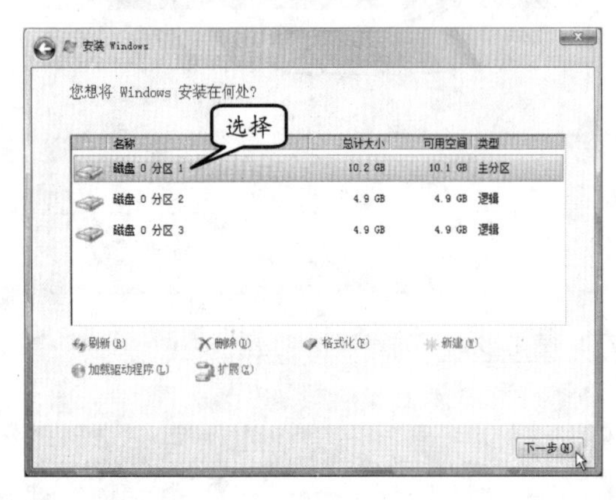

图 11-34　选择操作系统安装分区

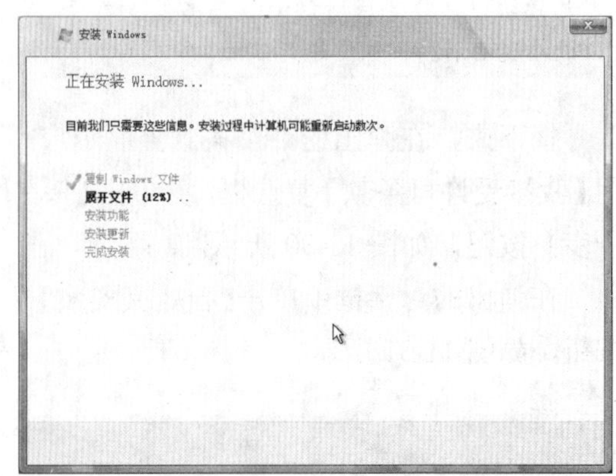

图 11-35　自动安装 Windows Vista

提　示

在 Windows Vista 操作系统的自动安装过程中，根据硬件配置的不同，计算机会重新启动一到数次。

3. 安装后的设置

当 Windows Vista 自动安装结束后，安装程序将自动弹出【设置 Windows】对话框。此时，用户可自行设置用户名、用户密码和密码提示问题等账户信息，如图 11-36 所示。

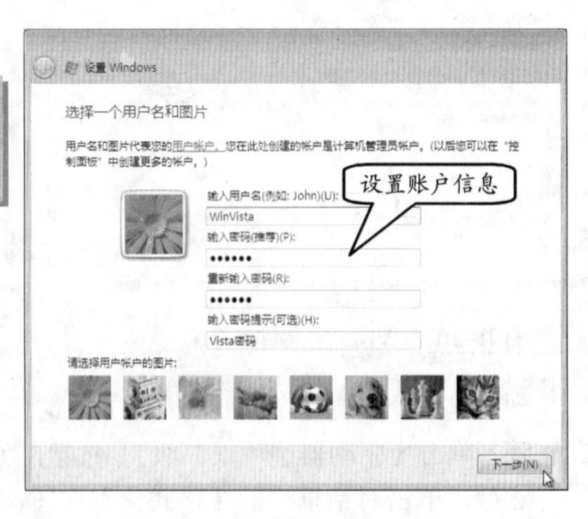

图 11-36　设置用户信息

单击【下一步】按钮后，在弹出的对话框内设置计算机名称，并选择桌面背景，如图 11-37 所示。

完成后，在弹出的对话框内设置是否启用 Windows 自动更新功能。在这里直接单击【以后询问我】按钮，暂时跳过该项设置，如图 11-38 所示。

图 11-37 设置计算机名称与桌面背景

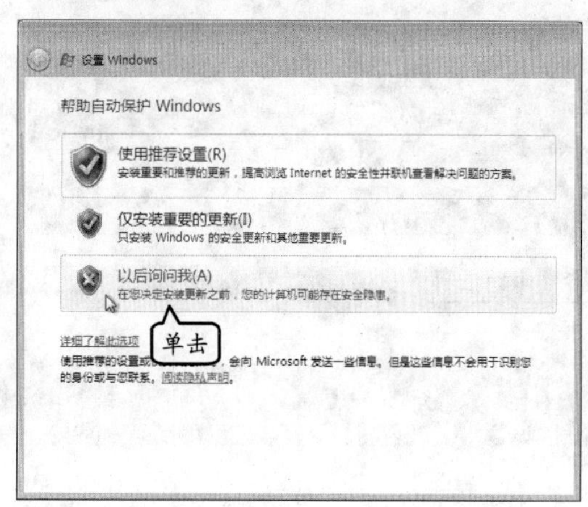

图 11-38 设置 Windows 自动更新

接下来，系统会提示用户复查计算机当前所设置时间和日期的正确性。通常情况下，直接单击对话框内的【下一步】按钮即可，如图 11-39 所示。

进行到这里后，用户需要选择当前计算机所处的位置，以便操作系统进行相应的安全设置，用户可根据实际情况进行选择，如图 11-40 所示。

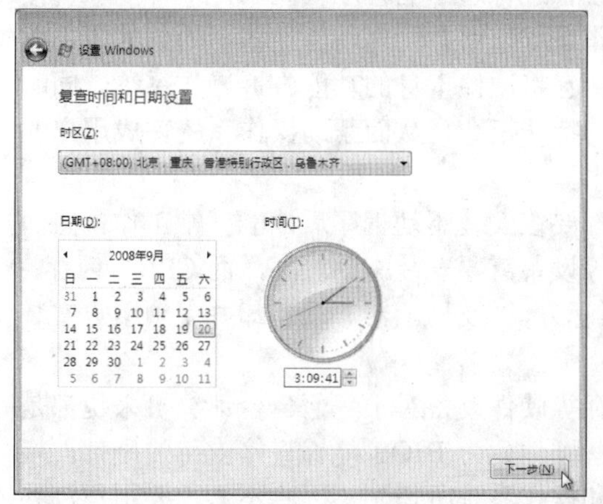

图 11-39 复查时间与日期

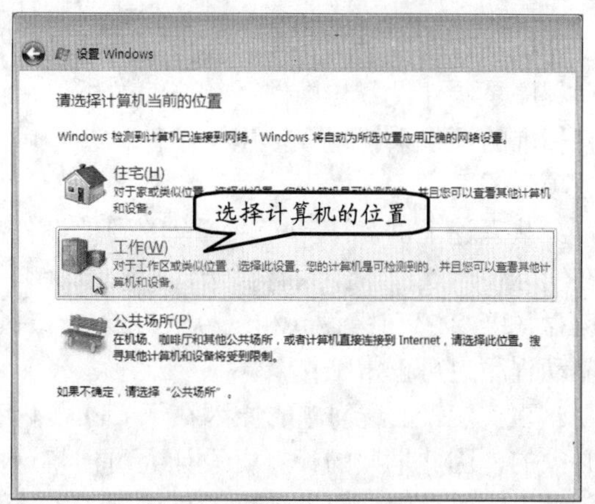

图 11-40 选择计算机的位置

在完成上述设置后，Windows Vista 在安装完成后的配置也就结束了。此时，单击弹出对话框内的【开始】按钮，即可打开 Windows Vista 的登录界面，如图 11-41 所示。

在登录界面内输入之前所设置的用户密码后，按回车键即可进入 Windows Vista 操作系统的桌面。在首次登录时，Windows Vista 操作系统还将启动欢迎中心，以便用户能够更快地了解和掌握 Vista 的操作方法，如图 11-42 所示。

图 11-41 Windows Vista 登录界面

图 11-42 欢迎中心

11.3 安装驱动程序

在上一节中已经完成了操作系统的安装，但这并不意味着整个安装过程已经结束，接下来还需要为各种硬件设备安装相应的驱动程序。安装驱动程序是操作系统安装完成之后、应用软件安装之前的必经步骤，只有在为硬件正确安装驱动程序之后，才能保证硬件设备的正常工作，计算机才能发挥出其真正的性能。

11.3.1 了解驱动程序

驱动程序是一段能够让操作系统与硬件设备进行通信的程序代码，是一种能够直接工作在硬件设备上的软件，其作用是辅助操作系统使用并管理硬件设备。简单的说，驱动程序是硬件设备与操作系统之间的桥梁，由它将硬件本身的功能告诉操作系统，同时将标准的操作系统指令转化为硬件设备专用的特殊指令，从而帮助操作系统完成用户的各项任务。

从理论上讲，计算机内所有的硬件设备都要在安装驱动程序后才能正常工作。然而在实际使用过程中，只有显卡、声卡、网卡等设备需要安装驱动程序，而 CPU、内存、键盘（PS/2 接口键盘）和鼠标（PS/2 接口鼠标），以及显示器等设备却并无须用户安装驱动程序也可正常工作。

事实上，上述问题的原因在于 CPU、内存等硬件设备对于任何一台计算机来说都是必须的，因此早期的计算机设计人员便将这些硬件列为 BIOS 能够直接支持的硬件。换句话说，上述硬件在安装后就可以被 BIOS 和操作系统所识别，因此不再需要用户额外安装驱动程序。

11.3.2 获取驱动程序

目前，用户可以通过以下几种途径获取驱动程序。

❑ **使用操作系统提供的驱动程序**

操作系统本身附带了大量的通用驱动程序，用户在安装操作系统的过程中，安装程序会自动检测计算机内的硬件配置情况，并会在自带驱动库内找到相应驱动程序后，自动进行安装。这便是在安装操作系统后，很多硬件无须用户安装驱动程序也可直接使用的原因。

不过操作系统所附带的驱动程序毕竟数量有限，因此在当系统附带的驱动程序无法满足用户需求时，便需要用户自己获取并安装驱动程序了。

❑ 使用硬件附带的驱动程序

一般来说，每个硬件设备生产商都会针对自己硬件设备的特点开发专门的驱动程序，并在销售硬件设备的同时免费提供给用户。这些由设备厂商直接开发的驱动程序大都具有较强的针对性，其性能无疑比 Windows 附带的通用驱动程序要高一些。

❑ 通过网络下载

随着网络的不断普及，硬件厂商开始将驱动程序放在 Internet 上供用户免费下载。与购买硬件时所赠送的驱动程序相比，Internet 上的驱动程序往往是最新的版本，其性能与稳定性大都比赠送的驱动程序要好。因此，有条件的用户应经常下载这些最新版本的硬件驱动程序，以便在重新安装操作系统后能够迅速完成驱动程序的安装。

11.3.3 安装驱动程序

在各种驱动程序之中，最重要的要算主板驱动程序了。一般情况下，主板驱动程序内包括了所支持主板上带有的所有设备，如用于识别和管理硬盘的 IDE 驱动程序、支持 USB 接口的通用串行总线控制器（即 USB 控制器）驱动程序等。下面将通过安装主板驱动，来了解驱动程序软件包的安装方法。

图 11-43 选择驱动程序类型

首先将主板的驱动程序光盘放至光驱中，然后单击弹出对话框内的 nFORCE 按钮，如图 11-43 所示。

此时，操作系统将自动运行光盘上的主板驱动程序软件包，并弹出【欢迎使用】对话框。在该对话框中，直接单击【下一步】按钮准备安装主板驱动程序。

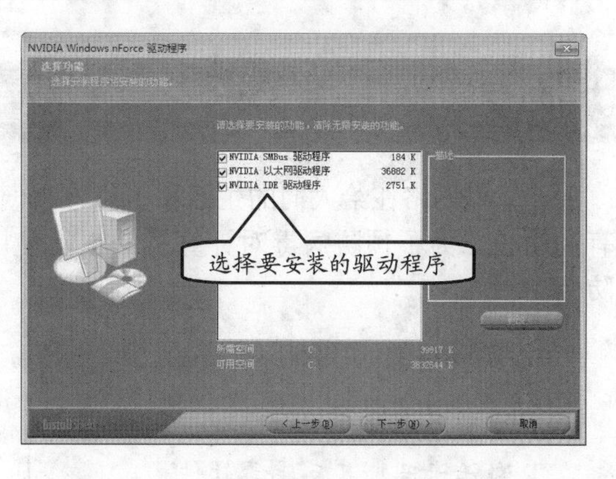

图 11-44 选择要安装的驱动程序

接下来，用户需要在弹出的对话框内选择所要安装的驱动程序，完成后单击【下一步】按钮，如图 11-44 所示。

到这里，操作系统便将逐一安装用户所选驱动程序。接下来在弹出的【NVIDIA Windows nForce 驱动程序】对话框中单击【下一步】按钮，如图 11-45 所示。

在弹出的对话框中，操作系统会再次要求用户确认是否安装NVIDIA IDE SW驱动程序。在这里单击【是】按钮后继续安装，如图11-46所示。

当所选驱动程序全部安装完成后，操作系统将弹出提示信息，询问用户是否安装网卡驱动程序所附带的NVIDIA网络管理软件包。由于该软件包不属于必须安装的软件，因此在这里单击【否】按钮，跳过该软件包的安装，如图11-47所示。

进行到这里后，用户之前所选设备和主板的驱动程序已经全部安装完成。此时，在弹出对话框内选中【是，立即重新启动计算机】单选按钮后，单击【完成】按钮即可结束主板驱动程序的安装，如图11-48所示。

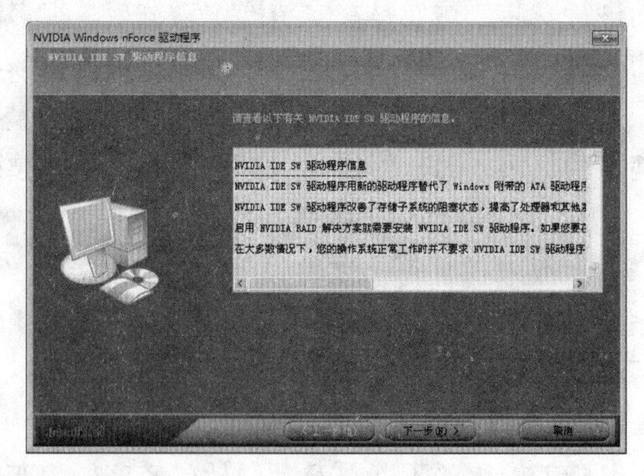

图11-45 NVIDIA IDE SW驱动程序信息

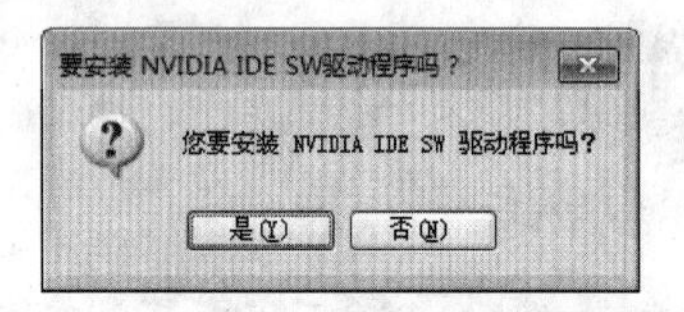

图11-46 确认信息

图11-47 安装提示信息

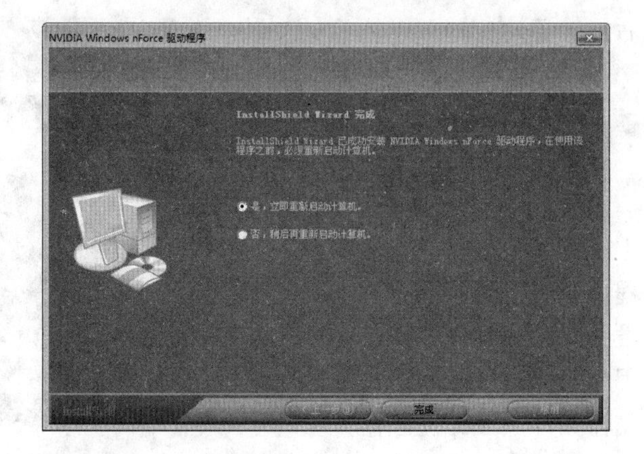

图11-48 完成安装

11.4 实验指导：安装并配置杀毒软件

计算机网络在给人们的生活和工作带来便利的同时，也为计算机病毒的传播提供了有利途径。为了预防病毒对计算机的正常使用造成影响，用户可以安装杀毒软件加以防范。

1. 实验目的

- 安装杀毒软件
- 激活卡巴斯基反病毒软件
- 配置卡巴斯基反病毒软件

2. 实验步骤

1 双击卡巴斯基反病毒软件2009安装程序图标后，单击弹出对话框中的【下一步】按钮，如图11-49所示。

2 进入【最终用户许可协议】对话框，选中【我同意】单选按钮，并单击【下一步】按钮，如图11-50所示。

3 在【安装类型】对话框中单击【快速安装】按钮，并单击【下一步】按钮，如图11-51所示。

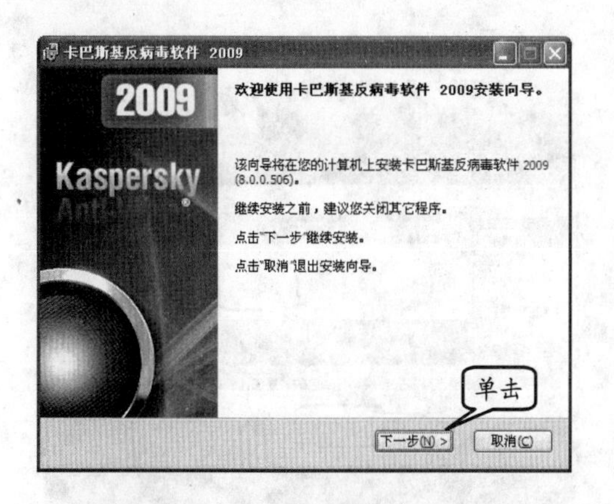

图 11-49 卡巴斯基反病毒软件安装向导界面

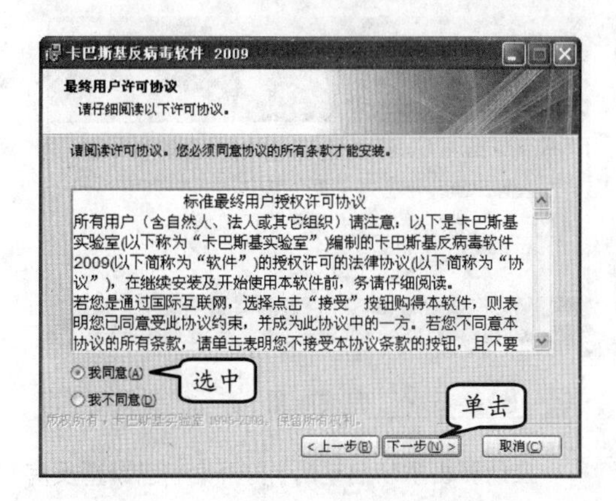

图 11-50 最终用户许可协议界面

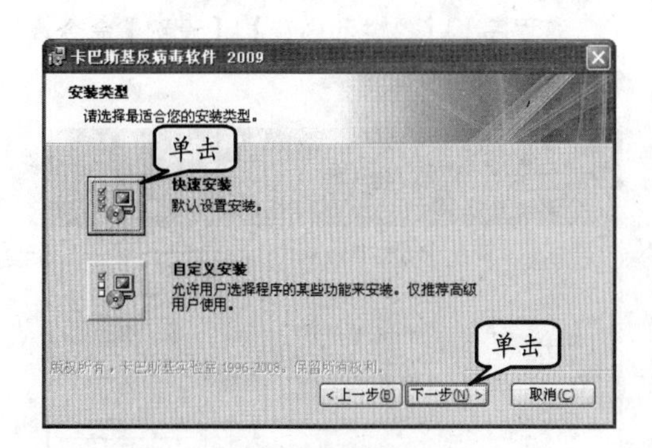

图 11-51 选择安装类型

4 进入【准备安装】对话框，单击【安装】按钮，如图 11-52 所示。

5 在弹出的【安装完成】对话框中单击【下一步】按钮，如图 11-53 所示。

6 在【卡巴斯基反病毒软件配置向导】对话框中单击【下一步】按钮，如图 11-54 所示。

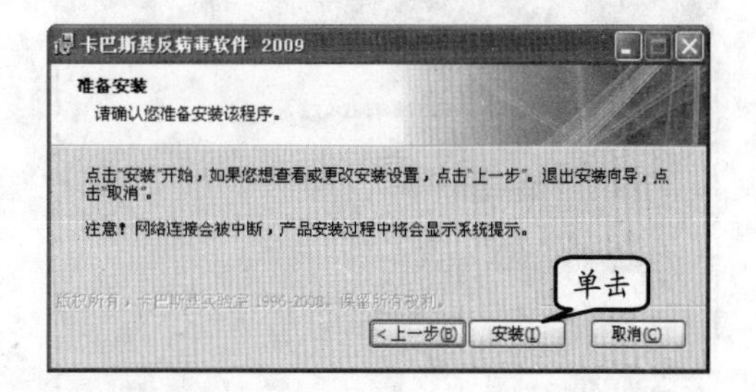

图 11-52 开始安装

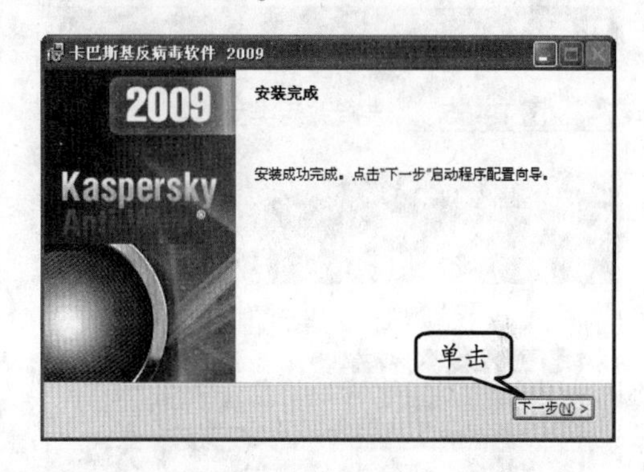

图 11-53 安装完成

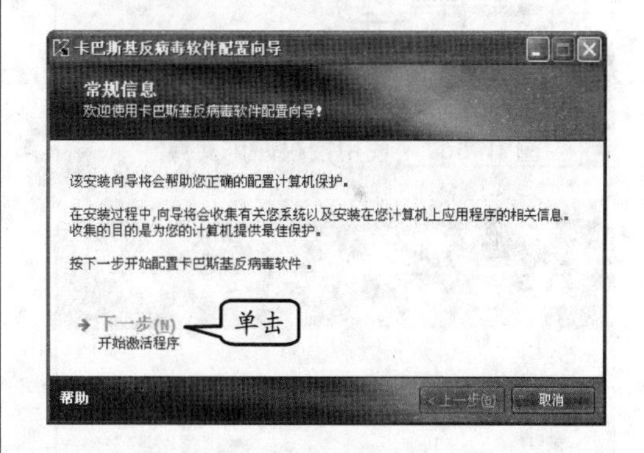

图 11-54 开始激活程序

7 在弹出的【要继续，您必须激活该应用程序】对话框中，单击【使用授权许可文件激活】按钮，如图 11-55 所示。

8 进入【使用授权许可文件激活】对话框后，单击【浏览】按钮，并选择授权许可文件存放路径，然后单击【激活】按钮，如图 11-56 所示。

9 在【激活程序】对话框中，可查看授权许可文件的编号、到期时间等信息，如图 11-57 所示。然后，单击【下一步】按钮。

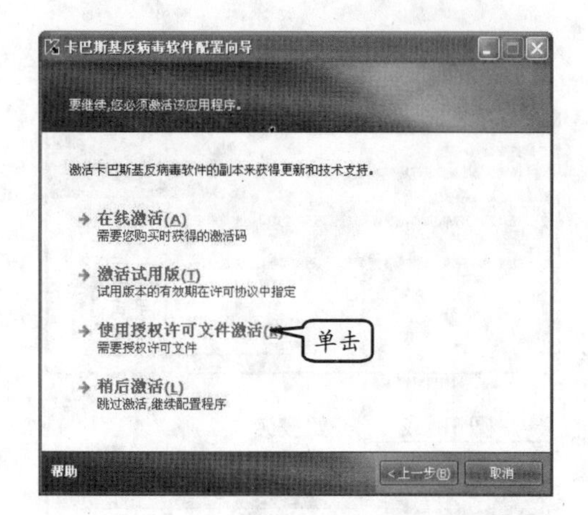

图 11-55　选择激活类型

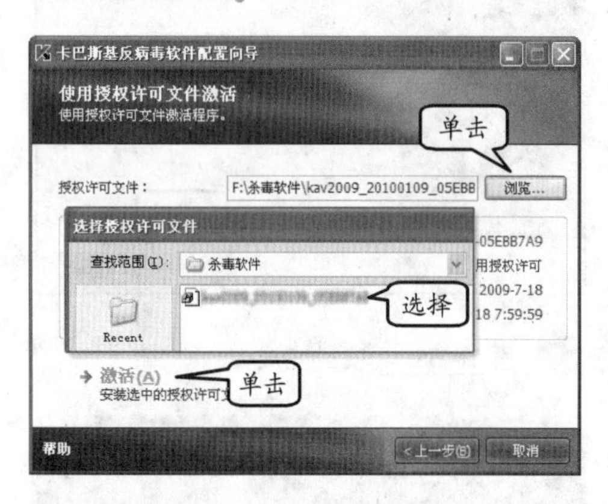

图 11-56　使用授权许可文件

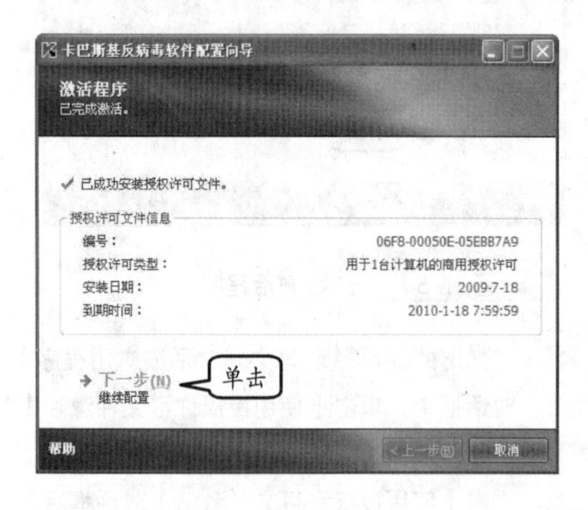

图 11-57　完成激活

10　在弹出的【反馈】对话框中单击【下一步】按钮，并在弹出的对话框中单击【是】按钮，如图 11-58 所示。

11　进入【完成应用程序配置】对话框后单击【完成】按钮，计算机将重新启动，如图 11-59 所示。

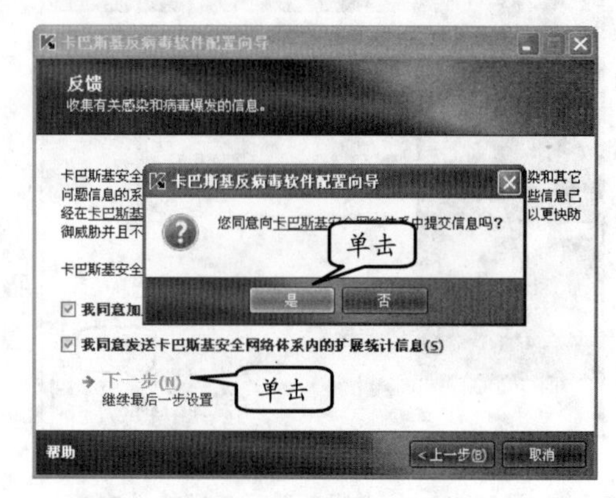

图 11-58　同意提交信息

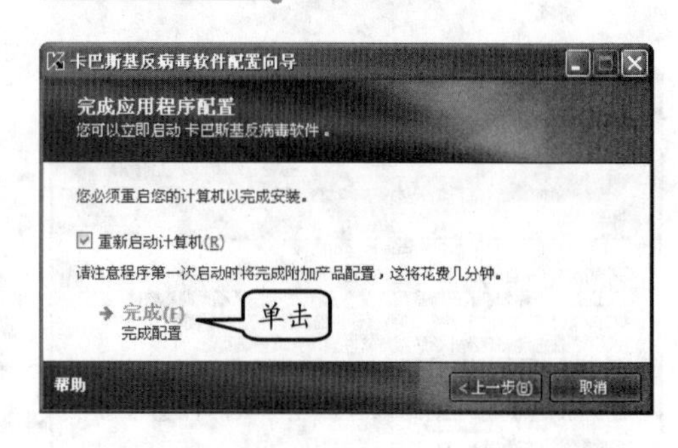

图 11-59　完成配置

12　在计算机重新启动后，打开【卡巴斯基反病毒软件 2009】并单击右上角的【设置】按钮，在弹出的【设置】对话框中执行【反恶意程序】|【文件和内存】|【设置】命令，如图 11-60 所示。

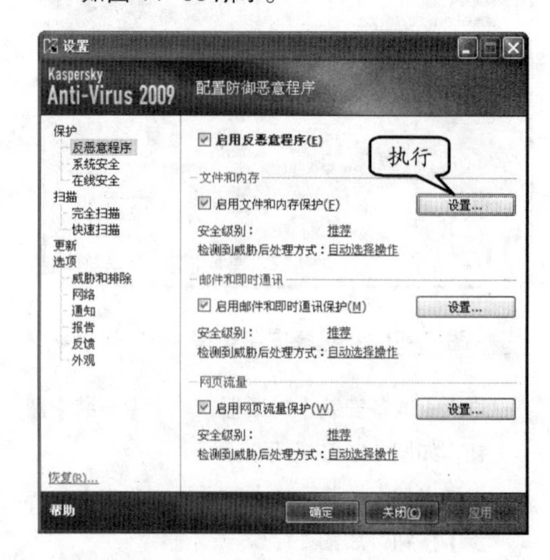

图 11-60　打开【设置】对话框

13 进入【文件和内存】对话框中，选中【文件类型】选项组中的【所有文件】单选按钮，并单击【确定】按钮，如图 11-61 所示。

14 用类似的方法可对其他选项进行设置。

提 示

卡巴斯基反病毒软件 2009 默认设置的各种选项已经很完善，用户可以不在做更改，当然用户也可根据个人网络环境进一步设置。

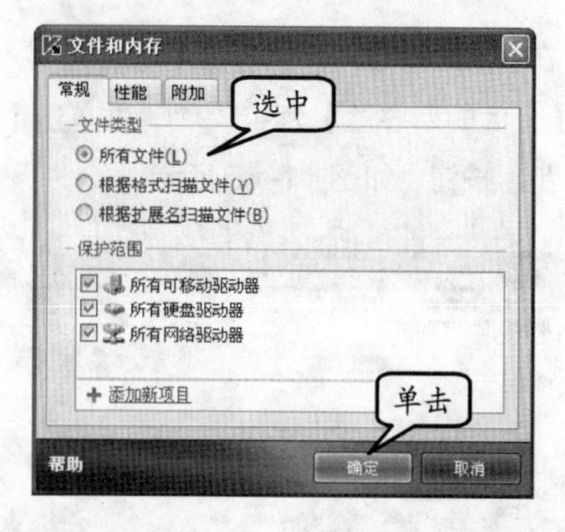

图 11-61 设置查杀文件类型

11.5 实验指导：调整硬盘分区容量

硬盘在使用的过程中，各分区的容量在不断地发生变化，系统突然提示某分区容量不够用，让一些用户在考虑是否购买硬盘。其实，利用某些软件可以实现分区容量的调整，不必非买硬盘不可。下面来介绍利用软件调整分区容量的方法。

1. 实验目的

- 了解 PowerQuest PartitionMagic
- 增加分区容量
- 减少分区容量

2. 实验步骤

1 启动 PowerQuest PartitionMagic 8.0 进入软件主界面后，执行【任务】|【调整分区的容量】命令，如图 11-62 所示。

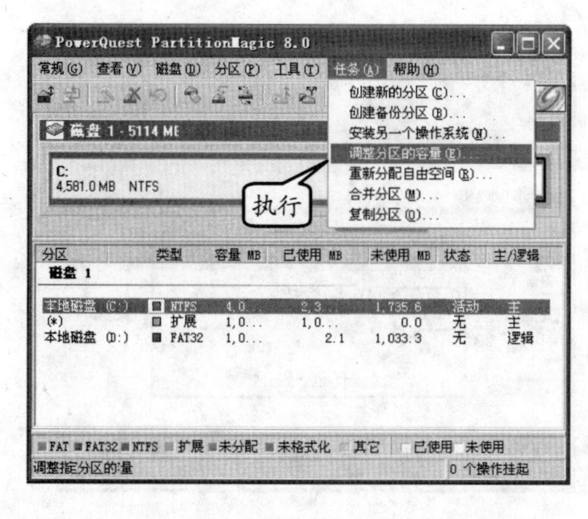

图 11-62 执行【调整分区的容量】命令

2 在弹出的【调整分区的容量】对话框中，单击【下一步】按钮，如图 11-63 所示。

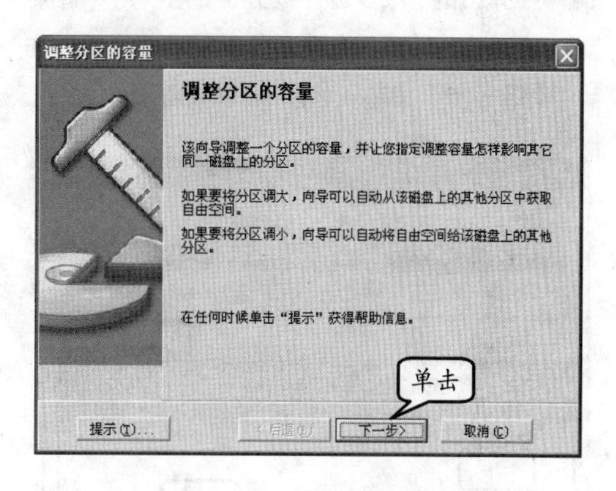

图 11-63 打开调整分区容量向导

3 进入【选择分区】对话框后，选择分区 C，并单击【下一步】按钮，如图 11-64 所示。

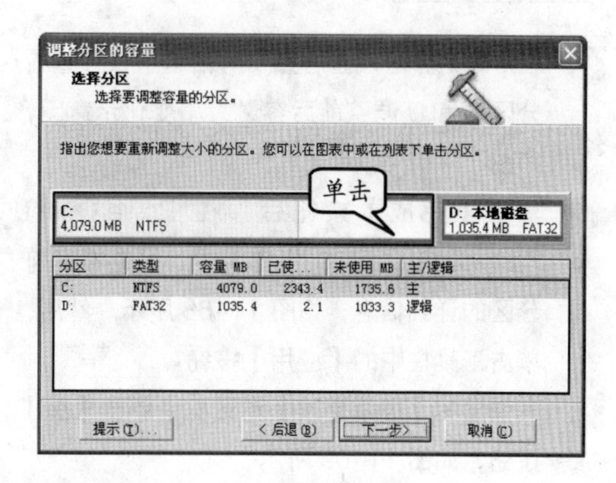

图 11-64 选择分区

4 在【指定新建分区的容量】对话框中，修改【分区的新容量】为 4579.0，并单击【下一步】按钮，如图 11-65 所示。

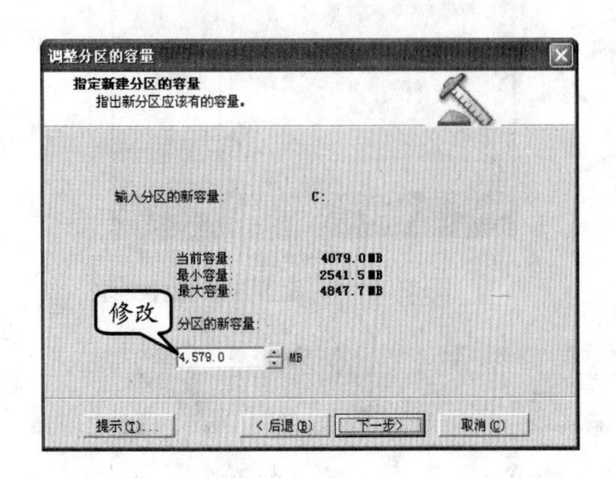

图 11-65 修改分区的新容量

5 在弹出的【减少哪一个分区的空间】对话框中，启用【D：本地磁盘】复选框，并单击【下一步】按钮，如图 11-66 所示。

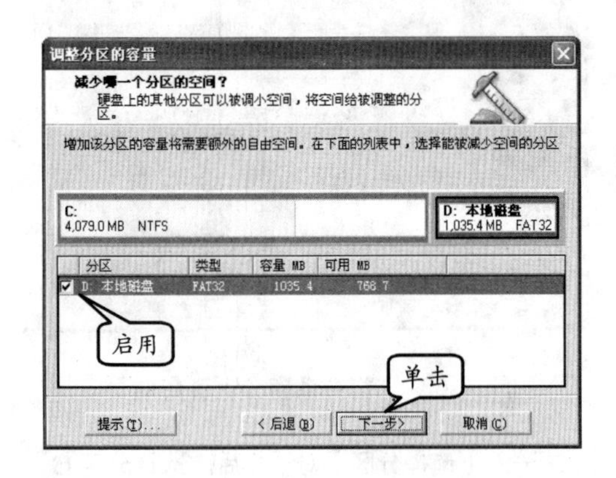

图 11-66 选择减少空间的分区

6 在【确认分区调整容量】对话框中，可查看分区 C 和 D 调整前后容量大小变化示意图，如图 11-67 所示。

7 单击【完成】按钮后，在 PowerQuest PartitionMagic 8.0 主界面中，可查看当前分区的详细信息，如图 11-68 所示。然后，单击工具栏中的【应用】按钮。

8 在弹出的【应用更改】对话框中单击【是】按钮，如图 11-69 所示。

9 在【过程】对话框中，可查看整个过程、正在更新系统信息等操作进度信息，如图 11-70 所示。

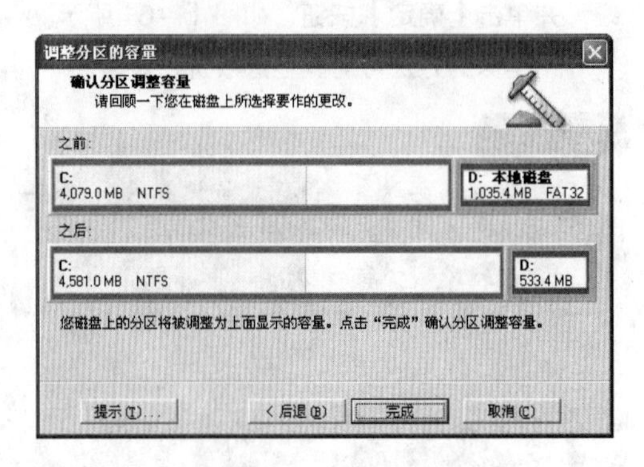

图 11-67 确认分区容量调整

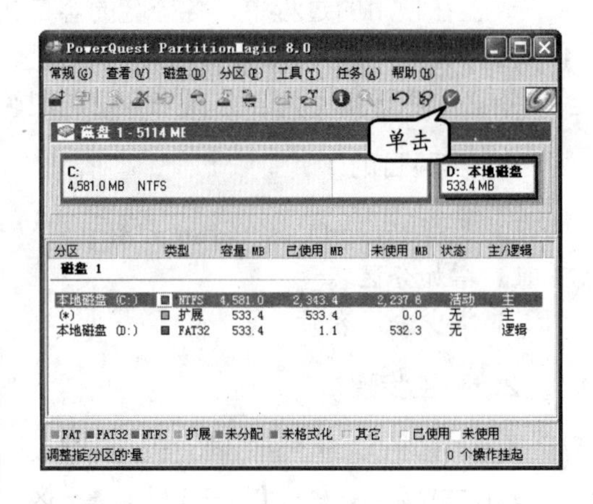

图 11-68 应用更改

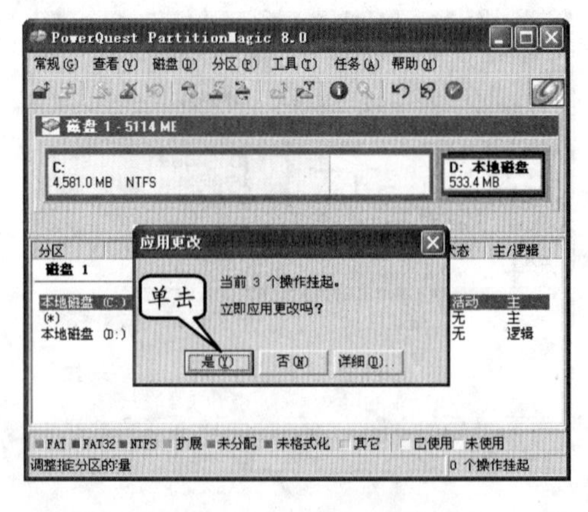

图 11-69 确定应用更改

10 最后，在弹出的【所有操作已完成】对话框中单击【确定】按钮，如图 11-71 所示。

图 11-70 查看当前操作进度

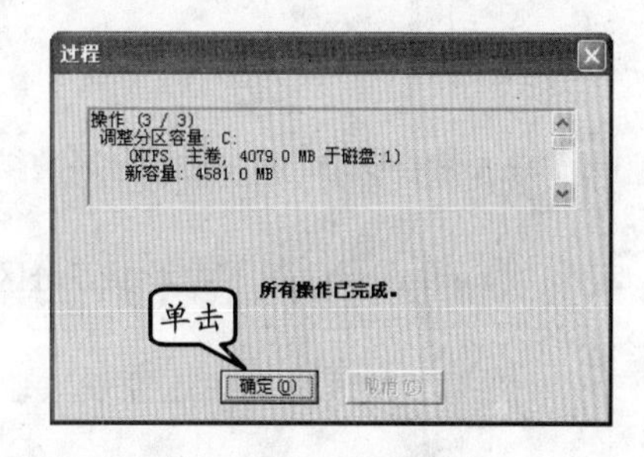

图 11-71 操作完成

11.6 思考与练习

一、填空题

1. 一块崭新的硬盘必须经过低级格式化、__________和高级格式化 3 个处理步骤后，计算机才能利用它们存储数据。

2. 对硬盘进行__________操作的目的是划定磁盘可供使用的扇区和磁道。

3. 在 FDISK 程序中，创建分区和逻辑盘的顺序是首先创建主分区，然后创建扩展分区，最后在扩展分区内划分__________。

4. Format.com 是创建__________文件系统的格式化程序。

5. 安装 Windows Vista 操作系统有多种方法，常用的主要有__________和使用光盘进行安装两种方法。

6. __________是直接工作在各种硬件设备上的软件，其作用是辅助操作系统使用并管理硬件设备。

7. 目前常见的驱动程序主要有两种形式，一种是以安装程序方式出现的驱动程序软件包；另一种则直接以__________的方式出现。

二、选择题

1. 在 DOS 界面中，输入__________命令后并按回车键，即可运行磁盘分区程序。

A. partition　　B. fdisk
C. dir　　D. format

2. NTFS 是一种主要应用于__________操作系统的文件系统，其最大的特点是出色的安全性和稳定性。

A. UNIX　　B. Linux
C. Windows NT　　D. SUN OS

3. 如果用户需要查看硬盘内的分区情况，则应在分区程序主界面内选择哪个操作选项？__________

A. Create DOS partition or Logical DOS Drive
B. Set active partition
C. Delete partition or Logical DOS Drive
D. Display partition information

4. 目前，Windows XP 主要使用的文件系统是 FAT32 文件系统和__________文件系统。

A. NTFS　　B. WINFS
C. NFS　　D. EXT2

5. 如果用户需要格式化 C 盘，则应执行下列哪项命令？__________

A. fdisk c:　　B. format c:
C. c: fdisk　　D. c: format

6. 在使用光盘安装 Windows Vista 时，用户应该首先进行下列哪项操作？__________

A. 将光驱设置为第一启动设备
B. 关闭所有共享文件夹
C. 向网络管理员询问本机 IP 地址
D. 更改计算机名称

7. 当操作系统无法为网卡自动安装驱动程序时，用户应使用下列哪种方法获取驱动程序？__________

A. 再次搜索操作系统自带的驱动程序库
B. 通过网络下载驱动程序
C. 使用网卡自带的驱动程序光盘（或软盘）
D. 购买驱动程序光盘

三、简答题

1．简述使用 FDISK 程序进行分区的操作步骤。

2．使用 format.com 程序格式化磁盘分区的方法是什么？

3．用户都可以通过哪些途径获取驱动程序？

4．简单描述使用 GHOST 程序备份操作系统的过程？

四、上机练习

1．使用 DM 对磁盘进行分区格式化操作

DM（Disk Manager）是一款功能强大的硬盘初始化程序，具有分区、格式化操作可一次性完成，且速度极快等优点。即使面对如今上百 GB 的硬盘，DM 也能够在极短时间内完成硬盘的分区与格式化操作，这使得它成为当前计算机装机人员最常使用的分区、格式化工具之一，如图 11-72 所示。

```
                 I B M   S T D
           Disk Manager  Version 9.57'

       Select the operating system you
         are using or plan to install.

Windows 95, 95A, 95 OSR1 (FAT 16)
Windows 95 OSR2, 98, 98SE, Me, XP, 2000 (FAT 16 or 32)
Windows NT 3.51 (or earlier)
Windows NT 4.0  (or later) or OS/2
DOS/Windows 3.1x (FAT 16)
Other Operating System
Return to previous menu

F1=Help ↑↓=Choose ◄┘=Select ESC=Previous
```

图 11–72　DM 操作界面

2．安装 Linux 操作系统

Linux 是一套允许用户免费使用和自由传播的类 UNIX 操作系统，是除微软 Windows 操作系统、苹果 Mac OS 之外的另一重要桌面操作系统。目前，使用 Linux 操作系统的用户越来越多，很多软件公司也都推出了自己的 Linux 发行版。下面将以国内较为知名的 Red Flag Linux 为例，介绍 Linux 操作系统的安装方法。

首先，使用红旗 Linux 安装光盘启动计算机后，在欢迎界面按回车键安装图形模式，如图 11-73 所示。

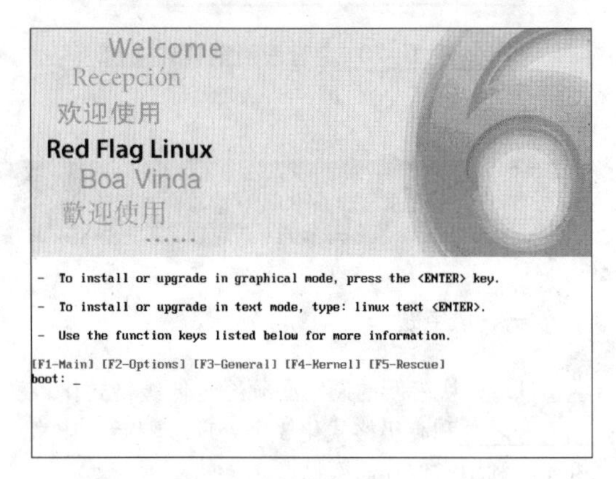

图 11–73　准备安装 Red Flag Linux

接下来，Red Flag Linux 会依次进行“选择语言”、“磁盘分区”及其他安装操作，用户只需按照向导进行操作即可，如图 11-74 所示。

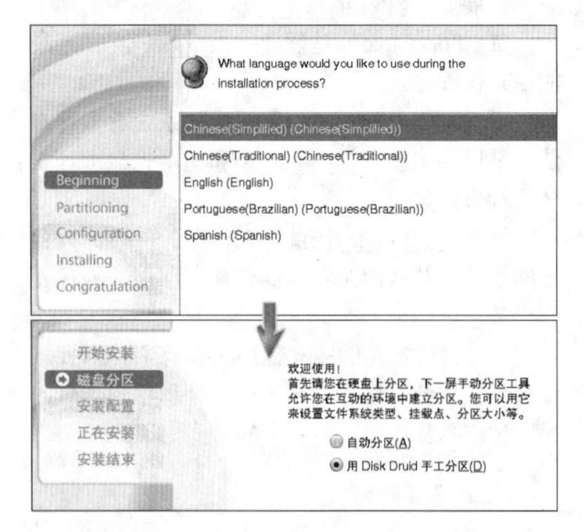

图 11–74　Red Flag Linux 的安装过程

第 12 章

系统的备份与还原

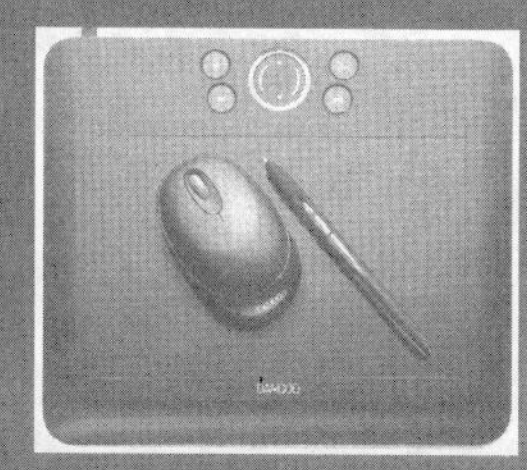
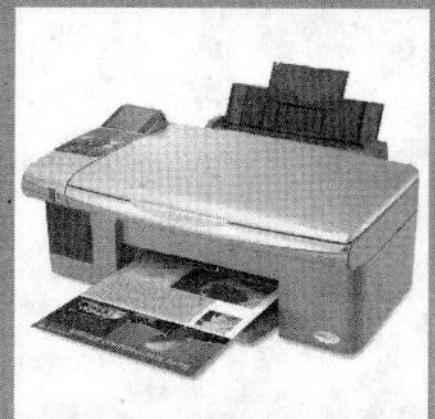
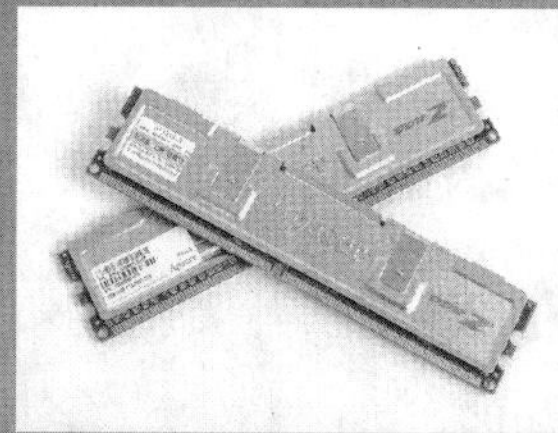

在完成操作系统、驱动程序及应用程序的安装后，计算机才能真正成为一种能够帮助人们进行生产、工作和学习的工具。不过，为了保证计算机能够在出现故障后尽快得以恢复，通常还要对操作系统进行应有的备份工作，而本章便将对此方面的内容进行讲解。

本章学习要点：

- Ghost 使用方法
- 系统备份工具的使用方法
- 备份驱动程序

12.1 使用 Ghost 备份与还原系统

GHOST（General Hardware Oriented Software Transfer，面向通用型硬件系统传送器）软件是由美国赛门铁克公司推出的一款硬盘备份与还原工具，其功能是在 FAT16/32、NTFS、OS2 等多种硬盘分区格式下实现分区及硬盘的备份与还原。通俗的讲，Ghost 是一款分区/磁盘的克隆软件。

12.1.1 Ghost 概述

作为一款技术上极其成熟的系统备份/恢复工具，Ghost 拥有一套完备的使用和操作方法，而事先学习此方面的相关内容则有助于用户更好地进行系统备份与恢复操作。

1. Ghost 备份/恢复的方式

针对 Windows 操作系统的特点，Ghost 将磁盘本身及其内部划出的分区视为两种不同的操作对象，并在 Ghost 软件内分别为其设立了不同的操作菜单，如图 12-1 所示。

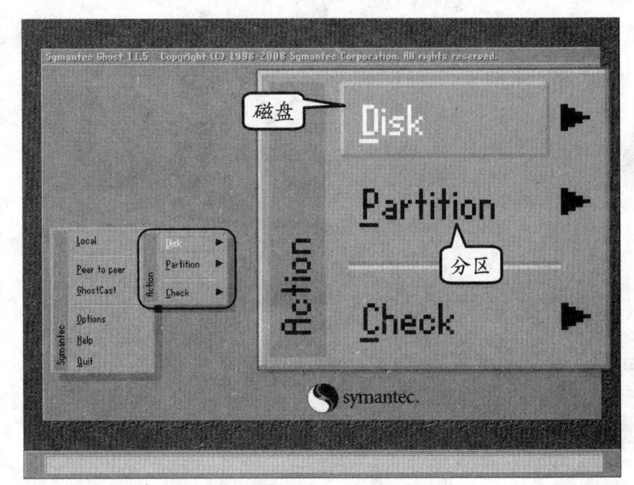

图 12-1 Ghost 操作界面

针对“磁盘（Disk）”和“分区（Partition）”这两种操作对象，Ghost 又分别为它们提供了两种备份方式，如表 12-1 所示。

表 12-1 Ghost Local 菜单备份命令简介

备份对象类型		备份方式		优点	缺点	备注
Disk	磁盘	To Disk	生成备份磁盘	备份速度较快	需要第二块硬盘	备份磁盘的容量应不小于源磁盘（建议使用相同容量的硬盘进行备份）
		To Image	生成备份文件	可压缩，体积小，且易于管理	备份文件体积较大	镜像文件不能超过 2GB，否则 Ghost 程序将生成分卷镜像文件（即拆分为多个文件）
Partition	分区	To Partition	生成备份分区	备份速度快	需要第二个分区	备份分区的容量应不小于源分区
		To Image	生成备份文件	可压缩，体积小，易于管理	备份速度较慢	镜像文件不能超过 2GB，否则 Ghost 程序将生成分卷镜像文件

2. 如何启动Ghost

从 Ghost 9.0 开始，Ghost 具备了在 Windows 环境下进行备份与恢复操作的能力，而之前的 Ghost 则必须运行在 DOS 环境内才能进行上述操作。

❑ **在 DOS 下启动 Ghost**

在 DOS 环境中，用户只需进入 Ghost 程序所在目录后，直接输入 ghost，并按回车键，即可启动 Ghost 程序。

提 示

默认情况下，运行于 DOS 环境内的 Ghost 程序文件名为 ghost.exe，如果用户将其更改为其他名称，则在启动 ghost 时需要输入的命令也会发生变化。例如，在将 ghost.exe 重命名为 dosghost.exe 后，应该输入 dosghost，并按回车键才能启动 Ghost 程序。

❑ **在 Windows 内启动 Ghost**

在 Windows 系统内启动 Ghost 程序的方法更为简单，用户只需双击 Ghost32 程序图标或相应快捷方式图标，即可快速启动 Ghost 程序，如图 12-2 所示。

注 意

运行于 Windows 环境内的 Ghost 程序的文件名为 Ghost32.exe，该名称虽然与 DOS 环境下 Ghost 程序文件的 ghost.exe 非常相似，但核心技术并不相同，因此不能混用。

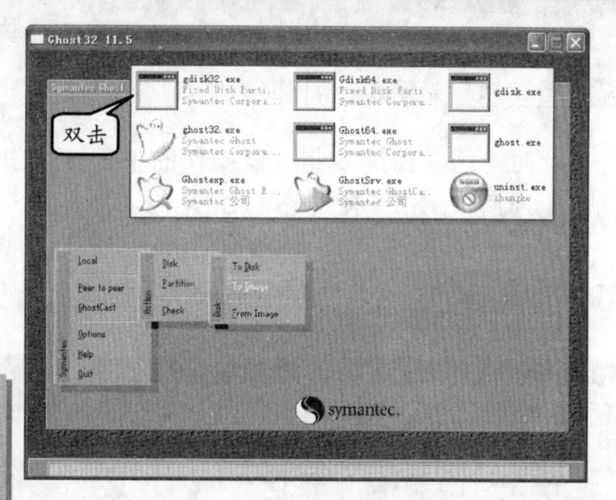

图 12-2 在 Windows 环境内启动 Ghost 程序

12.1.2 硬盘的复制、备份和还原

在对硬盘进行备份或恢复操作时，Ghost 对操作环境的要求是数据目的磁盘（备份磁盘）的空间容量应大于或等于数据源磁盘（待备份磁盘）。通常情况下，Ghost 推荐使用相同容量的磁盘进行磁盘间的恢复与备份。

1. 复制磁盘

在启动 Ghost 并单击弹出对话框内的 OK 按钮后，在 Ghost 主界面内执行 Local|Disk|To Disk 命令，如图 12-3 所示。

在弹出的对话框中，Ghost 会要求用户选择源磁盘（待备份的磁盘）。在完成选择后，单击 OK 按钮，如图 12-4 所示。

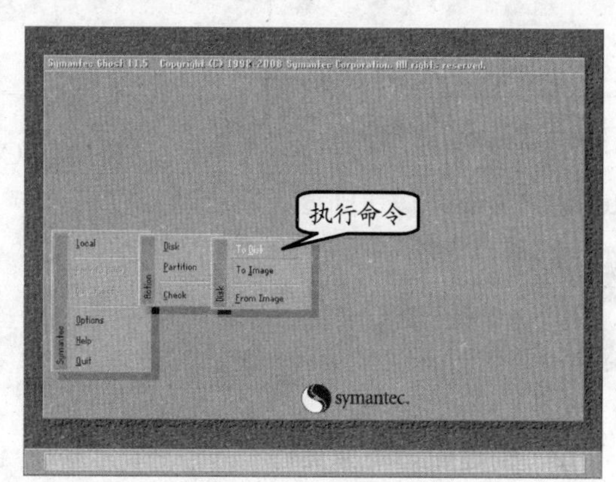

图 12-3 执行“复制磁盘”命令

接下来，在弹出的对话框内选择目标磁盘（备份磁盘）。在这里，选择 Drive 编号为 2 的磁盘后，单击 OK 按钮，如图 12-5 所示。

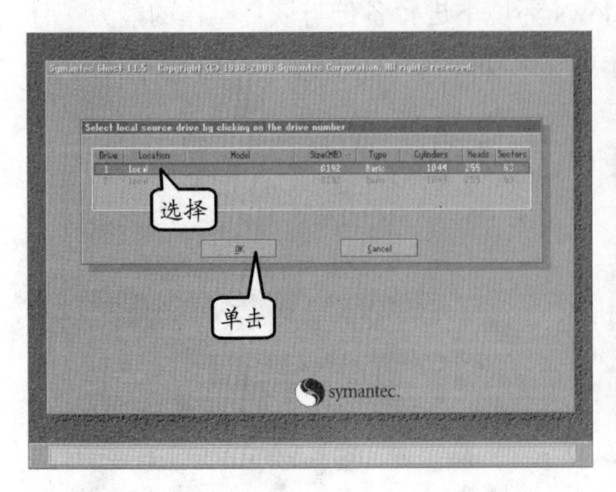

图 12-4　选择源磁盘

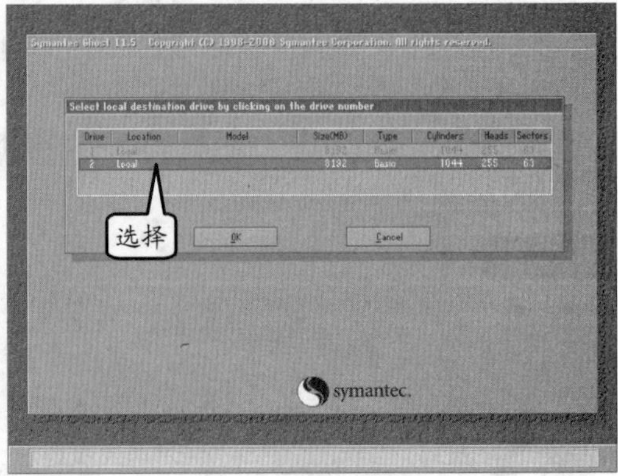

图 12-5　选择目标磁盘

此时，为了保证复制磁盘操作的正确性，Ghost 将会显示源磁盘内的分区信息。在确认无误后，单击 OK 按钮，如图 12-6 所示。

进行到这里后，复制磁盘操作的所有设置已经全部完成。在单击界面内的 Yes 按钮后，Ghost 程序便会将源磁盘内的所有数据完全复制到目标磁盘内，如图 12-7 所示。

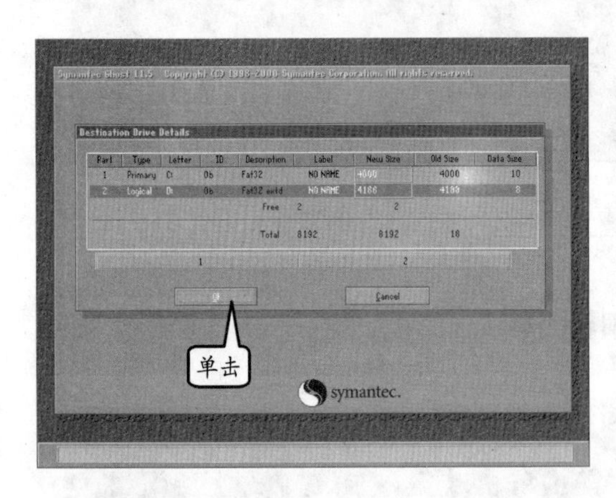

图 12-6　确认源磁盘

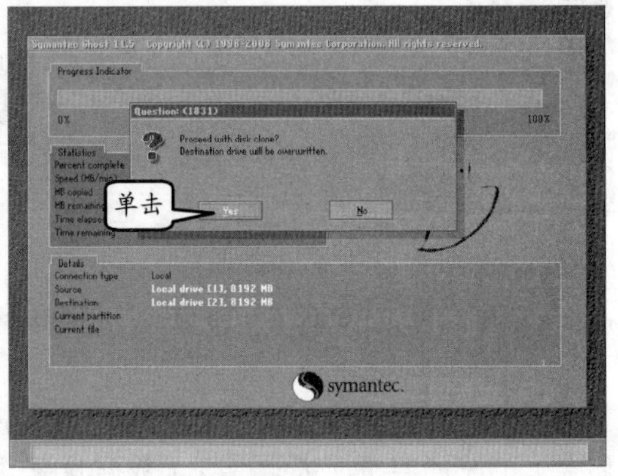

图 12-7　确认复制磁盘操作

磁盘复制完成后，单击弹出对话框内的 Continue 按钮将返回 Ghost 主界面，而单击 Reset Computer 按钮则会重新启动计算机。

提　示

在进行复制磁盘操作时，由于只需分别调整两个磁盘的逻辑角色（源磁盘和目标磁盘），即可实现备份磁盘数据或恢复磁盘数据的目的，因此其操作方法完全一致。

2．创建磁盘镜像文件

在 Ghost 界面中，执行 Local|Disk|To Image 命令，以便创建本地磁盘的镜像文件，

如图 12-8 所示。

在弹出的对话框中选择需要进行备份的源磁盘，完成后单击 OK 按钮，如图 12-9 所示。

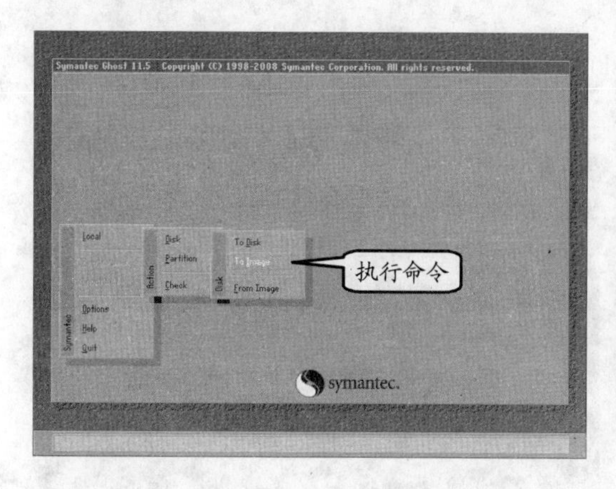

图 12-8　执行“创建本地磁盘镜像”的命令

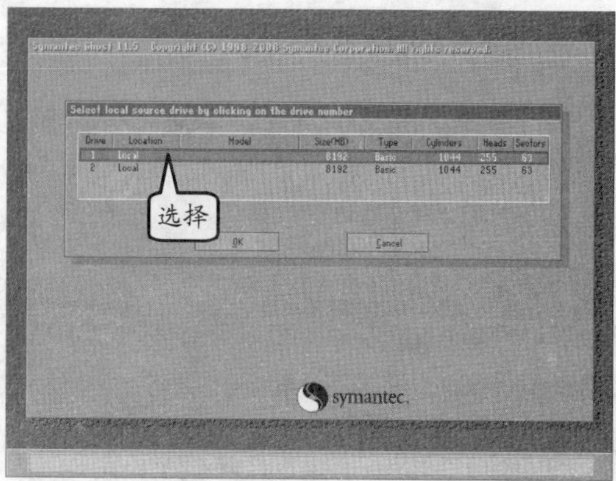

图 12-9　选择源磁盘

接下来，在弹出界面内选择镜像文件的保存位置后，在 File Name 文本框中输入镜像文件的名称，并单击 Save 按钮，如图 12-10 所示。

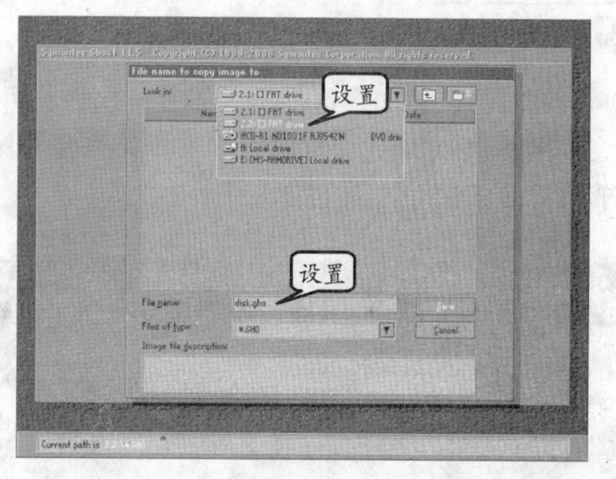

图 12-10　设置镜像文件名称与保存位置

上述设置全部完成后，Ghost 将弹出提示对话框，询问用户是否压缩镜像文件。在该提示对话框中，用户可选择以下 3 种不同的压缩模式。

- **NO**（不压缩）　非压缩模式，生成的镜像文件较大，但由于备份过程中不需要进行数据压缩，因此备份速度较快。
- **Fast**（快速压缩）　快速压缩模式，生成的镜像文件要小于非压缩模式下的镜像文件，但备份速度稍慢。
- **High**（高比例压缩）　高比例压缩模式，能够生成最小的镜像文件，但由于备份时需要进行复杂的压缩运算，因此备份速度最慢。

在这里，单击 Fast 按钮，选择快速压缩模式，如图 12-11 所示。

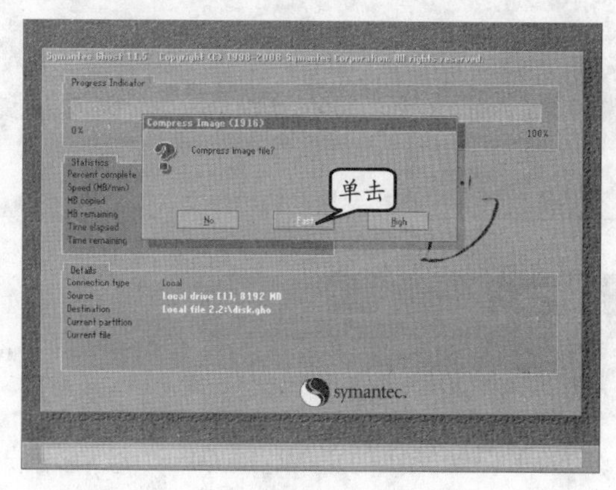

图 12-11　设置镜像文件压缩模式

最后，单击弹出对话框内的 Yes 按钮，Ghost 便会扫描源磁盘内的数据，并以此来创建镜像文件，如图 12-12 所示。

镜像文件创建完成后，单击弹出对话框内的 Continue 按钮，即可返回 Ghost 程序主界面。

3. 恢复磁盘镜像文件

在 Ghost 程序主界面中，执行 Local|Disk|From Image 命令，如图 12-13 所示。

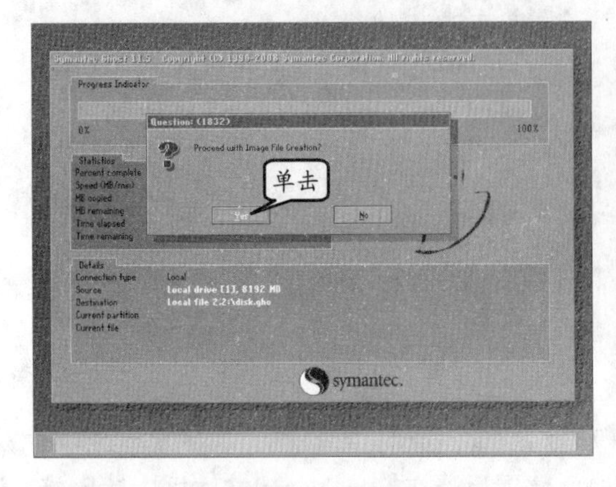

图 12-12 确认创建镜像文件的操作

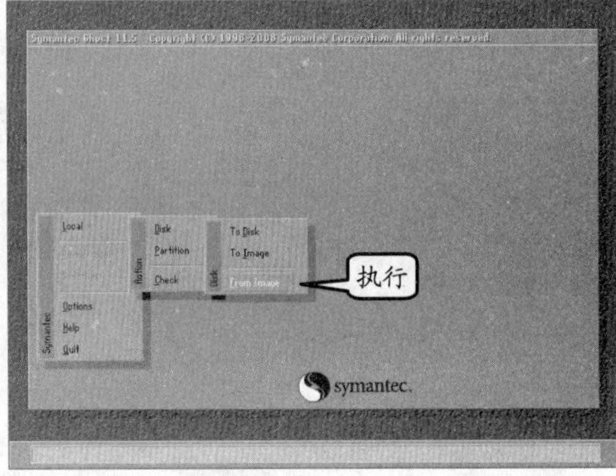

图 12-13 执行“从镜像文件恢复磁盘数据”的命令

在打开的界面中选择所要恢复的镜像文件后，单击 Open 按钮，如图 12-14 所示。

接下来，Ghost 会要求用户选择待恢复分区。在这里，选择 Drive 编号为 1 的磁盘后，单击 OK 按钮，如图 12-15 所示。

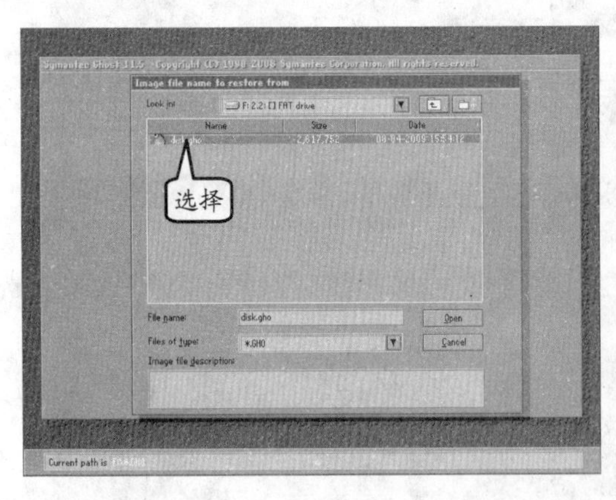

图 12-14 选择要恢复的镜像文件

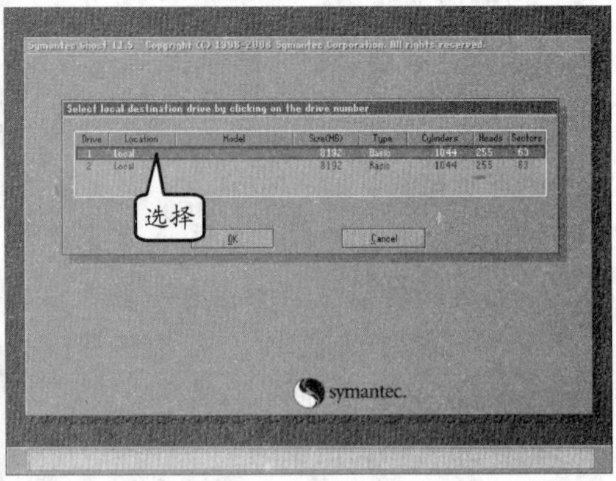

图 12-15 选择待恢复分区

提 示

由于恢复对象不能是镜像文件所在磁盘，因此 Ghost 会使用暗红色文字来表示相应磁盘，而且此类磁盘也会在用户选择待恢复磁盘时处于不可选状态。

为了保证操作的正确性，Ghost 会在用户选择待恢复磁盘后显示其内容。在确认无误后，单击 OK 按钮，如图 12-16 所示。

进行到这里后，Ghost 将在弹出对话框内警告用户恢复操作会覆盖待恢复磁盘上的原有数据。在确认操作后，单击 Yes 按钮，Ghost 便会开始从镜像文件恢复磁盘数据，如图 12-17 所示。

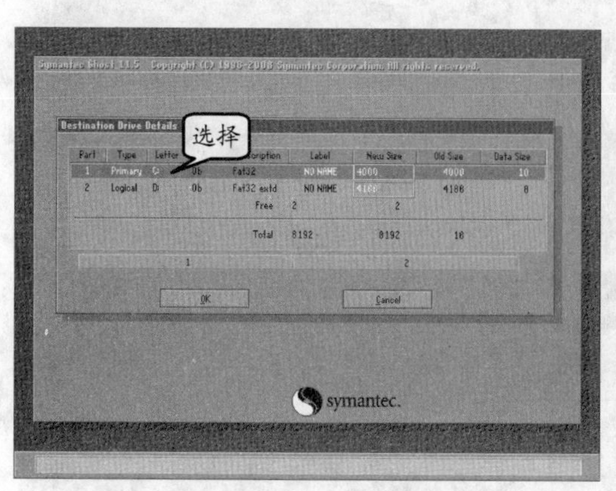

图 12-16　查看待恢复磁盘的状况

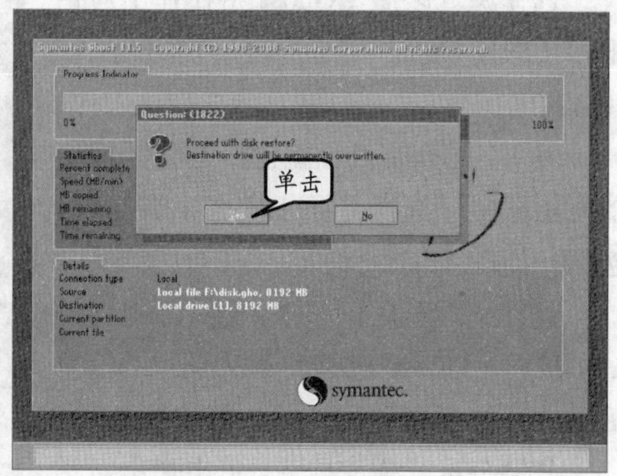

图 12-17　确认恢复操作

恢复操作完成后，单击弹出对话框内的 Continue 按钮将返回 Ghost 主界面，而单击 Reset Computer 按钮则会重新启动计算机。

12.1.3　分区的复制、备份和还原

相对于备份磁盘来说，备份分区对计算机硬件的要求较少（无需第 2 块硬盘），方式也更为灵活。此外，由于操作时可选择重要分区进行有针对性的备份，因此无论是从效率还是从备份空间消耗上来说，分区的备份与恢复操作都具有极大的优势。

1．复制磁盘分区

在 Ghost 主界面中，执行 Local|Partition|To Partition 命令，如图 12-18 所示。

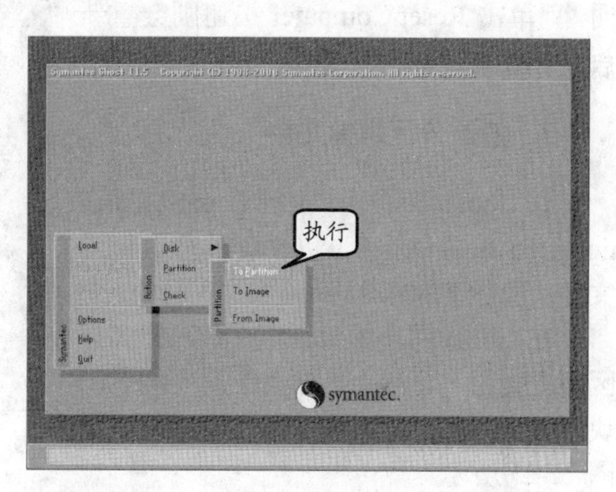

图 12-18　执行“复制分区”命令

此时，Ghost 会首先要求用户选择待复制分区所在磁盘，如图 12-19 所示。

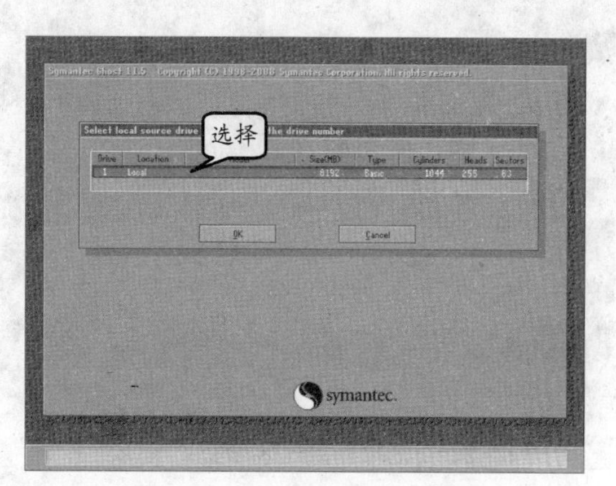

图 12-19　选择源分区所在磁盘

接下来，弹出的界面内将显示之前所

选磁盘的详细分区信息。在选择所要复制的分区后，单击 OK 按钮，如图 12-20 所示。

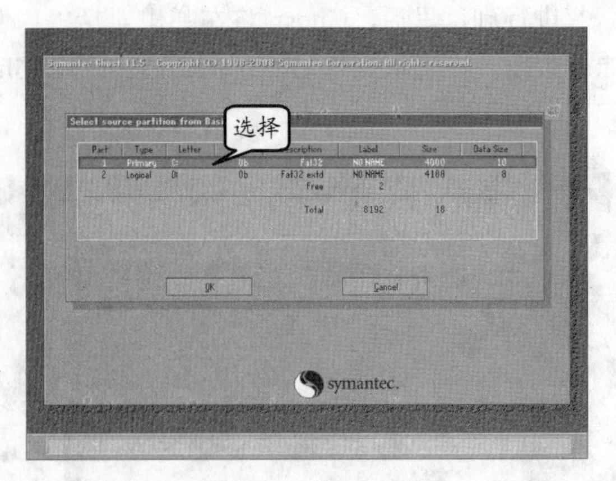

图 12-20　选择源分区

选择源分区后，Ghost 将在弹出对话框内要求用户选择目标分区所在磁盘，如图 12-21 所示。

然后，在列有目标磁盘所有分区情况的对话框中，选择目标分区，并单击 OK 按钮，如图 12-22 所示。

进行到这里后，单击弹出对话框内的 Yes 按钮，Ghost 在得到确认操作的信息后便会开始复制分区，如图 12-23 所示。

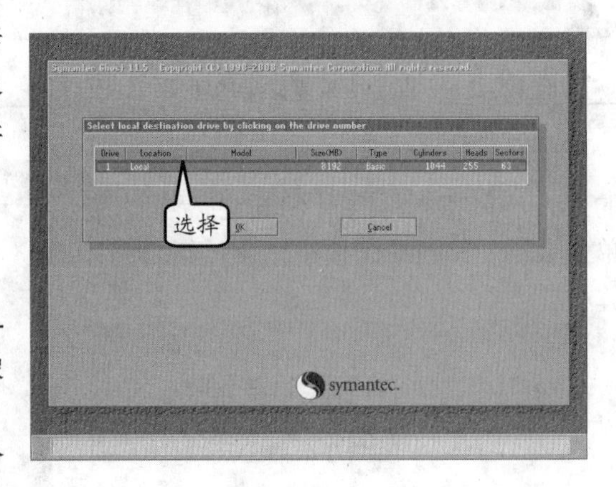

图 12-21　选择目标分区所在磁盘

复制分区操作完成后，单击弹出对话框内的 Continue 按钮将返回 Ghost 主界面，而单击 Reset Computer 按钮则会重新启动计算机。

2. 创建分区镜像文件

在 Ghost 界面中，执行 Local | Partition | To Image 命令，以便创建分区镜像文件，如图 12-24 所示。

在 Ghost 弹出的对话框中，选择源分区所在磁盘。当前计算机由于只安装了一块硬盘，因此直接单击 OK 按钮即可，如图 12-25 所示。

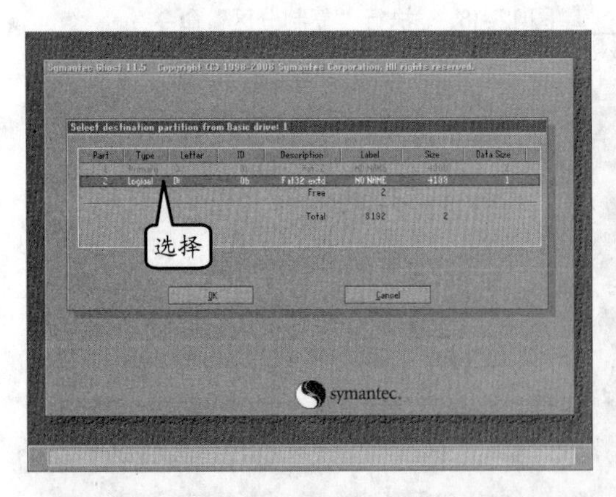

图 12-22　选择目标分区

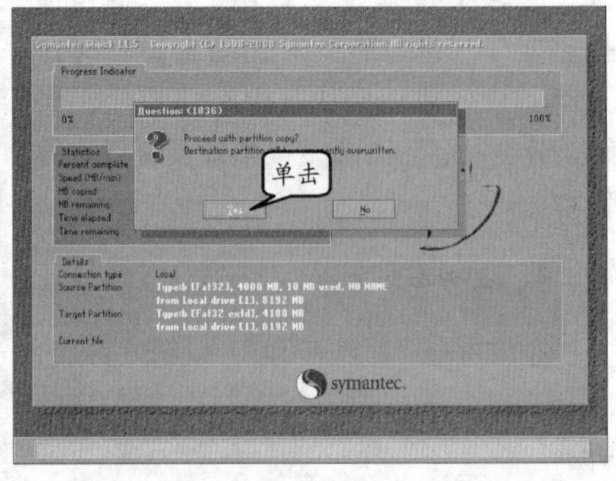

图 12-23　确认操作

接下来，在列有分区信息的对话框中，选择所要备份的源分区，并单击 OK 按钮，如图 12-26 所示。

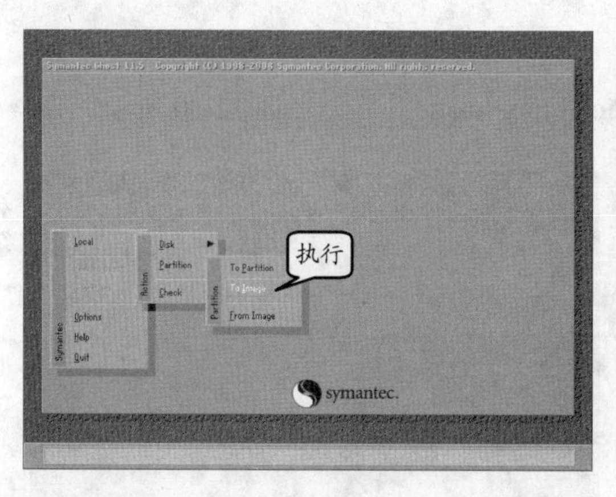

图 12-24　执行“创建分区镜像”的命令

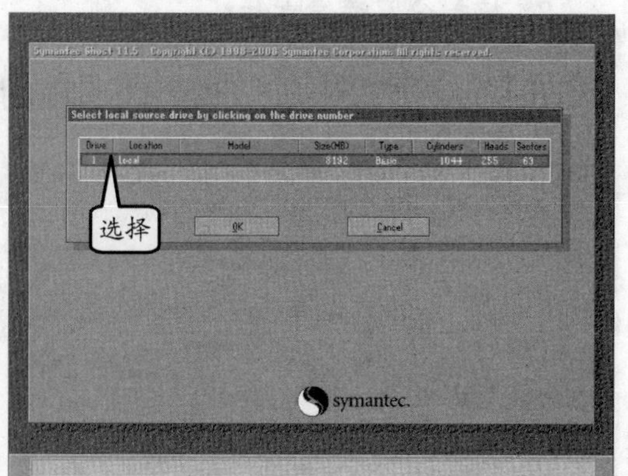

图 12-25　选择源分区所在磁盘

然后，在弹出的对话框内设置镜像文件的保存位置与名称，完成后单击 Save 按钮，如图 12-27 所示。

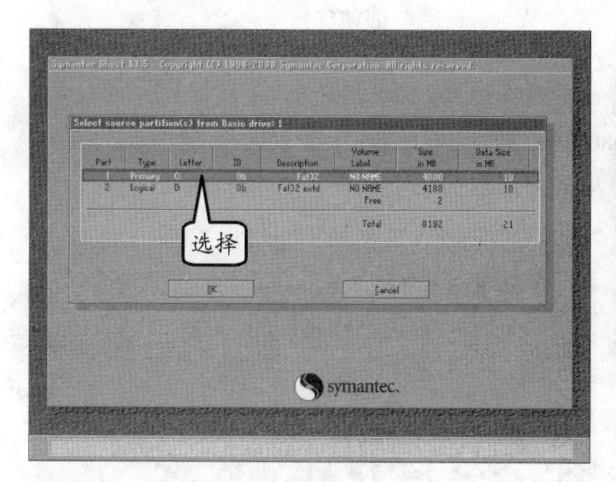

图 12-26　选择源分区

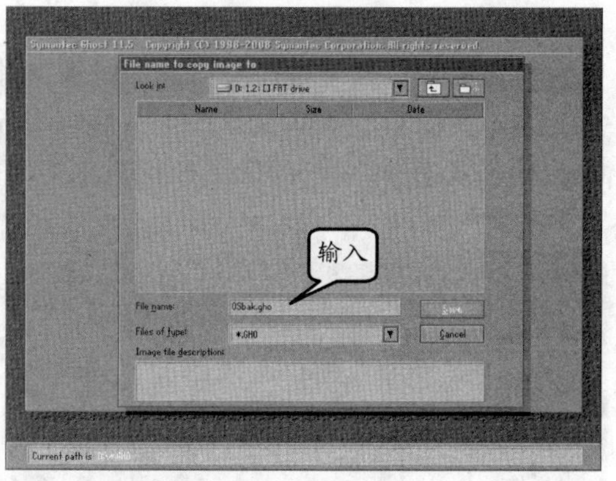

图 12-27　保存镜像文件

此时，在 Ghost 弹出的压缩选项对话框中单击 Fast 按钮，使用快速模式来创建较低压缩率的 GHO 备份文件，如图 12-28 所示。

最后，单击弹出对话框内的 Yes 按钮，确认上述操作后，Ghost 便会根据源分区中的数据内容来创建镜像文件，如图 12-29 所示。

镜像文件创建完成后，单击 Ghost 程序界面内出现的 Continue 按钮，即可返回 Ghost 程序主界面。

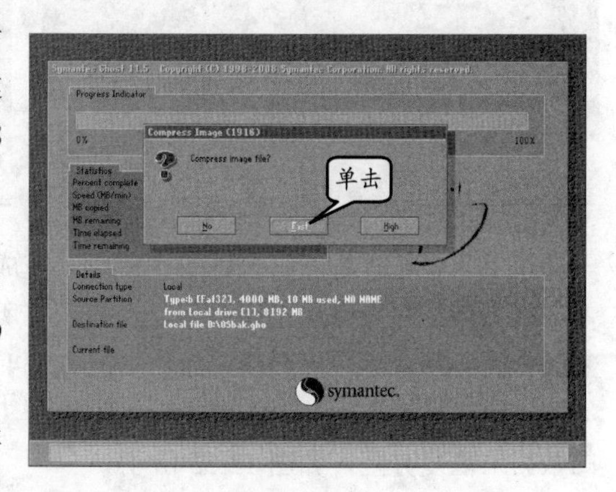

图 12-28　选择压缩模式

3. 恢复分区镜像文件

在 Ghost 程序界面中，执行 Local|Partition|From Image 命令，如图 12-30 所示。

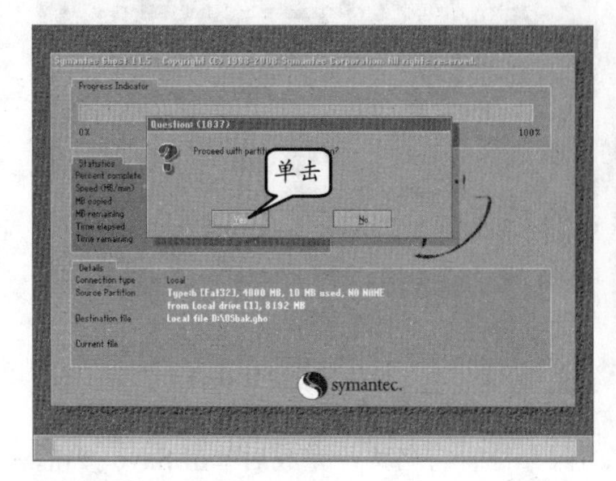

图 12-29 确认操作

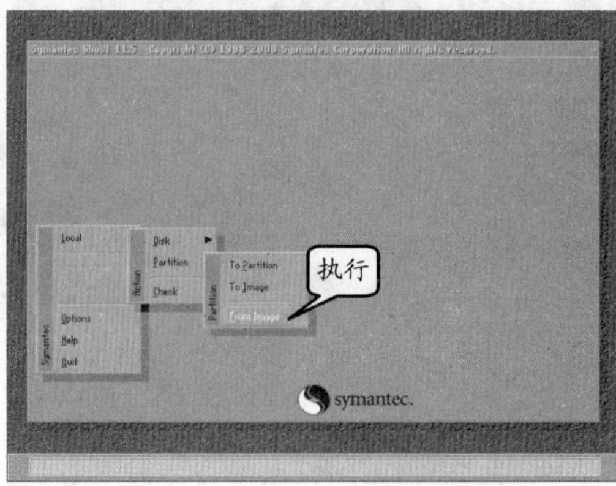

图 12-30 执行“从镜像文件恢复分区”的命令

在弹出对话框中选择要恢复的镜像文件，并单击 Open 按钮，如图 12-31 所示。

为了帮助用户确认操作的正常性，Ghost 将在弹出对话框内显示所选镜像文件的分区信息。完成后，单击对话框内的 OK 按钮，如图 12-32 所示。

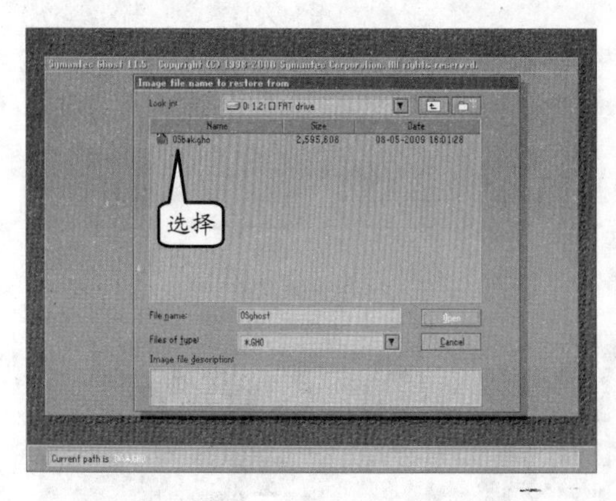

图 12-31 选择镜像文件

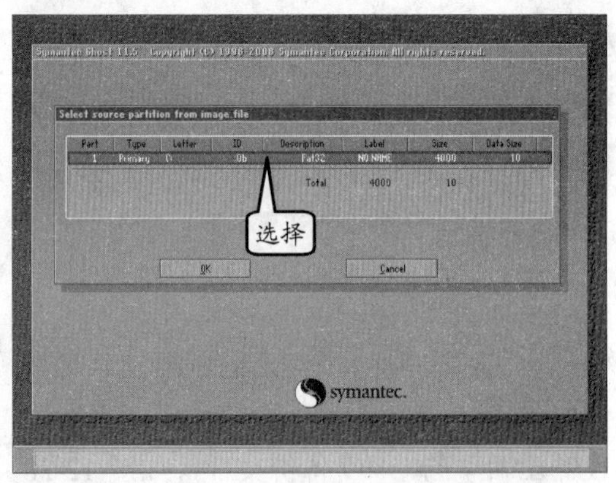

图 12-32 查看镜像文件内的分区信息

接下来，选择待恢复分区所在磁盘，完成后单击 OK 按钮，如图 12-33 所示。

确定待恢复分区所在磁盘后，在显示有所选磁盘详细分区情况的列表中选择所要恢复的分区，完成后单击 OK 按钮，如图 12-34 所示。

完成上述操作后，单击弹出对话框内的 OK 按钮，Ghost 程序便会使用镜像文件中的数据来恢复分区，如图 12-35 所示。

当数据恢复操作全部完成后，单击弹出对话框内的 Continue 按钮将返回 Ghost 主界面，而单击 Reset Computer 按钮则会重新启动计算机。

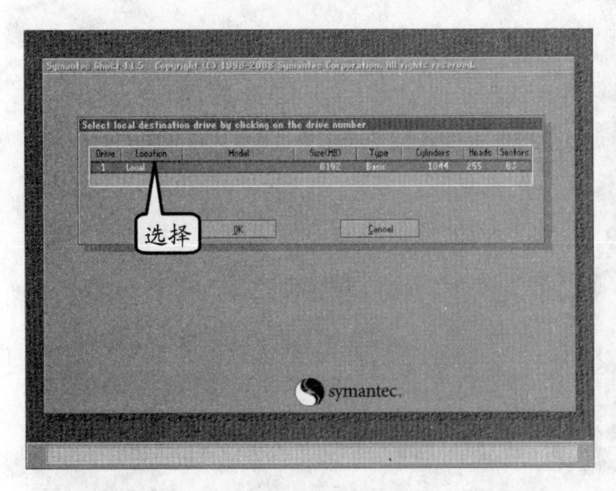

图 12-33 选择待恢复分区所在磁盘

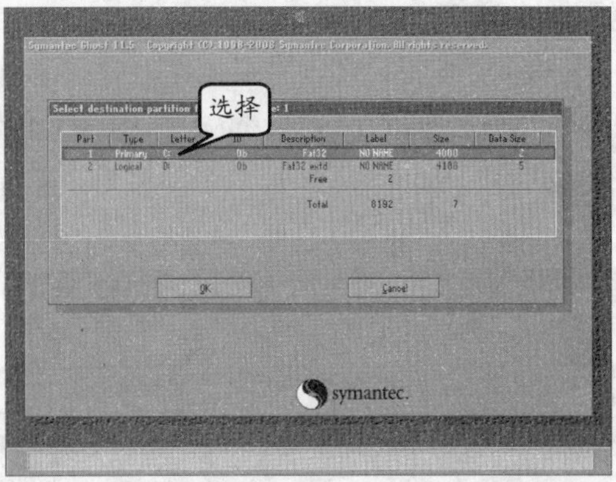

图 12-34 选择待恢复分区

12.1.4 校验功能

为了保证 Ghost 镜像文件的完整性和 Ghost 所创建备份磁盘、备份分区的正确性，用户可在创建镜像文件或备份分区后，使用 Ghost 校验功能检测其健康程度。

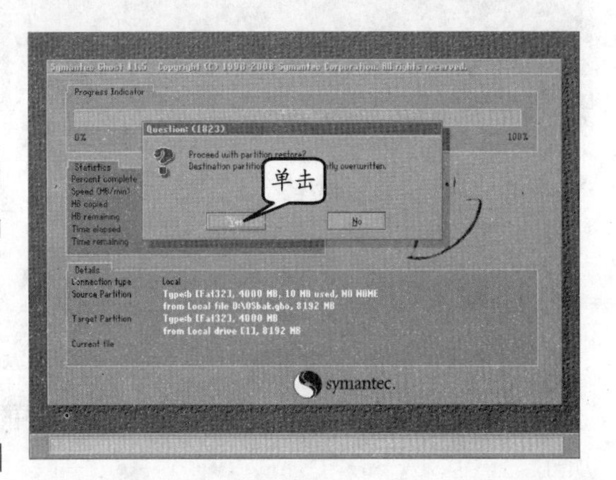

图 12-35 确认操作

1. 检测镜像文件完整性

在 Ghost 程序主界面中，执行 Local|Check|Image File 命令，如图 12-36 所示。

在打开的对话框中，选择所要校验的镜像文件，并单击 Open 按钮，如图 12-37 所示。

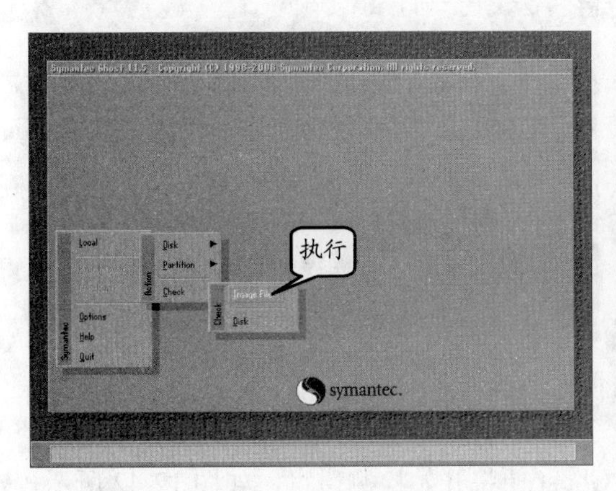

图 12-36 执行“检测镜像文件”命令

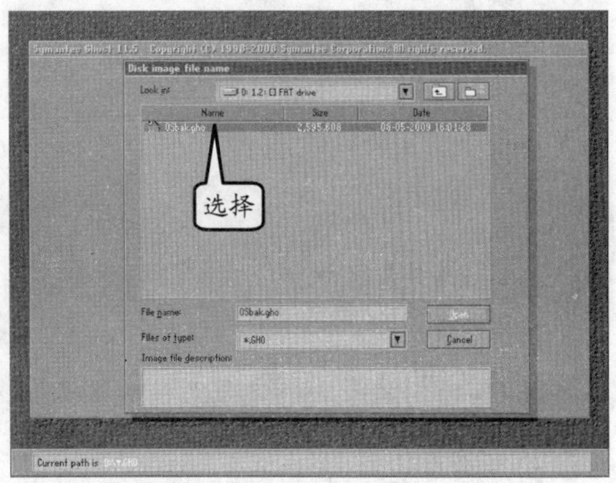

图 12-37 选择待校验的镜像文件

在弹出的对话框中，单击 Yes 按钮后，Ghost 便将检测所选镜像文件的健康状况，如图 12-38 所示。

检测完成后，Ghost 将在弹出对话框内显示检测结果。在这里，得到的检测结果是 Image file passed integrity check（镜像文件通过完整性检查），如图 12-39 所示。在单击对话框内的 Continue 按钮后，即可返回 Ghost 程序主界面。

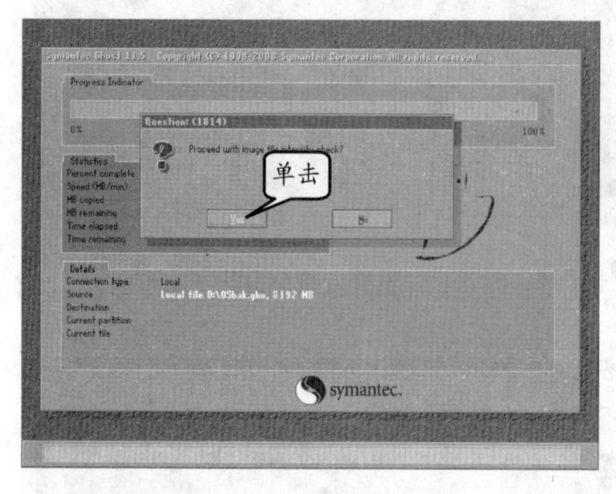

图 12-38 确认操作

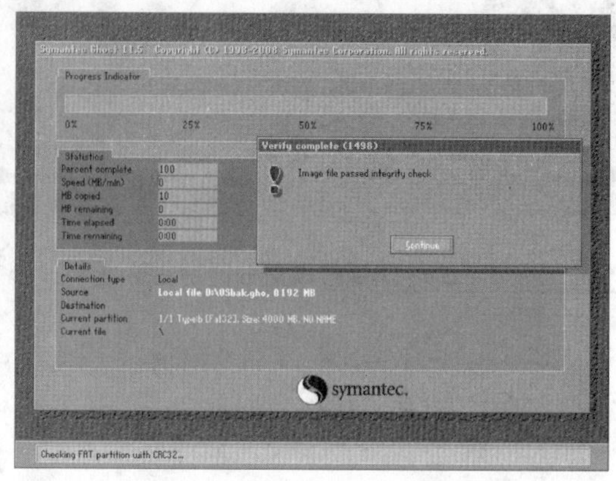

图 12-39 检测结果

2. 检测磁盘健康度

在 Ghost 程序主界面中，执行 Local|Check|Disk 命令，如图 12-40 所示。

在接下来弹出的对话框中选择所要检测的磁盘，完成后单击 OK 按钮，如图 12-41 所示。

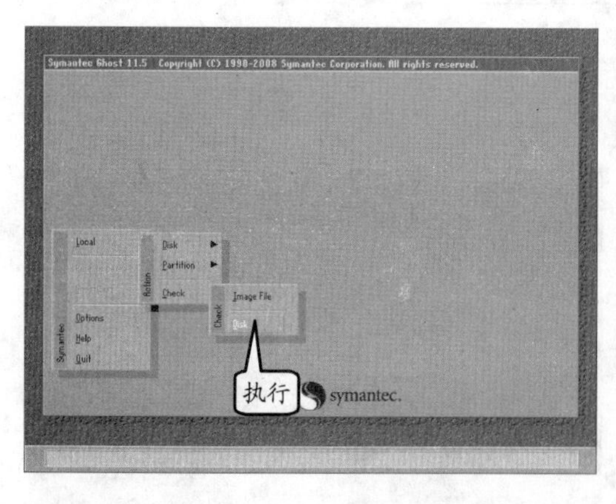

图 12-40 执行“检测磁盘”的命令

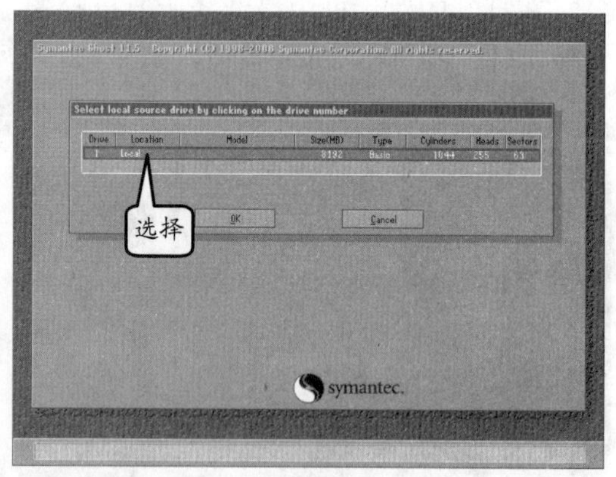

图 12-41 选择待检测磁盘

然后，单击弹出对话框内的 Yes 按钮，Ghost 便将开始检测磁盘，如图 12-42 所示。

检测完成后，Ghost 会在弹出对话框内显示检测结果。这里所得到的检测结果是 Integrity Check Completed Successfully（完整性检查顺利完成），如图 12-43 所示。

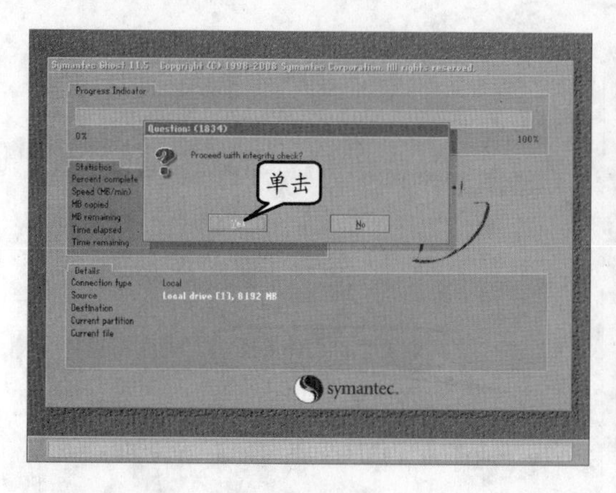

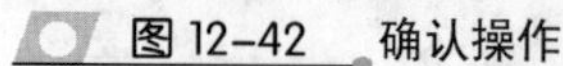
图 12-42 确认操作

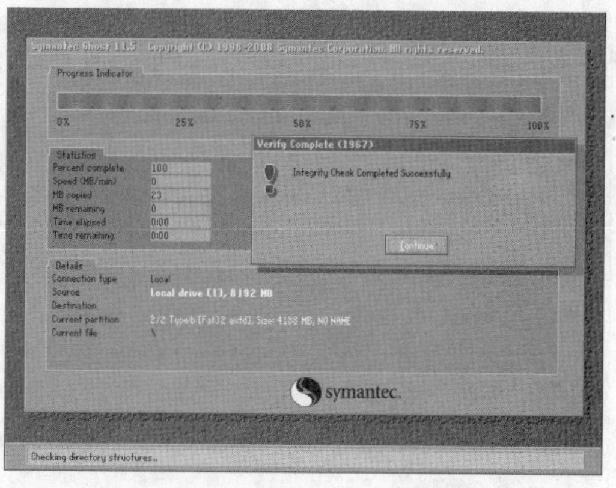

图 12-43 检测结果

12.2 数据文件的备份与还原

在计算机系统中，数据的重要性往往要大于硬件或应用程序的价值。因此，在日常使用计算机的过程中，对重要数据的定期备份便显得极其重要。下面将简单介绍在 Vista 操作系统内备份和恢复个人数据的方法。

12.2.1 创建备份文件

在 Vista 操作系统中，个人数据是指个人文件夹内的各种普通文件（非系统文件），以及与用户账户相关的各种配置文件，其备份方法如下。

单击【开始】按钮后，执行【所有程序】|【维护工具】|【备份和还原中心】命令，打开【备份和还原中心】窗口，如图 12-44 所示。

在【备份和还原中心】窗口中单击【备份文件】按钮，并在弹出的【备份文件】对话框内设置备份文件的保存位置，完成后单击【下一步】按钮，如图 12-45 所示。

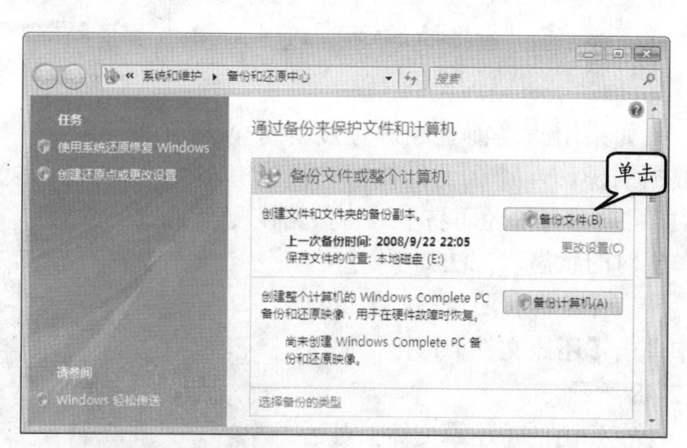

图 12-44 备份和还原中心

注 意

Vista 规定，所有备份的文件都必须保存在 NTFS 格式的分区之中，如果用户所选分区的文件系统不是 NTFS，则必须先格式化所选分区，否则随后的备份操作将无法进行。

接下来，在弹出的对话框内选择所要备份的文件类型，完成后单击【下一步】按钮，如图 12-46 所示。

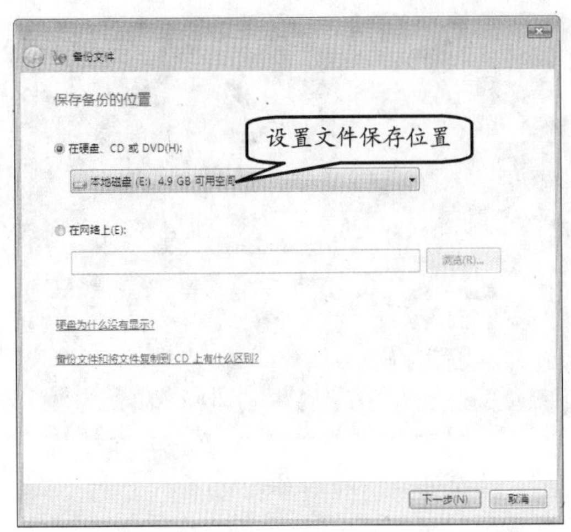

图 12-45　设置保存备份文件的位置

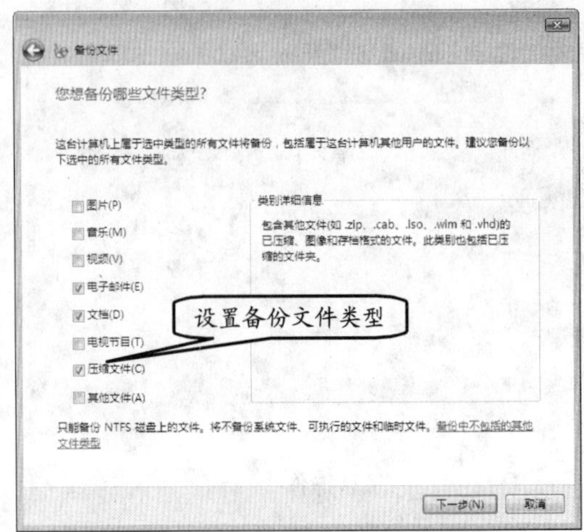

图 12-46　选择所要备份的文件类型

此时，Vista 会要求用户设置自动备份上述文件的时间与频率，以便定期备份选定类型的文件，如图 12-47 所示。设置完成后，单击对话框内的【保存设置并开始备份】按钮，即可开始备份选定文件。

稍等片刻，当选定文件备份完成后，单击弹出对话框内的【关闭】按钮，即可完成文件的备份操作。

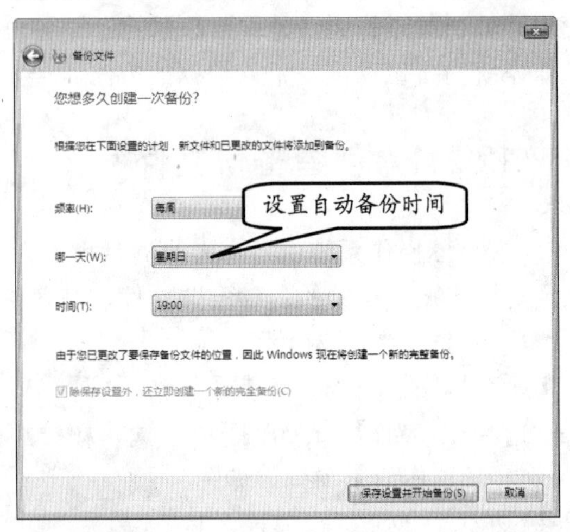

图 12-47　设置文件自动备份的时间与频率

12.2.2　还原备份文件中的数据

如果用户之前曾经进行过备份个人数据的操作，那么无论数据的损失有多大，用户都可以轻而易举地将数据恢复至备份时的状态，方法如下。

在【备份和还原中心】窗口中单击【还原文件】按钮，如图 12-48 所示。

在弹出的【还原文件】对话框中，选择所要还原文件的备份源，完成后单击【下一步】按钮，如图 12-49 所示。

接下来，单击弹出对话框内的【添加文件夹】按钮，并在设置所要还原的文件夹后，单击【下一步】按钮，如图 12-50 所示。

图 12-48　备份和还原中心

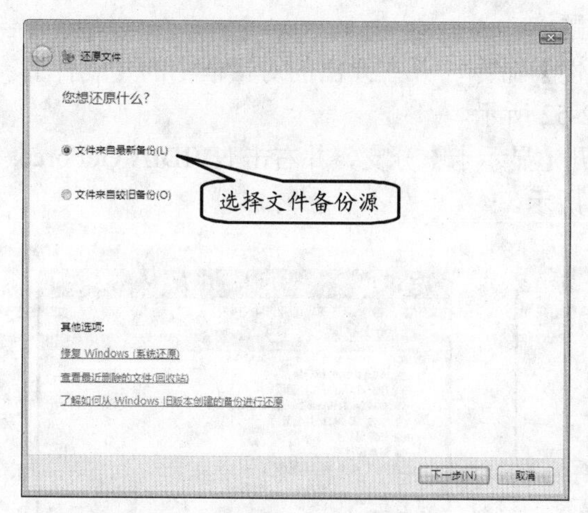

图 12-49　选择备份源

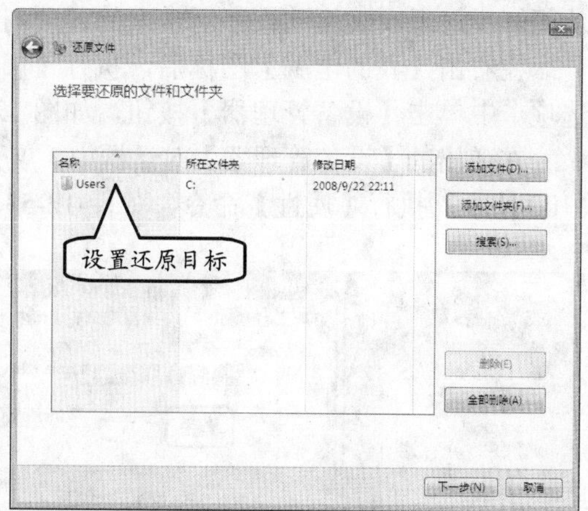

图 12-50　选择还原目标

此时，用户需要在【还原文件】对话框内设置还原后文件的保存位置。在这里，设置的是 D 盘的 ubak 文件夹，如图 12-51 所示。

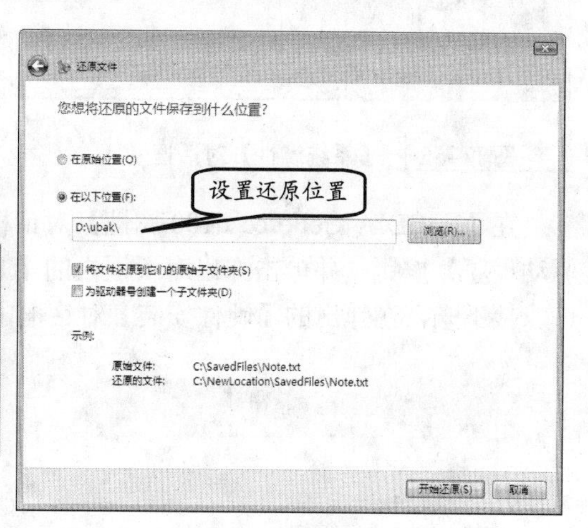

图 12-51　设置还原位置

提　示

当用户选择将文件还原至原始位置时，会在还原时出现"此位置已经包含同名文件"的警示信息。此时，Vista 会给用户"复制和替换"、"不要复制"和"复制，但保留这两个文件"3 个选项，建议用户选择"复制，但保留这两个文件"选项。

完成上述设置后，单击【还原文件】对话框内的【开始还原】按钮，系统便将开始还原所选文件或文件夹中的内容，完成后单击弹出对话框内的【关闭】按钮即可。

12.3　驱动程序备份与恢复

从应用层面上来看，驱动程序在操作系统与硬件设备之间起着通信桥梁的作用，是操作系统充分发挥硬件性能时必不可少的因素，其重要程度可想而知。本节将对备份和恢复驱动程序的方法进行讲解，以便在驱动程序损坏或安装不稳定的驱动程序后，能够尽快将驱动程序恢复正常。

12.3.1　使用系统自带的驱动程序恢复功能

在为硬件设备安装新的驱动程序后，如果因驱动程序本身有问题而导致系统出现运行不稳定、响应缓慢等反应时，可通过驱动程序恢复功能来还原之前版本的驱动程序，从而解决最近安装驱动程序所带来的各项问题。

在右击【我的电脑】图标后，执行【属性】命令，并在弹出的对话框中的【硬件】选项卡中单击【设备管理器】按钮，如图 12-52 所示。

在弹出的【设备管理器】对话框中，展开【显示卡】分支，并右击 NVIDIA GeForce 6100 选项，执行【属性】命令，如图 12-53 所示。

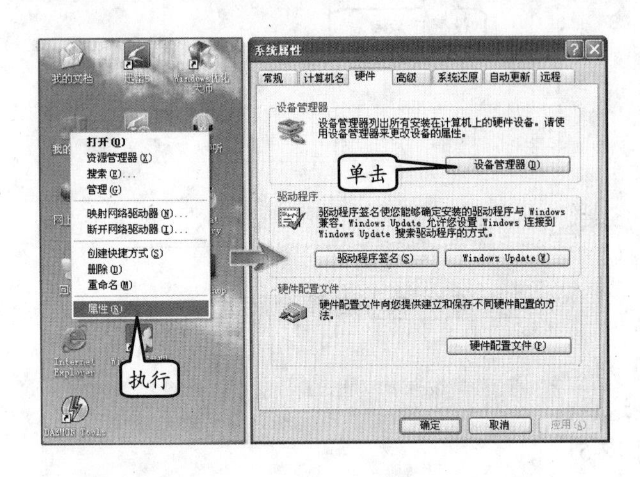

图 12-52 【系统属性】对话框

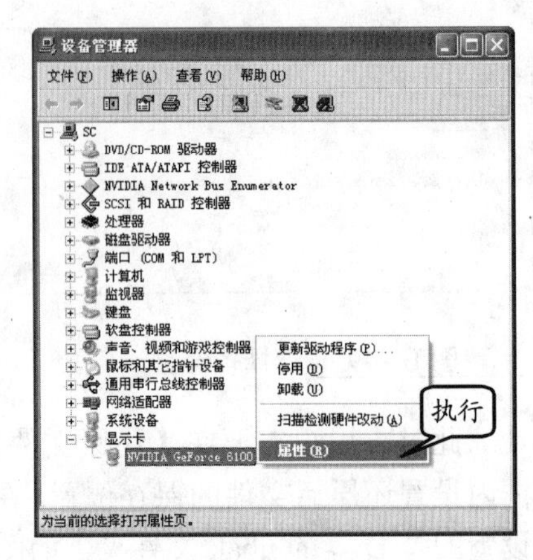

图 12-53 设备管理器

在【NVIDIA GeForce 6100 属性】对话框中，单击【驱动程序】选项卡内的【返回驱动程序】按钮，并单击弹出对话框内的【是】按钮，如图 12-54 所示。

接下来，在弹出的【硬件安装】对话框中单击【仍然继续】按钮，如图 12-55 所示。

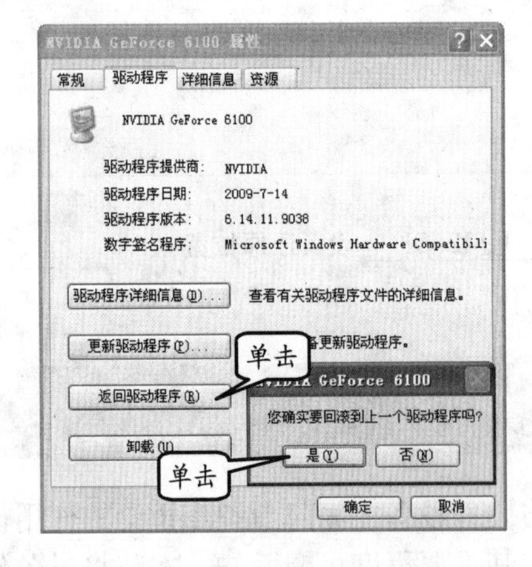

图 12-54 设备属性对话框

图 12-55 正在恢复驱动程序

根据用户所恢复驱动程序以及设备的不同，部分情况下系统还会弹出【确认文件替换】对话框。在这里直接单击【是】按钮即可，如图 12-56 所示。

图 12-56 确认替换操作

最后按照系统提示，重新启动计算机后，即可完成驱动程序的恢复操作。

12.3.2 使用驱动精灵备份驱动程序

驱动精灵是由驱动之家网站推出的一款驱动程序更新、备份工具，此外还具有从操作系统内提取驱动程序的功能。本节将以驱动精灵 2009 为例，介绍通过驱动精灵备份驱动程序的方法。

图 12-57 驱动精灵主界面

启动驱动精灵后，其主界面如图 12-57 所示。程序主界面的最上方为功能列表区域，在单击某一功能按钮后，即可打开相应的功能界面。

单击【备份还原】按钮后，在【备份驱动】选项栏中启用显卡、网卡和声卡前的复选框。然后，在【备份还原】界面的右侧区域内设置驱动程序的保存方式与位置，完成后单击【开始备份】按钮，如图 12-58 所示。

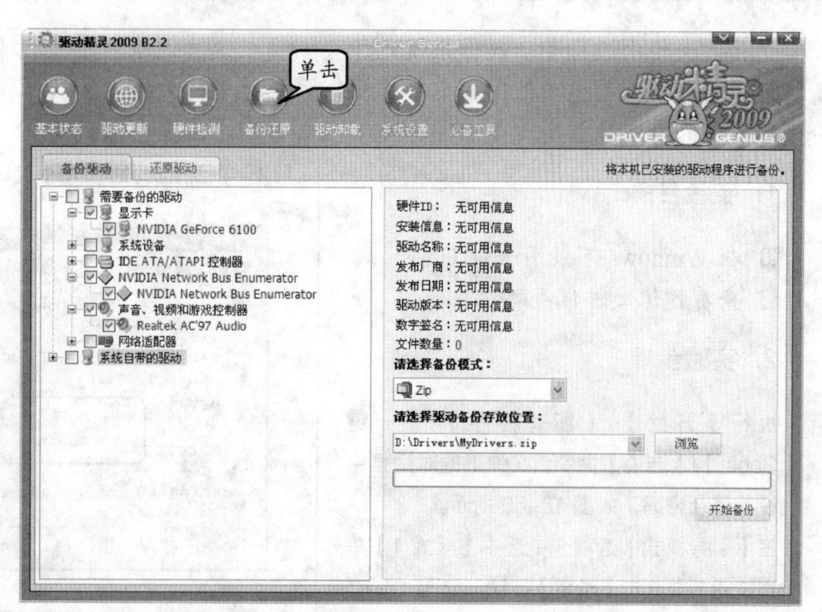

图 12-58 备份驱动程序

稍等片刻后，单击弹出对话框内的【确定】按钮，所选设备的驱动程序即可备份完成。打开相应文件夹后，即可查看到驱动程序备份文件，如图 12-59 所示。

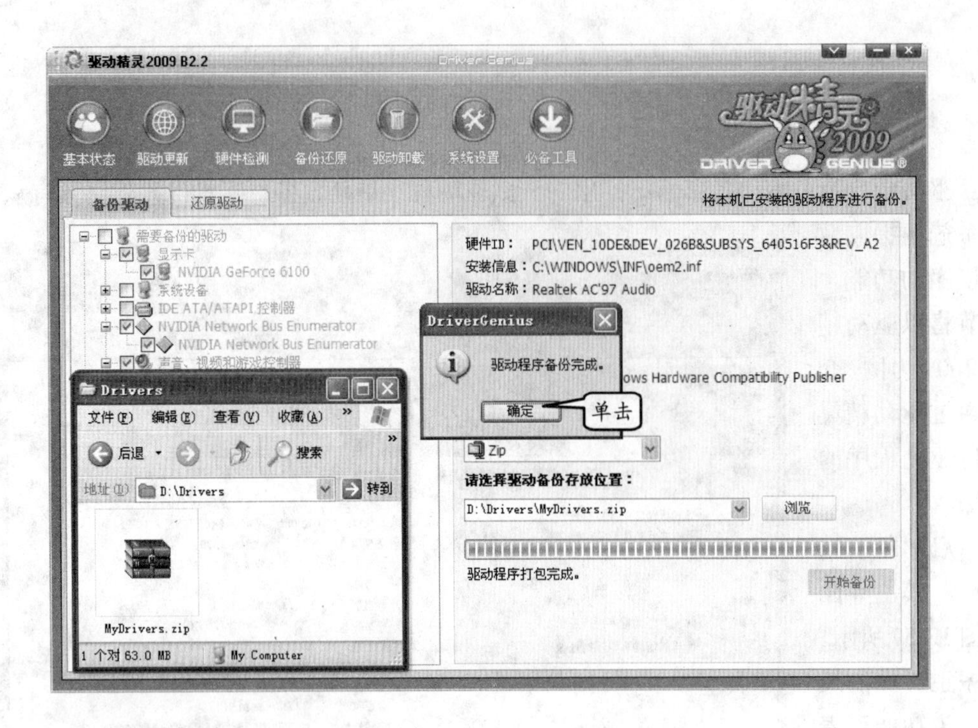

图 12-59 完成备份

12.4 实验指导：一键 Ghost 的使用方法

计算机在使用过程中，操作系统难免会因病毒或其他原因而被破坏，此时便需要重新安装操作系统。不过，使用光盘安装操作系统会消耗大量时间，而使用一键 Ghost 备份恢复软件即可快速解决此类问题。

1. 实验目的

- ❑ 在 Windows 下使用一键 Ghost
- ❑ 查看镜像文件保存路径

2. 实验步骤

1 执行【开始】|【所有程序】|【一键 Ghost】|【选项】命令，在弹出的对话框中设置登录密码，如图 12-60 所示。

2 在【引导模式】选项卡中选中【模式 1】单选按钮，并单击【确定】按钮，如图 12-61 所示。

3 执行【开始】|【所有程序】|【一键 Ghost】|【一键 Ghost】命令，在选中弹出对话框内的【一键备份 C 盘】单选按钮后，单击【备份】按钮，如图 12-62 所示。

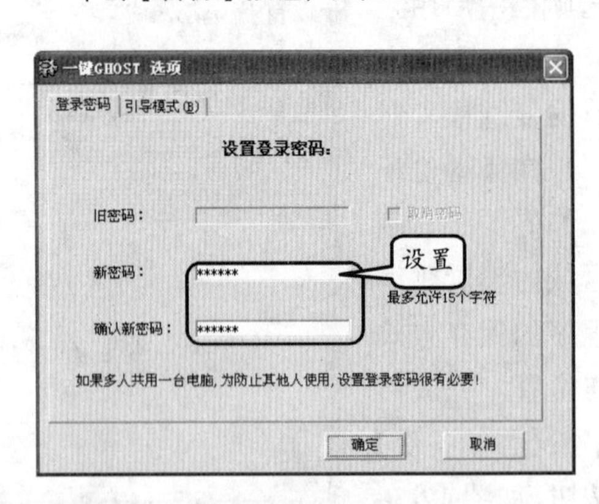

图 12-60 设置登录密码

4 在弹出的【正在配置，请稍后】对话框中可查看配置进度，如图 12-63 所示。当配置完成后，计算机将重新启动。

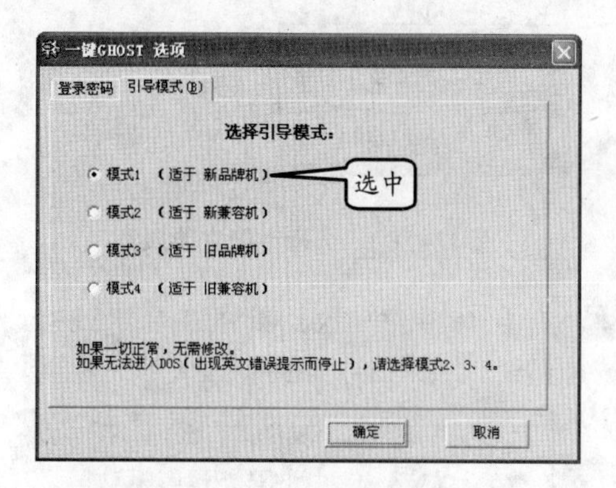

图 12-61 选择引导模式

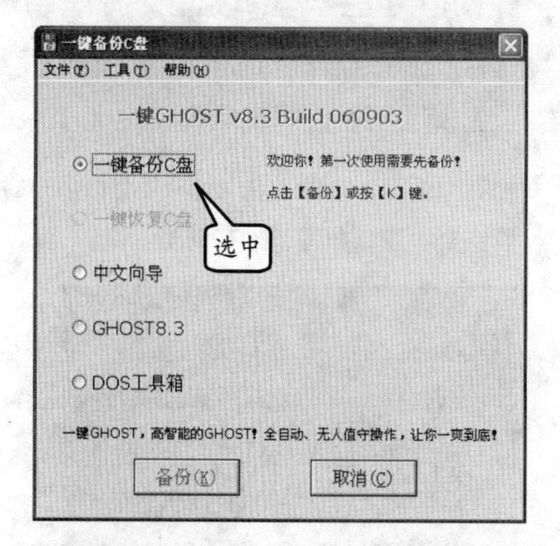

图 12-62 开始一键备份 C 盘

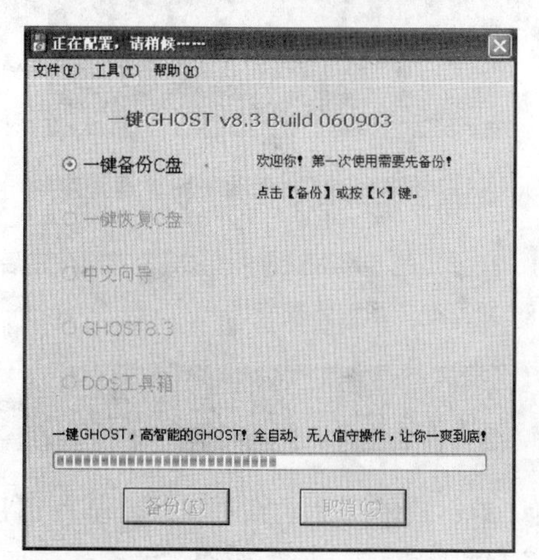

图 12-63 查看配置进度

提 示

用户也可以在启动计算机或重新启动计算机时,选择引导菜单中的【一键 Ghost v8.3 Build 060903】启动项来开始备份 C 盘。

5 计算机重新启动后,在弹出的对话框中单击【备份】按钮,如图 12-64 所示。

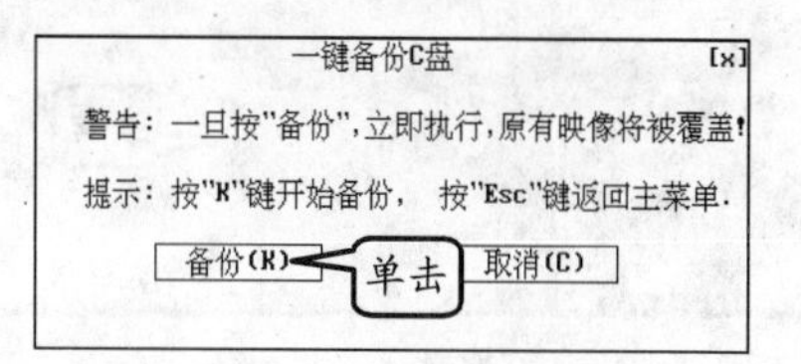

图 12-64 确认备份

6 在 Symantec Ghost 8.3 窗口中可查看备份进度,如图 12-65 所示。

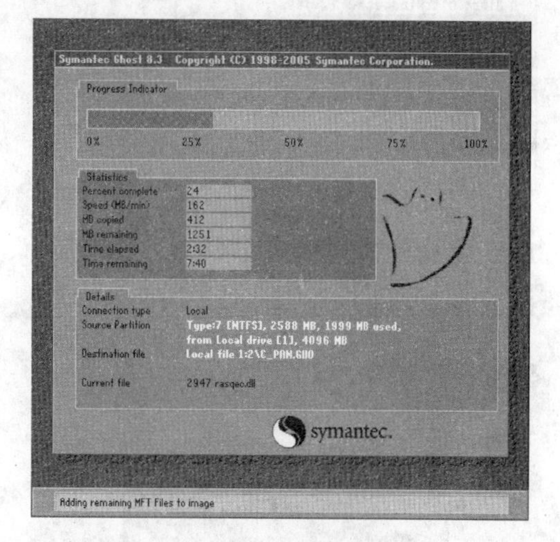

图 12-65 查看备份进度

7 系统备份完成后,单击弹出对话框内的【重启】按钮,如图 12-66 所示。

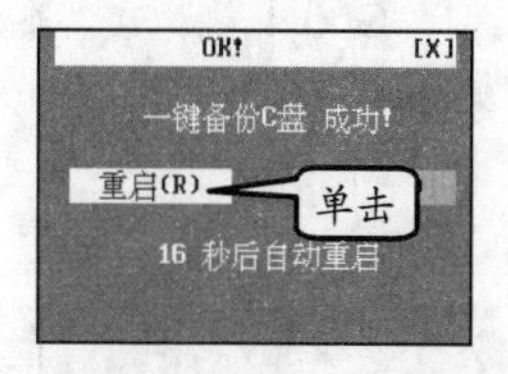

图 12-66 重启计算机

8 在本地磁盘 D 中,可查看 C 盘的备份镜像文件,如图 12-67 所示。

9 在计算机启动过程中,选择"一键 Ghost v8.3 Build 060903"引导菜单,如图 12-68 所示。

10 在【一键 Ghost 主菜单】对话框中单击【一键恢复 C 盘】按钮,如图 12-69 所示。

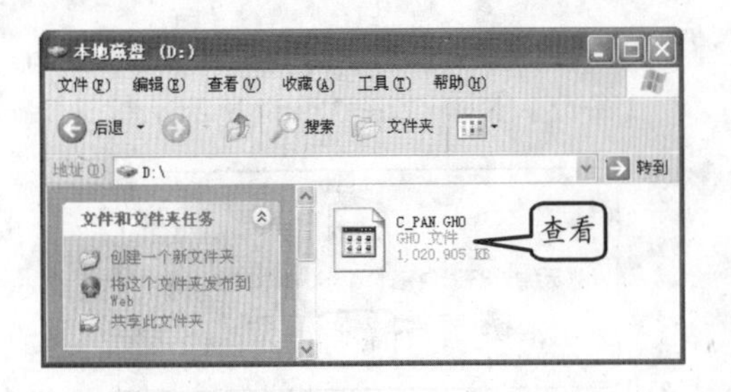

图 12-67　查看备份镜像文件

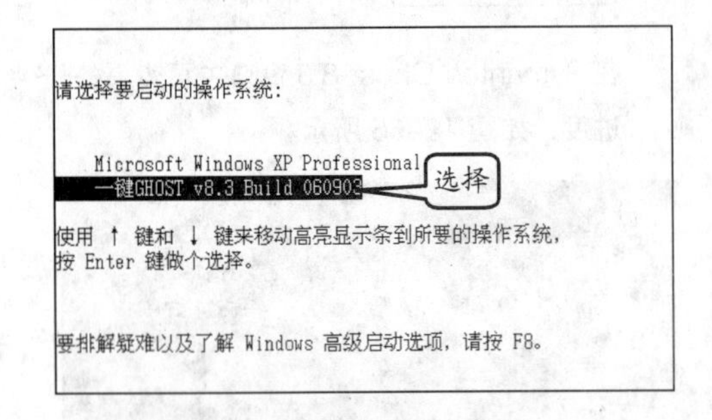

图 12-68　选择引导菜单

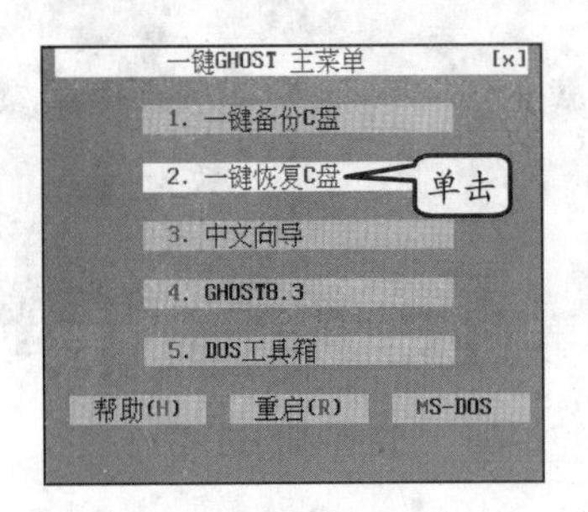

图 12-69　选择一键恢复 C 盘

11 在弹出的【请选择 Ghost 镜像文件来源】对话框中单击【硬盘】按钮，如图 12-70 所示。

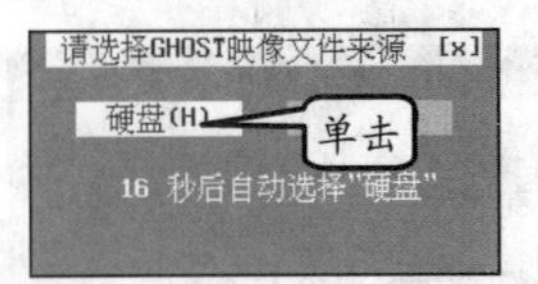

图 12-70　选择镜像文件来源

12 在【一键恢复 C 盘】对话框中单击【恢复】按钮，如图 12-71 所示。

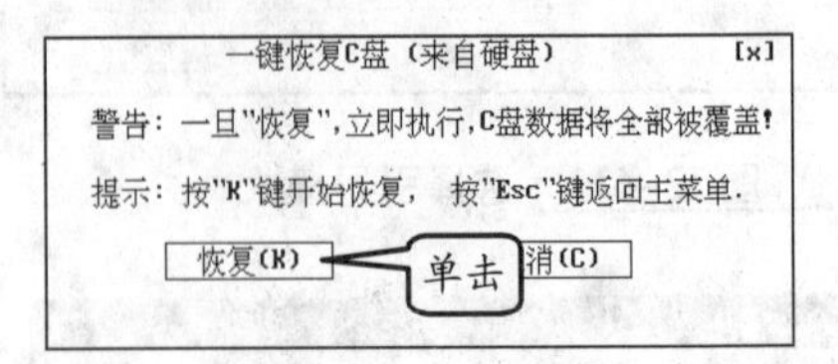

图 12-71　恢复 C 盘

13 在弹出的 Symantec Ghost 8.3 窗口中可查看恢复进度，如图 12-72 所示。

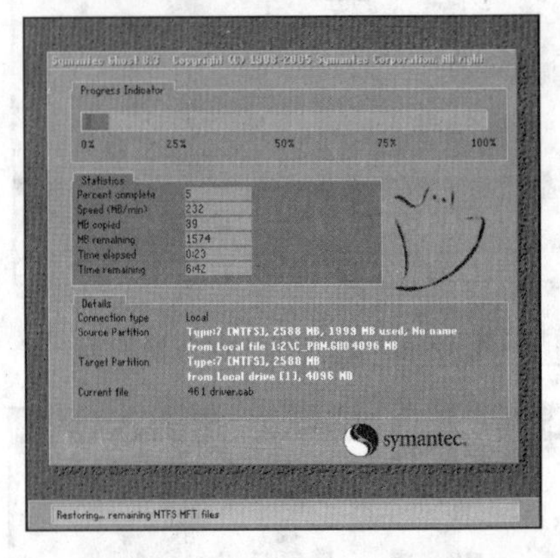

图 12-72　查看恢复 C 盘进度

14 在弹出的 OK 对话框中单击【重启】按钮后，即可完成系统恢复操作。

12.5　实验指导：使用系统还原备份和还原操作系统

系统还原功能是 Windows XP 中的一个使用简单、功能强大的系统组件，其作用是在不破坏用户数据的情况下，解决因系统设置错误或文件损坏、丢失而造成的系统问题。下面将介绍如何使用系统还原功能来备份操作系统。

1. 实验目的

- ❑ 创建还原点
- ❑ 还原操作系统
- ❑ 了解系统还原使用方法

2. 实验步骤

1 单击【开始】按钮后，执行【所有程序】|

【附件】|【系统工具】|【系统还原】命令，如图 12-73 所示。

图 12-73　执行【系统还原】命令

2　在系统还原向导界面中，选中【创建一个还原点】单选按钮，如图 12-74 所示。

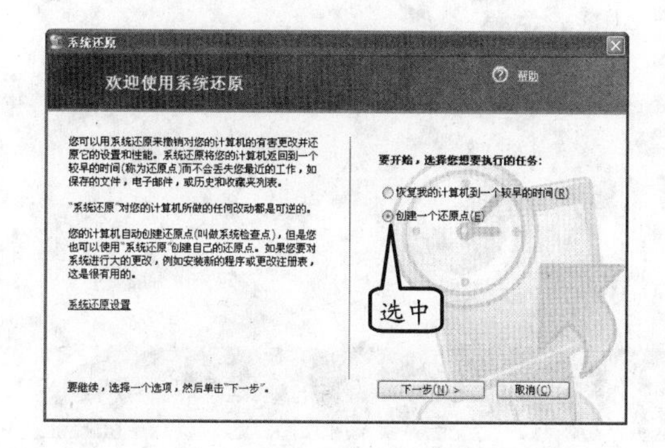

图 12-74　选择操作类型

3　在【创建一个还原点】对话框中设置还原点的描述信息后，单击【创建】按钮，如图 12-75 所示。

4　此时，单击弹出对话框内的【关闭】按钮，即可完成还原点的创建操作，如图 12-76 所示。

5　接下来，当操作系统出现故障需要修复时，只需在启动系统还原功能后，选中【恢复我的计算机到一个较早的时间】单选按钮，如图 12-77 所示。

6　在弹出的【选择一个还原点】对话框中，选择创建还原点的日期以及所创建的还原点，如图 12-78 所示。

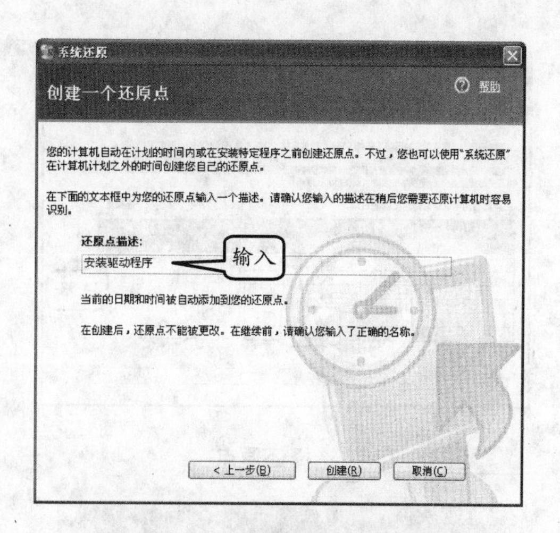

图 12-75　添加还原点描述信息

图 12-76　创建还原点

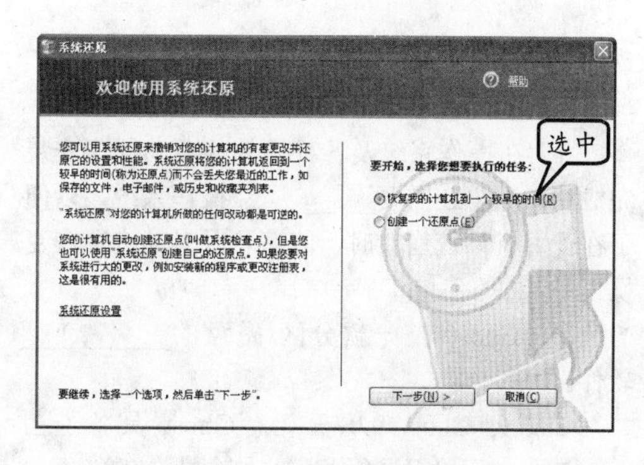

图 12-77　执行系统还原操作

7　此时，系统还原功能将会在弹出对话框内请求用户确认所选择的还原点，无误后单击【下一步】按钮，操作系统便会重新启动计算机，以便执行系统还原操作，如图 12-79 所示。

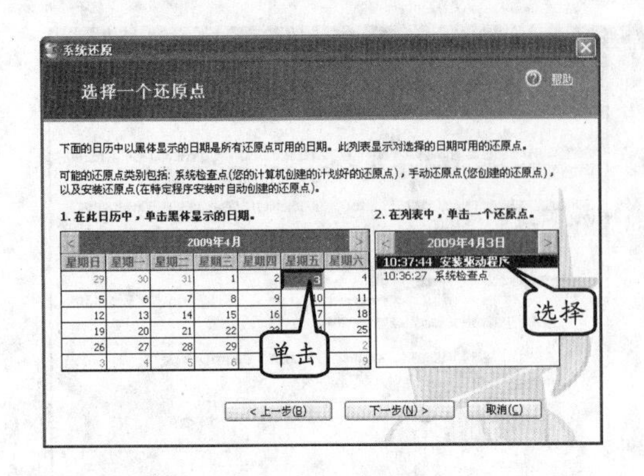

图 12-78 选择还原点

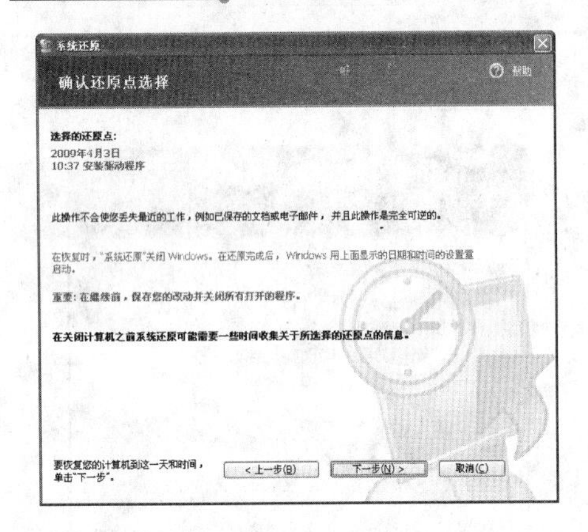

图 12-79 准备进行系统还原

8 当操作系统恢复至创建还原点时的状态后，单击弹出对话框内的【确定】按钮，即可完成还原操作，如图 12-80 所示。

图 12-80 完成还原操作

12.6 思考与练习

一、填空题

1．在操作系统及各种硬件的驱动程序安装完成后，用户还需要__________操作系统，以便于在计算机系统崩溃时，能够及时对其进行恢复操作。

2．Ghost 是一款分区/磁盘的__________软件。

3．从 Ghost 9.0 开始，Ghost 具备了在__________环境下进行备份与恢复操作的能力。

4．利用 Ghost__________功能，能够了解到 Ghost 镜像文件的完整性和 Ghost 所创建备份磁盘、备份分区的正确性。

5．个人数据是指个人文件夹内的各种__________文件，以及与用户账户相关的各种配置文件。

6．驱动程序在操作系统与硬件设备之间起着__________的作用。

7．在 Windows 操作系统中，用于查看和管理硬件信息的组件是__________。

二、选择题

1．针对 Windows 操作系统的特点，Ghost 将磁盘本身及其内部划出的分区视为两种不同的操作对象，分别为__________和__________。

A．硬盘和软盘

B．磁盘与分区

C．分区与镜像文件

D．单机与网络

2．在使用 Ghost 创建镜像文件时，其中压缩率最高，但花费时间最多的模式是__________。

A．No　　B．Fast

C．High　　D．Low

3. Ghost Check 功能主要用于保证 Ghost 镜像文件的__________，以及 Ghost 备份磁盘、备份分区的__________。

A. 完整性，正确性

B. 健康度，活跃性

C. 准确性，健康度

D. 数据完整，资料不丢失

4. 对于操作系统来说，个人文件不包括下列哪种类型的文件？__________

A. 私人数据文档

B. .sys 文件

C. JPEG 照片

D. 音乐文件

5. Windows Vista 个人文件备份与还原功能对系统的要求是__________。

A. 备份文件不能大于 4GB

B. 计算机必须配备有光驱

C. 所备份文件必须位于 NTFS 格式的分区内

D. 无任何限制

6. 驱动精灵是一款驱动程序更新、备份工具，此外还具有__________的功能。

A. 编辑驱动程序

B. 管理驱动程序

C. 向网站发布驱动程序

D. 从操作系统内提取驱动程序

三、简答题

1. Ghost 都具有哪些功能？

2. 简述使用 Ghost 创建分区镜像文件的过程。

3. 备份用户的个人数据都有哪些方法？

4. 通过驱动精灵备份驱动程序的流程是什么？

四、上机练习

1. 使用驱动精灵更新驱动程序

由于驱动精灵拥有驱动之家数十年来所积累的驱动程序数据库，因此在检测用户计算机的硬件配置后，能够迅速向用户提供各个硬件的最新驱动程序信息。这样一来，用户便可在为硬件更新驱动程序后，解决之前驱动程序内的各种问题。

启动驱动精灵后，单击主界面内的【驱动更新】按钮，即可在【驱动更新】界面内查看到当前计算机需要更新驱动程序的硬件设备，如图 12-81 所示。

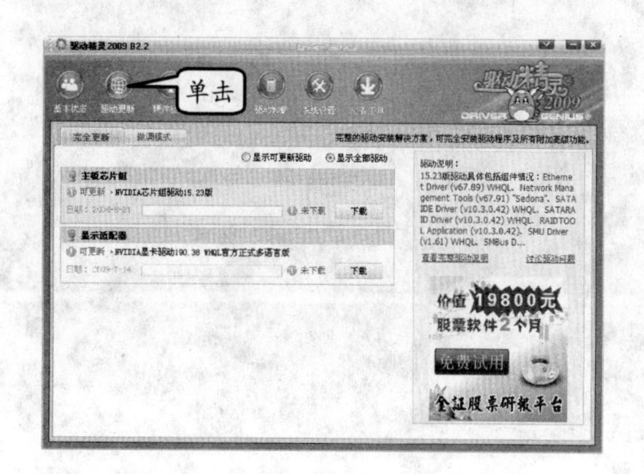

图 12-81 查看需要更新驱动程序的硬件设备

在单击某一硬件设备右侧的【下载】按钮后，驱动精灵便会自动下载适合该设备的最新版本驱动程序，完成后单击【安装】按钮，如图 12-82 所示。

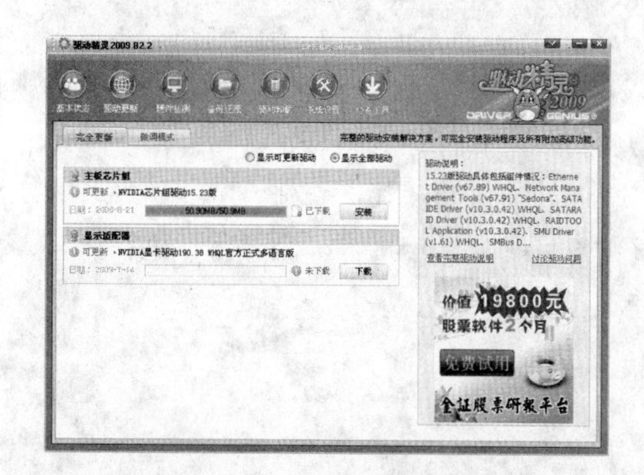

图 12-82 安装驱动程序更新包

进行到这里后，只需按照驱动程序安装向导的提示进行操作，即可完成相应设备的驱动程序更新工作。

第13章

系统的维护及优化

对于计算机这样精密而复杂的电子设备来说，工作环境对其寿命有着不可忽视的影响，而计算机软件系统的运行状况也在很大程度上影响着计算机的工作效率。因此，在日常使用计算机的过程中，必须从硬盘和软件两个方面对计算机进行维护，只有这样才能够时刻保障计算机的正常运转。

本章将对维修和优化计算机的常用方法进行讲解，以便用户在熟悉和了解计算机维护与优化方法后能够更好地使用计算机。

本章学习要点：

- 计算机维护知识
- 注册表知识
- 操作系统优化

13.1 计算机维护基础

正确而适当地维护计算机，不仅能够保障计算机的工作效率，最大限度地发挥其性能，还能够起到“防患于未然”的效果，从而减少因计算机故障而造成的损失。下面将对计算机的使用环境，以及安全操作计算机的各个注意事项进行介绍。

13.1.1 计算机的使用环境

为保证计算机的正常运行，必须对温度、湿度及其他与外部环境有关的各种情况进行控制，以免因运行环境欠佳而导致计算机无法正常运行或损坏等情况的发生。

1. 保持合适的温度

计算机在启动后，其内部的各种元器件（尤其是各种芯片）都会慢慢升温，并导致周围环境温度的上升。当温度上升到一定程度时，高温便会加速电路内各个部件的老化，甚至引起芯片插脚脱焊，严重时还将烧毁硬件设备。因此，在有条件的情况下应当在机房内配置空调，否则应保证室内空气的流通，以便计算机能够运行在正常的环境温度下。

2. 保持合适的湿度

计算机周围环境的相对湿度应保持在30%～80%的范围内。如果湿度过大，潮湿的空气不但会腐蚀计算机内的金属物质，还会降低计算机配件的绝缘性能，严重时还会造成短路，从而烧毁部件。

但是，如果湿度过低，则在关机后不利于计算机内部所存储电量的释放，从而产生大量静电。这些静电不但是计算机吸附灰尘的主要原因，严重时还会在某些情况下（如与人体接触）产生放电现象，从而击穿电路中的芯片，损坏计算机硬件。

3. 保持环境清洁

计算机在运行时，其内部产生的静电及磁场很容易吸附灰尘。这些灰尘不仅会影响计算机散热，还会在湿度较大的情况下成为导电物质，从而引起短路，造成电路板的烧毁。

因此，对计算机及其周围环境的清洁极其重要，建议用户根据周围环境定期清理，以免因灰尘过多造成计算机损坏。

4. 保持稳定的电压

保持计算机正常工作的电压需求为220V，过高的电压会烧坏计算机的内部元件，而电压过低则会影响电源负载，导致计算机无法正常运行。

因此，计算机不能与空调、冰箱等大功率电器共用线路或插座，以免此类设备在工作时产生的瞬时高压影响计算机的正常运行。

提 示

为计算机配备UPS是一种优化电源环境的常用且实用的方法。

5. 防止磁场干扰

由于硬盘采用磁信号作为载体来记录数据，因此当其位于较强磁场内时，便会由于受到磁场干扰而无法正常工作，严重时还会导致保存的数据遭到破坏。磁场干扰还会使电路产生额外的电压电流，从而导致显示器偏色、抖动、变形等现象。

因此，应避免在计算机附近放置强电、强磁设备。另外，在计算机周围放置的多媒体音箱也应该选择防磁效果较好的产品，并且在摆放时要远离显示器。

13.1.2 安全操作注意事项

将计算机置于合适的环境中是保证计算机正常运作的前提。此外，掌握安全操作计算机的方法，也能够减少计算机硬件故障的发生。下面将对各硬件的安全操作注意事项进行简单介绍。

1. 电源

电源是计算机的动力之源，机箱内所有的硬件几乎都依靠电源进行供电。为此，应在使用计算机的过程中，注意一些与电源相关的问题。

例如在正常工作状态下，电源风扇会发出轻微而均匀的转动声，但若声音异常或风扇停止转动，则应立即关闭计算机。否则，轻则导致因机箱和电源散热效率下降而引起计算机工作不稳定，重则损坏电源。此外，电源风扇在工作时容易吸附灰尘，所以计算机在使用一段时间后，应对电源进行清洁，以免因灰尘过多而影响电源的正常工作。

提 示

定期为电源风扇转轴添加润滑油，可增加风扇转动时的润滑性，从而延长风扇寿命。

2. 硬盘

硬盘是计算机的数据仓库，包括操作系统在内的众多应用程序和数据都存储在硬盘内，其重要性不言而喻。

为了保证硬盘能够正常、稳定的工作，在硬盘进行读/写操作时，严禁突然关闭计算机电源，或者碰撞、挪动计算机，以免造成数据丢失。这是因为，硬盘磁头在工作时会悬浮在高速旋转的盘片上，突然断电或碰撞都有可能造成磁头与盘片的接触，从而造成数据的丢失或硬盘的永久损坏。

3. 光驱

光驱在使用一段时候后，激光头和机芯上往往会附着很多灰尘，从而造成光驱读盘能力的下降，严重时光驱完全报废。不过，如果能够遵照下面的方式来正确使用光驱，不但可以保证光驱的读盘能力，还能够适当延长光驱的使用寿命。

第一是光驱在读盘时，不要强行弹出光盘，以免光驱内的托盘和激光头发生摩擦，从而损伤光盘与激光头。

第二是光驱要注意防尘，禁止使用光驱读取劣质光盘和带有灰尘的光盘。并且，在每次打开光驱托盘后，都要尽快关上，以免灰尘进入光驱。

第三是定期对光驱激光头进行清洁，并对机芯的机械部位添加润滑油，以减小其工作时产生的摩擦力，如图 13-1 所示。

图 13-1 光驱内部情形

4. 显示器

显示器是计算机的重要输出设备之一，正确和安全地使用显示器，不但能够延长显示器使用寿命，还能够保障使用者的身体健康。为此，在使用显示器的过程中，应当注意以下几点。

显示器应远离磁场干扰，因为如果旁边有磁性物质，则容易使屏幕磁化，造成显示器所显内容发生变形。此外，不能将显示器置于潮湿的工作环境中，也不要将其长时间放置于强光照射的地方。并且，在不使用计算机时，应使用防尘罩遮盖显示器，以免灰尘进入显示器内部。

注 意

关闭计算机后，应当待显示器内部的热量散尽后，再为其覆盖防尘罩。

在使用一段时间后，还要清洁显示器外壳和屏幕上的灰尘。清洁时，可用毛刷或小型吸尘器去除显示器外壳上的灰尘，而显示器屏幕上的灰尘可以用镜面纸或干面纸从屏幕内圈向外呈放射状轻轻擦拭。

提 示

计算机配件市场内通常会有清洁套装出售，其清洁效果大都优于普通纸巾。

5. 鼠标和键盘

鼠标和键盘是用户操作计算机时接触最为频繁的硬件，但由于它们长期曝露在外，因此很容易积聚灰尘。此外，由于使用频繁，键盘和鼠标上的按键也很容易损坏，所以在使用时应当注意以下几点。

首先是定期清洁键盘和鼠标的表面、按键之间，以及缝隙内的灰尘和污垢，并定期清洗鼠标垫。

其次是在使用键盘时，按键的动作和力度要适当，以防机械部件受损后失效。在关闭计算机后，还应为其覆盖防尘罩。

最后是在使用鼠标时应尽量避免摔、碰、强力拉线等操作，因为这些操作都是造成鼠标损坏的主要原因。

13.2 Windows 注册表

注册表（Registry）是 Windows 操作系统用于存放各种硬件信息、软件信息和系统设置信息的核心数据库。通常来说，几乎所有软件和硬件的设置问题都与注册表有关，而 Windows 操作系统也是借助注册表来实现统一管理计算机的各种软、硬件资源。

13.2.1 注册表应用基础

通常情况下，注册表由操作系统自主管理。但在用户掌握注册表相关知识的情况下，用户也可通过软件或手工修改注册表信息，从而达到维护、配置和优化操作系统的目的。

1. 了解注册表编辑器

注册表编辑器是用户修改和编辑注册表的工具，在【运行】对话框内输入 regedit 后，单击【确定】按钮，即可启动注册表编辑器，如图 13-2 所示。在注册表编辑器中，左窗口中的内容为树状排列的分层目录，右窗格中的内容为当前所选注册表项的具体参数选项。

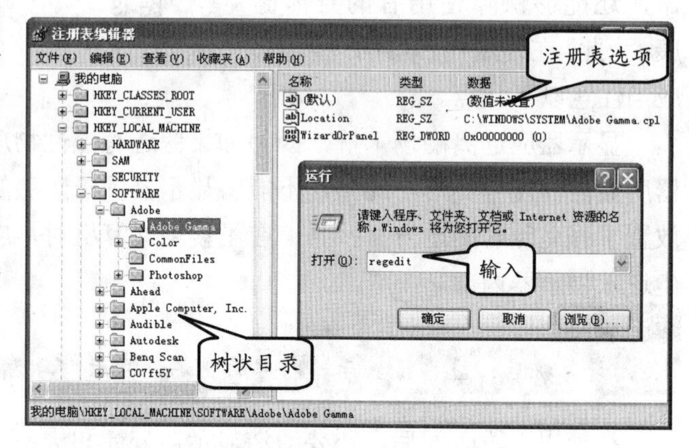

图 13-2 启动注册表编辑器

2. 注册表的结构

注册表采用树状分层结构，由根键、子键和键值项三部分组成，各部分的功能和作用如下。

❑ 根键

系统所定义的配置单元类别，特点是键名采用“HKEY_”开头。例如，注册表左侧窗格内的 HKEY_CLASSES_ROOT 即为根键。

❑ 子键

位于左窗格中，以根键子目录的形式存在，用于设置某些功能，本身不含数据，只负责组织相应的设置参数。

❑ 键值项

位于注册表编辑器的右窗格内，包含计算机及其应用程序在执行时所使用的实际数据，由名称、类型和数据三部分组成，并且能够通过注册表编辑器进行修改，如图 13-3 所示。

3. 根键

Windows XP 注册表共有 5 个根键，每个根键所负责管理的系统参数各不相同，分别如下。

❑ **HKEY_CLASSES_ROOT**

主要用于定义系统内所有已注册的文件扩展名、文件类型、文件图标，以及所对应的程序等内容，从而确保资源管理器能够正确显示和打开该类型文件。

❑ **HKEY_CURRENT_USER**

用于定义与当前登录用户有关的各项设置，包括用户文件夹、桌面主题、屏幕墙纸和控制面板设置等信息。

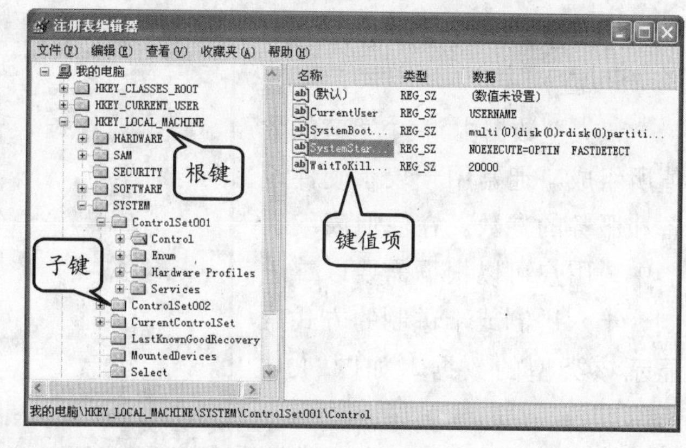

图 13-3 注册表的结构

❑ **HKEY_LOCAL_MACHINE**

该根键下保存了当前计算机内所有的软、硬件配置信息。其中，该根键下的 HARDWARE、SOFTWARE 和 SYSTEM 子键分别保存有当前计算机的硬件、软件和系统信息，这些子键下的键值项允许用户修改；SAM 和 SECURITY 则用于保存系统安全信息，出于系统安全的考虑，用户无法修改其中的键值项。

提 示

HKEY_CLASSES_ROOT 根键中的内容与 HKEY_LOCAL_MACHINE 根键内 SOFTWARE\Classes 子键下的内容相同，依次打开两者后便可以看到一模一样的内容。

❑ **HKEY_USERS**

保存了当前系统内所有用户的配置信息。当增添新用户时，系统将根据该根键下.DEFAULT 子键的配置信息来为新用户生成系统环境、屏幕、声音等主题及其他配置信息。

❑ **HKEY_CURRENT_CONFIG**

该根键内包含了计算机在本次启动时所用到的各种硬件配置信息。

4．键值项

键值项是整个注册表结构中的最小单元，每个键值项都由名称、数据类型和数据三部分所组成。在 Windows XP 中，键值项的数据类型分为以下几种。

❑ **REG_SZ（字符串值）**

这是注册表内最为常见的一种数据类型，由一连串的字符与数字组成，通常用于记录名称、路径、标题、软件版本号和说明性文字等信息。

❑ **REG_MULTI_SZ（多重字符串值）**

该数据类型用于记录那些含有多个不同数据的键值项，每项之间用空格、逗号或其他标记分开。例如，用于设置 IP 地址的 IPAddress 即为一个多重字符串值，因为只有这样用户才能够为一块网卡设置多个 IP 地址，如图 13-4 所示。

❑ **REG_EXPAND_SZ（可扩充字符串值）**

这是一种可扩展的字符串类型，不过系统会将 REG_EXPAND_SZ 内的信息当作变量看待，而这正是该类型键值项与 REG_SZ 所不同的一点。

- ❑ **REG_DWORD（DWORD 值）**

该类型数据由 4 个字节的数值所组成，通常用于表示硬件设备和服务的参数。在注册表编辑器中，用户可以根据需要以二进制、十六进制或十进制的方式来显示该类型的数据，如图 13-5 所示。

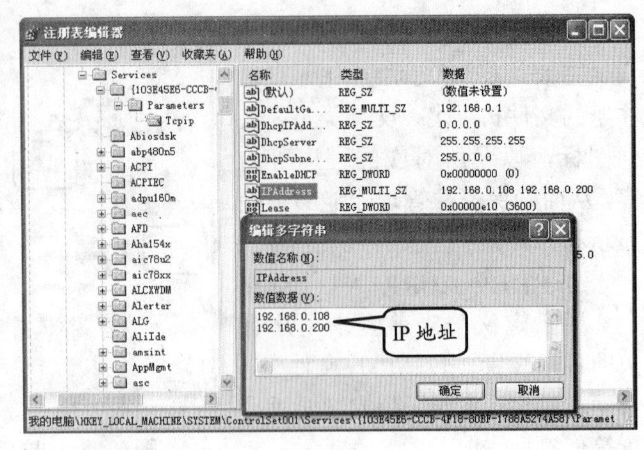

图 13-4　多重字符串示例

- ❑ **REG_BINARY（二进制值）**

这是一种与 REG_DWORD 极其类似的数据类型，两者间的差别在于：REG_BINARY 内的数据可以是任意长度，而 REG_DWORD 内的数据则必须控制在 4 个字节以内。

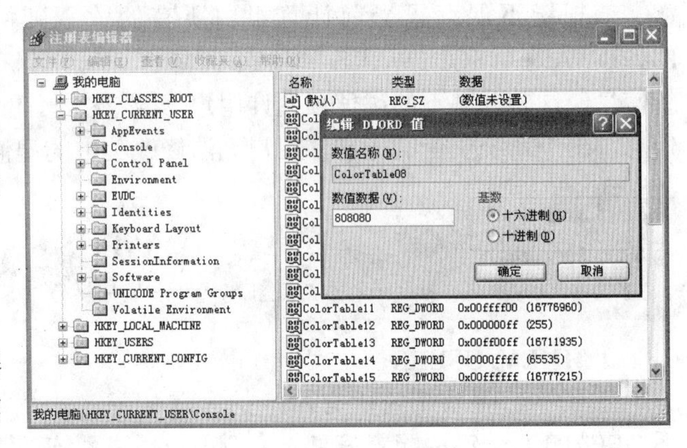

图 13-5　DWORD 值类型

5. 编辑注册表

在对注册表和注册表编辑器有了一定认识后，接下来将介绍编辑注册表的方法。

- ❑ **新建子键**

根据使用需求，在右击左窗格内的树状目录选项，并执行弹出快捷菜单内的【新建】|【项】命令后，即可在所选根键或子键下创建新的子键。如果需要修改子键名称，可以在刚刚创建子键且其名称还在蓝色编辑状态时直接进行修改，如图 13-6 所示。

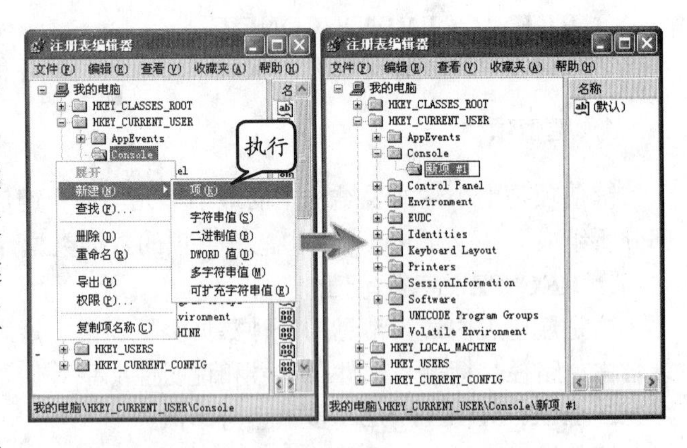

图 13-6　新建子键

- ❑ **创建和修改键值项**

右击根键或子键后，执行弹出菜单内的【新建】|【字符串值】命令，即可新建 REG_SZ 类型的键值项。与修改子键名称相同的是，用户可以在刚刚创建键值项且其名称还在蓝色编辑状态时直接修改键值项的名称，如图 13-7 所示。

默认情况下，刚刚创建的键值项内容为空（或为 0）。在双击键值项名称后，即可在弹出对话框内修改键值项的内容，如图 13-8 所示。

13.2.2 备份与恢复注册表

注册表内保存着正常运行操作系统所必需的各种参数与配置信息，一旦注册表中的数据出现偏差，轻则导致操作系统无法正常运行，严重时甚至会造成系统崩溃。因此及时和定期备份注册表便显得尤为重要。

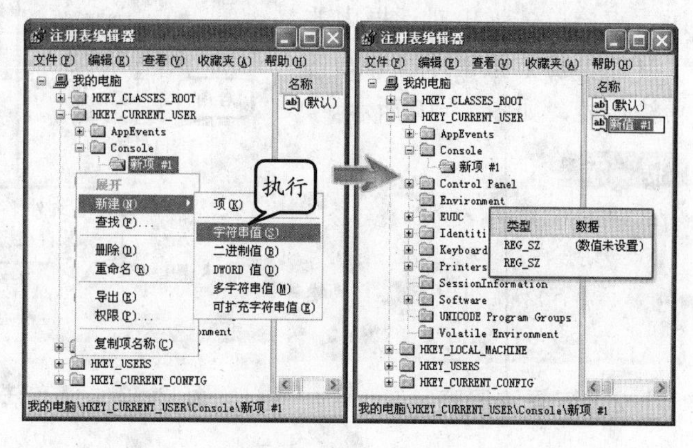

图 13-7 创建键值项

1. 备份注册表

在 Windows XP 中，用户既可以在注册表编辑器内直接备份注册表，也可以利用系统工具来备份注册表。

❑ 导出注册表文件

注册表编辑器具有导出注册表文件的功能，而且既可以根据需要有选择地导出指定根键或子键，也可以导出整个注册表，方法如下。

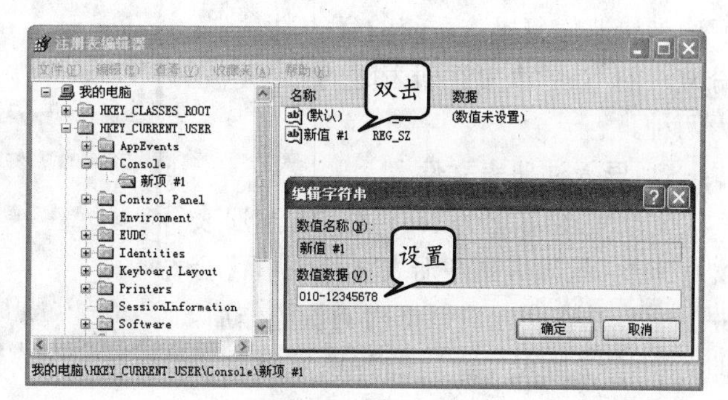

图 13-8 为键值项赋值

在注册表编辑器中，执行【文件】|【导出】命令，即可在弹出的【导出注册表文件】对话框内设置注册表文件的导出范围、保存位置和文件名称，如图 13-9 所示。

提 示

默认情况下，注册表导出文件的扩展名为.reg，用户可使用系统自带的记事本程序来编辑或查看注册表文件中的内容。

❑ 利用系统工具备份注册表

Windows XP 带有功能强大的备份工具，利用该工具不仅可以备份用户的各种重要文件，还可以备份系统内的注册表，方法如下。

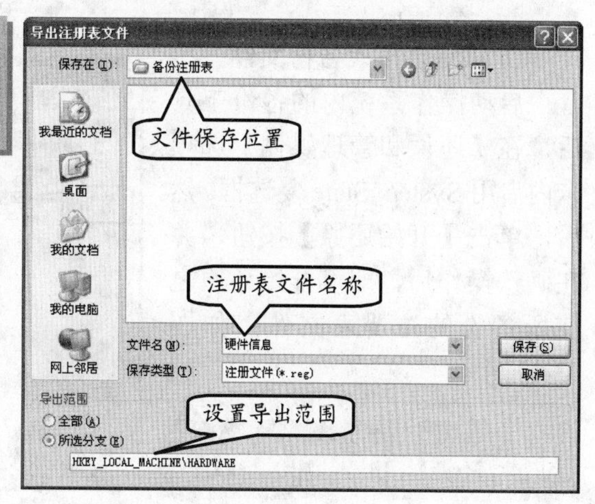

图 13-9 导出注册表文件

在【开始】菜单内执行【所有程序】|【附件】|【系统工具】|【备份】命令，启动系统自带的备份程序后，启用【备份】选项卡内的 System State 复选框。接下来

设置备份文件的名称与保存位置，在单击【开始备份】按钮后即可添加文件备份计划。此时，直接单击弹出对话框内的【开始备份】按钮即可开始备份注册表，如图 13-10 所示。

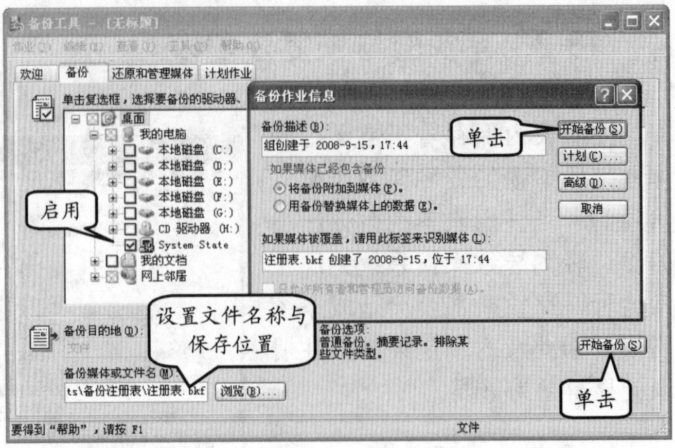

提 示

在上述操作中，系统不仅会备份注册表，还会同时备份 COM+类别注册数据库，以及 Windows XP 的启动文件等内容。

图 13-10　备份注册表

2. 恢复注册表

当操作系统因注册表配置信息错误而无法正常运行时，用户便可以使用之前所备份的注册表文件来恢复正常的配置信息，从而达到快速修复操作系统的目的。根据备份方法的不同，恢复注册表时的方法也分为两种。

❑ 导入注册表文件

对于已经导出为.reg 格式的注册表文件来说，只须右击注册表文件，执行【合并】命令，并在弹出对话框内确认操作后，即可用该注册表文件内的各项信息覆盖注册表内的现有信息，如图 13-11 所示。

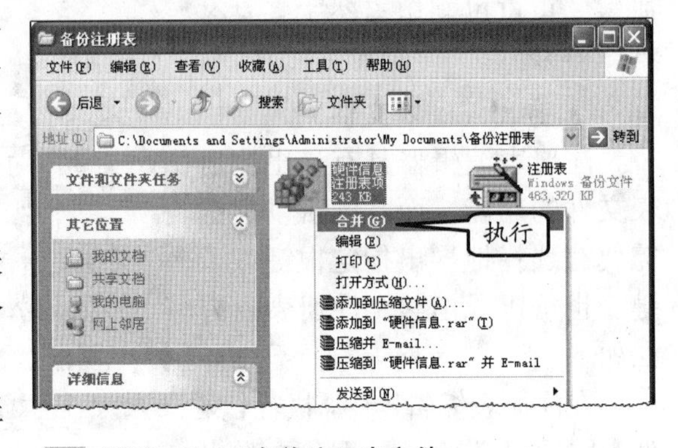

图 13-11　合并注册表文件

技 巧

在注册表编辑器中，执行【文件】|【导入】命令，并在弹出对话框内选择注册表文件后，即可将其导入注册表中，覆盖现有注册表内的信息，达到恢复注册表的目的。

❑ 恢复注册表备份文件

启动操作系统内的备份工具后，在【还原和管理媒体】选项卡内启用 System State 复选框。然后，单击【开始还原】按钮，并在确认操作后，即可开始还原之前所备份的注册表文件，如图 13-12 所示。

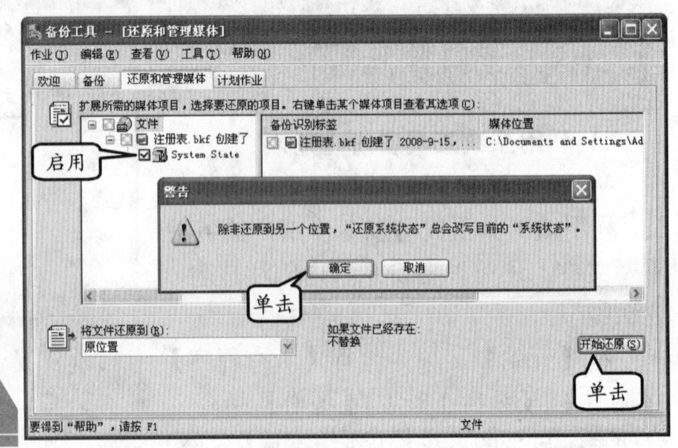

图 13-12　还原注册表备份文件

13.3 优化操作系统

操作系统是计算机软件系统

的基础，而保证操作系统稳定、高效的运行则是正常使用计算机的必要前提。为此，人们开发了一系列维护和管理操作系统的应用软件，从而达到优化操作系统并提高计算机工作效率的目的。

13.3.1 优化系统的意义

计算机在使用过程中，其性能会随着时间的推移而逐渐下降，直接表现为系统响应迟钝、应用程序运行缓慢等。此时，便需要对系统进行清理系统垃圾文件、清除或卸载多余的游戏与程序等操作，从而使计算机能够恢复至正常的运行速度。

在计算机系统中，影响系统运行速度的因素很多，既有因安装过多应用软件而导致的系统臃肿，也有因硬件配置过低、系统性能低下而造成的无法满足系统运行需求。为此，系统优化也应从多个方面来开展，下面将对其分别进行介绍。

❑ 禁用系统常驻程序

操作系统在启动时，自动加载的程序被称为系统常驻程序。过多的系统常驻程序不但会延长操作系统的启动时间，还会消耗有限的内存资源。此时，可在启动系统自带的系统配置实用程序后，在【启动】选项卡内禁用多余的自动加载程序，以减少因此而带来的系统资源消耗，如图 13-13 所示。

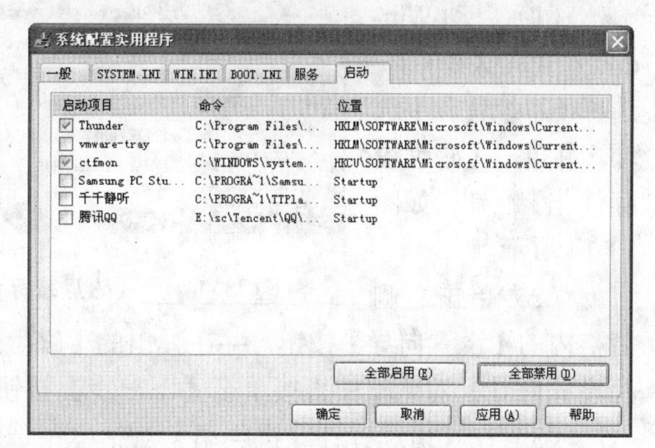

图 13-13 禁用不必要的系统常驻程序

提 示

单击【开始】按钮，执行【运行】命令后，在【运行】对话框内输入 msconfig，并单击【确定】按钮，即可弹出【系统配置实用程序】对话框。

❑ 关闭不需要的系统服务

系统服务是维持 Windows 操作系统正常运行的基础程序，这些程序不但保证了操作系统的稳定运行，还能够协助用户更好地管理和使用计算机。不过，并不是所有系统服务都是运行 Windows 必须要用到的，因此当用户不需要这些系统服务所提供的功能时，便可通过关闭这些服务来达到释放系统资源的目的。

❑ 清理垃圾文件

在应用程序的不断安装与卸载，以及文件的不断创建与删除过程中，操作系统内难免会留下少量垃圾文件或碎片信息。随着计算机使用时间的延长，此类垃圾文件或垃圾信息会越来越多，并最终导致系统运行速度的放缓。为此，应定期对操作系统内的垃圾文件与垃圾信息进行清理，从而通过对操作系统进行“瘦身”，达到优化操作系统的目的。

13.3.2 优化软件的使用

目前，专注于系统优化功能的软件很多，较为知名的有 Windows 优化大师、超级兔子、WinXP 总管等。通过使用这些优化软件，便可轻松完成优化系统设置、提升系统启动时间与运行速度等工作。本节将以 Windows 优化大师为例，简单介绍第三方优化软件的使用方法。

1. 优化磁盘缓存

磁盘缓存是影响计算机数据读取与写入的重要因素，利用 Windows 优化大师优化磁盘缓存的方法如下。

（1）启动 Windows 优化大师后，选择【系统优化】选项，并单击【磁盘缓存优化】按钮，如图 13-14 所示。

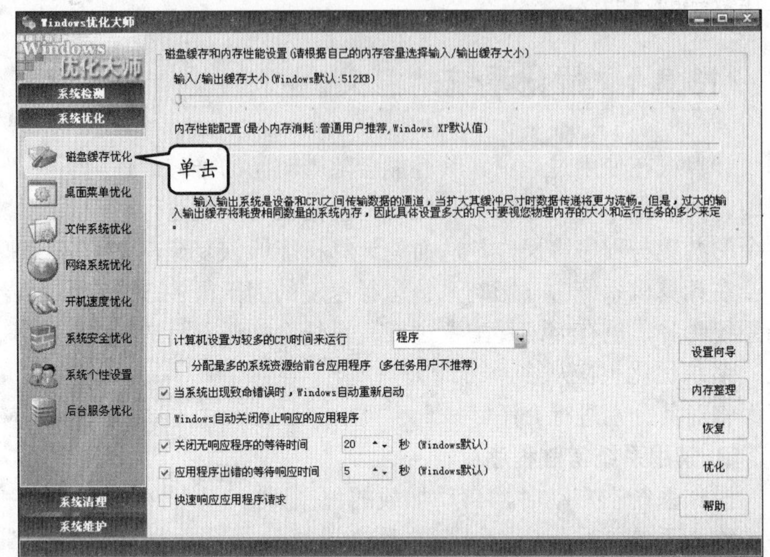

图 13-14 【磁盘缓存优化】窗口

（2）单击右侧窗格内的【设置向导】按钮，并在弹出的【磁盘缓存设置向导】对话框中直接单击【下一步】按钮。

（3）在【请选择计算机类型】对话框中选择计算机的类型。例如，在选中【系统资源紧张用户】单选按钮后，单击【下一步】按钮，如图 13-15 所示。

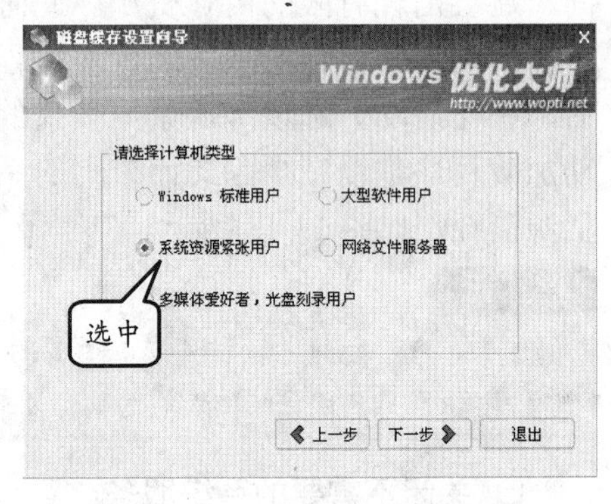

图 13-15 选择计算机类型

（4）根据用户选择计算机经常执行任务的类型，Windows 优化大师会列出推荐的优化方案。确认无误后，单击【下一步】按钮，如图 13-16 所示。

（5）在弹出的对话框中，单击【完成】按钮返回【磁盘缓存优化】窗口。在单击【优化】按钮后，即可按照优化方案对系统进行调整。

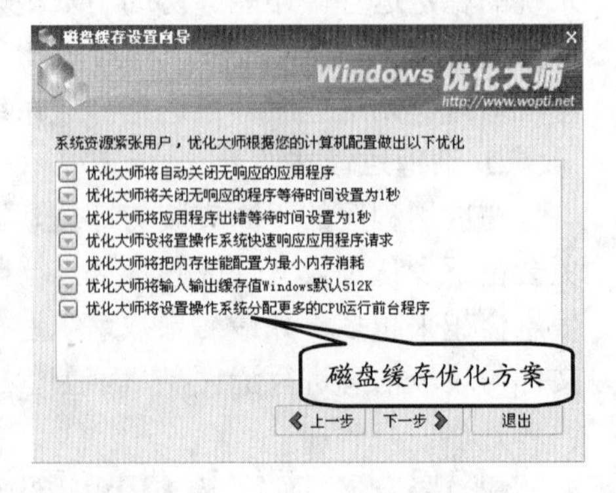

图 13-16 确认优化方案

2. 优化网络设置

随着 Internet 的迅速发展，网络已经成为人们工作和学习过程中一种极其重要的信息渠道。但对于操作系统来说，如果网络设置不当，轻则影响网络连接速度，重则无法连接网络。在 Windows 优化大师中，优化网络设置的具体操作步骤如下。

（1）单击【网络系统优化】按钮，打开【网络系统优化】窗口。在该窗口中列出了常用的几种上网方式，以及对 IE 的部分常规设置选项，如图 13-17 所示。

（2）单击【设置向导】按钮，弹出【Wopti 网络系统自动优化向导】对话框。然后，单击该对话框中的【下一步】按钮。

（3）接下来，在弹出的对话框内选择当前计算机的网络连接方式，完成后单击【下一步】按钮，如图 13-18 所示。

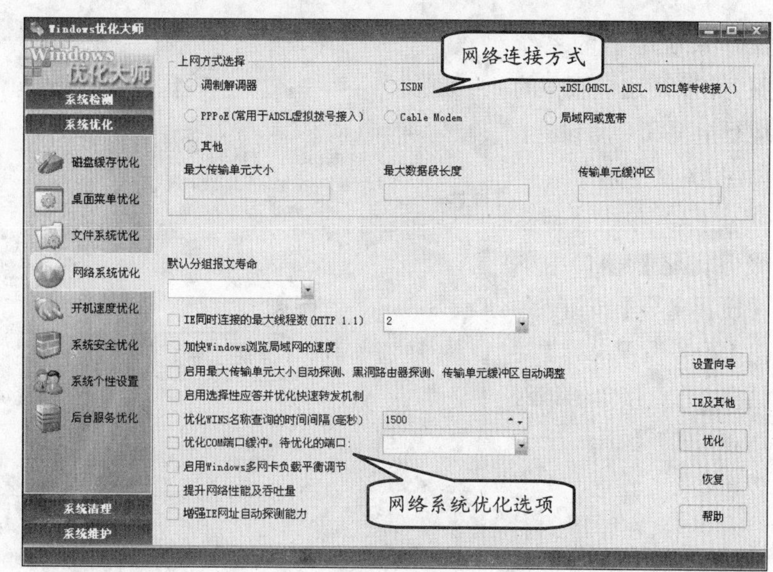

图 13-17 【网络系统优化】窗口

（4）根据用户所选设置的不同，Windows 优化大师会提供一套适用于当前计算机的网络系统优化方案。在确认使用优化方案后，单击【下一步】按钮，即可按照该方案优化网络系统，如图 13-19 所示。

（5）按照优化方案重新设置网络系统后，单击【Wopti 网络系统自动优化向导】对话框中的【退出】按钮，即可完成网络系统优化并返回【网络系统优化】窗口。

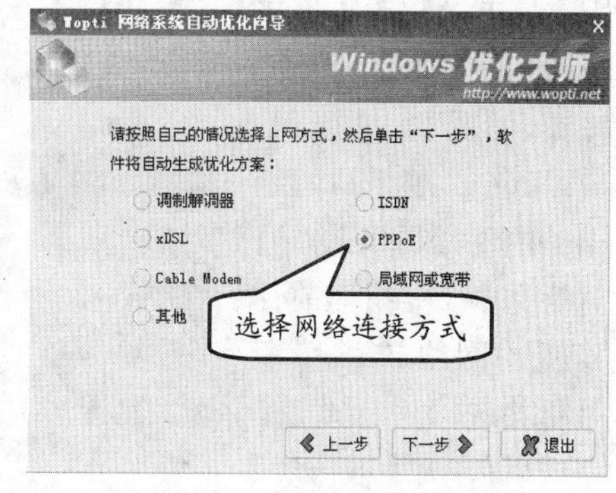

图 13-18 选择网络连接方式

3. 优化系统启动速度

通过 Windows 优化大师，用户还可对 Windows 操作系统的启动项进行优化，并禁止不经常使用的程序及服务，以加快系统的启动速度，具体操作方法如下。

（1）单击【开机速度优化】按钮，打开【开机速度优化】窗口。在该窗口中列出了系统启动信息的停留时间、预读方法，以及系统启动时加载的所有启动项，如图 13-20 所示。

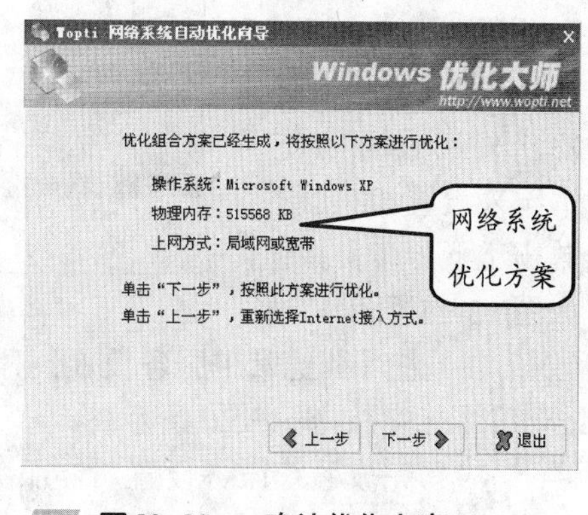

图 13-19 确认优化方案

（2）在【开机速度优化】窗口内的列表框中，选择要禁止的启动项，并单击【优化】按钮，以保存优化设置，如图 13-21 所示。

（3）单击【后台服务优化】按钮，在打开的【后台服务优化】窗口内列出了当前操作系统所有的系统服务，以及这些服务的运行情况和启动设置，如图 13-22 所示。

（4）单击【后台服务优化】窗口中的【设置向导】按钮，弹出【服务设置向导】对话框，并直接单击该对话框中的【下一步】按钮。

（5）在弹出的对话框中，选择设置系统服务的方式。例如，选中【自定义设置】单选按钮，并单击【下一步】按钮，如图 13-23 所示。

（6）在【与网络相关的常用服务设置】对话框中，根据当前计算机的网络连接情况对相关选项进行设置。完成后，单击【下一步】按钮，如图 13-24 所示。

（7）在【与外设相关的常用服务设置】对话框中，根据当前计算机外部设备的使用情况来设置相关服务，单击【下一步】按钮，如图 13-25 所示。

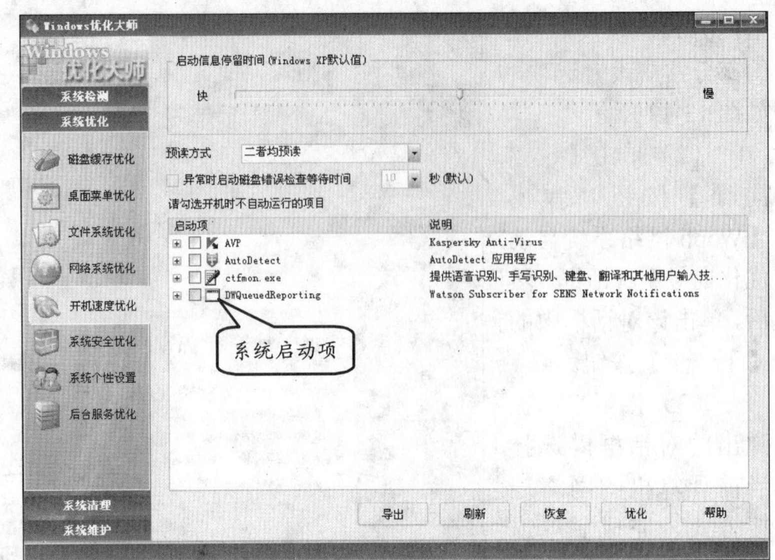

图 13-20 【开机速度优化】窗口

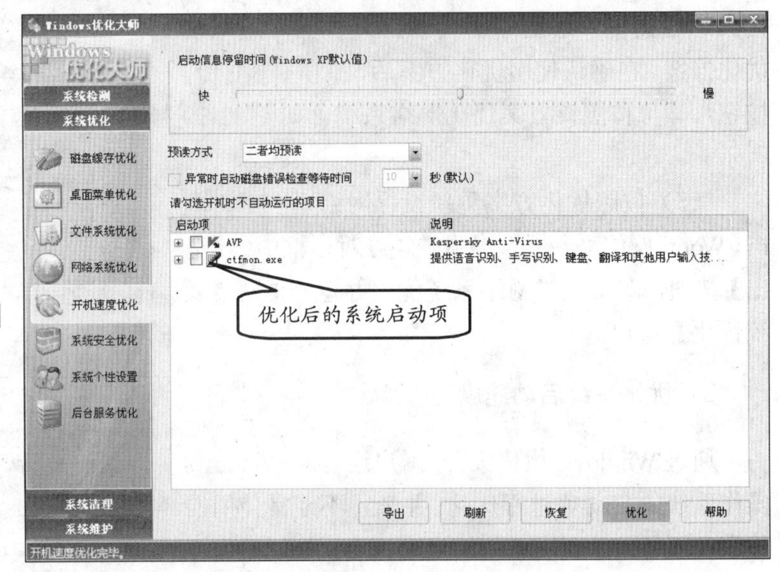

图 13-21 优化系统启动项

（8）在【其他常用服务设置】对话框中，对列出的系统服务进行设置后，单击【下一步】按钮，如图 13-26 所示。

（9）完成系统服务设置后，服务设置向导将会在弹出的对话框中列出需要进行调整的系统服务选项。在确认无误后，单击【下一步】按钮，即可对其进行优化设置，如图 13-27 所示。

（10）稍等片刻后，Windows 优化大师即可完成系统服务的优化设置。在接下来弹出的对话框中单击【完成】按钮，即可退出服务设置向导，并返回【后台服务优化】窗口。

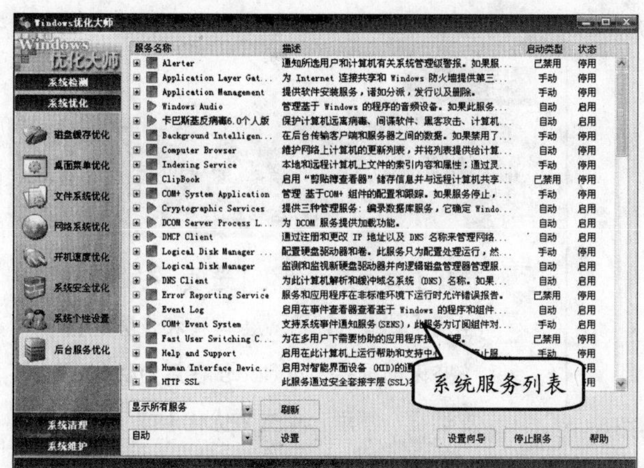

图 13-22　查看系统服务

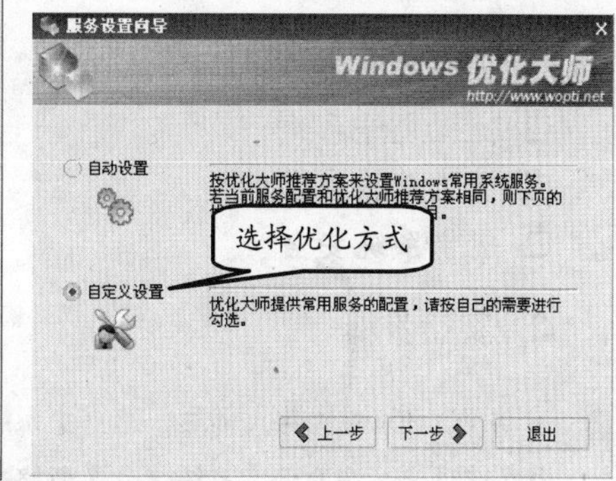

图 13-23　选择优化方式

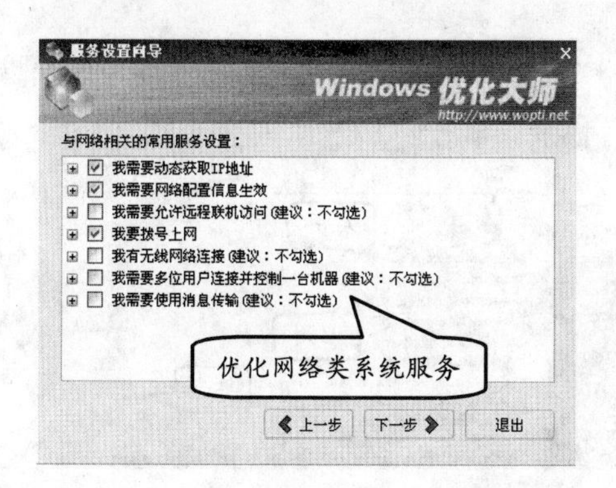

图 13-24　设置与网络相关的系统服务

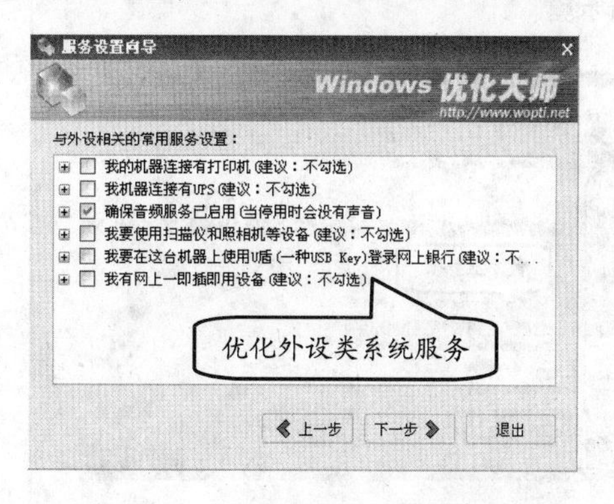

图 13-25　设置与外部设备相关的系统服务

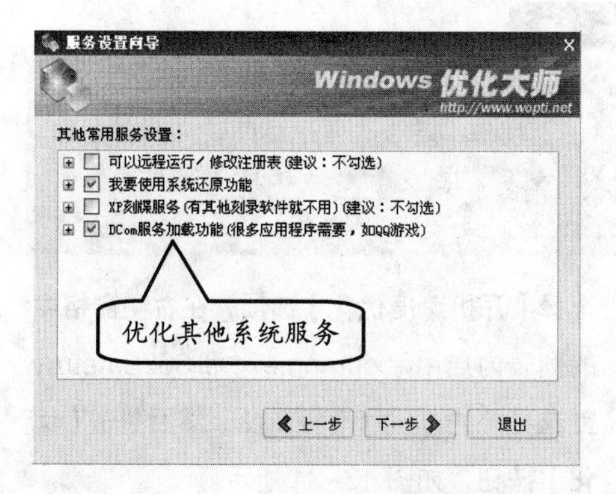

图 13-26　设置其他常用系统服务

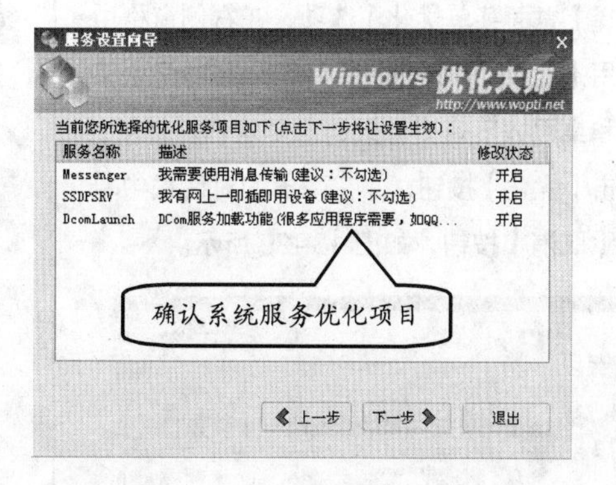

图 13-27　确认系统服务优化设置

13.4　实验指导：优化系统设置

系统在长时间使用后，桌面菜单弹出速度、文件存取速度、开机速度等方面的性能都会有所降低，并导致计算机整体性能下降。此时，适当对其进行优化设置，可以提高计算机的整体性能。下面来介绍一些优化设置的方法。

1. 实验目的

- ❑ 优化桌面菜单
- ❑ 优化文件系统
- ❑ 优化开机速度
- ❑ 优化系统安全

2. 实验步骤

1 启动 Windows 优化大师后，选择【系统优化】选项卡，在左侧【系统优化】窗格中可查看到该软件列出的优化选项，如图 13-28 所示。

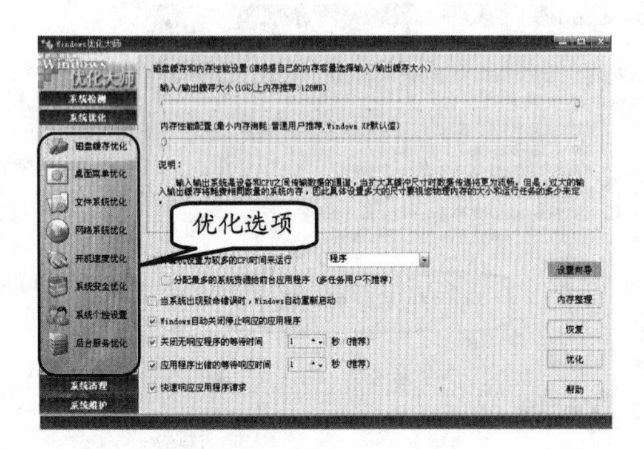

图 13-28 查看优化选项信息

2 选择【桌面菜单优化】选项，在右侧窗格中启用【让 Windows 使用传统风格的开始菜单和桌面以节省资源开销】复选框。然后，单击【优化】按钮，并在弹出的对话框中单击【取消】按钮，如图 13-29 所示。

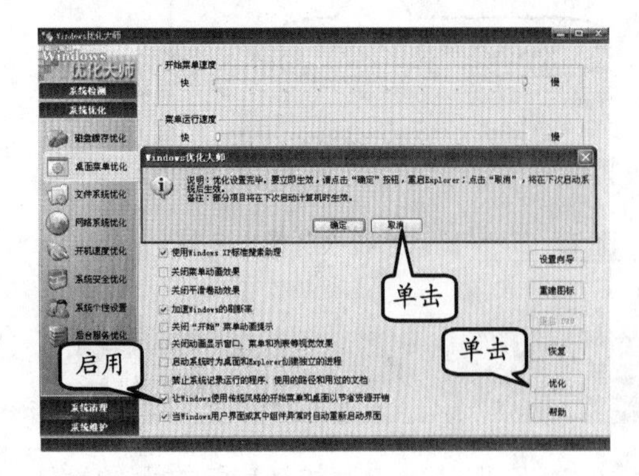

图 13-29 优化桌面菜单

提 示

Windows 优化大师默认启用了一些优化设置，用户也可根据个人计算机的使用情况对其进行更详细的设置，以达到最佳性能。

3 选择【文件系统优化】选项，在右侧窗格中启用【优化 Windows 声音和音频配置】和【空闲时允许 Windows 在后台优化硬盘】复选框。然后，单击【优化】按钮，并在弹出的对话框中单击【取消】按钮，如图 13-30 所示。

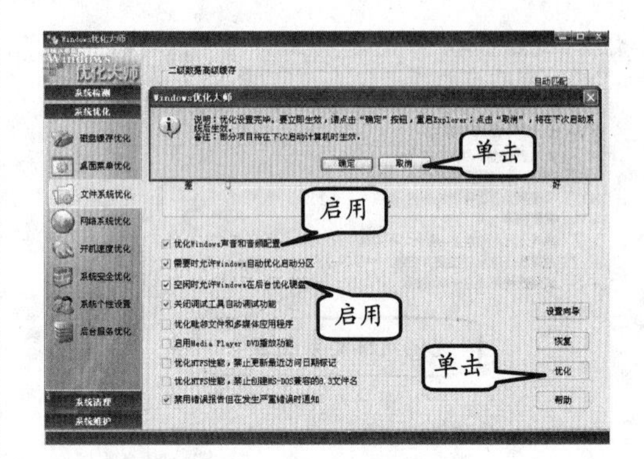

图 13-30 优化文件系统

提 示

在弹出的【Windows 优化大师】对话框中单击【取消】按钮，是为了便于继续设置，当全部优化设置后，再重新启动计算机使设置生效即可。

4 选择【开机速度优化】选项，在右侧窗格中的列表内启用除 ctfmon.exe 和 360Safetray 复选框外的其他所有复选框，然后单击【优化】按钮，如图 13-31 所示。

5 选择【系统安全优化】选项，并启用右侧窗格内的【每次退出系统（注销用户）时，自动清除文档历史记录】和【当关闭 Internet Explorer 时，自动清空临时文件】复选框，然后单击【优化】按钮，如图 13-32 所示。

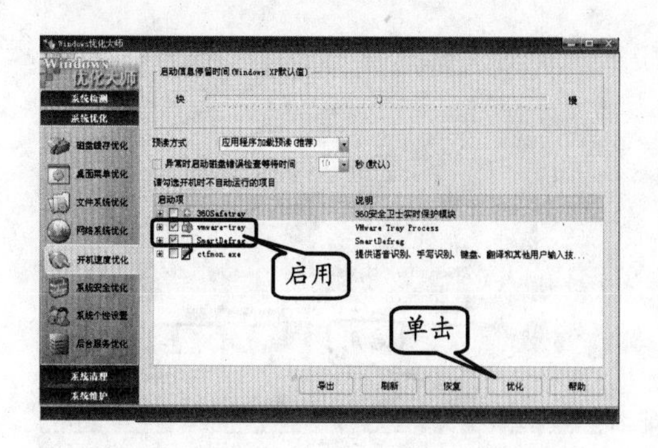

图 13-31 优化开机速度

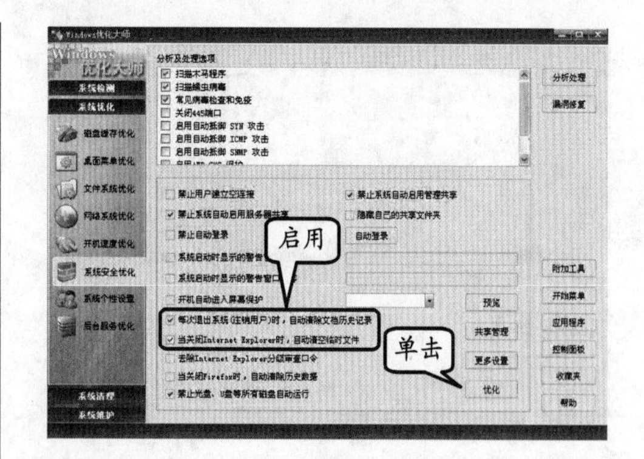

图 13-32 优化系统安全

13.5 实验指导：清理系统内的恶意程序

用户在上网过程中，难免不小心因误操作致使计算机感染恶意程序，而导致计算机某些程序无法正常运行，严重时还将无法正常使用系统应有的功能。下面介绍利用软件清理恶意程序的方法。

1. 实验目的

- 扫描流氓软件
- 清除可疑程序
- 清除流行木马

2. 实验步骤

1 启动瑞星卡卡上网安全助手后，单击【常用】选项卡中的【扫描流氓软件】按钮，如图 13-33 所示。

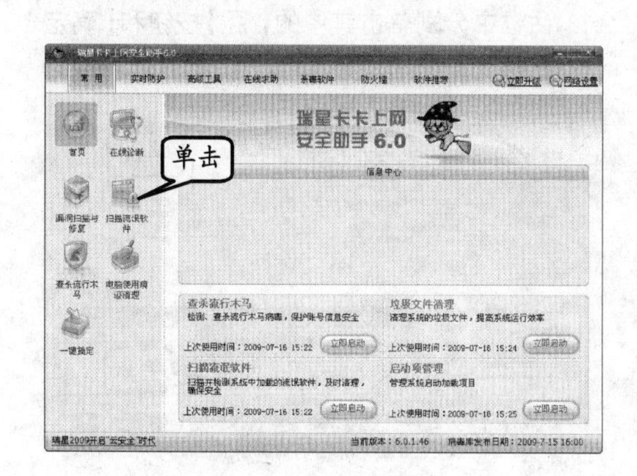

图 13-33 开始扫描流氓软件

2 在窗口右侧的【扫描并清除系统中的流氓软件】窗格中启用【全选】复选框，并单击【立即清除】按钮，如图 13-34 所示。

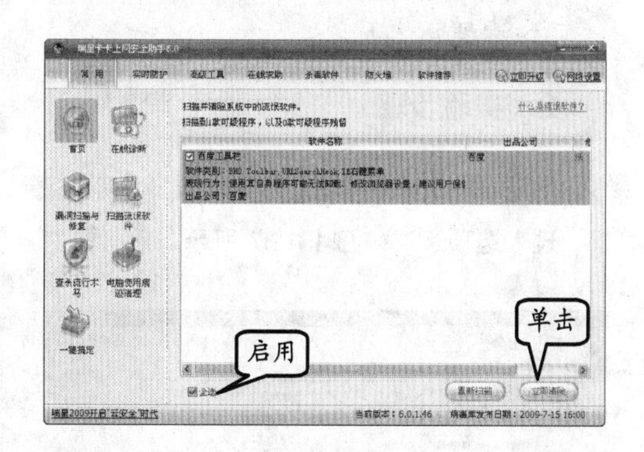

图 13-34 清除可疑程序

3 单击【常用】选项卡中的【查杀流行木马】按钮，并单击右侧窗格内的【开始扫描】按钮，如图 13-35 所示。

4 在窗口右侧启用【全部选中】复选框选中查找出的所有木马，并单击【立即查杀】按钮，如图 13-36 所示。

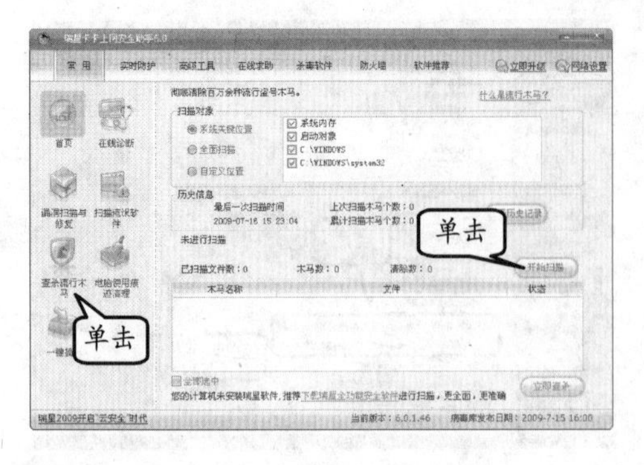

图 13-35 开始扫描流行木马

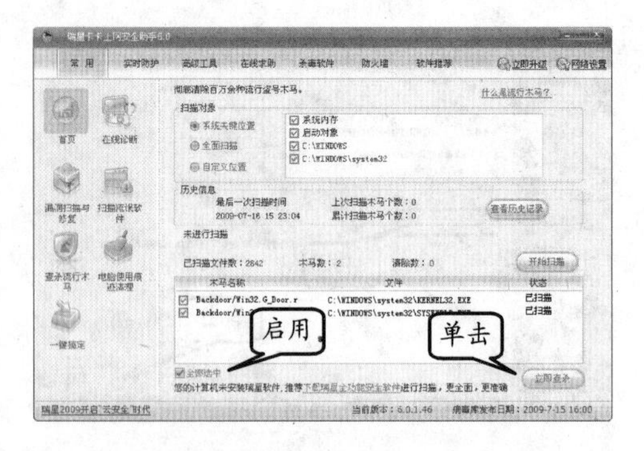

图 13-36 清除流行木马

13.6 实验指导：扫描并清理系统垃圾

计算机在使用过程中，随着软件的安装与卸载等各种操作，不仅在注册表中残留一些无用信息，在其他方面也产生了诸如使用痕迹、IE 缓存等垃圾文件。这些垃圾文件的存在不仅占用磁盘空间，还影响操作系统的运行速度，给人们工作带来诸多不便。下面来介绍如何扫描并清理系统垃圾的方法。

1. 实验目的

- ❑ 删除注册表垃圾信息
- ❑ 删除垃圾文件
- ❑ 清理历史痕迹

2. 实验步骤

1 启动 Windows 优化大师后，选择【系统清理】选项卡，如图 13-37 所示。

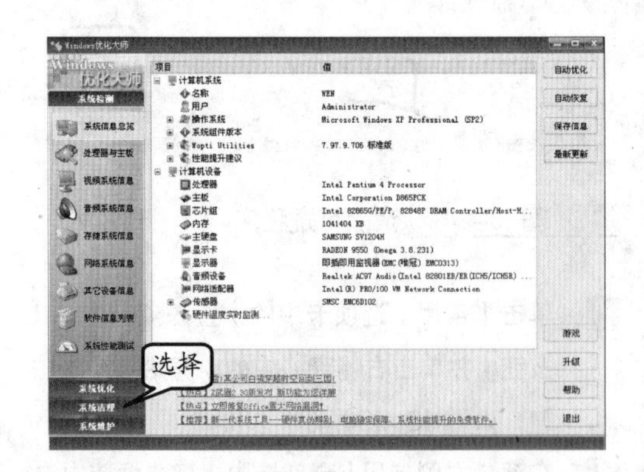

图 13-37 启动 Windows 优化大师

2 单击【扫描】按钮，此时可在【Windows 优化大师】右侧窗格内查看到注册表扫描信息，如图 13-38 所示。

图 13-38 开始扫描注册表信息

3 单击【全部删除】按钮后，在依次弹出的对话框中分别单击其中的【否】按钮和【确定】按钮，如图 13-39 所示。

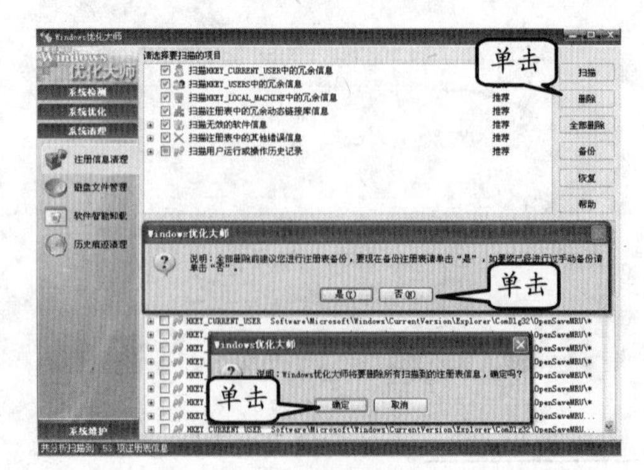

图 13-39 删除注册表垃圾信息

提 示

这里依次弹出的两个对话框中，第一个【Windows 优化大师】对话框在此询问用户是否备份注册表，如果用户以前从没有备份过注册表，那么在此单击【是】按钮进行备份即可。

4 选择【磁盘文件管理】选项，并单击【扫描】按钮，查看分析进度，如图 13-40 所示。

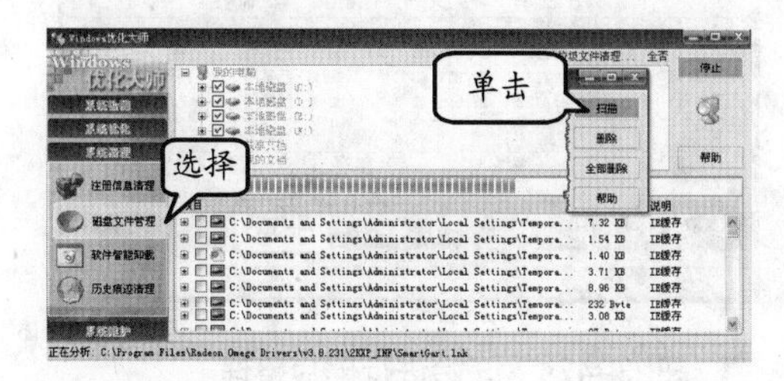

图 13-40 扫描垃圾文件

5 单击【全部删除】按钮，依次在弹出的对话框中单击【确定】按钮和【是】按钮，如图 13-41 所示。

6 选择【历史痕迹清理】选项，并单击【扫描】按钮。在扫描完成后，单击【全部删除】按钮，并在弹出的对话框中单击【确定】按钮，如图 13-42 所示。

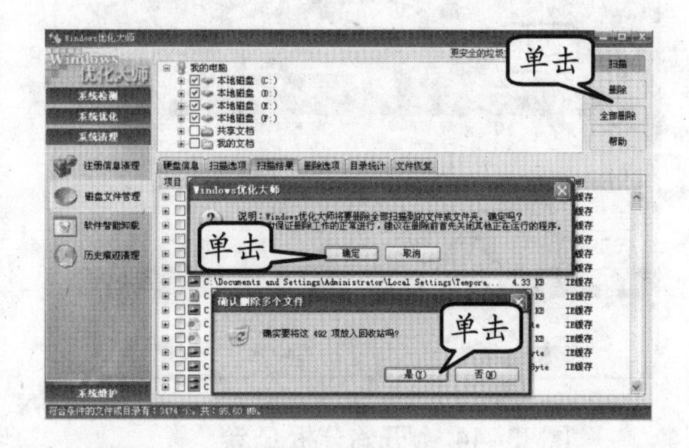

图 13-41 删除垃圾文件

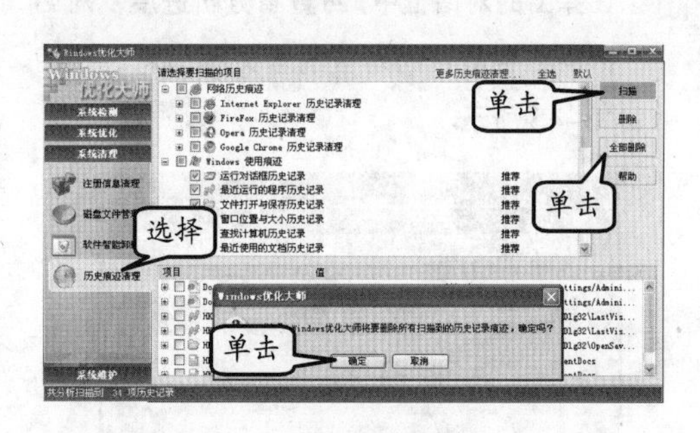

图 13-42 清除历史痕迹

13.7 实验指导：磁盘碎片整理

磁盘在使用过程中，文件会被分散保存在磁盘的不同区域，当文件保存过于分散时便会影响系统的数据存储与读取性能。此时，便应对磁盘内的文件碎片进行整理，以便提高计算机存储系统的性能，下面将对其操作方法进行讲解。

1. 实验目的

- ❑ 选择磁盘
- ❑ 分析磁盘性能
- ❑ 了解软件中每种颜色所代表的含义

2. 实验步骤

1 双击桌面上的 Diskeeper 2008 Pro Premier 图标，打开软件主界面，如图 13-43 所示。

2 选择【(C):】卷，并单击【分析】按钮，如图 13-44 所示。

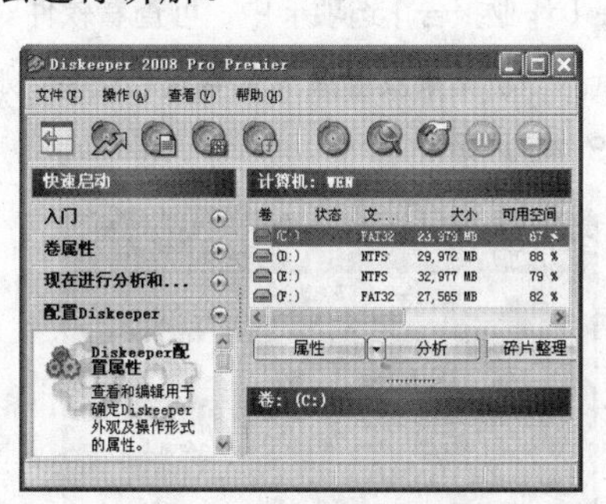

图 13-43 Diskeeper 程序主界面

提 示

单击 Diskeeper 2008 Pro Premier 窗口工具栏中的按钮，可以隐藏快速启动栏，单击按钮，可以展开快速启动栏。

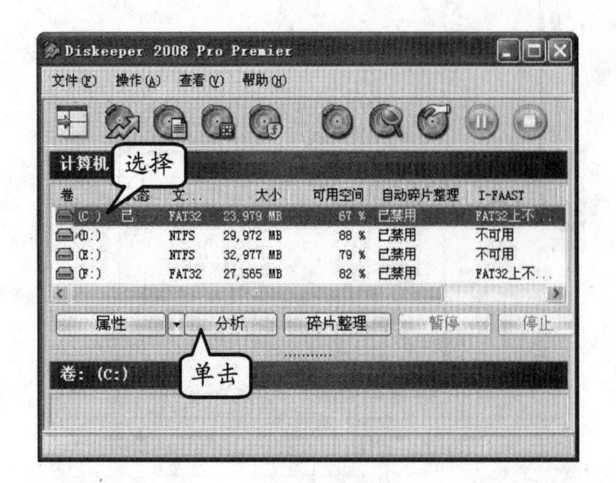

图 13-44 开始分析 C 卷

3 在弹出的对话框中，可查看分析进度及对话框下方各颜色所对应的含义等信息，如图 13-45 所示。

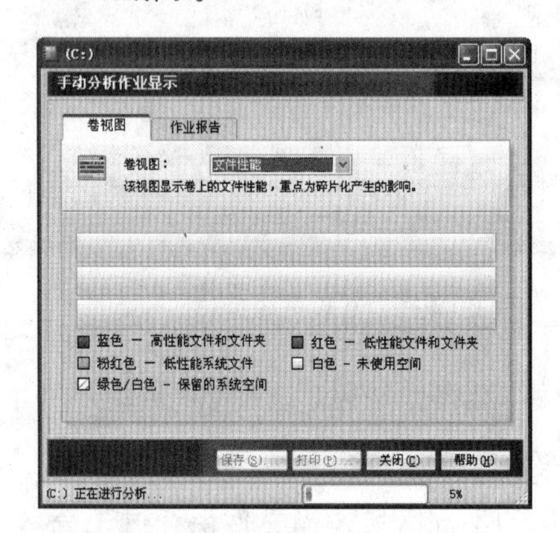

图 13-45 查看分析进度

4 在【作业报告】选项卡中，可查看软件对 C 盘的分析结果及健康情况等报告信息，如图 13-46 所示。

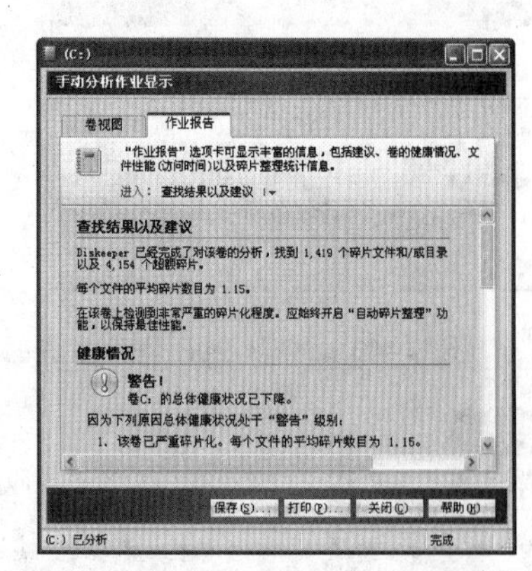

图 13-46 查看作业报告信息

5 返回 Diskeeper 2008 Pro Premier 主界面后，单击【碎片整理】按钮，如图 13-47 所示。

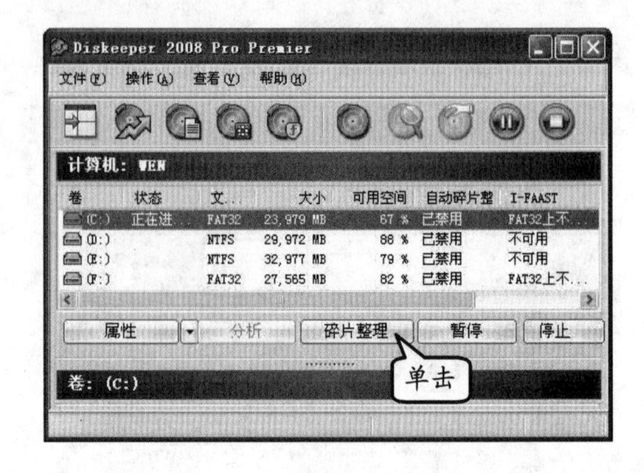

图 13-47 开始进行碎片整理

6 在弹出的对话框中，可以查看磁盘碎片整理进度，如图 13-48 所示。

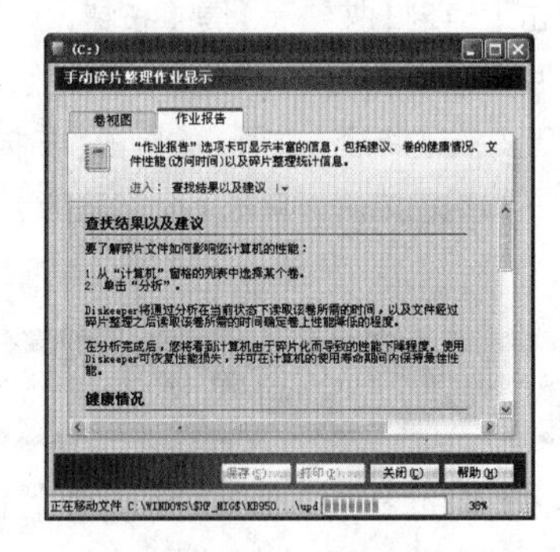

图 13-48 查看 C 卷碎片整理进度

7 在【卷视图】选项卡，可查看碎片整理后该卷的整体情况，如图 13-49 所示。

图 13-49 磁盘碎片整理结束

13.8 思考与练习

一、填空题

1．计算机对外部_________有一定的要求，如环境要清洁、温度和湿度要适中等要求。

2．计算机内部所有部件工作时都带电，在运行时产生的温度、_________及磁场等，很容易吸附灰尘。

3．计算机周围环境_________太高时，机箱内部的电源风扇、CPU 风扇和显卡风扇很难发挥有效作用。

4．_________是 Windows 操作系统、各种硬件以及安装的各种应用程序得以正常运行的核心数据库。

5．注册表是树形分层结构，它由________、子键、键值项三部分组成，按层叠式结构排列。

6．_________是注册表中的最小单元，每一个键值项都含有名称、数据类型、数据三部分。

二、选择题

1．下列选项中，有关计算机在使用过程中对周围环境的要求描述错误的是_________。

A．由于计算机工作时，各部件产生温度、静电和磁场等，容易吸附灰尘，因此计算机周围环境要清洁

B．计算机工作时，要有适合的温度，温度过高加速电路中部件的老化，并且机箱内部热量不能有效地散发

C．计算机工作时，电压过高计算机会因负载过多无法正常工作，过低有可能烧坏计算机部件

D．计算机中的存储设备很多是使用磁信号作为载体来记录数据的，所以计算机要防止磁场干扰

2．下列选项中，有关计算机安全操作注意事项的描述，其中正确的是_________。

A．硬盘在读写数据时，可以突然地关闭计算机，不会造成数据丢失

B．计算机中的光驱能够读出劣质光盘中的数据，因此可使用光驱读取劣质光盘中的数据

C．显示器在工作时，要远离磁场干扰，若旁边有磁性物质，容易使屏幕磁化，造成显示器显示图像变形

D．操作键盘时，可以用过大的力气敲击按键，鼠标的使用也可以强力拉线

3．下列选项中，访问远程计算机的注册表时才出现的根键是_________。

A．HKEY_USERS 和 HKEY_LOCAL_MACHINE

B．HKEY_CLASSES_ROOT 和 HKEY_CURRENT_USER

C．HKEY_USERS 和 HKEY_CURRENT_CONFIG

D．HKEY_CURRENT_CONFIG 和 HKEY_CLASSES_ROOT

4．下列选项中，不属于注册表根键的是_________。

A．HKEY_USERS

B．HKEY_CLASSES_ROOT

C．HKEY_CURRENT_USER

D．HKEY_USERS\SOFTWARE

5．下列选项中，有关注册表根键的描述错误的是_________。

A．HKEY_CLASSES_ROOT 根键定义系统中所有已经注册的文件扩展名、文件类型和文件图标等，以确保资源管理器打开文件时打开正确的文件

B．HKEY_CURRENT_USER 根键定义当前登录用户的所有权限，包括用户文件夹、屏幕颜色和控制面板设置等信息

C．HKEY_LOCAL_MACHINE 根键定义本地计算机软硬件的全部配置信息，这些信息与当前登录的具体用户无关，包括有 HARDWARE、SECURITY、SOFTWARE、SYSTEM 四个子键

D．HKEY_CURRENT_CONFIG 根键定义计算机在系统启动时所用的硬件配置文件信息，如打印机、显示器、扫描仪等外部设备及其设置信息等

三、简答题

1．简述计算机维护的意义。

2．什么是注册表？

3．简述备份注册表的意义。

4．简述优化操作系统的意义。

5．如何对计算机硬件维护？

四、上机练习

1．手动优化启动项

作为 Windows 的核心数据库，注册表内包含了众多影响 Windows 系统运行状态的重要参数，其中便包括 Windows 操作系统启动时的程序加载项。因此，通过删减注册表内的启动项，即可达到优化 Windows 系统、加速 Windows 启动速度的目的。

启动注册表编辑器后，依次展开“我的电脑\HKEY_CURRENT_USER\Software\Microsoft\Windows\CurrentVersion”分支，然后分别将 Run 和 RunOnce 目录内【（默认）】注册表项外的其他所有注册表项删除，如图 13-50 所示。

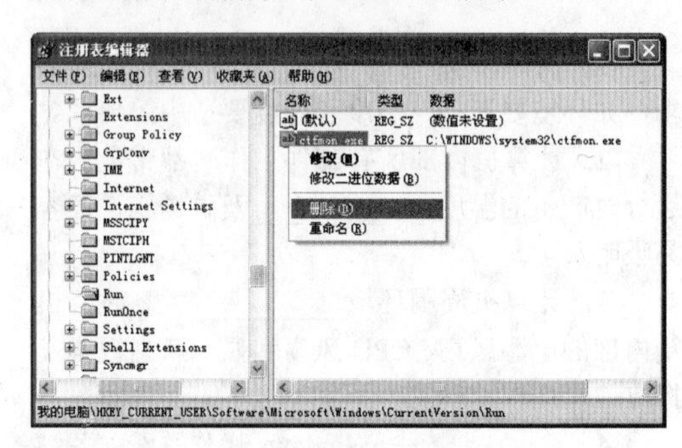

图 13-50　删除多余启动项

第 14 章

常见故障及其排除

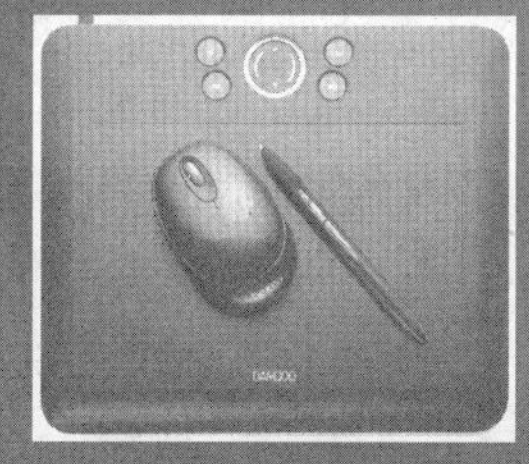
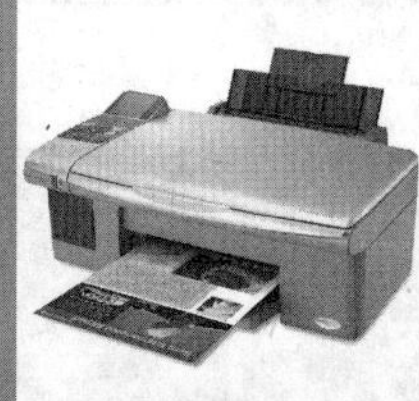
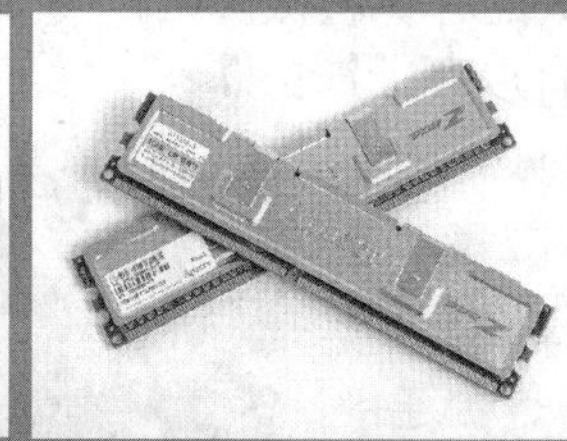

计算机在使用过程中，必然会由于缺乏合理维护、操作不当或其他原因而出现故障。此时，用户所期望的便是如何迅速而正确地排除故障，以减少因故障而带来的损失。本章收集了众多用户在使用计算机时遇到的一些常见问题，并通过分析故障原因和讲解排除方法，来帮助用户提高维修计算机的能力，以便尽快排除工作中遇到的常见问题，更快地投入到正常工作中。

本章学习要点：

- 熟悉常见故障类型
- 了解故障检测与排除方法
- 常见硬件的故障与排除

14.1 故障分类

对于构造精密的计算机来说，任一配件出现的些许改动都有可能导致计算机出现故障，而不同故障原因所表现出的故障现象也都千差万别。不过，在详细了解计算机及其原理的基础上，可以对计算机故障做出如下分类。

14.1.1 计算机硬件故障

顾名思义，硬件故障是指由硬件所引起的计算机故障，主要表现为计算机无法启动、频繁死机或某些硬件无法正常工作等情况。虽然多数硬件故障并不会直接造成硬件损伤，然而一旦处理不当，往往只能通过更换硬件的方式来解决，因此在解决硬件故障时一定要小心谨慎。

1. 硬件故障的诊断步骤

当排除软件原因造成的计算机故障后，便要将故障排查重点转移至硬件部分。在这一过程中，应按照下面的步骤进行诊断。

- **由表及里**

在检测硬件故障时，应先从表面查起，如先检查计算机的电源开关、插头、插座、引线等是否连接或是否松动。当外部故障排除后，需要检查机箱内部的各个硬件时也应按照由表及里的步骤，先观察灰尘是否较多、有无烧焦气味等。然后，再检查各个板卡的插接是否有松动现象，以及元器件是否有烧坏的部分等，如图 14-1 所示。

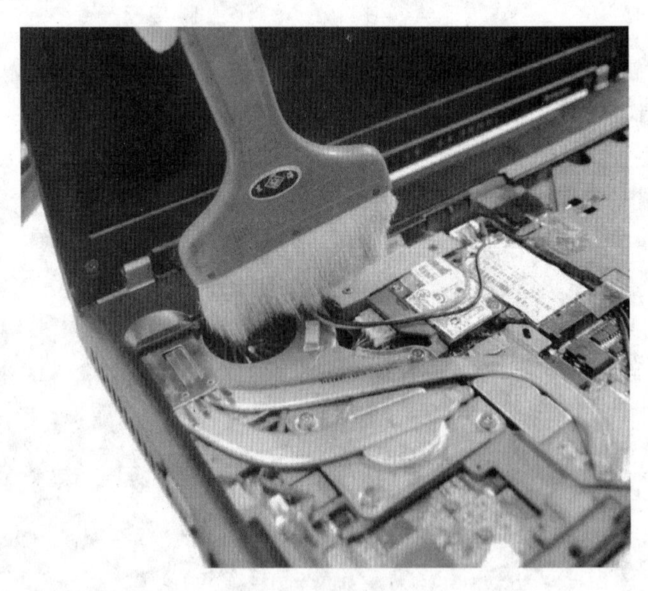

图 14-1 清除配件表面的灰尘

- **先电源后负载**

因电源而引起的计算机故障数不胜数，在检查时应仔细检查供电系统，然后依次检查稳压系统和主机内部的电源部分。如果电源没有问题，便可开始检查计算机硬件系统内的各种配件及外部设备。

- **先外设再主机**

从计算机的可靠性来说，主机要优于外部设备，而且检查外设要比检查主机更为简单。因此，在依次拆除所有外设后如果故障不再出现，则说明故障出在外设上；反之，则说明故障由主机引起。

- **先静态后动态**

在确定主机问题后，便需要打开机箱进行检查。此时，应该首先在不加电（静态）

的情况下观察或用电笔等工具检测硬件，然后再开启电源后检查计算机的工作状态。

❑ **先共性后局部**

计算机内的某些部件在出现问题后，会直接影响其他部分的正常工作，而且涉及范围往往较广。例如，当主板出现故障时便会导致所有与其连接的板卡都无法正常工作。此时，应着重检测主板是否出现故障，然后再逐个检测其他配件，如图 14-2 所示。

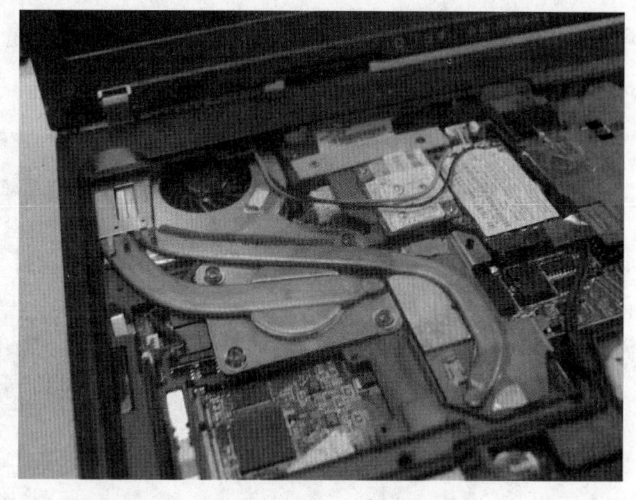

图 14-2 依次检测配件的工作状态

2. 硬件故障的产生原因

硬件故障的产生原因较软件故障要简单一些，通常可以将其分为以下几种类型。

❑ **灰尘太多** 计算机配件上的灰尘不但影响散热，严重时还会引起短路，而这正是造成硬件故障的重要原因之一。

❑ **静电** 静电会造成瞬时高压放电，严重时将会击穿电子芯片，这将直接造成该芯片所在配件的损坏，严重时会同时损坏多个配件。

❑ **操作不当** 当计算机出现故障时，在未关闭计算机（有时还应切断主机与电源的连接）电源的情况下插拔主机内的各种配件，极易烧坏各种配件。

14.1.2 计算机软件故障

软件故障是指由软件所引起的计算机故障，主要表现为软件无法运行、屏幕上出现乱码，甚至在应用软件运行过程中出现死机等情况。一般来说，软件故障不会损坏计算机硬件，但在检测和排除故障时要复杂一些。

随着操作系统内软件数量的日益增多，不同软件间的相互干扰使得软件故障的产生原因变得越来越复杂，但大体上可以将其归纳为以下几个方面的原因。

❑ **受病毒感染**

计算机一旦遭到病毒侵袭，病毒便会逐渐吞噬硬盘空间，并降低系统运行速度。此外，病毒还会修改特定类型文件的内容，而这正是导致计算机出现软件故障的重要因素之一，严重时将导致系统无法正常启动。在此之中，禁用注册表编辑器是很多病毒和恶意软件保护自己的惯用伎俩，如图 14-3 所示。

❑ **系统文件丢失**

绝大多数的系统文件都是操作系统在启动或运行过程中必须要用到的文件，其重要性不言而喻。因此，当用户由于误操作而导致系统文件丢失后，系统便会迅速提示（或在下次重新启动时）缺少文件，如图 14-4 所示。但是，如果缺失的文件较为重要，则会马上导致系统崩溃，并无法再次启动。

图 14-3 被禁用的注册表

图 14-4 系统重要文件被替换

提 示

默认情况下，Windows XP 操作系统会将重要文件备份在“C:\windows\system32\dllcache”目录内（假设操作系统安装在 C 盘）。

❑ **注册表损坏**

注册表是 Windows 操作系统的核心数据库，但由于其自身的安全防护措施较差。因此，一旦注册表内的重要配置信息遭到破坏，便会导致系统无法正常运行。

❑ **软件漏洞（Bug）**

软件漏洞是软件运行错误的主要原因之一，也是诱发软件故障的重要因素。一般来说，测试版软件的漏洞较多，但这并不意味着正式版软件内没有漏洞。

此外，不同软件漏洞对计算机产生的危害也不相同。例如，普通漏洞可能只会导致软件无法正常运行，而较为严重的漏洞则会导致计算机被他人非法控制，如图 14-5 所示。

❑ **系统无法满足软件需求**

任何软件都会对运行环境有一定的要求，例如操作系统版本、硬件配置等。也就是说，如果计算机无法满足软件正常运行的需求，那么多数情况下该软件将无法正常运行，图 14-6 所示即为 Word 2007 对系统运行环境的需求列表。

图 14-5 安全软件发现漏洞

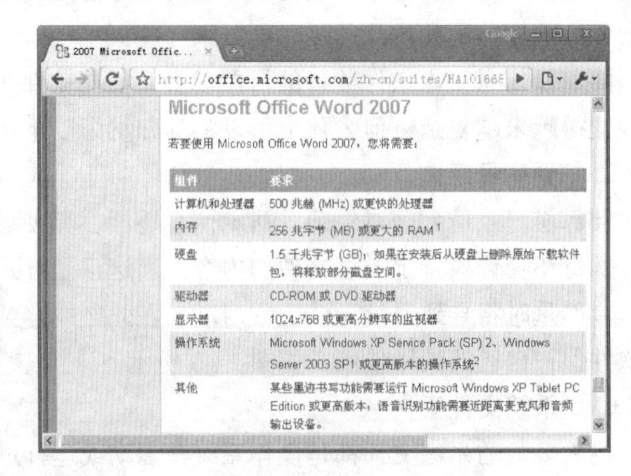

图 14-6 软件对运行环境的需求列表

14.2 计算机故障排除的基本原则

从广义的范围来讲，任何影响计算机正常运行、导致操作系统或应用软件出错的情况都属于计算机故障。但是，通常情况下用户所能看到的只是故障现象，只有在对故障现象进行分析后，才能了解到故障产生的真正原因，而整个检测过程的检测顺序与故障分析思路，便称为计算机故障检测原则。

1. 观察故障现象

排除故障的首要前提是了解故障产生原因，为达到这一目的，所要做的便是尽可能详细地了解故障现象。很多时候，只要在充分了解计算机配置信息、工作环境等情况下，进一步掌握计算机在近期所发生的变化（移动、安装或卸载软件等），以及故障前工作人员所进行的操作等情况，便可轻松找出诱发故障的直接或间接原因。

在这一过程中，除了要观察故障的表面现象外，还应尽量通过识别文本、图像、声音等线索寻找潜在的故障点，因为所能够掌握的信息越多，在排除故障时也就越为轻松、准确。

2. 故障分析与排除原则

在分析计算机故障时，应遵循先软后硬、先外后内、先假后真等原则，其具体含义如下。

❑ **认真观察**

首先要观察计算机周围的工作环境，如计算机摆放位置、使用的电源、机箱内部温度等。还需要观察故障表现的现象、显示的内容。然后，观察计算机内部环境的情况，如灰尘、部件颜色、指示灯状态等。最后，观察计算机的软硬件配置，了解计算机安装了何种软硬件以及软硬件所占计算机资源的情况。

❑ **先想后做**

根据观察到的现象，通过查阅相关资料，了解有无相应的技术要求、使用特点等。然后，结合自身已有的知识、经验来判断故障原因，最后动手维修。

❑ **先软后硬**

该原则的要求是先排除软件故障，然后再查找硬件故障。这是因为，硬件受软件所控制，而软件系统内的任何细小差错都可能导致计算机出现问题。简单的说，从软件设置开始排查能够更为彻底地找到问题的根源，而且较直接查找硬件故障也要方便一些。

❑ **先外后内**

在排查硬件故障时，应先从电源是否存在问题、各个接头的连接是否正常等外在因素入手。只有在排除上述原因后，再打开机箱检测主机内的各个硬件。该原则的依据是外部连接等故障的排除和解决方法都比较简单，且花费时间较少，而检查主机内部硬件不但费时费力，而且对维修人员的技术要求也较高。

❑ 先假后真

在多数情况下，计算机出现硬件故障的原因并不是某个配件已经损坏，而是因接触不良所导致的计算机故障，而这些故障即称为“假”故障。通常情况下，用户只需在擦拭硬件接口后，重新安装即可解决此类问题，如图 14-7 所示。

图 14-7 清除插槽内的灰尘

❑ 分清主次

在遇到多重性的故障现象时，应该先判断、维修主要的故障现象，然后再维修次要的故障现象，这是因为有时主要故障解决后次要故障也会随之消除。

14.3 常见的软件故障及排除方法

当计算机出现软件故障时，通常情况下系统都会给出相应的提示信息。一般来说，在仔细阅读提示信息的基础上，根据提示信息所涉及的内容适当调整软件设置，便可以确定出现故障的软件，并轻松排除软件故障。下面将介绍一些常见软件故障的排除方法。

1. BIOS 设置错误

故障现象：

计算机在最初的 POST 自检过程中暂停，屏幕中央出现内容为“Floppy disk（s） fail（40）”的提示信息，屏幕下方的提示信息为“Press F1 to continue，DEL to enter SETUP”（其中的“F1”和“DEL”为高亮显示）。

故障分析：

第一句提示信息的字面意思为“软盘失败”，由于此时计算机处于 POST 自检过程，因此可以将其理解为软盘驱动器（软驱）故障。但是，由于该设备已被淘汰，绝大多数计算机上都不存在该设备，因此可以判断为 BIOS 设置错误。

提 示

在 BIOS 中，用户可以对 POST 自检程序的部分检测内容进行设置。因此，当计算机在未安装软驱的情况下提示软驱错误，多数是 BIOS 内的相关设置错误造成的。

故障排除：

方法一：按 F1 键忽略该错误，此时计算机将继续之前所暂停的工作，直至完全启动计算机（由第二条提示信息的前半部分可知）。不过，由于未能排除故障，因此在下次启动时仍会出现该错误。

方法二：按 Del 键进入 BIOS 设置程序，然后将 Main 选项卡内的 Legacy Diskette A 选项设置为 Disabled，如图 14-8 所示。完成后，按 F10 键保存并退出即可解决该问题。

注　意

虽然不同计算机、不同 BIOS 的进入方法与设置方法并不相同，但上述故障的排除方式却是通用的。

2. IE 浏览器运行时出现脚本错误

故障现象：

使用IE浏览部分网页时弹出提示信息对话框，内容为“出现运行错误，是否纠正错误”，在单击【否】按钮后可继续浏览网页。但是，再次访问该页面时仍会出现提示信息，如图 14-9 所示。

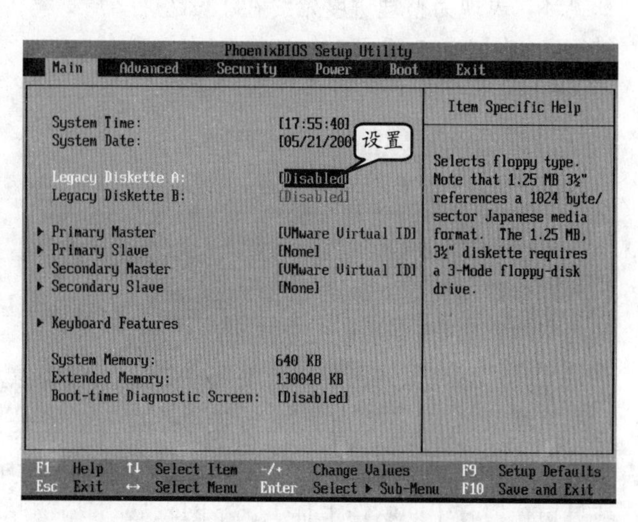

图 14-8　关闭软盘驱动器

故障分析：

有可能是网站（页）本身有问题，多数为代码不规范所致；也可能是 IE 不支持部分脚本所致。

故障排除：

方法一：启动 IE 浏览器后，执行【工具】|【Internet 选项】命令，然后启用【高级】选项卡内的【禁止脚本调试】复选框，最后单击【确定】按钮，如图 14-10 所示。

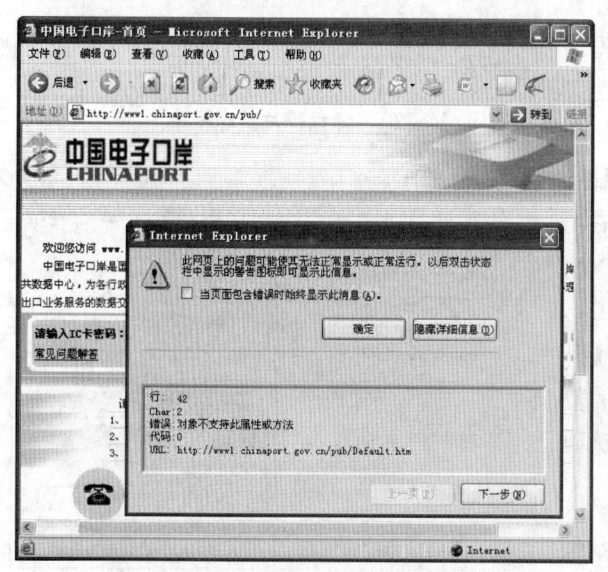

图 14-9　IE 浏览器错误提示对话框

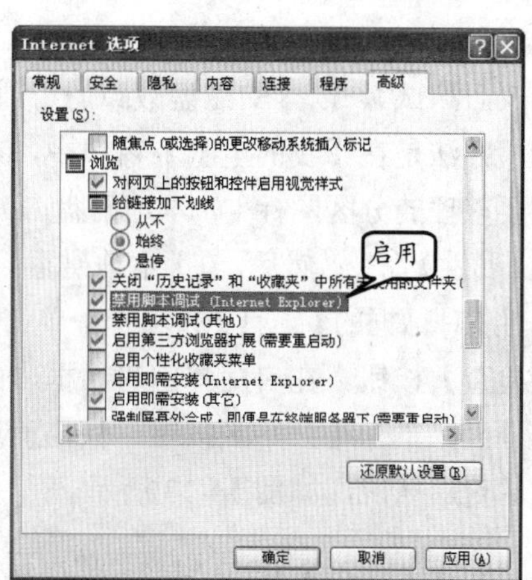

图 14-10　更改 IE 浏览器设置

方法二：将 IE 浏览器更新至最新版本，以改善对脚本的支持情况。例如，安装版本为 8.0 的 IE 浏览器，如图 14-11 所示。

3. 整理磁盘碎片时陷入死循环

故障现象：

在使用系统自带的磁盘碎片整理程序整理磁盘碎片时，进行到10%时程序陷入死循环，表现为整理进度始终在10%左右徘徊，如图14-12所示。

图14-11　IE 8.0

注　意

只有当分区拥有至少15%的空闲磁盘空间时，磁盘碎片整理程序才能够正常运行。

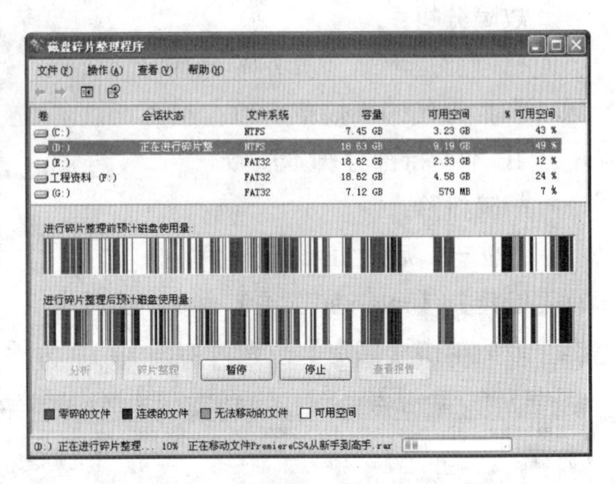

图14-12　磁盘碎片整理程序

故障分析：

磁盘碎片整理10%之前阶段的任务是读取驱动器信息，并检查磁盘错误，在10%之后才会进行真正的磁盘碎片整理。因此，如果系统总是在进行到10%之后陷入死循环，多半是由于杀毒软件、屏幕保护程序等驻留在内存中的软件干扰了正常的磁盘扫描，使程序不能正常进行，从而形成死循环。

故障排除：

在整理磁盘碎片之前先关闭杀毒软件、屏幕保护等程序，然后再进行整理。此时，如果磁盘碎片整理程序仍旧无法正常运行，则首先对磁盘进行全面检查（包括表面测试），以排除磁盘故障的可能性。

方法是在【我的电脑】窗口中，右击所要整理的分区图标（如本地磁盘D），执行【属性】命令。然后，在【本地磁盘（D:）属性】对话框的【工具】选项卡中单击【开始检查】按钮。在启用弹出对话框内的复选框后，单击【开始】按钮，扫描所选磁盘的健康状况，如图14-13所示。

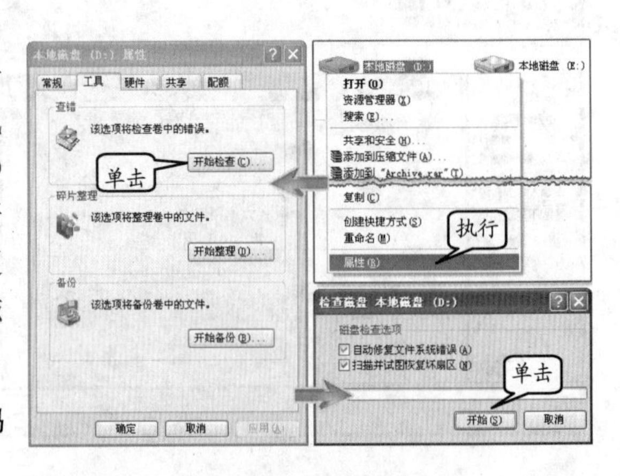

图14-13　扫描磁盘健康状况

4. Windows Vista 引导菜单出现乱码

故障现象：

在已安装双系统的计算机上安装Windows Vista后，多重引导菜单内出现内容为空心方块的乱码。

故障分析：

Windows Vista 虽然兼容 Windows XP 引导菜单，但它并没有直接把 Windows XP 引导菜单继承过来，而是使用了自己独有的引导程序和菜单。因此，如果计算机在安装 Windows Vista 之前还安装有其他的 Windows 操作系统，Windows Vista 的引导菜单便会将其显示为"早期版本的 Windows"。但是，如果之前的 Windows 引导菜单内含有多个菜单项，且含有中文菜单项，便很有可能出现乱码问题。

故障排除：

修改早期引导菜单配置文件 Boot.ini，使用英文字符替换中文字符，如图 14-14 所示。

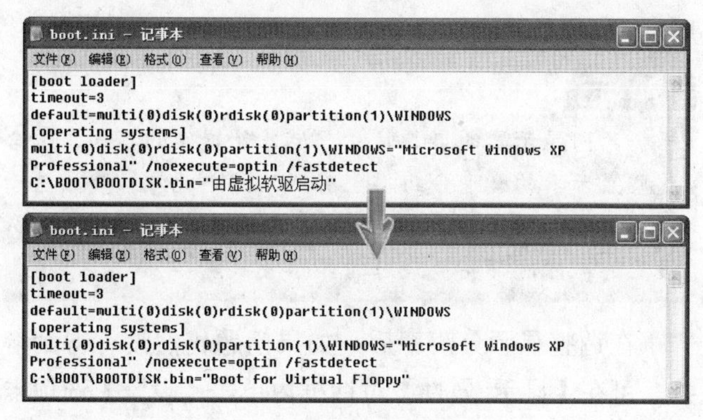

图 14-14 修改 **Boot.ini** 文件的内容

提 示

Windows Vista 多重引导菜单内的中文出现乱码的原因在于，Windows Vista 引导菜单的结构是采用语言资源文件来支持汉字的显示，中文 Windows Vista 的引导菜单资源文件对应于 C:\boot\zh-CN\bootmgr.exe.mui。由于这只是针对 Windows Vista 引导菜单设计的资源文件，而不是一套包含常用字符的完整字库，因此先前版本引导菜单中的中文字符无法显示。而在 Windows 环境中，引导菜单是由 C:\bootfont.bin 这个字库文件支持的，因此菜单项目中无论用什么常用中文字符，都不会产生显示问题。

5. 解决字体过小的问题

故障现象：

在安装一款测试版显卡驱动程序后，操作系统内的字体变的很小。

故障分析：

Windows 操作系统带有调整系统字体大小的功能，因此故障原因很可能是由于测试版显卡驱动程序修改了字体大小所致。

故障排除：

在排除此类故障时，可按照以下方法及步骤进行调整。

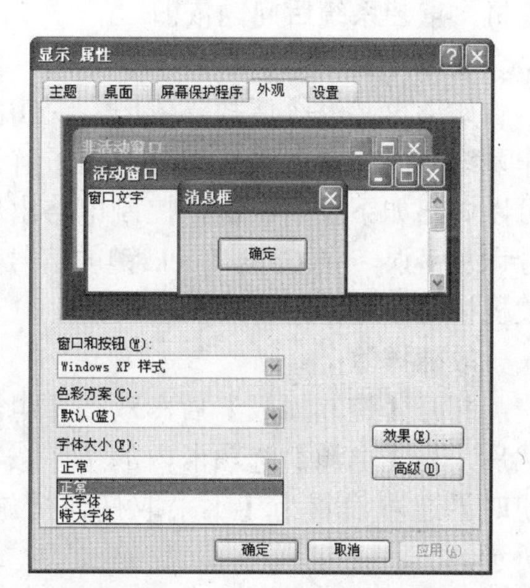

图 14-15 设置外观中的字体大小

右击桌面空白处，执行【属性】命令后，在弹出对话框内的【外观】选项卡中，将【字体大小】设置为【正常】选项，如图 14-15 所示。完成后，单击【应用】按钮，并查看字体大小是否恢复至正常状态。

如果问题依然存在，则应考虑是否因为屏幕分辨率过高而导致字体显示偏小。此时，可在【设置】选项卡中将【屏幕分辨率】滑块向左拖动，从而在降低屏幕分辨率后改变字体在屏幕上的大小比例，以达到增大显示效果的目的，如图 14-16 所示。

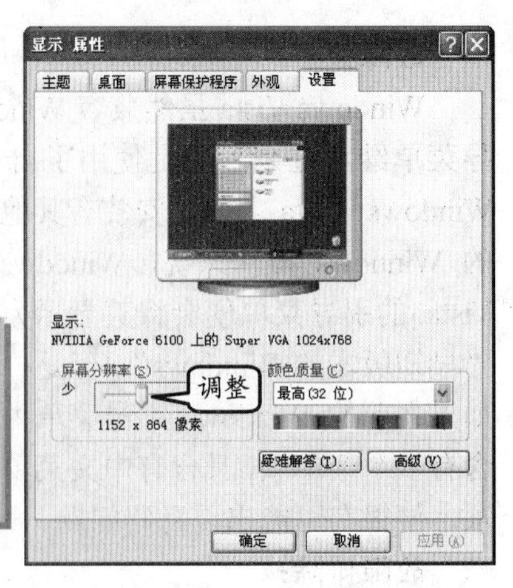

图 14-16　修改显示分辨率

提　示

根据不同显示器的屏幕尺寸、屏幕长宽比的不同，适合这些显示器的合理分辨率也有所不同。此外，液晶显示器只有在按照其物理分辨率或厂商推荐的分辨率进行设置时，才能够获得最好的显示效果。

在调整显示分辨率后，如果问题仍然没有得到解决。可在【显示 属性】对话框内单击【设置】选项卡中的【高级】按钮后，在弹出对话框的【常规】选项卡内调整【DPI 设置】选项。

例如，将【DPI 设置】下拉列表的内容由【正常尺寸（96DPI）】选项更改为【大尺寸（120DPI）】选项，如图 14-17 所示。

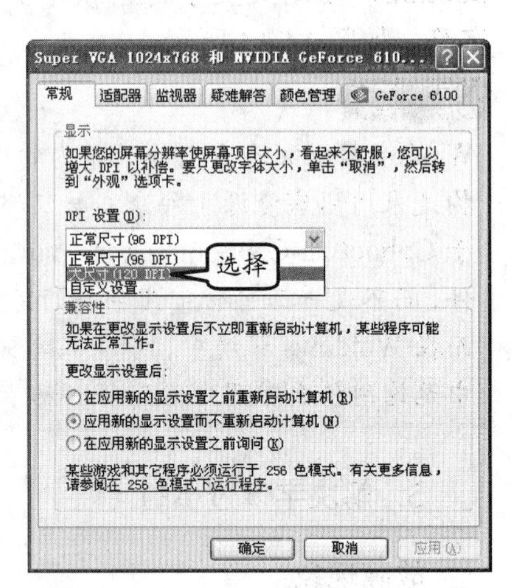

图 14-17　调整字体显示尺寸

或者，在选择【自定义设置】选项后，在弹出对话框内直接调整字体的 DPI 设置，如图 14-18 所示。

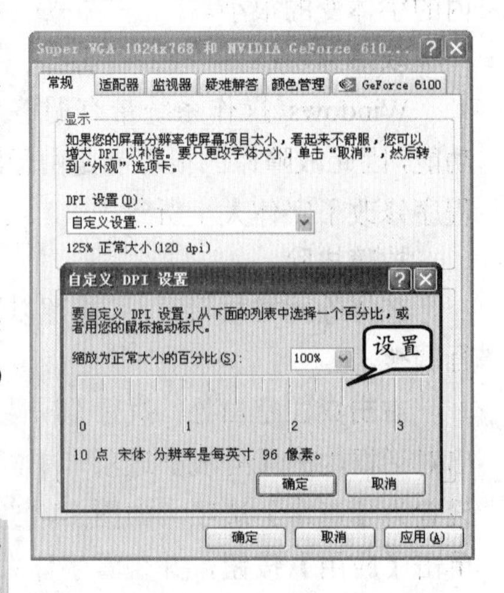

图 14-18　自定义字体尺寸

6．按 Caps Lock 键会导致系统关机

故障现象：

每次按键盘上的 Caps Lock 键后，系统都会自动关机，重装系统后问题依旧。

故障分析：

如果重装系统后故障依旧，说明故障原因不在操作系统方面，而在键盘本身。在了解键盘工作原理后可以做出如下推断：键盘控制电路出现问题，导致信号识别错误，将 Caps Lock 键的信号识别为键盘上的关机按键信号。

故障排除：

打开【控制面板】后，双击【电源选项】图标。然后，将【电源】选项卡内的【在按下计算机电源按钮时】选项设置为【不采取任何措施】，如图 14-19 所示。

提　示

该问题虽然可以通过设置系统参数来解决，但从本质上来讲属于硬件损坏，因此解决这一问题的最好方法是更换新的键盘。

7. 无法正常安装应用程序

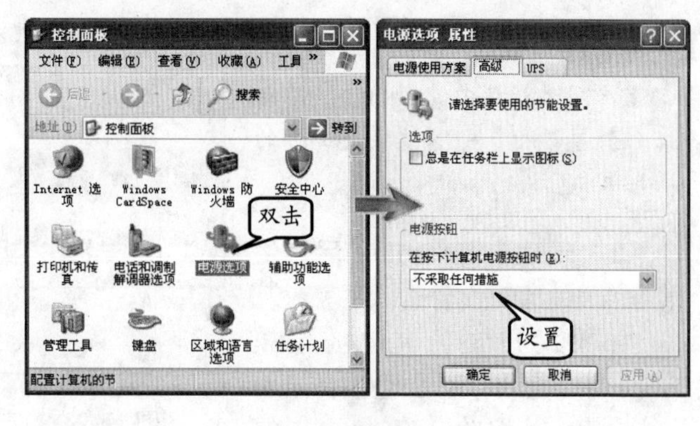

图 14-19 设置电源按键功能

故障现象：

在向 D 盘内安装应用程序时，双击安装程序图标后安装程序可正常运行，但会在运行到中途弹出内容为“磁盘空间已满”的提示信息时自动退出安装。查看分区剩余空间后，却还有好多可用空间，如图 14-20 所示。

故障分析：

很多应用程序在安装时都需要首先进行解压缩，因此会临时占用一定的磁盘空间。根据故障现象分析后可以判定，系统所提示的“磁盘空间”应该是指临时文件夹所在的磁盘已满。此时，由于安装程序还没有完成解压缩操作，因此被迫退出安装程序。

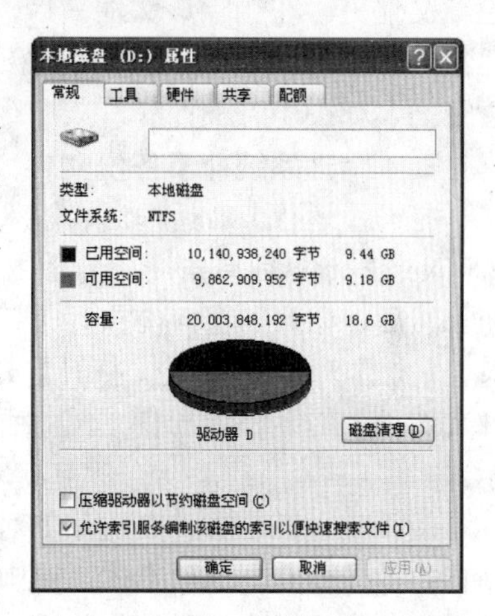

图 14-20 查看磁盘可用空间

故障排除：

此类故障只能通过为安装程序提供足够的临时空间来解决，可参照以下内容进行操作。

- **清理 IE 临时文件夹**

右击桌面上的 IE 图标后，执行【属性】命令。然后单击【Internet 属性】对话框内的【删除】按钮，如图 14-21 所示。

在接下来弹出的【删除浏览的历史记录】对话框中启用所有复选框，并单击【删除】按钮，如图 14-22 所示。

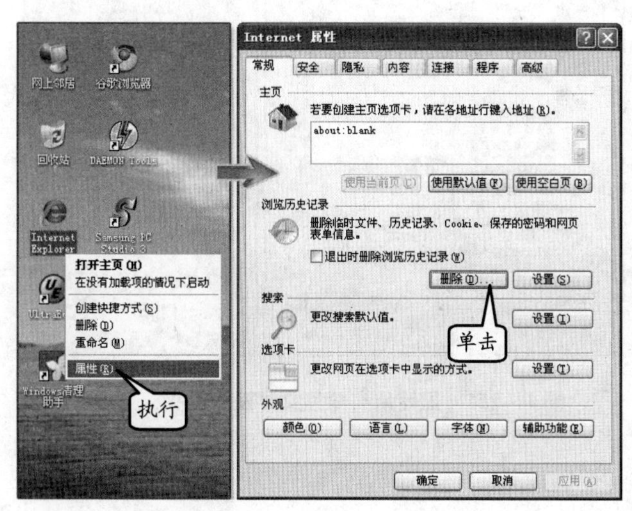

图 14-21 准备清除 IE 缓存

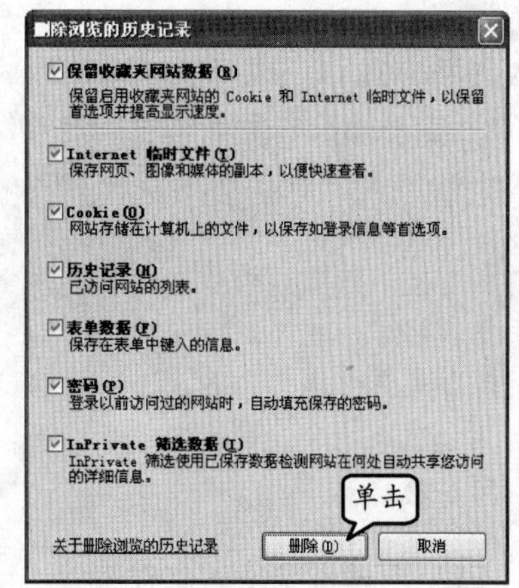

图 14-22 选择所要清除的缓存类型

提　示

只需启用对话框中的【Internet 临时文件】复选框，即可清除大部分的临时文件。

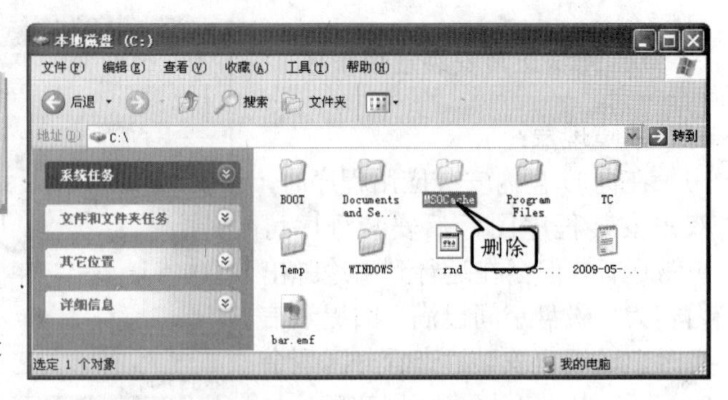

图 14-23　安装 Office 后产生的临时文件

❑　清理安装 Office 后产生的临时文件

如果用户安装有 Microsoft Office 办公套件，则 C 盘根目录内往往会有一个名为 MSOCache 的隐藏文件夹。在删除该文件夹后，通常可释放300～600MB不等的磁盘空间，如图 14-23 所示。

❑　清理系统补丁备份文件

打开【运行】对话框后，输入%SystemRoot%后单击【确定】按钮。然后，在弹出窗口内执行【工具】|【文件夹选项】命令，打开【文件夹选项】对话框，如图 14-24 所示。

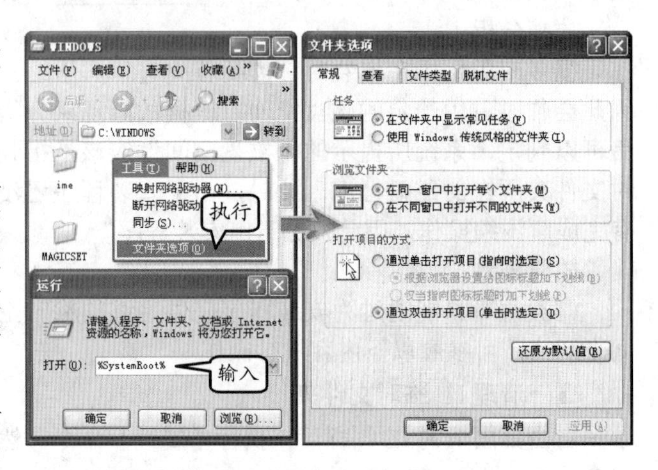

图 14-24　更改文件夹选项

接下来，在【文件夹选项】对话框内的【查看】选项卡中，选中【显示所有文件和文件夹】单选按钮，如图 14-25 所示。

最后，删除 Windows 文件夹内所有以“$”字符开头的隐藏文件夹，即可释放出一定的磁盘空间。

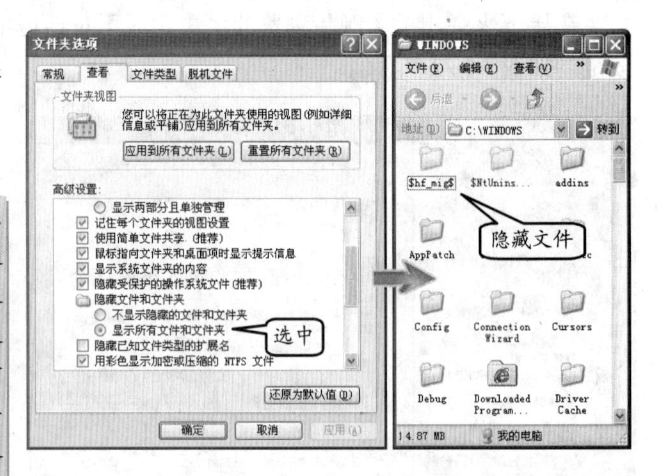

图 14-25　显示所有隐藏文件及文件夹

提　示

在 Windows 文件夹中，每一个以“$”字符开头的隐藏文件夹都是 Windows 补丁程序相关的备份文件，以便当用户卸载相应补丁时使用。因此，删除这些隐藏文件夹所能释放的磁盘空间取决于当前计算机所安装补丁程序的多少，所安装的补丁程序越多，所能释放的磁盘空间也就越多。

❑　清理系统临时文件夹

打开【运行】对话框后，输入%SystemRoot%\temp 后单击【确定】按钮。然后，清除弹出窗口中的内容，如图 14-26 所示。

注 意

如果在删除临时文件夹中的内容时，计算机运行有某些应用程序，则可能会出现部分临时文件无法删除的现象。此时，只需结束这些应用程序，即可彻底删除这些临时文件。

图 14-26 清空临时文件夹

- **更改系统临时文件夹的路径**

由于系统临时文件夹默认位于系统盘内，因此对于系统盘空间紧张的用户来说，将临时文件夹移至其他分区内，是缓解系统盘空间紧张的一个好方法。操作方法如下。

右击桌面上的【我的电脑】图标后，执行【属性】命令。然后，在弹出对话框的【高级】选项卡中单击【环境变量】按钮。最后，在弹出的【环境变量】对话框中，分别将【Administrator 的用户变量】和【系统变量】栏中的 TEMP 项和 TMP 项设置为 F:\TEMP（或其他位于非系统盘内的文件夹），如图 14-27 所示。

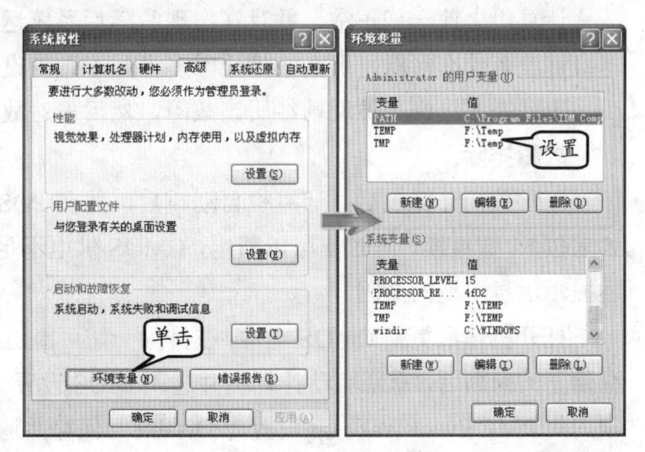

图 14-27 修改临时文件夹路径

14.4 常见的硬件故障及排除方法

根据硬件故障损坏程度的不同，计算机也会在部分情况下给出一定的故障提示信息。不过，相对于软件故障的提示信息则要简单许多，因此在排除硬件故障时要求维修人员多作记录，除了便于分析故障原因外，还可在维修过程中逐渐积累经验。

1. 开机后无反应

故障现象：

在为计算机清理灰尘后，CPU 风扇转动，但系统无反应，显示器提示无信号输入。

故障分析：

CPU 风扇转动说明主机电源没有问题，在排除各种接头未正常连接的情况后，可确定主机出现故障。这是因为，由于主机根本未启动，因此显示器才会提示无信号输入。

故障排除：

首先使用最小系统法拆除硬盘、光驱等设备与主板的连接，仅保留 CPU、主板、内存和显卡所组成的最小系统，以排除上述配件故障所造成的主机故障。此时，如果故障仍然存在，则需要再次清理内存和显卡的插槽，并擦拭上述配件的金手指。

提　示

在经过上述步骤后如果仍旧无法解决问题，便应考虑是否在灰尘清理完毕后的安装过程中造成硬件损坏，或者因连接问题导致计算机在安装后的首次启动时发生漏电、短路等事件，造成配件烧毁。

2. 正常关机后计算机自动重启

故障现象：

计算机可正常运行，操作系统在运行时也没有什么问题，但却无法正常关闭计算机。每次正常关闭计算机后，计算机都将重新启动，因此只能通过断电的方式强制关闭。

故障分析：

计算机之前一切正常，并且在出现故障后系统运行也没什么问题，这表明软、硬件本身都没有什么问题，那么故障原因多半属于硬件设置有误。由于该故障的提示信息较少，因此需要维修人员现场经历该故障，然后再对故障进行分析、排除。

故障排除：

正常关闭计算机后，计算机自动重启，并在 POST 自检完成后暂停启动，屏幕提示要求按 F1 键继续。此时便可以断定，CMOS 供电不足造成 BIOS 设置参数丢失是导致上述提示信息出现的原因。

打开机箱后更换 CMOS 电池，在排除一切可能造成 CMOS 无法供电或 BIOS 无法保存信息的问题后，重新启动计算机并进入 BIOS 设置。然后，将 Power Management Setup 项内的 PME Event Wake up 设置为 Disable，保存并退出后即可。

3. 正常启动 Windows 后不久即死机

故障现象：

在清理计算机内的灰尘后，计算机可正常启动，但 CPU 使用率一直为 100%，无论是否开启其他应用程序，开机片刻后便会死机。由于计算机是在清理灰尘后出现故障，因此可直接判断为硬件故障。

故障分析：

对于计算机来说，软、硬件故障都可能导致死机，但由于上述故障发生在清理计算机内的灰尘之后，因此可排除软件造成的死机现象。

根据 CPU 使用率始终为 100%这一现象，基本可以确定故障由 CPU 所引起，因此可以通过检测 CPU 入手，以便在获取更多信息后解决该问题。

故障排除：

重新启动计算机后进入 BIOS 设置程序内的 PC Health Status 选项，查看计算机的运行状况。从这里可以了解到计算机内部分配件的工作电压、风扇转速，以及 CPU 和机箱内的温度等信息。

通过观察后发现，CPUFAN Speed（CPU 风扇转速）始终保持在 3500RPM 左右，情况正常；但 CPU Temperature 却高达 75℃/167℉，从而判定诱发计算机死机的原因是 CPU 温度过高，如图 14-28 所示。

```
Phoenix - Award WorkstationBIOS CMOS Setup Utility
PC Health Status

Shutdown Temperature          Disabled
CPU Warning Temperature       Disabled            Item Help
Current System Temp           28
Current CPU Temperature                           Menu Level  ▸
Current SYSFAN Speed          2934 RPM
Current CPUFAN Speed          3335 RPM
Vcore                         1.33V
VDIMM
1.2VMCP
+5V

↑↓ : Move   Enter : Select   +/-/PU/PD: Value   F10 : Save   ESC: Exit
F1 : General Help   F5: Previous Values   F6 : Optimized Defaults   F7: Standard Defaults
```

图 14-28 检查主机温度

重新打开机箱，并将 CPU 风扇卸下后发现，CPU 表面无硅脂，因此导致 CPU 与散热片之间的热传导不良。在重新涂抹硅脂并安装 CPU 风扇后，计算机不再无故死机，CPU 使用率也恢复至正常水平。

注 意

CPU 长期在高温状态下运行，会加速其内部的电子迁移现象，缩短使用寿命。因此，即使 CPU 没有因为高温而产生死机、蓝屏等故障，也应尽可能降低 CPU 工作时的温度。

4. 硬件总是出现坏道

故障现象：

刚刚配置的计算机，在使用一个月左右后硬盘损坏，送修后被告知硬盘出现坏道。在更换新硬盘后，一个月左右后硬盘再次损坏，如此反复后已经损坏了三四块硬盘。

故障分析：

一般来说，如此多的硬盘都出现质量问题的可能性较小，因此可将故障产生原因转移至用户的使用方法与计算机工作环境等方面上来。在了解到用户并未搬动过计算机后，可以基本认定为电源质量有问题或市电供应有问题。

提 示

电源如果出现质量问题，会造成很多硬件的电源供电不正常，从而损坏这些硬件设备。

故障排除：

在了解用户计算机的配置后，发现整体功率较高，而用户所配置的电源功率勉强能够维持计算机运行。因此，造成硬盘供电不足，并在突然掉电后导致磁头摩擦盘片，从而出现坏道。在为计算机更换更大功能的电源后，故障解决。

提 示

如果是由于市电供应不正常而造成的硬件损坏，则应在计算机与市电之间加装 UPS 装置，以便通过 UPS 净化电源供应环境，来保证计算机的正常运行。

5. 计算机噪声过大

故障现象：

在刚刚启动计算机的 1～2 分钟内，主机会发出很大的噪声，而在运行一段时间后噪声则会逐渐消失。

故障分析：

一般来说，电子设备不会发出声音，即使有也是极其微弱的电流声。因此，主机所发出的噪声几乎全部来自于主机内的各种风扇。

故障排除：

由于不同风扇产生噪声的原因不同，故障排除方法也不一样，下面分别进行介绍。

- **风扇只在冬天时发出噪声** 为了延长风扇的使用寿命，如今所有的风扇生产厂商都会在风扇的转轴处增添润滑油。不过，部分风扇所使用的润滑油会在冬天时凝为固体，因此刚刚启动计算机时起不到润滑作用，所以风扇才会发出很大的噪声。在运行一定时间后，润滑油开始融化，风扇噪声便会逐渐减弱甚至消失。
- **润滑油干涸** 随着风扇工作时间的增长，风扇转轴处的润滑油会逐渐减少，并最终干涸，导致风扇运行时出现噪声。解决该问题的最好方法是更换风扇，此外为风扇添加润滑油也可降低噪声，并延长风扇的使用寿命。

提 示

自行为风扇添加润滑油时，影响最终效果的因素主要有润滑油的质量、完成添加后的密封，以及风扇损坏程度等。

6. 开机时出现警告提示

故障现象：

每次开机时，屏幕上都会出现“Primary is channel no 80 conductor cable installed?”字样的提示信息。

故障分析：

上述信息的含义是指 IDE 通道没有使用 80 芯数据线。客观的说，该问题不应称为硬件故障，而是硬件使用不当。

故障排除：

目前的IDE数据线分为40芯和80芯两种类型。80 芯的数据线支持 UDMA66（66MB/s，含 UDMA66）以上的传输速度，而 40 芯的数据线只能达到 33MB/s 的极限速度。

在为相应设备更换 80 芯的数据线后，计算机在启动时便再也不会出现之前的提示信息了，如图 14-29 所示。

图 14-29 80 芯 IDE 数据线

7. 显示器画面出现波纹

故障现象：

显示器屏幕上总会有挥之不去的干扰杂波或线

条，而且音箱中也有令人讨厌的杂音。

故障分析：

这种现象多半是电源的抗干扰性差所致。

故障排除：

对于普通用户来说，更换高品质电源是解决此类问题的最好方法，如图 14-30 所示。

对于动手能力较强，且具备一定专业知识的用户来说，更换电源内部的滤波电容也可修复该问题。如果效果不太明显，可以将开关管一并更换。

图 14-30　为计算机更换优质电源

14.5　开机自检响铃的含义

在 POST 开机自检时，如果发生故障，机器响铃不断，不同的响铃代表不同的错误信息，根据这些信息的含义再做相应诊断就不难了。下面就以较常见的两种 BIOS（AMI BIOS 和 Award BIOS）为例，介绍开机自检响铃的具体含义。

1．Award BIOS 自检响铃及其含义

- **1 短**　系统正常启动。
- **2 短**　常规错误，进入 BIOS 设置程序，重新设置不正确选项。
- **1 长 2 短**　内存或主板出错，更换内存或主板。
- **1 长 2 短**　显示器或显卡错误，检查显示器和显卡。
- **1 长 3 短**　键盘控制错误、检查主板。
- **1 长 9 短**　主板 FLASH ROM 或 EPROM 错误，BIOS 损坏，更换 FLASH ROM。
- **长声不断**　内存条未插或损坏，重插或更换内存条。
- **不停的响**　电源、显示器未和显卡连接好，检查所有接头。
- **重复短响**　电源有问题。
- **黑屏**　电源有问题。

2．AMI BIOS 自检响铃及其含义

- **1 短**　内存刷新失败。更换内存条。
- **2 短**　内存 ECC 校验错误。在 CMOS Setup 中将内存关于 ECC 校验的选项设为 Disabled 就可以解决，不过最根本的解决办法还是更换一条内存。
- **3 短**　系统基本内存（第 1 个 64 KB）检查失败。
- **4 短**　系统时钟出错。

- 5短　中央处理器（CPU）错误。
- 6短　键盘控制器错误。
- 7短　系统实模式错误，不能切换到保护模式。
- 8短　显示内存错误。显示内存有问题，更换显卡试试。
- 9短　ROM BIOS检验错误。
- 10短　CMOS寄存器读/写错误。
- 1长3短　内存错误。内存损坏，更换即可。
- 1长8短　显示测试错误。显示器数据线没插好或显卡没插牢。

14.6　实验指导：解决无法打开指定网页的问题

互联网发展至今天，网络已经成为人们获取信息的重要来源之一。然而，在浏览网页过程中频繁出现的断网现象，却一次又一次地打断着人们的正常工作。下面将对无法打开指定页面的问题进行分析、解答。

1．实验目的

- 查看网络连接情况
- 判断故障原因
- 查看hosts文件

2．实验步骤

1 在上网冲浪过程中，发现部分网站出现无法访问的情况，初次判断为网络连接异常。

2 执行【开始】|【运行】命令，在弹出的对话框中输入cmd命令，如图14-31所示。

图14-31　【运行】对话框

3 在命令提示符窗口中依次输入命令 ping 192.168.0.1和ping www.baidu.com，并观察返回值信息，如图14-32所示。

4 在确认网络连接无异常后，判断故障原因为DNS 解析错误。在询问同事后发现其他人访问这些网站时一切正常，说明DNS无异常状况。

5 至此，故障起因已基本判定为系统hosts文件被恶意修改所致。在使用记事本打开hosts文件后，查看其内容是否正常，如图14-33所示。

图14-32　测试网络连接情况

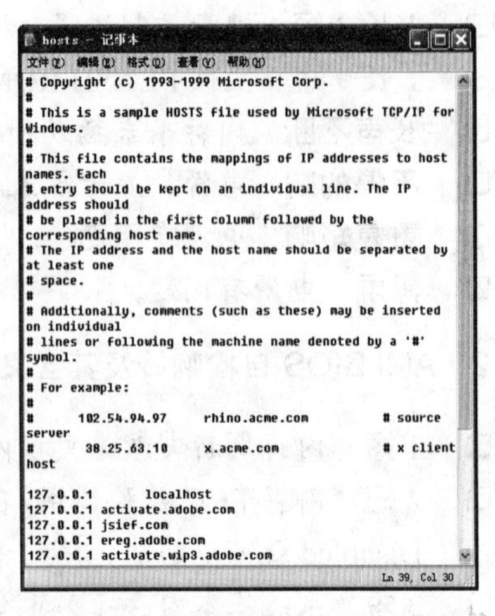

图14-33　查看hosts文件

提 示

hosts 文件位于 C:\WINDOWS\system32\drivers\etc 文件夹内，没有扩展名，其作用是在常用网址与 IP 地址之间建立一种映射关系，从而加快域名解析速度。

6 删除 hosts 文件中不正常的映射关系后，在浏览器内重新访问之前的问题网址，发现问题已经得到解决。

14.7 实验指导：解决局域网内无法访问的问题

网络的作用是帮助人们在多台计算机之间共享资源，并互相传递信息。然而在使用计算机的过程中，有时候会由于一些细微的设置错误而导致网络无法访问。下面将对此类问题的解决方法进行简单的介绍。

1. 实验目的

- ❑ 查看工作组情况
- ❑ 了解用户账户
- ❑ 查看 Guest 账户状态

2. 实验步骤

1 原本一切正常的计算机，在一次优化之后，突然出现无法被其他计算机所访问的情况，然而故障计算机访问其他计算机时却没有什么问题。

2 在桌面上右击【我的电脑】图标后，执行【属性】命令。然后，在弹出对话框内的【计算机名】选项卡内查看计算机名称与工作组设置，却没有发现什么异常情况，如图 14-34 所示。

3 此时，判断故障原因可能是用户在优化计算机的过程中调整了网络安全方面的相关设置，从而直接导致了问题的出现。

4 执行【开始】|【设置】|【控制面板】命令，并在打开的【控制面板】窗口中双击【用户账户】图标，如图 14-35 所示。

5 在打开的【用户账户】窗口中，可以看到 Guest 账户呈灰色未激活状态。此时，单击 Guest 账户图标，如图 14-36 所示。

6 在接下来的窗口中，单击【启用来宾账户】按钮，如图 14-37 所示。

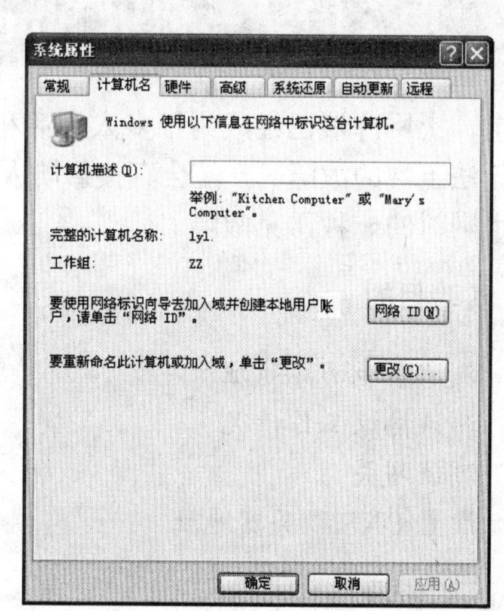

图 14-34 查看计算机名称与工作组设置

图 14-35 【控制面板】窗口

7 使用其他计算机连接当前计算机时发现已可正常访问，至此故障得以排除。

图 14-36 【用户账户】窗口

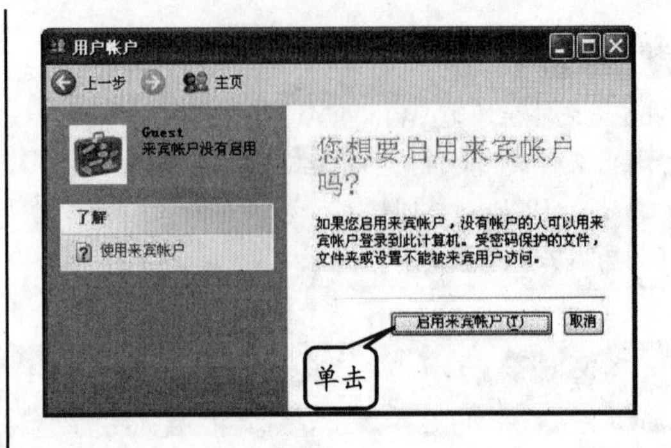

图 14-37 启用 Guest 账户

14.8 实验指导：利用 Ping 命令解决无法上网的故障

目前，上网冲浪已经成为很多人生活和工作中的一项重要组成部分。因此，当计算机出现无法上网的故障时，便会直接影响人们的工作与生活。下面将利用 Ping 命令来解决无法上网时的一种常见故障。

1. 实验目的

- 测试本地回环地址
- 测试协议工作情况
- 测试网关
- 设置 DNS 服务器地址

2. 实验步骤

1 在重新安装操作系统后，出现无法访问互联网的现象。但是，由于计算机在未重新安装操作系统之前可正常访问互联网，因此可排除硬件故障。

2 执行【开始】|【运行】命令，并在弹出的【运行】对话框内输入命令 cmd，完成后单击【确定】按钮，如图 14-38 所示。

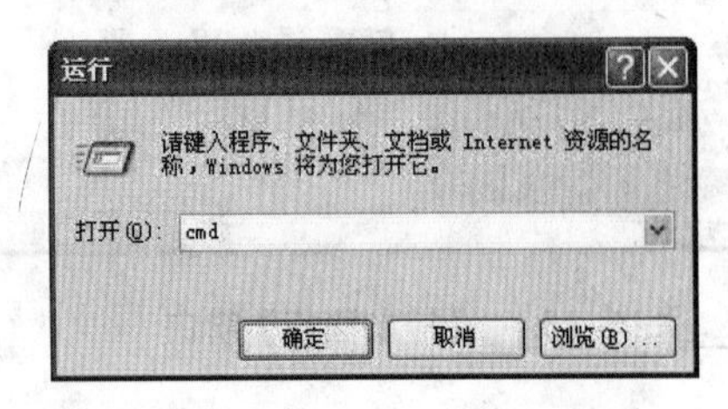

图 14-38 【运行】对话框

3 在打开的【命令提示符】窗口中输入命令 ping 127.0.0.1，按回车键后观察返回值信息，如图 14-39 所示。

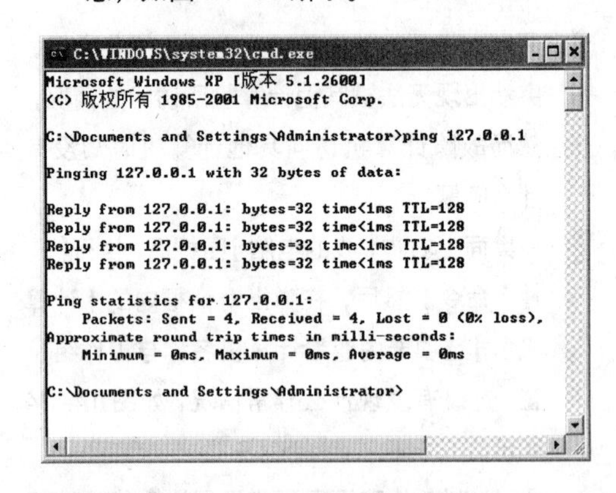

图 14-39 测试本机回环地址

提 示

Ping 127.0.0.1 的目的是检测本机 TCP/IP 协议栈的完整性，在正常安装 TCP/IP 协议的情况下，该命令的返回数据内不应出现丢包现象，且响应速度也较快。

4 在确认本机的 TCP/IP 协议一切正常后，输入命令 ipconfig，以查看当前计算机的 IP 地址，如图 14-40 所示。然后，输入命令 ping 本地 IP 地址，检测网卡设置是否正常。

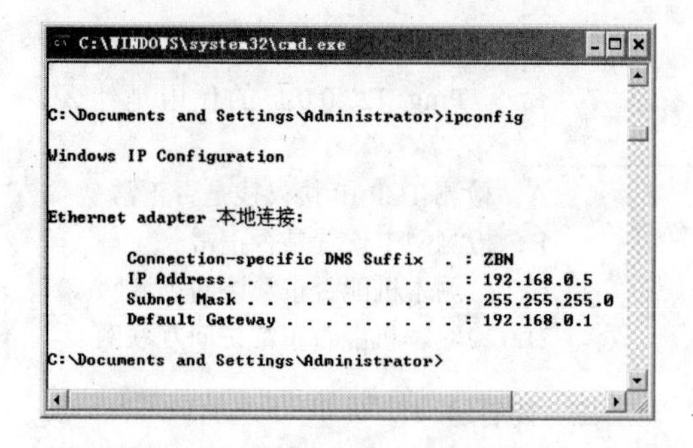

图 14-40 查看本机 IP 地址

5 确认本机网卡驱动及IP地址设置也正常后，使用 Ping 命令向网关发送检测数据，随后发现没有出现丢包现象，如图 14-41 所示。

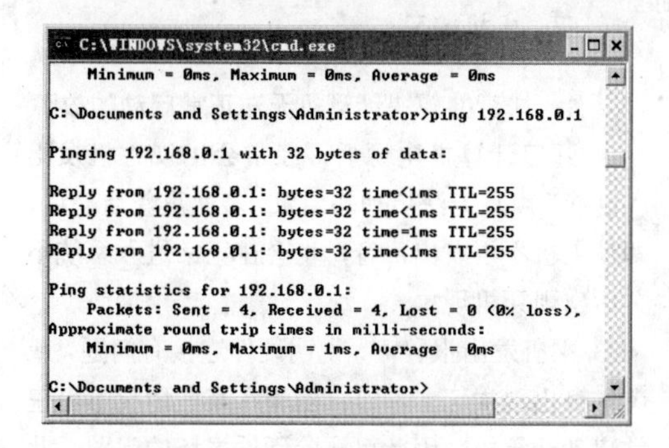

图 14-41 Ping 网关地址

6 通过上述检测步骤，证明了局域网部分一切正常。此时，在打开【Internet 协议属性】对话框后发现 DNS 服务器设置错误，如图 14-42 所示。在将其更正后，故障得以排除。

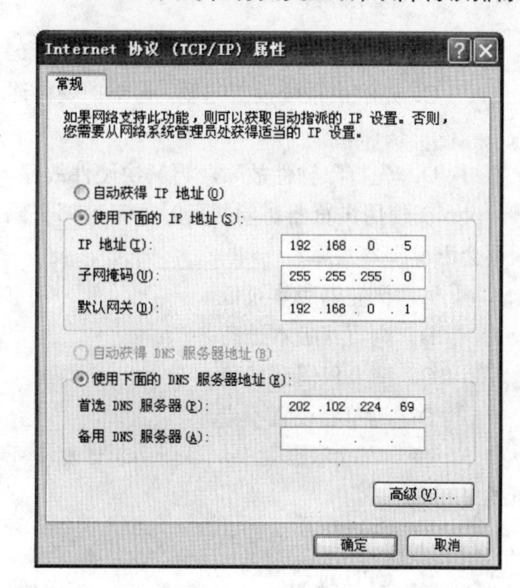

图 14-42 查看详细的 TCP/IP 设置

提 示

右击桌面上的【网上邻居】图标后，执行【属性】命令。然后，右击窗口内的【本地连接】图标，执行【属性】命令，并双击弹出对话框内的【Internet 协议（TCP/IP）】选项，即可打开【Internet 协议属性】对话框。

14.9 思考与练习

一、填空题

1．硬件故障主要表现为计算机无法启动、频繁死机或某些硬件__________等情况。

2．在检测__________时，应先从表面查起，如先检查计算机的电源开关、插头、插座、引线等是否连接或是否松动。

3．计算机一旦遭到__________侵袭，硬盘空间便会遭到其吞噬，并降低系统运行速度。

4．在分析计算机故障时，应遵循__________、先外后内、先假后真等原则。

5．从__________开始排查能够更为彻底地找到问题的根源。

6．主机所发出的噪声几乎全部来自于内部的各种__________。

二、选择题

1．在遭遇计算机故障后，下列操作中有助于维修人员排除故障的是__________。

A．切断计算机电源

B．记录故障信息

C．关闭计算机

D．重装操作系统

2．在下列选项中，不属于计算机软件故障产生原因的是__________。

A．电压不稳定

B．受病毒感染

C．系统文件丢失

D．注册表损坏

3．在分析和解决计算机故障时，所谓“先软后硬”是指什么？__________

A．先检查数据线连接，再检查硬件主体

B．先解决简单问题，再维修复杂故障

C．先解决系统设置问题，再维护硬件连接问题

D．先排除软件故障，再解决硬件故障

4．在使用浏览器访问网页时，下列哪个原因不会出现脚本故障？__________

A．浏览器版本过低

B．浏览器版本过高

C．网页代码有问题

D．浏览器设置不当

5．在下列故障原因中，不会引起计算机死机的是__________。

A．计算机病毒

B．CPU 过热

C．个人数据被删除

D．电源不稳定

6．启动计算机后，导致主机出现较大噪声的原因是什么？__________

A．电流杂音，属正常现象

B．风扇润滑有问题，应更换风扇或添加润滑油

C．硬盘工作时因盘片转动而产生的正常现象

D．主机与其他设备间的共振现象引起

7．命令 Ping 127.0.0.1 的作用是什么？__________

A．检测 TCP/IP 协议栈是否正常

B．检测网卡设置是否正常

C．检测本机能否正常访问局域网

D．检测本机能否正常访问互联网

三、简答题

1．引起软件故障的原因都有哪些？

2．检测和排除计算机故障的基本原则是什么？

3．简述常见 AMI BIOS 自检响铃的含义。

四、上机练习

1．排查并解决计算机无法正常启动的故障

开启计算机电源后，经常会出现主机发出“滴滴”声且无法启动的现象。多次重新启动后，即使主机不再发出声音，也会在正常进入系统不久后出现死机现象。

主机发出报警声，说明硬件连接有问题，或者本身出现损坏。不过，由于在某些情况下可正常启动计算机，因此可排除硬件损坏的问题。此时，便应该根据主机所发出的报警声来判断具体的故障原因，并在找到故障点后提出相应的解决方案。